Die Nichtigkeit des Jahresabschlusses

Jan-Henning Weilep

Die Nichtigkeit des Jahresabschlusses

Eine umfassende Analyse:
Tatbestandsvoraussetzungen und Rechtsfolgen
sowie straf- und zivilrechtliche Konsequenzen
für Vorstand, Aufsichtsrat
und Abschlussprüfer

PETER LANG
Frankfurt am Main · Berlin · Bern · Bruxelles · New York · Oxford · Wien

Bibliografische Information der Deutschen Nationalbibliothek
Die Deutsche Nationalbibliothek verzeichnet diese Publikation in der Deutschen Nationalbibliografie; detaillierte bibliografische Daten sind im Internet über http://dnb.d-nb.de abrufbar.

Zugl.: Braunschweig, Techn. Univ., Diss., 2011

Umschlaggestaltung:
© Olaf Glöckler, Atelier Platen, Friedberg

Gedruckt auf alterungsbeständigem,
säurefreiem Papier.

D 84
ISBN 978-3-631-60735-0

www.peterlang.de

Vorwort

Die vorliegende Arbeit wurde im Frühjahr 2011 von der Carl-Friedrich-Gauß-Fakultät der Technischen Universität Carolo-Wilhelmina zu Braunschweig als Dissertation angenommen. Sie entstand während meiner beruflichen Tätigkeit als Rechtsanwalt und Diplom-Kaufmann in einer Wirtschaftprüfungsgesellschaft und eigener Anwaltskanzlei.

Das Thema der Arbeit wurde insbesondere durch die praktischen Erfahrungen in meiner beruflichen Ausbildung und Tätigkeit angeregt. Erste Berührung mit dem Thema und die Erkenntnis dessen Relevanz konnte ich in meiner Referendarzeit bei Herrn RA Dipl.-Kfm. F. W. Metzeler gewinnen. Die in meiner beruflichen Tätigkeit gesammelten Erfahrungen, insbesondere im Team der Wirtschaftsprüfungsgesellschaft für Herrn RA Dr. jur. M. Jaffé in seiner Eigenschaft als Insolvenzverwalter der KirchMedia, konnten in wertvoller Weise in die Bearbeitung einfließen. Für diese besonderen Möglichkeiten der Sammlung von Erfahrungen und Einblicken in größere Zusammenhänge bin ich sehr dankbar.

Es war jedoch nicht immer einfach, die Arbeit neben den beruflichen Herausforderungen fertigzustellen. Der erfolgreiche Abschluss der Promotion wäre daher ohne die – fachliche und menschliche – Unterstützung zahlreicher Personen nicht möglich gewesen, denen ich zu besonderem Dank verpflichtet bin.

Allen voran danke ich meinem Doktorvater, Herrn Prof. Dr. jur. Eckart Koch, für seine Betreuung und Geduld in der Erstellungsphase. Ihm und dem Korreferenten, Herrn Prof. Dr. rer. pol. habil. Carl-Christian Freidank, danke ich für die zügige Begutachtung und anerkennende Benotung. Herrn Prof. Dr. rer. soc. Nils C. Bandelow gilt Dank für die Übernahme des Vorsitzes der Promotionskommission.

Die Erstellung wäre nicht möglich gewesen ohne die Unterstützung meines Kollegen und Freundes RA Christian Beste, der mich in dieser Zeit von vielen Arbeiten entlastet hat; Dank gilt ihm auch für die fachlichen Diskussionen und die Durchsicht des Manuskripts.

Meinem Bruder, Dr. rer. pol. Holger Weilep, möchte ich für die wertvollen Anregungen sowie die fachliche und menschliche Unterstützung in der gesamten Erstellungsphase der Arbeit danken.

Nicht zuletzt danke ich meinen Eltern, Frau Gisela und Herrn Prof. Dr. rer. pol. Volker Weilep, für die stetige großzügige Unterstützung und Ermöglichung meiner Ausbildung. Meinem Vater gilt darüber hinaus besonderer Dank für die Heranführung an den Berufszweig; er gilt mir stets als Vorbild.

Celle, im April 2011 Jan-Henning Weilep

Inhaltsübersicht

Inhaltsverzeichnis

Abkürzungsverzeichnis

a. A.	am Anfang, anderer Ansicht
aaO.	am angegebenen Ort
Abs.	Absatz
a. E.	am Ende
a. F.	alte Fassung
AG	Aktiengesellschaft
AG-VwGO	Ausführungsgesetz zur Verwaltungsgerichtsordnung
AktG	Aktiengesetz
a. M.	anderer Meinung
AP	Abschlussprüfer
AR	Aufsichtsrat
BaFin	Bundesanstalt für Finanzdienstleistungsaufsicht
BB	Betriebs-Berater (Zeitschrift)
Begr.	Begründer
BGB	Bürgerliches Gesetzbuch
BiRiLiG	Bilanzrichtliniengesetz
BMF	Bundesministerium der Finanzen
BR	Bundesrat
BStBl.	Bundessteuerblatt
BT	Bundestag
DPR	Deutsche Prüfstelle für Rechnungslegung DPR e.V.
DRS	Deutscher Rechnungslegungs Standard
EStG	Einkommensteuergesetz
FS	Festschrift
GG	Grundgesetz
GuV	Gewinn- und Verlustrechnung
GmbHG	Gesetz betreffend die Gesellschaften mit beschränkter Haftung
HGB	Handelsgesetzbuch
h. M.	herrschende Meinung
Hs.	Halbsatz
IDW	Institut der Wirtschaftsprüfer in Deutschland e.V.
IDW PS	IDW-Prüfungsstandard
IDW RS HFA	IDW-Rechnungslegungsstandard des Hauptfachausschusses
i.E.	im Ergebnis
ISA	International Standards on Auditing
i.S.d.	im Sinne des
i.V.m.	in Verbindung mit

JA	Jahresabschluss
KG	Kommanditgesellschaft
Komm.	Kommentar
li.	linke
m.w.N.	mit weiteren Nachweisen
Nds.	Niedersächsisches
n. F.	neue Fassung
o.	oben
OHG	offene Handelsgesellschaft
re.	rechte
Rn.	Randnummer
Rz.	Randziffer
S.	Satz
Sp.	Spalte
stBP	Die steuerliche Betriebsprüfung (Zeitschrift)
str.	streitig
unstr.	unstreitig
Vorb.	Vorbemerkungen
VwGO	Verwaltungsgerichtsordnung
VwVfG	Verwaltungsverfahrensgesetz
WiB	Wirtschaftsrechtliche Beratung
WP	Wirtschaftsprüfer, Wirtschaftsprüfung
WPg	Die Wirtschaftsprüfung (Zeitschrift)
ZIP	Zeitschrift für Wirtschaftsrecht und Insolvenzpraxis
ZPO	Zivilprozessordnung

Tabellen- und Abbildungsverzeichnis

I. Einleitung

A. Relevanz der Thematik

Spektakuläre Bilanzfälschungen gehen mit erschreckender Regelmäßigkeit als Bilanzskandale in die deutsche Geschichte ein.[1] Dabei sind überwiegend Unternehmenskrisen Auslöser von Bilanzmanipulationen. PEEMÖLLER/HOFMANN stellen fest, dass bei nahezu jeder zweiten Unternehmensinsolvenz ein Bilanzdelikt begangen wurde.[2] So überrascht es nicht, dass regelmäßig weder die Öffentlichkeit noch die Anteilseigner vor einem Unternehmenszusammenbruch das Vorliegen einer Krise überhaupt geahnt hatten. Vielmehr vermittelten in diesen Fällen die durch den Vorstand aufgestellten, vom Aufsichtsrat gebilligten und von den Abschlussprüfern uneingeschränkt testierten Jahresabschlüsse im Vorfeld der Krise ein positives Bild der wirtschaftlichen Lage der Gesellschaft.

Insbesondere in Unternehmenskrisen ist die Versuchung für die Unternehmensleitung groß, die wirtschaftliche Lage der Gesellschaft im Jahresabschluss positiver darzustellen, als dies den Tatsachen entspricht. Die Grenze zwischen der zulässigen Bilanzpolitik und der unzulässigen „Bilanzkosmetik" wird dabei schnell überschritten. Während sich krisenbehaftete Unternehmen tendenziell „reicher rechnen", besteht für gesunde Unternehmen häufig das Interesse, sich zur Minimierung der Steuerlast „ärmer zu rechnen".[3] Auch im letzteren Fall ist der Jahresabschluss das Instrument, das zur Zielerreichung missbraucht wird.

Es bedarf daher nicht nur eines verbindlichen Bilanzrechts, das zu einer den tatsächlichen Verhältnissen entsprechenden Darstellung der Vermögens-, Finanz- und Ertragslage der Unternehmen zwingt, sondern insbesondere auch der Möglichkeit der Sanktionierung von Rechnungslegungsverstößen. Das zentrale Rechtsinstitut im Fall der Fehlerhaftigkeit eines Jahresabschlusses ist dessen Nichtigkeit.[4] Bereits 1995 konstatierte KROPFF, dass mit zunehmender Häufig-

---

1 So z.B. die Fälle „Bankgesellschaft Berlin", BGH v. 09.03.06 - 5 StR 430/05, becklink 174059; „ComROAD", BGH v. 4.6.07 - II ZR 147/05 NZG 2007, NZG 07, S. 708; „Infomatec", OLG München v. 11.1.05 - 30 U 335/02, NZG 2005, S. 404; „EM.tv", BGH v. 9.5.05 - II ZR 287/02, BB 31/05, S. 1644 oder „Flowtex", BGH v. 10.11.04 - VIII ZR 186/03, BB 51/04, S. 2769.

2 PEEMÖLLER/HOFMANN, Bilanzskandale, S. 142.

3 Gem. § 5 Abs. 1 S. 1 EStG sind für die Ermittlung des steuerlichen Ergebnisses die handelsrechtlichen Grundsätze heranzuziehen, so dass die Handelsbilanz maßgeblich für die Steuerbilanz ist, sog. „Maßgeblichkeitsprinzip". Ausführlicher dazu im Rahmen des folgenden Kapitels.

4 Das 2004 eingeführte sog. „Enforcement-Verfahren" zur Prüfung von Jahres- und Konzernabschlüssen ist gem. § 342b Abs. 3 HGB explizit subsidiär zu einer Nichtig-

keit über Jahre hinweg gerichtlich um die Nichtigkeit von Jahresabschlüssen gestritten wird.[5] Insbesondere im Zuge einer Insolvenz gilt dies bis heute unverändert.

B. Problemstellung und Forschungsbedarf (Zielsetzung)

Trotz der Vielfalt von Schriften zum Bilanzrecht insbesondere der betriebswirtschaftlichen Literatur hat das Thema der Nichtigkeit von Jahresabschlüssen bisher im wirtschafts- und rechtswissenschaftlichen Schrifttum vergleichsweise wenig Beachtung gefunden. Während die Rechnungslegungsvorschriften und deren Konkretisierung eine betriebswirtschaftliche Materie darstellen, ist die Untersuchung der Rechtsfolgen bei Verletzung dieser Vorschriften den Rechtswissenschaften zuzuordnen. Eine auf einer Verknüpfung dieser Disziplinen beruhende umfassende Betrachtung der Nichtigkeit von Jahresabschlüssen unter Einbeziehung sowohl der Tatbestandsseite als auch der Rechtsfolgenseite ist bislang nicht erfolgt; das soll Ziel dieser Untersuchung sein.

Zur adäquaten Sanktionierung von Rechnungslegungsfehlern bedarf es eines objektiven Maßstabs für die Fehlerhaftigkeit von Jahresabschlüssen. Im Gegensatz zu den als „Bilanzskandal“ bezeichneten eklatanten Fällen ist die Abgrenzung in weniger eindeutigen Fällen häufig diffizil. Zu untersuchen ist insofern, inwieweit das Rechtsinstitut der Nichtigkeit des Jahresabschlusses diese Abgrenzung leisten kann.

Die Nichtigkeit des festgestellten Jahresabschlusses einer Aktiengesellschaft wird in § 256 AktG normiert. Während in Literatur und Rechtsprechung Einigkeit darüber herrscht, dass diese Vorschrift analog auf die GmbH anwendbar ist,[6] ist bislang die Frage ungeklärt, inwieweit überhaupt eine aktienrechtliche Regelung den Maßstab für die Fehlerhaftigkeit der handelsrechtlichen Rechnungslegung festlegen kann. In der Literatur wird eine Differenzierung zwischen

---

keitsklage und bezieht sich gem. § 342b Abs. 2 S. 2 HGB im Übrigen nur auf börsennotierte Unternehmen.

5 KROPFF in: FS BUDDE, Auswirkungen der Nichtigkeit, S. 341.

6 HÜFFER, AktG 9. Aufl., § 256 Rn. 1 und in: MüKo AktG, 2. Aufl., § 256 Rn. 83; GEßLER in: FS GOERDELER, Nichtigkeit, S. 129 (132 ff.); ADS, Rechnungslegung, 6. Aufl., Tb. 4, § 256 Rn. 96 ff.; WICHMANN, Nichtigkeit bei vGA, GmbHR 19/92, S. 643, ders. in stj 1/05, S. 29; WEILEP/WEILEP, Nichtigkeit, BB 3/06, S. 147 (150); HAAS in: BAUMBACH/HUECK, GmbHG, 19. Aufl., § 42a Rn. 24 ff.; ROTH/ALTMEPPEN, GmbHG, 6. Aufl., § 42a Rn. 34; BGH v. 1.3.82 – II ZR 23/81, BGHZ 83, S. 341; OLG Hamm v. 17.4.91 – 8 U 173/90, AG 92, S. 233 (234).

den rechtlichen Sphären der öffentlich-rechtlichen Rechnungslegungsvorschriften des Handelsrechts und der sonderprivatrechtlichen Rechnungslegungsvorschriften des Aktienrechts nur vereinzelt vorgenommen. Auch das Verhältnis dieser Sphären ist zu klären.

Hinzu kommt, dass die Tatbestände des § 256 AktG bereits für die AG vielfältige Probleme in sich bergen. Zunächst ist deren Formulierung nicht eindeutig, und die in den verschiedenen Absätzen der Vorschrift normierten Nichtigkeitsgründe überschneiden sich teilweise. Ferner ist es aufgrund der Auslegungsbedürftigkeit der Rechnungslegungsvorschriften und der sich daraus ergebenden Beurteilungsspielräume für den Bilanzierenden im Einzelfall bereits problematisch, die Grenze zwischen Fehlerhaftigkeit einer Bilanzierungsentscheidung und einem noch zulässigen Bilanzansatz zu bestimmen. Dies wird bei einer ex-post-Betrachtung noch erschwert, weil nachträglich auftretende Erkenntnisse die Beurteilung eines Bilanzansatzes beeinflussen können. Da nach dem Wertaufhellungsprinzip auch bestimmte Erkenntnisse nach dem Abschlussstichtag bei der Bilanzierung zu berücksichtigen sind,[7] können sich derartige Erkenntnisse auf die Beurteilung der Fehlerhaftigkeit eines Jahresabschlusses auswirken. Das Ende des Wertaufhellungszeitraums ist jedoch umstritten, so dass auch der davon abhängende Fehlerbegriff ungeklärt bleibt. Damit zusammen hängt die Frage, inwieweit sich nachträglich erkannte Fehler auf den Bestand des Jahresabschlusses auswirken und welche Pflichten den Abschlussprüfer in einem solchen Fall treffen.

Die Nichtigkeitstatbestände des § 256 AktG beziehen sich auf die Rechnungslegungsvorschriften des HGB. Während die Sätze 2 und 3 des § 256 Abs. 5 AktG explizit nur die §§ 253 bis 256 HGB als relevante Rechnungslegungsvorschriften nennen, stellt die Literatur regelmäßig ohne Begründung auch auf § 252 HGB ab.[8] Ferner ist fraglich, wie der im Rahmen des BilMoG neu eingeführte § 256a HGB einzuordnen ist. Die bisherigen Stellungnahmen in der Literatur hierzu sind kritisch zu analysieren, und die für § 256 AktG relevanten handelsrechtlichen Vorschriften sind zu identifizieren.

Nur scheinbar einig sind sich Literatur und Rechtsprechung, wenn sie ausführen, dass nur wesentliche Fehler innerhalb des Jahresabschlusses dessen

7 Das Wertaufhellungsprinzip ergibt sich aus § 252 Abs. 1 Nr. 4 HGB. Ausführlich dazu im Rahmen dieser Untersuchung.

8 WP-Handbuch 2006, Band I, 13. Aufl., U Rn. 221; ADS, Rechnungslegung, Tb. 4, 6. Aufl., § 256 Rn. 39; HÜFFER in: MüKo AktG, 2. Aufl., § 256 Rn. 57, der alle wesentlichen Bewertungsvorschriften und GoB erfassen will; WIMMER, Zivil- und strafrechtliche Folgen, DStR 49/97, S. 1931, der ohne Begründung die gesamten §§ 238 ff. HGB als von § 256 Abs. 5 AktG erfasst angibt.

Nichtigkeit verursachten.[9] Ungeklärt bleibt dabei nämlich, nach welchen Maßstäben wesentliche von unwesentlichen Fehlern abzugrenzen sind; dies gilt insbesondere unter Beachtung der zuvor festgestellten Schwierigkeit, bereits die Fehlerhaftigkeit als solche zu bestimmen. Es soll daher eine angemessene Definition bzw. Formel für die Wesentlichkeitsgrenzen im Fall der Nichtigkeit wegen Falschbewertung erarbeitet werden.

Neben der Bilanz stehen weitere Bestandteile des handelsrechtlichen Jahresabschlusses oder zusätzliche Berichtsinstrumente wie Anhang, Lagebericht, Eigenkapitalspiegel oder Abhängigkeitsbericht. Nicht nur für diese Rechenwerke und Wortberichte ist zu untersuchen, inwieweit deren Fehlerhaftigkeit zu einer Nichtigkeit des Jahresabschlusses führt bzw. damit zusammenhängt. In der Literatur wird ferner zunehmend diskutiert, ob § 256 AktG auch auf den Konzernabschluss anzuwenden ist. Diese Frage ist zu beantworten, und die Rechtsfolgen der Fehlerhaftigkeit eines Konzernabschlusses sind zu klären.

Wie für die Tatbestände der Nichtigkeit besteht auch im Hinblick auf deren Rechtsfolgen im Einzelnen Streit bzw. Unklarheit. So ergeben sich theoretische wie praktische Probleme bei Feststehen der Nichtigkeit eines Jahresabschlusses – sei es durch gerichtliches Urteil oder bei Einigkeit aller Beteiligten: Während unstreitig ist, dass ein nichtiger Jahresabschluss neu aufzustellen ist, ist umstritten bzw. im Detail völlig ungeklärt, nach welchen Grundsätzen diese Neuaufstellung zu erfolgen hat, insbesondere welche Erkenntnisse für die Aufstellung herangezogen werden können bzw. müssen und ob Wahlrechte neu ausgeübt werden dürfen. In diesem Zusammenhang sind auch die Bedeutung und Voraussetzungen einer möglichen Heilung der Nichtigkeit umfassend zu untersuchen. Für den Fall, dass die Nichtigkeit eines bereits länger zurückliegenden Jahresabschlusses festgestellt wird, was angesichts der Prozessdauer regelmäßig der Fall ist, stellt sich schließlich die Frage, inwieweit die dem nichtigen Jahresabschluss folgenden Abschlüsse infiziert werden und ggf. geändert oder neu aufgestellt werden müssen.

Ebenso wenig geklärt ist, in welcher Weise ein wegen Nichtigkeit neu aufgestellter Jahresabschluss durch einen Abschlussprüfer zu prüfen ist und welcher Wirtschaftsprüfer für diese Abschlussprüfung in Betracht kommt. So wird teilweise vertreten, dass es sich um eine Nachtragsprüfung handele, die durch

---

9 Mit unterschiedlichen Formulierungen: BGH v. 1.3.82 – II ZR 23/81, BGHZ 83, S. 341; HÜFFER, AktG, 9. Aufl. , § 256 Rn. 25; SCHMIDT/LUTTER, AktG, § 256 Rn. 15; HAASE, Nichtigkeit, DB 1977 S. 241; KOWALSKI, Der nichtige JA, AG 11/93, S. 502 (503); GEßLER, Nichtigkeit, in: FS GOERDELER, S. 129 (141); SCHEDLBAUER, Bestandskraft, DB 1992 S. 2097 (2099 li. Sp.).

den für den nichtigen Jahresabschluss bereits bestellten Abschlussprüfer zu erfolgen habe, während andere Literaturstimmen diesen Abschlussprüfer für befangen halten oder stets eine Neubestellung verlangen.[10] Aus Literatur und Rechtsprechung nicht ersichtlich ist darüber hinaus, ob bzw. nach welchen Grundsätzen eine Offenlegung des neu aufgestellten Jahresabschlusses zu erfolgen hat und ob bzw. mit welchen Mitteln diese erzwingbar ist.

Für die Nichtigkeitsklage werden teilweise im Schrifttum Bedenken geäußert, ob prozessbeendende Maßnahmen der Gesellschaft wie Anerkenntnis oder Säumnis zulässig sein können, weil dadurch über Angelegenheiten der Hauptversammlung bzw. personenverschiedener Verwaltungsmitglieder disponiert werde.[11] Diese Auffassung ist zu untersuchen und in Verbindung mit den Möglichkeiten der Geltendmachung der Nichtigkeit zu Lösungsansätzen zu führen.

Schließlich ist umfassend zu klären, welche straf- und zivilrechtlichen Folgen sich aus der Nichtigkeit des Jahresabschlusses für Vorstands- und Aufsichtsratsmitglieder sowie für den Abschlussprüfer und dessen Gehilfen ergeben können. Dazu sind auch die Möglichkeiten der Geltendmachung der Nichtigkeit sowie deren Verhältnis zum Enforcement-Verfahren und zu etwaigen darin getroffenen Feststellungen zu untersuchen. Ein Schaden kann der Gesellschaft und deren Gläubigern nicht nur dann entstehen, wenn auf Grundlage eines nichtigen Jahresabschlusses Gewinnausschüttungen erfolgen, sondern auch durch eine Neuaufstellung des Jahresabschlusses und dessen Abschlussprüfung oder im Fall einer Insolvenzverschleppung. Da ein Motiv zur Bilanzmanipulation insbesondere in Krisensituationen gegeben ist, ist die Frage der Nichtigkeit für den Insolvenzverwalter praktisch immer relevant. Auch für den Insolvenzfall soll daher umfassend geprüft werden, welche Organe in Anspruch genommen werden können und wie dies prozessual vorzubereiten ist.

Ziel der Untersuchung ist die Beantwortung der aufgeworfenen Fragen und die Schließung der Forschungslücken. Dazu sollen sowohl theoretisch fundierte als auch für die Praxis gangbare Lösungen gefunden werden. Dabei soll ausschließlich die AG betrachtet werden, für die sich die Probleme unmittelbar aus § 256

10 ADS, Rechnungslegung, 6. Aufl., Tb. 4, § 256 Rn. 92 u. Tb. 7, § 318 Rn. 61; IDW, WP-Handbuch 2006, Band I, U Rn. 246; KROPFF in: FS BUDDE, Auswirkungen der Nichtigkeit, S. 341 (355 Fn. 43); RÖLIKE in: SPINDLER/STILZ, AktG, § 256 Rn. 93; KOWALSKI, Der nichtige JA, AG 11/93, S. 502 (506); LG Dresden v. 26.02.09 – 41 HK T 3/08, BeckRS 09, 9823.

11 MATTHEUS/SCHWAB, Rechtsschutz, DB 37/04, S. 1975 (1981f.); SCHMIDT/LUTTER, AktG, § 256 Rn. 39; SCHMIDT in: Großkomm. AktG, § 241 Rn. 107, § 246 Rn. 78; VOLHARD, ZGR 96, S. 55 (69ff.).

AktG ergeben. Die Untersuchung dessen analoger Anwendbarkeit auf die GmbH ist unumstritten und kann daher hier unterbleiben.

C. Gang der Untersuchung

Dem Ziel einer umfassenden Untersuchung der Nichtigkeit des Jahresabschlusses einer AG entsprechend gliedert sich die Untersuchung neben diesem einführenden Kapitel I in vier weitere Kapitel: Nach Darstellung der Grundlagen in Kapitel II behandelt Kapitel III die Tatbestandsvoraussetzungen der Nichtigkeit eines Jahresabschlusses, deren Rechtsfolgen in Kapitel IV untersucht werden. In Kapitel V schließt die Untersuchung mit einer Zusammenfassung der wesentlichen Ergebnisse.

Im Rahmen der Grundlegung in **Kapitel II** soll zunächst der Begriff des Jahresabschlusses definiert werden, und die für diesen geltenden gesetzlichen Regelungen zur Rechnungslegung sollen erläutert werden. Ferner sind die Zwecke und Funktionen des Jahresabschlusses zu identifizieren, um dessen Nichtigkeit in der nachfolgenden Untersuchung daran messen zu können. Nach einer Erläuterung der Jahresabschlussprüfung sollen die Überwachung der Rechnungslegung strukturiert und deren Überwachungsinstrumente nach deutschem Recht identifiziert werden, um zum Abschluss der Untersuchung die erarbeiteten Sanktionsmöglichkeiten den verschiedenen Überwachungsorganen zuordnen zu können.

Kapitel III soll sodann die Tatbestandsvoraussetzungen der Nichtigkeit eines Jahresabschlusses umfassend behandeln. Dazu ist zunächst der Begriff der Nichtigkeit im juristischen Sinne zu klären, um diesen Begriff auf die Nichtigkeit des Jahresabschlusses beziehen und das Objekt der Nichtigkeit identifizieren zu können. Die Nichtigkeit gem. § 256 AktG ist sodann in das Beschlussmängelsystem des Aktienrechts einzuordnen, dem sie wegen der Positionierung im Gesetz entstammen muss. Die sich anschließende Darstellung der historischen Entwicklung der Vorschrift bildet eine Basis für die Bestimmung deren Normzwecks. Dabei soll insbesondere Bezug auf die Zwecke des Jahresabschlusses genommen werden (**Abschnitt A.1.**).

Nach einer Systematisierung der Fehlerarten folgt eine umfassende Untersuchung der Nichtigkeitstatbestände mit einem Schwerpunkt auf die Bewertungsfehler gem. § 256 Abs. 5 AktG (**Abschnitt A.2.-8.**). Dabei sollen die verschiedenen Tatbestände klar definiert und voneinander abgegrenzt werden, sowie eine Auslegung der Vorschrift erfolgen, soweit dies erforderlich ist. Insbesondere der Anwendungsbereich der Generalklausel des § 256 Abs. 1 Nr. 1 AktG soll von den weiteren Tatbeständen des § 256 AktG abgegrenzt werden. Die bislang ungeklärte Frage, wie sich zulässige freiwillige Abweichungen vom Gliederungsschema auswirken, soll in diesem Zusammenhang ebenfalls beantwortet werden. Die Nichtigkeitstatbestände des § 256 AktG beziehen sich auf die Rechnungslegungsvorschriften des HGB. Für die darin enthaltenen Gliederungs-, Ansatz- und Bewertungsvorschriften soll eine Zuordnung zu den Nichtigkeitstatbeständen des § 256 AktG vorgenommen werden, insbesondere auch für die in § 256 Abs. 5 S. 2 u. 3 AktG nicht genannten Vorschriften (**Abschnitt A.8.e.**)

In **Abschnitt B.** des III. Kapitels soll sodann auf spezifische Probleme im Rahmen der Tatbestandsvoraussetzungen der Nichtigkeit eingegangen werden. Dazu wird sowohl auf die Fehlerhaftigkeit der Jahresabschlussbestandteile Anhang, Kapitalflussrechnung und Eigenkapitalspiegel eingegangen, als auch auf Fehler im Lagebericht oder im Abhängigkeitsbericht. Schließlich soll die Frage der analogen Anwendbarkeit des § 256 AktG auf Konzernabschlüsse beantwortet werden, die zunehmend in der Literatur diskutiert wird (Abschnitt B.1.c.). Sowohl für die Bestimmung der Fehlerhaftigkeit eines Bilanzansatzes als auch für die Klärung der sich daran anschließenden Fragen in Bezug auf die Neuaufstellung eines nichtigen Jahresabschlusses erlangen das Wertaufhellungsprinzip und die Dauer des Wertaufhellungszeitraums zentrale Bedeutung. Die unterschiedlichen Meinungen sollen diskutiert und zu einer Lösung geführt werden (Abschnitt B.2.). Literatur und Rechtsprechung vertreten mit unterschiedlichen Formulierungen, dass für den Eintritt der Nichtigkeitsfolge eine wesentliche Falschbewertung erforderlich sei. Die Legitimität dieser Forderung soll beleuchtet und unter Berücksichtigung des Grundsatzes der Wesentlichkeit untersucht werden. Darauf aufbauend sollen praktisch anwendbare Wesentlichkeitsgrenzen für die Beurteilung der Nichtigkeit erarbeitet werden (Abschnitt B.3.).

In **Kapitel IV** sollen aufbauend auf den Erkenntnissen zur Tatbestandsseite der Nichtigkeit des Jahresabschlusses umfassend die Rechtsfolgen der Nichtigkeit untersucht werden. Zunächst soll in **Abschnitt A.** auf die unmittelbaren Rechtsfolgen eingegangen werden. Dazu gehört die Frage nach der Pflicht zur Neuaufstellung eines nichtigen Jahresabschlusses, deren Grundsätze erarbeitet werden sollen (Abschnitt A.5.) In diesem Zusammenhang ist sowohl auf die Heilungsvoraussetzungen und deren Wirkung einzugehen als auch zu untersuchen, ob bei erkannter Nichtigkeit der Ablauf der Heilungsfrist abgewartet werden darf (Abschnitt A.4.). Darüber hinaus ist der Streit zu einer Lösung zu führen, welcher

Wirtschaftsprüfer als Abschlussprüfer des neu aufgestellten Jahresabschlusses in Betracht kommt (Abschnitt A.5.b.). Sodann ist die Auswirkung der Nichtigkeit auf Folgeabschlüsse umfassend zu klären (Abschnitt A.6.).

In **Abschnitt B.** des Kapitels IV. soll umfassend untersucht werden, auf welche Weise die Nichtigkeit des Jahresabschlusses geltend zu machen ist. Schwerpunktmäßig soll dabei auf die Nichtigkeitsklage eingegangen werden, wobei insbesondere der im Einzelnen umstrittene Streitgegenstand dieser Klageart zu klären ist (Abschnitt B.3.). Dessen Bestimmung hat Auswirkung auf die Reichweite sowohl der Rechtshängigkeit als auch der Rechtskraft eines Nichtigkeitsurteils. Letztere erlangt Bedeutung für die Präjudizialität des Nichtigkeitsurteils in ggf. folgenden Haftungsprozessen. Die erarbeiteten Ergebnisse sollen sodann zu einer praktischen Lösung für das Klageverfahren geführt werden, für das auch die Frage der Möglichkeit prozessbeendender Maßnahmen geklärt werden soll. Im Zusammenhang damit soll auf die für den Fall der Nichtigkeitsklage einschlägigen Nebeninterventions- und Streitverkündungsmöglichkeiten eingegangen werden (Abschnitt B.4.). Nach einer Klärung der Auswirkungen eines durchgeführten Enforcement-Verfahrens und dessen Verhältnisses zur Nichtigkeit des Jahresabschlusses (Abschnitt B.5.) soll exkursartig auf die Möglichkeiten der Geltendmachung der Fehlerhaftigkeit eines Konzernabschlusses sowie eines IFRS-Einzelabschlusses i.S.d. § 325 Abs. 2a HGB eingegangen werden (Abschnitt B.6.).

Anschließend soll eine Untersuchung der Auswirkungen der Nichtigkeit auf die Gesellschaft und das Verhältnis zu ihren Gesellschaftern erfolgen **(Abschnitt C.)**. Die Nichtigkeit des Jahresabschlusses ist insbesondere dann bedeutend auch für die Gesellschafter, wenn ein Gewinn ausgewiesen und womöglich ausgeschüttet wurde, der bei korrekter Bilanzierung gar nicht bestanden hätte. Es sind für derartige Fälle die Rückforderungsmöglichkeiten zu untersuchen und auch in diesem Zusammenhang die Auswirkungen auf Folgeabschlüsse zu klären (Abschnitt C.1.). Um die nachfolgenden Haftungsfragen praxisnah lösen zu können, sollen anschließend die Folgen einer Überbewertung und die konkret denkbaren Schadenspositionen identifiziert werden (Abschnitt C.2. und 3.), wobei insbesondere auch auf den Insolvenzfall eingegangen werden soll (Abschnitt C.3.c.).

In **Abschnitt D.** sollen die straf- und zivilrechtlichen Konsequenzen der Nichtigkeit für Vorstand und Aufsichtsrat umfassend untersucht werden. Dabei soll zunächst für Vorstandsmitglieder die Individualhaftung erläutert und von einer Kollektivhaftung abgegrenzt werden (Abschnitt D.2.) sowie auf den Fall des Verstoßes gegen Rechnungslegungsvorschriften bezogen werden. Sodann sollen – vor der zivilrechtlichen Haftung - die denkbaren Straftatbestände untersucht werden, da diese Schutzgesetze darstellen können, gegen die ein Verstoß aus § 823 Abs. 2 BGB zivilrechtlich haftungsbewehrt sein kann (Abschnitt D.3.). Die anschließend untersuchte zivilrechtliche Haftung für Vorstandsmitglieder wird getrennt nach der Haftung gegenüber der Gesellschaft (Innenhaftung, Abschnitt D.4.a.) und der Haftung gegenüber Dritten (Außenhaftung, Abschnitt D.4.b.) behandelt. Für die relevanten Haftungstatbestände im Rahmen der Innenhaftung soll konkret geprüft werden, inwieweit die zuvor in Abschnitt C.2. und 3. identifizierten typischen Schadenspositionen geltend gemacht werden können. Dabei soll jeweils auch auf die praktischen Probleme sowohl von Beweislast- und Kausalitätsfragen als auch der Geltendmachung durch den Insolvenzverwalter eingegangen werden. Im Rahmen der Außenhaftung soll insbesondere geklärt werden, inwieweit Aktionären bei Nichtigkeit des Jahresabschlusses Schadensersatzansprüche zustehen können. In diesem Zusammenhang soll geklärt werden, ob die Generalklausel des § 264 Abs. 2 HGB ein Schutzgesetz i.S.d. § 823 Abs. 2 BGB darstellt (Abschnitt D.4.b.). Die sich in den Abschnitten D.5. bis 7. anschließende Untersuchung der straf- und zivilrechtlichen Konsequenzen für Aufsichtsratsmitglieder erfolgt in der Weise, dass die Unterschiede zu der Haftung von Vorstandsmitgliedern herausgearbeitet werden.

Schließlich soll in **Abschnitt E.** die Haftung des Abschlussprüfers im Fall der Nichtigkeit des Jahresabschlusses umfassend untersucht werden. Dazu ist zunächst auf die Aufgaben des Abschlussprüfers einzugehen und der Zusammenhang zur Nichtigkeit des Jahresabschlusses zu untersuchen, insbesondere inwieweit Nichtigkeitsgründe zu einer Einschränkungspflicht des Testats führen (Abschnitt E.1.). Daraus ist abzuleiten, in welchen Fällen der Testierung eines nichtigen Jahresabschlusses eine haftungsbewehrte Pflichtverletzung liegt, was die Grundlage zur Klärung der straf- und zivilrechtlichen Haftung bildet. Auch für die Haftung des Abschlussprüfers soll auf praktische Probleme insbesondere bei Geltendmachung von Schäden durch einen Insolvenzverwalter eingegangen werden. Aufgrund der Haftungsbegrenzung des § 323 Abs. 2 HGB ergeben sich Probleme für den Gesamtschuldnerausgleich bei verschiedenen Verschuldensgraden, die zu klären sind; ferner soll auf die Problematik des Mitverschuldens der geprüften Gesellschaft eingegangen werden (Abschnitt E.3.a.). Abschließend ist die Möglichkeit einer Haftung des Abschlussprüfers gegenüber Dritten zu untersuchen (Abschnitt E.3.b.).

Kapitel V. schließt die Untersuchung mit einer Zusammenfassung der wesentlichen Ergebnisse. Über die Darstellung der Ergebnisse der Einzelabschnitte hinaus erfolgt eine überblicksartige Zusammenführung der Einzelergebnisse in Tabellen.

II. Grundlagen und Begriffsabgrenzung

A. Der Jahresabschluss als Gegenstand der Untersuchung

1. Begriffsbestimmung und Einordnung in das betriebliche Rechungswesen

a. Bestandteile des Jahresabschlusses

Um eine Grundlegung für die weiteren Analysen zu schaffen, soll zunächst der Begriff „Jahresabschluss“ als Gegenstand der weiteren Untersuchungen definiert werden, dessen Komponenten erfasst und dieser in das betriebliche Rechnungswesen eingeordnet werden.

Die Grundlage für die Rechnungslegung in Deutschland stellt das Dritte Buch „Handelsbücher“ des HGB dar, das durch das BiRiLiG vom 19.12.1985 eingeführt wurde.[12] Es enthält die wesentlichen Teile des Bilanzrechts in Form des Rechts der Buchführung, Bilanzierung und Rechnungslegung, Prüfung und Offenlegung. Vor Einführung dieses Buches war im HGB das Buchführungs- und Bilanzrecht nur rudimentär geregelt, und das wesentliche Rechnungslegungsrecht allein für AGs im AktG enthalten.[13] Das dritte Buch hat wesentliche Änderungen durch das Bilanzrechtsmodernisierungsgesetz (BilMoG)[14] v. 25.05.2009 erfahren.

Im ersten Abschnitt des Dritten Buches (§§ 238 bis 263 HGB) sind die Mindestvorschriften der Buchführung und Bilanzierung für alle Kaufleute enthalten. Der zweite Abschnitt (§§ 264 bis 335 HGB) enthält ergänzende Vorschriften für Kapitalgesellschaften und bestimmte Personenhandelsgesellschaften.[15] Mit „bestimmten Personenhandelsgesellschaften“ sind in diesem Abschnitt des HGB solche gemeint, die nicht mindestens eine natürliche Person als persönlich haftenden Gesellschafter haben, vgl. § 264a HGB. Diese Gesellschaften werden im Folgenden als haftungsbeschränkte Personenhandelsgesellschaften bezeichnet. Die weiteren Abschnitte des Dritten Buches betreffen ergänzende Vorschriften

---

12 BiRiLiG v. 19.12.1985, BGBl. I S. 2355. Bei Einführung 1985 umfasste das Dritte Buch des HGB die §§ 238 bis 339 HGB. Derzeit umfasst das Dritte Buch des HGB die §§ 238 bis 342e HGB.

13 BAUMBACH/HOPT, HGB, 34. Aufl. , Einl v § 238, Rn. 1f.

14 BGBl. I S. 1102.

15 Nach der Überschrift des Zweiten Abschnitts fallen unter die Kapitalgesellschaften Aktiengesellschaften, Kommanditgesellschaften auf Aktien und Gesellschaften mit beschränkter Haftung.

für bestimmte Gesellschaftsformen und Geschäftszweige sowie Prüfungs- und Kontrollmechanismen, auf die später eingegangen wird.

Der Begriff des Jahresabschlusses ergibt sich aus der Legaldefinition des § 242 HGB. Gem. § 242 Abs. 3 HGB besteht der Jahresabschluss aus Bilanz und Gewinn- und Verlustrechnung (GuV). Diese sind in den Absätzen 1 und 2 definiert. Danach ist die Bilanz ein für den Schluss eines Geschäftsjahres das Verhältnis des Vermögens und der Schulden darstellender Abschluss.[16] Die Gewinn- und Verlustrechnung ist eine Gegenüberstellung der Aufwendungen und Erträge des Geschäftsjahres.[17] Der Jahresabschluss umfasst damit zwingend die beiden Komponenten Bilanz und Gewinn- und Verlustrechung.

Gem. § 264 Abs. 1 S. 1 HGB, der die ergänzenden Vorschriften für Kapitalgesellschaften einleitet, ist bei diesen der Jahresabschluss um einen Anhang zu erweitern, der mit Bilanz und Gewinn- und Verlustrechnung eine Einheit bildet. Für Kapitalgesellschaften umfasst der Begriff des Jahresabschlusses daher als dritte Komponente den Anhang.[18] Die Anforderungen an den Anhang ergeben sich aus den §§ 284 bis 288 HGB. Ferner ist für nach den Kriterien des § 267 HGB mittelgroße und große Kapitalgesellschaften gem. § 264 Abs. 1 S. 1 i.V.m. S. 3 Hs. 1 HGB ein Lagebericht nach § 289 HGB aufzustellen. Dieser Lagebericht ist allerdings begrifflich nicht Bestandteil des „Jahresabschlusses“, was sich aus der Formulierung des § 264 Abs. 1 S. 1 ergibt, wonach nur der Anhang eine Einheit mit Bilanz und GuV bildet.[19] Börsennotierte AGs müssen darüber hinaus gem. § 289a HGB eine Erklärung zur Unternehmensführung in ihren Lagebericht aufnehmen, die insbesondere die Erklärung zum Corporate Governance Kodex beinhaltet, § 161 AktG.[20] Schließlich haben solche i.S.d. § 264d HGB kapitalmarktorientierten Unternehmen, die keinen Konzernabschluss aufzustellen haben, gem. § 264 Abs. 1 S. 2 HGB den Jahresabschluss um eine Kapitalflussrechnung sowie einen Eigenkapitalspiegel zu erweitern. Diese bilden wie der Anhang eine Einheit mit dem Jahresabschluss, so dass sie ebenso dessen Bestandteile sind.

Der Begriff „Jahresabschluss“ umfasst damit für alle Kaufleute die Bilanz und die GuV, für alle Kapitalgesellschaften aber zusätzlich den Anhang.[21] Für

16 § 242 Abs. 1 S. 1 HGB.

17 § 242 Abs. 2 HGB.

18 Dies gilt gem. § 264a HGB ebenso für den Kapitalgesellschaften gleichgestellte „bestimmte Personenhandelsgesellschaften“.

19 So auch BAUMBACH/HOPT, HGB, 34. Aufl., § 264 Rn. 5; vgl. BAETGE/KIRSCH/THIELE, Bilanzen, 11. Aufl., S. 35.

20 Nach der Regierungskommission Deutscher Corporate Governance Kodex, DCGK, derzeitige Fassung v. 18.6.09.

21 Vgl. WINKELJOHANN/SCHELLHORN in: BeBiKo, 7. Aufl., § 264 Rn. 5 ff.

kapitalmarktorientierte Unternehmen, die mangels Tochterunternehmen keinen Konzernabschluss aufzustellen haben, umfasst der Jahresabschluss zusätzlich die Kapitalflussrechnung sowie einen Eigenkapitalspiegel. Der Lagebericht ist dagegen nicht Bestandteil des Jahresabschlusses sondern steht als selbständiger Teil daneben. Ebenso ein gem. § 312 AktG zu erstellender Abhängigkeitsbericht.

b. Internes und externes Rechnungswesen

Die handelsrechtliche Rechnungslegung, als deren wesentliches Ergebnis der Jahresabschluss resultiert, ist Teil des betrieblichen Rechnungswesens eines Unternehmens. Dieser Begriff umschreibt die Instrumente, die zur Erfassung, Speicherung und Verarbeitung betriebswirtschaftlich relevanter quantitativer Unternehmensdaten dienen.[22] Das betriebliche Rechnungswesen dient der Dokumentation, Planung und Kontrolle und ist damit eine Informationsquelle sowohl für unternehmensinterne Adressaten als auch für unternehmensexterne Adressaten, d.h. sowohl für Management als auch für share- sowie stakeholder.[23] Nach dieser adressatenorientierten Sichtweise wird zwischen dem internen und dem externen Rechnungswesen unterschieden.

Das interne Rechnungswesen dient der Unternehmensleitung als zahlenorientiertes Planungs- und Kontrollinstrument. Es kann sowohl vergangenheits- als auch zukunftsbezogen sein. Da es sich um ein freiwillig eingerichtetes Instrument handelt, dessen Notwendigkeit sich lediglich betriebswirtschaftlich ergibt, existieren keine zwingenden Regeln. Die Unternehmensleitung richtet im eigenen Interesse die für notwendig gehaltenen Bestandteile ein. Die klassischen Bestandteile des internen Rechnungswesens sind die Kosten- und Leistungsrechnung, die Finanzrechnung sowie die Investitionsrechnung.[24] Sie dienen hauptsächlich zur kurzfristigen Erfolgsrechnung und Auftragskalkulation, zur Finanz-

---

22 Vgl. WÖHE, Einführung in die BWL, 23. Aufl., S. 687 und BAETGE/KIRSCH/THIELE, Bilanzen, 11. Aufl., S. 1.

23 Vgl. WÖHE, Einführung in die BWL, 23. Aufl., S. 687 f. Neben den Anteilseignern, also Gesellschaftern oder Aktionären als „shareholder", sind sowohl Gläubiger, Kunden und Lieferanten als auch Arbeitnehmer oder die interessierte Öffentlichkeit Informationsnachfrager; diese werden als „stakeholder" bezeichnet, vgl. WÖHE, Einführung in die BWL, 23. Aufl., S. 29, 55 f.; KÜTING/WEBER, Bilanzanalyse, 8. Aufl., S. 7 und SCHULT, Bilanzanalyse, 10. Aufl., S. 9.

24 Vgl. WÖHE, Einführung in die BWL, 23. Aufl., S. 689 ff. und BAETGE/KIRSCH/THIELE, Bilanzen, 11. Aufl., S. 1.

planung durch Überwachung von Zahlungsströmen und zur Entscheidung bei Investitionsalternativen.[25]

Im Folgenden wird ausschließlich das externe Rechnungswesen betrachtet. Dieses dient nicht nur der Unternehmensleitung, sondern vor allem auch den unternehmensexternen Adressaten als Informationslieferant über Vermögen, Schulden und Erfolg des betrachteten Unternehmens. Das Instrument des externen Rechnungswesens ist der hier betrachtete Jahresabschluss, ggf. ergänzt um einen Lagebericht.

Die Buchführung als Dokumentation der Geschäftsvorfälle, aus denen der Jahresabschluss gewonnen wird, wird Finanzbuchführung genannt.[26] Die Rechengrößen der Finanzbuchführung sind das Vermögen und die Schulden, die in der Bilanz gem. § 242 Abs. 1 HGB erfasst werden, sowie die Aufwendungen und Erträge als periodisierte Ausgaben und Einnahmen, die in der GuV gem. § 242 Abs. 2 HGB kumuliert werden.[27]

Die Bilanz stellt das bestehende Vermögen und die Schulden zu dem bestimmten Stichtag dar, es handelt sich folglich um eine zeitpunktbezogene Darstellung. Der erwirtschaftete Erfolg eines Unternehmens lässt sich aus der Veränderung des Eigenkapitals von einem Stichtag zum folgenden ersehen. Die GuV ermittelt die Zusammensetzung dieses Erfolges durch Gegenüberstellung der Aufwendungen und Erträge als zeitraumbezogene Darstellung. Im Gegensatz zum internen Rechnungswesen ist das externe Rechnungswesen damit vergangenheitsorientiert. Grundsätzlich lassen sich aus dem externen Rechnungswesen lediglich aus dem Lagebericht und der Berücksichtigung der Entwicklung der letzten Jahre Schlüsse auf die zukünftige Entwicklung des Unternehmens ziehen.[28]

---

25 Die genaue Ausgestaltung dieser Systeme ist nicht Thema dieser Arbeit und unterscheidet sich durch vielfältige Möglichkeiten. Ein Überblick findet sich in WÖHE, Einführung in die BWL, 23. Aufl., S. 689ff.

26 Vgl. WÖHE, Einführung in die BWL, 23. Aufl., S. 688 f. und BAETGE/KIRSCH/THIELE, Bilanzen, 11. Aufl., S. 2.

27 Vgl. BAETGE/KIRSCH/THIELE, Bilanzen, 11. Aufl., S. 3. Im hier betrachteten Jahresabschluss haben ausschließlich Aufwendungen und Erträge als periodisierte Ausgaben und Einnahmen Bedeutung. Die Begriffspaare Auszahlung/Einzahlung (liquide Zahlungsströme) sowie Kosten/Leistung (betrieblich relevante, teils nur kalkulatorisch angesetzte Erfolgsminderungen und –mehrungen) sind Begriffe des internen Rechnungswesen. Zur genauen Unterscheidung von Ausgaben/Einnahmen und Aufwendungen/Erträgen vgl. z.B. BAETGE/KIRSCH/THIELE, Bilanzen, 11. Aufl., S. 4 ff. oder GÖTZE, Kostenrechnung und –management, 5. Aufl., S. 6 ff.

28 Durch eine systematische Bilanzanalyse lassen sich auch zukünftige Entwicklungen beurteilen, so z.B. durch Berücksichtigung hoher Aufwendungen, die ein Jahresergebnis voll belasten, weil sie nicht aktivierungsfähig sind, durchaus aber für die Zukunft

Damit der Jahresabschluss ein objektives Informationsinstrument für die share- und stakeholder darstellen kann, bedarf es gesetzlicher Vorschriften, deren Durchsetzung erzwingbar ist. Nur so können sich die Informationsadressaten, die selbst keinerlei Einfluss auf die Gestaltung des Jahresabschlusses haben, auf dessen Informationsgehalt verlassen. Diese gesetzlichen Grundlagen liegen insbesondere im Dritten Buch „Handelsbücher" des HGB, wie oben bereits erläutert, aber auch in anderen Gesetzen, auf die im Folgenden näher eingegangen wird.

Aus der Aufgabe des externen Rechnungswesens als Informationsinstrument wird deutlich, dass es klare Regelungen für die Fälle geben muss, in denen der Jahresabschluss fehlerhaft ist – sei es bewusst oder unbewusst.

2. Pflicht zur Jahresabschlusserstellung – gesetzliche Vorgaben

a. Einzelabschluss

(1) Handelsrechtliche Rechnungslegungspflicht

Gem. § 238 HGB ist jeder Kaufmann verpflichtet, Bücher zu führen, und dadurch die Lage seines Vermögens nach den Grundsätzen ordnungsmäßiger Buchführung ersichtlich zu machen.[29] Der Begriff des Kaufmanns im Sinne des Handelsrechts ergibt sich aus §§ 1 bis 7 HGB. Grundsätzlich sind Kaufleute – ohne Rücksicht auf die Branche – solche, deren Tätigkeit ein Handelsgewerbe darstellt, § 1 Abs. 1 HGB. Der Begriff „Handelsgewerbe" des § 1 Abs. 1 HGB baut auf dem Gewerbebetriebsbegriff auf. Nach § 1 Abs. 2 HGB besteht die widerlegbare Vermutung, dass jeder Gewerbebetrieb auch ein Handelsgewerbe darstellt.[30] Nur Kleingewerbebetriebe, die einen in kaufmännischer Weise eingerichteten Geschäftsbetrieb nicht erfordern, stellen gem. § 1 Abs. 2 HGB kein Handelsgewerbe dar. Eine bedeutende Änderung durch das BilMoG ist die Befreiung bestimmter Einzelkaufleuten von der Buchführungs- und Rechnungslegungspflicht gem. §§ 241a, 242 Abs. 4 HGB. Danach sind Einzelkaufleute mit

---

Nutzungspotentiale enthalten; z.B. Aufwendungen für Werbefeldzüge, vgl. WINNEFELD, Bilanz-Handbuch, 4. Aufl., C Rn. 60; sowie zu Ansätzen der Bilanzanalyse KÜTING/WEBER, Bilanzanalyse, 8. Aufl., S. 12 ff.

29 Vgl. § 238 Abs. 1 S. 1 HGB.

30 Vgl. WINNEFELD, Bilanz-Handbuch, 4. Aufl., A Rn. 10 sowie WINKELJOHANN/KLEIN in: BeBiKo, 7. Aufl., § 238 Rn. 5.

Umsatzerlösen unter 500.000,- Euro sowie Jahresüberschuss unter 50.000,- Euro von den Buchführungs- und Rechnungslegungspflichten befreit.[31]

Die Pflichten der Kaufleute aus §§ 238 ff. HGB gelten gem. § 6 Abs. 1 HGB auch für Handelsgesellschaften. Das sind neben den Personenhandelsgesellschaften die Kapitalgesellschaften. Diese sind Formkaufleute kraft Rechtsform, vgl. §§ 3 AktG, 13 Abs. 3 GmbHG.

Der erste Abschnitt des Dritten Buches „Handelsbücher" des HGB (§§ 238 bis 263 HGB) enthält die für alle Kaufleute geltenden Mindestvorschriften.[32] Neben den Buchführungs- und Aufbewahrungspflichten aus §§ 238 und 239 HGB ist die Aufstellung eines Inventars gem. §§ 240, 241 HGB zur Dokumentation erforderlich. Die Ansatzvorschriften der §§ 246 bis 251 HGB regeln vor allem, was der Jahresabschluss enthalten muss oder darf. Die Bewertungsvorschriften der §§ 252 bis 256a HGB geben an, nach welchen Grundsätzen die angesetzten Aktiva und Passiva zu bewerten sind.

Für Kapitalgesellschaften und haftungsbeschränkte Personenhandelsgesellschaften gelten die strengeren Vorschriften der §§ 264 bis 335 HGB. Sie enthalten spezielle ergänzende, zum Teil abweichende Ausweis- und Bewertungsvorschriften, sowie die Verpflichtung zur Erstellung von Anhang und Lagebericht.[33] Für Genossenschaften gelten die ergänzenden Vorschriften der §§ 336 bis 339 HGB.

Gem. § 316 HGB sind Jahresabschluss und Lagebericht von mittelgroßen und großen Kapitalgesellschaften durch einen Abschlussprüfer zu prüfen. Auf die Abschlussprüfung wird später genauer eingegangen.

Wie oben dargestellt, dient der Jahresabschluss als Bestandteil des externen Rechnungswesens auch den unternehmensexternen Adressaten als Informationsinstrument. Damit diese Funktion bezogen auf die Öffentlichkeit erfüllt werden kann, sind Kapitalgesellschaften und haftungsbeschränkte Personenhandelsgesellschaften gem. § 325 HGB, Genossenschaften gem. § 339 HGB verpflichtet, den Jahresabschluss und den Lagebericht durch Einreichung beim elektronischen Bundesanzeiger offenzulegen.[34] Nach den Größenkriterien des § 267 HGB gibt es gem. §§ 326 ff. HGB Erleichterungen bei der Offenlegung. Freiwillig kann aus Gründen der besseren Vergleichbarkeit mit internationalen Unternehmen ein Einzelabschluss offen gelegt werden, der nach den „International

31 Die gleichen Schwellenwerte gelten gem. § 141 AO für eine steuerrechtliche Buchführungs- und Bilanzierungspflicht.

32 Abgesehen von Einzelkaufleuten i.S.d. § 241a HGB.

33 Gem. §§ 264 Abs. 3, 264b HGB gelten Ausnahmen für bestimmte Tochterkapitalgesellschaften.

34 Der Lagebericht ist nur einzureichen, wenn er auch verpflichtend anzufertigen ist, nicht also von kleinen Kapitalgesellschaften gem. § 264 Abs. 1 S. 3 i.V.m. § 267 HGB.

Financial Reporting Standards“ (IFRS) aufgestellt wurde, vgl. § 325 Abs. 2a HGB. Damit diese Bekanntmachung die Offenlegung des weiterhin verpflichtend zu erstellenden Abschlusses nach HGB ersetzen kann, müssen die Kriterien des § 325 Abs. 2b HGB erfüllt sein.[35]

Unabhängig von der Rechtsform ergeben sich aus dem Publizitätsgesetz zusätzliche Verpflichtungen nach Größenkriterien. Dadurch wird erreicht, dass auch Einzelunternehmen oder Personenhandelsgesellschaften, die wegen ihrer Größe bezogen auf Arbeitnehmerzahl, Gewinn und/oder Bilanzsumme eine besondere volkswirtschaftliche Bedeutung haben, die strengeren Rechnungslegungskriterien von Kapitalgesellschaften befolgen müssen und den Jahresabschluss sowohl durch einen Abschlussprüfer prüfen lassen als auch im elektronischen Bundesanzeiger offen legen müssen, vgl. §§ 1 bis 9 PublG.

Schließlich gelten für bestimmte Rechtsformen ergänzende Regeln für den Jahresabschluss. Im Wesentlichen sind dies für die AG §§ 58, 150 bis 161 AktG zu Rücklagenbildung und Corporate Governance Kodex, §§ 170 bis 174 AktG zu Prüfung durch Aufsichtsrat und Gewinnverwendung sowie der hier betrachtete § 256 AktG zur Nichtigkeit des Jahresabschlusses. Diese kann sich auch aus § 10 PublG für Unternehmen ergeben, die die Größenkriterien des PublG erfüllen.

(2) Steuerrechtliche Rechnungslegungspflicht

Neben der handelsrechtlichen Rechnungslegungspflicht aus §§ 238 ff. HGB existiert eine solche im Steuerrecht. Gem. § 140 AO haben Steuerpflichtige, die nach anderen Gesetzen als den Steuergesetzen buchführungspflichtig sind, diese Pflicht auch für die Besteuerung zu erfüllen. Diese derivative steuerrechtliche Buchführungspflicht knüpft insbesondere an die handelsrechtliche Buchführungspflicht an. Kaufleute i.S.d. HGB müssen folglich gem. § 140 AO die Rechnungslegung gem. §§ 238 ff. GmbH auch für die Besteuerung erfüllen. Freiberufler, die keine Kaufleute sind und daher auch nach dem Handelsrecht nicht zur Buchführung und Jahresabschlusserstellung verpflichtet sind, unterliegen auch steuerrechtlich keiner Buchführungspflicht.[36]

35 Näher dazu BAUMBACH/HOPT, HGB, 34. Aufl., § 325 Rn. 6 ff. sowie ELLROTT/AICHER in: BeBiKo, 7. Aufl., § 325 Rn. 56 ff.

36 § 140 AO greift nicht, und § 141 AO gilt explizit nur für Gewerbetreibende. Der Gewinn von Freiberuflern wird steuerrechtlich durch eine sog. „Einnahmen-Überschuss-Rechnung“ gem. § 4 Abs. 3 EStG ermittelt. Es handelt sich um eine an Zahlungsströmen orientierte vereinfachte Gewinnermittlung. Vgl. dazu SCHEFFLER, Besteuerung II, 2. Aufl., S. 100 ff.

Gem. § 5 Abs. 1 S. 1 EStG haben Gewerbetreibende den Gewinn durch Betriebsvermögensvergleich nach den handelsrechtlichen Grundsätzen ordnungsmäßiger Buchführung zu ermitteln. Sie sind damit verpflichtet, eine Bilanz aufzustellen, die auf der aus §§ 140, 141 AO erforderlichen Finanzbuchführung beruht (sog. Steuerbilanz). § 5 Abs. 1 S. 1 EStG fordert, dass diese nach den handelsrechtlichen Grundsätzen aufzustellen ist, sog. Maßgeblichkeitsprinzip. Dieses Prinzip führt dazu, dass die in der Handelsbilanz geltenden Bilanzierungs- und Bewertungsregeln auch für die Ermittlung des steuerpflichtigen Gewinns heranzuziehen sind, sofern dem nicht eine zwingende steuerliche Bestimmung entgegensteht.[37] Adressat dieser in enger Beziehung zur Handelsbilanz stehenden Steuerbilanz ist der Fiskus, der auf Grundlage des Steuerbilanzgewinns insbesondere die Einkommens- oder Körperschaftsteuer sowie die Gewerbesteuer bemisst.

Da die Steuerbilanz nach den gleichen Grundsätzen wie die Handelsbilanz aufzustellen ist, können diese identisch sein. Zwingende steuerliche Vorschriften, die von den handelsrechtlichen Vorschriften und Wahlrechten abweichen, führen aber dazu, dass die Handels- und Steuerbilanz unterschiedlich ausfallen können. Ein Beispiel sind Drohverlustrückstellungen, die handelsrechtlich gem. § 249 Abs. 1 S. 1 Alt. 2 HGB pflichtgemäß zu bilden sind, während sie steuerrechtlich gem. § 5 IVa EStG nicht gebildet werden dürfen.[38] Handels- und Steuerbilanz können daher auseinander fallen. Falls dies möglich ist, wird in der Praxis eine Einheitsbilanz erstellt. Aufgrund der erläuterten Ausnahmen kommt es aber häufig zu einem zwingenden Auseinanderfallen von handels- und steuerbilanziellem Gewinn.[39] Möglich ist in diesem Fall, den steuerbilanziellen Gewinn ausgehend von der Handelsbilanz durch eine Mehr-oder-Weniger-Rechnung zu ermitteln, vgl. § 60 Abs. 2 S. 1 EStDV. Eine eigenständige Steuerbilanz gem. § 60 Abs. 2 S. 2 EStDV wird in der Praxis aufgrund des Aufwands eher selten bzw. nur von Großunternehmen erstellt.[40]

Eine wesentliche Verbesserung der Aussagekraft der Handelsbilanz wurde durch die Streichung der sog. umgekehrten Maßgeblichkeit im Zuge des Bil-

37 Vgl. SCHEFFLER, Besteuerung II, 2. Aufl., S. 15.

38 Der Grund liegt in rein fiskalischen Interessen, da Rückstellungen im betreffenden Zeitraum zu einer Gewinnminderung führen, folglich den zu versteuernden Gewinn mindern. Letztlich stellen die Rückstellungen aber nur eine Antizipierung des Aufwands dar, der sich in späteren Perioden ausgleicht. Frühere Besteuerung ist aber für den Fiskus wegen Zins- und Liquiditätsvorteilen vorzuziehen. Vgl. SCHEFFLER, Besteuerung II, 2. Aufl., S. 22.

39 Dies wird aufgrund vielfältiger unterschiedlicher Bilanzierungsregeln praktisch der Regelfall sein; so auch ZÜLCH/HOFFMANN, BilMoG, DB 15/09, S. 745 (750, Fn. 13).

40 Vgl. SCHEFFLER, Besteuerung II, 2. Aufl., S. 16.

MoG erreicht. Nach § 5 Abs. 1 S. 2 EStG a.F. waren steuerrechtliche Wahlrechte in Übereinstimmung mit der handelsrechtlichen Jahresbilanz auszuüben. Dies führte dazu, dass bei steuerrechtlichen Wahlrechten die Steuerbilanz für die Handelsbilanz maßgeblich wurde, so dass die zumeist fiskalisch motivierten Steuerbilanzregeln eine Auswirkung auf die handelsrechtliche Rechnungslegung hatten. Die Aussagekraft der Handelsbilanz wurde dadurch verwässert, so dass die Abschaffung der umgekehrten Maßgeblichkeit zu begrüßen ist.[41]

b. Konzernabschluss

Als Konzerne werden Unternehmensgruppen bezeichnet, die zwar aus rechtlich selbständigen, wirtschaftlich aber voneinander abhängigen Unternehmen bestehen.[42] Es handelt sich bei Konzernen damit um wirtschaftliche Einheiten.[43] Jedes der selbständigen Unternehmen ist nach den Vorschriften der §§ 238 ff. HGB zur Erstellung des Einzelabschlusses verpflichtet. Dieser kann aber in seiner Aussagefähigkeit beschränkt sein, da die Beteiligungsverhältnisse und bestehende gegenseitige Verpflichtungen zwischen Mütter- und Töchterunternehmen anders als zwischen fremden Dritten behandelt werden. Um den Konzern als wirtschaftliche Einheit beurteilen zu können, bedarf es des Konzernabschlusses, der diese Verflechtungen ausblendet. Dieser besteht gem. § 297 Abs. 1 HGB aus

41 Eine Beeinträchtigung der Aussage der Handelsbilanz ergab sich insbesondere, wenn das steuerrechtliche Wahlrecht auf einem Lenkungszweck der Besteuerung beruhte, so z. B. bei Sonderabschreibungen gem. §§ 7a ff EStG. Durch die umg. Maßgeblichkeit kam es zu GoB-widrigen Wertansätzen in der Handelsbilanz, die durch die sog. Öffnungsklauseln der §§ 247 Abs. 3, 254, 273, 279 Abs. 2, 280 Abs. 2, 281 HGB a.F. erst ermöglicht wurden. Der Grund für dieses Konstrukt lag für den Gesetzgeber offenbar in einer faktischen Ausschüttungssperre: Wird durch eine Sonderabschreibung eine Steuerstundung erreicht, soll die gestundete Steuer nicht ausgeschüttet werden können, damit für die in späteren Jahren relativ erhöhte Steuerlast genügend Liquidität im Unternehmen vorhanden ist. Diese Konstruktion schoss aber über zu Ungunsten der Unternehmen über ihr Ziel hinaus, da die Ausschüttung um die Gewinnstundung reduziert wird und nicht nur um die darauf entfallenden Steuern. Das Problem wird nunmehr gem. § 274 Abs. 1 HGB durch eine Rückstellung für latente Steuern gelöst, die gerade die Höhe der voraussichtlichen Steuerbelastung beträgt und so zu einer Ausschüttungssperre in der angemessenen Höhe führt. Streitig ist nunmehr, ob handels- und steuerrechtliche Wahlrechte nunmehr völlig getrennt voneinander ausgeübt werden können, da keine übereinstimmende Ausübung mehr verlangt wird. Vgl. dazu FÖRSTER/SCHMIDTMANN, BilMoG, BB 25/09, S. 1342 (1343 f.), die für ein Fortgelten der formellen Maßgeblichkeit sind, anders jedoch das BMF mit BMF-Schreiben v. 12.3.10 - IV C 6 - S 2133/09/10001, DB 12/10, S. 642.

42 Vgl. BAETGE/KIRSCH/THIELE, Konzernbilanzen, 9. Aufl., S. 1.

43 Vgl. WÖHE, Einführung in die BWL, 23. Aufl., S. 868.

einer Konzernbilanz, der Konzern-Gewinn- und Verlustrechnung, dem Konzernanhang, der Kapitalflussrechnung und dem Eigenkapitalspiegel.

Die Aufstellungspflicht für einen Konzernabschluss ergibt sich aus § 290 HGB, der nur für Kapitalgesellschaften und haftungsbeschränkte Personenhandelsgesellschaften gilt.[44] Danach haben Mutterunternehmen einen Konzernabschluss und Konzernlagebericht aufzustellen, sobald ein hierarchisches Verhältnis zwischen dem Mutterunternehmen und einem Tochterunternehmen besteht. § 290 HGB definiert die Kriterien, die zur Aufstellungspflicht gegeben sein müssen. Dieses ist im Wesentlichen das Erfordernis einer Beherrschungsmöglichkeit durch das Mutterunternehmen. Zur Konkretisierung normiert § 290 Abs. 2 HGB die Tatbestände, die eine solche Beherrschungsmöglichkeit ergeben; insbesondere Stimmrechtsmehrheit.[45] Da auch ein Tochterunternehmen seinerseits wieder Mutterunternehmen sein kann, ergeben sich weit verzweigte Konzerne, für die unter den Voraussetzungen des § 291 HGB ein gemeinsamer Konzernabschluss aufgestellt werden kann.

Die §§ 290 bis 315a HGB regeln, wie durch Konsolidierung der Einzelabschlüsse der Unternehmen des Konzerns der Konzernabschluss erstellt wird. Seit Einführung des § 315a HGB durch das BilReG[46] vom 4.12.2004 sind bestimmte Konzerne verpflichtet, den Konzernabschluss nach den IFRS aufzustellen (International Financial Reporting Standards). Die Kriterien ergeben sich aus der IAS-VO[47]. Wesentliches Kriterium ist die Zulassung von Wertpapieren des Unternehmens an einem geregelten Markt.[48] Gem. § 315a Abs. 2 HGB gilt die Pflicht auch für Unternehmen, die die Zulassung der Wertpapiere am Markt beantragt haben.[49] Für nicht erfasste Mutterunternehmen, die gem. § 290 HGB einen Konzernabschluss aufzustellen haben, gilt gem. § 315a Abs. 3 HGB ein Wahlrecht, diesen nach den IFRS aufzustellen.

---

44 Er befindet sich im Zweiten Abschnitt des Dritten Buches des HGB, der nur für diese Gesellschaften gilt, §§ 264 bis 335 HGB.

45 Das vor BilMoG neben dem Control-Konzept bestehende Konzept der einheitlichen Leitung, § 290 Abs. 1 HGB a.F. wurde aufgehoben. Nunmehr wird die Konzernrechnungslegungspflicht ausschließlich nach dem –modifizierten- Control-Konzept bestimmt; zu Einzelheiten siehe KESSLER/LEINEN/STRICKMANN, HB BilMoG, S. 554 ff.

46 BilReG v. 4.12.2004, BGBl. I S. 3166.

47 Verordnung (EG) Nr. 1606/2002 des Europäischen Parlaments und des Rates vom 19. Juli 2002 betreffend die Anwendung internationaler Rechnungslegungsstandards, ABl. EG Nr. L 243 S. 1.

48 Vgl. BAUMBACH/HOPT, HGB, 34. Aufl., § 315a Rn. 3 ff. sowie KOZIKOWSKI/RITTER in: BeBiKo, 7. Aufl., § 315a Rn. 3 f.

49 Zulassung eines Wertpapiers i.S.d. § 2 Abs. 1 S. 1 WpHG zum Handel an einem organisierten Markt i.S.d. § 2 Abs. 5 WpHG, vgl. § 315a Abs. 2 HGB.

Der Konzernabschluss als Teil des externen Rechnungswesens ist gem. § 325 Abs. 3 HGB ebenso offen zu legen wie Einzelabschlüsse. Die Prüfungspflicht ergibt sich aus § 316 Abs. 2 HGB.

Für Personenhandelsgesellschaften, die unter das PublG fallen, folgt eine Pflicht zur Konzernabschlusserstellung aus §§ 11 ff. PublG, die auch die Prüfung und Offenlegung umfasst, §§ 14 und 15 PublG.

3. Zwecke und Grundsätze der handelsrechtlichen Rechnungslegung

a. Jahresabschlusszwecke und -funktionen

Wie oben erläutert ist der Jahresabschluss als Bestandteil des externen Rechnungswesens ein Informationsinstrument für sowohl unternehmensinterne als auch unternehmensexterne Adressaten. Neben dieser Funktion hat der Jahresabschluss aber weitere Funktionen, die mit den Zwecken der Rechnungslegung verknüpft sind.

Aus der Pflicht zur Buchführung gem. § 238 HGB für den Kaufmann folgt, dass alle Geschäftsvorfälle nachvollziehbar dokumentiert werden. Diese Geschäftsvorfälle münden in den Jahresabschluss, dessen Zweck damit auch in der Dokumentation liegt.[50] Diese führt schließlich zu einer zwangsweisen Selbstinformation der Kaufleute, deren Maß durch die zwingenden Vorschriften vorgegeben wird.

Weiterer gesellschaftsrechtlich bedeutsamer Zweck ist der der Rechenschaft. Der Jahresabschluss dient dazu, den geschäftsführenden Organen die pflichtgemäße Rechenschaft gegenüber den (Mit-)Gesellschaftern zu ermöglichen und zu standardisieren. Diese Pflicht ergibt sich für die AG aus § 91 AktG.

Ein weiterer Zweck, aus dem die wesentlichen Grundsätze der handelsrechtlichen Rechnungslegung resultieren, ist die Kapitalerhaltung. Ziel der handelsrechtlichen Konzeption ist dabei die Erhaltung des Nominalkapitals, so dass es sich um sog. nominelle Kapitalerhaltung handelt.[51] Durch Gegenüberstellung von Vermögen und Schulden ergibt sich das Eigenkapital, dessen Veränderung den Gewinn bzw. Verlust darstellt. Ein Gewinn ist damit nach handelsrechtlichen Grundsätzen jeweils nur gegeben, wenn am Ende des Jahresabschlusszeitraums mehr Eigenkapital als das Nominalkapital vorhanden ist. Im Gegensatz

---

50 Vgl. BAETGE/KIRSCH/THIELE, Bilanzen, 11. Aufl., S. 92 f. und WÖHE, Einführung in die BWL, 23. Aufl., S. 701 f.

51 Vgl. WINNEFELD, Bilanz-Handbuch, 4. Aufl., C Rn. 11 sowie BAETGE/KIRSCH/THIELE, Bilanzen, 11. Aufl., S. 99.

zum Konzept der realen Kapitalerhaltung wird aber im Rahmen der nominellen Kapitalerhaltung eine Geldentwertung/Inflation nicht berücksichtigt. Durch Inflation sinkt die Kaufkraft des Nominalkapitals, so dass in der Betrachtungsweise einer realen Kapitalerhaltung sog. Scheingewinne ausgewiesen werden.[52] Das Handelsrecht folgt aber der Nominalkapitalerhaltung, da nur diese objektiv nachprüfbar ist.[53]

Die Erhaltung des Nominalkapitals dient einerseits den Gesellschaftern, andererseits Dritten, insbesondere Gläubigern des Unternehmens. Die Gesellschafter einer Personenhandelsgesellschaft können jederzeit Kapital aus der Gesellschaft entnehmen.[54] Durch den Jahresabschluss und dessen Ergebnis wird ihnen aber deutlich, ab wann sie über den Jahreserfolg hinaus Kapital entnehmen. Aufgrund der persönlich unbeschränkten Haftung den Gläubigern gegenüber ist diese Information für Gesellschafter von Personenhandelsgesellschaften (mit Ausnahme der Kommanditisten einer KG) daher wichtig, und ermöglicht ihnen, im eigenen Interesse korrekt zu handeln.

Für Gesellschafter von Kapitalgesellschaften ist eine Entnahme dagegen nicht möglich. Vielmehr bedarf es einer Ausschüttung des handelsbilanziell ermittelten Gewinns gem. § 29 GmbHG bzw. §§ 58 Abs. 4, 60, 174 AktG. Der Jahresabschluss von Kapitalgesellschaften übt damit eine Ausschüttungsbemessungsfunktion aus. Die handelsrechtlichen Vorschriften führen zu einer Ermittlung eines periodengerechten ausschüttbaren Gewinns, nach dessen Ausschüttung in jedem Fall das Nominalkapital erhalten bleibt. Dadurch wird unmittelbar auch den Gläubigern gedient, indem das Haftungskapital geschützt wird. So wird dem Gläubigerschutz Rechnung getragen.

---

52 Wenn z.B. ein Handelsgut, das für 80 eingekauft wurde, also mit 80 im Vorrat aktiviert ist, für 100 verkauft wird, ergibt sich ein nomineller Gewinn von 20. Ist der Einkaufspreis des Gutes zwischenzeitlich auf 85 gestiegen, ergäbe sich ein realer Gewinn von bloß 15. Im nominellen Gewinn wird folglich ein Scheingewinn von 5 ausgewiesen und kann ausgeschüttet werden. Das nominelle Kapital von 80 wurde erhalten, für das gleiche Gut wären aber nun 85 zu zahlen, so dass nach realer Kapitalerhaltung nur 15 hätten ausgeschüttet werden dürfen; vgl. dazu WINNEFELD, Bilanz-Handbuch, 4. Aufl., C Rn. 11.

53 Vgl. BAETGE/KIRSCH/THIELE, Bilanzen, 11. Aufl., S. 99. Das Konzept der nominellen Kapitalerhaltung ist auch deswegen vorzuziehen, weil die Geldwertstabilität in Deutschland genügend ist, so dass eine reale Kapitalerhaltung nicht notwendig ist.

54 Eine gesetzliche Beschränkung existiert für Personengesellschaften nicht. Die Gesellschafter müssen sich nur untereinander einig sein, da das jeweilige Vermögen gemeinschaftliches Vermögen der Gesellschafter als Gesamthandsvermögen darstellt, § 718 Abs. 1 BGB, § 122 Abs. 2 i.V.m. § 105 Abs. 3 HGB. Zum Begriff des Gesamthandsvermögens siehe PALANDT, BGB, 69. Aufl., § 903 Rn. 3. Kommanditisten sind zu Entnahmen nicht berechtigt, vgl. § 169 HGB.

Zusammenfassend sind die Zwecke bzw. Funktionen des Jahresabschlusses die Information durch Dokumentation, Rechenschaftslegung, nominelle Kapitalerhaltung, Ausschüttungsbemessung und Gläubigerschutz.

Der Konzernabschluss stellt lediglich die Einzelabschlüsse in konsolidierter Form zusammen. Er ist weder handelsrechtlich für die Ausschüttungsbemessung noch für steuerrechtliche Bemessungsgrundlagen relevant. Der Konzernabschluss ist damit reines Informationsmittel für Unternehmen, share- und stakeholder.[55] Gleiches gilt für einen freiwillig aufgestellten IFRS-Einzelabschluss gem. § 325 Abs. 2a HGB.

b. Grundsätze der handelsrechtlichen Rechnungslegung

Damit den genannten Zielen Rechnung getragen werden kann, bedarf es zwingender Grundsätze, denen die handelsrechtliche Rechnungslegung folgen muss.

Gem. § 238 Abs. 1 S. 1 HGB sind die Bücher nach den „Grundsätzen ordnungsmäßiger Buchführung" (GoB) zu führen. Der Jahresabschluss ist gem. § 243 Abs. 1 bzw. § 264 Abs. 2 S. 1 HGB nach den GoB aufzustellen. Bei dem Begriff GoB handelt es sich um einen unbestimmten Rechtsbegriff. So ist gewährleistet, dass die Rechnungslegung nicht über die Zeit starren Regeln folgt, die nur durch Gesetzesänderungen angepasst werden können, sondern dass sich der Inhalt des Rechtsbegriffs ändern kann. Ferner ist es nicht möglich, dass die handelsrechtlichen Ansatz- und Bewertungsregeln sämtliche denkbaren bilanzierungsfähigen bzw. -pflichtigen Sachverhalte detailliert regeln, so dass auf allgemeine Grundsätze zurückgegriffen werden muss.

Die GoB sollen die gesetzlichen Einzelvorschriften sowohl konkretisieren als auch ergänzen.[56] Die Konkretisierung des unbestimmten Rechtsbegriffs GoB erfordert ein System zu deren Gewinnung und Bestimmung. Vielfach handelt es sich zum Teil um Gewohnheitsrecht und Handelsbrauch[57], seit dem BiRiLiG sind GoB aber insbesondere in § 252 HGB kodifiziert. Zielführend zur Auslegung des Begriffs der GoB ist die sog. Hermeneutik.[58] Dies ist in diesem Zu-

---

55 Vgl. WÖHE, Einführung in die BWL, 23. Aufl., S. 868; BAETGE/KIRSCH/THIELE, Konzernbilanzen, 9. Aufl., S. 39 ff.

56 Vgl. BAETGE/KIRSCH/THIELE, Bilanzen, 11. Aufl., S. 102.

57 Vgl. BAUMBACH/HOPT, HGB, 34. Aufl., § 238 Rn. 11.

58 Andere Methoden sind Induktion und Deduktion. Erstere erfasst die Ansichten ordentlicher und ehrenwerter Kaufleute. Diese Gewinnung ist abzulehnen, da die Kaufleute selbst die Verpflichteten sind und somit die Gestaltung und Entwicklung der GoB im Eigeninteresse beeinflussen könnten. Deduktion beschreibt die Gewinnung nach dem Zweck der Vorschrift. Diese allein führt aber aufgrund vielfältiger Zwecke nicht zwangsläufig zum Ziel. Deduktion ist aber im System der Hermeneutik im Rahmen der teleologischen Auslegung enthalten.

sammenhang die übliche juristische Methode der Auslegung von Gesetzen, die die grammatische, historische, teleologische sowie logisch-systematische Auslegung umfasst.[59]

Die Generalklauseln für den Jahresabschluss sind § 243 Abs. 1 HGB (Aufstellung nach den GoB) für alle Kaufleute, sowie § 264 Abs. 2 S. 1 HGB für Kapitalgesellschaften und haftungsbeschränkte Personenhandelsgesellschaften: „Der Jahresabschluss hat unter Beachtung der Grundsätze ordnungsmäßiger Buchführung ein den tatsächlichen Verhältnissen entsprechendes Bild der Vermögens-, Finanz- und Ertragslage der Kapitalgesellschaft zu vermitteln." Dieses Ziel (sog. „true and fair view") steht über den Einzelregelungen und ist bei der Auslegung dieser heranzuziehen.[60]

Die GoB können in formelle und materielle Grundsätze gegliedert werden. Die formellen Grundsätze beziehen sich auf die Dokumentation, die materiellen Grundsätze unmittelbar auf das Zahlenwerk, d.h. Ansatz- und Bewertungsvorschriften.[61] Die wichtigsten formellen GoB sind die der Bilanzklarheit und -übersichtlichkeit (§ 243 Abs. 2 HGB). Als wichtigste materielle GoB gelten die der Vollständigkeit und Richtigkeit (§§ 239 Abs. 2, 246 Abs. 1 HGB). Diesen dienen der Grundsatz der Bilanzidentität (§ 252 Abs. 1 Nr. 1 HGB), das Saldierungsverbot (§ 246 Abs. 2 S. 1 HGB), das Stichtagsprinzip (§§ 242 Abs. 1 S. 1, 252 Abs. 1 Nr. 3 HGB) u.a.[62]

Bedeutsam für die handelsrechtliche Rechnungslegung sind insbesondere die Bewertungsgrundsätze der §§ 252 ff. HGB. § 252 Abs. 1 HGB kodifiziert tragende Grundsätze der handelsrechtlichen Rechnungslegung: Nach dem Fortführungsprinzip, sog. Going-concern-Prämisse (Nr. 2), hat die Bewertung unter der Annahme zu erfolgen, dass das Unternehmen fortgeführt wird. Gegensatz wäre eine Bewertung zu Zerschlagungswerten. Das Einzelbewertungsprinzip (Nr. 3) fordert die einzelne Bewertung der Vermögensgegenstände und Schulden, daraus ergibt sich auch das Saldierungsverbot des § 246 Abs. 2 S. 1 HGB. Ferner ergibt sich aus § 252 Abs. 1 Nr. 3 das Stichtagsprinzip, nach dem die am Bilanzstichtag vorliegenden objektiven Verhältnisse maßgebend sind. Nr. 4 kodifiziert das Vorsichtsprinzip, das das Realisations- und Imparitätsprinzip umfasst. Diese Prinzipien sind bedeutsam für die Kapitalerhaltung und den Gläubigerschutz:

---

59 Vgl. BAETGE/KIRSCH/THIELE, Bilanzen, 11. Aufl., S. 105; WINNEFELD, Bilanz-Handbuch, 4. Aufl., D Rn. 1 sowie zu den Auslegungskriterien LARENZ, Methodenlehre, 6. Aufl., S. 320 ff.

60 Vgl. BAUMBACH/HOPT, HGB, 34. Aufl., § 264 Rn. 9.

61 Vgl. BAETGE/KIRSCH/THIELE, Bilanzen, 11. Aufl., S. 103.

62 Siehe zu allen Prinzipien z.B. die Auflistung bei WÖHE, Einführung in die BWL, 23. Aufl., S. 728 ff. oder WINNEFELD, Bilanz-Handbuch, 4. Aufl., D Rn. 10 ff.

Erträge sind erst auszuweisen, wenn sie tatsächlich realisiert sind, Verluste hingegen bereits dann, wenn sie vorhersehbar sind und zum Abschlussstichtag entstanden, wenn auch noch nicht realisiert sind. Damit verbunden ist das Wertaufhellungsprinzip: Maßgeblich sind die Verhältnisse zum Abschlussstichtag. Wertaufhellende Erkenntnisse sind bezüglich Verlusten und Risiken aber auch zu berücksichtigen, wenn sie erst nach dem Abschlussstichtag bekannt geworden sind, vgl. § 252 Abs. 1 Nr. 4 Hs. 1 HGB. Aufgrund des Stichtagsprinzips können allerdings nur solche Erkenntnisse berücksichtigt werden, die bereits am Stichtag vorhanden waren, aber noch nicht sichtbar bzw. erkennbar waren. Informationen, die sich auf Gegebenheiten beziehen, die sich erst nach dem Stichtag ereignet haben (sog. wertbegründende Informationen), dürfen daher nicht berücksichtigt werden.[63]

§ 252 Abs. 1 Nr. 5 HGB kodifiziert das Prinzip der periodengerechten Gewinnermittlung: Entscheidend für die bilanzielle Erfassung sind nicht Aus- und Einzahlungen, sondern Aufwendungen und Erträge, also periodisierte Ausgaben und Einnahmen.[64] In § 252 Abs. 1 Nr. 6 HGB ist schließlich das Prinzip der Bewertungsstetigkeit kodifiziert, nach dem Bewertungsmethoden beizubehalten sind, damit eine Vergleichbarkeit der Jahresabschlüsse verschiedener Geschäftsjahre gewährleistet ist.[65]

Eng mit dem Realisationsprinzip verbunden ist das Anschaffungs- und Herstellungskostenprinzip, das in § 253 Abs. 1 S. 1 HGB kodifiziert ist. Danach sind Vermögensgegenstände höchstens mit den Anschaffungs- oder Herstellungskosten zu bewerten. Ein über die Anschaffungskosten hinausgehender Wert kann daher erst bilanziell erfasst werden, wenn er realisiert wurde.[66] § 253 HGB regelt die Zugangs- und Folgebewertung der Vermögensgegenstände und enthält das sog. Niederstwertprinzip. Zweck dieses Prinzips ist, aus Gläubigerschutzgesichtspunkten Verluste zu antizipieren, die voraussichtlich in der Zu-

63 Vgl. dazu WINNEFELD, Bilanz-Handbuch, 4. Aufl., E Rn. 240 sowie BAETGE/KIRSCH/THIELE, Bilanzen, 11. Aufl., S. 120.

64 Vgl. zu den Begriffspaaren oben, Fn. 27.

65 Im Rahmen des BilMoG wurde die Sollvorschrift in eine zwingende Vorschrift geändert. Auch zur alten Fassung wurde jedoch zutreffend vertreten, dass nur gem. § 252 Abs. 2 HGB eine Abweichung zulässig war, vgl. KESSLER/LEINEN/STRICKMANN, HB BilMoG, S. 226 f.

66 Die Absicht, eine Bewertung über den Anschaffungskosten für zu Handelszwecken erworbene Finanzinstrumente entsprechend der fair-value-Bewertung nach IFRS zuzulassen, wurde im Gesetzgebungsverfahren des BilMoG aufgegeben und nur für Kreditinstitute übernommen, § 340e Abs. 3 HGB, ERNST/SEIDLER, BB 15/09, S. 766 (767). Bewertung nach „beizulegendem Zeitwert“ gem. § 255 Abs. 4 HGB, der nun lediglich für Anhangsangaben von Bedeutung ist.

kunft durch Vermögensminderungen zu erwarten sind.[67] Das Niederstwertprinzip folgt damit dem Imparitätsprinzip. Gem. § 253 Abs. 3 HGB sind auf abnutzbare Vermögensgegenstände des Anlagevermögens planmäßige Abschreibungen vorzunehmen, die zur Verteilung der Aufwendungen auf die Nutzungsdauer dienen und dadurch der periodengerechten Gewinnermittlung Rechnung tragen. Bezüglich außerplanmäßiger Abschreibungen wird zwischen Vermögensgegenständen des Anlagevermögens und des Umlaufvermögens unterschieden. Auf alle Vermögensgegenstände des Anlagevermögens sind gem. § 253 Abs. 3 S. 3 HGB außerplanmäßige Abschreibungen verpflichtend vorzunehmen, wenn der beizulegende Wert voraussichtlich dauerhaft niedriger ist als der Buchwert.[68] Für Finanzanlagen besteht gem. § 253 Abs. 3 S. 4 HGB das Wahlrecht, diese auch bei nur vorübergehender Wertminderung außerplanmäßig abzuschreiben.[69]

Für Vermögensgegenstände des Umlaufvermögens gilt hingegen das strenge Niederstwertprinzip: Gem. § 253 Abs. 4 HGB sind diese stets außerplanmäßig abzuschreiben, wenn sich ein niedrigerer Börsen- oder Marktpreis bzw. beizulegender Wert am Abschlussstichtag ergibt, unabhängig davon ob voraussichtlich von Dauer oder nicht.[70] Da Umlaufvermögen in der Regel kürzer im Unternehmen verbleibt, wird dem Vorsichts- und Imparitätsprinzip nur Rechnung getragen, wenn auch voraussichtlich vorübergehende Wertminderungen zu einem antizipierten Verlust führen, denn ein Ausgleich ist im Gegensatz zur Situation bei Anlagevermögen nicht zu erwarten.

---

67 Vgl. WINNEFELD, Bilanz-Handbuch, 4. Aufl., E Rn. 225.

68 Ggf. nach Vornahme der planmäßigen Abschreibungen. Der Begriff des „beizulegenden Werts" i.S.d. § 253 HGB ist für den Einzelfall vor dem Hintergrund des Imparitätsprinzips zu bestimmen. Zu seiner Bestimmung kommen der Veräußerungswert, der Wiederbeschaffungswert oder der Ertragswert in Betracht, wenn ein Markt fehlt; vgl. KOZIKOWSKI/ROSCHER/SCHRAMM, BeBiKo, 7. Aufl., § 253 Rn. 307 ff.; BAETGE/KIRSCH/THIELE, Bilanzen, 11. Aufl., S. 206 ff.

69 Vor Geltung des BilMoG galt diese Regelung nur für Kapitalgesellschaften; andere Unternehmen konnten jegliche Anlagegegenstände auch bei nur vorübergehender Wertminderung wahlweise außerplanmäßig abschreiben; siehe dazu KESSLER/LEINEN/STRICKMANN, HB BilMoG, S. 197 ff.; KOZIKOWSKI/ROSCHER/SCHRAMM, BeBiKo, 7. Aufl., § 253 Rn. 350 f.

70 Die Unterscheidung zwischen Anlage- und Umlaufvermögen ergibt sich aus § 247 Abs. 2 HGB: Anlagevermögen sind die Gegenstände, die dazu bestimmt sind, dauernd dem Geschäftsbetrieb zu dienen, vgl. zur Unterscheidung BAUMBACH/HOPT, HGB, 34. Aufl., § 247 Rn. 4 f.

Für alle Vermögensgegenstände gilt gem. § 253 Abs. 5 S. 1 HGB ein Zuschreibungsgebot, wenn die Wertminderung nicht mehr besteht.[71]

Durch diese Regelungen wird deutlich, dass die Jahresabschlusszwecke teilweise konterkarieren: Vor dem Hintergrund des Vorsichts- und Imparitätsprinzips scheint eine zu niedrige Bewertung von Vermögensgegenständen durch unterlassene Wertaufholung oder willkürlich gebildete stille Reserven zunächst unbedenklich. Der nominellen Kapitalerhaltung und damit dem Gläubigerschutz wird sogar über Gebühr Rechnung getragen. Verletzt wird aber die Ausschüttungsbemessungsfunktion: Die Anteilseigner, die selbst keinen Einfluss auf die Ausübung von Wahlrechten der Bilanzierung haben, sind darauf angewiesen, dass ein ausschüttbarer Gewinn bilanziell ermittelt wird, damit sie einen Anspruch auf Auszahlung ihres Gewinnanteils haben. Einerseits muss durch die Rechnungslegungsvorschriften also gewährleistet sein, dass der Jahresabschluss ein möglichst zutreffendes Bild von der Lage des Unternehmens gem. der Generalklausel des § 264 Abs. 2 S. 1 HGB zeichnet, das insbesondere nicht zu positiv ist. Andererseits muss den Anteilseignern auch ermöglicht werden, den ihnen zustehenden Gewinnanteil zu erhalten.

Die leitenden Organe der Kapitalgesellschaften haben ein Interesse daran, die Lage ihres Unternehmens möglichst positiv darzustellen, um Anteilseigner zu gewinnen und am Markt zu bestehen. Dies muss zur Kapitalerhaltung und Erreichung des Gläubigerschutzes begrenzt werden. Die Anteilseigner müssen aber davor geschützt werden, durch übermäßige Bildung stiller Reserven um ihre rechtmäßige und rechtzeitige Ausschüttung gebracht zu werden. Dazu kommt, dass aufgrund des Maßgeblichkeitsprinzips der ausgewiesene Gewinn die steuerliche Bemessungsgrundlage bedingt. Während der Fiskus am Ausweis eines hohen Gewinns interessiert ist, ist das Unternehmen diesbezüglich darauf bedacht, aus Zins- und Liquiditätsgründen den Gewinnausweis in die Zukunft zu verschieben.

---

71 Nach altem Recht galt dies nur für Kapitalgesellschaften. Das Zuschreibungsverbot auf den Geschäfts- oder Firmenwert gem. § 253 Abs. 5 S. 2 HGB stellt eine Ausnahme dar. Der Geschäfts- oder Firmenwert ist jedoch auch kein Vermögensgegenstand, sondern ist gem. § 246 Abs. 1 S. 4 HGB lediglich so zu behandeln. Nach altem Recht war dieser als Bilanzierungshilfe aktivierungsfähig, § 255 Abs. 4 HGB a.F.

4. Jahresabschlussprüfung

a. Gesetzliche Prüfungspflicht

Gem. § 316 Abs. 1 HGB sind Jahresabschluss und Lagebericht von Kapitalgesellschaften, die nicht kleine i.S.d. § 267 Abs. 1 HGB sind, durch einen Abschlussprüfer zu prüfen. Gem. § 316 Abs. 1 S. 2 HGB kann der Jahresabschluss erst festgestellt werden, wenn die Abschlussprüfung stattgefunden hat. Gegenstand und Umfang der Prüfung ergibt sich aus § 317 HGB. Danach hat sich die Jahresabschlussprüfung darauf zu erstrecken, ob die gesetzlichen Vorschriften und sie ergänzende Bestimmungen des Gesellschaftsvertrags oder der Satzung beachtet worden sind.

Abschlussprüfer können gem. § 319 Abs. 1 HGB nur Wirtschaftsprüfer oder Wirtschaftsprüfungsgesellschaften sein. Mittelgroße Gesellschaften i.S.d. § 267 Abs. 2 HGB können auch von vereidigten Buchprüfern bzw. Buchprüfungsgesellschaften geprüft werden, vgl. § 319 Abs. 1 S. 2 HGB.

b. Ziel und Zweck der Jahresabschlussprüfung

Da der Jahresabschluss share- und stakeholdern bzw. der interessierten Öffentlichkeit als Informationsinstrument dient, muss gewährleistet sein, dass die geltenden Rechnungslegungsregeln beachtet werden, damit die Verlässlichkeit der Quelle gegeben ist. Die Jahresabschlussprüfung ist eines der Instrumente der Überwachung der Rechnungslegung. Im Vergleich zu anderen Instrumenten zur Überwachung der Rechnungslegung, auf die später eingegangen wird, ist Wesen der Abschlussprüfung die Prüfung durch einen unternehmensexternen, unabhängigen Dritten.

Zweck der Jahresabschlussprüfung ist die Überprüfung der Gesetzes- und Ordnungsmäßigkeit der Rechnungslegung. Das Ziel der Prüfung der Buchführung und des Jahresabschlusses liegt gem. § 317 Abs. 1 S. 3 HGB darin, zu einem Urteil darüber zu gelangen, ob die entsprechenden Vorschriften, Konventionen und Standards eingehalten worden sind.[72] Gegenstand der Prüfung ist entgegen einiger Erwartungen in der Öffentlichkeit nicht die Ordnungsmäßigkeit der Geschäftsführung oder die Beurteilung der wirtschaftlichen Verhältnisse der Gesellschaft.[73] Auch der Umfang der Prüfung ist dahingehend beschränkt, dass nur Unrichtigkeiten und Verstöße, die sich auf die gem. § 264 Abs. 2 HGB geforderte Vermittlung eines Bildes der Vermögens-, Finanz- und Ertragslage des Unternehmens *wesentlich* auswirken, bei gewissenhafter Berufsausübung er-

72 Vgl. BAUMBACH/HOPT, HGB, 34. Aufl., § 317 Rn. 3 f.

73 Vgl. FÖRSCHLE/ALMELING in: BeBiKo, 7. Aufl., § 317 Rn. 10 ff.

kannt werden können.[74] Ziel kann also weder eine lückenlose Prüfung der Buchführung und des gesamten Jahresabschlusses sein, noch eine umfassende Rechts- und Wirtschaftlichkeitsprüfung.[75] Vielmehr muss die Prüfung so angelegt sein, dass Verstöße gegen Rechnungslegungsvorschriften mit hinreichender Sicherheit aufgedeckt werden können.[76] Der einzige Bereich, in dem die Abschlussprüfung auch auf die wirtschaftliche Lage und Entwicklung des Unternehmens eingeht, ist die Prüfung des Lageberichts gem. § 317 Abs. 2 HGB darauf, ob dieser insgesamt eine zutreffende Vorstellung von der Lage des Unternehmens vermittelt sowie Chancen und Risiken der künftigen Entwicklung zutreffend darstellt.

Zur Sicherstellung des Anspruchs der Unabhängigkeit des Abschlussprüfers als unternehmensexterner Dritter normieren die §§ 319, 319a sowie 319b HGB Ausschlussgründe für möglicherweise befangene Wirtschaftsprüfer. Gem. § 319 Abs. 2 HGB sind Wirtschaftsprüfer bzw. vereidigte Buchprüfer bereits von der Prüfung ausgeschlossen, wenn die Besorgnis der Befangenheit besteht. § 319 Abs. 3 HGB nennt konkrete Ausschlussgründe wie insbesondere die Mitwirkung an der Führung der Bücher oder der Erstellung des Jahresabschlusses sowie Grenzen für den Anteil der Einnahmen aus der Abschlussprüfung eines Unternehmens über fünf Jahre. Dadurch soll verhindert werden, dass der Abschlussprüfer in eine finanzielle Abhängigkeit gerät. §§ 319a und 319b HGB verschärfen diese Tatbestände für die Prüfung kapitalmarktorientierter Unternehmen und Netzwerke von Wirtschaftsprüfern.

Als Ergebnis der Abschlussprüfung resultiert der Prüfungsbericht gem. § 321 HGB, ggf. ergänzt um einen sog. Management Letter. Adressaten des Prüfungsberichts sind unternehmensinterne Stellen. Hauptadressat des Prüfungsberichts ist bei der AG der Aufsichtsrat.[77] Der in der Praxis inzwischen übliche Management Letter ist nicht Bestandteil des Prüfungsberichts, sondern erhält ergänzende Informationen, die nicht zu den Pflichtbestandteilen des Prüfungsberichts gem. § 321 HGB gehören, aber aus Anlass der Prüfung für die Unternehmenslei-

---

74 Vgl. § 317 Abs. 1 S. 3 HGB.

75 Vgl. BAUMBACH/HOPT, HGB, 34. Aufl., § 317 Rn. 4 f. sowie FÖRSCHLE/ALMELING in: BeBiKo, 7. Aufl., § 317 Rn. 7.

76 Sog. risikoorientierter Prüfungsansatz, vgl. dazu ausführlich FÖRSCHLE/ALMELING in: BeBiKo, 7. Aufl., § 317 Rn. 100 ff. und IDW, WP-Handbuch 2006, Band I, 13. Aufl., R Rn. 1 ff.

77 Vgl. IDW, WP-Handbuch 2006, Band I, 13. Aufl., Q Rn. 29 f. Bei AG erteilt der Aufsichtsrat gem. § 111 Abs. 2 S. 3 AktG den Prüfungsauftrag, so dass diesem gem. § 321 Abs. 5 S. 2 HGB der Prüfungsbericht vorzulegen ist; vgl. dazu - WINKELJOHANN/POULLIE in: BeBiKo, 7. Aufl., § 321 Rn. 130 ff.

tung geeignet erscheinen.[78] Für unternehmensexterne Adressaten ist der Prüfungsbericht nicht bestimmt, da dessen Inhalt auch vertrauliche Daten enthält. Insbesondere ist gem. § 321 Abs. 1 S. 3 HGB über bestandsgefährdende Tatsachen sowie Verstöße gegen gesetzliche Vorschriften zu berichten. Die öffentliche Zugänglichkeit des Prüfungsberichts könnte im Falle derart sensibler Informationen eine mögliche kritische Situation des Unternehmens z.B. durch Kreditkündigungen bis hin zur Insolvenz verschärfen (sog. selffulfilling prophecy). Dennoch sind Fremdkapitalgeber in der Praxis oftmals vertraglich zur Einsichtnahme des Prüfungsberichts berechtigt. Eine pflichtgemäße Offenlegung erfolgt nur in den Fällen des § 321a HGB, bei Eröffnung eines Insolvenzverfahrens bzw. deren Ablehnung mangels Masse.[79]

Das für die Öffentlichkeit bestimmte Ergebnis der Abschlussprüfung findet sich im Bestätigungsvermerk gem. § 322 HGB. Dieser fasst lediglich formelhaft das Prüfungsergebnis dahingehend zusammen, ob er uneingeschränkt erteilt, eingeschränkt oder versagt wird. Für die Formulierung der möglichen Formen des Bestätigungsvermerks existieren Vorschläge bzw. Beispiele, die vom Institut der Wirtschaftsprüfer in Deutschland e.V. (IDW) herausgegeben werden.[80]

B. Instrumente zur Überwachung der Rechnungslegung

1. Überwachung als Kontrolle, Aufsicht und Prüfung

Wie oben erläutert, sind die Adressaten des Jahresabschlusses darauf angewiesen, dass bei dessen Aufstellung die geltenden Rechtsnormen eingehalten werden. Insbesondere bedeutsam und im Rahmen dieser Ausführungen als Schwerpunkt betrachtet ist die Einhaltung der Ansatz- und Bewertungsvorschriften. Nur wenn diese befolgt werden, können die Ziele der Dokumentation, korrekten Rechenschaftslegung, Kapitalerhaltung, Ausschüttungsbemessung sowie Gläubigerschutz effektiv erreicht werden.

Dazu bedarf es Organe, die zur Überwachung der Rechnungslegung geeignet sind. Der Duden definiert den Begriff „Überwachung“ als „kontrollieren, beobachten, inspizieren“. Im betriebswirtschaftlichen Schrifttum hat sich inzwischen als herrschende Interpretation des Überwachungsbegriffs die Definition von HASENACK herausgebildet, der den Begriff der Überwachung als Oberbeg-

78 Vgl. zum Management Letter IDW, WP-Handbuch 2006, Band I, 13. Aufl., Q Rn. 51 und WINKELJOHANN/POULLIE in: BeBiKo, 7. Aufl., § 321 Rn. 50.

79 Vgl. zu den weiteren Voraussetzungen § 321a HGB.

80 Vgl. dazu IDW PS 400.

riff ansieht, dem die Begriffe Kontrolle und Prüfung untergeordnet sind.[81] Der Begriff „Revision“ wird weitgehend als Synonym für den Begriff der Prüfung verwendet.[82] Als Kriterium für die Unterscheidung der Überwachung durch Kontrolle bzw. Prüfung dient die Abhängigkeit vom jeweiligen Verantwortungsbereich. Danach liegt eine Kontrolle vor, wenn die Überwachung durch prozessabhängige Personen vorgenommen wird, hingegen eine Prüfung bei Vornahme durch prozessunabhängige Personen.[83] Bezogen auf die Überwachung der Rechnungslegung erfolgt damit eine Kontrolle durch die gem. §§ 238, 242, 264 HGB für Buchführung und Jahresabschlusserstellung Verantwortlichen. Das ist für die AG der Vorstand als deren gesetzlicher Vertreter. Eine Prüfung der Rechnungslegung kann damit durch alle nicht an der Buchführung und Jahresabschlusserstellung Beteiligten erfolgen.

Als weiteres Kriterium der Abgrenzung dient die Beziehung zum jeweiligen Unternehmen. Geeignet zur Überwachung der Rechnungslegung sind sowohl unternehmensinterne als auch unternehmensexterne Personen. Durch dieses Merkmal ergeben sich theoretisch vier mögliche Kombinationen der jeweils zwei Ausprägungen der Merkmale Prozessabhängigkeit und Unternehmenszugehörigkeit. Die Kombination `unternehmensextern – prozessabhängig´ ist aber praktisch nicht möglich, so dass nur drei Kombinationen der Merkmale verwendet werden. Es gibt damit drei Elemente der Überwachung, die hier auf die Rechnungslegung bezogen werden sollen:

Überwachung der Rechnungslegung durch unternehmensinterne, prozessabhängige Organe

Überwachung der Rechnungslegung durch unternehmensinterne, prozessunabhängige Organe

Überwachung der Rechnungslegung durch unternehmensexterne, prozessunabhängige Organe

81 Vgl. HASENACK in: Jahrbuch, S. 376 ff. sowie m.w.N. WÖHE, Einführung in die BWL, 23. Aufl., S. 167 f.; KÜTING/BUSCH, Überwachung, DB 26/09, S. 1361 II.1.; HAHN, BWL, 3. Aufl., S. 433.

82 WÖHE, Einführung in die BWL, 23. Aufl., S. 167; KÜTING/BUSCH, Überwachung, DB 26/09, S. 1361 II. 4.; HAHN, BWL, 3. Aufl., S. 433.

83 Vgl. v. WYSOCKI, Grundlagen, 3. Aufl., S. 6 sowie WÖHE, Einführung in die BWL, 23. Aufl., S. 167 f. und KÜTING/BUSCH, Überwachung, DB 26/09, S. 1361 II.2. Der Begriff „Kontrolle“ leitet sich aus dem FRANZösischen von „contre rôle“ ab, deutsch etwa „Gegenprobe“. Das englische „to control“ (deutsch: steuern, lenken) geht hingegen weiter und bestimmt den Begriff des Controlling.

Bei der ersten Konstellation handelt es sich um Überwachung durch Kontrolle, bei der zweiten und dritten Konstellation um eine Prüfung. Wegen des weiteren Abgrenzungsmerkmals der Unternehmenszugehörigkeit bietet es sich an, die beiden letzten Konstellationen begrifflich zu unterscheiden. THEISEN sieht als dritte Ausprägung des Überwachungsbegriffs neben der Kontrolle und Prüfung die Überwachung durch Aufsicht.[84] Das Merkmal der Unternehmenszugehörigkeit erlangt dann Bedeutung für die Beurteilung der Überwachungsleistung, wenn ein rechtlich legitimierter Einfluss auf die Unternehmensentscheidungen besteht; der Umfang hängt von den gesellschaftsrechtlichen Bestimmungen ab.[85] Besteht ein solcher Einfluss, so ist die Überwachungsleistung durch diese Organe von einer solchen durch externe Organe zu unterscheiden. Nur letztere ist als Prüfung im engeren Sinne zu bezeichnen. Die Überwachung durch unternehmensinterne, prozessunabhängige Unternehmensorgane wird daher als Aufsicht bezeichnet.[86]

Die **Überwachung der Rechnungslegung** kann folglich nach der hier vertretenen Terminologie durch Kontrolle, Aufsicht und Prüfung erfolgen:

Kontrolle der Rechnungslegung durch unternehmensinterne, prozessabhängige Organe

Aufsicht über die Rechnungslegung durch unternehmensinterne, prozessunabhängige Organe

Prüfung der Rechnungslegung durch unternehmensexterne, prozessunabhängige Organe

Die oben bereits erläuterte Abschlussprüfung fällt damit unter die dritte Kategorie. Der Abschlussprüfer ist unternehmensextern und prozessunabhängig, es liegt folglich auch im Sinne des hier verwendeten Überwachungsbegriffs eine Prüfung vor. Die weiteren Instrumente zur Erreichung der Einhaltung der Rechnungslegungsvorschriften liegen in gesellschaftsrechtlichen Vorschriften, im

---

84 THEISEN, Überwachung, S. 14 ff.

85 Vgl. THEISEN, aaO. Der rechtliche legitimierte Einfluss wird auch als Zielsystemträgerzugehörigkeit bezeichnet, vgl. WEILEP, Risikomanagementsystem, S. 45 ff.

86 Vgl. WEILEP, Risikomanagementsystem, S. 47. Diese ist abzugrenzen von einer sog. „internen Revision“, die zwar begrifflich unternehmensintern ist, sich jedoch allein durch diese Zugehörigkeit von externen Prüfern unterscheidet. Ein gesetzlich legitimierter Einfluss auf die Entscheidung besteht nicht. Auch die interne Revision übt damit eine Überwachung durch Prüfung aus.

sog. Rechnungslegungs-Enforcement und in der hier betrachteten Nichtigkeit des Jahresabschlusses.

2. Überwachung durch unternehmensinterne Organe

a. Unternehmensleitung

Als unternehmensinterne Überwachungsorgane kommen die gesellschaftsrechtlichen Unternehmensorgane in Betracht. Dies ist zunächst die jeweilige Unternehmensleitung. Verantwortlich für die Erstellung des Jahresabschlusses sind die gesetzlichen Vertreter der Gesellschaft, also der Vorstand der AG gem. §§ 76, 78, 91 Abs. 1 AktG. Dieser übt damit die Rechnungslegungskontrolle aus. Diese wird im Interesse des Oberziels des Unternehmens ausfallen, nämlich im Grundsatz der Erzielung von Gewinn.

Die Kontrolle der Rechnungslegung durch die jeweilige Unternehmensleitung hat für die Mehrzahl der Jahresabschlussadressaten einen nur geringen Wert, da sie nicht die notwendige Objektivität fördert, sondern hauptsächlich den Interessen der Unternehmensleitung dient.

b. Hauptversammlung und Aufsichtsrat

Die Aktiengesellschaft wird durch den Vorstand vertreten und dieser leitet die Gesellschaft unter eigener Verantwortung gem. §§ 76 bis 78 AktG. Der Vorstand als Unternehmensleitung hat damit die Verfügungsgewalt über die Gesellschaft, deren Eigenkapital den Aktionären als Anteilseignern gehört. Die Anteilseigner bedürfen daher eines Organs, über das sie ihre Interessen gegenüber der Gesellschaft ausüben können. Dies ist die Hauptversammlung der AG, §§ 118 ff. AktG. Die Rechte der Hauptversammlung sind in § 119 AktG klar eingegrenzt. Der Vorstand der AG arbeitet eigenverantwortlich und ist nicht weisungsabhängig von der Hauptversammlung. Bezogen auf die Rechnungslegung ergibt sich eine Kompetenz nur im Fall des § 173 AktG, wonach die Hauptversammlung den Jahresabschluss feststellt, wenn dies von Vorstand und Aufsichtsrat beschlossen wurde, vgl. §§ 172 S. 1, 173 Abs. 1 AktG. Dies ist jedoch der Ausnahmefall.[87] Im Regelfall der Feststellung durch Vorstand und

---

87 Gem. § 172 S.1 AktG ist der Jahresabschluss festgestellt, wenn er vom Aufsichtsrat gebilligt wird. Eine Feststellung durch die Hauptversammlung wird daher nur erfolgen, wenn 1. der Aufsichtsrat den Jahresabschluss nicht billigt (§ 173 Abs. 1 S. 1 Alt. 2 AktG bzw. Ablauf der Frist gem. § 171 Abs. 3 S. 3 AktG), oder 2. wenn die Kompetenz der Hauptversammlung explizit beschlossen wird, §§ 172 S. 1 Alt. 2, 173 Abs. 1

Aufsichtsrat erfolgt damit keine Überwachung der Rechnungslegung durch die Hauptversammlung. Stellt diese gem. § 173 AktG den Jahresabschluss fest, nimmt sie dagegen eine Aufsichtsfunktion wahr.

Neben der Hauptversammlung ist wesentliches Gesellschaftsorgan der Aktiengesellschaft der Aufsichtsrat. Er ist gem. §§ 95 ff. AktG pflichtgemäß zu installieren. In seiner Grundform besteht er aus Mitgliedern der Aktionäre gem. § 96 Abs. 1 Alt. 5 AktG. Vorstandsmitglieder dürfen gem. § 105 AktG keine Aufsichtsratsmitglieder sein. Hauptaufgabe des Aufsichtsrats ist gem. § 111 Abs. 1 AktG die Überwachung der Geschäftsführung. Damit verbunden sind Einsichtsrechte in die Unterlagen gem. § 111 Abs. 2 AktG und umfassende Berichtspflichten des Vorstands an den Aufsichtsrat gem. § 90 AktG. Eine Überwachung der Rechnungslegung ergibt sich explizit aus §§ 170, 171 AktG, wonach der Aufsichtsrat den ihm vorgelegten Jahresabschluss und Lagebericht zu *prüfen* hat. Ohne dessen Billigung durch den Aufsichtsrat kann eine Feststellung des Jahresabschlusses nicht erfolgen, bzw. bedarf dann einer Entscheidung der Hauptversammlung, vgl. § 171 Abs. 2 S. 4 i.V.m. §§ 172, 173 AktG. Der im Gesetz verwendete Begriff der *Prüfung* ist von der hier verwendeten Terminologie abzugrenzen. Aufgrund der Unternehmenszugehörigkeit, die über §§ 170, 171 AktG den geforderten rechtlich legitimierten Einfluss auf die Rechnungslegung ermöglicht, handelt es sich mangels Prozessabhängigkeit nach der hier verwendeten Terminologie um Wahrnehmung der *Aufsicht*, was auch der Bezeichnung des Organs entspricht.

Gesellschaftsrechtlich ergibt sich damit eine Überwachung der Rechnungslegung durch den Vorstand als Kontrolle. Die Hauptversammlung hat nur im Ausnahmefall der Feststellung durch sie gem. § 173 AktG eine Aufsichtsfunktion bezogen auf die Rechnungslegung. Diese wird in jedem Fall durch den Aufsichtsrat der AG wahrgenommen.

3. Überwachung durch unternehmensexterne Organe

a. Abschlussprüfer

Wie oben bereits erläutert ist wesentliches Prüfungsorgan der Rechnungslegung der Abschlussprüfer als unternehmensexternes, prozessunabhängiges Organ.

S. 1 Alt. 1 AktG; dies wird aber in der Praxis auch auf eine Nichteinigung von Vorstand und Aufsichtsrat hindeuten.

b. Prüfstelle für Rechnungslegung

Als neben der Abschlussprüfung weiteres unternehmensexternes Instrument zur Überwachung der Rechnungslegung dient das sog. Rechnungslegungs-Enforcement gem. §§ 342b ff. HGB, das insbesondere Falschbewertungen im Jahresabschluss aufdecken und sanktionieren soll. Die „Deutsche Prüfstelle für Rechnungslegung e.V." (DPR) prüft bei konkreten Anhaltspunkten eines Verstoßes gegen Rechnungslegungsvorschriften, auf Verlangen der Bundesanstalt für Finanzdienstleistungsaufsicht (BaFin) sowie stichprobenartig die betreffenden Jahresabschlüsse auf Entsprechung der geltenden Vorschriften und Standards.[88] Die Prüfung erfolgt nur für Unternehmen, deren Wertpapiere i.S.d. § 2 WpHG an einer inländischen Börse zum Handel im amtlichen oder geregelten Markt zugelassen sind. Auf die genaue Ausgestaltung des Enforcements und dessen Verhältnis zur Nichtigkeit des Jahresabschlusses wird im Folgenden eingegangen.

c. Gerichtsbarkeit

Die Nichtigkeit des Jahresabschlusses muss ggf. gerichtlich durchgesetzt werden. Die Gerichtsbarkeit führt in diesem Fall zu einer Überwachung der Rechnungslegung im Sinne einer Prüfung.

88 ELLROTT/GROTTEL in: BeBiKo, 7. Aufl., § 342b Rn. 2.

4. Überblick

Die Überwachung der Rechnungslegung erfolgt durch Kontrolle, Aufsicht und Prüfung. Die wesentlichen Überwachungsorgane sind die Unternehmensleitung, der Aufsichtsrat, ggf. die Hauptversammlung sowie der Abschlussprüfer.

Überwachung der Rechnungslegung der AG

	Überwachungsorgan
Kontrolle	Vorstand
Aufsicht	Aufsichtsrat, ggf. Hauptversammlung (im Fall des § 173 AktG)
Prüfung	Abschlussprüfer (nicht bei kleinen AG), ggf. DPR und BaFin (Enforcement - bei Börsennotierung), ggf. Gerichtsbarkeit (bei Erhebung der Nichtigkeitsklage)

Abbildung 1: Überwachung der Rechnungslegung der AG

III. Tatbestandsvoraussetzungen der Nichtigkeit eines Jahresabschlusses

A. Nichtigkeitstatbestände des § 256 AktG

1. § 256 AktG als zentrale Nichtigkeitsnorm

a. Regelungsgegenstand

§ 256 AktG befindet sich im Siebenten Teil des Ersten Buches des Aktiengesetzes mit dem Titel „Nichtigkeit von Hauptversammlungsbeschlüssen und des festgestellten Jahresabschlusses. Sonderprüfung wegen unzulässiger Unterbewertung", §§ 241 bis 261 AktG. Dieser Teil des AktG enthält Regelungen über die Rechtsfolgen mangelhafter Beschlüsse der Hauptversammlung und zur hier behandelten Nichtigkeit des Jahresabschlusses. Aus dem Zusammentreffen in einem Abschnitt des AktG wird deutlich, dass zwischen mangelhaften Beschlüssen der Hauptversammlung und der Nichtigkeit des Jahresabschlusses ein enger Zusammenhang bestehen muss.

In § 256 AktG werden enumerativ die Gründe aufgeführt, nach denen der festgestellte Jahresabschluss nichtig ist. Die Aufzählung der verschiedenen Nichtigkeitsgründe, die in § 256 AktG enthalten sind, ist indes wenig übersichtlich und scheint nicht systematisch. Als Systematisierung soll daher nicht die Reihenfolge der Nichtigkeitsgründe in § 256 AktG herangezogen werden, sondern die Unterscheidung nach Fehlertypen. Diese lassen sich in Inhalts-, Prüfungs- und Verfahrensfehler unterteilen.[89] Die im Rahmen dieser Untersuchung im Vordergrund stehenden Bewertungsfehler als Nichtigkeitsgrund stellen eine Untergruppe der Inhaltsfehler dar.

Die Regelung des § 256 AktG ist abschließend; außer in den durch § 256 AktG erfassten Fällen gibt es keine Nichtigkeit des Jahresabschlusses für AGs.[90] So werden durch § 256 AktG die Nichtigkeitsgründe gleichzeitig beschränkt, was der Wahrung der Rechtssicherheit dient.[91] Die Norm zur Jahresabschlussnichtigkeit ist Bestandteil des aktienrechtlichen Regelwerks zur Nichtigkeit und

---

89 Vgl. zur Einteilung HÜFFER, AktG, 9. Aufl. , § 256 Rn. 6.

90 Vgl. HÜFFER, AktG, 9. Aufl. , § 256 Rn. 1 m.w.N.; MÜLLER, W., Prüfverfahren und Nichtigkeit, ZHR 168 (2004), S. 414 (422) sowie LUTTER in: FS HELMRICH, Gültigkeit des Jahresabschlusses, S. 685; BGH v. 15.11.1993 – II ZR 235/92, BGHZ 124, S. 111 (116f.); HÜFFER in: MüKo AktG, 2. Aufl., § 256 Rn. 6; SCHMIDT/LUTTER, AktG, § 256 Rn. 1.

91 Vgl. HENNRICHS, Fehlerhafte Bilanzen, ZHR 168 (2004), S. 382 (386) sowie HÜFFER in: MüKo AktG, 2. Aufl., § 256 Rn. 5.

Anfechtbarkeit aktienrechtlicher Beschlüsse. Sie soll daher in dieses System eingeordnet und die historische Entwicklung der Vorschrift dargestellt werden, nachdem der Begriff der Nichtigkeit geklärt wurde.

b. Begriff der Nichtigkeit im juristischen Sinne

(1) Nichtigkeit und Anfechtbarkeit im BGB

Der Begriff der Nichtigkeit umfasst juristisch Willenserklärungen und Rechtsgeschäfte. Das BGB kennt die Nichtigkeit als stärkste Folge bei Mängeln, die einem Rechtsgeschäft bzw. einer Willenserklärung anhaften.[92] Für Willenserklärungen ist dies z.B. die fehlende Geschäftsfähigkeit des Erklärenden, § 105 BGB. Die Nichtigkeit von Rechtsgeschäften ist Folge einer notwendigen Beschränkung der Privatautonomie, so z.B. bei einem Verstoß gegen gesetzliche Verbote gem. § 134 BGB, Sittenwidrigkeit, § 138 BGB, oder Formverstößen, § 125 BGB. Folge ist die anfängliche Unwirksamkeit, unabhängig davon, ob die Parteien dennoch eine rechtliche Wirkung wünschen.[93] Möglich ist allenfalls eine Heilung, die aber nicht im Zeitablauf liegt, sondern eine bestimmte Rechtshandlung verlangt, wie z.B. den Vollzug des Erfüllungsgeschäfts gem. § 311b Abs. 1 S. 2 BGB oder § 518 Abs. 2 BGB.[94] Die starke Wirkung der Nichtigkeit wird auch durch § 139 BGB deutlich, wonach im Zweifel das gesamte Rechtsgeschäft unwirksam ist, wenn nur ein Teil nichtig ist. Die Nichtigkeit wirkt ipso iure und muss nicht von einer Partei geltend gemacht werden, im Prozess ist sie von Amts wegen zu berücksichtigen.[95]

Die darunter liegende Stufe der Sanktion bei Mängeln eines Rechtsgeschäfts ist die Anfechtbarkeit; z.B. bei Erklärungsirrtum gem. § 119 BGB oder arglisti-

---

92 Die Begriffe Willenserklärung und Rechtsgeschäft werden teilweise gleichgesetzt, vgl. Ellenberger in: Palandt, BGB, 69. Aufl., Überbl. v. § 104 Rn. 2. Dies ist insoweit zutreffend, als jedes Rechtsgeschäft mindestens eine Willenserklärung umfasst. In den meisten Fällen bedarf es aber zumindest zweier Willenserklärungen für ein Rechtsgeschäft. Die Nichtigkeitsgründe des BGB differenzieren zwischen Mängeln der einzelnen Willenserklärung oder solchen, die dem gesamten Rechtsgeschäft anhaften; daher soll auch hier die Unterscheidung von Willenserklärung als Erklärung eines Einzelnen und Rechtsgeschäft bestehend aus mindestens einer Willenserklärung verwendet werden.

93 Ellenberger in: Palandt, BGB, 69. Aufl., Überbl. v. § 104 Rn. 27.

94 Seltene Ausnahme ist lediglich die Nichtgeltung der Nichtigkeit, wenn diese dem Gebot der Rechtsordnung widersprechen würde, z.B. bei arglistiger Täuschung über die Nichtformbedürftigkeit. In Einzelfällen kann gem. § 242 BGB nach Treu und Glauben der Formzwang unbeachtet bleiben, Bsp. sog. „Edelmannfall“, vgl. Ellenberger in: Palandt, BGB, 69. Aufl., § 125 Rn. 22 ff.

95 Ellenberger in: Palandt, BGB, 69. Aufl., Überbl. v. § 104 Rn. 27.

ger Täuschung gem. § 123 BGB. Das Rechtsgeschäft ist zwar wirksam, die Anfechtung aber möglich, wenn der Anfechtungsgrund fristgerecht geltend gemacht wird. Die Anfechtung als Gestaltungsrecht ist gem. § 143 BGB zu erklären. Folge ist wie bei der Nichtigkeit die Unwirksamkeit ex tunc gem. § 142 BGB, die Anfechtung wirkt damit zurück. Die Rechtsordnung sieht bei Mängeln von Willenserklärungen, die zur Anfechtbarkeit führen, folglich nicht die Notwendigkeit, deren Gültigkeit zu unterbinden. Der durch das Anfechtungsrecht Geschützte kann selbst entscheiden, ob er das Geschäft gelten lassen möchte oder nicht, so dass die Privatautonomie gewahrt bleibt. Im Gegensatz zur Nichtigkeit muss der Geschützte aber rechtsgestaltend durch Anfechtungserklärung tätig werden, von Amts wegen wird ein Anfechtungsgrund im Prozess nicht berücksichtigt. Wird er aber geltend gemacht, ist die Wirkung die gleiche wie bei der Nichtigkeit. Die Fristen beginnen mit der Kenntnis des Mangels der Willenserklärung, daneben besteht eine Ausschlussfrist von zehn Jahren gem. § 121 Abs. 2 BGB bzw. 124 Abs. 3 BGB.[96] Nach Ablauf ist die Anfechtung nicht mehr möglich.

(2) Feststellungsakt als eigentliches Nichtigkeitsobjekt

Nach dem Wortlaut des § 256 AktG erfasst dieser die Nichtigkeit des festgestellten Jahresabschlusses. Dies ist indes missverständlich. Der Jahresabschluss einer AG besteht wie oben erläutert aus der Bilanz, GuV und Anhang sowie ggf. Kapitalflussrechnung und Eigenkapitalspiegel. Dieses Zahlenwerk und der erläuternde Anhang als Wortbericht können schwerlich im juristischen Sinne nichtig sein.[97] Nichtig können vielmehr nur die Willenserklärungen bzw. das Rechtsgeschäft sein, die dem Jahresabschluss zu Grunde liegen. Im Fall der AG ist das die Feststellung des Jahresabschlusses.[98] Diese erfolgt im Regelfall gem. § 172 AktG durch Vorstand und Aufsichtsrat dergestalt, dass der Vorstand dem Aufsichtsrat den aufgestellten und geprüften[99] Jahresabschluss gem. § 170

96 Die Länge der Frist richtet sich nach dem Mangel, so Jahresfrist bei Täuschung oder Drohung, vgl. § 124 BGB bzw. unverzüglich nach Kenntnis bei Inhalts-, Erklärungs- oder Eigenschaftsirrtum, vgl. § 121 BGB.

97 HÜFFER in: MüKo AktG, 2. Aufl., § 256, Rn. 9.

98 HÜFFER, AktG, 9. Aufl. , § 256 Rn. 3; HENNRICHS, Fehlerhafte Bilanzen, ZHR168 (2004) S. 383 (387); WINNEFELD, Bilanz-Handbuch, 4. Aufl., I Rn. 80. Im Ergebnis auch KAISER, der allerdings vertritt, dass nicht nur der Jahresabschluss, sondern auch der Feststellungsbeschluss nichtig sei, vgl. KAISER, Berichtigung und Änderung, S. 202. Dem ist nicht zuzustimmen, da der Jahresabschluss selbst gerade nicht Objekt einer Nichtigkeit sein kann; so auch IDW, WP-Handbuch 2006, Band I, 13. Aufl., U Rn. 170.

99 Die Prüfung ist gem. § 316 Abs. 1 S. 2 HGB vor der Feststellung notwendig.

AktG vorlegt, der diesen nach eigener Prüfung gem. § 171 AktG billigt. Nur wenn Vorstand und Aufsichtsrat gem. § 172 AktG beschließen, die Feststellung der Hauptversammlung zu überlassen bzw. der Aufsichtsrat den Jahresabschluss nicht billigt, obliegt die Feststellung der Hauptversammlung gem. § 173 AktG. In der Praxis ist das der Ausnahmefall, zu dem es nur kommt, wenn Vorstand und Aufsichtsrat keine Einigung erzielen können.[100]

Die Feststellung muss ein Rechtsgeschäft darstellen, um nichtig sein zu können. Ein Rechtsgeschäft besteht aus mindestens einer Willenserklärung. Willenserklärungen sind auf die Setzung einer Rechtsfolge gerichtet.[101] Nach dem Gesetz besteht die Feststellung bei ihrer Vornahme durch Vorstand und Aufsichtsrat aus Vorlage und Billigung des Jahresabschlusses. Der Vorstand als gem. §§ 242, 264 Abs. 1 HGB i.V.m. §§ 78, 91 Abs. 1 AktG Verantwortlicher für die Rechnungslegung legt das Produkt Jahresabschluss dem Aufsichtsrat vor, und dieser billigt ihn. Der Billigungserklärung des Aufsichtsrats muss ein entsprechender Organbeschluss gem. § 108 AktG zu Grunde liegen.[102] Für die Prüfung des Jahresabschlusses werden in der Praxis häufig Ausschüsse innerhalb des Aufsichtsrats gebildet (sog. „audit committee"), wie auch durch den Corporate Governance Kodex empfohlen.[103] Dieser Ausschuss kann allerdings die Billigung nicht allein beschließen, sondern der Beschluss muss durch den gesamten Aufsichtsrat erfolgen, was gem. § 107 Abs. 3 S. 3 AktG explizit vorgesehen ist.[104] Dieser Beschluss wird durch die Stimmabgaben der Aufsichtsratsmitglieder gefasst. Diese Stimmen sind auf Setzung einer Rechtsfolge – nämlich die rechtsverbindliche Gültigkeit des Beschlusses - gerichtete Erklärungen und da-

---

100 Auch der Beschluss, der HV die Feststellung zu überlassen, weist praktisch auf eine solche Uneinigkeit hin; ausnahmsweise kann dies auch durch die Struktur der Gesellschaft bedingt sein, vgl. HÜFFER, AktG, 9. Aufl. , § 172 Rn. 1 u. § 173 Rn. 1 sowie ADS, Rechnungslegung, Tb. 4, 6. Aufl., § 172 Rn. 4.

101 ELLENBERGER in: PALANDT, BGB, 69. Aufl., Einf. v. § 116 Rn. 1.

102 Vgl. SCHMIDT, Gesellschaftsrecht, 4. Aufl., § 29 IV 3c), S. 916 sowie HÜFFER, AktG, 9. Aufl. , § 172

103 DCGK Ziff. 5.3.2, vgl. HÜFFER, AktG, 9. Aufl. , § 161 a.E.

104 Aus § 107 Abs. 3 S. 3 AktG geht überhaupt erst hervor, dass Ausschüsse auch allein beschließen können, da § 107 Abs. 3 S. 1 AktG nur vorsieht, dass der Aufsichtsrat Ausschüsse bilden kann „...,um seine Verhandlungen und Beschlüsse vorzubereiten oder die Ausführung seiner Beschlüsse zu überwachen." § 107 Abs. 3 S. 3 AktG zählt sodann aber Aufgaben auf, die Ausschüssen nicht zur Beschlussfassung überweisen werden dürfen, im Umkehrschluss gilt dies für nicht aufgezählte Aufgaben nicht. § 171 AktG ist explizit genannt, so dass der Billigungsbeschluss vom Gesamtorgan gefasst werden muss.

mit Willenserklärungen im rechtlichen Sinne.[105] Bei dem Beschluss handelt es sich folglich um ein mehrseitiges Rechtsgeschäft, was inzwischen vom überwiegenden Teil des Schrifttums bestätigt wird.[106] Dabei handelt es sich nicht um einen Vertrag im bürgerrechtlichen Sinne, sondern vielmehr um ein Rechtsgeschäft sui generis. Ein Vertrag kommt gem. §§ 145 ff. BGB zu Stande durch Angebot und Annahme, also mindestens zwei korrespondierende Willenserklärungen, die sodann beiderseitige Ansprüche aus dem geschlossenen Schuldverhältnis gem. § 311 Abs. 1 BGB begründen. Die Willenserklärungen sind vorliegend aber vielmehr darauf gerichtet, die Mehrheitsentscheidung durch verbindliche Feststellung des Mehrheitswillens festzustellen und dadurch für diese Entscheidung eine rechtliche Bindung zu erzielen.[107] Der Auffassung, dass Beschlüsse von Aufsichtsrat oder Hauptversammlung mehrseitige Rechtsgeschäfte eigener Art sind, ist daher zuzustimmen.

Die Feststellung bestehend aus Vorlage und Billigung erschöpft sich folglich nicht in diesem tatsächlichen Zusammenwirken. Wie der Billigungsbeschluss des Aufsichtsrats ist auch der gesamte Feststellungsakt als Rechtsgeschäft eigener Art einzuordnen. Dies hat der BGH bestätigt. Die Rechtsnatur des Feststellungsaktes bei der AG durch Vorstand und Aufsichtsrat bezeichnet der BGH als korporationsrechtliches Rechtsgeschäft eigener Art, das die Vorlage des Jahresabschlusses durch den Vorstand und den Billigungsbeschluss des Aufsichtsrats umfasst.[108] Durch die Vorlage des Jahresabschlusses an den Aufsichtsrat wird das rechtlich bedeutsame Begehren nach Billigung zum Ausdruck gebracht, so dass auch dieser Bestandteil der Feststellung rechtsgeschäftlichen Charakter hat.[109] Der im festgestellten Jahresabschluss ausgewiesene Gewinn ist Grundla-

---

105 SCHMIDT, Gesellschaftsrecht, 4. Aufl., § 15 I 1a), S. 434 sowie HÜFFER, AktG, 9. Aufl., § 108 Rn. 3 und ZÖLLNER in: BAUMBACH/HUECK, GmbHG, 19. Aufl., § 47 Rn. 7.

106 So SCHMIDT, Gesellschaftsrecht, 4. Aufl., § 15 I 1a), S. 436; HÜFFER, AktG, 9. Aufl. , § 108 Rn. 3, § 119 Rn. 3, § 133 Rn. 3 jeweils m.w.N.; BALTHASAR, Bestandskraft, S. 186.

107 HÜFFER, AktG, 9. Aufl. , § 133 Rn. 4.

108 BGH v. 15.11.1993 – II ZR 235/92, BGHZ 124, S. 111 (116) sowie ADS, Rechnungslegung, Tb. 4, 6. Aufl., § 172 Rn. 13.

109 BGH aaO. Ob in der Vorlage des Jahresabschlusses auch eine Willenserklärung liegt, ist umstritten. ADS sehen diesen Bestandteil nur als Realakt (ADS, Rechnungslegung, Tb. 4, 6. Aufl., § 172 Rn. 12). Dieser Ansicht ist zuzustimmen, zumal der gesamte Feststellungsakt als Rechtsgeschäft gesehen wird. Bedeutsam wird die Unterscheidung nur für die Frage, welche Bestandteile gem. §§ 119 ff. BGB anfechtbar sind. Dies dürfte nur für die Stimmabgaben bei Organbeschlüssen gelten, so auch BALTHASAR, der

ge für die Gewinnverwendung, § 174 Abs. 1 AktG, so dass sich durch die Feststellung mittelbar die Ansprüche auf Gewinnausschüttung ergeben, vgl. §§ 58 Abs. 4, 60 AktG. Die entscheidende Rechtsfolge der Feststellung ist damit die Verbindlichkeit des Jahresabschlusses für die Gesellschaftsorgane und die Inhaber von Gewinnansprüchen bzw. gewinnabhängiger Ansprüche.[110] Dieses korporationsrechtliche Rechtsgeschäft ist in seiner Gesamtheit das Objekt der Nichtigkeitsfolge des § 256 AktG.[111] Erfolgt die Feststellung gem. § 173 AktG durch die Hauptversammlung, ist das Nichtigkeitsobjekt der Hauptversammlungsbeschluss, der wie oben erläutert als gesellschaftsrechtlicher Beschluss ebenfalls als Rechtsgeschäft eigener Art angesehen wird.[112]

Ist folglich „der Jahresabschluss" i.S.d. § 256 AktG nichtig, so bedeutet dies, dass das Rechtsgeschäft der Feststellung anfänglich unwirksam ist, so dass es keine rechtlichen Wirkungen entfalten kann.[113] Welche Tatbestandsvoraussetzungen dies erfordert und welche Rechtsfolgen dies bewirkt, ist Gegenstand der weiteren Untersuchung.

c. Einordnung in das aktienrechtliche Beschlussmängelrecht

(1) Nichtigkeit von Hauptversammlungsbeschlüssen

Vorstand, Hauptversammlung und Aufsichtsrat als Organe der Aktiengesellschaft sind in der Regel Kollektivorgane, die aus mehreren Personen bestehen.[114] Erst durch diese Organe wird die juristische Person der Aktiengesellschaft handlungsfähig, und in diesen findet die Willensbildung der Gesellschaft statt. Die Entscheidungen der Kollektivorgane werden durch Beschlüsse getroffen.[115] Die Rechtsnatur dieser Beschlüsse wird nach der hier vertretenen Auffas-

---

ebenso zwischen den Einzelakten des Feststellungsaktes unterscheidet, BALTHASAR, Bestandskraft, S.183 ff.

110 HÜFFER, AktG, 9. Aufl., § 172 Rn. 2.

111 Missverständlich insoweit GREIFFENHAGEN, der darstellt, dass nicht „nur" der Jahresabschluss, sondern „ebenfalls" der Aufsichtsratsbeschluss nichtig sei, was auch der h.M. entspreche, GREIFFENHAGEN in: FS LUDEWIG, Gefahrenlagen, S. 316. Dem ist gerade nicht zuzustimmen. Wie dargelegt, ist gerade nur das Rechtsgeschäft nichtig, so auch die h.M., S. Fn. 98 sowie MÜLLER, W., Änderung von Jahresabschlüssen, in: FS QUACK, S. 360 und HÜFFER in: MüKo AktG, 2. Aufl., § 256 Rn. 9.

112 SCHMIDT, Gesellschaftsrecht, 4. Aufl., § 15 I 2a) S. 436 sowie HÜFFER, AktG, 9. Aufl., § 133 Rn. 3 u. o.

113 Soweit hier die Nichtigkeit des Jahresabschlusses erwähnt wird, ist darunter stets die Nichtigkeit des Feststellungsbeschlusses zu verstehen.

114 Allein der Vorstand kann aus einer Person bestehen, vgl. § 76 Abs. 2 AktG.

115 Vgl. §§ 108, 133 AktG sowie SCHMIDT, Gesellschaftsrecht, 4. Aufl., § 15 I 1a) S. 434.

sung als mehrseitiges Rechtsgeschäft eigener Art gesehen.[116] In den §§ 241 bis 255 AktG sieht das AktG umfangreiche Regelungen für fehlerhafte Beschlüsse der Hauptversammlung vor.

Bei den denkbaren Mängeln bzw. Fehlern aktienrechtlicher Beschlüsse kann zwischen formellen und materiellen Fehlern bzw. Verfahrens- und Inhaltsfehlern unterschieden werden.[117] Das AktG unterscheidet zwischen der Schwere der Mängel und damit zwischen nichtigen und anfechtbaren Beschlüssen. § 241 AktG führt die Gründe auf, die zur Nichtigkeit eines Hauptversammlungsbeschlusses führen, § 243 AktG enthält die Anfechtungsgründe. Die Abstufung der Nichtigkeit und Anfechtbarkeit in Abhängigkeit von der Schwere des Mangels entspricht der des allgemeinen Zivilrechts wie oben erläutert.[118] Schwerwiegende Mängel führen zur Nichtigkeit, also zur anfänglichen Unwirksamkeit ohne Disposition, Anfechtungsgründe bedürfen einer Geltendmachung des Mangels, um zur Nichtigkeit zu führen, vgl. § 241 Nr. 5 AktG.[119]

Aus der Klassifikation der Beschlüsse der Hauptversammlung als Rechtsgeschäfte folgt zunächst, dass die allgemeinen Regelungen des BGB zur Nichtigkeit, §§ 125, 134, 138 BGB auch auf diese anzuwenden sind. Durch die Klarstellung in § 241 Hs. 1 AktG, dass ein Beschluss der Hauptversammlung „nur" dann nichtig ist, wenn einer der aufgeführten Gründe vorliegt, wird aber deutlich, dass es sich bei der Aufzählung der Nichtigkeitsgründe um eine abschließende Aufzählung handelt. § 241 AktG geht somit als Spezialgesetz den allgemeinen Regeln des BGB vor.[120] Dies wird auch durch § 241 Nr. 4 AktG deutlich, der die Generalklausel des BGB zur Nichtigkeit bei Sittenwidrigkeit, § 138 Abs. 1 BGB, dahingehend einschränkt, dass ein Hauptversammlungsbeschluss „nur" nichtig ist, wenn er „durch seinen Inhalt" gegen die guten Sitten verstößt. Dies zieht den Nichtigkeitsgrund enger als § 138 Abs. 1 BGB, da hiernach ein Rechtsgeschäft auch nichtig ist, wenn der Gesamtcharakter gegen die guten Sitten verstößt. Dies umfasst neben dessen Inhalt auch die Beweggründe und den

---

116 Siehe oben.

117 So auch SCHMIDT, Gesellschaftsrecht, 4. Aufl., § 15 II 1a) S. 440 und KÖSTER, Anfechtungs- und Nichtigkeitsklage, S. 22.

118 Siehe oben 1.

119 Daneben werden durch Literatur und Rechtsprechung weitere Gruppen mangelhafter Beschlüsse gebildet, nämlich sog. Nichtbeschlüsse oder Scheinbeschlüsse sowie unwirksame Beschlüsse, SCHMIDT, Gesellschaftsrecht, 4. Aufl., § 15 I 1b) S. 441ff. sowie HÜFFER, AktG, 9. Aufl. , § 241 Rn. 3.

120 So auch h.M., vgl. HÜFFER, AktG, 9. Aufl. , § 241 Rn. 1; IDW, WP-Handbuch 2006, Band I, 13. Aufl., U Rn. 2; i. E. auch KÖSTER, Anfechtungs- und Nichtigkeitsklage, S. 23.

Zweck des Rechtsgeschäfts als Nichtigkeitsgründe.[121] Wenn Beweggründe bzw. Zweck eines aktienrechtlichen Hauptversammlungsbeschlusses gegen die guten Sitten verstoßen, führt dies aber gem. § 241 Nr. 4 AktG gerade nicht zur Nichtigkeit.[122]

Die Nichtigkeitsgründe des § 241 AktG sind:

- Einberufungsmängel
- Beurkundungsmängel
- Unvereinbarkeit mit dem „Wesen der Aktiengesellschaft" oder Verstoß gegen Vorschriften zum Gläubigerschutz oder sonst im öffentlichen Interesse
- Sittenverstoß
- Aufhebung durch Gerichtsurteil oder Löschung durch rechtskräftige Entscheidung

§ 241 AktG stellt weitere Nichtigkeitsgründe voran, die an anderer Stelle des AktG genannt sind und Beschlussmängel bei Kapitalerhöhungen und -herabsetzungen betreffen.[123] Durch diese Voranstellung und den abschließenden Katalog in § 241 AktG wird deutlich, dass es ungeschriebene Nichtigkeitsgründe nicht gibt. Dennoch ist die Norm nicht ganz abschließend, da noch weitere Nichtigkeitsgründe normiert sind, so in §§ 250 und 253 AktG. Diese konkretisieren allerdings Sonderfälle, so dass deren Nichterwähnung im ersten Halbsatz des § 241 AktG nicht zu einer Unschlüssigkeit des Gesetzes führt.[124]

Wie im BGB existieren Möglichkeiten der Heilung der Nichtigkeit, die aber auch hier nicht im reinen Zeitablauf liegen.[125] Gem. § 242 AktG ist bei Beurkundungsmängeln die Heilung durch Eintragung in das Handelsregister möglich, bei Einberufungsmängeln, Wesenswidrigkeit oder Sittenverstoß muss die Eintragung in das Handelsregister drei Jahre lang bestehen, bis die Heilung eintritt.[126]

(2) Anfechtbarkeit von Hauptversammlungsbeschlüssen

Mängel, die als nicht so schwerwiegend angesehen werden, dass sie zur Nichtigkeit führen müssen und daher dem Katalog des § 241 AktG nicht angehören,

---

121 ELLENBERGER in: PALANDT, BGB, 69. Aufl., § 138 Rn. 8.

122 BGH v. 15.4.1957 - II ZR 34/56, BGHZ 24, S. 119.

123 §§ 192 Abs. 4, 212, 217 Abs. 2, 228 Abs. 2, 234 Abs. 3, 235 Abs. 2 AktG.

124 HÜFFER, AktG, 9. Aufl., § 241 Rn. 1, § 250 Rn. 1.

125 Heilung der Nichtigkeit laut BGB ist z.B. der Vollzug des Erfüllungsgeschäfts gem. § 518 Abs. 2 BGB, vgl. dazu o. S. 38.

126 Vgl. § 242 Abs. 2 AktG.

führen gem. § 243 AktG zur Anfechtbarkeit des Beschlusses, wenn sie in einer Verletzung des Gesetzes oder der Satzung liegen.[127] Diese Einschränkung stellt zunächst klar, dass Verletzungen rein vertraglicher Regeln nicht zur Anfechtbarkeit eines Beschlusses führen.[128] Andererseits sind die Anfechtungsgründe zahlreich. Gesetzesverstöße können nicht nur in Verstößen gegen Vorschriften des AktG liegen, sondern jede Rechtsnorm ist Gesetz i.S.d. § 243 Abs. 1 AktG.[129] So sind z.B. Mängel bei der Beschlussvorbereitung oder Verstöße gegen das Auskunftsrecht der Aktionäre denkbar.[130]

Fraglich scheint zunächst, ob die Anfechtungsregeln des BGB für Hauptversammlungsbeschlüsse gelten oder diese auch durch die spezialgesetzliche Regelung des AktG verdrängt werden. Bei genauerer Betrachtung ergibt sich dieses Problem jedoch nicht. So handelt es sich bei den Beschlüssen zwar um (mehrseitige) Rechtsgeschäfte eigener Art, anfechtbar nach den allgemeinen Regeln des BGB, §§ 119 ff. BGB, sind aber nicht Rechtsgeschäfte, sondern Willenserklärungen. Es ist insofern streng zwischen dem Beschluss als Rechtsgeschäft und den einzelnen Stimmabgaben als Willenserklärungen zu unterscheiden.[131] Die Anfechtbarkeit des Beschlusses ist durch die Regeln des BGB folglich gar nicht gegeben, sondern wird erst durch die Vorschrift des § 243 AktG ermöglicht. Die Willenserklärungen der Stimmabgaben sind ihrerseits durchaus nach den §§ 119 ff. BGB anfechtbar.[132]

Das Institut der Anfechtbarkeit von Beschlüssen ist daher ein Spezifikum des Aktienrechts und im allgemeinen Zivilrecht nicht verankert. Es sichert einerseits zusammen mit dem engen Katalog der Nichtigkeitsgründe die Interessen der AG, die grundsätzlich von der Wirksamkeit der gefassten Beschlüsse ausgehen kann, und dient damit der Rechtssicherheit; andererseits wird den Anfechtungsbefugten überhaupt erst eine Möglichkeit eingeräumt, ihre Rechtsposition zu vertreten. Zur Anfechtung befugt sind gem. § 245 AktG unter bestimm-

---

127 Vgl. § 243 Abs. 1 AktG.

128 So bereits das RG, vgl. RG v. 16.12.1913 – II ZR 566/13, RGZ 83, S. 377 (380).

129 HÜFFER, AktG, 9. Aufl. , § 243 Rn. 5 sowie IDW, WP-Handbuch 2006, Band I, U Rn. 100. Damit führen z.B. Sittenverstöße, die lediglich den Gesamtcharakter, nicht aber den Inhalt eines Beschlusses betreffen, zwar nicht zur Nichtigkeit i.S.d. § 241 Nr. 4 AktG, wohl aber zur Anfechtbarkeit des Verstoßes.

130 Eine Übersicht über Anfechtungsgründe findet sich bei KÖSTER, Anfechtungs- und Nichtigkeitsklage, S. 46 ff., der die Fehler in Gruppen einteilt, oder HÜFFER, AktG, 9. Aufl. , § 243 Rn. 11 ff.

131 S. dazu o. 1.b.(1) Nichtigkeit und Anfechtbarkeit im BGB, S. 38.

132 Und ebenso gelten die §§ 104 ff. sowie §§ 116 ff. BGB. So auch die überwiegende Literatur, HÜFFER, AktG, 9. Aufl. , § 133 Rn. 4, 18 f. und SCHMIDT, Gesellschaftsrecht, 4. Aufl., § 15 I 2a), S. 436 sowie ZÖLLNER in: BAUMBACH/HUECK, GmbHG, 19. Aufl., § 47 Rn. 8 jeweils m.w.N.

ten Voraussetzungen die Aktionäre, der Vorstand und Mitglieder des Vorstands oder Aufsichtsrats. Die Geltendmachung erfolgt nicht wie im allgemeinen Zivilrecht durch bloße fristgerechte Erklärung, sondern nur durch Erhebung einer Anfechtungsklage gegen die Gesellschaft gem. § 246 AktG, die innerhalb eines Monats nach Beschlussfassung erhoben werden muss. Nach Ablauf der Frist ist wie im allgemeinen Zivilrecht die Anfechtung nicht mehr möglich, so dass nach Ablauf der Frist auch ein mangelhafter Hauptversammlungsbeschluss grundsätzlich wirksam ist und damit der Rechtssicherheit gedient wird.[133] Daraus folgt auch, dass mit der möglichen Anfechtung einzelner Stimmabgaben nach den Regeln des allgemeinen Zivilrechts im Ergebnis keine Anfechtungsmöglichkeit neben der des Aktienrechts besteht. Ficht z.B. ein Aktionär seine Stimmabgabe auf der Hauptversammlung wegen Inhaltsirrtum gem. § 119 Abs. 1 Alt. 1 BGB fristgerecht unverzüglich an, so bewirkt dies lediglich gem. § 142 Abs. 1 BGB den anfänglichen Wegfall dieser Stimme. Der Beschluss wird dadurch allein nicht berührt. Vielmehr muss der Aktionär gem. §§ 243 Abs. 1, 246 AktG binnen eines Monats nach Beschlussfassung Anfechtungsklage erheben, da nur diese die Wirksamkeit des Beschlusses beseitigen kann. Die Klage ist nur begründet, wenn durch die weggefallene Stimme der Beschluss Gesetz oder Satzung verletzt. Der Gesetzesverstoß liegt in diesem Fall in § 133 AktG, wenn die weggefallene(n) Stimme(n) einen Einfluss auf das Abstimmungsergebnis hatte(n).[134] Wäre der Beschluss auch ohne die angefochtene(n) Stimme(n) mit gleichem Ergebnis gefasst worden, liegt ein Gesetzesverstoß gem. § 243 Abs. 1 AktG gerade nicht vor.[135]

Die Nichtigkeit bedarf im Gegensatz zur Anfechtung grundsätzlich keiner Geltendmachung, sondern wirkt ipso iure.[136] Dennoch wird im Falle der vermuteten Nichtigkeit eines Hauptversammlungsbeschlusses eine gerichtliche Feststellung notwendig sein, da die Parteien naturgemäß ihre Rechtsposition nicht freiwillig aufgeben. Zur Geltendmachung existiert daher das Institut der Nichtigkeitsklage gem. § 249 AktG, klagebefugt sind wie bei der Anfechtungsklage die Aktionäre, der Vorstand, oder Mitglieder von Vorstand bzw. Aufsichtsrat. Diese besondere Klageform hindert gem. § 249 Abs. 1 S. 2 AktG allerdings nicht, die Nichtigkeit auf andere Weise nach allgemeinen Regeln geltend zu ma-

---

133 SCHMIDT, Gesellschaftsrecht, 4. Aufl., § 15 II 1b), S. 441 m.w.N. und HÜFFER, AktG, 9. Aufl. , § 246 Rn. 20.

134 S. dazu SCHMIDT, Gesellschaftsrecht, 4. Aufl., § 15 I 2b), S. 437 und HÜFFER, AktG, 9. Aufl. , § 243 Rn. 12, der die Notwendigkeit der Kausalität fordert.

135 Daraus ergibt sich bereits die Notwendigkeit der Kausalität des Verfahrensfehlers.

136 HAASE, Nichtigkeit, DB 1977 S. 241.

chen.[137] Auf das Verhältnis zur Anfechtungsklage und die Rechtsnatur der Nichtigkeitsklage wird im Rahmen der Geltendmachung der Nichtigkeit des Jahresabschlusses eingegangen.[138]

(3) Zusammenfassung und Einordnung der Nichtigkeit der Jahresabschlussfeststellung

Das System der Nichtigkeit und Anfechtbarkeit von Hauptversammlungsbeschlüssen und die Möglichkeiten der Geltendmachung durch Anfechtungs- und Nichtigkeitsklage stellt damit ein eigenständiges System dar, das nur zum Teil dem allgemeinen Zivilrecht entspricht. So sind die Nichtigkeitsgründe durch § 241 AktG abschließend und enger als im Zivilrecht geregelt, und die Anfechtbarkeit von Beschlüssen wird durch § 243 AktG erst ermöglicht. Lediglich die einzelnen Stimmabgaben unterliegen als Willenserklärungen den Vorschriften des allgemeinen Zivilrechts.[139] Das System ähnelt vielmehr den Rechtsschutzmöglichkeiten gegen fehlerhafte Verwaltungsakte nach allgemeinem Verwaltungsrecht. Das Gegenüberstehen des Einzelnen als Mitglied der Anteilseigner oder der Organe Vorstand bzw. Aufsichtsrat ist insoweit auch mit der Situation im öffentlichen Recht vergleichbar, das dem Bürger Möglichkeiten geben muss, das Handeln des Staates zu überprüfen und insbesondere Eingriffe in seine Rechtsposition überprüfen zu lassen. So ähnelt § 241 AktG systematisch § 44 VwVfG, nach dem Verwaltungsakte nur bei schwerwiegenden Mängeln oder

---

137 So z.B. allgemeine Feststellungsklage gem. § 256 ZPO, HÜFFER, AktG, 9. Aufl., § 249 Rn. 12; SCHMIDT, Gesellschaftsrecht, 4. Aufl., § 28 IV 5c), S. 858.

138 In der Praxis Bedeutung erlangt hat für Anfechtungs- und Nichtigkeitsklagen der Ausschluss individuellen Rechtsmissbrauchs. Unseriöse Aktionäre haben teilweise durch Anfechtungs- oder Nichtigklagen die Wirksamkeit von Beschlüssen in Frage gestellt und deren Durchführung behindert, um sich in Vergleichsverhandlungen den „Lästigkeitswert" der rechtshängigen Klagen „abkaufen" zu lassen, vgl. TIMM, Aktionärsverhalten, S. 1 ff. Derartigen „Berufsklägern" wird durch die Gerichte zunehmend diese Praxis erschwert, da der BGH bereits 1989 klargestellt hat, dass Anfechtungs- oder Nichtigkeitsklagen, die in grob eigennütziger Weise mit dem Ziel erhoben werden, die Gesellschaft zu einer Leistung zu veranlassen, auf die kein Anspruch besteht, unbegründet sind, S. BGH v. 22.5.89 – II ZR 206/88, NJW 89, S. 2689 = BGHZ 107, S. 296. Teilweise wird auch die Abweisung als unzulässig vertreten, so SCHMIDT, Gesellschaftsrecht, 4. Aufl., § 28 IV 5f), S. 864. Erstmals wurde ein Anfechtungskläger nach Abweisung der Anfechtungsklage wegen Rechtsmissbrauchs auf die Widerklage der Gesellschaft hin zu einer Schadensersatzzahlung wegen vorsätzlicher sittenwidriger Schädigung gem. § 826 BGB verurteilt, S. LG Frankfurt v. 2.10.07, 3-5 O 177/07, bestätigt durch OLG Frankfurt v. 13.1.09 – 5 U 183/07; dazu DRINHAUSEN/KEINATH in: BB 47/07, S. 2358 ff.

139 Anfechtbarkeit gem. §§ 119 ff. BGB.

den abschließend aufgeführten Gründen nichtig sind.[140] Ansonsten sind auch fehlerhafte Verwaltungsakte gem. § 43 Abs. 2, 3 VwVfG grundsätzlich wirksam, als Rechtsbehelfe existieren aber Widerspruch und Anfechtungsklage gem. §§ 79 VwVfG, 42, 68 ff., 113 VwGO, sowie Feststellungsklage auf Nichtigkeit gem. § 43 VwGO. Diese Regeln über Anfechtungsklagen gegen Verwaltungsakte und Feststellung deren Nichtigkeit sind mit dem aktienrechtlichen System vergleichbar und können daher bei deren Auslegung herangezogen werden.[141]

Wie dargelegt, bewirkt § 256 AktG genau genommen nicht die Nichtigkeit des Jahresabschlusses selbst, sondern die des Feststellungsbeschlusses. Für den Fall, dass die Feststellung durch die Hauptversammlung erfolgt, handelt es sich folglich um Nichtigkeitsgründe für den Hauptversammlungsbeschluss, die § 241 AktG vorgehen.[142] Allgemeine zivilrechtliche Nichtigkeitsgründe sind auf den Feststellungsbeschluss genauso wenig anwendbar, wie auf andere Hauptversammlungsbeschlüsse.

Im Gegensatz zu Beschlüssen der Hauptversammlung ist die Verfahrensweise bei fehlerhaften Beschlüssen des Aufsichtsrats oder des Vorstands äußerst umstritten, insbesondere ob und inwieweit Nichtigkeits- bzw. Anfechtungsklage statthaft sind. Für die den Regelfall bildende Feststellung des Jahresabschlusses durch Vorstand und Aufsichtsrat handelt es sich mit § 256 AktG um die einzige normierte Form der Nichtigkeit von Beschlüssen des Aufsichtsrats bzw. der Verwaltung und damit um einen Sonderfall.[143] Für andere Aufsichtsrats- bzw. Vorstandsbeschlüsse wird teilweise vertreten, dass die Nichtigkeits- und An-

---

140 Nichtig sind danach nur Verwaltungsakte, die evident mangelhaft sind, sog. Evidenztheorie des Verwaltungsrechts, STELKENS/BONK/SACHS, VwVfG, 7. Aufl., § 44 Rn. 102. Diese Theorie wird durch die Wirksamkeitsvermutung des § 43 Abs. 1 S. 2, Abs. 2 VwVfG bestätigt, nach der selbst rechtswidrige VA wirksam und lediglich anfechtbar sind.

141 So bezogen auf die Anfechtungsklage auch SCHMIDT, Gesellschaftsrecht, 4. Aufl., § 15 II 1b), S. 443. Auch die Notwendigkeit eines Widerspruchs gem. §§ 68 ff. VwGO besteht bei der aktienrechtlichen Anfechtungsklage, vgl. § 245 Nr. 1 AktG. Für andere Fälle besteht die Widerspruchspflicht zwar nicht, aber auch im Verwaltungsrecht kann die Notwendigkeit gem. § 68 Abs. 1 S. 2 VwGO entfallen, so dass auch hier die Parallele besteht. In Niedersachsen wurde das Vorverfahren auf nur wenige Ausnahmefälle beschränkt, vgl. § 8a Nds. AG VwGO.

142 Auf das genaue Verhältnis der Vorschriften § 241 AktG und § 256 AktG zueinander wird im Folgenden eingegangen.

143 So auch HENNRICHS, Fehlerhafte Bilanzen, ZHR 168 (2004), S. 382 (387) und HABERSACK, Auswirkungen der Nichtigkeit, NZG 14 (2003), S. 659 (660 re. Sp.) sowie SCHMIDT/LUTTER, AktG, § 256 Rn. 1.

fechtungsregeln der §§ 241 ff. AktG entsprechend angewendet werden.[144] Die Gegenmeinung lehnt dieses mit dem BGH ab.[145] Auf den Streit kommt es jedoch für die Feststellung nicht an, da auf den Aufsichtsrats- und Vorstandsbeschluss der Feststellung gerade über § 256 AktG ein gesetzliches Regelsystem der Nichtigkeit existiert, das wegen der Abgeschlossenheit auch die Anwendbarkeit allgemeiner zivilrechtlicher Nichtigkeitsvorschriften ausschließt.[146]

Für den Fall der Feststellung des Jahresabschlusses durch die Hauptversammlung regelt § 257 AktG darüber hinaus die Möglichkeit der Anfechtung. § 257 AktG bezieht sich explizit nur auf die Feststellung durch die Hauptversammlung, so dass festzuhalten ist, dass bei dem Regelfall der Feststellung durch Vorstand und Aufsichtsrat nur die Nichtigkeit, nicht aber die Anfechtbarkeit in Betracht kommt. Die Anfechtung kann allerdings gem. § 257 Abs. 1 S. 2 AktG gerade nicht auf inhaltliche Mängel des Jahresabschlusses gestützt werden. Durch § 257 AktG wird damit klargestellt, dass inhaltliche Mängel des Jahresabschlusses entweder nur zur Nichtigkeit nach § 256 AktG führen können, oder aber unbeachtlich bleiben, um den Bestand des festgestellten Jahresabschlusses zu sichern.[147] § 257 AktG stellt damit einerseits klar, dass der Feststellungsbeschluss der Hauptversammlung wie alle Hauptversammlungsbeschlüsse gem. § 243 AktG anfechtbar ist, schränkt aber andererseits die Anfechtungsgründe für diesen Fall insofern ein, als eine Anfechtbarkeit in erster Linie bei Verfahrensmängeln in Betracht kommt, die dem Feststellungsbeschluss wie jedem anderen Hauptversammlungsbeschluss anhaften können.[148]

---

144 Es ist allgemein anerkannt, dass schwere Mängel zu einer Nichtigkeit führen können, was sich schon aus der Klassifizierung der Beschlüsse als Rechtsgeschäft ableiten lässt, HÜFFER, AktG, 9. Aufl. , § 108 Rn. 18. Daneben wird aber vertreten, dass auch bei AR-Beschlüssen zwischen Nichtigkeit und Anfechtbarkeit nach dem Vorbild der §§ 241 ff. AktG abgestuft werden muss, so SCHMIDT, Gesellschaftsrecht, 4. Aufl., § 28 III 4. a), S. 834 m.w.N. und ausführlich AXHAUSEN, Anfechtbarkeit, S. 113 ff; GREIFFENHAGEN in: FS LUDEWIG, Gefahrenlagen, S. 315.

145 Hauptargument ist der Schutz der Betroffenen, die bei analoger Anwendung der §§ 243 ff. AktG an die kurze Anfechtungsklagefrist gebunden wären. HÜFFER, AktG, 9. Aufl. , § 243 Rn. 2 a.E., § 108 Rn. 17 ff. m.w.N. und BGH v. 10.10.2005 – II ZR 90/03, BGHZ 164, S. 249 sowie BGH v. 15.11.1993 – II ZR 235/92, BGHZ 124, S. 111 (115) damit bestätigend BGH v. 17.05.1993 – II ZR 89/92, BGHZ 122, S. 342.

146 S. dazu o. c.(1), S. 42.

147 HÜFFER, AktG, 9. Aufl. , § 257 Rn. 2.

148 Wenn diese Verfahrensmängel nicht bereits nach § 256 Abs. 3 AktG zur Nichtigkeit führen. S. dazu auch HABERSACK, Auswirkungen der Nichtigkeit, NZG 14 (2003), S. 659 (661 li. Sp.)

d. historische Entwicklung der Vorschrift

Die Regelung des § 256 AktG geht auf das Aktiengesetz vom 06.09.1965[149] zurück, das in geänderter Form noch heute gilt. Die Rechtslage hatte sich durch die Einführung der Vorschrift im Vergleich zum AktG von 1937 geändert. Das AktG 1937 enthielt lediglich in § 202 AktG 1937 eine Regelung zur Nichtigkeit des Jahresabschlusses im Fall der Feststellung durch Vorstand und Aufsichtsrat, nicht aber für die Feststellung durch die Hauptversammlung.[150]

Wesentliche Änderungen des § 256 AktG waren durch das **BiRiLiG** vom 19.12.1985[151] geplant. Im Zuge der umfassenden Änderungen der Rechnungslegungsvorschriften war geplant, eine Verfehlung des Leitbildes i.S.d. § 264 Abs. 2 S. 1 HGB („true and fair view“)[152] zum Nichtigkeitstatbestand des § 256 Abs. 1 Nr. 1 AktG zu machen. Danach sollte ein festgestellter Jahresabschluss nichtig sein, wenn

> *1. er ein den tatsächlichen Verhältnissen entsprechendes Bild i.S. des § 264 Abs. 2 HGB nicht oder nur teilweise vermittelt und es sich um eine wesentliche Beeinträchtigung der Darstellung handelt, sofern diese nicht aufgrund gesetzlicher Vorschriften zulässig ist.*[153]

Diese geplante Änderung ist nicht Gesetz geworden, was zu begrüßen ist. Regelungsgegenstand und Zweck des § 256 AktG ist, die Nichtigkeitsgründe klar abzugrenzen und abschließend darzustellen, um Rechtssicherheit zu gewährleisten und die scharfe Sanktion der Nichtigkeit zu begrenzen.[154] Die Anknüpfung an eine auslegungsbedürftige Generalklausel zur Rechnungslegung kann genau dieses Ziel nicht erreichen, hätte vielmehr zu Rechtsunsicherheit geführt und wäre verfehlt gewesen.[155]

---

149 AktG 1965, BGBl. I S. 1089.

150 HÜFFER in: MüKo AktG, 2. Aufl., § 256 Rn. 1.

151 BiRiLiG, BGBl. I S. 2335.

152 S. o. Kap. II23.A.3.b. S. 23.

153 Entwurf zu § 256 Abs. 1 Nr. 1 AktG n.F., vgl. SCHEDLBAUER, Bestandskraft, DB 1992 S. 2097 re. Sp. sowie HÜFFER in: MüKo AktG, 2. Aufl., § 256 Rn. 1 und in: GEẞLER/HEFERMEHL, AktG, § 256 Rn. 5.

154 Vgl. dazu o. A.1.a. S. 37.

155 So auch die Spitzenverbände in der Stellungnahme zum BiRiLiG, DB 1984, Beilage Nr. 7/1984, S. 10 zu § 256 AktG und dezidiert NIEHUS, Materiality, WPg 1/81, S. 1 (7 ff.).

Die im Rahmen des BiRiLiG tatsächlich durchgeführten Änderungen des § 256 AktG hatten im Wesentlichen nur anpassenden Charakter.[156] Einzige bedeutsame Änderung war die Streichung der Tätigkeitsverbote für Abschlussprüfer in § 256 Abs. 1 Nr. 3 AktG. Gem. § 319 Abs. 2 HGB sind diejenigen Wirtschaftsprüfer bzw. Wirtschaftsprüfungsgesellschaften von der Abschlussprüfung ausgeschlossen, gegen die die Besorgnis der Befangenheit besteht. Diese kann in geschäftlichen, finanziellen oder persönlichen Beziehungen begründet sein.[157] § 319 Abs. 2 HGB ist als Generalklausel der Befangenheitsgründe zu sehen, die durch einen Katalog von absoluten Ausschlussgründen in § 319 Abs. 3 und 4 HGB und für bestimmte Unternehmen gem. §§ 319a, 319b HGB verschärft bzw. auf Netzwerke des Abschlussprüfers erweitert wird.[158] Nach der Fassung des § 256 AktG vor Inkrafttreten des BiRiLiG führte ein Verstoß gegen die Tätigkeitsverbote des § 319 Abs. 2 bzw. 3 HGB a. F. gem. § 256 Abs. 1 Nr. 3 AktG a.F. zur Nichtigkeit des Jahresabschlusses.[159] Der Bezug auf diese Tätigkeitsverbote wurde gestrichen, so dass seit dem BiRiLiG die Prüfung durch einen ausgeschlossenen Abschlussprüfer nicht mehr zur Nichtigkeit des Jahresabschlusses führt. Ziel des Gesetzgebers war ausweislich der Regierungsbegründung die weitere Eingrenzung der Nichtigkeitsgründe zur Rechtssicherheit bei gleichzeitiger Ausweitung der Ausschlussgründe.[160]

Indes war die Änderung nicht vollständig geglückt, da sie zu einer Unschlüssigkeit des Gesetzes geführt hat. Nach wie vor war Nichtigkeitsgrund gem. § 256 Abs. 1 Nr. 3 AktG die Prüfung durch nicht korrekt bestellte Wirtschaftsprüfer (§ 256 Abs. 1 Nr. 3 Alt. 1 AktG) bzw. eine Prüfung bei Verstoß gegen § 319 Abs. 1 HGB (§ 256 Abs. 1 Nr. 3 Alt. 2 AktG).

Die Fassung des § 256 Abs. 1 Nr. 3 AktG nach dem BiRiLiG lautete:

> *„Ein festgestellter Jahresabschluss ist [...] nichtig, wenn*
>
> *3. er im Falle einer gesetzlichen Prüfungspflicht von Personen geprüft worden ist, die nicht zum Abschlussprüfer bestellt sind oder nach § 319 Abs. 1 des Han-*

---

156 So in § 256 Abs. 1 Nr. 4, Abs. 5 S. 2 und 3, Abs. 6 S. 1 AktG, vgl. HÜFFER, AktG, 7. Aufl., § 256 Rn. 2.

157 Vgl. § 319 Abs. 2 HGB.

158 BAUMBACH/HOPT, HGB, 34. Aufl., § 319 Rn. 4 ff. Ausführlich zu absoluten und relativen Befangenheitsgründen nach Neufassung der §§ 319, 319a HGB Siehe FRINGS, Pflichtverletzungen des AP, WPg 13/06, S.821 (823 ff.).

159 HÜFFER in: MüKo AktG, 2. Aufl., § 256 Rn. 2 und 31.

160 RegBegr BR-Drucksache 257/1983 S. 106.

delsgesetzbuchs oder nach Artikel 25 des Einführungsgesetzes zum Handelsgesetzbuch nicht Abschlussprüfer sind,"[161]

Ein Verstoß gegen ein Tätigkeitsverbot führte zwar damit nicht unmittelbar zu einer Nichtigkeit des Jahresabschlusses. Jedoch verstößt die Bestellung eines gem. § 319 Abs. 2 bis 4 HGB ausgeschlossenen Abschlussprüfers gegen zwingende Vorschriften. Die Wahl und Bestellung des Abschlussprüfers erfolgt gem. §§ 318 Abs. 1 HGB, 119 Abs. 1 Nr. 4 AktG durch die Hauptversammlung. Auf diesen Beschluss der Hauptversammlung sind grundsätzlich die §§ 241 und 243 AktG anwendbar. Der Verstoß gegen die Tätigkeitsverbote des § 319 HGB führte damit gem. § 241 Nr. 3 Alt. 3 AktG wegen Verstoß gegen Vorschriften im öffentlichen Interesse zur Nichtigkeit des Wahlbeschlusses, so dass die Jahresabschlussnichtigkeit aus § 256 Abs. 1 Nr. 3 Alt. 1 AktG mangels Bestellung die Folge gewesen wäre. Dies konnte aber nicht Sinn der Gesetzesänderung gewesen sein, da die Herausnahme der Tätigkeitsverbote aus den Nichtigkeitsgründen faktisch leer lief.[162]

Diese Unstimmigkeit wurde schließlich durch das **BilReG** vom 04.12.2004[163] bereinigt. Danach lautete § 256 Abs. 1 Nr. 3 AktG:

„Ein festgestellter Jahresabschluss ist [...] nichtig, wenn

3. er im Falle einer gesetzlichen Prüfungspflicht von Personen geprüft worden ist, die nach § 319 Abs. 1 des Handelsgesetzbuchs oder nach Artikel 25 des Einführungsgesetzes zum Handelsgesetzbuch nicht Abschlussprüfer sind ***oder aus anderen Gründen als einem Verstoß gegen § 319 Abs. 2, 3 oder Abs. 4 oder § 319a Abs. 1 des Handelsgesetzbuchs*** *nicht zum Abschlussprüfer bestellt sind,"*[164]

Damit ist eindeutig klargestellt, dass ein Verstoß gegen die Tätigkeitsverbote nicht zur Nichtigkeit des Jahresabschlusses führt, auch wenn die Bestellung deswegen unwirksam ist.[165] Das Schicksal der mangelnden Bestellung wurde

---

161 § 256 Abs. 1 Nr. 3 AktG a.F., vgl. HÜFFER in: MüKo AktG, 2. Aufl., § 256.

162 So auch HABERSACK, Auswirkungen der Nichtigkeit, NZG 14/03, S. 659 (663 re. Sp.), und zur alten Rechtslage GELHAUSEN/KUSS, Abschlussprüfung und Beratung, NZG 9/03 S. 424 (427 re.Sp.); ADS, Rechnungslegung, Tb. 4, 6. Aufl., § 256 Rn. 31.

163 Bilanzrechtsreformgesetz, BilReG v. 04.12.2004, BGBl. I S. 3166.

164 § 256 Abs. 1 Nr. 3 AktG, Hervorhebung nicht im Original.

165 Folge der fehlerhaften Bestellung ist jedoch, dass der Geschäftsbesorgungsvertrag zwischen Wirtschaftsprüfer und Gesellschaft gem. § 134 BGB wegen Verstoß gegen

ebenso im Rahmen der Reform durch das BilReG geregelt. So führt der Verstoß gegen § 319 Abs. 2 bis 4 HGB bzw. §§ 319a, 319b HGB gem. § 241 Nr. 3 AktG zur Nichtigkeit des Wahlbeschlusses, mindestens zur Anfechtbarkeit gem. § 243 AktG. Eine Anfechtungsklage kommt aber gem. § 243 Abs. 3 Nr. 3 AktG i.V.m. § 318 Abs. 3 HGB nicht in Betracht, da für diese Mängel ausschließlich das gerichtliche Ersetzungsverfahren gem. § 318 Abs. 3 HGB vorgesehen ist.[166] Gleiches gilt auch für die Nichtigkeitsklage. Dies war durch das BilReG eindeutig geregelt worden, da § 249 Abs. 1 S. 1 AktG auch auf § 243 Abs. 3 Nr. 2 AktG verwiesen hat.[167]

Durch eine neuerliche Änderung des § 249 Abs. 1 AktG durch das **UMAG** vom 22.09.2005[168] wurde diese Verweisung zwar entfernt, es muss sich dabei aber offensichtlich um einen Redaktionsfehler gehandelt haben, da eine diesbezügliche Änderung weder gewollt war, noch Sinn macht. Ein Verstoß gegen die Tätigkeitsverbote, auf die § 318 Abs. 3 S. 1 HGB Bezug nimmt, führt nämlich eher zur Nichtigkeit des Wahlbeschlusses gem. § 241 Nr. 3 Alt. 3 AktG als zur bloßen Anfechtbarkeit. Ein Ausschluss nur der Anfechtungsklage aber Zulassung der Nichtigkeitsklage macht folglich keinen Sinn. § 249 Abs. 1 S. 1 AktG ist daher berichtigend so zu lesen, dass auch ein Verweis auf § 243 Abs. 3 Nr. 2 AktG erfolgt.[169] Im Ergebnis geht das Ersetzungsverfahren gem. § 318 Abs. 3 HGB bei Tätigkeitsverboten den aktienrechtlichen Klagen damit vor.[170]

---

§ 319 HGB nichtig ist und dass die damit ohne Rechtsgrund erlangte Vergütung für die Abschlussprüfung gem. § 812 BGB zurückzuerstatten ist. Ferner ist bei Vorsatz der Tatbestand der Ordnungswidrigkeit des § 334 Abs. 2 HGB erfüllt. IDW, WP-Handbuch 2006, Band I, 13. Aufl., A Rn. 327 f. sowie FÖRSCHLE/SCHMIDT in: BeBiKo, 7. Aufl., § 319 Rn. 92 ff. und FRINGS, Pflichtverletzungen des AP, WPg 13/06, S. 821 (828 f.). Zur Nichtigkeit des Prüfungsvertrages S. auch BGH v 21.01.2010 - Xa ZR 175/07, BeckRS 2010, 03882.

166 Vgl. FÖRSCHLE/SCHMIDT in: BeBiKo, 7. Aufl., § 319 Rn. 92.

167 § 243 Abs. 3 AktG und § 249 Abs. 1 S. 1 AktG wurden wie § 318 Abs. 3 HGB ebenfalls durch das BilReG geändert, um das Verhältnis von Nichtigkeit des Jahresabschlusses und des Wahlbeschlusses sowie des Ersetzungsverfahrens abschließend zu klären, vgl. Meyer, BilReG und BilKoG, DStR 1/2005, S. 41 (42 f.) und IDW, WP-Handbuch 2006, Band I, 13. Aufl., U Rn. 102.

168 Gesetz zur Unternehmensintegrität und Modernisierung des Anfechtungsrechts v. 22.9.05, BGBl. I S. 2802.

169 So wie es der Fassung nach dem BilReG entspricht. Vgl. dazu HÜFFER, AktG, 9. Aufl., § 249 Rn. 1, 12a, § 243 Rn. 44a; BAUMBACH/HOPT, HGB, 34. Aufl., § 319 Rn. 30, § 318 Rn. 7; i.E. ebenso SCHMIDT/LUTTER, AktG, § 256 Rn. 24.

170 So i.E. auch FRINGS, Pflichtverletzungen des AP, WPg 13/06, S. 821 (829).

Eine weitere Änderung nach dem BiRiLiG erfolgte durch das **Bank-BiRiLiG** vom 30.11.1990[171], in § 256 Abs. 1 Nr. 1 AktG. Die bis dahin geltende Fassung lautete:

> *„Ein festgestellter Jahresabschluss ist [...] nichtig, wenn*
>
> *1. er durch seinen Inhalt Vorschriften verletzt, die ausschließlich oder überwiegend zum Schutze der Gläubiger der Gesellschaft oder sonst im öffentlichen Interesse gegeben sind,“*[172]

Durch das Bank-BiRiLiG wurde der Zusatz *„oder sonst im öffentlichen Interesse“* gestrichen. Durch die Streichung wurden die Nichtigkeitsgründe weiter beschränkt.[173] Für den Fall der Feststellung durch die Hauptversammlung wird im Vergleich zu § 241 Nr. 3 AktG deutlich, dass für die Nichtigkeit der Feststellung des Jahresabschlusses noch strengere Maßstäbe anzusetzen sind als für sonstige Hauptversammlungsbeschlüsse. Ferner wurde durch das Bank-BiRiLiG § 256 Abs. 5 S. 4 eingeführt, der die Bewertungsvorschriften für Kreditinstitute konkretisiert.

Durch das **BilKoG** vom 15.12.2004[174] wurde das in Kapitel II erwähnte Enforcement-Verfahren, §§ 342b ff. HGB, eingeführt und in diesem Zuge § 256 Abs. 7 S. 2 AktG angefügt, um das Verhältnis von Enforcement-Verfahren und Nichtigkeitsklage zu klären.

Die durch das **BilMoG** erfolgten Änderungen des § 256 AktG sind redaktioneller Natur. So wurde § 319b HGB als neu geschaffener Ausschlussgrund für Wirtschaftsprüfer in § 256 Abs. 1 Nr. 3 AktG übernommen, um klarzustellen,

---

171 Bankbilanzrichtlinien-Gesetz vom 30.11.1990, BGBl. I S. 2570.

172 § 256 Abs. 1 Nr. 1 AktG a.F.

173 Ferner sollte der Auslegung entgegengewirkt werden, dass die in § 334 HGB aufgeführten bei Verstoß mit Bußgeld bewehrten Vorschriften auch Nichtigkeitstatbestände darstellen könnten. Da der Verstoß als ordnungswidrig geahndet wird, ist anzunehmen, dass die in § 334 HGB aufgeführten Vorschriften im öffentlichen Interesse liegen, RegBegr zum Bank-BiRiLiG, BT-Drucksache 11/6275, S. 27 li. Sp. Das hindert nicht daran, in einzelnen dieser Vorschriften auch einen Gläubigerschutz zu sehen, so dass auch nach der neuen Fassung des § 256 Abs. 1 Nr. 1 AktG Nichtigkeit gegeben sein könnte. Dies bedarf aber einer Überprüfung im Einzelfall, zumal ausschließlich oder überwiegend Gläubigerschutz gegeben sein muss, IDW, WP-Handbuch 2006, Band I, 13. Aufl., U Rn. 182.

174 Bilanzkontrollgesetz v. 15.12.2004, BGBl. I S. 3408.

dass auch ein Verstoß gegen dieses Tätigkeitsverbot nicht zur Nichtigkeit des Jahresabschlusses führt.[175] Ferner wurde Abs. 5 auf die neuen Bewertungsregeln des Handelsrechts angepasst.[176]

Weitere Änderungen des § 256 AktG betrafen vielfältige Anpassungen an andere Gesetzesänderungen, die aber keine bedeutsame Änderung der Nichtigkeitsgründe bewirkten.[177]

e. Normzweck in Bezug auf die Rechnungslegungszwecke

Wie oben bereits erläutert, bezweckt die Norm des § 256 AktG einerseits die Einschränkung der Nichtigkeitsgründe gegenüber den Gründen, die nach allgemeinen Regeln des Zivilrechts bzw. des Aktienrechts aus § 241 AktG für die Feststellung durch die Hauptversammlung zur Nichtigkeit führen. Andererseits wird für die Nichtigkeit der Feststellung durch Vorstand und Aufsichtsrat erst eine aktienrechtliche Grundlage geschaffen.[178] Daher hat die Norm einen abschließenden Charakter, d.h. außerhalb des § 256 AktG gibt es keine Nichtigkeitsgründe für die Feststellung.[179] Das ist zutreffend allgemeine Meinung, denn nur so kann dieser Normzweck erreicht werden. Neben dem Zweck der Begrenzung der Nichtigkeitsgründe ist der Zweck der Norm des § 256 AktG aber auch an den Zwecken des betreffenden Feststellungsobjektes - also des Jahresabschlusses - zu messen.

---

175 Die Formulierung des § 319b Abs. 1 S. 1 HGB ist indes nach hier vertretener Ansicht missglückt, da „Ein Abschlussprüfer" von der Abschlussprüfung ausgeschlossen ist. Richtig wäre die Formulierung „Ein Wirtschaftsprüfer", denn Abschlussprüfer ist i.S.d. HGB ist der gewählte und bestellte Wirtschaftsprüfer bzw. die Wirtschaftsprüfungsgesellschaft, § 319 Abs. 1 S. 2 HGB. Demgemäß schließen §§ 319 Abs. 2, 3, 319a HGB auch „Wirtschaftsprüfer" von der Abschlussprüfung aus und regeln die Ausschlussgründe für Wirtschaftsprüfungsgesellschaften gesondert: §§ 319 Abs. 4, 319a Abs. 1 S. 2, 4 HGB.

176 So wurden die §§ 279 bis 283 HGB wie im HGB gestrichen.

177 So durch das VersRiLiG, Versicherungsbilanzrichtlinie-Gesetz v. 24.6.1994, BGBl. I S. 1377 und das Begleitgesetz zum Gesetz zur Umsetzung von EG-Richtlinien zur Harmonisierung bank- und wertpapieraufsichtsrechtlicher Vorschriften v. 22.10.1997, BGBl. I S. 2567 (Anpassung des § 256 Abs. 5 S. 4 AktG), Gesetz für kleine Aktiengesellschaften und zur Deregulierung des Aktienrechts v. 2.8.1994, BGBl. I S. 1961 (Anpassung des § 256 Abs. 3 Nr. 1 AktG an §§ 121 Abs. 4, 241 Nr. 1 AktG).

178 S. o. A.1.c.(3), S. 47.

179 S. oben A.1.a., S. 37 u. BALTHASAR, Bestandskraft, S. 186 f.; MÜLLER, H.-P. in: FS BUDDE, Änderungen, S. 443.

Wie in Kapitel II dargelegt, ist der Jahresabschluss ein Instrument des externen Rechnungswesens und damit Informationslieferant sowohl für unternehmensinterne als auch unternehmensexterne Adressaten.[180] Die Funktionen des Jahresabschlusses und die Rechnungslegungszwecke liegen neben dieser Information durch Dokumentation in der Rechenschaftslegung, nomineller Kapitalerhaltung, Ausschüttungsbemessung und Gläubigerschutz.[181]

In Bezug auf diese Rechnungslegungszwecke stellt die Nichtigkeit des Jahresabschlusses eines der möglichen Sanktionsmittel dar. Die Zwecke können nur erfüllt werden, wenn die Rechnungslegung auch den geltenden Regeln folgt, und dieses sanktionierbar ist. Die Nichtigkeitsgründe des § 256 AktG lassen sich in Inhalts-, Prüfungs- und Verfahrensfehler unterteilen.[182] Ferner ist unterscheidbar zwischen Mängeln ohne Rücksicht auf die Feststellungskompetenz und solchen die nur eine Art der Feststellung betreffen können. Die Ordnung der Vorschrift ist daher wenig übersichtlich und scheint eher dem Zufall entsprungen zu sein.

Nur die Verfahrensfehler können von der Art der Feststellung abhängig sein, Inhalts- und Prüfungsfehler dagegen nicht. Systematisch gehören daher § 256 Abs. 1 Nr. 1 und Nr. 4, Abs. 4 und Abs. 5 AktG als **Inhaltsfehler** zusammen. § 256 Nr. 2 und Nr. 3 AktG betreffen **Prüfungsfehler**. § 256 Abs. 2 AktG betrifft **Verfahrensfehler** beim Regelfall der Feststellung durch Vorstand und Aufsichtsrat, Absatz 3 betrifft Verfahrensfehler bei Feststellung durch die Hauptversammlung. Die folgende Übersicht verdeutlicht die systematischen Zusammenhänge:

§ 256 AktG, Einteilung nach Fehlerarten

Inhaltsfehler:	**Abs. 1 Nr. 1:** Verstoß gegen Gläubigerschutz
	Abs. 4: Verstoß gegen Gliederungsvorschriften
	Abs. 5: Verstoß gegen Bewertungsvorschriften
	Abs. 1 Nr. 4: Verstoß gegen Rücklagenbildung
Prüfungsfehler:	**Abs. 1 Nr. 2:** unterbliebene Prüfung
	Abs. 1 Nr. 3: Prüfung ohne Bestellung oder durch Nicht-WP
Verfahrensfehler:	**Abs. 2:** bei Feststellung durch Vorstand und AR
	Abs. 3: bei Feststellung durch die HV

180 S. o. Kap. II.A.1.b., S. 13.

181 S.o. Kap. II.A.3.a., S. 21.

182 HÜFFER, AktG, 9. Aufl. , § 256 Rn. 6.

Die Inhaltsfehler als Nichtigkeitsgründe, die dem Jahresabschluss selbst anhaften, sind an den Jahresabschlusszwecken zu messen. So muss ein Verstoß gegen Gläubigerschutzvorschriften zur Nichtigkeit führen, da sonst der Jahresabschlusszweck des Gläubigerschutzes leer liefe. Verstöße gegen Gliederungsvorschriften können sowohl die Erreichung des Zwecks des Gläubigerschutzes als auch der Information und korrekten Rechenschaftslegung verhindern. Bewertungsfehler, die hier im Vordergrund stehen sollen, verhindern daneben eine korrekte Ausschüttungsbemessung und damit auch die Erreichung der Kapitalerhaltung. Prüfungsfehler führen zwar nicht unmittelbar zu einer Verfehlung der Zwecke. Eine Verletzung der Prüfungspflicht muss aber sanktioniert werden, da die Richtigkeit des Jahresabschlusses erst durch die Prüfung auf erster Ebene bestätigt wird.

Verfahrensfehler schließlich beziehen sich nicht auf den Jahresabschluss selbst, sondern können der Feststellung wie jedem anderen Beschluss anhaften. Die Aufzählung relevanter Verfahrensfehler der Feststellung bezweckt damit in erster Linie nur die Begrenzung möglicher Verfahrensfehler im Vergleich zu anderen Beschlüssen[183] bzw. erst die Schaffung normierter Nichtigkeitsgründe mit Ausschließlichkeitscharakter[184].

Es ist damit festzuhalten, dass der Hauptzweck der Norm des § 256 AktG darin liegt, die Erreichung der Jahresabschlusszwecke sicherzustellen, indem solche Jahresabschlüsse die deren Funktion nicht erfüllen können und zur Zweckerreichung nicht beitragen können, nichtig sind.[185]

Bevor auf die hier als Schwerpunkt zu behandelnden Bewertungsfehler eingegangen wird, sollen die anderen Nichtigkeitsgründe der Vollständigkeit halber dargestellt werden, wobei zunächst die außerhalb des § 256 AktG geregelten Fälle und sodann die Nichtigkeitsgründe nach Fehlerarten betrachtet werden.

2. Vorangestellte Nichtigkeitsgründe in § 256 Abs. 1 AktG

§ 256 AktG stellt in Abs. 1 am Anfang einige Nichtigkeitsgründe voran, die außerhalb der Vorschrift geregelt sind. Daraus wird nochmals die abschließende

183 Bei Feststellung durch die Hauptversammlung.

184 So bei Feststellung durch Vorstand und Aufsichtsrat, vgl. SCHMIDT/LUTTER, AktG, § 256 Rn. 1.

185 Indem die Feststellung nichtig ist, und der Jahresabschluss so die rechtlichen Wirkungen nicht erfüllen kann. So bezogen auf die Nichtigkeitsfolge auch die historische Gesetzesbegründung, siehe Ausschussbericht bei KROPFF, AktG, S. 342 (343).

Wirkung des § 256 AktG deutlich, da „außer in den Fällen“[186], die vorangestellt sind, nur die Nichtigkeitsgründe des § 256 AktG selbst in Betracht kommen.

a. § 173 Abs. 3 AktG

§ 173 Abs. 3 AktG betrifft die Feststellung des Jahresabschlusses durch die Hauptversammlung. Im Falle einer Änderung des Jahresabschlusses durch die Hauptversammlung bedarf es einer Nachtragsprüfung durch den Abschlussprüfer gem. § 316 Abs. 3 HGB, da die Änderung ansonsten ungeprüft festgestellt werden könnte. Ohne Prüfung kann aber keine Feststellung erfolgen, § 316 Abs. 1 S. 2 HGB. Die Feststellung des geänderten Jahresabschlusses, die zweckmäßigerweise mit der Änderung durch die Hauptversammlung in einer Sitzung beschlossen wird, wird gem. § 173 Abs. 3 S. 1 Hs. 2 AktG erst wirksam, wenn hinsichtlich der Änderungen ein uneingeschränkter Bestätigungsvermerk erteilt wurde. Gem. § 173 Abs. 3 S. 2 AktG wird die Feststellung nichtig, wenn dieser Bestätigungsvermerk nicht binnen zwei Wochen seit Beschlussfassung erteilt wird. Die Feststellung nach Änderung ist demnach schwebend unwirksam bis die Nachtragsprüfung ohne Einwendungen erfolgt ist, wofür zwei Wochen Zeit bleiben.[187]

Die Nichtigkeit nach § 173 Abs. 3 AktG ist daher als ein spezieller Fall der Prüfungsfehler einzuordnen. Ohne die Vorschrift des § 173 Abs. 3 AktG wäre es nicht möglich, dass die Hauptversammlung die beschlossene Änderung in einer Sitzung feststellen könnte, da diese Feststellung sodann gem. § 256 Abs. 1 Nr. 2 AktG nichtig wäre und es einer erneuten Feststellung nach abgeschlossener Nachtragsprüfung bedürfte.[188]

b. §§ 234 Abs. 3 und 235 Abs. 2 AktG

§ 234 Abs. 3 AktG betrifft die Feststellung des Jahresabschlusses durch die Hauptversammlung im Falle einer Kapitalherabsetzung. Gem. § 243 Abs. 1 AktG kann im Fall einer Kapitalherabsetzung bereits der Jahresabschluss des vorangegangenen Geschäftsjahrs unter Zugrundelegung des Kapitals nach der erfolgten Kapitalherabsetzung aufgestellt werden. § 234 Abs. 2 AktG schreibt für diesen Fall vor, dass die Feststellung des Jahresabschlusses durch die Hauptversammlung erfolgen muss, und durchbricht so dass Grundprinzip der §§ 172, 173 AktG. Dieser Feststellungsbeschluss ist nichtig, wenn der Beschluss über

186 § 256 Abs. 1 AktG a.A.

187 HÜFFER in: MüKo AktG, 2. Aufl., § 256 Rn. 12.

188 So auch HÜFFER, AktG, 9. Aufl. , § 173 Rn. 7.

die Kapitalherabsetzung nicht binnen drei Monaten nach Beschlussfassung in das Handelsregister eingetragen worden ist.

Dieser Fehler kann als Untergruppe der Inhaltsfehler gesehen werden. Der Jahresabschluss mit bereits ausgewiesener Kapitalherabsetzung kann nur inhaltlich richtig sein, wenn die Kapitalherabsetzung vollzogen wird, wozu die Eintragung in das Handelsregister notwendig ist, vgl. §§ 229 Abs. 3, 223, 224 AktG. Der Feststellungsbeschluss ist damit vor Eintragung des Kapitalherabsetzungsbeschlusses als schwebend unwirksam zu bezeichnen, und wird nach erfolglosem Fristablauf endgültig unwirksam.[189]

§ 235 Abs. 2 AktG regelt dies entsprechend für den Fall, dass mit einer rückwirkenden Kapitalherabsetzung gleichzeitig eine rückwirkende Kapitalerhöhung verbunden wird. Die Feststellungspflicht für die Hauptversammlung ergibt sich schon aus § 234 Abs. 2 AktG. Neben der Eintragung der Kapitalherabsetzung muss auch die rückwirkende Kapitalerhöhung innerhalb von drei Monaten in das Handelsregister eingetragen worden sein, bevor die Jahresabschlussfeststellung wirksam wird.[190] Es handelt sich bei diesem Nichtigkeitsgrund ebenso um einen Inhaltsfehler, da der Jahresabschluss ohne tatsächlich vollzogene Kapitalerhöhung inhaltlich unrichtig ist.[191]

3. Prüfungsfehler: § 256 Abs. 1 Nr. 2 und Nr. 3 AktG

Wie oben dargelegt, führt ein Verstoß gegen Tätigkeitsverbote gem. §§ 319 Abs. 2 bis 4 bzw. §§ 319a, 319b HGB nicht zu einer Nichtigkeit der Feststellung des Jahresabschlusses, wohl aber zu einer Nichtigkeit des Wahlbeschlusses gem. § 241 Nr. 3 Alt. 3 AktG.[192]

Nichtig ist gem. § 256 Abs. 1 Nr. 2 AktG ein Jahresabschluss, der nicht nach § 316 Abs. 1 und 3 HGB geprüft worden ist. Bei allen prüfungspflichtigen AGs[193] ist demnach die Feststellung nichtig, wenn die Abschlussprüfung bzw.

189 HÜFFER in: MüKo AktG, 2. Aufl., § 256 Rn. 13.

190 Auch hier ist somit von schwebender Unwirksamkeit zu sprechen. § 235 Abs. S. 1 AktG bezeichnet „sämtliche Beschlüsse", was neben den Beschlüssen über die Kapitalherabsetzung und –erhöhung auch den der Feststellung umfasst.

191 A.M. BALTHASAR, der diese Fehler als Verfahrensfehler einstuft, vgl. BALTHASAR, Bestandskraft, S. 203.

192 S. o. A..1.d., S. 50. Anders SCHMIDT/LUTTER, die auch den Wahlbeschluss als wirksam ansehen, SCHMIDT/LUTTER, AktG, § 256 Rn. 24 a.E. Dies ist nicht überzeugend, da nur die Klage zu Gunsten des Ersetzungsverfahrens ausgeschlossen werden soll, nicht aber die zivilrechtlichen Folgen der mangelhaften Bestellung.

193 Gem. § 316 Abs. 1 S. 1 i.V.m. § 267 HGB alle außer kleine AGs.

eine wegen Änderungen gem. § 316 Abs. 3 HGB notwendige Nachtragsprüfung unterblieben sind. Für diesen Fall ist die Nichtigkeitsfolge für die Feststellung das notwendige Gegenstück zu § 316 Abs. 1 S. 2 HGB, nach dem ein ungeprüfter Jahresabschluss nicht festgestellt werden kann. Die Rechtsfolge entspricht damit einer Nichtigkeit der Feststellung gem. § 134 BGB wegen Verstoß gegen § 316 Abs. 1 S. 2 HGB.

§ 256 Abs. 1 Nr. 2 AktG bezieht sich auf Prüfungen, die „nicht nach § 316 Abs. 1 und 3 des Handelsgesetzbuches“[194] durchgeführt worden sind. Auf Gegenstand und Umfang der Prüfung, § 317 HGB, nimmt § 256 Abs. 1 Nr. 2 AktG keinen Bezug. Dennoch sind nach zutreffender Ansicht nicht nur gänzlich unterbliebene Prüfungen erfasst, sondern auch solche, die nicht den Mindestumfang einer Abschlussprüfung erfüllen.[195] Im Sinne des § 256 Abs. 1 Nr. 2 AktG sind diese nicht als Prüfungen nach § 316 Abs. 1 HGB zu bezeichnen. Die fehlende Prüfung allein des Lageberichts kann allerdings keine Nichtigkeit begründen, da sich § 256 AktG nur auf den Jahresabschluss bezieht, der Lagebericht aber nicht dessen Bestandteil ist.[196] Hervorzuheben ist, dass das Prüfungsurteil unmittelbar keine Auswirkung auf den Bestand der Feststellung des Jahresabschlusses hat.[197] So kann auch ein mit einem eingeschränkten Bestätigungsvermerk oder gar Versagungsvermerk versehener Jahresabschluss grundsätzlich wirksam festgestellt werden, da nur die vollständige Prüfung Feststellungsvoraussetzung ist, nicht etwa eine Prüfung mit positivem Urteil.[198] Bei Einschränkung oder Versagung des Vermerks folgt also keinesfalls zwingend die Nichtigkeit des Jahresabschlusses. Insbesondere, wenn es sich um eine Versagung aufgrund von Prüfungshemmnissen gem. § 322 Abs. 2 S. 1 Nr. 4, Abs. 5 HGB handelt, deutet dies nicht auf Inhaltsfehler des Jahresabschlusses hin. Bei einer Versagung wegen Rechnungslegungsmängeln kann es um Nichtigkeitsgründe handeln; dies ist jedoch im Einzelfall zu prüfen.[199] Inwieweit der Abschlussprüfer

---

194 § 256 Abs. 1 Nr. 2 AktG.

195 Dies sind die Vornahme von Prüfungshandlungen, Erstellung eines Prüfungsbericht und Erteilung oder Versagung eines Bestätigungsvermerks gem. § 322 HGB, vgl. ADS, Rechnungslegung, Tb. 4, 6. Aufl., § 256 Rn. 16 sowie HÜFFER, AktG, 9. Aufl., § 256 Rn. 10 f. und HEIDEL, AktR, § 256 Rn. 14 f., der unzureichende Prüfungshandlungen weiter auslegen möchte. Aus der Rechtsprechung: OLG Stuttgart v. 1.7.09 – 20 U 8/08, BeckRS 2009, S. 18606.

196 So auch HÜFFER, AktG, 9. Aufl. , § 256 Rn. 8; ADS, Rechnungslegung, Tb.4, 6. Aufl., § 256 Rn. 17; RÖLIKE in: SPINDLER/STILZ, AktG, § 256 Rn. 13.

197 IDW, WP-Handbuch 2006, Band I, Q Rn. 581 ff.; ADS, Rechnungslegung, 6. Aufl., Tb. 7, § 322 Rn. 34, 37.

198 Dies geht schon aus § 316 Abs. 1 S. 2 HGB hervor. ADS, Rechnungslegung, 6. Aufl., Tb. 7, § 322 Rn. 34 ff.

199 ADS, Rechnungslegung, 6. Aufl., Tb. 7, § 322 Rn. 328 ff.

verpflichtet ist, auf eine mögliche Nichtigkeitsfolge hinzuweisen, ist zu klären.[200] Hält der Abschlussprüfer die Mängel für so schwerwiegend, dass es sich nach dessen Einschätzung eindeutig um Nichtigkeitsgründe handelt, so sollte er darauf hinweisen, dass eine Feststellung keinen Bestand haben wird; dies schon im eigenen Interesse, um sich nicht möglichen Schadensersatzforderungen auszusetzen.[201] Der Vorstand sollte bei einem Versagungsvermerk wegen Rechnungslegungsmängeln jedenfalls sensibilisiert sein und die Möglichkeit der Nichtigkeit in Betracht ziehen, da er sich nicht darauf berufen kann, von der Mangelhaftigkeit der Rechnungslegung nichts gewusst zu haben.

Prüfungen durch Prüfer mit mangelnder Qualifikation oder fehlerhafte bzw. unterbliebene Bestellung werden durch § 256 Abs. 1 Nr. 3 AktG sanktioniert. Wie oben erläutert, erfasst § 256 Abs. 1 Nr. 3 AktG nach der Neufassung eindeutig zwei Fälle, nämlich die fehlende Qualifikation des Abschlussprüfers gem. § 319 Abs. 1 HGB und die mangelhafte Bestellung außer im Falle des Verstoßes gegen Tätigkeitsverbote.[202] Fehlende Qualifikation ist insbesondere auch dann gegeben, wenn der Abschlussprüfer keine erfolgreiche Teilnahme an der Qualitätskontrolle („peer review") nach § 57a WPO vorweisen kann, vgl. § 319 Abs. 1 S. 3 HGB.[203]

Nichtig ist somit ein Jahresabschluss einer prüfungspflichtigen AG, der gar nicht oder nicht durch einen Wirtschaftsprüfer bzw. eine Wirtschaftsprüfungsgesellschaft geprüft worden ist.[204] Ferner, wenn er zwar durch Wirtschaftsprüfer oder -gesellschaft geprüft worden ist, diese aber nicht ordnungsgemäß bestellt wurden. Denkbar als Nichtigkeitsgrund ist z.B. eine Wahl und Bestimmung des Ab-

---

200 S. dazu unten, Kap. IV.E.1.c., S. 364; str. IDW, WP-Handbuch 2006, Band I, Q Rn. 583; ADS, Rechnungslegung, 6. Aufl., Tb. 7, § 322 Rn. 332 f; IDW PS 400 Tz. 58.

201 Dazu ausführlich unten, Kap. IV.E.1.c., S. 364 ff.

202 Der Ansicht, dass die mangelnde Qualifikation eigentlich bereits durch § 256 Abs. 1 Nr. 2 AktG erfasst sei, vgl. ADS, Rechnungslegung, Tb. 4, 6. Aufl., § 256 Rn. 14, wird hier nicht gefolgt. Danach soll dies der Fall sein, weil § 316 Abs. 1 HGB die Prüfung durch einen „Abschlussprüfer" gefordert ist, dieser aber die Erfordernisse des § 319 HGB erfüllen müsse, da es sich sonst nicht um eine Prüfung „nach § 316 des Handelsgesetzbuchs" handele. Dies ist nach hier vertretener Auffassung nicht überzeugend. Auf § 319 HGB nimmt § 256 Abs. 1 Nr. 2 AktG gerade nicht Bezug. § 316 HGB fordert lediglich die Prüfung durch einen Abschlussprüfer. Ob dieser die notwendigen Kriterien erfüllt, ergibt sich erst aus den nachfolgenden Vorschriften. Im Ergebnis ist der Streit aber nicht entscheidend, da auch ADS die Nichtigkeitsfolge bei fehlender/mangelhafter Bestellung oder Qualifikation an § 256 Abs. 1 Nr. 3 AktG knüpfen.

203 HEIDEL, AktR, § 256 Rn. 17.

204 Oder zwar durch einen Wirtschaftsprüfer bzw. eine –gesellschaft, die aber keine Bescheinigung über die Teilnahme an der Qualitätssicherung vorweisen können.

schlussprüfers durch Vorstand und Aufsichtsrat, die gegen § 119 Abs. 1 Nr. 4 AktG, § 318 Abs. 1 S. 1 HGB verstößt, so dass es an einer „Bestellung“ i.S.d. § 256 Abs. 1 Nr. 3 AktG fehlt und der Jahresabschluss damit nichtig ist.[205] Zu unterscheiden von der Bestellung ist die schuldrechtliche Auftragserteilung, die gem. §§ 318 Abs. 1 S. 4 HGB, 111 Abs. 2 AktG dem Aufsichtsrat obliegt. Ein Mangel in der Beauftragung hat damit allein schuldrechtliche Wirkung und berührt die Gültigkeit des Jahresabschlusses nicht, da § 256 Abs. 1 Nr. 3 AktG sich nur auf die „Bestellung“ bezieht.

Ferner führen die allgemeinen Nichtigkeitsgründe des § 241 AktG bzw. eine erfolgreiche Anfechtung des Wahlbeschlusses zu einer fehlenden Bestellung und damit zur Nichtigkeit gem. § 256 Abs. 1 Nr. 3 AktG.[206] Systematisch sind die Nichtigkeitsgründe der Nummern 2 und 3 des § 256 Abs. 1 AktG als Prüfungsfehler zusammengehörig, so dass sie auch in einer Nummer hätten zusammengefasst werden können. Der Unterschied dieser Nichtigkeitsgründe ergibt sich erst aus § 256 Abs. 6 AktG, wonach nur die mangelhafte Prüfung heilbar ist, nicht aber die unterbliebene Prüfung, vgl. § 256 Abs. 6 S. 1 Hs. 1 AktG.

Der Grund der Unterscheidung liegt darin, dass eine zwar mangelhafte aber durchgeführte Prüfung weitaus weniger gravierend eingeschätzt wird, als eine überhaupt nicht oder nicht den Mindestanforderungen entsprechend durchgeführte Prüfung. Dass eine nicht durchgeführte Prüfung zur unheilbaren Nichtigkeit führen muss, ist notwendige Sanktion eines Verstoßes gegen die Prüfungspflicht. Ansonsten könnte durch Abwarten der Heilungsfrist die Prüfungspflicht umgangen werden. Die Prüfung durch Nicht-Wirtschaftsprüfer soll dagegen heilbar sein, so dass dies als nicht derartig gravierend angesehen wird, ebenso wenig wie mangelhafte Bestellung. Dies scheint nicht sinnvoll. Bei mangelhafter Prüfung sollte vielmehr zwischen der Art des Mangels unterschieden werden. Wenn der Jahresabschluss zwar geprüft wurde, nicht aber durch qualifizierte Personen, ist es nicht sachgerecht, das Vertrauen in die Richtigkeit des Jahresabschlusses durch Heilbarkeit zu schützen. Nur durch die notwendige hohe Qualifikation der Wirtschaftsprüfer ist sichergestellt, dass die erfolgreiche Prüfung des Jahresabschlusses dessen Zwecke sichert.[207]

---

205 IDW, WP-Handbuch 2006, Band 1, 13. Aufl., U Rn. 195 und ADS, Rechnungslegung, Tb. 4, 6. Aufl., § 256 Rn. 20.

206 RÖLIKE in: SPINDLER/STILZ, AktG, § 256 Rn. 38 f. Wobei zu beachten ist, dass Verstöße gegen Tätigkeitsverbote ausgenommen sind, und auch nicht zur Anfechtungs- oder Nichtigkeitsklage berechtigen, vgl. § 243 Abs. 3 Nr. 2 AktG i.V.m. § 318 Abs. 3 S. 1 HGB und § 249 Abs. 1 S. 1 AktG, der berichtigend zu lesen ist, vgl. dazu o., A.1.d., Fn. 169.

207 So auch ADS, Rechnungslegung, Tb. 4, 6. Aufl., § 256 Rn. 15.

Liegt der Mangel allerdings allein in der Bestellung, so ist doch sichergestellt, dass die Qualität der Abschlussprüfung selbst gewahrt ist und damit die Aussagekraft des Jahresabschlusses. Eine Heilbarkeit in diesem Falle scheint sachgerecht. Sinnvoller wäre es daher, einen Verstoß gegen § 319 Abs. 1 HGB[208] in die unheilbaren Nichtigkeitsgründe der § 256 Abs. 1 Nr. 2 AktG zu übernehmen.[209]

4. Verfahrensfehler: § 256 Abs. 2 und Abs. 3 AktG

a. Feststellung durch die Verwaltung: § 256 Abs. 2 AktG

Die Absätze 2 und 3 des § 256 AktG betreffen die Nichtigkeit der Jahresabschlussfeststellung bei Verfahrensfehlern und unterscheiden zwischen den Verfahren der Feststellung durch Vorstand und Aufsichtsrat (Abs. 2) und der Feststellung durch die Hauptversammlung (Abs. 3). In beiden Fällen stellt das Gesetz klar, dass die Nichtigkeitsgründe über die aus Abs. 1 hinausgehen: „Ein [...] festgestellter Jahresabschluss ist außer nach Absatz 1 nur nichtig, wenn…“[210]. Dies ist schlüssig, da Absatz 1 nur Inhalts- und Prüfungsfehler beinhaltet.

Die Feststellung durch Vorstand und Aufsichtsrat gem. §§ 170 bis 172 AktG ist gem. § 256 Abs. 2 AktG nur nichtig, wenn Vorstand oder Aufsichtsrat nicht ordnungsgemäß mitgewirkt haben. Die Mitwirkung des Vorstands liegt in der Aufstellung des Jahresabschlusses und dessen Vorlage an den Aufsichtsrat.[211] Die Mitwirkung des Aufsichtsrats liegt in der Prüfung und Billigung des Jahresabschlusses.

Streitig ist, ob Fälle unter § 256 Abs. 2 AktG zu subsumieren sind, in denen nicht eindeutig zwischen einer fehlenden und einer fehlerhaften Feststellung unterschieden werden kann. Hat z.B. entgegen § 107 Abs. 3 S. 2 AktG nicht der gesamte Aufsichtsrat die Billigung des Jahresabschlusses beschlossen, sondern lediglich der Prüfungsausschuss, könnte dies als nicht ordnungsgemäße Mitwirkung des Aufsichtsrats oder als gänzlich fehlende Mitwirkung des (Gesamt-) Aufsichtsrats gewertet werden. Die Frage, ob es bereits an einer Feststellung mangelt, oder ob diese zwar durchgeführt aber gem. § 256 Abs. 2 AktG nichtig ist, erlangt Bedeutung für die Frage der Heilung. Die Nichtigkeit gem. § 256 Abs. 2 AktG ist gem. § 256 Abs. 6 S. 1 AktG heilbar binnen sechs Monaten.

---

208 Genauso wie Verstöße gegen Art. 25 EGHGB, der bei gemeinnützigen Wohnungsunternehmen die Prüfung durch best. Verbände gestattet.

209 Ausführlich dazu ADS, Rechnungslegung, Tb. 4, 6. Aufl., § 256 Rn. 15, die allerdings auch Bestellungsmängel als unheilbar nichtig ansehen wollen.

210 Vgl. § 256 Abs. 2 a.A. und Abs. 3 a.A. AktG.

211 Zum Verfahren s.o. A.1.b.(2), S. 39.

Fehlt es bereits an einer Feststellung im Rechtssinne, ist dieser Mangel dagegen unheilbar, da § 256 Abs. 6 AktG gar nicht anwendbar ist. Einigkeit besteht darüber, dass § 256 Abs. 2 AktG einschlägig ist für Verletzungen organinterner Verfahrensvorschriften. So ist der Vorstand als Gesamtorgan verpflichtet, den Jahresabschluss aufzustellen und über dessen Inhalt vor der Vorlage an den Aufsichtsrat zu beschließen.[212] Bei einem Vorstand aus mehreren Personen muss der Vorstand folglich als Kollegialorgan mit Stimmenmehrheit beschließen, in welcher Form der Jahresabschluss dem Aufsichtsrat vorgelegt wird, Verstoß bewirkt Nichtigkeit des Feststellungsakts gem. § 256 Abs. 2 AktG.[213]

Für den Aufsichtsrat bestehen aktienrechtliche Verfahrensvorschriften in den §§ 107 ff. AktG. So muss gem. § 108 Abs. 2 AktG Beschlussfähigkeit gegeben sein. Bei Fehlen liegt zwar ein Beschluss vor, dieser ist aber gem. § 256 Abs. 2 AktG nichtig.[214] Ebenso ist sich die Literatur zutreffend einig, dass § 256 Abs. 2 AktG nicht eingreift, wenn eines der Organe gar nicht bei der Feststellung mitgewirkt hat, da in diesem Fall gar keine Feststellung erfolgt ist, auf die die Nichtigkeitsfolge anwendbar wäre.[215]

Für den streitigen Fall der Schwierigkeit der Abgrenzung ist sachgerechterweise nach Art des Mangels zu unterscheiden. Entscheidet statt des Aufsichtsrats der Ausschuss, so hat es zumindest die Mitwirkung eines Teils des zuständigen Organs gegeben, so dass die Nichtigkeit mit Heilbarkeit gem. § 256 Abs. 2, 6 AktG sachgerecht erscheint.[216] Ist der Aufsichtsrat indes unzuständig, weil ausnahmsweise die Hauptversammlung für die Feststellung zuständig ist[217] so ist der Meinung zuzustimmen, dass es bereits an der Feststellung fehlt, weil ein zwingender Bestandteil der Feststellung fehlt.[218] Dies ist hier der Beschluss der

212 Vgl. §§ 264 Abs. 1 HGB, 76 Abs. 2, 78 Abs. 1, 91 Abs. 1 AktG.

213 Vgl. BALTHASAR, Bestandskraft, S. 204 und IDW, WP-Handbuch 2006, Band I, 13. Aufl., U Rn. 207 sowie HÜFFER in: MüKo AktG, 2. Aufl., § 256 Rn. 36; SCHMIDT/LUTTER, AktG, § 256 Rn. 26; HEIDEL, AktR, § 256 Rn. 20.

214 Vgl. ADS, Rechnungslegung, Tb. 4, 6. Aufl., § 256 Rn. 60; HÜFFER in: MüKo AktG, 2. Aufl., § 256 Rn. 42 sowie BALTHASAR, Bestandskraft, S. 204; HEIDEL, AktR, § 256 Rn. 21.

215 Vgl. HÜFFER in: MüKo AktG, 2. Aufl., § 256 Rn. 45 a.A.; BALTHASAR, Bestandskraft, S. 204; IDW, WP-Handbuch 2006, Band I, 13. Aufl., U Rn. 208; SCHMIDT/LUTTER, AktG, § 256 Rn. 27 f.

216 Vgl. ADS, Rechnungslegung, Tb. 4, 6. Aufl., § 256 Rn. 60 und wohl auch BALTHASAR, Bestandskraft, S. 204 ff.; a.M. HÜFFER, AktG, 9. Aufl. , § 256 Rn. 16 und in: MüKo AktG, 2. Aufl., § 256 Rn. 45; a.M. auch SCHMIDT/LUTTER, AktG, § 256 Rn. 29.

217 Z.B. gem. §§ 173 Abs. 1, 234 Abs. 2 oder 235 AktG.

218 Anzuknüpfen ist demnach nicht an die „nicht ordnungsgemäße" (weil überflüssige) Mitwirkung des Aufsichtsrats, sondern an das Fehlen des zwingend notwendigen

Hauptversammlung. Bei direkter Betrachtung ist § 256 Abs. 2 AktG auch vom Wortlaut her auf diesen Fall gar nicht anwendbar, weil zwar der Aufsichtsrat mitgewirkt hat, dies aber unnötig war. Für eine Heilung ist demnach kein Raum.[219]

Schließlich stellt sich in diesem Zusammenhang die Frage, welche Folge eine wirksame Anfechtung der Stimmabgaben der Aufsichtsratsmitglieder gem. §§ 119 ff. BGB hat.[220] Führt der durch Anfechtung anfängliche Wegfall einzelner Stimmen zu einer Ablehnung der Billigung, ist aus diesem Grund nicht der Billigungsbeschluss per se nichtig.[221] Andererseits existiert keine gesetzliche Anfechtungsmöglichkeit für den Beschluss selbst, wie es für den Hauptversammlungsbeschluss der Feststellung gem. § 257 AktG der Fall ist. Dies spricht dafür, dass der Gesetzgeber diesen Fall unter § 256 Abs. 2 AktG subsumieren wollte, ist doch § 256 AktG die einzige Norm, die das Schicksal fehlerhafter Aufsichtsratsbeschlüsse gesetzlich regelt. Die Folge ist Heilung nach sechs Monaten gem. § 256 Abs. 6 S. 1 AktG. Im Vergleich zur Monatsfrist des § 246 Abs. 1 AktG beim gleichgelagerten Fall der Anfechtung einer Stimmabgabe von Hauptversammlungsbeschlüssen bzw. des Feststellungsbeschlusses gem. § 257 AktG scheint diese Frist angemessen im Sinne der Rechtssicherheit.[222]

Entgegen der überwiegenden Meinung ist daher der Ansicht zuzustimmen, die für diesen Fall § 256 Abs. 2 AktG anwendet.[223] Im Ergebnis ist dies sachge-

---

Hauptversammlungsbeschlusses. Aus dieser Betrachtung wird deutlich, dass § 256 Abs. 2 AktG für diesen Fall nicht anwendbar ist, eine Heilung damit folglich nicht möglich ist. I.E. so auch HÜFFER, AktG, 9. Aufl. , § 256 Rn. 17 und in: MüKo AktG, 2. Aufl., § 256 Rn. 46; ebenso ADS, Rechnungslegung, Tb. 4, 6. Aufl., § 256 Rn. 56 und IDW, WP-Handbuch 2006, Band I, 13. Aufl., U Rn. 209.

219 So auch SCHMIDT/LUTTER, AktG, § 256 Rn. 30. Anders HEIDEL, AktR, § 256 Rn. 23.

220 Dass dieses möglich ist, ergibt sich aus der Einordnung der Stimmen des Billigungsbeschlusse als Willenserklärungen, s.o., S. 41, Fn. 105.

221 Entsprechend der Systematik bei Anfechtung von Stimmabgaben eines Hauptversammlungsbeschlusses, s.o. A.1.c.(2), S. 44.

222 Dem liegt das Verständnis zu Grunde, dass eine Anfechtbarkeit von Aufsichtsratsbeschlüssen analog § 243 AktG abzulehnen ist, s.o. A.1.c.(3), S. 47. Auszugehen ist also davon, dass es sich nicht um einen zunächst schwebend unwirksamen Beschluss, sondern um einen wirksamen Beschluss handelt, der durch Stimmanfechtung ex tunc gegen gesetzliche Vorschriften verstößt. Die Sanktion kann dann nur Nichtigkeit sein. Eine Analogie oder ein Rückgriff auf die zivilrechtlichen Regeln verbietet sich dann, da mit § 256 Abs. 2 AktG eine Regelung gegeben ist. S. zu dieser Problematik auch BALTHASAR, Bestandskraft, S. 205 ff., der mit anderer Begründung zum gleichen Ergebnis kommt.

223 So auch BALTHASAR, Bestandskraft, S. 209; a.M. HÜFFER, AktG, 9. Aufl., § 256 Rn. 16 und in: MüKo AktG, 2. Aufl., § 256 Rn. 45 a.E.

recht auch im Vergleich zum Fall der Feststellung durch die Hauptversammlung. Ein Aktionär, der seine Stimme für die Feststellung des Jahresabschlusses z.B. gem. § 119 Abs. 2 BGB anficht, muss dies gem. § 121 BGB unverzüglich, also ohne schuldhaftes Zögern, nach der Kenntnis des Eigenschaftsirrtums erklären. Längstens bleibt ihm dazu ein Monat, da durch die Anfechtung der Stimmabgabe bei Auswirkung auf das Ergebnis der Beschluss lediglich anfechtbar wird gem. §§ 257, 246 AktG. Der Aktionär muss also nach der Anfechtung seiner Stimmabgabe auch den Beschluss durch Anfechtungsklage anfechten. Anfechtungsgrund ist hier nicht ein Inhaltsfehler, der gem. § 257 Abs. 1 S. 2 AktG ausgeschlossen wäre, sondern der Verfahrensfehler, dass der Beschluss ohne die erforderliche Stimmenmehrheit zu Stande gekommen ist.[224] Folge ist bei erfolgreicher Anfechtungsklage die Nichtigkeit der Feststellung gem. § 256 Abs. 3 Nr. 3 AktG.

Wenn für den gleichgelagerten Fall der Anfechtung der Stimme eines Aufsichtsratsmitglieds § 256 Abs. 2 AktG mit der herrschenden Meinung nicht als anwendbar erachtet würde, wäre die Anfechtung jederzeit möglich, wenn sie innerhalb der Frist des § 121 BGB erklärt wird, und würde zum Wegfall der Feststellung führen, ohne dass eine Heilungsfrist die Nichtigkeitsklage unmöglich macht. Dies wäre ein Widerspruch, der auch nicht durch die Heranziehung des § 175 Abs. 4 AktG zu lösen ist. Nach herrschender Ansicht ist durch dessen Bindungswirkung eine Anfechtung der Feststellung ausgeschlossen, wenn die ordentliche Hauptversammlung gem. § 175 Abs. 1 AktG einberufen wurde, da „Vorstand und Aufsichtsrat an die in dem Bericht des Aufsichtsrats enthaltenen Erklärungen über den Jahresabschluss (§§ 172, 173 Abs. 1) gebunden“[225] sind. Daraus wird vielfach geschlossen, dass nach Einberufung der Hauptversammlung eine Anfechtung gem. §§ 119 ff. BGB ausgeschlossen ist.[226] Dem ist für den hier dargestellten Fall nicht zuzustimmen, da der Zweck der Bindungswirkung verkannt wird. Diese bezieht sich nämlich – so auch von Vertretern der Ansicht des Ausschlusses der Anfechtung bestätigt - auf die Verlagerung der Feststellungskompetenz auf die Hauptversammlung. Diese soll davor geschützt werden, dass ihr die eingeräumte Feststellungskompetenz nachträglich wieder durch die Verwaltung entzogen wird.[227] Die Bindungswirkung soll sich gerade nicht auf einen von Vorstand und Aufsichtsrat festgestellten Jahresabschluss be-

224 Die Stimme fällt gem. § 142 BGB ex tunc weg.

225 § 175 Abs. 4 S. 1 AktG.

226 Vgl. HÜFFER, AktG, 9. Aufl. , § 256 Rn. 16, § 172 Rn. 3 m.w.N., § 175 Rn. 8 und in: MüKo AktG, 2. Aufl., § 256 Rn. 45 a.E.

227 Vgl. HÜFFER, AktG, § 175 Rn. 8; ADS Rechnungslegung, Tb. 4, 6. Aufl., § 175 Rn. 24 ff.

ziehen.[228] Insofern kann die Anfechtung einer Stimmabgabe des Billigungsbeschlusses des Aufsichtsrats durch § 175 Abs.4 AktG nicht ausgeschlossen sein. Dann muss aber aus Gründen der Rechtssicherheit die Nichtigkeitswirkung aus § 256 Abs. 2 AktG mit der Heilungsmöglichkeit des § 256 Abs. 6 AktG eintreten, da sonst ein Widerspruch zur Anfechtbarkeit der Feststellung durch die Hauptversammlung bestehen würde.[229]

b. Feststellung durch die Hauptversammlung: § 256 Abs. 3 AktG

Für die Feststellung des Jahresabschlusses durch die Verwaltung regelt § 256 Abs. 3 AktG die Verfahrensfehler, die zur Nichtigkeit führen können. Die Vorschrift enthält die Verfahrensfehler, die auch gem. § 241 AktG zur Nichtigkeit von Hauptversammlungsbeschlüssen führen, nämlich § 241 Nr. 1, 2 und 5 AktG. Dennoch ist § 256 Abs. 3 AktG nicht deklaratorisch, da wie erläutert § 256 AktG insgesamt als lex specialis der allgemeinen Regel des § 241 AktG vorgeht, so dass die Verfahrensfehler als Nichtigkeitsgründe in den § 256 AktG übernommen werden mussten, um auch für Feststellungsbeschlüsse zu gelten. Solche Verfahrensfehler, die nicht zur Nichtigkeit führen, führen wie bei allen Hauptversammlungsbeschlüssen zur Anfechtbarkeit, vgl. § 257 AktG.[230]

Bei den Verfahrensfehlern handelt es sich um Einberufungsmängel sowie Beurkundungsmängel. Ein Einberufungsmangel liegt vor bei Einberufung der Hauptversammlung „unter Verstoß gegen § 121 Abs. 2 und 3 oder 4“[231], wobei der Wortlaut: „Abs. 2 *und* 3 *oder* 4“[232] missverständlich ist, da nicht klar hervorgeht, inwieweit die Verstöße kumulativ oder alternativ vorliegen müssen, um zur Nichtigkeit zu führen.

§ 122 Abs. 2 AktG betrifft die Befugnis zur Einberufung der Hauptversammlung, die dem Gesamtvorstand obliegt, der mit einfacher Mehrheit zu beschließen hat. Absatz 3 regelt in Satz 1, dass die Einberufung in den Gesellschaftsblättern bekannt zu machen ist. Satz 2 bezeichnet den notwendigen Inhalt der Bekanntmachung. § 121 Abs. 4 AktG regelt, dass bei namentlicher Bekanntheit aller Aktionäre die Hauptversammlung auch durch eingeschriebenen Brief

---

228 ADS, Rechnungslegung, Tb. 4, 6. Aufl., § 175 Rn. 25.

229 Zur Relevanz dieses Problems in der Praxis ausführlich BALTHASAR, Bestandskraft, S. 206 ff.

230 Da Inhaltsfehler gem. § 257 AktG als Anfechtungsgrund ausscheiden, sind derartige Verfahrensfehler der wesentliche Anwendungsfall des § 257 AktG.

231 § 256 Abs. 3 Nr. 1 AktG.

232 § 256 Abs. 3 Nr. 1 AktG.

einberufen werden kann.[233] Eine Einberufung kann damit in jedem Fall nur durch den Gesamtvorstand und entweder Bekanntmachung oder Einschreiben erfolgen. Insofern ist § 256 Abs. 3 Nr. 1 AktG so zu verstehen, dass die Einberufung *entweder* nach Abs. 2 und 3 *oder* nach Absatz 2 und 4 erfolgt ist, dass also die Voraussetzungen des Absatzes 2 in jedem Fall erfüllt sein müssen. Geahndet wird ein Verstoß gegen dieses notwendige Verfahren folglich, wenn ein Bestandteil nicht beachtet wird. Ein zur Nichtigkeit führender Einberufungsmangel liegt daher in völlig fehlender Einberufung, fehlender Befugnis, fehlender Bekanntmachung bzw. Fehlen des eingeschriebenen Briefs oder fehlender Mindestangaben gem. § 121 Abs. 3 S. 2 AktG.[234] Zu beachten ist, dass sonstige Einberufungsverletzungen wie z.B. gegen Frist- (§ 123 AktG) oder Tagesordnungsvorschriften (§ 124 AktG) nur zur Anfechtbarkeit gem. § 257 AktG führen.[235] Nicht zur Nichtigkeit führen die Einberufungsmängel, soweit eine Vollversammlung vorgelegen hat, da für diesen Fall gem. § 121 Abs. 6 AktG die Vorschriften zur Einberufung nicht gelten, so dass kein Verstoß vorliegt.[236]

Beurkundungsmängel liegen in Verstößen gegen die Pflicht zur Beurkundung aus § 130 Abs. 1, 2 und 4 AktG. Danach muss im Regelfall eine notariell aufgenommene Niederschrift des Feststellungsbeschlusses verfasst werden, die die essentialia gem. § 130 Abs. 2 AktG enthalten muss und von dem Notar zu unterschreiben ist. Nur bei nicht börsennotierten Aktiengesellschaften kann die notarielle Beurkundung durch eine Privatschrift vom Vorsitzenden des Aufsichtsrats ersetzt werden, die aber ebenfalls die essentialia enthalten muss.[237]

Aufgrund der abschließenden Wirkung des § 256 AktG und dessen Vorrang vor § 241 AktG musste auch § 241 Nr. 5 AktG (Nichtigkeit nach erfolgreicher Anfechtungsklage) in § 256 Abs. 3 AktG aufgenommen werden, vgl. § 256 Abs. 3 Nr. 3 AktG, da Anfechtung für sonstige Verfahrensfehler gem. § 257 AktG möglich ist. Nicht überzeugen kann die Diskussion, aus welchem Grund die

---

233 § 121 Abs. 4 AktG wurde neugefasst durch das Gesetz für kleine Aktiengesellschaften und zur Deregulierung des Aktienrechts v. 2.8.1994, BGBl. I S. 1961, das zur Vereinfachung die Möglichkeit der Einberufung durch eingeschriebenen Brief einführte.

234 HÜFFER, AktG, 9. Aufl. , § 241 Rn. 9. Dass keine kumulative Verletzung der Merkmale des § 121 AktG vorliegen muss, wird auch aus einem Vergleich zu § 121 AktG a.F. deutlich, der da lautete: „...unter Verstoß gegen § 121 Abs. 2, 3 oder 4...“ (vgl. SCHMIDT, Gesellschaftsrecht, 4. Aufl., § 28 IV 5.c), S. 857). Diese Formulierung wäre auch nach Einführung des § 121 Abs. 4 AktG n.F. sinnvoller, da § 256 Abs. 3 Nr. 1 AktG den „Verstoß gegen“ ahndet, so dass die Verknüpfung mit „oder“ weniger missverständlich wäre.

235 ADS, Rechnungslegung, Tb. 4, 6. Aufl., § 256 Rn. 73.

236 HÜFFER, AktG, 9. Aufl., § 241 Rn. 12 und in: MüKo AktG, 2. Aufl., § 256 Rn. 48.

237 HÜFFER, AktG, 9. Aufl., § 241 Rn. 13, § 130 Rn. 14d.

weiteren Nichtigkeitsgründe des § 241 AktG nicht in § 256 Abs. 3 AktG übernommen wurden.[238] § 256 Abs. 3 AktG betrifft nur die Verfahrensfehler. Inhaltsfehler, die Nichtigkeitsgründe des § 241 AktG sind, liegen in dessen Nummer 3. Diese ist in engerer Form aber in der Generalklausel, § 256 Abs. 1 Nr. 1 AktG enthalten und gilt sowohl für die Feststellung durch die Hauptversammlung als auch für die Feststellung durch die Verwaltung.[239] Für Feststellungsbeschlüsse geht § 256 AktG abschließend dem § 241 AktG vor, so dass auch die Frage, ob ein Feststellungsbeschluss z.B. wegen Verstoß gegen § 241 Nr. 4 AktG nichtig sein kann, der Jahresabschluss aber nicht, obsolet ist.[240] Die Nichtigkeitsfolge betrifft wie dargelegt gerade nur den Beschluss als rechtliche Basis, für den ausschließlich § 256 AktG einschlägig ist. Ein nicht in § 256 AktG enthaltener Nichtigkeitsgrund des § 241 AktG, z.B. Sittenverstoß gem. § 241 Nr. 4 AktG, kann folglich bei Feststellungsbeschlüssen gerade nicht zur Nichtigkeit führen.[241]

Wie bei der Mitwirkung des unzuständigen Aufsichtsrats im Fall der Feststellungskompetenz der Hauptversammlung stellt sich die Frage, wie ein Feststellungsbeschluss einer unzuständigen Hauptversammlung zu behandeln ist. Stellt die Hauptversammlung einen Jahresabschluss fest, obwohl keiner der Ausnahmefälle vorliegt[242], fehlt es an der stattdessen notwendigen Feststellung durch Billigung des Aufsichtsrats. Insoweit ist der Fall vergleichbar mit der Billigung durch den unzuständigen Aufsichtsrat.[243] Der Unterschied liegt allerdings darin, dass im Grundsatz alle Beschlüsse der Hauptversammlung wirksam sind, wenn sie nicht aufgrund gesetzlicher Bestimmungen nichtig sind. Für Feststellungsbeschlüsse gilt ausschließlich § 256 AktG. Folgt aus dieser Vorschrift keine Nichtigkeit, ist auch die kompetenzwidrige Feststellung wirksam. In Betracht kommt lediglich Anfechtbarkeit gem. § 257 AktG, wenn die Kompetenzwidrigkeit nicht als Inhaltsfehler gesehen wird. HÜFFER vertritt daher, die Nichtigkeit eines solchen Feststellungsbeschlusses aus § 256 Abs. 1 Nr. 1 AktG zu schließen.[244] Die

---

238 So bei HÜFFER in: MüKo AktG, 2. Aufl., § 256 Rn. 49.

239 Dazu im Folgenden.

240 So aber wohl ADS, Rechnungslegung, Tb. 4, 6. Aufl., § 256 Rn. 73. Der hier vertretenen Ansicht zustimmend HÜFFER in: MüKo AktG, 2. Aufl., § 256 Rn. 49.

241 HÜFFER in: MüKo AktG, 2. Aufl., § 256 Rn. 49 und i.E. auch BGH v. 15.11.93 – II ZR 235/92, BGHZ 124, S. 111 (116 f.).

242 Insbesondere keine Kompetenzübertragung gem. §§ 172, 173 AktG, ansonsten die Fälle der §§ 234 Abs. 2, 235, 270 Abs. 2, 286 AktG.

243 Vgl. o. S. 64.

244 So HÜFFER, AktG, 9. Aufl., § 256 Rn. 20. Ebenso, allerdings ohne weitere Begründung, HEIDEL, AktR, § 256 Rn. 23.

Kompetenzordnung liege auch im Gläubigerinteresse und die fehlende Zuständigkeit folge aus dem Inhalt des Beschlusses.[245] Dies erscheint nicht überzeugend. Die Generalklausel fordert, dass Vorschriften verletzt werden, die ausschließlich oder überwiegend dem Gläubigerschutz dienen. Dies kann für die Kompetenzordnung nicht behauptet werden. Ferner ahndet die Generalklausel gerade Inhaltsfehler. Bei dem Beschluss der unzuständigen Hauptversammlung handelt es sich aber vielmehr um einen Verfahrensfehler. Die Konstruktion, der Beschluss beinhalte auch die Kompetenzordnung, scheint zu erzwungen. So ist es zwar richtig, dass mit der Nichtigkeit wie erläutert nicht der Jahresabschluss, sondern dessen Feststellung belegt wird. Deren Inhalt bezieht sich aber auf den Inhalt des Jahresabschlusses. So vertritt HÜFFER selbst, dass Inhaltsfehler i.S.d. § 256 Abs. 1 Nr. 1 AktG gerade typischerweise in Gliederungs- und Bewertungsfehlern liegen.[246] Verfahrensvorschriften zum Beschlussinhalt zu zählen, ist somit nicht überzeugend, da diese Betrachtung auch § 256 Abs. 2 und 3 AktG überflüssig machen würde.

An anderer Stelle vertritt HÜFFER, einen ungeschriebenen Nichtigkeitsgrund anzunehmen.[247] Eine solche Analogie verbietet sich jedoch mangels Regelungslücke: Da der Fehler gerade im Verfahren und nicht im Inhalt des Jahresabschlusses bzw. dessen Feststellungsbeschlusses liegt, folgt gem. § 257 AktG die Anfechtbarkeit. Diese ist allerdings verbunden mit der kurzen Monatsfrist. Ob dies sachgerecht ist, erscheint fraglich, entspricht aber der geltenden Rechtslage.[248] Andererseits wird die an sich zuständige Verwaltung im praktischen Fall wohl schnell erkennen, dass die Hauptversammlung kompetenzwidrig gehandelt hat, ist deren Kompetenz doch ein Ausnahmefall. In der Praxis dürften sich daher keine Probleme mit der Auffassung der Anwendbarkeit von § 257 AktG ergeben.

---

245 HÜFFER, AktG, 9. Aufl., § 256 Rn. 20.

246 HÜFFER, AktG, 9. Aufl., § 256 Rn. 7.

247 So HÜFFER in: MüKo AktG, 2. Aufl., § 256 Rn. 50.

248 SCHMIDT und LUTTER vertreten, eine nicht erfolgte Feststellung anzunehmen, so dass es gar keiner Nichtigkeit bedarf, SCHMIDT/LUTTER, AktG, § 256 Rn. 31. Nach hier vertretener Auffassung bedarf es aber aufgrund der Systematik der Beschlussmängel von Hauptversammlungsbeschlüssen eines Instruments zur Beseitigung des fehlerhaften Beschlusses.

5. Generalklausel für Inhaltsfehler: § 256 Abs. 1 Nr. 1 AktG

Nach den oben dargestellten Prüfungs- und Verfahrensfehlern stehen hier die Bewertungsfehler als Untergruppe der Inhaltsfehler im Vordergrund. Inhaltliche Fehler des Jahresabschlusses laufen wie oben dargelegt dessen Zwecken zuwider und sind daher besonders bedeutsam in Bezug auf die Nichtigkeitsfolge. Bevor das Augenmerk auf Falschbewertungen gelegt wird, sollen daher die übrigen Inhaltsfehler dargestellt werden, die neben Bewertungsfehlern Nichtigkeitsgründe darstellen.

Nach § 256 Abs. 1 Nr. 1 AktG ist der festgestellte Jahresabschluss nichtig, wenn er durch seinen Inhalt Vorschriften verletzt, die ausschließlich oder überwiegend zum Schutze der Gläubiger der Gesellschaft gegeben sind. Diese Vorschrift ist als Generalklausel für die Nichtigkeit des Jahresabschlusses zu bezeichnen, da sie mit einem unbestimmten Rechtsbegriff auf andere Vorschriften Bezug nimmt.[249] Die Vorschrift ist § 241 Nr. 3 AktG nachgebildet, allerdings enger, da sie nur den Verstoß gegen Gläubigerschutzvorschriften ahndet, nicht aber gegen Vorschriften im öffentlichen Interesse oder Wesensverstöße[250]. Für die Feststellung durch die Hauptversammlung wird deutlich, dass § 256 AktG als lex specialis den § 241 AktG verdrängt, da sonst dessen im Vergleich zu § 241 AktG engere Fassung leer liefe.[251]

Die Generalklausel verlangt, dass der Jahresabschluss gerade durch seinen Inhalt Gläubigerschutzvorschriften verletzt. Mit Vorschriften in diesem Sinne sind nur Gesetzesverstöße, nicht reine Satzungsverstöße gemeint. Die Einbeziehung von Satzungsverstößen würde die Nichtigkeitsfolge zu weit ausdehnen und liefe dem Ziel der Begrenzung der Nichtigkeitsgründe zuwider.[252] Ferner wird dies aus dem Verhältnis zu § 241 Nr. 3 AktG und § 243 Abs. 1 AktG deutlich. Die Anfechtung ist gem. § 243 Abs. 1 AktG explizit auch möglich bei einem Satzungsverstoß. Darauf weist der engere § 241 Nr. 3 AktG nicht hin, so dass danach Nichtigkeit nur bei Gesetzesverstößen möglich ist. Mithin kann nach

249 Allgemeine Meinung, vgl. ADS, Rechnungslegung, Tb. 4, 6. Aufl., § 256 Rn. 5; HÜFFER, AktG, 9. Aufl. , § 256 Rn. 7.

250 Verstoß gegen das Wesen der Aktiengesellschaft wie in § 241 Nr. 3 Alt. 1 AktG. Praktisch dürfte es bei der Feststellung einen solchen Verstoß auch nicht geben.

251 HÜFFER, AktG, 9. Aufl. , § 241 Rn. 1.

252 ADS, Rechnungslegung, Tb. 4, 6. Aufl., § 256 Rn. 6; HÜFFER in: MüKo AktG, 2. Aufl., § 256 Rn. 15; HEIDEL, AktR, § 256 Rn. 11.

dem noch restriktiveren § 256 Abs. 1 Nr. 1 AktG erst recht ein Satzungsverstoß nicht zur Nichtigkeit führen.[253]

Relevante Gläubigerschutzvorschriften, die den Inhalt des Jahresabschlusses betreffen, liegen in den GoB, nach denen gem. §§ 243 Abs. 1, 264 Abs. 2 S. 1 HGB gesetzlich verpflichtend der Jahresabschluss aufzustellen ist, also dessen Inhalt bestimmt wird.[254] Das IDW schlägt vor, den Katalog der Ordnungswidrigkeitenvorschrift des § 334 Abs. 1 Nr. 1 HGB als Anhaltspunkt für die relevanten Gläubigerschutzvorschriften heranzuziehen.[255] Die dort aufgeführten Normen umfassen die wesentlichen Grundsätze der Rechnungslegung. Es ist daneben aber zu prüfen, ob diese Vorschriften nicht nur *auch* dem Gläubigerschutz dienen, sondern wie erforderlich *ausschließlich oder überwiegend.* Diese Problematik ist allerdings von geringerer praktischer Relevanz, als dies auf den ersten Blick der Fall zu sein scheint. Die typischen Inhaltsfehler, die ausschließlich oder überwiegend gläubigerschützende Vorschriften verletzen, liegen in Gliederungs- oder Bewertungsfehlern. Derartige Fehler führen aber gem. § 256 Abs. 4 und 5 AktG *nur* dann zur Nichtigkeit, wenn die dort gesondert geregelten Voraussetzungen gegeben sind.[256]

Die Feststellung durch die unzuständige Hauptversammlung stellt keinen Inhalts-, sondern einen Verfahrensfehler dar.[257] Dass ein Feststellungsbeschluss einer unzuständigen Hauptversammlung nicht unter die Generalklausel fallen kann, wie teilweise vertreten, wird auch bei genauer Betrachtung des Wortlauts des § 256 Abs. 1 Nr. 1 AktG deutlich. Wie dargelegt, betrifft die Nichtigkeitsfolge zwar nur den Feststellungsbeschluss als Rechtsgeschäft. Anders als der verwandte § 241 Nr. 3 AktG fordert § 256 Abs. 1 Nr. 1 AktG aber nicht, dass „der Beschluss" durch seinen Inhalt gläubigerschützende Vorschriften verletzt, sondern „der Jahresabschluss". Objekt der Nichtigkeit ist damit zwar der Beschluss, und nur dieser kann es aufgrund seiner Qualität als Rechtsgeschäft auch sein. Anknüpfungspunkt für inhaltliche Fehler ist aber nach dem Gesetzeswortlaut der Jahresabschluss selbst, bestehend aus Bilanz, GuV und Anhang. Dies geht auch mit dem Normzweck des § 256 AktG konform, der in erster Linie die

---

253 HÜFFER in: MüKo AktG, 2. Aufl., § 256 Rn. 15. I.E. ebenso SCHMIDT/LUTTER, AktG, § 256 Rn. 9.

254 Vgl. BGHZ 124, S. 111 (117), BGH v. 15.11.1993 – II ZR 235/92 und HÜFFER in: MükO AktG, 2. Aufl., § 256 Rn. 15.

255 Vgl. IDW, WP-Handbuch 2006, Band I, 13. Aufl., U Rn. 182; dazu auch ADS, Rechnungslegung, Tb. 4, 6. Aufl., § 256 Rn. 5 ff.

256 Vgl. § 256 Abs. 4 und 5 a.A. AktG, jeweils: „...ist der Jahresabschluss nur nichtig, wenn..." . Zu der genauen Abgrenzung siehe unten im Rahmen der Auslegung des § 256 Abs. 5 AktG.

257 Vgl. o. A.4.b. S. 70.

Jahresabschlusszwecke sichern soll und die Nichtigkeitsgründe auf Verstöße beschränkt, die genau deren Erreichung vereiteln würden. Die Konstruktion, die die Kompetenzordnung der Feststellung als Bestandteil des Feststellungsbeschlusses sieht und einen Verstoß daher mit der Nichtigkeitsfolge des § 256 Abs. 1 Nr. 1 AktG belegen will[258], geht folglich auch aus diesem Grunde fehl. Selbst wenn der Fehler nicht als Verfahrensfehler gesehen wird, sondern als inhaltlicher Fehler des Beschlusses, so ist § 256 Abs. 1 Nr. 1 AktG nicht einschlägig.

Zu klären ist, inwieweit die weiteren Regelungen des § 256 AktG sich auf die Generalklausel auswirken. Streitig ist nämlich, wie die Absätze 4 und 5 gesetzessystematisch einzuordnen sind. Der BGH vertritt mit Teilen der Literatur die Auffassung, dass § 256 Abs. 4 und 5 AktG als einschränkende Interpretationsnormen des § 256 Abs. 1 Nr. 1 AktG zu sehen sind.[259] Nach anderer Auffassung handelt es sich bei den Absätzen 4 und 5 um leges speciales, die § 256 Abs. 1 Nr. 1 AktG verdrängen.[260]

Der Auffassung des BGH ist zu folgen. Dafür spricht, dass die Absätze 2 und 3 des § 256 AktG auf Absatz 1 Bezug nehmen und klarstellen, dass der Jahresabschluss „außer nach Absatz 1 nur nichtig"[261] ist, wenn die bestimmten Voraussetzungen dieser Absätze gegeben sind (Verfahrensfehler). Auf die Absätze 4 und 5 wird nicht Bezug genommen, so dass diese allein nicht die Nichtigkeit begründen können. Insbesondere für den Regelfall der Feststellung durch Vorstand und Aufsichtsrat ist zu beachten, dass die Nichtigkeit erst durch die Vorschrift des § 256 AktG ermöglicht wird und die Auffassung, § 256 Abs. 4 bzw. 5 AktG verdrängen die Generalklausel, nicht mit dem Wortlaut der Absätze 2 und

---

258 Vgl. HÜFFER, AktG, 9. Aufl. , § 256 Rn. 20. Auch HEIDEL will § 256 Abs. 1 Nr. 1 AktG anwenden, allerdings ohne weitere Begründung, HEIDEL, AktR, § 256 Rn. 23.

259 So der BGH v. 15.11.1993 – II ZR 235/92, BGHZ 124, S. 111 (117 f.); vgl. auch HÜFFER, AktG, 9. Aufl. , § 256 Rn. 6 a.E. und Rn. 22 und in: MüKO AktG, 2. Aufl., § 256 Rn. 7 a.E.; KROPFF in: FS BUDDE, Auswirkungen der Nichtigkeit, S. 341 (344); HAAS in: BAUMBACH/HUECK, GmbHG, 19. Aufl., § 42a Rn. 25, 31 lässt die Einordnung offen.

260 SCHILLING in: Großkomm. AktG, § 256 Rn. 13, 15. So auch IDW, WP-Handbuch 2006, Band I, 13. Aufl., U Rn. 183. Indes missverständlich, da als Begründung teils Vertreter der anderen Ansicht, also Abs. 4 und 5 als klarstellende Auslegungsnormen, angeführt werden.

261 Vgl. § 256 Abs. 2 und Abs. 3 a.A.

3 des § 256 AktG vereinbar ist.[262] Die Nichtigkeit tritt also wegen Verstoß gegen gläubigerschützende Vorschriften gem. § 256 Abs. 1 Nr. 1 AktG ein, wobei die Absätze 4 und 5 für Gliederungs- und Bewertungsfehler begrenzend klarstellen, unter welchen Voraussetzungen diese Fehler nur zur Nichtigkeit führen.[263]

Im Ergebnis unstreitig ist jedenfalls, dass solche Gliederungs- bzw. Bewertungsfehler, die nicht die Kriterien der Absätze 4 und 5 erfüllen, nicht zu einer Nichtigkeit nach § 256 Abs. 1 Nr. 1 AktG führen können.[264] Dies liegt auf der Hand, da die Absätze 4 und 5 ansonsten obsolet wären. Der Streit führt folglich nicht zu unterschiedlichen Ergebnissen und könnte daher unentschieden bleiben.[265]

Der Anwendungsbereich des § 256 Abs. 1 Nr. 1 AktG allein ist folglich auf wenige praktische Fälle beschränkt. Es muss sich um einen Verstoß gegen Gläubigerschutzvorschriften handeln, die den Inhalt des Jahresabschlusses betreffen, nicht aber in einem Verstoß gegen Gliederungs- oder Bewertungsvorschriften i.S.d. § 256 Abs. 4 und Abs. 5 AktG liegen. In Betracht kommt damit ein Verstoß gegen allgemeine Bilanzierungsgrundsätze, die insbesondere in den GoB liegen.[266] Probleme ergeben sich bei der Abgrenzung von Bewertungsfehlern und Verstoß gegen nicht kodifizierte bzw. nicht in § 256 Abs. 5 AktG erwähnte GoB-Vorschriften.[267] Auf dieses Verhältnis wird nachfolgend eingegangen, nachdem der weitere Inhaltsfehler des § 256 Abs. 1 Nr. 4 AktG erläutert wurde.

---

262 Ähnlich SCHMIDT/LUTTER, AktG, § 256 Rn. 5. Völlig unverständlich hier ADS, Rechnungslegung, Tb. 4, 6. Aufl., § 256 Rn. 7, die genau diese Begründung anführen, sich aber der Auffassung anschließen wollen, es handle sich um Spezialität.

263 Dies entspricht auch dem Willen des historischen Gesetzgebers, der mit Absatz 4 die Rechtsfolge auf schwerwiegende Verstöße beschränken wollte und mit Absatz 5 eine Nichtigkeit wegen Unterbewertung nur bei Hinzutreten subjektiver Merkmale eintreten lasse wollte, vgl. Ausschussbericht bei KROPFF, AktG, S. 342 (346 f.).

264 Beide Ansichten führen schlichtweg zum gleichen Ergebnis. Daher rühren wohl auch die Unstimmigkeiten in den Begründungen bei IDW und ADS, Fn. 260 u. 262.

265 So schon HAASE, Nichtigkeit, DB 1977 S. 241 li. Sp.

266 ADS, Rechnungslegung, Tb. 4, 6. Aufl., § 256 Rn. 7 sowie IDW, WP-Handbuch 2006, Band I, 13. Aufl., U Rn. 184.

267 So wird vorgeschlagen, bei Verstoß gegen nicht kodifizierte GoB Nichtigkeit gem. § 256 Abs. 1 Nr. 1 AktG anzunehmen, vgl. ADS, Rechnungslegung, Tb. 4, 6. Aufl., § 256 Rn. 12 und MÜLLER, H.-P. in: FS BUDDE, Änderungen, S. 443.

6. Verstoß gegen Bestimmungen über Rücklagen: § 256 Abs. 1 Nr. 4 AktG

Gem. § 256 Abs. 1 Nr. 4 AktG liegt ein zur Nichtigkeit führender Mangel vor, wenn bei der Feststellung Bestimmungen des Gesetzes oder der Satzung zur Einstellung oder Entnahme von Beträgen in Kapital- oder Gewinnrücklagen verletzt worden sind. Hervorzuheben ist die Umfassung von Satzungsverstößen, da solche sonst keine Feststellungsnichtigkeit bewirken.[268]

Gesetzliche Bestimmungen, auf die § 256 Abs. 1 Nr. 4 AktG Bezug nimmt, sind die folgenden Vorschriften:

§ 272 Abs. 2 HGB:	Einstellungspflicht in Kapitalrücklage
§ 150 AktG:	Gesetzliche Rücklage, Entnahmen aus der Kapitalrücklage und gesetzlicher Rücklage
§ 173 Abs. 3 S. 2 AktG:	Einstellung in die Gewinnrücklagen bei Feststellung durch die Hauptversammlung
§§ 230 bis 232 AktG:	Rücklagenbildung und –entnahme bei vereinfachter Kapitalherabsetzung
§ 237 Abs. 5 AktG:	Einstellung in die Kapitalrücklage bei Einziehung von Aktien
§ 300 AktG:	gesetzliche Rücklage bei verbundenen Unternehmen
§ 301 S. 2 AktG:	Gewinnabführung aus anderen Gewinnrücklagen
§ 58 AktG:	Einstellung in andere Gewinnrücklagen

Diese Vorschriften zur Rücklagenbildung dienen sämtlichst dem Gläubigerschutz und der Ausschüttungsbemessungsfunktion des Jahresabschlusses, indem sie eine Ausschüttungssperre für die in Rücklagen eingestellte Teile des Jahresüberschusses bewirken.[269] Hieraus wird deutlich, dass § 256 Abs. 1 Nr. 4 AktG lex specialis zur Generalklausel des § 256 Abs. 1 Nr. 1 AktG sein muss.[270] Es handelt sich um Inhaltsfehler, die ausschließlich bzw. überwiegend gläubigerschützende Vorschriften verletzen, und daher auch unter § 256 Abs. 1 Nr. 1 AktG fallen könnten. Jedoch erweitert § 256 Abs. 1 Nr. 4 AktG den Kreis der

268 Auch nicht, wenn es sich um gläubigerschützende Satzungsnormen handelt, die unter § 256 Abs. 1 Nr. 1 AktG fallen könnten; dieser umfasst nur Gesetzesverstöße, vgl. A.5., S. 71.

269 S. dazu BAETGE/KIRSCH/THIELE, Bilanzen, 11. Aufl., S. 485.

270 So auch allgemeine Meinung, vgl. ADS, Rechnungslegung, Tb. 4, 6. Aufl., § 256 Rn. 34; HÜFFER in: MüKo AktG, 2. Aufl., § 256 Rn. 32; HEIDEL, AktR, § 256 Rn. 19.

Verstöße explizit auch um Satzungsverstöße, die die Generalklausel nicht umfasst.[271] Ferner muss Nr. 4 der Generalklausel als lex specialis vorgehen, da sonst die unterschiedlichen Heilungsfristen des Abs. 6 leer liefen (sechs Monate bei Verstoß gegen Nr. 4, drei Jahre bei Verstoß gegen Nr. 1)[272].

Mit der Nichtigkeitsfolge bezogen auf Rücklagenbildung liegt damit der einzige Fall vor, in dem ein Satzungsverstoß, der den Inhalt des Jahresabschlusses betrifft, die Wirksamkeit des Jahresabschlusses betrifft. Satzungsverstöße führen grundsätzlich nur zur Anfechtbarkeit gem. § 243 Abs. 1 AktG, die aber für die Feststellung des Jahresabschlusses gem. § 257 AktG gerade nicht auf inhaltliche Fehler gestützt werden kann. Ein solcher Satzungsverstoß wurde dem Gläubigerschutz wegen daher in die Nichtigkeitsgründe aufgenommen, allerdings unter die kurze Heilungsfrist gefasst.[273]

7. Verstoß gegen Gliederungsvorschriften: § 256 Abs. 4 AktG

Gem. § 256 Abs. 4 AktG ist der Jahresabschluss wegen Verstoß gegen Gliederungsvorschriften nur nichtig, wenn dadurch dessen Klarheit und Übersichtlichkeit wesentlich beeinträchtigt wird. Gliederungsvorschriften dienen zumindest überwiegend dem Gläubigerschutz. Wie dargelegt, ist § 256 Abs. 4 AktG daher als einschränkende Interpretationsnorm des § 256 Abs. 1 Nr. 1 AktG anzusehen, da sie den Verstoß gegen Gliederungsvorschriften als Bestandteil der Gläubigerschutzvorschriften nur dann mit der Nichtigkeit des Jahresabschlusses belegt, wenn eine wesentliche Beeinträchtigung der Klarheit und Übersichtlichkeit die Folge ist.[274] Angeknüpft wird damit an den Grundsatz der Klarheit und Übersichtlichkeit aus § 243 Abs. 2 HGB, der für alle Kaufleute gilt. Die relevanten Gliederungsvorschriften für die AG sind:

271 Vgl. dazu o., A.5., S. 71.

272 Vgl. § 256 Abs. 6 S. 1 AktG.

273 Eine Aufnahme in § 257 AktG wäre auch denkbar gewesen dergestalt, dass inhaltliche Fehler außer Verstoß gegen Bestimmungen zur Rücklagenbildung nicht zur Anfechtung berechtigen; § 257 AktG bezieht sich aber nur auf die Feststellung durch die HV, so dass derartige Satzungsverstöße bei Feststellung durch die Verwaltung bei dieser Variante ohne Folge blieben. Sachgerecht war daher die Aufnahme in die Nichtigkeitsgründe.

274 S. dazu auch o. S. 74.

- § 265 HGB: Allgemeine Gliederungsgrundsätze
- §§ 266 bis 268 HGB: Gliederung der Bilanz
- § 272 HGB, § 152 AktG: Ausweis des Eigenkapitals
- § 274 HGB: gesonderter Ausweis latenter Steuern
- §§ 275 bis 277 HGB, § 158 AktG: Gliederung der GuV
- § 240 AktG: Ausweis des Ertrages aus einer Kapitalherabsetzung
- § 261 AktG: Ausweis eines Ertrages aufgrund höherer Bewertung nach einer Sonderprüfung

Ein Verstoß wegen Nichtbeachtung von Formblättern bezieht sich auf Formblätter für bestimmte Geschäftszweige, deren Anwendung gem. § 330 HGB zwingend ist, da § 330 HGB Ermächtigungsnorm zum Erlass von Rechtsverordnungen nach Art. 80 GG ist. Derartige Formblätter bestehen z.B. für Pensionsfonds.[275] Für Kredit- und Finanzdienstleistungsinstitute sowie Versicherungsunternehmen sind die abweichenden Regelungen des § 340a Abs. 2 HGB bzw. § 341a Abs. 2 HGB zu beachten.

Die Gliederungsvorschriften dienen wie die Formblätter dem Gebot der Klarheit und Übersichtlichkeit aus § 243 Abs. 2 HGB und damit dem Gläubigerschutz.[276] Gem. § 256 Abs. 4 AktG muss ein Verstoß vorliegen und dadurch die Klarheit und Übersichtlichkeit des Jahresabschlusses wesentlich beeinträchtigt sein. Aus der kumulativen Verknüpfung und der verwendeten Mehrzahl *„...wenn seine Klarheit* ***und*** *Übersichtlichkeit wesentlich beeinträchtigt* ***sind.***“[277] wird deutlich, dass der Gesetzgeber die kumulative Beeinträchtigung von Klarheit und Übersichtlichkeit fordert. Eine Trennung der Begriffe Klarheit und Übersichtlichkeit in zwei Grundsätze ist zwar möglich, wird aber meist in der Literatur nicht vorgenommen.[278] Unabhängig davon, ob es sich um einen Grundsatz oder zwei zusammenhängende Grundsätze handelt, geht es in § 256 Abs. 4 AktG um Verstöße gegen Gliederungsvorschriften, die direkt nur der Übersichtlichkeit dienen. Wird diese nicht gewahrt, folgt zwangsläufig eine

---

275 VO über die Rechnungslegung von Pensionsfonds vom 25.02.03, BGBl. I S. 246.

276 Vgl. BAUMBACH/HOPT, HGB, 34. Aufl., § 243 Rn. 4 und HÜFFER in: MüKo AktG, 2. Aufl., § 256 Rn. 51.

277 § 256 Abs. 4 a.E. AktG.

278 Eine Trennung wird in der Literatur nur teilweise vorgenommen, bzw. teilweise wird der Grundsatz nur als „Bilanzklarheit“ bezeichnet, S. BAUMBACH/HOPT, HGB, 34. Aufl., § 243 Rn. 4; FÖRSCHLE/USINGER in: BeBiKo, 7. Aufl., § 243 Rn. 52; anders BAETGE/KIRSCH/THIELE, die zwei zusammenhängende Grundsätze darunter verstehen, vgl. BAETGE/KIRSCH/THIELE, Bilanzen, 11. Aufl., S. 118 f.

mangelnde Klarheit des Jahresabschlusses, so dass die kumulative Beeinträchtigung automatisch folgt.[279]

Ein Verstoß kann damit z.B. liegen in mangelnder Gliederungstiefe oder dem Ausweis eines Vermögensgegenstands oder einer Verbindlichkeit innerhalb des falschen Bilanzpostens. Die zwingend erforderliche Gliederungstiefe ist abhängig von der Größe der Gesellschaft, die nach den Kriterien des § 267 HGB zu bestimmen ist. Gem. § 267 Abs. 1 HGB kleine AGs brauchen danach nur nach den in § 266 HGB mit Buchstaben und römischen Zahlen bezeichneten Posten aufzugliedern.[280] Zu beachten ist, dass gem. § 265 Abs. 6 HGB die Reihenfolge und Bezeichnung bestimmter Posten geändert werden dürfen, wenn dies die Klarheit erhöht.[281] Ferner dürfen bestimmte Posten zusammengefasst werden, wenn es sich bei einzelnen Posten um Bagatellbeträge handelt oder durch die Zusammenfassung die Klarheit der Darstellung sogar vergrößert wird, vgl. § 265 Abs. 7 HGB.[282] Für die GuV erlaubt § 276 HGB für kleine und mittelgroße Kapitalgesellschaften die Zusammenfassung einzelner Positionen.

Verknüpft mit dem Grundsatz der Klarheit und Übersichtlichkeit ist das Saldierungsverbot aus § 246 Abs. 2 S. 1 HGB. Werden Verrechnungen vorgenommen, führt dies im Ergebnis dazu, dass Werte innerhalb des falschen Postens ausgewiesen werden. Ein Verstoß gegen das Saldierungsverbot stellt folglich einen Verstoß gegen zwingende Gliederungsvorschriften dar.[283]

Liegt ein Gliederungsfehler vor, führt dieser nur dann zur Nichtigkeit, wenn die Klarheit und Übersichtlichkeit des Jahresabschlusses *wesentlich* beeinträchtigt werden. Bezogen auf den Aufstellungsgrundsatz des § 243 Abs. 2 HGB bedeutet dies, dass der Leser des Jahresabschlusses mangels Klarheit und Übersichtlichkeit zu einem anderen Bild über die Gesellschaft kommen kann, als wenn ein korrekter Ausweis erfolgt wäre.[284] Wann diese Schwelle der Wesentlichkeit erreicht ist, ist problematisch und in der Literatur umstritten. Zur Beurteilung muss neben der Bedeutung der verletzten Gliederungsvorschrift auch der Betrag des falsch ausgewiesenen Vermögensgegenstandes bzw. der GuV-Posten

279 Eine alleinige Verletzung des Klarheitsgebots wäre z.B. in der Verwendung verschiedener Begriffe für gleiche Sachverhalte gegeben, BAETGE/KIRSCH/THIELE, Bilanzen, 11. Aufl., S. 119. Diese bedingt aber keinen Verstoß gegen Gliederungsvorschriften.

280 § 266 Abs. 1 S. 3 HGB.

281 FÖRSCHLE/USINGER in: BeBiKo, 7. Aufl., § 243 Rn. 57 f.

282 WINKELJOHANN/BÜSSOW in: BeBiKo, 7. Aufl., § 265 Rn. 17.

283 Zulässig ist eine Saldierung explizit in den Fällen des § 246 Abs. 2 S. 2, 3 HGB.

284 ZÖLLNER, Kölner Komm. AktG, Bd. 2, § 256 Rn. 37; HÜFFER in: MüKo AktG, 2. Aufl., § 256 Rn. 55.

betrachtet werden.[285] Auf die Möglichkeiten dieser Berücksichtigung wird unten gesondert eingegangen. In diesem Zusammenhang zeigt sich auch die Abgrenzungsproblematik zu Bewertungsfehlern: Wird z.B. eine Beteiligung (§ 271 Abs. 1 HGB) unter dem Posten „Wertpapiere des Anlagevermögens" anstatt richtigerweise unter dem Posten „Beteiligungen" aufgeführt, so stellt dies einerseits einen Verstoß gegen § 266 Abs. 2 HGB dar. Andererseits ist aber auch der Posten „Wertpapiere des Anlagevermögens" mit einem zu hohen Wert ausgewiesen, der Posten „Beteiligungen" zu niedrig. Inwieweit auch ein Bewertungsfehler vorliegt, wird im Folgenden zu § 256 Abs. 5 AktG zu klären sein.

Einen Gliederungsfehler, der allein wegen der Bedeutung der Gliederungsvorschrift wesentlich ist und zur Nichtigkeit führen muss, zeigt folgendes Beispiel:[286]

> Die L-GmbH verkauft ein in ihrem Eigentum stehendes Grundstück für 50 Mio. €. Das Grundstück hatte einen Buchwert von 17,5 Mio. €. Mithin weist die L-GmbH gem.
>
> §§ 275, 277 Abs. 4 HGB einen außerordentlichen Ertrag von 32,5 Mio. € in ihrer GuV aus.
>
> Die S-AG ist zu einem Drittel an der L-GmbH beteiligt und in wirtschaftlichen Schwierigkeiten. Die L-GmbH überträgt den Ertrag von 32,5 Mio. € an die S-AG, indem sie ihr eine „Warengutschrift" erteilt. Die S-AG erfasst diese Gutschrift, indem sie eine Verbindlichkeit gegenüber der L-GmbH reduziert und Aufwendungen für bezogene Waren vermindert.[287] Dies führt dazu, dass sich bilanziell das Fremdkapital vermindert und in der GuV geringere Materialaufwendungen ausgewiesen werden, was zu einem höheren Ergebnis der gewöhnlichen Geschäftstätigkeit führt.[288]
>
> Abgesehen davon, dass für die Verlagerung des Erlöses auf die S-AG kein Rechtsgrund ersichtlich ist, ist der Ertrag aus dieser Gewinnabführung wie bei der L-GmbH als außerordentlicher Ertrag zu verbuchen. Die Gegenbuchung hat als Er-

---

285 ADS, Rechnungslegung, Tb. 4, 6. Aufl., § 256 Rn. 37; HÜFFER in: MüKo AktG, 2. Aufl., § 256 Rn. 55.

286 Vgl. Nichtigkeitsklage gegen Südmilch AG, LG Stuttgart v. 11.4.94 – 6 KfH O 169/93, DB 18/1994, S. 928.

287 Die erfolgte Buchung lautet somit: *Per Verbindlichkeiten aus Lieferungen und Leistungen an Aufwendungen für bezogene Waren.*

288 Materialaufwendungen beeinflussen gem. § 275 Abs. 2 Nr. 5a) HGB das Ergebnis der gewöhnlichen Geschäftstätigkeit, § 275 Abs. 2 Nr. 14 HGB. Bei Verwendung des Umsatzkostenverfahrens würden geringere Herstellungskosten der zur Erzielung der Umsatzerlöse erbrachten Leistungen ausgewiesen (§ 275 Abs. 3 Nr. 2 HGB), was ebenso das Ergebnis der gewöhnlichen Geschäftstätigkeit verbesserte, § 275 Abs. 3 Nr. 13 HGB.

fassung einer Forderung auf der Aktivseite und nicht als Verminderung einer Verbindlichkeit zu erfolgen.[289]

Der von der S-AG vorgenommene Ausweis des Vorgangs verstößt damit gegen die Gliederungsvorschriften der §§ 266 und 275, 277 Abs. 4 HGB. Ferner liegt ein Verstoß gegen das Saldierungsverbot des § 246 Abs. 2 S. 1 HGB vor, da ein Aktivposten mit einem Passivposten und Erträge mit Aufwendungen verrechnet wurden.

Dieser Verstoß ist auch wesentlich im Sinne des § 256 Abs. 4 AktG. Durch den fälschlichen Ausweis wird zwar nicht der Jahresüberschuss der S-AG beeinflusst, jedoch wird das Ergebnis der gewöhnlichen Geschäftstätigkeit erhöht[290]. Bei korrektem Ausweis wäre ein um 32,5 Mio. € niedrigeres Ergebnis der gewöhnlichen Geschäftstätigkeit ausgewiesen worden. Gerade dieses stellt einen für den Jahresabschlussleser wichtigen Posten dar. Die gem. § 243 Abs. 2 HGB zwingend erforderliche Klarheit und Übersichtlichkeit des Jahresabschlusses ist damit wesentlich beeinträchtigt.

Schließlich ist durch die unrichtige Zuordnung das Fremdkapital um 32, 5 Mio. € zu niedrig ausgewiesen, statt einen Aktivposten zu bilden, der das Fremdkapital unberührt gelassen hätte. Auch dadurch ist die Klarheit und Übersichtlichkeit wesentlich beeinträchtigt.

Die Feststellung des Jahresabschlusses der S-AG ist damit gem. § 256 Abs. 1 Nr. 1 i.V.m. Abs. 4 AktG nichtig.

Auch in diesem Beispiel zeigt sich der Zusammenhang zu Falschbewertungen von Posten, da durch die falsche Zuordnung sowohl der GuV-Posten „Materialaufwand“ als auch der Bilanzposten „Verbindlichkeiten gegenüber Unternehmen, mit denen ein Beteiligungsverhältnis besteht“ zu niedrig ausgewiesen wurden. Inwieweit deswegen auch eine Nichtigkeit aus § 256 Abs. 5 AktG in Betracht kommt, wird folgend zu klären sein. Das Beispiel wird dazu wieder aufgegriffen.

8. Verstoß gegen Bewertungsvorschriften: § 256 Abs. 5 AktG

a. Definition der Über- und Unterbewertung

Die in der Praxis wohl am häufigsten vorkommenden Fehler, die hier schwerpunktmäßig betrachtet werden sollen, sind Bewertungsfehler. Das gesamte Instrument „Jahresabschluss“ kann nur funktionieren, wenn die Richtigkeit der Zahlen gewährleistet ist. Grundlage dafür sind die handelsrechtlichen Vorschrif-

---

289 Die korrekte Buchung lautete folglich: *Per Forderungen gegen Unternehmen, mit denen ein Beteiligungsverhältnis besteht an außerordentliche Erträge.*

290 Zu Lasten des außerordentlichen Ergebnisses.

ten zur Aufstellung des Jahresabschlusses. Sind diese nicht eingehalten worden, fehlt die Basis für die Erreichung der Jahresabschlusszwecke. Folge inhaltlicher Verstöße kann nur Nichtigkeit sein, da zur Anfechtung nur unternehmensinterne Personen befugt sind, vgl. § 245 AktG. Interesse an der Einhaltung der Bilanzierungsvorschriften haben aber alle Jahresabschlussadressaten, also neben den shareholdern auch die stakeholder. Notwendig ist damit eine gesetzliche Nichtigkeitsfolge, die im Grundsatz unabhängig von einer Geltendmachung ist und auch unternehmensexternen Jahresabschlussadressaten (insbesondere Gläubigern) eine Möglichkeit der Intervention gibt. Dies war auch die Intention des historischen Gesetzgebers, der eine zunächst geplante Anfechtungsmöglichkeit aus diesem Grund für nicht ausreichend hielt.[291]

Gem. § 256 Abs. 5 S. 1 AktG ist ein festgestellter Jahresabschluss wegen Verstoßes gegen Bewertungsvorschriften nur nichtig, wenn Posten überbewertet sind oder Posten unterbewertet sind, und dadurch die Vermögens- und Ertragslage der Gesellschaft vorsätzlich unrichtig wiedergegeben oder verschleiert wird. Für Überbewertung und Unterbewertung von Posten gelten damit unterschiedliche Voraussetzungen. Wie erläutert, folgt die Nichtigkeit nicht allein aus § 256 Abs. 5 AktG, sondern aus § 256 Abs. 1 Nr. 1 i.V.m. Abs. 5 AktG, da letzterer eine einschränkende Interpretationsnorm der Generalklausel darstellt.[292]

Die Begriffe der Über- und Unterbewertung sind legaldefiniert in § 256 Abs. 5 S. 2 AktG. Überbewertet sind danach Aktivposten, wenn sie mit einem höheren Wert, Passivposten, wenn sie mit einem niedrigeren Betrag angesetzt sind, als nach §§ 253 bis 256 HGB zulässig ist.[293] Deutlich wird, dass entgegen der teilweise umgangssprachlich verwendeten Terminologie mit „Überbewertung" bzw. „Unterbewertung" nicht die Richtung der Falschbewertung eines Postens im Vergleich zum gesetzeskonform anzusetzenden Betrag gemeint ist, sondern die Auswirkung der Falschbewertung auf das Eigenkapital.[294]

Die Über- bzw. Unterbewertung bezieht sich nach dem Gesetzeswortlaut auf „Posten" der Aktiv- und Passivseite. Der Begriff „Posten" wird im Gesetz sowohl für Bilanzposten des Gliederungsschemas gem. § 266 HGB verwendet, als auch für die Elemente der GuV, § 275 Abs. 1 S. 2 HGB. Die Literatur ist sich zutreffend einig, dass ausschließlich die Posten der Bilanz i.S.d. § 266 HGB gemeint sein können.[295] Dass ausschließlich auf die Bilanz und nicht auf „Pos-

---

291 S. Ausschussbericht bei KROPFF, AKTG, S. 342 (343).

292 S. dazu o., S. 74.

293 § 256 Abs. 5 S. 2 AktG.

294 WEILEP/WEILEP, Nichtigkeit, in: BB 3/06, S. 147.

295 HÜFFER, AktG, 9. Aufl., § 256 Rn. 25 und in: MüKo AktG, 2. Aufl., § 256 Rn. 58; ADS, Rechnungslegung, Tb. 4, 6. Aufl., § 256 Rn. 41 ff.; IDW, WP-Handbuch 2006, Band I, 13. Aufl., U Rn. 226; KAISER, Berichtigung und Änderung, S. 209 f.;

ten“ der GuV Bezug genommen wird, ergibt sich schon daraus, dass in § 256 Abs. 5 S. 2 AktG von Aktiv- und Passivposten die Rede ist. Diese existieren naturgemäß nur in der Bilanz.

Problematisch an der Legaldefinition des § 256 Abs. 5 S. 2 AktG ist, dass eine Bewertung der Aktiv- und Passivposten nach den Vorschriften der §§ 253 bis 256 HGB zu Grunde gelegt wird. Diese Formulierung suggeriert, dass nach den genannten Bewertungsvorschriften „Posten“ zu bewerten sind. Die Bewertungsvorschriften beziehen sich aber nach dem Grundsatz der Einzelbewertung eindeutig auf einzelne Vermögensgegenstände und gerade nicht auf Bilanzposten, die mehrere Vermögensgegenstände enthalten.[296] Der Grundsatz der Einzelbewertung ergibt sich als kodifizierter GoB aus § 252 Abs. 1 Nr. 3 HGB. Dieser Einzelbewertungsgrundsatz hängt auch mit dem Saldierungsverbot des § 246 Abs. 2 S. 1 HGB zusammen und ergibt sich bereits aus § 240 Abs. 1 HGB sowie aus § 246 Abs. 1 HGB. Schließlich nehmen die genannten Bewertungsvorschriften selbst direkt Bezug auf die Bewertung der Vermögensgegenstände und Schulden und nicht auf Posten.[297]

Ein Bilanzposten kann folglich unmittelbar nicht über- oder unterbewertet sein, sondern nur ein Vermögensgegenstand oder eine Schuld. Die mittelbare Folge ist aber, dass der Bilanzposten sodann mit einem höheren oder niedrigeren Wert angegeben wird, als bei korrekter Bewertung des enthaltenen Vermögensgegenstandes. Das Gliederungsschema des § 266 HGB gibt an, welche Posten pflichtgemäß in der Bilanz anzugeben sind. Diese enthalten jeweils mehrere Vermögensgegenstände oder Schulden. Sobald ein überbewerteter Vermögensgegenstand in einem Posten enthalten ist, ist damit der Posten i.S.d. § 256 Abs. 5 S. 2 AktG überbewertet.

Folge der Betrachtung von Posten als Falschbewertungsobjekt ist aber, dass sich Bewertungsfehler innerhalb eines Postens ausgleichen können, d. h. eine Überbewertung eines Vermögensgegenstands durch eine Unterbewertung eines anderen Vermögensgegenstandes innerhalb desselben Postens ausgeglichen werden kann. In diesem Fall sind zwar Vermögensgegenstände falsch bewertet, der Posten im Ergebnis aber nicht. Nach dem Gesetzeswortlaut tritt sodann keine Nichtigkeit ein. Die ganz herrschende Meinung, dass die Kompensation von Bewertungsfehlern innerhalb eines Postens zulässig ist, ist zutreffend und ergibt

---

KOWALSKI, Der nichtige JA, AG 11/93, S. 502 (503 li. Sp.); BGH v. 15.11.93 – II ZR 235/92, BGHZ 124, S. 111 (119).

296 BAETGE/KIRSCH/THIELE, Bilanzen, 11. Aufl., S. 125 f.; WINKELJOHANN/BÜSSOW in: BeBiKo, 7. Aufl., § 252 Rn. 22 ff.

297 §§ 253 Abs. 1, Abs. 3 S. 1, Abs. 4 S. 1, 255 Abs. 1, Abs. 2a, 256 S. 1 HGB.

sich direkt aus dem Gesetz.[298] Die Nichtigkeitsfolge scheint bei vollständigem Ausgleich von Über- und Unterbewertung innerhalb eines Bilanzpostens auch nicht notwendig: Der Jahresabschluss hat genau die Gestalt, die er bei korrekter Bewertung gehabt hätte. Sowohl die Höhe des Bilanzpostens als auch das Jahresergebnis sind unberührt. Ein solcher Fall müsste in der Praxis jedoch dem Zufall überlassen bleiben. Vielmehr wird bei Kompensation von Über- und Unterbewertungen eine Differenz verbleiben. Der Bilanzposten bleibt folglich tatbestandsmäßig über- bzw. unterbewertet, allerdings nicht in dem vorherigen Ausmaß. Inwieweit sich dies auf die Nichtigkeitsfolge auswirkt, hängt von der Beurteilung der Wesentlichkeit ab.[299] Festzuhalten bleibt, dass der Wortlaut des § 256 Abs. 5 S. 3 AktG unscharf ist und nicht exakt den Begrifflichkeiten des Dritten Buches des HGB folgt.[300]

HEIDEL lehnt diese Auslegung des § 256 Abs. 5 S. 3 AktG ab und vertritt eine Bezugnahme auf Vermögensgegenstände.[301] Dem kann nicht gefolgt werden, da eine Bezugnahme auf Vermögensgegenstände weder vom Wortlaut der Norm umfasst ist, noch dem Zweck, die Nichtigkeitsgründe zu beschränken, dient. Auch die Bezugnahme auf § 258 Abs. 1 S. 2 AktG, nach dem nach Meinung HEIDELs einzelne Vermögensgegenstände zu prüfen sind, so dass der Begriff „Posten" eigentlich auf Vermögensgegenstände zu beziehen sei[302], kann diese Begründung nicht tragen. Erstens verwendet § 258 AktG ebenso den Begriff „Posten" mit gleicher Bedeutung wie § 256 AktG. Zweitens ergibt sich daraus kein Widerspruch. Die Prüfung eines „Postens" auf Unterbewertung umfasst wie dargelegt zwingend die Prüfung der einzelnen enthaltenen Vermögensgegenstände auf deren korrekte Bewertung, da nur diese einer Bewertung unterliegen. Die Unterbewertung des „Postens" folgt wie dargelegt zwingend aus der Falschbewertung einzelner Vermögensgegenstände. Die Sonderprüfung erfolgt gem. § 258 AktG nur auf Antrag,[303] und es muss „Anlass für die Annahme" bestehen, dass eine Unterbewertung vorliegt. Aus diesem Grund wird naturgemäß schon eine Vermutung vorliegen, auf der Falschbewertung welches Vermögensgegenstandes die Unterbewertung des Postens fußt. Es ist daher kein Widerspruch zur

298 S. dazu statt vieler HÜFFER, AktG, 9. Aufl., § 256 Rn. 25; ADS, Rechnungslegung, Tb. 4, 6. Aufl., § 256 Rn. 42; KOWALSKI, Der nichtige JA, AG 11/93, S. 502 (503 li. Sp.).

299 Darauf wird im Folgenden eingegangen.

300 So auch MÜLLER, H.-P., Bilanzrecht und Organverantwortung in: FS QUACK, S. 349.

301 HEIDEL, AktR, § 256 Rn. 31f.

302 HEIDEL, AktR, § 256 Rn. 33.

303 Vgl. § 258 Abs. 1 S. 1 a.E. Antragsberechtigt ist gem. § 258 Abs. 2 S. 3 AktG eine qualifizierte Minderheit der Aktionäre.

Auslegung des Postenbegriffs in § 256 AktG, dass durch das Gericht die Prüfung eines bestimmten Vermögensgegenstandes angeordnet werden kann.

Aus der Bezugnahme auf Posten wird neben der Kompensationsmöglichkeit von Falschbewertungen innerhalb eines Posten ebenso deutlich, dass sich Falschbewertungen, die sich auf die Höhe verschiedener Posten auswirken, nicht kompensieren können.[304] So führt die Kompensation der Überbewertung eines Postens mit der Unterbewertung eines anderen Postens zwar im Ergebnis dazu, dass das Jahresergebnis in der Höhe korrekt ist[305], jedoch die Bilanzposten nach wie vor fehlerhaft ausgewiesen sind. Die Nichtigkeitsfolge kann in diesem Fall nicht ausbleiben, da die Bilanzposten für den Jahresabschlussleser eine eigene Aussagekraft entfalten.[306]

b. Normzwecke der Nichtigkeit wegen Über- bzw. Unterbewertung

Zur Beurteilung des Normzwecks der Nichtigkeit wegen Falschbewertung diene folgendes kurze Beispiel:

> Eine AG hält ein Wertpapierpaket, das nicht dauernd dem Geschäftsbetrieb dienen soll. Es ist zutreffend im Umlaufvermögen im Posten „sonstige Wertpapiere" ausgewiesen. Die Anschaffungskosten für das Paket betragen 100.000,00 EUR (t0). Im Jahr t1 sinkt der Börsenkurs auf 50.000,00 EUR für das Wertpapierpaket. Gem. § 253 Abs. 4 HGB ist eine außerplanmäßige Abschreibung pflichtgemäß vorzunehmen, auch wenn die Wertminderung voraussichtlich nur vorübergehend ist (strenges Niederstwertprinzip). Im Jahresabschluss zum 31.12. t1 weist die AG das Aktienpaket dennoch in Höhe der Anschaffungskosten von 100.000,00 EUR aus.

Es liegt ein Verstoß gegen die Bewertungsvorschrift des § 253 Abs. 4 HGB vor, die dazu führt, dass der Posten „sonstige Wertpapiere" um 50.000,00 EUR zu hoch bewertet ist. Dieser ist damit überbewertet gem. § 256 Abs. 5 S. 1 Nr. 1, S. 2 AktG. Folge ist ein zu hoher Gewinnausweis, da die außerplanmäßige Abschreibung zu einem gewinnmindernden Aufwand in gleicher Höhe geführt hätte.[307] Das Ergebnis der gewöhnlichen Geschäftstätigkeit wie der Jahresüber-

---

304 Dies ist ebenso ganz h.M., vgl. HÜFFER in: MüKo AktG, 2. Aufl., § 256 Rn. 58; ADS, Rechnungslegung, Tb. 4, 6. Aufl., § 256 Rn. 45.

305 Dies nur, wenn es sich zufälligerweise um eine vollständige Kompensation handelt.

306 KOWALSKI, Der nichtige JA, AG 11/93, S. 502 (503 li. Sp.); KAISER, Berichtigung und Änderung, S. 211; ADS, Rechnungslegung, Tb. 4, 6. Aufl., § 256 Rn. 45; HÜFFER in: MüKo AktG, 2. Aufl., § 256 Rn. 58; vgl. IDW, WP-Handbuch 2006, Band I, 13. Aufl., U Rn. 226.

307 Die korrekte Buchung würde lauten: *Per Abschreibungen auf Wertpapiere des Umlaufvermögens an sonstige Wertpapiere 50.000,00 EUR.*

schuss sind um 50.000,00 EUR zu hoch ausgewiesen.[308] Dieser „Scheingewinn“ könnte an die Aktionäre ausgeschüttet werden.[309] Die Ausschüttungsbemessungsfunktion des Jahresabschlusses wird damit direkt verletzt. Die Ausschüttung derartiger Scheingewinne führt dazu, dass der Gesellschaft Haftungskapital entzogen wird, das nach dem Konzept der nominellen Kapitalerhaltung im Unternehmen verbleiben müsste. Die Überbewertung führt ferner dazu, dass die Vermögens- und Ertragslage zu positiv dargestellt wird. Damit ist der Gläubigerschutz in zweierlei Maß beeinträchtigt: Zum einen wird Liquidität entzogen, die bei korrekter Bilanzierung im Unternehmen verbleiben würde und der Haftung gegenüber Gläubigern dienen könnte und zum anderen wird share- und stakeholdern ein falsches Bild von der Lage der Gesellschaft vermittelt.

Der **Zweck der Nichtigkeitsfolge bei Überbewertungen** liegt damit in der Sanktion der Nichterreichung der tragenden Jahresabschlusszwecke Ausschüttungsbemessung, Kapitalerhaltung und Gläubigerschutz sowie der Verfehlung der Informationsfunktion.

Eine Unterbewertung gem. § 256 Abs. 5 S. 1 Nr. 2 AktG führt dagegen zu einem zu niedrigen Eigenkapitalausweis und einem niedrigeren ausschüttbaren Gewinn. Die Gesellschaft stellt damit ihre Vermögens- und Ertragslage schlechter dar, als sie nach handelsrechtlichen Grundsätzen tatsächlich ist. Vor dem Hintergrund des Vorsichtsprinzips aus § 252 Abs. 1 Nr. 4 HGB ist dies zunächst unbedenklich. Benachteiligt sind allerdings die Aktionäre, die in ihrem Gewinnbezugsrecht beeinträchtigt werden, da bei korrektem Ausweis ein höheres ausschüttbares Jahresergebnis vorhanden gewesen wäre. Es darf nicht im Ermessen des Vorstands stehen, willkürlich stille Reserven zu bilden und so die Aktionäre „aushungern“ zu lassen. Der Hauptzweck der Nichtigkeitsfolge bei Unterbewertung liegt damit in der Sanktionierung unzulässiger Bildung stiller Reserven.[310]

---

308 Die außerplanmäßige Abschreibung wird gem. § 275 Abs. 2 Nr. 12 HGB bzw. § 275 Abs. 3 Nr. 11 HGB vor dem Ergebnis der gewöhnlichen Geschäftstätigkeit erfasst, da das Finanzergebnis nach dem handelsrechtlichen Erfolgsspaltungskonzept zum gewöhnlichen Ergebnis gehört, BAETGE/KIRSCH/THIELE, Bilanzen, 11. Aufl., S. 573 ff.

309 Der Begriff Scheingewinn soll im Folgenden unter Berücksichtigung des Konzepts der nominellen Kapitalerhaltung verwendet werden und solche Gewinne bezeichnen, die bei korrekter Bilanzierung nach den handelsrechtlichen Grundsätzen nicht ausgewiesen worden wären. Im Vergleich zum Konzept der realen Kapitalerhaltung handelt es sich selbst bei nach handelsrechtlichen Regeln ausgewiesenen Gewinnen teils um Scheingewinne, da das Realkapital bei Preissteigerungen nicht erhalten wird, S. dazu o. S. 22, Fn. 52.

310 WINNEFELD, Bilanz-Handbuch, 4. Aufl., I Rn. 71 und WEILEP/WEILEP, Nichtigkeit, in: BB 3/06, S. 147 (148 li. Sp.).

Aufgrund des Maßgeblichkeitsprinzips[311] besteht bei guter Ertragslage des Unternehmens das Interesse an einem niedrigeren Gewinnausweis, um so die steuerliche Bemessungsgrundlage zu senken. Dies kann ein weiterer Grund für Unterbewertungen sein. Die Sanktion derartiger Fälle liegt neben der möglichen Nichtigkeit aus § 256 AktG in der Strafbarkeit einer Steuerhinterziehung gem. § 370 AO.[312]

Neben dem Nachteil für Anteilseigner, deren Gewinnansprüche durch Unterbewertungen beschnitten werden, liegt in einer Unterbewertung aber auch eine mittelbare Beeinträchtigung des Gläubigerschutzes. Die unzulässig gebildeten stillen Reserven können bei späterer Verschlechterung der Ertragslage der Gesellschaft aufgelöst werden und so die tatsächliche Lage der Gesellschaft verschleiern.[313] Dieses Verschleierungspotential führt zu einer Beeinträchtigung des Gläubigerschutzes, so dass Zweck der Nichtigkeit bei Unterbewertung ebenso die Sanktion einer Verletzung des Gläubigerschutzes ist.

Wie dargelegt beeinträchtigen sowohl Unter- als auch Überbewertung den Gläubigerschutz. Verstöße, die von § 256 Abs. 5 AktG erfasst sind, würden folglich bereits von der Generalklausel des § 256 Abs. 1 Nr. 1 AktG als Nichtigkeitsgrund erfasst. Die Vorschrift wirkt damit wie § 256 Abs. 4 AktG nicht nichtigkeitsbegründend wie vielfach suggeriert, sondern nichtigkeitsbeschränkend in Bezug auf die Generalnorm § 256 Abs. 1 Nr. 1 AktG. Neben der Benennung der relevanten Bewertungsvorschriften in § 256 Abs. 5 S. 2 und 3 AktG[314] liegt die Einschränkung in den zusätzlichen subjektiven Anforderungen an eine Nichtigkeit wegen Unterbewertung und in der Bezugnahme auf Bilanzposten statt auf Vermögensgegenstände, wodurch eine Kompensation ermöglicht wird. Auch aus diesem Grunde kann nur diese Auslegung des Begriffs „Posten" überzeugen, da bei Bezugnahme auf Vermögensgegenstände die Einschränkung durch § 256 Abs. 5 AktG fast leer liefe.[315] Dies stützt auch die Einordnung des § 256 Abs. 5 AktG als einschränkende Interpretationsnorm der Generalklausel.

c. Subjektive Anforderungen des § 256 Abs. 5 S. 1 Nr. 2 AktG

Im Falle einer Unterbewertung tritt die Nichtigkeitsfolge gem. § 256 Abs. 1 S. 1 Nr. 2 AktG nur ein, wenn „... dadurch die Vermögens- und Ertragslage der Ge-

---

311 Zum Maßgeblichkeitsprinzip siehe Kap. II., A.2.a.(2), S. 17.

312 Wobei es auf weitere Tatbestandsmerkmale ankommt.

313 KAISER, Berichtigung und Änderung, S. 221; WINNEFELD, Bilanz-Handbuch, 4. Aufl., I Rn. 71; SCHMIDT/LUTTER, AktG, § 256 Rn. 14.

314 Zu den Unklarheiten dieser Legaldefinition und deren erweiternder Auslegung siehe unten.

315 Dies scheint HEIDEL zu verkennen, vgl. dazu o. S. 83.

sellschaft vorsätzlich unrichtig wiedergegeben oder verschleiert wird."[316] Wie dargelegt ist die Nichtigkeitsfolge im Falle der Unterbewertung nicht in so hohem Maße notwendig wie im Falle von Überbewertungen. Aus diesem Grund sind die Anforderungen an Nichtigkeit wegen Unterbewertung erhöht, was die Nichtigkeitsgründe weiter begrenzt.

Ist folglich objektiv der Tatbestand einer Unterbewertung gem. § 256 Abs. 5 S. 3 AktG erfüllt, so muss ein subjektiver Tatbestand hinzutreten, um die Nichtigkeitsfolge zu bewirken. Dieser subjektive Tatbestand erfordert die vorsätzliche unrichtige Wiedergabe oder Verschleierung der Vermögens- und Ertragslage.

Vorsatz bedeutet nach einer gebräuchlichen Kurzformel das Wissen und Wollen der Tatbestandsverwirklichung.[317] Daraus wird deutlich, dass der Vorsatz aus einem kognitiven Element (Wissenselement) und einem voluntativen Element (Wollenselement) besteht. Aus den verschiedenen möglichen Ausprägungen dieser Elemente ergeben sich verschiedene Stufen des Vorsatzes, wobei jeweils ein voll ausgeprägtes Element für das Vorliegen des Vorsatzes genügen kann. So ergeben sich folgende Stufen[318]: 1. Absicht (dolus directus 1. Grades): Der Täter will bewusst den Tatbestandserfolg herbeiführen. 2. Wissen (dolus directus 2. Grades) : Der Täter weiß, dass der Tatbestandserfolg mit Sicherheit eintreten wird. 3. Bedingter Vorsatz (dolus eventualis): Der Täter strebt die Tatbestandsverwirklichung nicht unmittelbar an, hält deren Verwirklichung jedoch für möglich. Beim bedingten Vorsatz sind damit beide Vorsatzelemente gegeben, jedoch jeweils nur schwach ausgeprägt.

Während bei Vorliegen der Absicht oder des Wissens der Vorsatz deutlich gegeben ist, ergeben sich im Bereich des Eventualvorsatzes Abgrenzungsschwierigkeiten zur Fahrlässigkeit. Den entscheidenden Unterschied zur bewussten Fahrlässigkeit sieht der BGH im Bereich des voluntativen Elements: Während das für möglich Halten der Tatbestandsverwirklichung auch bei der Fahrlässigkeit gegeben sein muss (schwaches kognitives Element), ist Vorsatz gegeben, wenn der Täter die Folge billigend in Kauf nimmt, auch wenn er den Erfolg nicht unbedingt wünscht.[319]

Durch das Konstrukt des bedingten Vorsatzes wird die Schwelle von der Fahrlässigkeit zum Vorsatz recht weit in Richtung Fahrlässigkeit verlagert. Ist im Gesetz nicht eine bestimmte Form des Vorsatzes gefordert, so genügt der be-

---

316 § 256 Abs. 5 S. 1 Nr. 2 Hs. 2 AktG.

317 FISCHER, StGB, 57. Aufl., § 15 Rn. 3; GRÜNEBERG in: PALANDT, BGB, 69. Aufl., § 276 Rn. 10.

318 FISCHER, StGB, 57. Aufl., § 15 Rn. 6 ff.; GRÜNEBERG in: PALANDT, BGB, 69. Aufl., § 276 Rn. 10.

319 BGHSt 36, S. 9; FISCHER, StGB, 57. Aufl., § 15 Rn. 9a.

dingte Vorsatz.[320] So auch für die Nichtigkeit gem. § 256 Abs. 5 S. 1 Nr. 2 AktG.[321] Dies ist sachgerecht, da die Figur des Eventualvorsatzes lediglich eine Auslegung des Begriffes „Vorsatz“ beinhaltet.[322]

Eine Unterbewertung führt folglich dann zur Nichtigkeit, wenn der für den Jahresabschluss Verantwortliche es zumindest für möglich hält, dass eine Unterbewertung vorliegt und er billigend in Kauf nimmt, dass diese die Vermögens- und Ertragslage unrichtig wiedergibt bzw. verschleiert.[323] Verantwortlicher für die Jahresabschlussaufstellung ist der Vorstand.[324] Der Vorsatz als subjektives Merkmal kann nur bei natürlichen Personen vorliegen. Es kann daher nicht auf einen Vorsatz des Organs Vorstand an sich ankommen, sondern auf das Wissen und Wollen der einzelnen Vorstandsmitglieder. Maßgeblich können dabei nur die Vorstandsmitglieder sein, die tatsächlich an der Aufstellung beteiligt sind. Verantwortlich bleibt zwar der Gesamtvorstand[325], doch muss der Vorsatz eines verantwortlichen Mitglieds ausreichen, da anderenfalls der Vorstand mit zunehmender Größe privilegiert würde.[326]

Neben dem Vorstand hat der Aufsichtsrat im Rahmen seiner Billigung zur Feststellung einen Einfluss auf den Jahresabschluss. Wenn der Aufsichtsrat eine Unterbewertung erkennt und nicht für eine Korrektur sorgt, obwohl er eine Verfälschung der Vermögens- bzw. Ertragslage für möglich hält, ist der notwendige Vorsatz gegeben. Ausreichend kann auch dabei der Vorsatz eines verantwortlichen Aufsichtsratsmitglieds sein, z.B. des Vorsitzenden eines Prüfungsausschusses, obwohl der gesamte Aufsichtsrat den Billigungsbeschluss fassen muss (§ 107 Abs. 3 S. 3 AktG).[327]

---

320 FISCHER, StGB, 57. Aufl., § 15 Rn. 5; GRÜNEBERG in: PALANDT, BGB, 69. Aufl., § 276 Rn. 10 a.E. So wird gem. § 263 Abs. 1 StGB z.B. neben dem Tatbestandsvorsatz die Absicht der Bereicherung gefordert.

321 HÜFFER in: MüKo AktG, 2. Aufl., § 256 Rn. 62; SCHMIDT/LUTTER, AktG, § 256 Rn. 19; BGH v. 15.11.93, II ZR 235/92, BGHZ 124, S. 111 (120).

322 Insofern unklar, weshalb ADS dies skeptisch sehen, so in: ADS, Rechnungslegung, Tb. 4, 6. Aufl., § 256 Rn. 52: „…soll ausreichen…“.

323 Vgl. dazu Urteil des OLG Düsseldorf v. 22.3.1977 - 5 U 5/76, AG 1977, S. 195 (196f.).

324 Gem. §§ 242, 264 Abs. 1 HGB i.V.m. § 78 AktG.

325 Gem. § 91 Abs. 1 AktG i.V.m. §§ 238 Abs. 1, 242 Abs. 1 HGB; vgl. BAUMBACH/HOPT, HGB, 34. Aufl., § 238 Rn. 8.

326 So i.E. auch HÜFFER, AktG, 9. Aufl. , § 256 Rn. 27 und in: MüKo AktG, 2. Aufl., § 256 Rn. 62; SCHMIDT/LUTTER, AktG, § 256 Rn. 19.

327 Vgl. HÜFFER in: MüKo AktG, 2. Aufl., § 256 Rn. 62.

Fraglich ist die Voraussetzung der unrichtigen Wiedergabe der Vermögens- *und* Ertragslage. Die Vermögenslage ergibt sich aus dem Verhältnis der Aktiva und Passiva der Bilanz.[328] Durch die Zuordnung der Vermögensgegenstände und Schulden zu den verschiedenen Posten und deren Höhe wird die bilanzielle Vermögenslage der Gesellschaft dargestellt.[329] Die Ertragslage betrifft Höhe und Zustandekommen des Jahreserfolgs und ist demnach aus der GuV zu ersehen.[330] Nicht nur die Höhe des Jahresergebnisses, sondern insbesondere das Zustandekommen und dessen Zusammensetzung bestimmen die Darstellung der Ertragslage.[331] § 256 Abs. 5 S. 1 Nr. 2 AktG fordert nun eine Unterbewertung und darauf basierend eine vorsätzliche unrichtige Wiedergabe der Vermögens- *und* Ertragslage (bzw. deren Verschleierung). Die Literatur ist sich einig, dass eine Verfälschung jeweils der Vermögens- *oder* Ertragslage ausreicht.[332]

Diese Abgrenzungsproblematik ergibt sich jedoch tatsächlich nicht. Voraussetzung ist zunächst eine Unterbewertung, also ein zu niedriger Ansatz eines Bilanzpostens. Diese Unterbewertung wirkt sich in gleicher Höhe auf das Jahresergebnis aus.[333] Folge ist eine Falschdarstellung sowohl der Vermögens- als auch der Ertragslage. Eine Unterbewertung bewirkt demnach per se die geforderte unrichtige Wiedergabe sowohl der Vermögens- als auch der Ertragslage. Unrichtig ist der Ansatz schon deswegen, weil objektiv tatbestandlich eine Unterbewertung vorliegt.[334] Ändert sich zwischenzeitlich die Rechtsprechung zu einer Bilanzierungsfrage, so entfällt nicht etwa der Vorsatz bezüglich der Unterbewertung, sondern es liegt tatbestandlich schon keine Unterbewertung vor[335], weil sich die Betrachtungsweise nur spätestens auf den Zeitpunkt der Feststellung des Jahresabschlusses beziehen kann und nicht durch danach gewonnene Erkenntnisse beeinflusst wird.[336]

---

328 Baumbach/Hopt, HGB, 34. Aufl., § 264 Rn. 12. Die Vermögenslage umfasst daher neben den Aktiva in jedem Fall die Passiva, obwohl teilweise mit „Vermögen" nur die Aktiva gemeint sind, die Passiva hingegen als „Schulden" bezeichnet werden.

329 ADS, Rechnungslegung, Tb. 2, 6. Aufl., § 264 Rn. 64.

330 ADS, Rechnungslegung, Tb. 2, 6. Aufl., § 264 Rn. 78 ff.

331 ADS, Rechnungslegung, Tb. 2, 6. Aufl., § 264 Rn. 79 f.

332 Hüffer, AktG, 9. Aufl. , § 256 Rn. 26a und in: MüKo AktG, 2. Aufl., § 256 Rn. 61; Schmidt/Lutter, AktG, § 256 Rn. 18; ADS, Rechnungslegung, Tb. 4, 6. Aufl., § 256 Rn. 51; WP-Handbuch 2006, Band I, 13. Aufl., U Rn. 229.

333 Vgl. dazu o. S. 84.

334 So auch Kaiser, Berichtigung und Änderung, S. 215f.

335 Anders Hüffer in: MüKo AktG, 2. Aufl., § 256 Rn. 62 nach BGH v. 12.1.98 – II ZR 82/93, BGHZ 137, S. 378. Dies kann jedoch im Hinblick auf die Betrachtungszeitpunkt der Nichtigkeit nicht überzeugen.

336 Hüffer, AktG, 9. Aufl. , § 256 Rn. 6. Zum Wertaufhellungszeitraum S. ausführlich u., B.2. S. 121 ff.

Das entscheidende Kriterium des § 256 Abs. 5 S. 1 Nr. 2 AktG ist daher das Erfordernis der subjektiven Komponente, nicht dagegen eine Erweiterung auch des objektiven Tatbestands, wie teilweise vertreten wird.[337] Eine Unterbewertung ohne unrichtige Wiedergabe ist nicht denkbar. Nach dieser Betrachtung bedürfte es des Zusatzes der Verschleierung gar nicht mehr. Dieser Zusatz erlangt jedoch Bedeutung für die Betrachtung des subjektiven Tatbestands. Statt der Forderung einer „vorsätzlichen Unterbewertung" wird die „vorsätzliche unrichtige Wiedergabe oder Verschleierung" gefordert. Letztlich bezieht sich der Vorsatz auf die Unterbewertung selbst, jedoch ist aufgrund des voluntativen Elements des Vorsatzes das Ziel der Tatbestandserfüllung einzubeziehen. Dieses Ziel ist der Bezugspunkt für die Betrachtung insbesondere des Eventualvorsatzes. Wie dargelegt ist dieser gegeben, wenn die Tatbestandsverwirklichung für möglich gehalten und die Folge billigend in Kauf genommen wird. Folge ist gerade die unrichtige Wiedergabe. Durch den Zusatz der Verschleierung reicht es aber aus, wenn sich der Vorsatz lediglich auf eine Verschleierung bezieht. Die Nichtigkeit kann damit z.B. eintreten, wenn objektiv eine Unterbewertung vorliegt, der Vorstandsvorsitzende dies für möglich hält und es billigend in Kauf nimmt, dass dadurch die Vermögens- und Ertragslage verschleiert werden, auch wenn er eine unrichtige Wiedergabe in jedem Fall vermeiden will.

Praktisch wird jedoch der Nachweis eines Vorsatzes aufgrund der inneren Elemente schwierig sein, zumal die relevanten Personen diesen naturgemäß abstreiten werden. Ein Eventualvorsatz wird nur dann als gegeben angesehen werden können, wenn die Unterbewertung so deutlich ist, dass die Kenntnis unterstellt werden muss, woraus auch ein Fürmöglichhalten zumindest hinsichtlich der Verschleierung folgt.

Im Falle einer Unterbewertung ergibt sich die Nichtigkeit damit nur beim Hinzutreten des Vorsatzes eines verantwortlichen Vorstands- oder Aufsichtsratsmitglieds. Fehlt es daran bzw. ist ein solcher Vorsatz nicht nachweisbar, verbleibt bei Vermutung des Bestehens einer Unterbewertung die Möglichkeit der Sonderprüfung gem. §§ 258 ff. AktG.

d. Erweiternde Auslegung des § 256 Abs. 5 AktG

(1) Verstoß gegen Ansatzvorschriften

Dem Wortlaut nach bezieht sich § 256 Abs. 5 AktG nur auf Falschbewertungen, die auf einem Verstoß gegen Bewertungsvorschriften beruhen, da die Nichtig-

---

337 So SCHMIDT/LUTTER, die einen gesonderten objektiven Tatbestand in der unrichtigen Wiedergabe sehen, SCHMIDT/LUTTER, AktG, § 256 Rn. 18; wohl auch HÜFFER in: MüKo AktG, 2. Aufl., § 256 Rn. 61; wie hier: KAISER, Berichtigung und Änderung, S. 216.

keit nur eintritt, wenn ein Posten „wegen Verstoßes gegen die Bewertungsvorschriften“[338] über- bzw. unterbewertet ist. Die in § 256 Abs. 5 S. 2 AktG genannten Vorschriften sind demgemäß solche, die sich im betreffenden Unterabschnitt des HGB unter dem Titel „Bewertungsvorschriften“[339] finden. Ebenso bedeutsam wie die „Bewertungsvorschriften“ sind aber die „Ansatzvorschriften“ der §§ 246 bis 251 HGB.[340] Dem Vollständigkeitsgebot aus § 246 Abs. 1 HGB folgend müssen sämtliche Vermögensgegenstände und Schulden ausgewiesen werden. § 248 HGB regelt dazu Bilanzierungsverbote, § 249 HGB Ansatzpflichten und –verbote für Rückstellungen, § 250 HGB für Rechnungsabgrenzungsposten. § 251 HGB regelt schließlich die Behandlung nicht zu bilanzierender Haftungsverhältnisse.

Wird z.B. eine pflichtgemäß zu bildende Rückstellung gar nicht gebildet, so führt dies dazu, dass der Posten „Sonstige Rückstellungen“ zu niedrig ausgewiesen wird. Im Ergebnis hat dies die gleiche Folge wie die Bildung einer Rückstellung gem. § 249 HGB, aber deren zu geringe Bewertung unter Verstoß gegen § 253 Abs. 1, 2 HGB. Auch in diesem Fall ist der Betrag des Postens „Sonstige Rückstellungen“ zu gering. Im zweiten Fall handelt es sich wegen Verstoß gegen die Bewertungsvorschrift des § 253 HGB eindeutig um eine Überbewertung gem. § 256 Abs. 5 S. 1 Nr. 1, S. 2 AktG. Im ersten Fall, der gänzlich unterlassenen Bildung, liegt kein Verstoß gegen „Bewertungsvorschriften“ vor. Dennoch ist die Wirkung auf den Jahresabschluss identisch mit einem solchen Verstoß. Vor dem Hintergrund des Normzwecks der Vorschrift müssen daher beide Fälle gleichermaßen behandelt werden. Die Ansatzvorschriften dienen zumindest überwiegend dem Gläubigerschutz, da sie regeln, inwieweit Vermögensgegenstände aktiviert bzw. passiviert werden müssen, dürfen oder nicht bilanziell erfasst werden dürfen. Durch diese Vorschriften wird damit wesentlich das Bild des Jahresabschlusses geprägt. Ein Verstoß gegen Ansatzvorschriften würde folglich bereits als Inhaltsfehler zur Nichtigkeit gem. § 256 Abs. 1 Nr. 1 AktG führen. Wie dargelegt, ist aber die Wirkung eines Verstoßes identisch mit der eines Verstoßes gem. § 256 Abs. 5 AktG, so dass es sachgerechter erscheint, den Verstoß gegen Ansatzvorschriften auch unter diese einschränkende Norm zu fassen.[341] Der Unterschied liegt im Wesentlichen darin, dass nach Absatz 5 nur die Falschbewertung von Posten erfasst wird und an Nichtigkeit wegen Unterbewertung zusätzliche Anforderungen gestellt werden. Eine Erfassung durch die Generalklausel würde dazu führen, dass auch Ansatzfehler, die durch Bewer-

338 § 256 Abs. 5 S. 1 a.A. AktG.

339 Drittes Buch, Erster Abschnitt, Zweiter Unterabschnitt, Dritter Titel des HGB, §§ 252 bis 256a HGB.

340 Drittes Buch, Erster Abschnitt, Zweiter Unterabschnitt, Zweiter Titel des HGB.

341 So auch MÜLLER, H.-P., Bilanzrecht und Organverantwortung in: FS QUACK, S. 349 f.

tungsfehler innerhalb desselben Postens kompensiert werden, zu einer Nichtigkeit führten. Dies würde aber dem Zweck des § 256 AktG, gleichzeitig die Nichtigkeitsgründe zu begrenzen, zuwider laufen. Ferner würde eine durch z.B. Nichtansatz an sich zu aktivierender Aktivposten folgende Unterbewertung auch ohne die zusätzlichen Anforderungen des § 256 Abs. 5 Nr. 2 AktG zur Nichtigkeit nach der Generalklausel führen.[342]

Die Verletzung von Ansatzvorschriften wie beispielsweise die Aktivierung nicht bestehender Forderungen oder Unterlassung der Bildung von Rückstellungen beeinträchtigen die Ausschüttungsbemessungsfunktion und den Gläubigerschutz in gleicher Weise wie Bewertungsfehler. Vielfach wird daher vertreten, dass Verstöße gegen Ansatzvorschriften bereits unter den Wortlaut des § 256 Abs. 5 S. 2 AktG fallen.[343] Wie dargestellt, ergibt die grammatische Auslegung zwar nicht eindeutig dieses Ergebnis, jedoch folgt es aus der teleologischen Auslegung.[344] Diese ergibt, dass § 256 Abs. 5 AktG auch auf Ansatzfehler anzuwenden ist, und zwar in direkter Anwendung.[345] Eine Analogie verbietet sich mangels Regelungslücke, da Ansatzverstöße sonst über die Generalklausel erfasst würden. § 256 Abs. 5 S. 1 AktG ist daher berichtigend auszulegen und um „Ansatzvorschriften" zu ergänzen. Ein Verstoß gegen Ansatzvorschriften führt folglich gem. § 256 Abs. 1 Nr. 1 i.V.m. Abs. 5 AktG zur Nichtigkeit.[346]

Der Grund für den missverständlichen Wortlaut der Vorschrift ist in der historischen Entwicklung zu sehen. Vor dem BiRiLiG waren die wesentlichen Rechnungslegungsvorschriften im AktG enthalten. Anders als nach dem BiRiLiG im HGB waren die Rechnungslegungsvorschriften im AktG nicht klar nach

---

342 Gerade diese Einschränkung sollte aber durch Absatz 5 erfolgen, siehe Ausschussbericht bei KROPFF, AktG, S. 342 (347). Widersprüchlich insoweit HAAS, der Ansatzfehler einerseits unter § 256 Abs. 1 Nr. 1 AktG fassen will, aber andererseits doch § 256 Abs. 5 AktG für anwendbar hält, HAAS in: BAUMBACH/HUECK, GmbHG, 19. Aufl., § 42a Rn. 25 und 31.

343 So HÜFFER in: MüKo AktG, 2. Aufl., § 256 Rn. 59; ADS, Rechnungslegung, Tb. 4, 6. Aufl., § 256 Rn. 39.

344 Anders noch WEILEP/WEILEP, Nichtigkeit, in: BB 3/06, S. 147 (148 li. Sp.).

345 So auch SCHMIDT/LUTTER, AktG, § 256 Rn. 6.

346 Teils wird auch die analoge Anwendung von § 256 Abs. 5 AktG vertreten, was nach hier vertretener Auffassung ausscheidet. Im Ergebnis sind sich herrschende Lehre und Rechtsprechung aber zutreffend einig, dass auch Verstöße gegen Ansatzvorschriften von § 256 Abs. 5 AktG erfasst sind, vgl. BALTHASAR, Bestandskraft, S. 190 f.; WINNEFELD, Bilanz-Handbuch, 4. Aufl., I Rn. 69; HENNRICHS, Fehlerhafte Bilanzen, ZHR 168 (2004), S. 382 (388); BGH v. 15.11.93 – II ZR 235/92, BGHZ 124, S. 111 (119).

Ansatz- und Bewertungsvorschriften getrennt. Anders als § 256 Abs. 5 S. 2 AktG wurde aber dessen Satz 1 durch das BiRiLiG nicht geändert.[347]

(2) Verhältnis zu § 256 Abs. 4 AktG, Verstoß gegen Gliederungsvorschriften

Wie oben bereits angemerkt wurde, kann ein Verstoß gegen Gliederungsvorschriften dazu führen, dass sich gleichzeitig die Frage einer Über- und Unterbewertung stellt. Wird eine Forderung gegen verbundene Unternehmen z.B. fälschlicherweise unter den Posten „Forderungen aus Lieferungen und Leistungen" gefasst, ist dieser Posten zu hoch ausgewiesen, der Posten „Forderungen gegen verbundene Unternehmen" dagegen zu niedrig. Dieser Verstoß allein führt aber nicht gleichzeitig zu einer Nichtigkeit wegen Über- bzw. Unterbewertung. Abgesehen von den zusätzlichen Anforderungen an eine Nichtigkeit wegen Unterbewertung gem. § 256 Abs. 5 S. 1 Nr. 2 AktG beruht der fälschliche Ausweis der Posten lediglich auf einem Verstoß gegen relevante Gliederungsvorschriften. § 256 Abs. 5 AktG gilt aber gemäß dessen Satz 1 nur für Verstöße „gegen die Bewertungsvorschriften". Diese sind wie dargelegt um die Ansatzvorschriften zu ergänzen. Ein Verstoß nur gegen Gliederungsvorschriften wird allerdings von § 256 Abs. 5 AktG schon vom Gesetzeswortlaut her nicht erfasst. Ein reiner Gliederungsverstoß führt ferner nicht zu einer Auswirkung auf das Eigenkapital, die dem Zweck des § 256 Abs. 5 AktG folgend sanktioniert werden soll.

In bestimmten Konstellationen können aber auch Verstöße gegen Gliederungsvorschriften mit zur Über- bzw. Unterbewertung führenden Verstößen gegen Bewertungsvorschriften zusammenfallen. Zur Verdeutlichung soll das oben angeführte Beispiel wieder aufgegriffen werden:[348]

> Die S-AG hat statt eines Ausweises der so bezeichneten „Warengutschrift" als „Forderung gegen Unternehmen, mit denen ein Beteiligungsverhältnis besteht" eine Verbindlichkeit gegenüber der L-GmbH reduziert. Folglich ist der Posten „Forderungen gegen Unternehmen, mit denen ein Beteiligungsverhältnis besteht" zu niedrig ausgewiesen, der Posten „Verbindlichkeiten aus Lieferungen und Leistungen" ebenso. Es handelt sich dabei aber um einen Verstoß gegen das Saldierungsverbot gem. § 246 Abs. 2 S. 1 HGB und damit um einen Gliederungsfehler. Der Passivposten ist damit nicht überbewertet, da es sich nicht um Verstoß gegen Ansatz- bzw. Bewertungsvorschriften handelt. Der Aktivposten ist aus dem gleichen Grund nicht unterbewertet. Der fälschliche Ausweis in der GuV als Verminderung der Warenaufwen-

347 S. dazu MÜLLER, H.-P., Bilanzrecht und Organverantwortung in: FS QUACK, S. 349, Fn. 15.

348 Siehe o. S. 79, Nichtigkeitsklage gegen Südmilch AG, LG Stuttgart v. 11.4.94 – 6 KfH O 169/93, DB 18/1994, S. 928.

dungen statt Erhöhung der außerordentlichen Erträge stellt ebenfalls keine Über- bzw. Unterbewertung dar, da GuV-Posten nicht von § 256 Abs. 5 AktG erfasst werden.[349] Im Beispielsfall erfolgte die „Warengutschrift" aber nur mit dem Ziel, den Ertrag der L-GmbH aus dem Verkauf des Grundstücks an die Muttergesellschaft S-AG zu übertragen. Ein Rechtsgrund ist nicht ersichtlich. Die S-AG musste folglich damit rechnen, dass eine Inanspruchnahme durch die L-GmbH in Höhe der vollen Verbindlichkeit erfolgt. Dem Vorsichtsprinzip entsprechend hätte damit die Verbindlichkeit nicht reduziert werden dürfen, sondern gem. § 253 Abs. 1 S. 2 HGB zur vollen Höhe aufwandswirksam erhöht werden müssen.[350] Alternativ hätte die Erfassung der „Gutschrift" bilanziell gänzlich unterbleiben können. Dies hätte zur Folge, dass der Jahresüberschuss um die Gutschrift von 32,5 Mio. € bereinigt worden wäre.

Der Passivposten „Verbindlichkeiten aus Lieferungen und Leistungen" war damit unter Verstoß gegen eine Bewertungsvorschrift zu niedrig ausgewiesen, so dass er gem. § 256 Abs. 5 S. 1 Nr. 1, S. 2 AktG überbewertet war. Dieser Verstoß tritt als Nichtigkeitsgrund neben den Gliederungsfehler. Dieses Ergebnis hätte sich auch entsprechend gezeigt, wenn ein gliederungstechnisch korrekter Ausweis erfolgt wäre: Die ertragswirksam zu erfassende Forderung hätte mangels Werthaltigkeit auf Null wertberichtigt werden müssen.[351] Der Ertrag von 32,5 Mio. € wäre auch bei dieser Behandlung neutralisiert worden. Durch die unterlassene Abschreibung wäre der Aktivposten „Forderungen gegen Unternehmen, mit denen ein Beteiligungsverhältnis besteht" gem. § 256 Abs. 5 AktG überbewertet gewesen.

Es wird deutlich, dass Gliederungsfehler zwar mit Bewertungsfehlern zusammentreffen können, es sich aber um selbständige Nichtigkeitsgründe handelt, die nicht per se zusammenfallen. Im vorliegenden Fall lag die Überbewertung in der mangelnden Rechtsgrundlage der Gewinnverlagerung begründet und hätte sich auch unter Einhaltung der Gliederungsvorschriften ergeben. Ein Problem der Konkurrenz der Absätze 4 und 5 des § 256 AktG gibt es folglich nicht.

Ferner wurde deutlich, dass Falschbewertungen dadurch gekennzeichnet sind, dass sie im Gegensatz zu reinen Gliederungsverstößen eine Auswirkung

---

349 S. dazu o., A.8.a., S. 80.

350 Die an die vorherige Behandlung der „Gutschrift" folgende Buchung müsste daher lauten: *Per sonstige betriebliche Aufwendungen an Verbindlichkeiten aus Lieferungen und Leistungen.*

351 Da die Gewinnverlagerung keine Rechtsgrundlage gehabt hat, hätte die L-GmbH jederzeit die Leistung verweigern können. Selbst wenn geleistet worden wäre, hätte die L-GmbH einen Rückforderungsanspruch aus § 812 Abs. 1 BGB gegen die S-AG. Die Forderung war daher nicht werthaltig, so dass sie durch folgende Buchung hätte abgeschrieben werden müssen: *Per sonstige betriebliche Aufwendungen an Forderungen gegen Unternehmen, mit denen ein Beteiligungsverhältnis besteht.*

auf das Jahresergebnis haben. Während Gliederungsverstöße lediglich die Klarheit und Übersichtlichkeit beeinträchtigen und damit nur mittelbar den Gläubigerschutz, verhindern Falschbewertungen eine korrekte Ausschüttungsbemessung und betreffen so den Gläubigerschutz unmittelbar.

(3) Größenklassen und freiwillige Abweichungen

Ausgangspunkt für die Beurteilung der Falschbewertung sind wie dargelegt die Posten i.S.d. Gliederungsschemas des § 266 HGB. Für mittelgroße und große AGs ist die Bilanz in die in § 266 Abs. 2 und 3 HGB enthaltenen, mit arabischen Zahlen nummerierten Posten aufzugliedern. Nach den Größenkriterien des § 267 HGB als kleine Kapitalgesellschaften einzustufende AGs brauchen hingegen die Bilanz nur in die in § 266 Abs. 2 und 3 HGB mit römischen Zahlen bezeichneten - weitaus umfassenderen - Posten aufzugliedern. Andererseits steht es auch den kleinen AGs frei, das tiefer gegliederte Schema zu verwenden, genauso wie eine noch weitergehende Untergliederung für alle Kapitalgesellschaften auf freiwilliger Basis zulässig ist, vgl. § 265 Abs. 5 HGB.[352]

Wie dargelegt, ist für die Nichtigkeit wegen Falschbewertungen deren Auswirkung auf Posten maßgeblich. Weitgehend ungeklärt ist dabei, inwieweit sich die unterschiedlichen Gliederungstiefen und freiwillige Abweichungen auf die Tatbestandsvoraussetzungen der Nichtigkeit auswirken. Führt für kleine AGs nur die Falschbewertung der zusammengefassten Posten zur Nichtigkeit oder auch die Falschbewertung eines in § 266 HGB mit arabischen Zahlen aufgeführten Postens, der lediglich in den aggregierten Posten enthalten ist? Bei genauer Betrachtung beschränkt sich dieses Problem allerdings lediglich darauf, inwieweit eine Kompensation von Über- und Unterbewertungen möglich ist. Wie dargelegt, ist eine Falschbewertung nur bezogen auf einzelne Vermögensgegenstände möglich. Ein falsch bewerteter Vermögensgegenstand führt dazu, dass sich diese Falschbewertung auf den Gesamtbetrag des Postens auswirkt. Ist folglich z.B. eine Beteiligung des Postens A.III.3. „Beteiligungen" (§ 266 Abs. 2 HGB) zu hoch bewertet, so ist bei einer Untergliederung für kleine AGs lediglich nach römischen Zahlen der Posten A.III. „Finanzanlagen" mit dem gleichen Betrag überbewertet. Findet sich allerdings ein zu niedrig bewertetes „Wertpapier des Anlagevermögens" im Posten A.III.5., so kompensiert diese Unterbe-

352 Allerdings hat diese Untergliederung Grenzen, da durch eine zu starke Aufspaltung die Klarheit und Übersichtlichkeit der Bilanz leiden kann. Da auch § 265 HGB zu den Gliederungsvorschriften i.S.d. § 256 Abs. 4 AktG gehört, führt eine solche die Klarheit und Übersichtlichkeit beeinträchtigende Untergliederung gem. § 256 Abs. 1 Nr. 1, Abs. 4 AktG zur Nichtigkeit. Vgl. zu Grenzen der freiwilligen Untergliederung ADS, Rechnungslegung, Tb. 5, 6. Aufl., § 265 Rn. 59 ff.

wertung zwar die Überbewertung innerhalb des Gesamtpostens A.III. „Finanzanlagen", nicht aber die Überbewertung des Postens „Beteiligungen", da Falschbewertungen verschiedener Posten nicht kompensierend wirken können. Im Beispiel läge folglich für mittelgroße und große AGs eine Überbewertung vor, für kleine AGs nicht.[353] Treffen allerdings Über- und Unterbewertung nicht zusammen, so ergibt sich kein Unterschied bezogen auf die Nichtigkeitsfolge, lediglich Größe und Bezeichnung des falsch bewerteten Postens differieren.[354]

Die Frage, ob für kleine AGs eine weitergehende Kompensationsmöglichkeit der Falschbewertungen zuzulassen ist, ist an dem Zweck des § 256 Abs. 5 AktG zu messen. Dieser schränkt die Nichtigkeitsfolge der Generalklausel ein und sanktioniert die Falschbewertung nur, wenn sie eine Auswirkung auf das Eigenkapital hat. Ergeben sich innerhalb der bei kleinen AGs aggregierten Posten Kompensationen, ist der pflichtgemäß anzugebende Posten korrekt ausgewiesen und auch das Eigenkapital nicht beeinträchtigt. Der Jahresabschluss gleicht damit einem solchen, der unter Einhaltung der Ansatz- und Bewertungsvorschriften erstellt wurde. Die Nichtigkeitsfolge kann daher ausbleiben. Dies entspricht auch dem Zweck des § 256 Abs. 5 AktG, die Nichtigkeitsfolge zu beschränken und entspricht auch dem Wortlaut, der auf „Posten" Bezug nimmt. Damit können nur die „Posten" des konkreten festgestellten Jahresabschlusses gemeint sein.[355] Wird gem. § 265 Abs. 7 Nr. 2 HGB auch bei großen und mittelgroßen Kapitalgesellschaften das verkürzte Bilanzschema verwendet, so kommt es doch auf die weiter untergliederten Posten an, die im Anhang anzugeben sind.[356] Dieser ist Bestandteil des Jahresabschlusses, und die Untergliederung erfolgt lediglich an anderer Stelle, wird aber nicht erlassen[357], so dass weiterhin auf diese Posten abzustellen ist.

Es kommt folglich auf den Ausweis in dem konkret festgestellten Jahresabschluss an. Wird entgegen § 266 HGB nicht hinreichend aufgegliedert, tritt Nichtigkeit bereits wegen des Verstoßes gegen Gliederungsvorschriften gem. § 256 Abs. 1 Nr. 1, Abs. 4 AktG sein. Wird freiwillig weiter untergliedert, sei es für kleine AGs nach dem Schema mit arabischen Zahlen, sei es für alle Kapitalgesellschaften weitergehend als § 266 HGB fordert, so hat die Beurteilung der

---

353 Wenn davon ausgegangen wird, dass die Falschbewertungen sich betragsmäßig aufheben.

354 Dies scheint KAISER zu verkennen, wenn er auf den Gläubigerschutz abstellt und deswegen einen Bezug auf aggregierte Bilanzposten ablehnt, vgl. KAISER, Berichtigung und Änderung, S. 210 f.

355 Anders KAISER, der dem Wortlaut das Gegenteil entnehmen will, KAISER, Berichtigung und Änderung, S. 210; dies scheint indes nicht überzeugend.

356 So auch ADS, Rechnungslegung, Tb. 4, 6. Aufl., § 256 Rn. 42.

357 Vgl. dazu WINKELJOHANN/BÜSSOW in: BeBiKo, 7. Aufl., § 265 Rn. 17.

Falschbewertung an den konkret gebildeten Posten zu erfolgen. Wenn die Bilanz freiwillig in weitere Posten untergliedert ist, kann es nicht zugelassen werden, dass sich Falschbewertungen dieser neu gebildeten Posten kompensieren, da sonst die Aussagefähigkeit der Untergliederung leer liefe. Für den Bilanzadressaten macht es keinen Unterschied, ob es sich um pflichtgemäß zu bildende oder freiwillig gebildete Posten handelt, er muss sich auf die Richtigkeit deren Höhe verlassen können.

Im Übrigen ist nochmals darauf hinzuweisen, dass sich ein Unterschied überhaupt nur ergibt, wenn eine Kompensation in Frage kommt. Dies dürfte praktisch selten sein, insbesondere da nur eine zufällig vollständige Kompensation dazu führt, dass keine Falschbewertung verbleibt.

Schließlich ist darauf hinzuweisen, dass die Gliederungserleichterung gem. § 266 Abs. 1 HGB für kleine AGs nur zum Tragen kommt, soweit nicht ein Aktionär gem. § 131 Abs. 1 S. 3 AktG die Vorlage einer nicht verkürzten Bilanz verlangt. Wird eine solche verlangt, bemisst sich die Nichtigkeit wiederum nach deren Posten. In der Praxis ist daher zu empfehlen, auch für kleine AGs das volle Gliederungsschema des § 266 HGB zu verwenden, zumal für dieses Auskunftsverlangen das Begehren eines einzelnen Aktionärs reicht und dieser keine Begründung für sein Verlangen geben muss.[358]

(4) Relevante Bewertungsvorschriften i.S.d. § 256 Abs. 5 AktG

Die teleologische Auslegung des § 256 Abs. 5 S. 1 AktG hat ergeben, dass dieser um „Ansatzvorschriften" zu ergänzen ist. Im Folgenden ist § 256 Abs. 5 S. 2 AktG, der die Über- und Unterbewertung legaldefiniert, auszulegen und zur Generalklausel weiter abzugrenzen. Wie oben dargelegt, ist § 256 Abs. 5 S. 2 AktG ohnehin missverständlich, als auf „Bewertung" von Posten abgestellt wird, was nicht den Regeln des HGB entspricht und dem Einzelbewertungsgrundsatz entgegensteht. Die Falschbewertung von Vermögensgegenständen wirkt sich jedoch auf die Bilanzposten unmittelbar aus.

Probleme ergeben sich in Abgrenzung zur Generalklausel bei Verstößen gegen gläubigerschützende Vorschriften, die nicht in der Definition des § 256 Abs. 5 S. 2 AktG enthalten sind. Die Legaldefinition nennt als relevante Bewertungsvorschriften explizit die §§ 253 bis 256 HGB. Auffällig ist, dass die §§ 252 und 256a HGB nicht aufgeführt werden, obwohl diese sich ebenso im Abschnitt „Bewertungsvorschriften" befinden.[359] Nach dem Wortlaut des § 256 Abs. 5 S. 2 AktG sind Verstöße gegen § 252 HGB oder § 256a HGB damit nicht von dieser

358 HÜFFER, AktG, 9. Aufl. , § 131 Rn. 20.

359 Drittes Buch, Erster Abschnitt, Zweiter Unterabschnitt, Dritter Titel, §§ 252 bis 256a HGB.

einschränkenden Interpretationsnorm erfasst. § 252 HGB enthält unter anderem tragende Grundsätze der Bewertung[360], es handelt sich größtenteils um kodifizierte GoB.[361] Auf die Bewertung beziehen sich die going-concern-Prämisse (§ 252 Abs. 1 Nr. 2), der Einzelbewertungsgrundsatz (Nr. 3), die Grundsätze Vorsichtsprinzip, Realisationsprinzip und Imparitätsprinzip (Nr. 4) sowie der Bewertungsstetigkeit (Nr. 6). Daneben ist das Prinzip der Bilanzidentität enthalten (Nr. 1), sowie das Prinzip der periodengerechten Gewinnermittlung (Nr. 5). § 256a HGB regelt die Umrechnung von Vermögensgegenständen oder Schulden in fremder Währung. All diese Prinzipien dienen zumindest überwiegend dem Gläubigerschutz, indem sie die Kapitalerhaltung sichern und die Klarheit des Jahresabschlusses gewährleisten. Damit fällt ein Verstoß bereits unter die Generalklausel des § 256 Abs. 1 Nr. 1 AktG.

Es ist daher zu untersuchen, ob die Auslegung des § 256 Abs. 5 AktG ergibt, dass auch Verstöße gegen § 252 oder § 256a HGB den Einschränkungen dieser Norm unterliegen müssen, oder ob ein Verstoß ohne Einschränkung unter die Generalklausel fallen kann. In der Literatur wird eine klare Abgrenzung nicht vorgenommen. Wenn die Frage überhaupt problematisiert wird, so wird überwiegend § 252 HGB als von den § 256 Abs. 5 AktG erfassten Bewertungsvorschriften angesehen, jedoch weitgehend ohne weitere Begründung bzw. Erläuterung.[362] Vielfach unterbleibt die Diskussion jedoch gänzlich. Es ist zu differenzieren, inwieweit die betreffenden Grundsätze eine Über- bzw. Unterbewertung bedingen können. § 252 Abs. 1 Nr. 2 bis 4 und Nr. 6 HGB betreffen unmittelbar die Bewertung. Die Währungsumrechnung gem. § 256a HGB betrifft mittelbar die Bewertung. § 252 Abs. 1 Nr. 5 HGB betrifft nicht die Bewertung, sondern den Ansatz in zeitlicher Dimension.[363] Der Grundsatz der Bilanzidentität des § 252 Abs. 1 Nr. 1 HGB betrifft nicht Fragen zu Bewertung oder Ansatz, sondern ist formeller allgemeiner Bilanzierungsgrundsatz.[364] Ein Verstoß gegen § 252 Abs. 1 Nr. 1 HGB fällt damit ohne Einschränkung unter die Generalklau-

360 BAUMBACH/HOPT, HGB, 34. Aufl., § 252 Rn. 5.

361 BAETGE/KIRSCH/THIELE, Bilanzen, 11. Aufl., S. 103.

362 WP-Handbuch 2006, Band I, 13. Aufl., U Rn. 221; ADS, Rechnungslegung, Tb. 4, 6. Aufl., § 256 Rn. 39; wohl auch SCHEDLBAUER, Bestandskraft, DB 1992 S. 2097 (2098); HÜFFER in: MüKo AktG, 2. Aufl., § 256 Rn. 57, der alle wesentlichen Bewertungsvorschriften und GoB erfassen will; WIMMER, Zivil- und strafrechtliche Folgen, DStR 49/97, S. 1931, der ohne Begründung die gesamten §§ 238 ff. HGB als von § 256 Abs. 5 AktG erfasst angibt.

363 BAUMBACH/HOPT, HGB, 34. Aufl., § 252 Rn. 23.

364 Vgl. KROPFF, Auswirkungen der Nichtigkeit, in: FS BUDDE, S. 341 (344) sowie SCHMIDT/LUTTER, AktG, § 256 Rn. 7.

sel des § 256 AktG.[365] Die Beschränkung des § 256 Abs. 5 AktG durch Möglichkeit der Kompensation innerhalb von Posten und die zusätzlichen Anforderungen an Unterbewertung sind zudem nicht für den Grundsatz der Bilanzidentität zugänglich.

Die Grundsätze, die Ansatz- und Bewertung betreffen, haben indes einen Bezug zu den Bewertungsvorschriften, die in § 256 Abs. 5 S. 2 AktG genannt sind. Da es sich um Grundsätze handelt, denen die spezielleren Regeln folgen, stellt sich die Frage, ob ein isolierter Verstoß gegen einen solchen Grundsatz möglich ist, ohne dass zugleich eine konkrete Bewertungsvorschrift verletzt ist. Dies soll für die einzelnen Grundsätze des § 252 HGB untersucht werden:

- **Going-concern-Prämisse, § 252 Abs. 1 Nr. 2 HGB**

  Nach der sog. going-concern-Prämisse ist bei der Bewertung von einer Fortführung des Unternehmens auszugehen, sofern dem nicht tatsächliche order rechtliche Gegebenheiten entgegenstehen. Als Regelfall wird daher die Fortführung vermutet, was bedeutet, dass nicht Zerschlagungswerte anzusetzen sind, also die im Fall einer Zerschlagung des Unternehmens als Einzelveräußerungswert für einzelne Vermögensgegenstände zu erzielenden Werte.[366] Ein Verstoß gegen diesen Grundsatz liege in der Bewertung zu Zerschlagungswerten trotz positiver Fortführungsprognose oder in einer going-concern-Bewertung trotz entgegenstehender negativer Fortführungsprognose. Die gesetzlichen Bewertungsvorschriften der §§ 253 bis 256 HGB gelten nur für den Regelfall der Unternehmensfortführung.[367] Werden diese also angewandt, obwohl sie nicht anwendbar sind, stellt dies gleichermaßen einen Verstoß gegen die §§ 253 bis 256 HGB dar, wie eine Bewertung zu Zerschlagungswerten trotz positiver Fortführungsprognose. Ein Verstoß gegen § 252 Abs. 1 Nr. 2 HGB ist damit nicht möglich, ohne dass nicht auch ein Verstoß gegen die §§ 253 bis 256 HGB vorliegt.

- **Einzelbewertungsgrundsatz, § 252 Abs. 1 Nr. 3 HGB**

  Der Einzelbewertungsgrundsatz ist in den Bewertungsvorschriften dahingehend enthalten, dass eine Ausnahme nur gem. § 256 HGB i.V.m. § 240 Abs. 3 und 4 HGB zulässig ist. In einem Verstoß gegen den Einzelbewertungs-

365 So auch SCHMIDT/LUTTER, AktG, § 256 Rn. 7 und KROPFF, Auswirkungen der Nichtigkeit, in: FS BUDDE, S. 341 (345).

366 Vgl. BAUMBACH/HOPT, HGB, 34. Aufl., § 252 Rn. 7 und WINKELJOHANN/BÜSSOW in: BeBiKo, 7. Aufl., § 252 Rn. 9f.

367 WINKELJOHANN/BÜSSOW in: BeBiKo, 7. Aufl., § 252 Rn. 17.

grundsatz ist damit gleichzeitig ein Verstoß gegen § 256 HGB zu sehen, der nur die genannten Abweichungen vom Einzelbewertungsgrundsatz zulässt. Im Umkehrschluss ist jede andere Abweichung unzulässig, so dass dann § 256 HGB verletzt ist.

- **Vorsichtsprinzip, Realisations- und Imparitätsprinzip, § 252 Abs. 1 Nr. 4 HGB**

Das Realisationsprinzip manifestiert sich in der konkreten Bewertungsvorschrift des § 253 Abs. 1 HGB, die eine Bewertung mit höchstens den Anschaffungskosten vorschreibt. Das Imparitätsprinzip als Ausfluss des Vorsichtsprinzips wird durch das in § 253 Abs. 3 bis 5 HGB enthaltene Niederstwertprinzip konkretisiert. Gem. § 253 Abs. 1 S. 2 HGB sind Verbindlichkeiten mit ihrem Erfüllungsbetrag und Rückstellungen grundsätzlich nach vernünftiger kaufmännischer Beurteilung anzusetzen. Für die Auslegung dieser Begriffe ist das Vorsichtsprinzip heranzuziehen.[368] Das Vorsichtsprinzip und die daraus abgeleiteten Prinzipien Realisation und Imparität sind damit in die konkreten Bewertungsvorschriften eingeflossen. Eine fehlerhafte Bewertung allein durch Verstoß gegen das Vorsichtsprinzip ist daher nicht möglich, sondern praktisch wird immer ein Verstoß gegen die Bewertungsvorschriften der §§ 253 bis 256 HGB vorliegen.

- **Grundsatz der Periodenabgrenzung, § 252 Abs. 1 Nr. 5 HGB**

Der Grundsatz der Periodenabgrenzung besagt, dass Aufwendungen und Erträge unabhängig vom Zahlungszeitpunkt im Jahresabschluss erfasst werden müssen. Es kommt damit nicht auf die liquiden Zahlungsströme an (Einzahlungen und Auszahlungen), sondern auf die wirtschaftliche Verursachung der Belastung (Aufwand) bzw. des positiven Erfolgsbeitrags (Ertrag).[369] Es handelt sich daher streng genommen nicht um eine Bewertungsvorschrift, sondern es wird das Prinzip geregelt, zu welchem Zeitpunkt ein Ansatz in der Bilanz und der GuV erfolgen muss.[370] Es ist mit dem Vorsichtsprinzip dahingehend verbunden, dass Aufwendungen im Zweifel früher zu erfassen sind, Erträge jedoch erst bei tatsächlicher Realisation. Das Prinzip wird erreicht durch Ansatz transitorischer Rechnungsabgrenzungsposten gem. § 250 HGB, durch transitorische Posten im weiteren Sinne (Aktivierung als Vermögensgegenstand und periodengerechte Verteilung des Aufwands durch Abschreibungen gem. § 253 HGB), sowie durch die antizipativen Posten der Forde-

---

368 Vgl. Kozikowski/Schubert in: BeBiKo, 7. Aufl., § 253 Rn. 155.

369 Baumbach/Hopt, HGB, 34. Aufl., § 252 Rn. 23; Winkeljohann/Büssow in: BeBiKo, 7. Aufl., § 252 Rn. 51f.

370 Vgl. ADS, Rechnungslegung, Tb. 1, 6. Aufl., § 252 Rn. 94.

rungen und Verbindlichkeiten (Erfolgswirksamkeit bereits vor dem Zahlungsvorgang) nach den allgemeinen Ansatzregeln der §§ 246 ff. HGB.[371] Auch ein Verstoß gegen das Prinzip der Periodenabgrenzung zeigt sich folglich in einem Verstoß zumindest gegen eine Ansatzvorschrift, die wie erläutert zu den relevanten Vorschriften des § 256 Abs. 5 HGB gezählt werden müssen.

- **Grundsatz der Bewertungsstetigkeit, § 252 Abs. 1 Nr. 6 HGB**

Gem. § 252 Abs. 1 Nr. 6 HGB sind die auf den vorhergehenden Jahresabschluss angewandten Bewertungsmethoden beizubehalten. Dieser Beibehaltungsgrundsatz kann sich nur auf solche Regeln beziehen, die zur Disposition stehen, wenn also die Wahl der Abweichung von einer bisherigen Bewertungsmethode existiert. Die betreffenden Bewertungsmethoden sind mithin solche, bei denen es Wahlrechte der Bewertung gibt. Dabei handelt es sich insbesondere um die unterschiedlichen Abschreibungsmethoden[372], in Herstellungskosten einbezogene Faktoren[373] oder angewandte Bewertungsvereinfachungsverfahren[374]. Teilweise besteht Uneinigkeit, inwieweit Abschreibungswahlrechte als „Bewertungsmethoden" zu klassifizieren sind. Ein solches Wahlrecht besteht für vorübergehende Wertminderungen von Finanzanlagen gem. § 253 Abs. 3 S. 4 HGB. Ist also mit der Abschreibung einer Finanzanlage bei nur vorübergehender Wertminderung diese „Methode" gewählt worden, so dass aufgrund der Bewertungsstetigkeit nunmehr alle Finanzanlagen auch bei nur vorübergehender Wertminderung abzuschreiben sind?[375] Nach hier vertretener Auffassung gilt dies grundsätzlich nicht. Nur wenn bei allen Finanzanlagen stets eine Abschreibung auch bei nur vorübergehender Wertminderung durchgeführt wurde, ist von einer methodischen Anwendung des Wahlrechts auszugehen.[376] Im Regelfall kann das Wahlrecht für jede Finanzanlage gesondert ausgeübt werden, zumal auch für jeden

---

371 Vgl. WINKELJOHANN/BÜSSOW in: BeBiKo, 7. Aufl., § 252 Rn. 51.

372 § 253 HGB schreibt nur „planmäßige Abschreibungen" vor, die nach verschiedenen Methoden durchgeführt werden können, neben linearer z.B. degressive Abschreibung oder Leistungsabschreibung, vgl. dazu BAETGE/KIRSCH/THIELE, Bilanzen, 11. Aufl., S. 254 ff.

373 § 255 Abs. 2 S. 3 HGB enthält Wahlrechte über die Einbeziehung oder Nichteinbeziehung von Gemeinkosten.

374 Diese sind gem. § 256 HGB unter bestimmten Voraussetzungen zulässig.

375 So wohl WINKELJOHANN/BÜSSOW in: BeBiKo, 7. Aufl., § 252 Rn. 56; a.M. SCHULZE-OSTERLOH in: BAUMBACH/HUECK, GmbHG, 18. Aufl., § 42 Rn. 331.

376 Ausführlich dazu und im Ergebnis gleich SELCHERT in: KÜTING/WEBER, Handbuch der ReLe, 4. Aufl., Band Ia, § 252 Rn. 114 f.

Vermögensgegenstand auf Grund des Einzelbewertungsgrundsatzes eine eigene Prognose der Dauer der Wertminderung angestellt werden muss. Für den jeweiligen Vermögensgegenstand ist diese Wahl beizubehalten; für die Folgejahre regelt § 253 Abs. 5 HGB ein Wertaufholungsgebot bei Wegfall der vorübergehenden Wertminderung.

Der Grundsatz der Bewertungsstetigkeit soll die Vergleichbarkeit der aufeinander folgenden Jahresabschlüsse gewährleisten.[377] Wird z.B. die zulässige Leistungsabschreibung für einen Vermögensgegenstand gewählt, darf nicht ohne Grund im Folgeabschluss auf die lineare Abschreibung gewechselt werden, da sonst die Vergleichbarkeit leidet und die Jahresabschlussleser ein verzerrtes Bild von der Vermögens- und Ertragslage erhalten können.[378] Die lineare Abschreibung ist für sich gem. § 253 Abs. 1 S.1 HGB ebenso zulässig, so dass der Wertansatz des Vermögensgegenstandes nicht gegen diese Bewertungsvorschrift verstößt. Es liegt in einem solchen Fall folglich ein isolierter Verstoß gegen den Grundsatz des § 252 Abs. 1 Nr. 6 HGB vor. Wie dargelegt fällt ein solcher Verstoß gegen grundlegende GoB unter die Generalklausel des § 256 Abs. 1 Nr. 1 AktG und würde damit ohne weitere Voraussetzungen zur Nichtigkeit des Jahresabschlusses führen. Da ein unmittelbarer Zusammenhang zu den Bewertungsvorschriften besteht und insbesondere nur eine abstrakte Abweichung von den Bewertungsregeln vorliegt, dergestalt, dass nur in diesem konkreten Fall die Bewertung fehlerhaft ist, scheint aber eine Einschränkung durch § 256 Abs. 5 AktG sachgerecht. Der Unterschied liegt in der Kompensationsmöglichkeit und den zusätzlichen Anforderungen im Fall einer Unterbewertung. Wenn aber eine gänzlich unterlassene außerplanmäßige Abschreibung kompensierbar ist, so muss eine beispielsweise zu geringe Abschreibung wegen Änderung der zulässigen Abschreibungsmethode erst recht kompensierbar sein, handelt es sich doch um einen weniger schweren Fehler. Die in diesem Fall geringere Abschreibung wäre für sich zulässig, sie ist es aber im konkreten Jahresabschluss nicht, weil sie gegen das Stetigkeitsverbot verstößt. Dem Normzweck des § 256 Abs. 5 AktG entsprechend, den Nichtigkeitsgrund auch einzuschränken, ist daher ein Verstoß gegen § 252 Abs. 1 Nr. 6 HGB auch unter die den § 256 Abs. 5 AktG betreffenden Vorschriften zu fassen. Gleiches gilt für das Gebot der Ansatzstetigkeit gem. § 246 Abs. 3 HGB.

---

377 BAETGE/KIRSCH/THIELE, Bilanzen, 11. Aufl., S. 117; BAUMBACH/HOPT, HGB, 34. Aufl., § 252 Rn. 24.

378 Zulässig ist eine Abweichung nur, wenn ein begründeter Ausnahmefall vorliegt, vgl. § 252 Abs. 2 HGB.

- **Währungsumrechnung, § 256a HGB**
  Gem. § 256a HGB sind Vermögensgegenstände oder Verbindlichkeiten zum Devisenkassamittelkurs am Abschlussstichtag umzurechnen. Bei Restlaufzeit bis zu einem Jahr werden gem. § 256a S. 2 HGB das Anschaffungskosten- und Imparitätsprinzip durchbrochen. § 256a HGB bezieht sich auf die Folgebewertung der Vermögensgegenstände und legt den anzuwendenden Umrechnungskurs fest.[379] Ergibt sich danach ein von den gem. § 253 HGB fortgeführten Anschaffungskosten abweichender Wert, ist eine Ab- bzw. Zuschreibung (Wertaufholung) vorzunehmen. Die Verpflichtung zur Folgebewertung beruht damit auf § 253 HGB. Für Restlaufzeiten unter einem Jahr ist eine Zuschreibung auf über den Anschaffungskosten liegende Werte zulässig; es werden dadurch unrealisierte Gewinne aus Kursschwankungen bereits erfolgswirksam ausgewiesen.[380] Ein Verstoß gegen § 256a HGB liegt in einer Bewertung zu falschen Kursen. Da die Ab- oder Zuschreibung jedoch auf § 253 HGB beruht, folgt mittelbar ein Verstoß gegen diese Bewertungsvorschrift. Ein Verstoß gegen § 256a HGB geht folglich stets mit einem Verstoß gegen § 253 HGB einher.

Es ist einerseits folglich festzustellen, dass ein isolierter Verstoß gegen die den Ansatz und die Bewertung betreffenden Grundsätze des § 252 HGB nur im Fall der Bewertungsstetigkeit möglich ist[381] und andererseits eine erweiternde Auslegung des § 256 Abs. 5 AktG auf weitere Vorschriften nur Sinn macht, wenn ein Verstoß tatsächlich die Falschbewertung von Posten bewirken kann. Die einschränkende Funktion des § 256 Abs. 5 AktG kann sonst keine Wirkung haben, da die in Betracht kommenden Vorschriften ohnehin von der Generalklausel erfasst sind. Ist eine Auswirkung auf die Bewertung aber gegeben, so ist es sachgerecht, an die Nichtigkeitsfolge die zusätzlichen Anforderungen des § 256 Abs. 5 AktG zu stellen.

---

379 Die Zugangsbewertung richtet sich nach den GoB und hat erfolgsneutral zum Geldkurs zu erfolgen, KOZIKOWSKI/LEISTNER in: BeBiKo, 7. Aufl., § 256a Rn. 34 f.; 61 f.

380 KESSLER/LEINEN/STRICKMANN, HB BilMoG, S. 416.

381 So wohl auch ADS, Rechnungslegung, Tb. 1, 6. Aufl., Vorbem. zu §§ 252-256, Rn. 31, die § 252 Abs. 1 Nr. 6 HGB als Beispiel für einen isolierten Verstoß anführen.

Zusammenfassend ist festzuhalten: Die teleologische Auslegung des § 256 Abs. 5 AktG hat ergeben, dass folgende Vorschriften entgegen dem Wortlaut direkt von § 256 Abs. 5 AktG erfasst sind:

- Ansatzvorschriften: §§ 246 bis 251 HGB
- Grundsatz der Bewertungsstetigkeit: § 252 Abs. 1 Nr. 6 HGB

e. Zusammenfassung und Abgrenzung zur Generalklausel

Die Grundsätze des § 252 Abs. 1 Nr. 2 bis 5 HGB und § 256a HGB sind nicht direkt unter § 256 Abs. 5 AktG zu fassen, da ein isolierter Verstoß nicht denkbar ist, ohne auch eine Regel der §§ 253 bis 256 HGB zu betreffen. Von der Generalklausel § 256 Abs. 1 Nr. 1 AktG werden Verstöße gegen diese Grundsätze demgemäß ebenso wenig erfasst. Der Grundsatz der Bilanzidentität, § 252 Abs. 1 Nr. 1 HGB, fällt dagegen unter die Generalklausel, da ein Verstoß eine Falschbewertung von Posten nicht bedingen kann.

Weitere überwiegend gläubigerschützende Vorschriften oder GoB über die zuvor genannten hinaus sind unter die Generalklausel zu fassen. Eine Erfassung von § 256 Abs. 5 AktG scheidet zum einen aus, weil als Verstoßfolge eine Falschbewertung kaum denkbar ist, zum anderen, weil gem. § 256 Abs. 5 S. 1 a. A. AktG dieser überhaupt nur für Verstöße gegen Bewertungsvorschriften und - wie die Auslegung ergeben hat - Ansatzvorschriften einschlägig ist.

Relevant für die Generalklausel bleiben demnach ungeschriebene GoB, die gem. §§ 243 Abs. 1, 264 Abs. 2 S. 1 HGB pflichtgemäß anzuwenden sind.[382] Als gläubigerschützend dürfte daneben § 244 HGB anzusehen sein, da ein in fremder Sprache oder Währung aufgestellter Jahresabschluss grundlegende Vorschriften verletzt.

§ 245 HGB kann nicht zu den von der Generalklausel erfassten Regeln gezählt werden, da für die Frage der Nichtigkeit wie dargelegt der Feststellungsakt Bezugspunkt ist, der unabhängig von der Unterzeichnung ist.[383] Die Unterzeichnung hat eine bloße Beweisfunktion.[384] Fehlt beim festgestellten Jahresabschluss die Unterzeichnung, macht dies allein die Feststellung nicht nichtig. Dies wäre auch unsinnig, da bereits der Feststellungsbeschluss dokumentiert ist, allein die fehlende Unterschrift unter dem Jahresabschluss folglich nicht den Feststel-

382 Vgl. MÜLLER, H.-P. in: FS BUDDE, Änderungen, S. 443 sowie ADS, Rechnungslegung, Tb. 4, 6. Aufl., § 256 Rn. 7; HÜFFER in: MüKo AktG, 2. Aufl., § 256 Rn. 15.

383 Vgl. WINKELJOHANN/SCHELLHORN in: BeBiKo, 7. Aufl., § 245 Rn. 3.

384 BAUMBACH/HOPT, HGB, 34. Aufl., § 245 Rn. 1. Nur mit der Unterschrift kann der Jahresabschluss eine Privaturkunde darstellen, vgl. § 416 ZPO.

lungsbeschluss beeinträchtigen kann.[385] Die gesetzlichen Vertreter werden ohnehin aus eigenem Interesse die Unterschrift vornehmen, da ein Verstoß gegen § 245 HGB gem. § 334 Abs. 1 Nr. 1 a) HGB als Ordnungswidrigkeit mit Bußgeld belegt werden kann.

9. Ergebnis

Die Nichtigkeitsgründe des abschließenden § 256 AktG wurden in Prüfungs-, Verfahrens- und Inhaltsfehler unterteilt. Für die Inhaltsfehler wurde insbesondere bezogen auf Gliederungs- und Bewertungsfehler eine Auslegung der Absätze 4 und 5 des § 256 AktG vorgenommen und diese zur Generalklausel - § 256 Abs. 1 Nr. 1 AktG - abgegrenzt. In Bezug auf Gliederungs-, Ansatz- oder Bewertungsvorschriften ergibt sich danach kein Anwendungsbereich für die Generalklausel allein, da die Absätze 4 und 5 des § 256 AktG direkt nach dem Wortlaut oder nach teleologischer Auslegung einschlägig sind. Für die Generalklausel verbleibt ein schmaler Anwendungsbereich bei Verstoß gegen allgemeine Bilanzierungsgrundsätze und die GoB.

Die nachfolgende Tabelle verdeutlicht die jeweils relevanten Vorschriften für Inhaltsfehler des Jahresabschlusses:

385 I.E. so auch WINKELJOHANN/SCHELLHORN in: BeBiKo, 7. Aufl., § 245 Rn. 6 und BAUMBACH/HOPT, HGB, 34. Aufl., § 245 Rn. 1, jeweils m.w.N. Ob die Unterzeichnung des aufgestellten Jahresabschluss vor Feststellung oder erst des festgestellten Jahresabschlusses erfolgen muss, ist umstritten, siehe dazu KÜTING/KAISER, Wertaufhellung, in: WPg 13/00, S. 577 (585 ff.).

Verletzte Vorschrift	Nichtigkeitstatbestand in § 256 AktG
Rücklagenbildungsregeln, z.B. § 272 Abs. 2 HGB, § 150 AktG (weitere relevante Vorschriften S. Seite 75)	Absatz 1 Nr. 4
Gliederungsvorschriften, insbesondere §§ 265 bis 268 HGB, § 243 Abs. 2 HGB (weitere relevante Vorschriften s. Seite 76)	Absatz 4[386]
§ 243 Abs. 2 HGB (soweit kein Gliederungsverstoß)	Absatz 1 Nr. 1
§ 244 HGB	Absatz 1 Nr. 1
§ 246 Abs. 1 HGB	Absatz 5
§ 246 Abs. 2 HGB	Absatz 4
§ 246 Abs. 3 HGB	Absatz 5
§§ 247 bis 251 HGB	Absatz 5
§ 252 Abs. 1 Nr. 1 HGB	Absatz 1 Nr. 1
§ 252 Abs. 1 Nr. 6 HGB	Absatz 5
§ 252 Abs. 1 Nr. 2 bis 5 HGB	./. (Verstoß isoliert nicht denkbar, führt zu Verstoß gegen §§ 253 bis 256 HGB)
§§ 253 bis 256 HGB	Absatz 5
§ 256a HGB	./. (Verstoß isoliert nicht denkbar, führt zu Verstoß gegen § 253 HGB)
§ 243 Abs. 1 HGB, Verstoß gegen nicht kodifizierte GoB	Absatz 1 Nr. 1

Tabelle 1: Bewertungsvorschriften und Nichtigkeitstatbestände

386 Hier und im Folgenden für Absatz 4 und 5: i.V.m. Absatz 1 Nr. 1 . Die Absätze 4 und 5 wirken nichtigkeitsbeschränkend, so dass die Nichtigkeitsfolge gem. § 256 Abs. 1 Nr. 1 i.V.m. Abs. 4 bzw. 5 AktG eintritt.

B. Spezifische Probleme im Rahmen der Tatbestandsvoraussetzungen

1. Mängel weiterer Berichtsinstrumente

a. Anhang, Lagebericht, Abhängigkeitsbericht

(1) Meinungsstand

Die Abgrenzung der Generalklausel von den einschränkenden Absätzen 4 und 5 des § 256 AktG hat gezeigt, dass für die Generalklausel nur ein schmaler Anwendungsbereich verbleibt. Der überwiegende Teil gläubigerschützender Vorschriften bezieht sich auf Gliederung, Ansatz oder Bewertung und wird daher von den Absätzen 4 und 5 des § 256 AktG erfasst.

Zu klären ist, inwieweit Mängel weiterer Berichtsinstrumente die Nichtigkeit des Jahresabschlusses bedingen können. Dies betrifft insbesondere Mängel des Anhangs oder Lageberichts. Von den Tatbestandsvarianten kommt hierfür nur die Generalklausel in Frage, da die übrigen Vorschriften weder auf Anhang noch auf Lagebericht oder Abhängigkeitsbericht Bezug nehmen.

Der Anhang ist gem. § 264 Abs. 1 S. 1 HGB Bestandteil des Jahresabschlusses und hat mit Bilanz und GuV eine Einheit zu bilden. Die Pflichtangaben der §§ 284 und 285 HGB sind insbesondere Erläuterungen zu den Posten von Bilanz und GuV sowie Erklärungen zu ausgeübten oder nicht ausgeübten Wahlrechten, § 284 Abs. 1 HGB. Durch den Anhang erfährt der Jahresabschlussadressat damit die nötigen Informationen zur Deutung des gesamten Jahresabschlusses. Daher ist es auch notwendig, dass der Anhang mit Bilanz und GuV eine Einheit zu bilden hat. Die Vorschriften über den Anhang, §§ 284 bis 288 HGB dienen damit dem Gläubigerschutz. Das Unterlassen von Pflichtangaben im Anhang oder das völlige Fehlen desselben stellt folglich einen Verstoß gegen gläubigerschützende Vorschriften dar. Ferner muss es sich um einen Inhaltsfehler des Jahresabschlusses handeln, damit gem. § 256 Abs. 1 Nr. 1 AktG die Nichtigkeitsfolge eintritt. Dies ist der Fall, da der Anhang explizit Bestandteil des Jahresabschlusses ist. Unterlassene oder falsche Angaben führen damit ebenso wie das Fehlen des Anhangs dazu, dass der Jahresabschluss inhaltlich fehlerhaft ist und daher wegen Verstoßes gegen gläubigerschützende Vorschriften nichtig gem. § 256 Abs. 1 Nr. 1 AktG. Dies entspricht auch der ganz allgemeinen Meinung.[387]

---

387 HÜFFER, AktG, 9. Aufl. , § 256 Rn. 8 und in: MüKo AktG, 2. Aufl., § 256 Rn. 8; IDW, WP-Handbuch 2006, Band I, 13. Aufl., U Rn. 184; HEIDEL, AktR, § 256 Rn. 6; SCHMIDT/LUTTER, AktG, § 256 Rn. 8; ADS, Rechnungslegung, Tb. 4, 6. Aufl., § 256

Wie erläutert ist nichtig nicht der Jahresabschluss bestehend aus Bilanz, GuV und (fehlerhaftem) Anhang, sondern dessen Feststellung als Rechtsgeschäft. Diese umfasst den Anhang als notwendigen Bestandteil des Jahresabschlusses. Das korporationsrechtliche Rechtsgeschäft, bestehend aus Beschluss des Vorstands über Vorlage des Jahresabschlusses (inklusive des Anhangs) an den Aufsichtsrat und dessen Billigungsbeschluss, umfasst daher denknotwendig den gesamten Jahresabschluss. Die Feststellung kann folglich nicht in mehrere Beschlussteile, etwa über Bilanz, GuV und Anhang aufgespalten werden, sondern ist zusammenhängend zu sehen.[388] Fehler im Anhang bzw. dessen Fehlen führen daher zur Nichtigkeit der Feststellung des gesamten Jahresabschlusses.[389]

Aus dieser Argumentation beantwortet sich prinzipiell auch die Frage, inwieweit Mängel des Lageberichts oder eines Abhängigkeitsberichts (§ 312 AktG) zur Nichtigkeit führen können. Der Lagebericht ist nicht Bestandteil des Jahresabschlusses, sondern eigenständiger Teil der Rechnungslegung, was sich bereits aus dem Gesetz ergibt, § 264 Abs. 1 S. 1 HGB, § 170 Abs. 1 S. 1 AktG. Dies gilt erst recht für den Abhängigkeitsbericht, der ohnehin nur unter den Voraussetzungen des § 312 AktG zu erstellen ist. Selbst bei inhaltlichen Fehlern des Lageberichts oder Abhängigkeitsberichts kann eine Nichtigkeit der Jahresabschlussfeststellung nach dem Wortlaut des § 256 Abs. 1 Nr. 1 AktG demgemäß nicht eintreten. Dieser bezieht sich nur auf den „festgestellten Jahresabschluss", der „durch seinen Inhalt" Gläubigerschutzvorschriften verletzen muss. Selbst wenn also § 289 HGB oder § 312 AktG als überwiegend gläubigerschützend angesehen werden, so gehören weder Lagebericht noch Abhängigkeit zum Inhalt des Jahresabschlusses, deren Mangelhaftigkeit kann folglich keine Inhaltsfehler des Jahresabschlusses bedingen. Nach grammatischer Auslegung des § 256 AktG kann damit bei Mängeln von Lage- oder Abhängigkeitsbericht keine Nichtigkeitsfolge für den Jahresabschluss eintreten. Dieser Auslegung folgend wird von einem Großteil des Schrifttums vertreten, dass weder ein fehlender bzw. mangelhafter Lagebericht noch ein fehlender bzw. mangelhafter Abhän-

---

Rn. 13; WINNEFELD, Bilanz-Handbuch, 4. Aufl., I Rn. 75. Ebenso der BGH für fehlenden Anhang, BGH v. 11.10.1999 – II ZR 120/98, BGHZ 142, S. 382 (384).

388 So auch der BGH, der klarstellt, dass die Einheit zwischen Bilanz, GuV und Anhang nicht nur formal, sondern auch inhaltlich gilt, BGH v. 15.11.1993 – II ZR 235/92, BGHZ 124, S. 111 (121); RÖLIKE in: SPINDLER/STILZ, AktG, § 256 Rn. 15.

389 Umgekehrt führt z.B. eine Überbewertung, die sich im Regelfall nur in Bilanz und GuV auswirkt, damit auch zur Nichtigkeit der Feststellung eines Anhangs, der an sich fehlerfrei ist. Dessen Nichtigkeit hat allerdings keine weitere Auswirkung, da bei Neuaufstellung eines Abschlusses ohne die zur Nichtigkeit führende Überbewertung derselbe Anhang verwendet werden kann.

gigkeitsbericht zur Nichtigkeit des Jahresabschlusses führen kann.[390] Diese Ansicht wurde auch durch die Rechtsprechung in einer Entscheidung des OLG Köln bestätigt.[391]

Die von TIMM vertretene Gegenauffassung legt § 256 Abs. 1 Nr. 1 AktG erweiternd dahingehend aus, dass zu den Bestandteilen des Jahresabschlusses auch der Lagebericht gehört, da er dessen Aussagekraft erhöht.[392] Das Fehlen bzw. ein Mangel führe daher zu einem Inhaltsfehler des Jahresabschlusses mit Nichtigkeitsfolge.[393] Aus der Verknüpfung von Abhängigkeits- und Lagebericht über die Aufnahme der Schlusserklärung des Abhängigkeitsberichts in den Lagebericht gem. § 312 Abs. 3 S. 3 AktG wird daraus aus einem Fehlen des Abhängigkeitsbericht ein Mangel des Lageberichts hergeleitet, der sodann zur Nichtigkeit des Jahresabschlusses führt.[394] Diese Konstruktion führt nach hier vertretener und überwiegender Meinung zu weit. So ist hier eine doppelte Brücke geschlagen worden. Es wird zwar anerkannt, dass der Abhängigkeitsbericht nicht Bestandteil des Jahresabschlusses ist, dieser soll aber infiziert werden durch das Fehlen der Schlusserklärung im Lagebericht. Dieser wird wiederum durch ergänzende Auslegung zum Bestandteil des Jahresabschlusses gemacht.

(2) Stellungnahme

Eine solche ergänzende Auslegung verbietet sich hier jedoch. Erstens spricht der absolut eindeutige Wortlaut der §§ 242 Abs. 3, 264 Abs. 1 S. 1 und 3 HGB dagegen, der Lagebericht und Jahresabschluss trennt. Zweitens wird verkannt, dass die Nichtigkeit wie erläutert einzig die rechtsgeschäftliche Grundlage der Feststellung betrifft. Diese bezieht sich aber nur auf den Jahresabschluss. Weder der Lagebericht noch der Abhängigkeitsbericht werden festgestellt.[395] Nach der obigen Argumentation muss folglich auch ein Feststellungsbeschluss konstruiert werden, der eine Feststellung des Lageberichts umfasst. Drittens ergibt sich weder eine Notwendigkeit zu einer über den Wortlaut hinausgehenden teleologischen oder logisch-systematischen Auslegung, noch führt eine solche zu dem hier abgelehnten Ergebnis.

---

390 HÜFFER, AktG, 9. Aufl. , § 256 Rn. 8 (für den Lagebericht) und ders. in: MüKo AktG, 2. Aufl., § 256 Rn. 8; IDW, WP-Handbuch 2006, Band I, 13. Aufl., U Rn. 184; HEIDEL, AktR, § 256 Rn. 6; SCHMIDT/LUTTER, AktG, § 256 Rn. 8; ADS, Rechnungslegung, Tb. 4, 6. Aufl., § 256 Rn. 13. Vgl. ELLROTT in: BeBiKo, 7. Aufl., § 289 Rn. 170; WINNEFELD, Bilanz-Handbuch, 4. Aufl., I Rn. 75.

391 OLG Köln v. 24.11.1992 – 22 U 72/92, ZIP 2/93, S. 110.

392 TIMM, ZIP 2/93, S. 114 (116 li.Sp.).

393 Vgl. TIMM, aaO; so auch schon ZÖLLNER, Kölner Komm. AktG, Bd. 2, § 256 Rn. 19.

394 Vgl. TIMM, aaO.

395 IDW, WP-Handbuch 2006, Band I, 13. Aufl., U Rn. 172.

Der Zweck des § 256 AktG ist wie dargelegt die Sanktion einer Verfehlung bestimmter Jahresabschlusszwecke. Maßgeblicher durch § 256 AktG betroffener Zweck ist der des Gläubigerschutzes, was schon aus der Generalklausel des § 256 AktG hervorgeht. Dieser wird insbesondere durch die Kapitalerhaltung erreicht, mit der die Ausschüttungsbemessungsfunktion eng verbunden ist.[396] Die Informationsfunktion des Einzelabschlusses trägt zwar auch zum Gläubigerschutz bei, der entscheidende Schutz für die Gläubiger wird aber durch die Kapitalerhaltung erreicht. Dadurch wird Haftungskapital in der Gesellschaft gebunden, um eine Befriedigung der Gläubiger sicherzustellen. Diese Abgrenzung führt zu der entscheidenden Frage, ob eine reine Beeinträchtigung der Informationsfunktion zu einer Nichtigkeit des jeweiligen Berichtsinstruments führen soll und muss. Fraglich ist darüber hinaus, welche Wirkungen eine solche Nichtigkeit jeweils hätte. So ist bei einer Verletzung seiner Informationsfunktion der Jahresabschluss zwar objektiv fehlerhaft. Ebenso sind es der Lagebericht oder Abhängigkeitsbericht, wenn diese fehlerhafte oder irreführende Angaben enthalten. Die Frage ist jedoch, welcher Sanktion derartige Mängel bedürfen. Zunächst wird durch die Abschlussprüfung, der auch Lagebericht und Abhängigkeitsbericht unterliegen, vgl. § 316 Abs. 1 HGB und § 313 AktG, die korrekte Berichterstattung sichergestellt. Ferner bezieht sich die Prüfung im Enforcement-Verfahren gem. § 342 b Abs. 2 S. 1 HGB zumindest auch auf den Lagebericht. Eine Sanktionierung kann daher über Folgen einer fehlerhaften Abschlussprüfung oder durch das Enforcement-Verfahren erreicht werden.

Die Nichtigkeit als Sanktion bezieht sich dagegen wie erläutert einzig auf die rechtsgeschäftliche Grundlage des Jahresabschlusses, nämlich dessen Feststellung. Die Feststellung als Rechtsgeschäft bewirkt als wesentliche Rechtsfolge die Verbindlichkeit des Jahresabschlusses für Gesellschaftsorgane und Inhaber von Gewinnansprüchen bzw. gewinnabhängiger Ansprüche.[397] Die Wirkung der Feststellung liegt damit in der Erfüllung der Ausschüttungsbemessungsfunktion durch verbindliche Festlegung des ausschüttbaren Gewinns. Inwieweit tatsächlich eine Vollausschüttung erfolgt, obliegt der Hauptversammlung, die gem. § 174 AktG über die Gewinnverwendung zu beschließen hat. Dabei ist sie aber gem. § 174 Abs. 1 S. 2 AktG an den im festgestellten Jahresabschluss ausgewiesenen Bilanzgewinn gebunden. Eine reine Verletzung der Informationsfunktion anderer Berichtsinstrumente bedarf daher nicht der Folge der Nichtigkeit der Feststellung des Jahresabschlusses, da diese die Ausschüttungsbemessungsfunktion des Jahresabschlusses gar nicht betreffen.

---

396 S. zu den Jahresabschlusszwecken o., Kap. II.A.3.a., S. 21.

397 S. dazu o. A.1.a.(2), S. 39.

Die Fälle, in denen der Jahresabschluss selbst seine Informationsfunktion nicht erfüllen kann, sind über die Generalklausel oder für wesentliche Gliederungsfehler über § 256 Abs. 4 AktG erfasst. Eine Nichtigkeit des Jahresabschlusses selbst kann sich bei fehlerhaftem Lage- oder Abhängigkeitsbericht nur mittelbar ergeben, so z.B. wenn konzernrechtliche Forderungen auf Nachteilsausgleich nicht aktiviert werden oder bestandsgefährdende Risiken nicht erkannt werden, die eine Abkehr von der going-concern-Prämisse bedingen würden.

In einer Entscheidung des BGH zur Nichtigkeit eines Jahresabschlusses aus dem Jahr 1993 hat dieser aber eine Verbindung von Jahresabschluss und Abhängigkeitsbericht in die andere Richtung gesehen.[398] Der Aufsichtsrat hatte in diesem Fall den Jahresabschluss einer AG und den zugehörigen Lagebericht sowie einen gem. § 312 AktG erstellten Abhängigkeitsbericht zu prüfen. Entgegen der Erklärung im Abhängigkeitsbericht hatte die Gesellschaft mit dem herrschenden Unternehmen Geschäfte getätigt, die nicht mit einer angemessenen Gegenleistung vergütet wurden, so dass der abhängigen Gesellschaft ein Nachteil entstanden ist. Dieser Nachteil führte zu einem Schadensersatzanspruch gegen die herrschende Gesellschaft gem. § 317 AktG. Ein solcher wurde jedoch im Jahresabschluss der Gesellschaft nicht aktiviert, so dass wegen unterlassener Aktivierung des Anspruchs vom BGH eine Unterbewertung gem. § 256 Abs. 1 Nr. 1 i.V.m. Abs. 5 S. 2 Nr. 2 AktG angenommen wurde. Auch die zusätzlichen subjektiven Voraussetzungen des § 256 Abs. 5 S. 1 Nr. 2 AktG sah der BGH als gegeben an, so dass er die Feststellung des Jahresabschlusses für nichtig erachtete.[399] Bestätigt wird hierdurch die Ansicht, dass Fehler des Abhängigkeitsberichts nicht selbst zur Nichtigkeit des Jahresabschlusses führen können, sondern diese nur durch Fehler bewirkt wird, die sich im Jahresabschluss selbst inhaltlich niederschlagen.[400] Weiter argumentierte der BGH, dass die Beschlussfassung über die Billigung und damit Feststellung des Jahresabschlusses die gem. § 314 Abs. 3 AktG notwendige Erklärung des Aufsichtsrats umfasst, ob gegen den Abhängigkeitsbericht nach dessen Prüfung Einwendungen erhoben werden oder nicht. Die Entscheidung, ob dies der Fall ist, erfolgt ohne Zweifel durch einen Aufsichtsratsbeschluss gem. § 108 AktG, so dass damit dem Abhängigkeitsbericht eine rechtsgeschäftliche Grundlage erwächst. Notwendig mit der Feststellung des

398 BGH v. 15.11.1993 – II ZR 235/92, BGHZ 124, S. 111.

399 BGH v. 15.11.1993 – II ZR 235/92, BGHZ 124, S. 111 (119ff.).

400 Dies gilt unabhängig von der Diskussion, inwieweit und ab welchem Zeitpunkt Schadensersatzansprüche aus § 317 AktG aktivierungspflichtig sind. Vgl. zu dieser Diskussion GREIFFENHAGEN in: FS LUDEWIG, Gefahrenlagen, S. 317 ff. m.w.N.

Jahresabschluss zusammenfallen muss dieser Beschluss jedoch nicht. Im Fall, den der BGH zu entscheiden hatte, war dieses jedoch gegeben. Er hielt die allgemeine Regelung über Teilnichtigkeit - § 139 BGB - für anwendbar. Danach ist bei Teilnichtigkeit das ganze Rechtsgeschäft nichtig, wenn nicht anzunehmen ist, dass der wirksame Teil auch allein vorgenommen worden wäre. Voraussetzung ist zunächst die Einheitlichkeit des Rechtsgeschäfts.[401] Für die Entscheidung über Einwendungen gegen den Abhängigkeitsbericht und Lagebericht und die Feststellung des Jahresabschlusses wird diese Einheitlichkeit in der Praxis häufig gegeben sein. Da die Erklärung über den Abhängigkeitsbericht gem. § 314 Abs. 2 S. 1 AktG im Jahresbericht des Aufsichtsrates an die Hauptversammlung gem. § 171 Abs. 2 AktG enthalten sein muss, der auch die Billigung und damit Feststellung des Jahresabschlusses enthält, wird praktisch häufig ein Beschluss des Aufsichtsrates über „Billigung" des vorgelegten Jahresabschlusses, Lageberichts und Abhängigkeitsberichts gefasst werden. Ist ein solcher einheitlicher Beschluss gefasst worden, ist mit dem BGH die Anwendung des § 139 BGB sachgerecht.[402] Ist damit wie vorliegend die Feststellung des Jahresabschlusses nichtig, so infiziert diese Nichtigkeit auch die Zustimmung zum Abhängigkeitsbericht, wenn nicht davon auszugehen ist, dass diese auch ohne den Jahresabschluss vorgenommen worden wäre. Diese Kausalitätsfrage ist zentral für die Rechtsfolge des § 139 BGB und muss für den Einzelfall entschieden werden. Der BGH sah im betreffenden Fall die Kausalität gegeben: Er ging davon aus, dass der Aufsichtsrat dem Abhängigkeitsbericht ohne den Jahresabschluss nicht die Zustimmung erteilt hätte.[403]

Gegen diese Argumentation bestehen einige Bedenken: SCHMIDT und LUTTER heben hervor, dass die Zustimmung ohne Einwendungen unabhängig vom Inhalt des Jahresabschlusses ist, so dass einem korrekten Abhängigkeitsbericht die Zustimmung nicht verweigert werden kann, selbst wenn sich in der Bilanz kein entsprechender Niederschlag findet.[404] Allerdings lag hier ein objektiv fehlerhafter Abhängigkeitsbericht vor. Grundsätzlich kann einem solchen auch ohne Einsicht in den Jahresabschluss die Zustimmung versagt werden. Deutlich wird, dass es auf den Einzelfall ankommt. Es ist zumindest mit dem BGH vertretbar, anzunehmen, dass ein Aufsichtsrat über die Zustimmung zum Abhängigkeitsbericht nicht allein, sondern nur zusammen mit dem Jahresabschluss beschließen wird. Eine allgemein gültige Regel kann aus dieser Entscheidung jedoch nicht abgeleitet werden.

---

401 ELLENBERGER in: PALANDT, BGB, 69. Aufl., § 139 Rn. 5.

402 Die Einordnung von Aufsichtsratsbeschlüssen als Rechtsgeschäfte wird dabei vorausgesetzt, vgl. dazu o. A.1.c.(1), S. 42.

403 BGH v. 15.11.1993 – II ZR 235/92, BGHZ 124, S. 111 (123).

404 SCHMIDT/LUTTER, AktG, § 256 Rn. 32.

Zuletzt stellt sich die Frage, ob durch Anwendung des § 139 BGB ein inhaltlich korrekter Jahresabschluss infiziert wird. Es geht um den zuvor genannten Fall, dass der Abhängigkeitsbericht fehlerhaft ist, sich der Fehler aber nicht im Jahresabschluss niederschlägt. Ein Nichtigkeitsgrund aus § 256 AktG für die Jahresabschlussfeststellung liegt damit nicht vor. Der Beschlussteil über den fehlerhaften Abhängigkeitsbericht könnte aber gem. § 139 BGB zur Nichtigkeit des Gesamtbeschlusses führen. Diese Folge tritt jedoch aus mehreren Gründen nicht ein: Erstens ist § 256 AktG wie dargelegt abschließend, was dagegen spricht, dass § 139 BGB überhaupt in diese Richtung anwendbar ist. § 256 AktG ist demgemäß als lex specialis zu § 139 BGB anzusehen.[405] Zweitens ist schon fraglich, woraus sich die Nichtigkeit des Beschlussteils über den Abhängigkeitsbericht ergeben soll. Die Regeln der §§ 241 ff. AktG sind auf Aufsichtsratsbeschlüsse nicht anwendbar.[406] Eine Nichtigkeit dieses Beschlussteils kann sich daher nur aus den allgemeinen Regeln des BGB, insbesondere §§ 134 und 138 BGB ergeben. Ein Verstoß gegen diese ist jedoch bei Fehlerhaftigkeit des Abhängigkeitsberichts nicht zu sehen. Drittens schließlich ist die gem. § 139 BGB erforderliche Kausalität gerade in diese Richtung nicht gegeben, denn über die Feststellung des Jahresabschlusses wird der Aufsichtsrat im Zweifel auch ohne den Abhängigkeitsbericht entscheiden.

(3) Ergebnis

Im Ergebnis ist festzuhalten, dass der Lagebericht kein Bestandteil des Jahresabschlusses ist, sondern reines Informationsinstrument, das neben dem Jahresabschluss steht. Fehler bzw. Mängel im Lagebericht wirken sich damit nicht auf die Wirksamkeit der Feststellung des Jahresabschlusses aus, wenn sich diese Fehler nicht durch Inhaltsfehler des Jahresabschlusses selbst niederschlagen. Mängel oder Fehlen des Abhängigkeitsberichts wirken sich demnach erst recht nicht unmittelbar auf die Jahresabschlussfeststellung aus. Wenn die Feststellung des Jahresabschlusses uno actu in einem Gesamtbeschluss mit der Zustimmung zum Abhängigkeitsbericht erfolgt, kann die Nichtigkeit der Jahresabschlussfeststellung gem. § 139 BGB den Gesamtbeschluss nichtig machen, wenn im Einzelfall die Kausalität gegeben ist. Andersherum kann die Jahresabschlussfeststellung als Beschlussteil jedoch nicht durch § 139 BGB nichtig werden.[407]

---

405 Ähnlich RÖLIKE in: SPINDLER/STILZ, AktG, § 256 Rn. 87.

406 Vgl. dazu oben A.1.c.(3), S. 49.

407 So i. E. auch RÖLIKE in: SPINDLER/STILZ, AktG, § 256 Rn. 87.

b. Kapitalflussrechnung und Eigenkapitalspiegel

Sind kapitalmarktorientierte Unternehmen i.S.d. § 264d HGB nicht zur Aufstellung eines Konzernabschlusses verpflichtet, waren sie vor Geltung des BilMoG nur zur Aufstellung eines Jahresabschlusses nebst Lagebericht verpflichtet; wie alle Kapitalgesellschaften. Die zusätzlichen Berichtsinstrumente Kapitalflussrechnung und Eigenkapitalspiegel waren ausschließlich als Bestandteile eines Konzernabschlusses gem. § 297 Abs. 1 HGB zu erstellen. Um für solche kapitalmarktorientierten Unternehmen, die nicht in einen Konzernverbund eingebunden sind, diese Informationsinstrumente verpflichtend zu machen, wurde die Lücke durch Einführung des § 264 Abs. 2 S. 2 HGB n.F. geschlossen. Sind Kapitalflussrechnung und Eigenkapitalspiegel nach dieser Vorschrift zu erstellen, sind sie Bestandteile des Jahresabschlusses und haben wie der Anhang mit diesem eine Einheit zu bilden. Die Feststellung umfasst damit zwingend auch diese Bestandteile. Unstreitig ist, dass diese Informationsinstrumente zumindest auch dem Gläubigerschutz dienen. Bei Fehlerhaftigkeit dieser Jahresabschlussbestandteile verstößt der Jahresabschluss damit inhaltlich gegen Gläubigerschutzvorschriften, so dass der Tatbestand des § 256 Abs. 1 Nr. 1 AktG erfüllt ist. Inhaltliche Mängel oder Fehlen von Kapitalflussrechnung oder Eigenkapitalspiegel führen damit zur Nichtigkeit der Jahresabschlussfeststellung.

c. Konzernabschluss

(1) Analoge Anwendung des § 256 AktG auf Konzernabschlüsse? - Meinungsstand

Ähnlich wie für den Fall des Lage- und Abhängigkeitsbericht wird insbesondere für den Konzernabschluss zunehmend die Frage diskutiert, ob dieser „nichtig“ sein kann. Nach der überwiegenden Meinung der Literatur und Rechtsprechung ist dies nicht der Fall. § 256 AktG bezieht sich auf den „festgestellten Jahresabschluss“ und nicht auf den Konzernabschluss.[408] Der Konzernabschluss wird auch nicht festgestellt. Rechtsgeschäftliche Grundlage für den Konzernabschluss ist einzig die „Billigung“, die der Aufsichtsrat gem. § 171 Abs. 2 S. 4 und 5 AktG beschließt. Diese ist aber nicht mit einer Feststellung gleichzusetzen. Die überwiegende Meinung lehnt daher sowohl eine unmittelbare als auch eine analoge Anwendung des § 256 AktG auf Konzernabschlüsse ab.[409]

---

408 „Ein festgestellter Jahresabschluss ist […] nichtig, wenn…“, § 256 Abs. 1 a.A. AktG.

409 HÜFFER, AktG, 9. Aufl., § 256 Rn. 3, § 171 Rn. 2 und ders. in: MüKo AktG, 2. Aufl., § 256 Rn. 9 f.; IDW, WP-Handbuch 2006, Band I, 13. Aufl., U Rn. 176; IDW RS HFA 6, 5.1 Rn. 37; ADS, Rechnungslegung, Tb. 4, 6. Aufl., § 256 Rn. 1; vgl. SCHMIDT/LUTTER, AktG, § 256 Rn. 3 a.A. m.w.N.; MÜLLER, W., Prüfverfahren und

Bedenken dagegen äußert HENNRICHS, nach dessen Auffassung der Konzernabschluss als zentrales Informationsinstrument auf dem Kapitalmarkt eine gleiche Behandlung wie der Einzelabschluss verlange.[410] Insbesondere gewähre § 256 AktG dem Einzelabschluss einen Bestandsschutz bei Fehlerfreiheit. Eines solchen Schutzes bedürfe auch der Konzernabschluss.[411] Schließlich entspreche der Akt der „Billigung" gem. §§ 171 Abs. 2 S. 4 u. 5, 173 Abs. 1 S. 2 AktG weitgehend der Feststellung des Jahresabschlusses und bei der GmbH werde der Konzernabschluss gem. § 42a Abs. 4 GmbHG sogar festgestellt. Daher sei es schwerlich einleuchtend, dass das Kontrollsystem ausgerechnet bei der AG schwächer ausgestaltet sein solle als bei der GmbH.[412] Diese Auffassung vertritt HENNRICHS jedoch nicht ohne darauf hinzuweisen, dass die Gesetzeslage eindeutig ist und sich eine analoge Anwendung des § 256 AktG mangels einer planwidrigen Regelungslücke verbietet.[413] Er sieht jedoch Bedarf für eine gesetzliche Regelung.

Unter Verweis auf HENNRICHS wird nunmehr dennoch teilweise vertreten, § 256 AktG analog auf Konzernabschlüsse anzuwenden.[414] Der Unterschied zwischen Billigung des Konzernabschlusses und Billigung des Jahresabschlusses sei nicht derart gewichtig, dass eine analoge Anwendung ausgeschlossen sei.[415] Vielmehr müsse es möglich sein, durch aktienrechtliche Nichtigkeitsklage die Nichtigkeit entsprechend § 256 AktG feststellen zu lassen, um den Vorstand zu einer Änderung zu zwingen.[416]

(2) Stellungnahme

Dieser Auffassung ist nicht zuzustimmen. Zunächst ist mit der herrschenden Meinung der Wortlaut des § 256 AktG heranzuziehen. Dieser lässt eine Anwen-

---

Nichtigkeit, ZHR 168 (2004), S. 414 (426); RÖLIKE in: SPINDLER/STILZ, AktG, § 256 Rn. 4. Aus der Rechtsprechung: OLG Köln v. 17.2.1998 – 22 U 163/97, ZIP 98, S. 994; LG Frankfurt a.M. v. 31.05.2005 – 3-5 O 338/04, AG 17/05, S. 665, dies in zweiter Instanz bestätigend OLG Frankfurt a.M. v. 21.11.2006 – 5 U 115/05, ZIP 07, S. 72. Die Nichtzulassungsbeschwerde zur Revision gegen das Urteil des OLG Frankfurt wurde mit Beschluss des BGH v. 14.1.08 zurückgewiesen, II ZR 282/06.

410 HENNRICHS, Fehlerhafte Bilanzen, ZHR 168 (2004), S. 382 (397).

411 ders. aaO. S. 395 f.

412 ders. aaO. S. 398.

413 ders. aaO. S. 397.

414 HEIDEL, AktR, § 256 Rn. 7; SCHMIDT/LUTTER, AktG, § 256 Rn. 3 a.E. S. auch KROPFF in: MüKo AktG, 2. Aufl., § 172 Rn. 86 f., der jedoch die praktische Notwendigkeit skeptisch sieht; ebenso BUSSE VON COLBE, TransPuG, BB 31/02, S. 1583 (1586).

415 HEIDEL, AktR, § 256 Rn. 7; SCHMIDT/LUTTER, AktG, § 256 Rn. 3 a.E.

416 SCHMIDT/LUTTER, AktG, § 256 Rn. 3 a.E.

dung auf den Konzernabschluss nicht zu. Ferner ist auch das Vorliegen einer planwidrigen Regelungslücke zu verneinen. So existiert zwar seit Einführung durch das TransPuG 2002[417] die Pflicht zur rechtsgeschäftlichen „Billigung" des Konzernabschlusses in § 171 Abs. 2 S. 5 AktG. Diese stellte aber keine maßgebliche Änderung der vorherigen Rechtslage dar. Zuvor war eine Vorlagepflicht des Konzernabschlusses an Aufsichtsrat und Hauptversammlung in § 337 a.F. AktG enthalten. Diese ist nunmehr lediglich auf die §§ 131 Abs. 1 S. 4, 170 Abs. 1 S. 2, 175 AktG verteilt worden.[418] Die darüber hinaus erforderliche Billigung hätte der Gesetzgeber Feststellung genannt, wenn er dies gewollt hätte.[419] Eine Feststellung des Konzernabschlusses erfolgt aber gerade nicht. Der entscheidende Unterschied liegt darin, dass an den Konzernabschluss keine weiteren Rechtsfolgen geknüpft werden wie an den Jahresabschluss. Der Konzernabschluss bemisst weder die Gewinnausschüttung noch ist er Anknüpfungspunkt für gewinnabhängige Ansprüche oder steuerliche Bemessungsgrundlagen.[420] Genau dieser Unterschied begründet den Unterschied von bloßer Billigung und Feststellung. Unter Feststellung ist auch die Feststellung des ausschüttungsfähigen Gewinns zu verstehen.[421] Der Konzernabschluss ist hingegen ausschließlich Informationsinstrument.[422]

Wegen dieser Rechtsfolgen besteht auch ein weiterer gewichtiger Unterschied: Dem Konzernabschluss kann von Aufsichtsrat bzw. Hauptversammlung lediglich die Billigung versagt werden. Die Feststellung des Jahresabschlusses umfasst aber dessen Änderungsmöglichkeit. So kann bei Feststellung durch die Verwaltung der Aufsichtsrat die Billigung verweigern, was zur Feststellung durch die Hauptversammlung führt.[423] Diese kann gem. § 173 Abs. 2 und 3 AktG Änderungen vornehmen, wobei sie freilich an die für die Aufstellung geltenden Vorschriften gebunden ist, § 173 Abs. 2 S. 1 AktG.[424] § 173 Abs. 2 und 3

417 Transparenz- und Publizitätsgesetz v. 19.7.2002, BGBl. I S. 2681.

418 HÜFFER, AktG, 9. Aufl. , § 337 Rn. 1.

419 Vgl. MÜLLER, W., Prüfverfahren und Nichtigkeit, ZHR 168 (2004), S. 414 (426) und IDW, WP-Handbuch 2006, Band I, 13. Aufl., U Rn. 176 mit Verweis auf die Regierungsbegründung.

420 Vgl. dazu Kap. 1; HÜFFER, AktG, 9. Aufl., § 171 Rn. 14a; IDW, WP-Handbuch 2006, Band I, 13. Aufl., U Rn. 176; BAUMBACH/HOPT, HGB, 34. Aufl., § 297 Rn. 2.; OLG Frankfurt a.M. v. 21.11.2006 – 5 U 115/05, ZIP 07, S. 72.

421 HÜFFER, AktG, 9. Aufl., § 172 Rn. 2; HAAS in: BAUMBACH/HUECK, GmbHG, 19. Aufl., § 42a Rn. 14.

422 S. dazu Kap. I u. FÖRSCHLE/KRONER in: BeBiKo, 7. Aufl., § 297 Rn. 1.

423 Vgl. oben A.1.b.(2), S. 39 und ADS, Rechnungslegung, Tb. 4, 6. Aufl., § 172 Rn. 4.

424 HÜFFER, AktG, 9. Aufl. , § 173 Rn. 4.

AktG gelten jedoch für den Konzernabschluss nicht.[425] Es bleibt damit bei einer Verweigerung der Billigung. Der Vorstand muss in eigener Verantwortung über die Änderung entscheiden, was zu seinem Pflichtenrahmen gem. § 290 Abs. 1 S. 1 HGB i.V.m. § 93 AktG gehört.[426] Aufgrund der unterschiedlichen Qualität von Billigung und Feststellung, die direkt aus dem Gesetz hervorgeht, kann nicht von einer planwidrigen Regelungslücke ausgegangen werden, so dass eine analoge Anwendung des § 256 AktG auf Konzernabschlüsse ausscheidet.[427]

Auch das von HENNRICHS geäußerte Argument, der Konzernabschluss einer GmbH werde gem. § 42a Abs. 4 GmbHG „festgestellt", kann nicht überzeugen. Nach § 42a Abs. 4 S. 1 GmbHG sind bei Verpflichtung zur Konzernrechnungslegung die „Absätze 1 bis 3 entsprechend anzuwenden". Diese regeln die Vorlagepflichten an die Gesellschafter und die Fristen zur Feststellung und Beschluss über die Ergebnisverwendung. Aus dieser „entsprechenden Anwendung" ist indes nicht abzuleiten, dass der Konzernabschluss festgestellt wird wie ein Einzelabschluss. Es muss schließlich auch nicht über die Verwendung des Ergebnisses des Konzernabschlusses entschieden werden. Die entsprechende Anwendung liegt folglich gerade in einer „Billigung" des Konzernabschlusses.[428] § 42a Abs. 4 S. 1 GmbHG wurde durch das TransPuG angefügt. Die Formulierung ist damit lediglich der Einfachheit halber gewählt worden, um nicht eine eigene Regelung für Konzernabschlüsse anfügen zu müssen. Dies wird hinreichend deutlich durch den später eingeführten § 46 Nr. 1b GmbHG, der die „Billigung" des Konzernabschlusses der Gesellschafterversammlung zuweist. Der Gesetzgeber sieht folglich auch bei der GmbH eine Billigung, nicht eine Feststellung des Konzernabschlusses vor.[429]

Weiter ist festzustellen, dass eine analoge Anwendung des § 256 AktG auf Konzernabschlüsse Problemen gegenüberstünde, die bislang scheinbar nicht erkannt wurden. So wäre völlig ungeklärt und mit geltender Gesetzeslage schlicht unlösbar die Frage der Nichtigkeit von Konzernabschlüssen, die gem. § 315a HGB nach den IFRS aufgestellt sind. Ein Verstoß gegen Gläubigerschutzvorschriften

---

425 HÜFFER, AktG, 9. Aufl. , § 171 Rn. 14a, § 173 Rn. 2a; OLG Frankfurt a.M. v. 21.11.2006 – 5 U 115/05, ZIP 07, S. 72.

426 Ferner wird die Nichtbilligung dadurch veröffentlicht, dass der Bericht des AR gem. § 325 Abs. 3 i.V.m. Abs. 1 S. 3 HGB mit dem Konzernabschluss zu publizieren ist.

427 So i.E. auch HENNRICHS, Fehlerhafte Bilanzen, ZHR 168 (2004), S. 382 (397).

428 HAAS in: BAUMBACH/HUECK, GmbHG, 19. Aufl., § 42a Rn. 47; FÖRSCHLE/KRONER in: BeBiKo, 7. Aufl., § 297 Rn. 1 a.E.

429 § 46 Nr. 1b GmbHG wurde durch das BilReG v. 4.12.04 eingefügt, so dass spätestens seitdem das von HENNRICHS geäußerte Argument der „Feststellung" des Konzernabschlusses hinfällig ist.

ist von vornherein nicht zu erkennen, verfolgen die IFRS doch gar nicht den Zweck des Gläubigerschutzes.[430] Ferner wäre auch die Frage einer Über- oder Unterbewertung schwerlich mit § 256 Abs. 5 AktG zu klären.

Auch durch teleologische oder logisch-systematische Auslegung lässt sich keine Anwendung des § 256 AktG auf Konzernabschlüsse herleiten. Wie für den Abhängigkeitsbericht und Lagebericht gilt, dass der Konzernabschluss ausschließlich Informationsinstrument ist. Die Nichtigkeit bezieht sich auf das zu Grunde liegende Rechtsgeschäft, das hier im Billigungsbeschluss des Aufsichtsrats oder im Billigungsbeschluss der Hauptversammlung liegt. Anders als für die Feststellung des Jahresabschlusses ergeben sich aus der Billigung des Konzernabschlusses keine unmittelbaren Rechtsfolgen. Die Wirkung eines fehlerhaften Konzernabschlusses liegt lediglich in der falschen Information.[431] Die Information ist aber kein Rechtsgeschäft, das einer Nichtigkeitsfolge bedürfte. Nichtigkeitsobjekt kann nur die Billigung als Rechtsgeschäft sein, jedoch hat deren Nichtigkeit auf die Information keinen Einfluss; anders als die Nichtigkeit der Feststellung, die den Rechtsgrund für darauf basierende Gewinnausschüttungen entfallen lässt. Die Sanktion einer Falschinformation kann vielmehr in einer Schadensersatzverpflichtung des den Konzernabschluss aufstellenden Vorstands liegen, bzw. in der Verweigerung der Entlastung durch die Hauptversammlung. Schließlich wird die Richtigkeit des Konzernabschlusses durch die Konzernabschlussprüfung gem. § 316 Abs. 2 HGB gefördert, die ihrerseits bei Fehlerhaftigkeit Haftungsfolgen auslösen kann, sowie durch das Enforcement-Verfahren, das gem. § 342b Abs. 2 HGB auch die Prüfung von Konzernabschlüssen börsennotierter Gesellschaften umfasst.

(3) Nichtigkeit nach geltendem Recht

Wie erläutert ist eine § 256 AktG entsprechende Nichtigkeitsfolge für Konzernabschlüsse nicht notwendig. Bei genauer Betrachtung des Beschlussmängelgefüges ergeben sich jedoch selbst bei der geltenden Gesetzeslage Nichtigkeitsfolgen für die Billigungsbeschlüsse. Wie dargelegt ist § 256 AktG für die Feststellung des Jahresabschlusses durch Vorstand und Aufsichtsrat ein Sonderfall. Nur für diesen Fall ist im AktG die Nichtigkeitsfolge für einen Beschluss der Verwaltung geregelt.[432] Für die Feststellung durch die Hauptversammlung stellt § 256 AktG mit § 257 AktG eine vorrangige Spezialregel der Anfechtbarkeit bzw. Nichtigkeit gegenüber den §§ 241 und 243 AktG dar.

430 BAETGE/KIRSCH/THIELE, Bilanzen, 11. Aufl., S. 142 f.

431 So auch MÜLLER, W., Prüfverfahren und Nichtigkeit, ZHR 168 (2004), S. 414 (426).

432 S. o. A.1.c.(3), S. 47.

Der Billigung des Konzernabschlusses liegt ein Beschluss zu Grunde. Dieser Beschluss folgt den Regeln des Aktienrechts. Im Normalfall erfolgt die Billigung durch den Aufsichtsrat gem. § 171 Abs. 2 S. 4 und 5 AktG. Dessen Beschlüsse sind mit der hier vertretenen Auffassung nicht nach aktienrechtlichen Regeln anfechtbar oder nichtig, sondern vielmehr nach allgemeinen zivilrechtlichen Regeln.[433] Damit ist ein Beschluss des Aufsichtsrats bzw. Vorstands entweder wirksam und dann auch nicht anfechtbar oder anfänglich nichtig.[434] Ein Aufsichtsratsbeschluss kann demnach bei wesentlichen Verfahrensfehlern oder bei inhaltlichen Verstößen gegen Gesetz oder Satzung gem. § 134 BGB nichtig sein.[435] Dies gilt auch für den Billigungsbeschluss. Wird ein fehlerhafter Konzernabschluss gebilligt, der beispielsweise nicht bestehende Forderungen ausweist bzw. eine fälschliche Konsolidierung der Einzelabschlüsse wiedergibt, stellt sich die Frage, inwieweit ein wesentlicher inhaltlicher Fehler des Beschlusses vorliegt. Da sich der Inhalt des Beschlusses jedoch auf den Inhalt des gebilligten Konzernabschlusses bezieht, kann ein Verstoß gegen die gesetzlichen Bestimmungen der Konzernrechnungslegung, §§ 290 bis 315a HGB vorliegen. Ob Nichtigkeit vorliegt, ist im Einzelfall nach der Schwere des Fehlers zu entscheiden. Eine derartige Nichtigkeit wirkt kraft Gesetzes. Da diese nicht auf aktienrechtlichen Regeln beruht, kann für eine Geltendmachung auch nicht die Nichtigkeitsklage analog § 249 AktG in Frage kommen. Vielmehr ist eine allgemeine Feststellungsklage gem. § 256 Abs. 1 ZPO die richtige Klageart. Voraussetzungen sind das Vorliegen eines Rechtsverhältnisses sowie ein Feststellungsinteresse im Einzelfall.[436] Unzweifelhaft ist dies für Aufsichtsratsmitglieder aufgrund ihrer Organstellung gegeben.[437] Auf die Einzelheiten dieser Rechtsschutzmöglichkeit wird später eingegangen.[438]

Für den Fall der versagten Billigung durch den Aufsichtsrat entscheidet gem. § 173 Abs. 1 S. 2 AktG die Hauptversammlung über die Billigung des

---

433 S. dazu o. S. 49, Fn. 144.

434 Da die Anfechtungsregeln des BGB nur für Willenserklärungen gelten, s.o. A.1.c.(2), S. 44 und BGH v. 10.10.2005 – II ZR 90/03, Rn. 15, BGHZ 164, S. 249.

435 HÜFFER, AktG, 9. Aufl. , § 243 Rn. 2, § 108 Rn. 18; OLG Frankfurt a.M. v. 21.11.2006 – 5 U 115/05, ZIP 07, S. 72.

436 Zu den weiteren Voraussetzungen der Geltendmachung und Einzelheiten der Feststellungsklage siehe unten, Kap. IV.B.2., S. 218 ff.

437 HÜFFER, AktG, 9. Aufl., § 108 Rn. 18 und OLG Frankfurt a.M. v. 21.11.2006 – 5 U 115/05, ZIP 07, S. 72 sowie HENNRICHS, Fehlerhafte Bilanzen, ZHR 168 (2004), S. 382 (398) Fn. 70, der diese Möglichkeit ebenso sieht. Inwieweit auch Aktionäre bzw. Dritte ein Feststellungsinteresse haben können, soll nachfolgend geklärt werden, siehe unten, Kapitel IV. Problematisch für Aktionäre, aber möglich, BGH v. 14.1.08, II ZR 282/06, AG 08, S. 325 u. BGH v. 10.10.2005 – II ZR 90/03, BGHZ 164, S. 249.

438 S. dazu unten, Kap. IV.B.6., S. 260 ff.

Konzernabschlusses. Für diese Beschlüsse gelten die Regeln der §§ 241 ff. AktG, wenn nicht §§ 256, 257 AktG vorrangig sind. Wie erläutert können für den Konzernabschluss letztere Regeln nicht gelten. Der Beschluss der Hauptversammlung über die Billigung bzw. Nichtbilligung des Konzernabschlusses muss damit den §§ 241 ff. AktG unterliegen.[439] Anders als der Billigungsbeschluss des Aufsichtsrats ist der Hauptversammlungsbeschluss daher entweder rechtmäßig, wirksam aber anfechtbar gem. § 243 AktG oder aber anfänglich nichtig gem. § 241 AktG. Ein Inhaltsfehler des Beschlusses, der den Inhalt des Konzernabschlusses betrifft, kann bei fehlerhaftem Konzernabschluss wie erläutert nicht in einem Verstoß gegen Gläubigerschutzvorschriften liegen. Es kommt aber Nichtigkeit wegen Verstoßes gegen sonst im öffentlichen Interesse gegebener Vorschriften gem. § 241 Nr. 3 Alt. 3 AktG in Betracht. Insbesondere die bei Verstoß als Ordnungswidrigkeit geahndeten Vorschriften zur Konzernrechnungslegung, die in § 334 Abs. 1 Nr. 2 HGB genannt sind, können als im öffentlichen Interesse gegeben angesehen werden. Genau dieses soll die Belegung mit Bußgeld wahren.

Sowohl der Aufsichtsratsbeschluss über die Billigung des Konzernabschlusses als auch der entsprechende Hauptversammlungsbeschluss können bereits nach derzeitiger Rechtslage nichtig sein. Lediglich die Möglichkeiten der Geltendmachung unterscheiden sich. Weder für eine analoge Anwendung noch für eine unmittelbare Anwendung des § 256 AktG auf Konzernabschlüsse bleibt damit Raum oder Notwendigkeit.

(4) Ergebnis

Ist ein Konzernabschluss fehlerhaft, z.B. durch Ausweis nicht bestehender Forderungen, so bedarf es keiner Nichtigkeitsfolge wie beim Einzelabschluss. Die Fehlinformation würde dadurch ohnehin nicht beseitigt. Die Nichtigkeitsfolge ist auch nicht notwendig, um den Vorstand zu einer Änderung bei erkannten Mängeln zu zwingen. Da er gem. § 290 Abs. 1 S. 1 HGB das für die Konzernrechnungslegung verantwortliche Organ ist, muss er für den Einzelfall entscheiden, wie er der Fehlinformation gegenübergetreten wird.[440] Dabei ist der Pflichtenrahmen des § 93 AktG als Maßstab anzusetzen. So wird es von der Bedeutung des Fehlers abhängen, ob eine Änderung in laufender Rechnung, also fol-

---

439 So auch HÜFFER, AktG, 9. Aufl. , § 173 Rn.2a und HENNRICHS, Fehlerhafte Bilanzen, ZHR 168 (2004), S. 382 (398) Fn. 70.

440 So wohl auch MÜLLER, W., Prüfverfahren und Nichtigkeit, ZHR 168 (2004), S. 414 (426). Ferner ist der Deutsche Rechnungslegungs Standard Nr. 13 (DRS 13) heranzuziehen, der gem. § 342 Abs. 1 S. 1 Nr. 1 HGB vom Deutschen Rechnungslegungs Standards Committee (DRSC) herausgegeben wurde.

genden Konzernabschlüssen, genügt, oder der fehlerhafte Konzernabschluss zu ändern ist. Im Zusammenhang mit der Frage, inwieweit der Vorstand konkret verpflichtet war, einen neuen Konzernabschluss aufzustellen bzw. Änderungen vorzunehmen, erlangt eine versagte Billigung oder deren Nichtigkeit sodann Bedeutung.

2. Die Bedeutung des Wertaufhellungsprinzips für die Bewertungsbeurteilung

a. Grundsatz der Stichtagsbewertung

Nach dem Grundsatz der Stichtagsbewertung sind gem. § 252 Abs. 1 Nr. 3 HGB alle Vermögensgegenstände zum Abschlussstichtag einzeln zu bewerten. Dies geht damit einher, dass die Bilanz eine zeitpunktbezogene Gegenüberstellung der Vermögensgegenstände und Schulden der Gesellschaft ist. Im Grundsatz folgt daraus, dass die Bewertung genau auf den Bilanzstichtag zu erfolgen hat. Erkenntnisse - positiver oder negativer Art - die vor diesem Zeitpunkt liegen, sind zu berücksichtigen, wohingegen danach gewonnene Erkenntnisse grundsätzlich nicht zu berücksichtigen sind.[441] Diese im Grundsatz einfache Erkenntnis stellt sich im Detail als diffizil dar. Die Problematik folgt daraus, dass mit der Bilanz zum Jahresende ein rein zeitlicher – und damit willkürlicher – Schnitt durch den Geschäftsablauf der Gesellschaft gemacht wird. Wie sich einzelne Geschäftsvorfälle, die im Jahresabschluss auf verschiedene Weisen ihren Niederschlag finden, in der Zukunft weiterentwickeln, zeigt sich erst in einer ex-post Betrachtung. Die Einschätzung am Abschlussstichtag kann sich vielfach als fehlerhaft herausstellen. Eng mit dem Grundsatz der Stichtagsbewertung verknüpft ist daher das Imparitätsprinzip aus § 252 Abs. 1 Nr. 4 HGB. Danach sind alle vorhersehbaren Risiken und Verluste, die bis zum Abschlussstichtag entstanden sind, zu berücksichtigen, selbst wenn diese erst zwischen dem Abschlussstichtag und dem Tag der Aufstellung des Jahresabschlusses bekannt geworden sind.[442] Derartige Tatsachen, die zwischen Abschlussstichtag und Aufstellung des Jahresabschlusses bekannt werden, werden als „wertaufhellende Tatsachen“ bezeichnet, dieser Bereich des Imparitätsprinzips daher auch als Wertaufhellungsprinzip.[443] Das Wertaufhellungsprinzip stellt keine Ausnahme vom Grundsatz der Stichtagsbewertung dar, sondern gebietet lediglich, dass

441 ADS, Rechnungslegung, Tb. 1, 6. Aufl., § 252 Rn. 38; SELCHERT in: KÜTING/WEBER, Handbuch der ReLe, 4. Aufl., Band Ia, § 252 Rn. 58.

442 § 252 Abs. 1 Nr. 4 HGB.

443 ADS, Rechnungslegung, Tb. 1, 6. Aufl., § 252 Rn. 76 ff.; WINNEFELD, Bilanz-Handbuch, 4. Aufl., E Rn. 240.

auch das Wissen nach dem Stichtag über die Verhältnisse zum Stichtag bei der Bilanzierung berücksichtigt werden muss. Es bleibt aber dabei, dass es sich nur um Tatsachen handeln darf, die nachträglich über die Verhältnisse am Abschlussstichtag Aufschlüsse bringen. So fordert § 252 Abs. 1 Nr. 4 HGB nur die Berücksichtigung von Risiken und Verlusten, „die bis zum Abschlussstichtag entstanden sind".[444] Tatsachen, die eine Ursache erst nach dem Abschlussstichtag haben, werden als wertbegründende bzw. wertbeeinflussende Tatsachen bezeichnet.[445] Derartige Tatsachen oder Erkenntnisse dürfen naturgemäß nicht im Jahresabschluss auf den vorherigen Stichtag, sondern erst im folgenden Jahresabschluss berücksichtigt werden.[446]

So stellt z.B. ein Schadensereignis kurz nach dem Stichtag, vor Aufstellung des Jahresabschlusses, wie der Brand einer Lagerhalle am 10.02.t1, ein wertbegründendes Ereignis dar und darf nicht im Jahresabschluss zum 31.12.t0 Berücksichtigung finden. Meldet hingegen ein Schuldner z.B. am 10.02.t1 Insolvenz an, so ist davon auszugehen, dass die Ursachen für die Insolvenz bereits am 31.12.t0 vorlagen, so dass die Forderung gegen diesen Schuldner bereits zum 31.12.t0 nicht mehr werthaltig war. Bei diesem Insolvenzantrag handelt es sich damit um eine wertaufhellende Tatsache, die grundsätzlich zur Abschreibung der Forderung zum 31.12.t0 zwingt.[447]

b. Wertaufhellung versus Wertbegründung

Die Frage der Abgrenzung zwischen Wertaufhellung und Wertbegründung hat damit eine wesentliche Auswirkung auf die Bewertungsbeurteilung. Von HOFFMANN wurde das Problem der Wertaufhellung gar als „das Bilanzierungs-

444 § 252 Abs. 1 Nr. 4 Hs. 1 HGB.

445 BAETGE/KIRSCH/THIELE, Bilanzen, 11. Aufl., S. 120; WINNEFELD, Bilanz-Handbuch, 4. Aufl., E Rn. 243 f.; BAUMBACH/HOPT, HGB, 34. Aufl., § 252 Rn. 8; WINKELJOHANN/BÜSSOW in: BeBiKo, 7. Aufl., § 252 Rn. 38; KÜTING/KAISER, Wertaufhellung, in: WPg 13/00, S. 577 (578).

446 BAETGE/KIRSCH/THIELE, Bilanzen, 11. Aufl., S. 120; WINNEFELD, Bilanz-Handbuch, 4. Aufl., E Rn. 243 f.; BAUMBACH/HOPT, HGB, 34. Aufl., § 252 Rn. 8; WINKELJOHANN/BÜSSOW in: BeBiKo, 7. Aufl., § 252 Rn. 38.

447 Im Einzelfall kann dies freilich anders sein, wenn z.B. feststeht, dass erst ein massiver Kursverfall am 31.01.t1 den Schuldner in die Überschuldung oder Zahlungsunfähigkeit getrieben hat. Im hier genannten Fall ist jedoch in der Regel davon auszugehen, dass die Insolvenzgründe bereits zum Abschlussstichtag gegeben waren und die Forderung tatsächlich bereits dann uneinbringlich bzw. nicht mehr werthaltig war, vgl. SELCHERT in: KÜTING/WEBER, Handbuch der ReLe, 4. Aufl., Band Ia, § 252 Rn. 59; ADS, Rechnungslegung, Tb. 1, 6. Aufl., § 252 Rn. 39 sowie ASSMANN, Stichtagsprinzip, stBP 01/05, S. 1 (5).

problem schlechthin" bezeichnet.[448] Nur wenn eine Erkenntnis als wertaufhellende Tatsache anzusehen ist, ist ein Niederschlag in der Bewertung zum Stichtag zwingend. Die hier zentrale Frage der Über- oder Unterbewertung hängt folglich unmittelbar von dieser Abgrenzung ab, denn genau davon kann vielfach abhängen, ob ein konkreter Wertansatz den Ansatz- und Bewertungsvorschriften entspricht oder nicht. Für die Frage der Falschbewertung ist daher ein Fehlerbegriff zu definieren, der die Frage der Wertaufhellung umfassen muss. Nicht ohne Grund weist KROPFF darauf hin, dass oftmals „über Jahre hinweg" gerichtlich um die Nichtigkeit eines Jahresabschlusses gestritten wird.[449] Diese bereits 1995 getroffene Aussage gilt heute unverändert. Dadurch, dass sich die willkürliche Stichtagsbetrachtung im Nachhinein oftmals als fehlerhaft erweist, ist per se Streitpotenzial gegeben. Festgelegt werden muss daher, wann ein nachträglich erkannter Fehler überhaupt zur Nichtigkeit führen kann.

Im Schrifttum äußerst umstritten ist die bedeutsame Frage, wie lang der Wertaufhellungszeitraum zu bemessen ist. Gem. § 252 Abs. 1 Nr. 4 HGB sind Risiken und Verluste zu berücksichtigen, die bis zum Tag der Aufstellung des Jahresabschlusses bekannt geworden sind. Wann aber endet diese „Aufstellung" und in welchem Bezug steht sie zur Feststellung des Jahresabschlusses gem. §§ 172, 173 AktG? Diese Fragen erringen besondere Bedeutung, wenn eine wertaufhellende Tatsache zwar vor Feststellung, aber nach Aufstellung des Jahresabschlusses bekannt wird. Führt die unterlassene Berücksichtigung z.B. einer nach dieser Erkenntnis gebotenen außerplanmäßigen Abschreibung zur Nichtigkeit der Feststellung des Jahresabschlusses? Wie wirkt sich der Unterschied aus, ob die Tatsache vor Erteilung des Bestätigungsvermerks oder danach, jedoch vor Feststellung, bekannt wird?

Uneinigkeit besteht zunächst darüber, inwieweit das Kriterium der Vorhersehbarkeit von Risiken und Verlusten für wertaufhellende Erkenntnisse Bedeutung hat. § 252 Abs. 1 Nr. 4 HGB gebietet die Berücksichtigung aller „vorhersehbaren Risiken und Verluste".[450] Demgemäß wird teils vertreten, dass Bilanzierungs- und Bewertungsentscheidungen stets aus der Perspektive des Bilanzstichtags zu erfolgen haben. Nach dieser Auffassung kommen nur solche wertaufhellenden Tatsachen als berücksichtigungsfähig in Betracht, die bereits am Abschlussstichtag vorhersehbar waren. Dieser Ansatz kann als *stichtagsperspektivische Betrachtungsweise* bezeichnet werden.[451] Problematisch an dieser Auslegung des Wertaufhellungsprinzips ist, dass eine subjektive Komponente ent-

448 HOFFMANN, Wertaufhellung, in: BB 22/96, S. 1157.

449 So KROPFF in: FS BUDDE, Auswirkungen der Nichtigkeit, S. 341.

450 § 252 Abs. 1 Nr. 4 Hs. 1 HGB.

451 So KÜTING/KAISER, Wertaufhellung, in: WPg 13/00, S. 577 (579); KAISER, Berichtigung und Änderung, S. 166 f.

halten ist. Es ist mit großen Schwierigkeiten verbunden, festzustellen, was der Bilanzierende zum Abschlussstichtag hätte voraussehen können und was nicht, zumal sich die Beurteilung auf solche Erkenntnisse bezieht, die faktisch erst nach dem Stichtag bekannt geworden sind, da sich sonst die Frage überhaupt nicht stellt. Diese Ansicht wird daher auch als *subjektive Wertaufhellungskonzeption* bezeichnet.[452]

Nach anderer Betrachtung ist das vollständige Wissen zum Zeitpunkt der Bilanzaufstellung dieser zu Grunde zu legen. Dieser Ansatz wird als *objektive Betrachtungsweise* bzw. *objektive Wertaufhellungskonzeption* bezeichnet.[453] Aufgrund der Probleme einer Beurteilung der Vorhersehbarkeit von Erkenntnissen zum Abschlussstichtag, die tatsächlich erst nachträglich auftreten, ist die objektive Betrachtungsweise vorzugswürdig, weil einzig praktikabel.[454] Ist eine wertaufhellende Tatsache nach dem Stichtag aber vor Aufstellung bekannt geworden, so ist diese zu berücksichtigen. Die Beurteilung, ob diese Tatsache auch zum Bilanzstichtag hätte erkannt werden können, ist sodann entbehrlich.[455]

Auch innerhalb dieser Ansicht gibt es jedoch weitere Probleme, die teils mit dem der objektiven bzw. subjektiven Betrachtungsweise vermischt werden. Steht das Ende des Wertaufhellungszeitraums fest, so steht damit fest, bis wann erlangte wertaufhellende Erkenntnisse zu berücksichtigen waren. Nun kann es aber auch in einer nachträglichen Betrachtung Fälle geben, in denen objektiv eine wertaufhellende Tatsache innerhalb des Wertaufhellungszeitraums eingetreten ist, der Bilanzierende sie jedoch nicht berücksichtigt hat, weil sie ihm faktisch nicht zur Kenntnis gelangt ist. Insbesondere in einer späteren Beurteilung, die entscheiden soll, ob eine damalige Bilanzierungsentscheidung gesetzeskonform war, treten derartige Probleme in der Praxis auf. Streitig ist dabei, was von dem Bilanzierenden verlangt werden kann, bzw. ob jegliche ex-post-Erkenntnisse zu berücksichtigen sind. Eindeutig ist, dass das Ende des Wertaufhellungszeitraums definitiv das Ende der Berücksichtigung von werterhellenden Tatsachen darstellt. Jegliche Tatsachen, die nach dem Ende des Wertaufhellungszeitraums bekannt werden, können keinesfalls die ursprüngliche Bilanzierung fehlerhaft machen. Eine andere Betrachtungsweise liefe darauf hinaus, dass

452 MOXTER, Wertaufhellungsverständnis, in: BB 48/03, S. 2559.

453 KÜTING/KAISER, Wertaufhellung, in: WPg 13/00, S. 577 (579) und WINKELJOHANN/BÜSSOW in: BeBiKo, 7. Aufl., § 252 Rn. 38.

454 So auch SCHULZE-OSTERLOH in: BAUMBACH/HUECK, GmbHG, 18. Aufl., § 42 Rn. 322 und MOXTER, Wertaufhellungsverständnis, in: BB 48/03, S. 2559 (2560, 2562 f.).

455 Ebenso SCHULZE-OSTERLOH in: BAUMBACH/HUECK, GmbHG, 18. Aufl., § 42 Rn. 322; a.M. KAISER, der zwischen Ansatz und Bewertung unterscheiden will, ausführlich KAISER, Berichtigung und Änderung, S. 174 ff.

ein Jahresabschluss niemals richtig ist, da im Zeitablauf immer weitere neue Erkenntnisse über die Verhältnisse des damaligen Abschlussstichtags auftauchen können.[456] Unklar bleibt jedoch die Behandlung nachheriger Erkenntnisse über Tatsachen, die auch innerhalb des Wertaufhellungszeitraums hätten bekannt sein können. Wird z.B. die oben beispielhaft dargestellte Erkenntnis, dass ein Schuldner am 10.02.t1 Insolvenz angemeldet hat, vom Bilanzierenden nicht berücksichtigt, weil er tatsächlich erst nach der Bilanzfeststellung am 15.04.t1 von dem Insolvenzantrag Kenntnis erlangt hat, so ist fraglich, ob eine Überbewertung vorliegt oder nicht. Es handelt sich wie dargestellt um eine wertaufhellende Tatsache, die auch innerhalb des Wertaufhellungszeitraums aufgetreten ist. Nur war sie dem Bilanzierenden nicht bekannt.

Hier erlangt die Unterscheidung zwischen subjektiver und objektiver Richtigkeit Bedeutung. Der BFH stellt mit dieser begrifflichen Differenzierung darauf ab, ob der Bilanzierende im Zeitpunkt der Bilanzerstellung bei pflichtgemäßer und gewissenhafter Prüfung hätte erkennen können, dass eine berücksichtigungspflichtige Tatsache vorliegt. Konnte er dies nicht, so mag die Bilanz zwar objektiv unrichtig sein, subjektiv sei sie jedenfalls richtig.[457] Nach der Rechtsprechung des BFH wird damit auf das Erkenntnisvermögen des Bilanzierenden im Zeitpunkt der Aufstellung des Jahresabschlusses abgestellt.[458] Diese Konzeption wird von der überwiegenden Ansicht für den handelsrechtlichen Jahresabschluss übernommen.[459] Diese Auffassung wird teils als Grundsatz der subjektiven Richtigkeit bezeichnet.[460] Diese Begrifflichkeit scheint jedoch unglücklich, da eine Vermischung mit der Frage der Vorhersehbarkeit bereits am Abschlussstichtag droht.[461] Ferner ist sie missverständlich, da auch diese Sichtweise nicht rein subjektiv ist, sondern nach objektiven Kriterien zu beurteilen ist. So fordert der BFH nicht, dass das tatsächliche subjektive Wissen des Bilanzierenden maßgeblich ist, sondern es gilt ein objektiver Sorgfaltsmaßstab. Relevant ist, welche

456 So auch BALTHASAR, Bestandskraft, S. 131 in Bezug auf den objektiven Fehlerbegriff und MÜLLER, W., Änderung von Jahresabschlüssen, in: FS QUACK, S. 359 (367).

457 Vgl. BFH v. 11.10.1960 – I 56/60 U, BStBl. III 1961, S. 4.

458 Vgl. BFH v. 14.08.1975 – IV R 30/71, BStBl. II 1976, S. 93; BFH v. 21.10.1981 – I R 170/78, BStBl. II 1982, S. 122; HEINICKE in: SCHMIDT, EStG, 21. Aufl., § 4 Rn. 681.

459 BALTHASAR, Bestandskraft, S. 130; MÜLLER, W., Änderung von Jahresabschlüssen, in: FS QUACK, S. 359 (367); im Ergebnis auch ADS, Rechnungslegung, Tb. 4, 6. Aufl., § 256 Rn. 40, 49 a.E.; MÜLLER, H.-P. in: FS BUDDE, Änderungen, S. 434.

460 KÜTING/KAISER, Wertaufhellung, in: WPg 13/00, S. 577 (579); KAISER, Berichtigung und Änderung, S. 76 ff.

461 So bezeichnet WINNEFELD die Anforderungen als „objektiven Sorgfaltsmaßstab", stellt aber auf den subjektiven Fehlerbegriff des BFH ab, WINNEFELD, Bilanz-Handbuch, 4. Aufl., E Rn. 241.

Erkenntnisse bei Anwendung der Sorgfalt eines ordentlichen Kaufmanns, bei pflichtgemäßer und gewissenhafter Prüfung, erkennbar waren.[462] Der „subjektive“ Fehlerbegriff des BFH ist damit objektiviert, da die Fähigkeiten eines vergleichbaren ordentlichen Kaufmanns relevant sind.[463]

Die Gegenansicht vertritt ein rein objektives Fehlerverständnis, d.h. sie fordert die Berücksichtigung aller wertaufhellenden Tatsachen, unabhängig davon, ob sie erkennbar waren oder nicht, andernfalls sei der Bilanzansatz objektiv fehlerhaft.[464] Gem. § 252 Abs. 1 Nr. 4 HGB sind jedoch nur solche *vorhersehbaren* Risiken und Verluste zu berücksichtigen, die „erst zwischen dem Abschlussstichtag und dem Tag der Aufstellung des Jahresabschlusses *bekanntgeworden sind*“.[465] Die rein objektive Betrachtung, die alle aufgetretenen Tatsachen berücksichtigt wissen will, ist damit nicht vom Wortlaut gedeckt, da dieser nur die Berücksichtigung *bekanntgewordener*, nicht jeglicher Risiken verlangt. Das Kriterium der Vorhersehbarkeit wird sodann derart einbezogen, dass die Erkenntnisse zumindest zum Ende des Wertaufhellungszeitraums erkennbar gewesen sein müssen. Das kollidiert nicht mit dem Wortlaut des § 252 Abs. 1 Nr. 4 HGB, da dieser nicht fordert, dass die Tatsachen dem konkreten Kaufmann bekanntgeworden sein müssen. Sie müssen lediglich abstrakt bekannt sein, für den konkreten Kaufmann jedoch erkennbar unter Berücksichtigung des Sorgfaltsmaßstabs.

Ungeachtet der teils missverständlichen und in der Literatur uneinheitlich verwendeten Begriffe der Objektivität und Subjektivität[466] wird hier somit ein ausgewogener Ansatz des Wertaufhellungsprinzips vertreten, der auch mit dem Wortlaut des § 252 Abs. 1 Nr. 3 und 4 HGB vereinbar ist:

> *Ein Bilanzansatz ist gesetzeskonform, wenn er die wertaufhellenden Tatsachen berücksichtigt, die nach einem objektiven Sorgfaltsmaßstab zum Zeitpunkt des Endes des Wertaufhellungszeitraums erkennbar waren.*

Zum einen ist es wie dargelegt schwerlich möglich zu beurteilen, inwiefern nach dem Bilanzstichtag aufgetretene Tatsachen bereits zu diesem voraussehbar wa-

---

462 Vgl. BFH v. 21.10.1981 – I R 170/78, BStBl. II 1982, S. 122; WINNEFELD, Bilanz-Handbuch, 4. Aufl., E Rn. 241.

463 Vgl. BFH v. 23.5.1984 – I R 266/81, BStBl. II 1984, S. 725.

464 So ZÖLLNER in: Kölner Komm. AktG, § 256 Rn. 46 und für das Steuerrecht WEBER-GRELLET in: KIRCHHOF/SÖHN, EStG, § 4 Rn. C 107. Vgl. BALTHASAR, Bestandskraft, S. 130.

465 § 252 Abs. 1 Nr. 4 Hs. 1 HGB, Hervorhebung nicht im Original.

466 So auch MOXTER, Wertaufhellungsverständnis, in: BB 48/03, S. 2559 (2562, Fn. 28).

ren. Zum anderen wäre es überspannt, einen Bilanzansatz als fehlerhaft zu bezeichnen, wenn zwar eine innerhalb des Wertaufhellungszeitraums aufgetretene Tatsache nicht berücksichtigt wurde, der Bilanzierende diese aber tatsächlich auch unter Beachtung der erforderlichen Sorgfalt nicht kennen konnte. Das Kriterium der Vorhersehbarkeit aus § 252 Abs. 1 Nr. 4 HGB ist damit berücksichtigt und auf das Ende des Wertaufhellungszeitraums bezogen worden. Diese Auffassung geht vom (sog. subjektiven) Fehlerbegriff des BFH aus und ist auch für das Handelsrecht als herrschende Auffassung zu bezeichnen.[467]

c. Ende des Wertaufhellungszeitraums?

(1) Problematik und Meinungsstand

Es wurde klargestellt, dass alle bis zum Ende des Wertaufhellungszeitraums objektiv erkennbaren wertaufhellenden Tatsachen im Jahresabschluss Berücksichtigung finden müssen. Wie bereits zuvor angedeutet, ist höchst umstritten weiters die Frage, wie lange dieser Wertaufhellungszeitraum zu bemessen ist. Wie erläutert, muss ein zeitlicher Endpunkt für die Berücksichtigung definiert werden, da sonst ein Jahresabschluss nie das Stadium der möglichen Fehlerhaftigkeit verlassen könnte.[468] Gem. § 252 Abs. 1 Nr. 4 HGB sind zum Abschlussstichtag entstandene Risiken und Verluste zu berücksichtigen, „...selbst wenn diese erst zwischen dem Abschlussstichtag und dem *Tag der Aufstellung* des Jahresabschlusses bekanntgeworden sind;...“[469]. Der insoweit eindeutige Gesetzeswortlaut begrenzt den Wertaufhellungszeitraum damit auf die Aufstellung des Jahresabschlusses. Auslegungsbedürftig ist dieser Wortlaut dennoch, da es einen „Tag“ der Aufstellung gar nicht gibt. Die Aufstellung des Jahresabschlusses ist vielmehr ein tatsächlicher Prozess, der sich über längere Zeit hinzieht.[470] Die Frist zur Aufstellung beträgt für Kapitalgesellschaften gem. § 264 Abs. 1

---

467 Die Problematik der stichtagsperspektivischen Betrachtungsweise wird indes selten problematisiert, im Ergebnis wird der Sorgfaltsmaßstab für die Erkennbarkeit jedoch immer auf das Ende des Wertaufhellungszeitraums bezogen. Vgl. jeweils i. E. MÜLLER, W., Änderung von Jahresabschlüssen, in: FS QUACK, S. 359 (367); ADS, Rechnungslegung, Tb. 4, 6. Aufl., § 256 Rn. 39 f., 49 a.E; BALTHASAR, Bestandskraft, S. 130; MÜLLER, H.-P. in: FS BUDDE, Änderungen, S. 434; WINNEFELD, Bilanz-Handbuch, 4. Aufl., E Rn. 241; SCHEDLBAUER, Bestandskraft, DB 1992 S. 2097 (2099); SELCHERT in: KÜTING/WEBER, Handbuch der ReLe, 4. Aufl., Band Ia, § 252 Rn. 60; SCHULZE-OSTERLOH in: BAUMBACH/HUECK, GmbHG, 18. Aufl., § 42 Rn. 322; MOXTER, Wertaufhellungsverständnis, in: BB 48/03, S. 2559 (2562 f.).

468 S. dazu schon oben, S. 121 f.

469 § 252 Abs. 1 Nr. 4 Hs. 1 HGB, Hervorhebung nicht im Original.

470 ADS, Rechnungslegung, Tb. 1, 6. Aufl., § 252 Rn. 77.

S. 2 HGB drei Monate bzw. bis zu sechs Monate bei kleinen Kapitalgesellschaften, § 264 Abs. 1 S. 3 Hs. 2 HGB.

Diesem Prozess der Aufstellung folgt bei der Aktiengesellschaft die Vorlage an den Aufsichtsrat gem. § 170 Abs. 1 AktG sowie an den Abschlussprüfer gem. §§ 316 Abs. 1, 320 Abs. 1 HGB und schließlich nach erfolgter Abschlussprüfung die Feststellung gem. §§ 171 ff. AktG, § 316 Abs. 1 S. 2 HGB. Für die Feststellung ergibt sich die Frist mittelbar aus § 175 Abs. 1 S. 2 AktG, wonach die Hauptversammlung in den ersten acht Monaten des Geschäftsjahrs stattzufinden hat. Darin wird über die Gewinnverwendung beschlossen, wozu der Jahresabschluss notwendigerweise festgestellt sein muss[471], wenn nicht die Hauptversammlung diesen selber feststellt.[472] Die Frist für die Feststellung beträgt demnach bis zu acht Monate, die für die Aufstellung des Jahresabschlusses hingegen drei bzw. für kleine Aktiengesellschaften maximal sechs Monate. Es wird deutlich, dass zwischen Auf- und Feststellung des Jahresabschlusses streng zu unterscheiden ist.[473] Dies resultiert schon daraus, dass die Aufstellung sich als öffentlich-rechtliche Pflicht darstellt, die sich aus der Kaufmannseigenschaft nach dem HGB ergibt. Die Feststellung des Jahresabschlusses ist dagegen eine gesellschaftsrechtliche Pflicht, die sich aus den jeweiligen gesellschaftsrechtlichen Vorschriften ergibt, für die AG aus §§ 172 f. AktG.[474] Wie dargelegt handelt es sich bei der Feststellung des Jahresabschlusses um ein mehrseitiges Rechtsgeschäft, das insbesondere die Erfüllung der Ausschüttungsbemessungsfunktion des Jahresabschlusses sicherstellt, indem der ausschüttbare Gewinn verbindlich festgelegt wird.[475] Die Aufstellung ist hingegen der tatsächliche Akt der Erstellung des Jahresabschlusses aus den Buchführungsunterlagen.[476]

Dem Wortlaut des § 252 Abs. 1 Nr. 4 HGB entsprechend wird überwiegend grundsätzlich die Aufstellung des Jahresabschlusses als Ende des Wertaufhellungszeitraums gesehen.[477] Dabei wird teilweise eine Aufspaltung dahingehend

---

471 Vgl. § 174 Abs. 1 S. 2 AktG.

472 Regelfall ist die Feststellung durch Vorstand und Aufsichtsrat gem. § 172 AktG, Ausnahmefall die Feststellung durch die Hauptversammlung, § 173 AktG, S. dazu auch o. A.1.b.(2), S. 39.

473 BAUMBACH/HOPT, HGB, 34. Aufl., § 264 Rn. 10; ADS, Rechnungslegung, Tb. 1, 6. Aufl., § 252 Rn. 78 und PRIESTER in: FS QUACK, Stille Reserven, S. 379.

474 Zum Verhältnis von öffentlich-rechtlicher (handelsrechtlicher) und gesellschaftsrechtlicher Rechnungslegungspflicht ausführlich BALTHASAR, Bestandskraft, S. 169 ff.

475 Vgl. dazu oben S. 42.

476 PRIESTER in: FS QUACK, Stille Reserven, S. 379.

477 WINKELJOHANN/BÜSSOW in: BeBiKo, 7. Aufl., § 252 Rn. 39; WINNEFELD, Bilanz-Handbuch, 4. Aufl., E Rn. 240; SELCHERT in: KÜTING/WEBER, Handbuch der ReLe, 4. Aufl., Band Ia, § 252 Rn. 78; BALTHASAR, Bestandskraft, S. 48, 60; ADS, Rechnungslegung, Tb. 1, 6. Aufl., § 252 Rn. 77; BAUMBACH/HOPT, HGB, 34. Aufl., § 243

vorgenommen, dass bei umfangreichen Erstellungsarbeiten auf den Abschluss der Aufstellung einzelner Bilanzposten oder Gruppen (z.B. Sachanlagen, Vorräte) abgestellt werden kann. Auch wenn also der gesamte Jahresabschluss noch nicht aufgestellt ist, können demnach wertaufhellende Tatsachen, die bereits abgeschlossene und aufgestellte Bilanzposten oder –gruppen betreffen, unbeachtet bleiben.[478] Dies verlagert das Ende des Wertaufhellungszeitraums bezogen auf die betreffenden Posten sogar noch auf einen früheren Zeitpunkt.

Die Gegenmeinung, die vor allem von KROPFF begründet wurde, sieht als Ende des Wertaufhellungszeitraums den Zeitpunkt der Feststellung. Bis dahin erlangte wertaufhellende Erkenntnisse seien zu berücksichtigen.[479] KROPFF begründet dies damit, dass der Begriff der „Aufstellung" rechtsformneutral für alle Kaufleute zu verstehen sei und diese bei Kapitalgesellschaften erst mit der Feststellung beendet sei. Bis dahin könnten schließlich die Organe auch den Jahresabschluss und dessen Wertansätze ändern.[480] Die Möglichkeit der Berücksichtigung wird ferner aus der Existenz der Nachtragsprüfung, § 316 Abs. 3 HGB abgeleitet, die eine nachträgliche Änderung des Jahresabschlusses zulasse.[481] Bei der Feststellung sind gem. § 173 Abs. 2 S. 1 HGB die „für die Aufstellung geltenden Vorschriften" anzuwenden. Daraus lasse sich ableiten, dass wertaufhellende Erkenntnisse sodann zumindest berücksichtigt werden dürften, da § 252 Abs. 1 Nr. 4 HGB auf diesen Zeitpunkt anzuwenden sei.[482] Ein reines Wahlrecht lehnt KROPFF wegen der Folgen der Falschinformation der Jahresabschlussadressaten jedoch ab und folgert eine Pflicht zur Berücksichtigung wertaufhellender Erkenntnisse bis zum Zeitpunkt der Feststellung, zumal erst der festgestellte Jahresabschluss eine rechtliche Wirkung entfalte.[483] Es dürfe nicht wissentlich

---

Rn. 12, § 252 Rn. 8; IDW, WP-Handbuch 2006, Band I, 13. Aufl., E Rn. 230; MÜLLER, H.-P., Bilanzrecht und Organverantwortung in: FS QUACK, S. 349 (354), ders. in: FS BUDDE, Änderungen, S. 431 (432); ausführlich KÜTING/KAISER, Wertaufhellung, in: WPg 13/00, S. 577 und KAISER, Berichtigung und Änderung, S. 92 ff. sowie aus der Rechtsprechung BGH v. 18.9.96 – VIII ZR 238/95 in: WiB 1997, S. 366 (367); BFH v. 2.10.92 – III R 54/91, BStBl II 1993, S. 154; BFH v. 10.3.93 – I R 70/91, BStBl. II 1993, S. 447.

478 So WINNEFELD, Bilanz-Handbuch, 4. Aufl., E Rn. 240; WINKELJOHANN/BÜSSOW in: BeBiKo, 7. Aufl., § 252 Rn. 39 und ADS, Rechnungslegung, Tb. 1, 6. Aufl., § 252 Rn. 77.

479 KROPFF in: FS LUDEWIG, Wertaufhellungen bei Feststellungen, S. 521 (541); ders., Wertaufhellungszeitraum, in: WPg 23-24/00, S. 1137.

480 KROPFF in: FS LUDEWIG, Wertaufhellungen bei Feststellungen, S. 521 (525).

481 Ders. aaO. S. 533.

482 Ders. aaO. S. 526.

483 Ders. aaO. S. 534 ff.

ein Jahresabschluss festgestellt werden, der ein falsches Ergebnis ausweist. Schließlich spreche auch § 245 HGB dafür, dass mit der „Aufstellung" im HGB bezogen auf Kapitalgesellschaften die Feststellung gemeint sein muss, da erst der festgestellte Jahresabschluss gem. § 245 HGB zu unterzeichnen sei.[484]

Gegen diese Auffassung von KROPFF haben sich vor allem KÜTING und KAISER entschieden und dezidiert gewendet.[485] So kennt auch das HGB den Begriff des „festgestellten" Jahresabschlusses, der explizit in § 257 Abs. 5 HGB erwähnt wird, in einem Abschnitt, der für alle Kaufleute gilt. Auch in diesem Abschnitt werde folglich im Gesetz zwischen Aufstellung und Feststellung differenziert, so dass sich eine Gleichsetzung verbiete und der Wertaufhellungszeitraum nicht über die Aufstellung auszudehnen sei. Auch aus § 173 Abs. 2 S. 1 AktG lasse sich eine Ausdehnung nicht herleiten, da diese nur zulässig wäre, wenn § 173 Abs. 2 S. 1 AktG eine *entsprechende* Anwendung der für die Aufstellung geltenden Vorschriften forderte. Nur dann sei die Aufstellung durch die Feststellung begrifflich zu ersetzen.[486] Im Ergebnis verbiete es sich, den Gesetzeswortlaut zu überdehnen und es gäbe auch keine Gründe, die eine vom Wortlaut abweichende teleologische oder logisch-systematische Auslegung rechtfertigten.[487]

Ein vermittelnder Weg wird darin gesehen, zwar den Aufstellungszeitpunkt als grundsätzliches Ende des Wertaufhellungszeitraums zu sehen, jedoch nach der Bedeutung der zwischen Auf- und Feststellung gewonnenen Erkenntnissen zu differenzieren. ADLER/DÜRING/SCHMALTZ plädieren dafür, dass zumindest im Falle wesentlicher Wertminderungen, die durch wertaufhellende Erkenntnisse nach der Aufstellung jedoch vor Feststellung bekannt werden, eine Pflicht des Vorstands bzw. der Geschäftsführung besteht, den Jahresabschluss „nachzubessern".[488] Nur so könne verhindert werden, dass ein Jahresabschluss in Kenntnis der Mangelhaftigkeit festgestellt werde.[489] Die Pflicht soll dem Rahmen der ordentlichen und gewissenhaften Geschäftsführung gem. § 93 Abs. 1 AktG entsprechen, die gem. § 116 AktG auch für den an der Feststellung beteiligten Aufsichtsrat gilt. Diese Verpflichtung der für die Rechnungslegung verantwortlichen Organe wird daher unter dem Stichwort der „Organverantwortung" im

---

484 Ders. aaO. S. 526. Dafür auch HÜFFER, AktG, 9. Aufl. , § 172 Rn. 6.

485 KÜTING/KAISER, Wertaufhellung, in: WPg 13/00, S. 577.

486 KÜTING/KAISER, Wertaufhellung, in: WPg 13/00, S. 577 (588).

487 Dies. aaO. S. 588 f.

488 ADS, Rechnungslegung, Tb. 1, 6. Aufl., § 252 Rn. 78.

489 Dies. aaO. Zustimmend WINKELJOHANN/BÜSSOW in: BeBiKo, 7. Aufl., § 252 Rn. 39 a.E.; einschränkend WINNEFELD, der nur die Zulässigkeit einer Änderung bejaht, WINNEFELD, Bilanz-Handbuch, 4. Aufl., E Rn. 246.

Schrifttum vertreten.[490] Diese Ansicht der Organverantwortung trennt jedoch deutlich zwischen den Sphären der handelsrechtlichen Aufstellungspflicht und der gesellschaftsrechtlichen Rechnungslegung. Demgemäß wird klargestellt, dass - anders als nach Auffassung KROPFFs[491] - eine Verletzung der Organpflichten nicht zur Fehlerhaftigkeit des handelsrechtlichen Jahresabschlusses führt. Wird folglich eine wertaufhellende Tatsache zwischen Auf- und Feststellung nicht berücksichtigt, so möge zwar eine Pflichtverletzung des Vorstands bzw. Aufsichtsrats vorliegen, eine Fehlerhaftigkeit des Jahresabschlusses mit möglicher Nichtigkeitsfolge trete aber nicht ein.[492] Die Frage der Organverantwortung wird damit nur auf die Zulässigkeit der Änderung handelsrechtlich fehlerfreier Jahresabschlüsse bezogen.

Das IDW scheint sich tendenziell der Ausdehnung des Wertaufhellungszeitraums auf den Zeitpunkt der Feststellung angeschlossen zu haben. Im Rechnungslegungsstandard 6 des Hauptfachausschusses zur Änderung von Jahresabschlüssen wird der Fehlerbegriff auf den verlangbaren Kenntnisstand des Kaufmanns im Zeitpunkt der Feststellung abgestellt.[493] Die Frage der Organverantwortung wird auf solche werterhellenden Tatsachen bezogen, die sogar erst nach Feststellung bekannt werden.[494] Die Frage der Organverantwortung wird damit auf einen späteren Zeitpunkt bezogen, jedoch kann eine Verletzung auch nach Ansicht des IDW keine Fehlerhaftigkeit des Jahresabschlusses begründen.[495] Von dem Abschlussprüfer wird daher gefordert, wertaufhellende Tatsachen bis zur Erteilung des Bestätigungsvermerks zu berücksichtigen.[496] Bezogen auf die Abschlussprüfung ist dies konsequent, zumal dieser Zeitpunkt stets vor der Feststellung liegt. Im Falle einer Erkenntnis zwischen Erteilung des Testats und der Feststellung bleibt aber nach IDW RS HFA 6 eine Berücksichtigung verpflich-

---

490 So auch KROPFF in: FS LUDEWIG, Wertaufhellungen bei Feststellungen, S. 521 (529 ff.); MÜLLER, H.-P., Bilanzrecht und Organverantwortung in: FS QUACK, S. 345 ff.

491 KROPFF in: FS LUDEWIG, Wertaufhellungen bei Feststellungen, S. 521 (529 ff.).

492 MÜLLER, H.-P., Bilanzrecht und Organverantwortung in: FS QUACK, S. 354 ff.; ADS, Rechnungslegung, Tb. 1, 6. Aufl., § 252 Rn. 78 a.E.

493 IDW RS HFA 6 v. 12.04.2007, 2.1 Rn. 9 und 2.2 Rn. 14. Dieser Hinweis erfolgt ohne Begründung zum entgegenstehenden Wortlaut des § 252 Abs. 1 Nr. 4 HGB. Zur Unklarheit dieses RS bezogen auf den Zeitraum zwischen Auf- und Feststellung vgl. BREKER/KUHN, WPg 18/07 S. 770 (772 re. Sp.).

494 IDW RS HFA 6, 2.1 Rn. 9.

495 Da ein fehlerhafter JA nur bei Nichtberücksichtigung bis zur Feststellung vorliegt; die Organverantwortung wird also auch hier auf die Änderung fehlerfreier JA bezogen, IDW RS HFA 6, 2.1 Rn. 9 f.

496 Vgl. IDW PS 203 n.F., 2.1 Rn. 9 f.

tend, so dass eine Nachtragsprüfung gem. § 316 Abs. 3 HGB stattzufinden hätte.[497]

(2) Stellungnahme

Im Wesentlichen ist der Auffassung von KÜTING und KAISER zuzustimmen. Auszugehen ist vom Wortlaut des § 252 Abs. 1 Nr. 4 HGB, der den Wertaufhellungszeitraum auf den Tag der Aufstellung begrenzt. Diese Aufstellung ist eindeutig von der Feststellung abzugrenzen. Dies wird einerseits aus dem Handelsrecht selbst deutlich, andererseits aus dem Gesellschaftsrecht, so z.B. aus § 170 Abs. 1 AktG, wonach der „aufgestellte" Jahresabschluss dem Aufsichtsrat vorzulegen ist. Die Trennung der Sphären erschließt sich auch aus den unterschiedlichen Pflichtenkreisen. Die handelsrechtliche Rechnungslegung als öffentlich-rechtliche Verpflichtung besteht für jeden Kaufmann zur Wahrung des Gläubigerschutzes durch die Informationsfunktion sowie Sicherstellung der nominellen Kapitalerhaltung. Diese Zwecke werden durch die Aufstellung als tatsächlichen Akt erfüllt.

Für Kapitalgesellschaften kommt als wichtige Funktion des Jahresabschlusses die der Ausschüttungsbemessung hinzu. Diese wird ebenso durch den nach handelsrechtlichen Vorschriften aufgestellten Jahresabschluss erfüllt. Lediglich eine rechtliche Bedeutung erlangt sie erst durch die Feststellung. Dadurch wird der Gewinn festgelegt, auf den ein rechtlicher Ausschüttungs*anspruch* besteht. Die Schuldigkeit des Kaufmanns, den Jahresabschluss zu erstellen und darin den ausschüttbaren Gewinn zu „ermitteln", also zu „bemessen", hat dieser jedoch bereits mit der *Aufstellung* erfüllt.

Soll nun der Wertaufhellungszeitraum auf den Zeitpunkt der Feststellung, also der rechtlichen Verankerung der Ausschüttungsbemessungsfunktion, verlängert werden, so würde der Gewinn als „richtig" angesehen, der sich nach Berücksichtigung der bis zu diesem Zeitpunkt erkennbaren wertaufhellenden Tatsachen ergibt. Bei genauer Betrachtung fußt das Argument für die Verlängerung des Wertaufhellungszeitraums, es dürfe nicht wissentlich ein „falsches" Jahresergebnis festgestellt und damit ausschüttbar gemacht werden, auf einem Zirkelschluss: „Richtig" nach handelsrechtlichen Regeln wird ein solches Ergebnis erst durch diese Verlängerung des Wertaufhellungszeitraums. Dessen Ende markiert den Zeitpunkt, bis zu dem Erkenntnisse, die sich auf den Abschlussstichtag beziehen, berücksichtigt werden sollen und müssen. Durch Nichtberücksichtigung danach gewonnener Erkenntnisse wird der Jahresabschluss gerade nicht „falsch". Der Erkenntnisstand, der für die Erstellung eines gesetzeskonformen

497 Gem. IDW PS 203 n.F., Rn. 18 ff. ergeben sich jedoch keine Prüfungspflichten nach Erteilung des Bestätigungsvermerks mehr.

Jahresabschlusses heranzuziehen ist, wird durch das Ende des Wertaufhellungszeitraums festgelegt. Es ist sodann folglich vielmehr „falsch", nachträgliche Erkenntnisse zu berücksichtigen. Die erst durch Verlängerung des Betrachtungszeitraums konstruierte Richtigkeit kann damit nicht selbst als Argument für eben diese Verlängerung herangezogen werden.

Bei dieser Betrachtung wird der Hinweis des § 173 Abs. 2 S. 1 AktG zum Argument für die Begrenzung des Wertaufhellungszeitraums auf das Ende der Aufstellung: Eine Änderung des Jahresabschlusses muss sich selbstverständlich innerhalb der gesetzlichen Regeln, insbesondere der Bilanzierungsvorschriften, bewegen. Diese gebieten gem. § 252 Abs. 1 Nr. 4 HGB die Berücksichtigung des Erkenntnisstands bei der *Aufstellung*.

Das Argument, dass eine Änderung jederzeit möglich sei, was durch Existenz der Nachtragsprüfung belegt wird, geht ebenso fehl. Diese Änderung muss sich ebenso in den Grenzen der gesetzlichen Vorschriften halten. Es kann sich damit um andere Ausübung von Wahlrechten handeln oder um Behebung von erkannten Fehlern. Die Berücksichtigungsfähigkeit neuer wertaufhellender Tatsachen kann daraus nicht geschlossen werden.

Nach KROPFF ergibt sich die Feststellung als Ende des Wertaufhellungszeitraums auch aus § 245 HGB, da nach ganz herrschender Auffassung erst der festgestellte Jahresabschluss zu unterzeichnen sei.[498] Dies wird insbesondere in der aktienrechtlichen Literatur vertreten.[499] Andererseits ist diese Auffassung nicht unumstritten.[500] Zu beachten ist auch hier, dass es sich um unterschiedliche Sphären handelt. Die Unterzeichungspflicht aus § 245 HGB entstammt der Sphäre der öffentlich-rechtlichen Rechnungslegungspflicht. Insofern verlangt § 245 HGB lediglich, dass der „Jahresabschluss [...] unter Angabe des Datums zu unterzeichnen"[501] ist. Eine fehlende Unterschrift bewirkt auch nicht die Nichtigkeit der Feststellung des Jahresabschlusses.[502] Folge bei Verstoß ist vielmehr eine Sanktion als Ordnungswidrigkeit gem. § 334 Abs. 1 Nr. 1 a) HGB. Wann bzw. in welchem Stadium der Jahresabschluss zu unterzeichnen ist, geht aus § 245 HGB nicht hervor. Dies ergibt sich auch nicht aus der Ordnungswidrigkeitenvorschrift des § 334 HGB, da dessen Absatz 1 Nr. 1 eine Zuwiderhandlung „bei der Aufstellung oder Feststellung des Jahresabschlusses"[503] ahndet.

---

498 KROPFF in: FS LUDEWIG, Wertaufhellungen bei Feststellungen, S. 521 (526).

499 Vgl. HÜFFER, AktG, 9. Aufl. , § 172 Rn. 6.

500 Vgl. KÜTING/KAISER, Wertaufhellung, in: WPg 13/00, S. 577 (585 ff.) und WINKELJOHANN/SCHELLHORN in: BeBiKo, 7. Aufl., § 245 Rn. 3.

501 § 245 S. 1 HGB.

502 Dazu bereits oben S. 105.

503 § 334 Abs. 1 Nr. 1 Hs. 1 HGB.

Der Sinn der Unterzeichnung liegt allein in einer Beweisfunktion. Die für die Aufstellung Verantwortlichen müssen ihre Verantwortlichkeit dokumentieren. Dadurch wird der Jahresabschluss zur Urkunde gem. § 416 ZPO. Aufgrund der unterschiedlichen Sphären von Auf- und Feststellung kann aus § 245 HGB nicht der Zeitpunkt der Feststellung als das maßgebliche Datum herangezogen werden. Maßgeblich ist vielmehr der Zeitpunkt, in dem der Aufstellende diesen Jahresabschluss als „nach den handelsrechtlichen Regeln aufgestellten Jahresabschluss" ansehen will. Dies kann zunächst nur der Zeitpunkt sein, in dem der fertig aufgestellte Jahresabschluss dem Abschlussprüfer sowie den Gesellschaftern, bei der AG gem. § 170 Abs. 1 S. 1 AktG dem Aufsichtsrat vorgelegt wird. Damit dokumentiert der Verpflichtete zugleich, der Aufstellungsfrist der §§ 243 Abs. 3, 264 Abs. 1 S. 2, 3 HGB nachgekommen zu sein. Im Krisenfall erlangt das Bedeutung für eine mögliche Tatbestandserfüllung des Bankrott gem. § 283 Abs. 1 Nr. 7 b) StGB bzw. bei verkannter oder erst später eintretender Krise der Verletzung der Buchführungspflicht gem. § 283b Abs. 1 Nr. 3 b) StGB.[504] Durch die Unterschrift kann die rechtzeitige Aufstellung hinreichend belegt werden. Der Vorstand bzw. jeder Kaufmann sollte daher im eigenen Interesse bereits den aufgestellten Jahresabschluss unterzeichnen.[505] Eine Pflicht bereits zu diesem Zeitpunkt ergibt sich aus § 245 HGB dagegen wohl nicht. Vielmehr kann der Kaufmann den Jahresabschluss auch später unterzeichnen. Der späteste Zeitpunkt dürfte dabei aber die Feststellung sein, da sodann der Jahresabschluss mit seinem Ergebnis auch rechtliche Verbindlichkeit erlangt hat. So weisen WINKELJOHANN und SCHELLHORN zu Recht darauf hin, dass „es nicht zu bean-

---

504 Der Tatbestand des Bankrott gem. § 283 Abs. 1 Nr. 7 b) StGB verlangt als echtes Unterlassungsdelikt, dass die Bilanz nicht innerhalb der Frist aufgestellt und dass dies bei Überschuldung oder Zahlungsunfähigkeit, also in einer Krise, geschieht. Ferner besteht die objektive Strafbarkeitsbedingung der Eröffnung eines Insolvenzverfahrens bzw. der Abweisung mangels Masse, § 283 Abs. 6 StGB. Der Tatbestand der Verletzung der Buchführungspflicht aus § 283b Abs. 1 Nr. 3 b) StGB ist ebenso echtes Unterlassungsdelikt für die Nichtaufstellung der Bilanz innerhalb der Frist unabhängig von einer Krise, allerdings mit der identischen objektiven Strafbarkeitsbedingung durch Verweis auf § 283 Abs. 6 StGB in § 283b Abs. 3 StGB. Die Krise kann dabei entweder nicht vorgelegen haben oder war nicht vom Vorsatz umfasst, so dass § 283 StGB deswegen subjektiv nicht erfüllt wäre. Aufgrund der objektiven Strafbarkeitsbedingung der Insolvenz muss jedoch eine Krise zumindest in irgendeiner Weise mit der Verletzung zusammenhängen. S. dazu FISCHER, StGB, 57. Aufl., § 283b Rn. 3, Vor § 283 Rn. 7 ff.

505 TIEDEMANN sieht die im Rahmen der §§ 283, 283b StGB relevante Aufstellungspflicht erst bei Unterschrift erfüllt, TIEDEMANN in: LAUFHÜTTE u.a., Leipz. Komm. StGB, Band 9/2, 12. Aufl., § 283 Rn. 150. Erfolgt diese erst bei Feststellung, wäre das bereits zu spät.

standen" sei, wenn auch ohne erfolgte Änderung erst der festgestellte Jahresabschluss mit Datum der Feststellung unterzeichnet werde.[506] Damit kann die Feststellung als der späteste Zeitpunkt der Unterzeichnung angesehen werden. Dennoch kann und sollte die Unterzeichnung früher erfolgen. Wird der Jahresabschluss nicht mehr geändert, so ergibt sich kein Problem. Wird der Jahresabschluss z.B. im Zuge der Abschlussprüfung vor Feststellung geändert, so ist der neue, geänderte Abschluss nochmals zu unterzeichnen. Dadurch wird klargestellt, dass nunmehr dieser Abschluss der maßgebliche auch für die Erfüllung der öffentlich-rechtlichen Pflicht darstellen soll.

Eine frühere Pflicht zur Unterzeichnung kann sich daraus ergeben, dass der Jahresabschluss unabhängig von der Feststellung offenzulegen ist. Gem. § 325 Abs. 1 S.1 HGB ist der Jahresabschluss unverzüglich nach Vorlage an die Gesellschafter offenzulegen. Gem. § 325 Abs. 1 S. 6 HGB ist bei nachträglicher Feststellung die Änderung einzureichen. Daraus ist zu schließen, dass zur Einhaltung der Fristen auch ein nicht festgestellter Jahresabschluss offenzulegen ist. Dieser muss zwingend unterschrieben sein, da die Verantwortlichen damit einen nach ihrer Auffassung ordnungsgemäß aufgestellten Jahresabschluss in Verkehr bringen. Die Unabhängigkeit von Auf- und Feststellung wird schließlich auch aus den Formvorschriften zur Offenlegung deutlich. Gem. § 328 Abs. 1 Nr. 1 HGB ist bei einer Billigung oder Feststellung des Jahresabschlusses deren Datum anzugeben. Dies würde keinen Sinn machen, wenn nur der festgestellte Jahresabschluss zu unterzeichnen wäre, da dann das Datum der Feststellung bereits gem. § 245 S. 1 HGB anzugeben wäre, so dass die Forderung des § 328 Abs. 1 Nr. 1 HGB obsolet wäre.

Es wird deutlich, dass die Unterzeichnung mit der Feststellung nur mittelbar verknüpft ist, da die Feststellung lediglich den spätesten Zeitpunkt der Unterzeichnung darstellt. Feststellung und Aufstellung sind dagegen weiterhin streng auseinander zu halten, und die Unterzeichnungspflicht bezieht sich lediglich auf die öffentlich-rechtliche Aufstellungspflicht. Es sollte im Interesse der Verantwortlichen jedoch bereits der aufgestellte Jahresabschluss unterzeichnet werden. Ansonsten muss anderweitig die rechtzeitige Aufstellung dokumentiert werden können, um sich im Falle der Insolvenz gegen den Vorwurf einer verspäteten Aufstellung und daraus folgende Straftatbestände verteidigen zu können. Im Ergebnis ist damit spätestens der festgestellte Jahresabschluss zu unterzeichnen, jedoch kann im Umkehrschluss gerade nicht gefolgert werden, das dritte Buch des HGB und damit § 252 Abs. 1 Nr. 4 HGB stellten auf die Feststellung des Jahresabschlusses ab, die mit der „Aufstellung" gleichzusetzen sei. Eine Verlän-

---

506 WINKELJOHANN/SCHELLHORN in: BeBiKo, 7. Aufl., § 245 Rn. 3.

gerung des Wertaufhellungszeitraums kann folglich mit dieser Argumentation nicht begründet werden.

Die Bilanz macht einen willkürlichen Schnitt durch den Geschäftsablauf einer Gesellschaft. Das Jahresergebnis ergibt sich aus der Veränderung des Eigenkapitals von Stichtag zu Stichtag.[507] Durch die Vorschriften zur Periodisierung wird versucht, dieses möglichst periodengerecht zu erfassen. Dennoch kann ein Jahresabschluss allein nur eine Momentaufnahme aus dem Geschäftsablauf einer Gesellschaft darstellen. Mehr, als dass wertaufhellende Erkenntnisse bis zur Aufstellung des Jahresabschlusses berücksichtigt werden, kann daher vom Bilanzierenden nicht verlangt werden. Das Ergebnis, das bei dieser Aufstellung ermittelt wurde, ist als „richtiges" Ergebnis anzusehen unter der Berücksichtigung, dass dieses eine Jahresergebnis ohnehin nur ein Teilergebnis des Gesamterfolgs eines Unternehmens in dessen Lebenszeit darstellt. Der für die Rechnungslegung verantwortliche Vorstand[508] hat diese Ergebnisermittlung mit der Aufstellung des Jahresabschlusses in tatsächlicher Sicht erfüllt. Die Feststellung des Jahresabschlusses bildet nur das rechtliche Gegenstück und ermöglicht nach dem Beschluss über die Gewinnverwendung einen klagbaren Anspruch auf Ausschüttung dieses so ermittelten Gewinns. Es ist kein hinreichender Grund ersichtlich, warum vor der Feststellung des so ermittelten Gewinns dieser noch geändert werden muss aufgrund von Erkenntnissen, die der zur Aufstellung Verpflichtete gar nicht haben konnte.

Wertaufhellende Tatsachen sind damit nur bis zum Abschluss der Aufstellung des Jahresabschlusses zu berücksichtigen. Der unter Berücksichtigung dieser Tatsachen - soweit sie nach einem objektiven Sorgfaltsmaßstab für den Bilanzierenden erkennbar waren - und der sonstigen gesetzlichen Vorschriften zur Rechnungslegung aufgestellte Jahresabschluss ist folglich fehlerfrei.

Auch die sogenannte Lehre von der Organverantwortung vermag diesen Grundsatz nicht zu ändern. Wie erläutert, bezieht diese sich bilanzrechtlich nur auf die Zulässigkeit der Änderung eines fehlerfreien Jahresabschlusses. Ergeben sich also zwischen Auf- und Feststellung wertaufhellende Erkenntnisse, können diese nach den Grundsätzen der Organverantwortung eine Änderung zulässig machen. Eine Verpflichtung dazu kann sich jedoch nur im gesellschaftsrechtlichen Sinne ergeben, nicht jedoch nach handelsrechtlichen Vorschriften.

KÜTING und KAISER lehnen eine derartige Verpflichtung aufgrund einer Organverantwortung ab. Sie sehen einen unauflöslichen Widerspruch darin, dass

---

507 Vgl. BAUMBACH/HOPT, HGB, 34. Aufl., § 120 Rn. 7 und § 4 Abs. 1 S. 1 EStG. Die GuV als zeitraumbezogene Rechnung stellt nur das Zustandekommen dieses Ergebnisses dar, BAETGE/KIRSCH/THIELE, Bilanzen, 11. Aufl., S. 567 ff.

508 Gem. § 264 Abs. 1 S. 1 HGB, §§ 78 Abs. 1, 91 Abs. 1 AktG ist der Vorstand allein verantwortlich.

einerseits eine Pflicht der Organe zur Berücksichtigung nach Aufstellung erlangter Erkenntnisse gegeben sein soll, andererseits der Jahresabschluss aber ohne Berücksichtigung nicht fehlerhaft werden solle.[509] Vielmehr verbiete sich eine Berücksichtigung, wenn die Aufstellung das Ende des Wertaufhellungszeitraums darstellt. Wenn der Vorstand nun seiner angeblichen Organverpflichtung nachkommt, so führe dies andererseits zur Nichtigkeit des Jahresabschlusses, da Erkenntnisse verarbeitet werden, deren Berücksichtigung gegen § 252 Abs. 1 Nr. 4 HGB verstoße.[510]

Zuzustimmen ist dem insoweit, als das Ende des Wertaufhellungszeitraums zwingend ist und grundsätzlich danach erlangte Erkenntnisse auch nicht berücksichtigt werden dürfen. Der „richtige" Jahresabschluss ist wie dargelegt der, der die Erkenntnisse zum Zeitpunkt der Aufstellung umsetzt. Werden Erkenntnisse nach diesem Zeitpunkt verarbeitet, verstößt der Jahresabschluss gegen die Bewertungsvorschriften und enthält im Grunde eine Falschbewertung.

Dennoch ist es ein Unterschied, ob eine Berücksichtigung unterlassen wurde und dieses Unterlassen ex post vorgeworfen wird oder eine Information verarbeitet wurde. In der Praxis wird vielfach lediglich die Unterlassung vorgeworfen. Im Fall einer erfolgten Berücksichtigung nachträglicher Erkenntnisse ergibt sich gar kein Nichtigkeitsproblem. Dies sei an folgendem Beispiel verdeutlicht:

> Die X-AG hält eine Beteiligung an der Y-GmbH, die zutreffend unter Posten „Beteiligungen" im Anlagevermögen ausgewiesen ist. Die Anschaffungskosten betrugen 100.000,00 €. Bis zur Aufstellung des Jahresabschlusses zum 31.12.t0 der X-AG ergeben sich keine Anzeichen für einen Wertverfall der Beteiligung. Diese wird daher mit den Anschaffungskosten von 100.000,00 € aktiviert. Der Jahresabschluss der X-AG weist einen Bilanzgewinn von 80.000,00 € aus. Die Ertragslage der X-AG im laufenden Jahr ist stark rückläufig, da einer der Großkunden abgesprungen ist.
>
> Der vom Vorstand fertig aufgestellte und unterzeichnete Jahresabschluss wird am 15.03.t1 dem Aufsichtsrat und dem Abschlussprüfer übergeben. Am 28.03.t1 stellt der Geschäftsführer der Y-GmbH einen Insolvenzantrag wegen Überschuldung. Der Abschlussprüfer erteilt am 15.05.t1 einen uneingeschränkten Bestätigungsvermerk, am 31.05.t1 billigt der Aufsichtsrat den Jahresabschluss. In der am 15.06.t1 stattfindenden Hauptversammlung wird eine Vollausschüttung beschlossen, die auch vorgenommen wird.

Der gestellte Insolvenzantrag der Y-GmbH stellt eine wertaufhellende Tatsache für die X-AG dar. Es ist davon auszugehen, dass die Beteiligung an der Y-

509 KÜTING/KAISER, Wertaufhellung, in: WPg 13/00, S. 577 (589).
510 Dies. aaO.

GmbH bereits zum 31.12.t0 wertlos war, da diese bereits zu diesem Zeitpunkt überschuldet war. Unter Berücksichtigung dieser Erkenntnis wäre die Beteiligung gem. §§ 253 Abs. 3 S. 3 HGB aufgrund voraussichtlich dauernder Wertminderung außerplanmäßig abzuschreiben.[511] Diese wäre in Höhe von 100.000,00 € aufwandswirksam geworden, so dass sich statt eines Bilanzgewinns ein Bilanzverlust der X-AG in Höhe von 20.000,00 € ergeben hätte. Eine Ausschüttung hätte folglich nicht erfolgen können.

Ist der Jahresabschluss der X-AG zum 31.12.t0 wegen Überbewertung gem. § 256 Abs. 1 Nr. 1, Abs. 5 S. 1 Nr. 1 AktG nichtig? Dies ist der Fall wenn ein Verstoß gegen Bewertungsvorschriften vorliegt. Entscheidend ist damit, ob die Abschreibung hätte vorgenommen werden müssen oder nicht. Zum Zeitpunkt der Aufstellung, die am 15.03.t1 beendet war, hatte der Vorstand tatsächlich keine Kenntnis von der Krise der Y-GmbH und konnte diese unter Beachtung der erforderlichen Sorgfalt auch nicht haben. Es handelt sich damit zwar um eine wertaufhellende Erkenntnis, die gem. § 252 Abs. 1 Nr. 4 HGB jedoch nicht mehr zu berücksichtigen war. Es liegt folglich keine Überbewertung vor, so dass keine Nichtigkeit gegeben ist. Das Beispiel führe sich aber wie folgt fort:

> Die Situation der Gesellschaft ist aufgrund des abgesprungenen Großkunden problematisch, so dass sich für das Geschäftsjahr t1 ein Jahresfehlbetrag von 250.000,00 € ergibt. Dieser umfasst bereits die im Jahresabschluss zum 31.12.t1 vorgenommene Abschreibung der Beteiligung an der Y-GmbH um 100.000,00 €.

Wäre die Abschreibung bereits zum 31.12.t0 vorgenommen worden, hätte im Jahr t1 keine Ausschüttung erfolgen können, was die Liquiditätslage der X-AG stark verbessert hätte. Der Jahresfehlbetrag im Jahresabschluss zum 31.12.t1 hätte dann nur 150.000,00 € betragen. Wenn der Vorstand diese Entwicklung erkannt hat, ihm also bewusst war, dass die Ertragslage im laufenden Geschäftsjahr t1 schlecht ist, so sollte es ihm möglich sein, die wertaufhellende Erkenntnis der Insolvenz der Y-GmbH noch im Jahresabschluss 31.12.t0 zu berücksichtigen, um so den Ausweis eines Gewinns zu verhindern. Die Erkenntnis ist erst nach Aufstellung jedoch vor Feststellung aufgetreten. Eine Nichtigkeit ergab sich wie dargelegt wegen der Nichtberücksichtigung nicht.

Angenommen, der Vorstand habe noch auf eine Änderung, also Vornahme der Abschreibung gedrängt, und dieser Jahresabschluss zum 31.12.t0 wurde festgestellt. Unter Berücksichtigung, dass das Ende des Wertaufhellungszeitraums strikt in der Aufstellung des Jahresabschlusses zu sehen ist, verstößt eine

511 *Per Abschreibungen auf Anlagevermögen an Beteiligungen 100.000,00-.*

Berücksichtigung der Tatsache gegen § 252 Abs. 1 Nr. 4 HGB. Liegt darin sodann ein Nichtigkeitsgrund? Ist der Posten „Beteiligungen" zu niedrig ausgewiesen? Der Ansatz der Beteiligung verstößt gegen die Bewertungsvorschrift des § 252 HGB. Es liegt damit objektiv eine Unterbewertung des Postens „Beteiligungen" gem. § 256 Abs. 5 S. 3 AktG vor. Die Feststellung des Jahresabschlusses zum 31.12.t0 könnte wegen Unterbewertung gem. § 256 Abs. 1 Nr. 1 i.V.m. Abs. 5 S. 1 Nr. 2 AktG nichtig sein. Dies erfordert jedoch zusätzlich, dass eine vorsätzliche unrichtige Wiedergabe oder Verschleierung der Vermögens- und Ertragslage vorliegt. Dies ist hier gerade nicht gegeben, da der Vorstand insbesondere die Ertragslage im Interesse der Gläubiger „richtiger" darstellen wollte. Es folgt damit keine Nichtigkeit.

Hat der Vorstand die Erkenntnis erlangt und sieht auch die angespannte Lage der Gesellschaft vorher, so kann es als seine Pflicht als ordentlicher und gewissenhafter Geschäftsleiter gem. § 93 Abs. 1 AktG angesehen werden, den Jahresabschluss noch zu ändern. Der von KÜTING und KAISER befürchtete Widerspruch ergäbe sich in diesem Fall nicht. Vielmehr werden die Gläubiger geschützt und die liquiden Mittel der Gesellschaft gesichert, indem eine Ausschüttung verhindert wird, der spätere Verluste gegenüberstehen. In einem solchen Fall kann von einer Pflicht im Rahmen der Organverantwortung gesprochen werden.

Dieses Beispiel zeigt, dass in der Praxis durchaus eine Berücksichtigung nach Aufstellung erlangter Erkenntnisse möglich sein kann, auch wenn die Nichtberücksichtigung keine Nichtigkeitsfolge haben würde.

d. Ergebnis

Das Wertaufhellungsprinzip hat eine zentrale Bedeutung für die Beantwortung der Frage, ob eine Falschbewertung des Jahresabschlusses tatbestandlich gegeben ist oder nicht. Insbesondere bei einer nachträglichen Beurteilung der Wirksamkeit des Jahresabschlusses können zwischenzeitlich vielfältige Informationen auftreten, durch die die damalige Bewertung in Frage gestellt werden kann.

Es wurde gezeigt, dass zwischen wertbegründenden und wertaufhellenden Tatsachen zu unterscheiden ist. Nur letztere sind zu berücksichtigen, wenn sie sich auf die Verhältnisse am Bilanzstichtag beziehen. Wenn solche bekannt werden, ist es unerheblich, ob diese bereits am Bilanzstichtag vorhersehbar waren, da dies nicht objektiv nachprüfbar ist. Für aufgetretene Tatsachen lässt sich jedoch objektiv feststellen, ob diese für den Bilanzierenden erkennbar waren. Dabei ist ein objektiver Sorgfaltsmaßstab anzusetzen. Zur zeitlichen Dimension des Wertaufhellungsprinzips wurde gezeigt, dass die **Aufstellung** des Jahresabschlusses das Ende des Wertaufhellungszeitraums darstellt. Alle bis dahin erlangten wertaufhellenden Erkenntnisse sind zwingend zu berücksichtigen, andernfalls kann die Nichtigkeit des Jahresabschlusses wegen Bewertungsfehlern folgen.

Auf gesellschaftsrechtlicher Ebene können sich im Einzelfall Konstellationen ergeben, in denen sich im Rahmen des Pflichtenkreises der Organe eine Berücksichtigungspflicht von Tatsachen ergibt, die erst nach Aufstellung des Jahresabschlusses, aber vor dessen Feststellung bekannt werden. Soweit es sich dabei um wertaufhellende Tatsachen handelt, ist die Berücksichtigung zulässig und führt nicht zur Nichtigkeit des Jahresabschlusses. Die Nichtberücksichtigung beeinflusst dagegen die Wirksamkeit des Jahresabschlusses und dessen Feststellung nicht.

Daraus ergibt sich folgende Formel für das Wertaufhellungsprinzip:

Ein Bilanzansatz ist gesetzeskonform, wenn er die wertaufhellenden Tatsachen berücksichtigt, die nach einem objektiven Sorgfaltsmaßstab zum Zeitpunkt der Aufstellung des Jahresabschlusses erkennbar waren. Die Berücksichtigung zwischen Auf- und Feststellung des Jahresabschlusses gewonnener wertaufhellender Erkenntnisse ist im Rahmen der Organverantwortung zulässig, deren Nichtberücksichtigung führt jedoch nicht zur Nichtigkeit der Feststellung.

Bezogen auf die hier untersuchte Nichtigkeit wegen Bewertungsfehlern ergibt sich damit ein Prüfungsschema, nach dem bei einer späteren Begutachtung auf Nichtigkeit des Jahresabschlusses vorgegangen werden kann, wie folgendes Schaubild verdeutlicht:

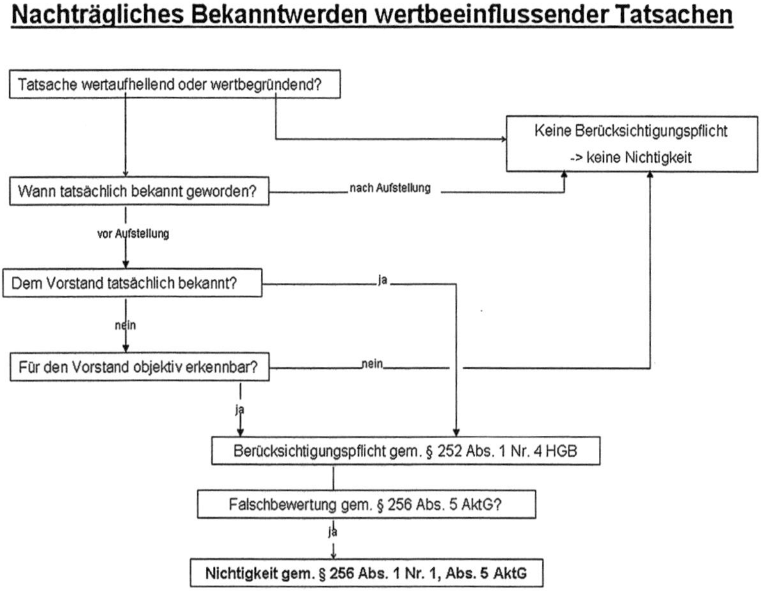

Abbildung 2: Nachträgliches Bekanntwerden wertbeeinflussender Tatsachen

3. Wesentlichkeitsgrenzen für die Nichtigkeit wegen Falschbewertung

a. Meinungsstand und Problemdarstellung

Von der Rechtsprechung und Literatur vielfältig behandelt ist die Frage des Ausmaßes einer Falschbewertung und dessen Bedeutung für die Tatbestandserfüllung der Über- bzw. Unterbewertung. Eine praktische Relevanz erlangt diese Frage insbesondere im Fall der Überbewertung, da bei Unterbewertungen der notwendig hinzutretende Vorsatz ohnehin dazu führt, dass eine deutliche Unterbewertung vorliegen muss: Nur in diesem Fall wird praktisch der gem. § 256 Abs. 5 S. 1 Nr. 2 AktG notwendige Vorsatz nachgewiesen werden können.

Ausgehend von einer BGH-Entscheidung aus dem Jahr 1982 wird in der Literatur vertreten, dass nur eine wesentliche Überbewertung zur Nichtigkeit des Jahresabschlusses führen könne. In der betreffenden Entscheidung heißt es, dass der Jahresabschluss nichtig ist, wenn eine Überbewertung

„in ihrem Umfang nicht bedeutungslos ist“.[512]

Statt der Verwendung dieser Formulierung behaupten z.B. HÜFFER und SCHMIDT/LUTTER unter Zitierung dieser Entscheidung, die Rechtsprechung verlange eine „wesentliche“ Überbewertung.[513] Andere Autoren wollen lediglich Bagatellfälle von der Nichtigkeitsfolge ausnehmen[514], fordern schwerwiegende[515] oder gar vorsätzliche Falschbewertungen[516].

Die Vielzahl der verschiedenen Formulierungen für die Schwelle der Wesentlichkeit für die Nichtigkeitsfolge bzw. die Ergänzung der Wesentlichkeit als objektives Tatbestandsmerkmal des § 256 Abs. 5 AktG machen eine Analyse der vertretenen Meinungen und Auseinandersetzung damit notwendig.

Zunächst ist von dem Wortlaut des § 256 Abs. 5 AktG auszugehen. Danach ist wegen Verstoß gegen die Bewertungsvorschriften der Jahresabschluss nur nichtig, wenn entweder Posten überbewertet sind, oder Posten unterbewertet sind und dadurch die Vermögens- und Ertragslage der Gesellschaft vorsätzlich unrichtig wiedergegeben oder verschleiert wird.[517]

Die Forderung nach einer wesentlichen Über- oder Unterbewertung enthält das Gesetz nicht.[518] Ein Vergleich mit § 256 Abs. 4 AktG macht deutlich, dass der Gesetzgeber durchaus die Wesentlichkeit als zusätzliches Merkmal kennt. So fordert er bei Gliederungsfehlern, dass die Klarheit und Übersichtlichkeit durch diese „wesentlich beeinträchtigt“ werden muss.[519] Auch für Bewertungs-

---

512 BGH v. 1.3.82 – II ZR 23/81, BGHZ 83, S. 341. Die Entscheidung ist zur GmbH ergangen, auf diese wurde jedoch § 256 AktG analog angewendet, so dass die Aussage des BGH zur Wesentlichkeit auf § 256 AktG in unmittelbarer Anwendung übertragen werden kann.

513 HÜFFER, AktG, 9. Aufl. , § 256 Rn. 25; SCHMIDT/LUTTER, AktG, § 256 Rn. 15.

514 So z.B. HAASE, Nichtigkeit, DB 1977 S. 241 oder KOWALSKI, Der nichtige JA, AG 11/93, S. 502 (503).

515 GEẞLER, Nichtigkeit, in: FS GOERDELER, S. 129 (141).

516 SCHEDLBAUER, Bestandskraft, DB 1992 S. 2097 (2099 li. Sp.).

517 § 256 Abs. 5 S. 1 AktG.

518 Dies entgegen teilweiser vertretener Ansicht auch nicht für die Unterbewertung, da die zusätzlichen Voraussetzungen nur den subjektiven Tatbestand betreffen, S. dazu o. A.8.c., S. 86.

519 § 256 Abs. 4 AktG.

fehler war dem Gesetzgeber die Möglichkeit der Forderung der Wesentlichkeit bewusst, da es in Bezug auf Unterbewertungen in § 258 AktG heißt:

> *„Besteht Anlass für die Annahme, dass in einem festgestellten Jahresabschluss bestimmte Posten **nicht unwesentlich** unterbewertet sind (§ 256 Abs. 5 Satz 3)... “.*[520]

Die Tatsache, dass das Kriterium der Wesentlichkeit in § 256 Abs. 4 AktG sowie in § 258 Abs. 1 S. 1 AktG genannt ist, in § 256 Abs. 5 AktG jedoch nicht, zeigt, dass der Gesetzgeber für Falschbewertungen keine Wesentlichkeit fordert, hätte er das Kriterium doch sonst genannt. Die Ansicht, die in § 256 Abs. 4 AktG genannte Wesentlichkeit sei ein auf den gesamten § 256 AktG anzuwendender Rechtsgedanke, kann daher nicht überzeugen.[521] So geht auch aus der Begründung des historischen Gesetzgebers hervor, dass Überbewertungen den Jahresabschluss „stets" nichtig machen sollen, Unterbewertungen und Gliederungsverstöße hingegen nur bei Hinzutreten weiterer Voraussetzungen.[522] Bei Gliederungsverstößen ist diese weitere Voraussetzung die der Wesentlichkeit.

Schließlich ist zu beachten, dass ein bedeutender Unterschied in den rechtsrelevanten Formulierungen „wesentlich" und „nicht unwesentlich" liegt. Das Gesetz kennt diesen Unterschied in § 256 Abs. 4 AktG und § 258 Abs. 1 S. 1 Nr. 1 AktG. Diese Formulierung ist nicht etwa zufällig gewählt. Wenn auch rein logisch durch doppelte Verneinung eine Bejahung folgt, so ist nicht nur sprachlich ein Unterschied gegeben, sondern auch rechtlich. Diese Art der doppelten Verneinung findet sich vielfältig im Zivilrecht zu Zweifelsregelungen bzw. zur Regelung der Beweislast.[523] Die Unterscheidung der Formulierungen ist daher auch der Rechtsprechung bewusst. Wenn der BGH also von einer „nicht bedeutungslosen" Überbewertung spricht, ist das nicht mit einer „bedeutsamen"="wesentlichen" Überbewertung gleichzusetzen. So schließt sich auch das

520 § 258 Abs. 1 S. 1 Nr. 1 AktG (Hervorhebung nicht im Original).

521 So aber LG München I v. 12.4.07 – 5 HK O 23424/06, NJOZ 31/07, S. 3403 (3404).

522 Ausschussbericht bei KROPFF, AktG, S. 342 (344, 347).

523 So z.B. gem. § 323 Abs. 5 S. 2 BGB: „...kann der Gläubiger nicht zurücktreten, wenn die Pflichtverletzung unerheblich ist.", S. dazu GRÜNEBERG in: PALANDT, BGB, 69. Aufl., § 323 Rn. 32. Entsprechend in § 281 Abs. 1 S. 3 BGB bezogen auf Schadensersatz statt der ganzen Leistung und § 536 Abs. 1 S. 3 BGB für Mietminderungen: „Eine unerhebliche Minderung der Tauglichkeit bleibt außer Betracht." S. dazu WEIDENKAFF in: PALANDT, BGB, 69. Aufl., § 536 Rn. 17. Doppelte Verneinung „nicht unerheblich" auch in §§ 543 Abs. 2 S. 1 Nr. 3 a) BGB. Zur Regelung der Beweislast in § 280 Abs. 1 S. 2 BGB: „Dies gilt nicht, wenn der Schuldner die Pflichtverletzung nicht zu vertreten hat." GRÜNEBERG in: PALANDT, BGB, 69. Aufl., § 280 Rn. 34.

LG Düsseldorf dieser Rechtsprechung und Formulierung an, indem es eine „nicht unbedeutende" Falschbewertung fordert.[524]

Es ist festzuhalten, dass mehrere Ausprägungen der Forderung nach einer Wesentlichkeit existieren, die sich in ihrer Auslegung unterscheiden: Bei der Ausnahme lediglich von Bagatellfällen tritt die Nichtigkeitsfolge grundsätzlich ein, es sei denn, es handelt sich um einen solchen Bagatellfall. Bei der Forderung nach einer „nicht bedeutungslosen" bzw. „nicht unwesentlichen" Falschbewertung ist ebenso im Grundsatz die Nichtigkeit gegeben, außer eine Prüfung ergibt, dass eine unwesentliche Falschbewertung vorliegt. Bei Forderung nach „wesentlicher" oder „schwerwiegender" Falschbewertung tritt dagegen die Nichtigkeitsfolge nur und erst dann ein, wenn ein bestimmtes hohes Maß an Falschbewertung überschritten wird. Im Zweifel ist also keine Nichtigkeit gegeben, während bei zuvor genannter Ausnehmung minder schwerer Fälle im Zweifel die Nichtigkeitsfolge eintritt.[525] Bei der Unterscheidung handelt es sich folglich keinesfalls um „Wortklauberei", wie teils gerügt.[526]

Bei der Forderung nach einer wesentlichen Überbewertung ist davon auszugehen, dass es sich um ein Tatbestandsmerkmal handelt, um das § 256 Abs. 5 AktG ergänzt wird. So liegt zwar eine Überbewertung vor, diese soll jedoch nur zur Nichtigkeit führen, wenn sie wesentlich ist. Wie dargelegt, ist diese Sichtweise vom Wortlaut der Vorschrift nicht gedeckt. Streng zu unterscheiden ist eine derartige Betrachtung von den Fällen, in denen schon eine Falschbewertung nicht gegeben ist. Dies ist der Fall, wenn für einen Bilanzansatz mehrere Werte in Betracht kommen. Möglich ist dies beim Bestehen von Wahlrechten, aber auch bei vorhandenen Beurteilungsspielräumen. Bei solchen ist zunächst nicht die Frage der Wesentlichkeit entscheidend, sondern die Grenzen des jeweiligen Beurteilungsspielraums. Bewegt sich der Bilanzierende innerhalb der zulässigen Grenzen des Beurteilungsspielraums bzw. der Wahlrechte, so liegt schon tatbestandlich gar keine Falschbewertung vor, so dass es auf die Frage der Wesentlichkeit nicht ankommen kann.[527] So hängt z.B. die Frage nach einer dauernden Wertminderung, die gem. § 253 Abs. 3 S. 3 HGB zu einer außerplanmäßigen

---

524 LG Düsseldorf v. 26.2.98 – 40 O 255/80, BB 13/89, S. 882.

525 Diese Unterscheidung verneint KAISER, ohne auf den Hintergrund in den Rechtswissenschaften einzugehen, KAISER, Berichtigung und Änderung, S. 222ff.; einzig WICHMANN weist zutreffend auf die Unterschiede der Formulierungen hin, WICHMANN, Bestandskraft, DB 7/93, S. 340 (341).

526 So insbesondere KAISER, Berichtigung und Änderung, S. 223 und SCHEDLBAUER, Replik, DB 7/93, S. 342 re. Sp.

527 So auch ADS, Rechnungslegung, Tb. 4, 6. Aufl., § 256 Rn. 40. Vgl. auch IDW, WP-Handbuch 2006, Band I, 13. Aufl., U Rn. 223f.; HEIDEL, AktR, § 256 Rn. 30 sowie WINNEFELD, Bilanz-Handbuch, 4. Aufl., I Rn. 69b.

Abschreibung verpflichtet, von einer Beurteilung des Bilanzierenden im Einzelfall ab. Unter Berücksichtigung des Wertaufhellungszeitraums sind dabei die möglichen Erkenntnisse einzubeziehen. Letztlich verbleibt aber ein Spielraum für die Einschätzung der voraussichtlichen Dauer der Wertminderung. Nur wenn dieser Spielraum objektiv verlassen wurde, liegt bei Nichtabschreibung eine Überbewertung vor, auch wenn eine Abschreibung ebenso zulässig gewesen wäre.[528] Ferner wird auch der anzusetzende beizulegende Wert selbst nicht frei von Beurteilungsspielräumen sein. Eine solche Bandbreite von Werten zeigt sich insbesondere bei der Bildung von Rückstellungen für ungewisse Verbindlichkeiten gem. § 249 Abs. 1 S. 1 Alt. 1 HGB. Maßstab ist der unbestimmte Rechtsbegriff der „vernünftigen kaufmännischen Beurteilung" gem. § 253 Abs. 1 S. 2 HGB. Aufgrund der Ungewissheit von Bestehen und/oder Höhe der Verbindlichkeit muss der Bilanzierende eine Schätzung vornehmen, die praktisch zu mehreren vertretbaren Bilanzansätzen führt.[529] Eine Falschbewertung liegt tatbestandlich nur vor, wenn die Grenzen dieser Beurteilung verlassen werden.[530]

Ein großer Teil der streitigen Falschbewertungen wird daher auf der Tatbestandsebene der Über- bzw. Unterbewertung entschieden werden, nämlich über die Frage, ob die zulässigen Grenzen des Beurteilungsspielraums bzw. des Wahlrechts eingehalten wurden. Ergibt deren Beantwortung, dass dies nicht der Fall ist, liegt eine Falschbewertung vor, die nach dem Wortlaut des Gesetzes im Falle einer Überbewertung[531] ohne weiteres zur Nichtigkeit führt.[532]

Dennoch wird die zusätzliche Forderung der Wesentlichkeit in verschiedenen Formen erhoben. Entgegen der Behauptung derer, die eine „wesentliche" Falschbewertung fordern, ergibt eine Analyse der vertretenen Auffassungen jedoch nicht, dass dies die ganz überwiegende Meinung ist. Diese Ansicht wird soweit ersichtlich vertreten von HÜFFER[533], GEßLER[534] sowie HENNRICHS, der „schwerwiegende" Bewertungsfehler fordert[535]. SCHEDLBAUER geht noch einen

528 Dies u.U. auch wegen des Wahlrechts zur außerplanmäßigen Abschreibung bei vorübergehender Wertminderung bei Finanzanlagen gem. § 253 Abs. 3 S. 4 HGB.

529 Vgl. WINNEFELD, Bilanz-Handbuch, 4. Aufl., D Rn. 867; BAETGE/KIRSCH/THIELE, Bilanzen, 11. Aufl., S. 418 ff.

530 Vgl. ADS, Rechnungslegung, Tb. 4, 6. Aufl., § 256 Rn. 40 a.E.; IDW, WP-Handbuch 2006, Band I, 13. Aufl., U Rn. 223f. sowie HÜFFER in: MüKo AktG, 2. Aufl., § 256, Rn. 57.

531 Im Falle einer Unterbewertung muss der subjektive Tatbestand hinzutreten.

532 I.E. so auch KOWALSKI, Der nichtige JA, AG 11/93, S. 502 (503 re. Sp.).

533 HÜFFER, AktG, 9. Aufl., § 256 Rn. 25 und in: MüKo AktG, 2. Aufl., § 256 Rn. 56.

534 GEßLER, Nichtigkeit, in: FS GOERDELER, S. 129 (141).

535 HENNRICHS, Fehlerhafte Bilanzen, ZHR 168 (2004), S. 382 (387, 388, 411).

Schritt weiter und verlangt gar vorsätzliche oder grob fahrlässige Falschbewertungen, auch im Falle der Überbewertung.[536]

Die genannten Autoren zitieren jedoch ausnahmslos das oben angeführte BGH-Urteil sowie andere Autoren als Beleg für die Forderung „wesentlicher“ Bewertungsfehler, obwohl diese eine andere Formulierung verwenden. So fordert der zitierte SCHULZE-OSTERLOH lediglich Bewertungsfehler „von einigem Gewicht“.[537] Die ebenso als Vertreter der Wesentlichkeit zitierten WICHMANN und HAASE wollen lediglich Bagatellverstöße von der Nichtigkeitsfolge ausnehmen.[538] Zu diesem Ergebnis kommt auch KOWALSKI, der zwar die Nichtigkeit als gegeben sieht, jedoch bei Bagatellverstößen erhobene Nichtigkeitsklagen als rechtsmissbräuchlich ansieht, so dass in der Praxis derartige Verstöße ungeahndet blieben.[539]

Die Mehrheit schließt sich jedoch dem BGH an, indem sie „nicht unwesentliche“ Bewertungsfehler fordert. So WINNEFELD[540], GEIST[541], WIMMER[542] sowie das IDW[543]. HEIDEL lehnt jegliche Einschränkung der Nichtigkeit bei Bewertungsfehlern ab.[544] Eine differenzierende Betrachtung führen BALTHASAR[545], KAISER[546] und ADS[547] an. So sehen diese ebenso, dass das Gesetz keine Einschränkung zulässt, kommen aber im Ergebnis dazu, dass Ausnahmen aufgrund der Schwere der Rechtsfolge notwendig sind.[548] SCHMIDT/LUTTER schließen sich zwar zunächst der Forderung einer Wesentlichkeit an, weisen aber schließlich darauf hin, dass die Beurteilung der Wesentlichkeit streng zu handhaben ist und erachten eine Einzelfallprüfung als notwendig.[549]

---

536 Dies aber als einziger und ohne nachvollziehbare Begründung, SCHEDLBAUER, Bestandskraft, DB 1992 S. 2097 (2099), was auch von WICHMANN gerügt wird, WICHMANN, Bestandskraft, DB 7/93, S. 340.

537 SCHULZE-OSTERLOH in: BAUMBACH/HUECK, GmbHG, 18. Aufl., § 42a Rn. 31.

538 WICHMANN, Bestandskraft, DB 7/93, S. 340 (341); HAASE, Nichtigkeit, DB 1977 S. 241.

539 KOWALSKI, Der nichtige JA, AG 11/93, S. 502 (503 re. Sp.).

540 WINNEFELD, Bilanz-Handbuch, 4. Aufl., I Rn. 69a.

541 GEIST, Berichtigung, DStR 8/96, S. 306.

542 WIMMER, Zivil- und strafrechtliche Folgen, DStR 49/97, S. 1931.

543 IDW, WP-Handbuch 2006, Band I, 13. Aufl., U Rn. 227.

544 HEIDEL, AktR, § 256 Rn. 33.

545 BALTHASAR, Bestandskraft, S. 195ff.

546 KAISER, Berichtigung und Änderung, S. 217ff.

547 ADS, Rechnungslegung, Tb. 4, 6. Aufl., § 256 Rn. 48f.

548 Vgl. ADS, Rechnungslegung, Tb. 4, 6. Aufl., § 256 Rn. 49; BALTHASAR, Bestandskraft, S. 196; KAISER, Berichtigung und Änderung, S. 219.

549 SCHMIDT/LUTTER, AktG, § 256 Rn. 15.

Es wird deutlich, dass die Mehrheit der Literatur § 256 Abs. 5 AktG derart auslegt, dass die Nichtigkeit trotz Falschbewertung nicht eintritt, wenn ein unwesentlicher bzw. nicht bedeutender Bewertungsfehler vorliegt. Entgegen der Darstellung einiger Autoren wird mehrheitlich nicht gefordert, dass erst ein wesentlicher Fehler die Nichtigkeit bedingt. Im Zweifel soll folglich nach mehrheitlicher Meinung die Nichtigkeit eintreten, worin der rechtlich relevante Unterschied der Formulierungen liegt.

Problematisch ist es im praktischen Fall dennoch, zu entscheiden, ob ein jeweiliger Bewertungsfehler unbedeutend ist oder nicht. Wo ist die Grenze zwischen einem Bagatellfall, einem lediglich unwesentlichen und einem nicht mehr unwesentlichen Fehler zu ziehen? Letztlich sind die Unterscheidungen sprachlicher Natur und erlauben lediglich eine Rangfolge der Fehlerarten herzustellen. Die Problematik liegt darin, diese ordinale Skala in eine kardinale Skala zu übersetzen, also die numerische Ausprägung der Falschbewertung den Fehlerklassen zuzuordnen.

b. Stellungnahme – Grundsatz der Wesentlichkeit

Das Gesetz fordert die Wesentlichkeit einer Falschbewertung nicht. Auch der historische Gesetzgeber wollte bei Überbewertungen die Nichtigkeitsfolge stets bzw. uneingeschränkt eintreten lassen.[550] Für die Unterbewertung wird das zusätzliche Kriterium des subjektiven Tatbestands verlangt, nur für Gliederungsfehler wird die Wesentlichkeit gefordert.[551] Die grammatische, historische sowie logisch-systematische Auslegung ergeben somit, dass bei Vorliegen des Tatbestandes einer Falschbewertung die Nichtigkeitsfolge eintritt, ohne dass es eines zusätzlichen Kriteriums der Wesentlichkeit bedarf.

Zweck der Nichtigkeitsfolge ist die Sanktion von Verstößen gegen Bewertungsfehler, die insbesondere die Jahresabschlussfunktionen des Gläubigerschutzes und der Ausschüttungsbemessung sowie Kapitalerhaltung beeinträchtigen. Die Forderung nach dem Wesentlichkeitskriterium wird dagegen vielfach nicht in Verbindung mit einer Verfehlung des Zweckes des § 256 AktG erhoben, sondern aufgrund der Schwere der Nichtigkeitsfolge, die nur bei wesentlichen Verstößen gerechtfertigt sei.[552] Eine einschränkende Auslegung des § 256 Abs. 5 AktG mit der Begründung der Schwere der Rechtsfolge scheint jedoch nicht

550 Ausschussbericht bei KROPFF, AktG, S. 342 (344, 347).

551 Ausschussbericht aaO.

552 WINKELJOHANN/SCHELLHORN in: BeBiKo, 7. Aufl., § 264 Rn. 57; HAAS in: BAUMBACH/HUECK, GmbHG, 19. Aufl., § 42a Rn. 31; ADS, Rechnungslegung, Tb. 4, 6. Aufl., § 256 Rn. 48.

sachgerecht. Allein die teleologische Auslegung verbleibt, die sich nach dem Zweck der auszulegenden Vorschrift richtet. Das Wesentlichkeitskriterium könnte sich durch Auslegung daher einzig ergeben, wenn eine Messung am Zweck des § 256 Abs. 5 AktG dies erfordert. Zweck des § 256 Abs. 5 AktG selbst ist die Einschränkung der Generalklausel des § 256 Abs. 1 Nr. 1 AktG.[553] Diese sanktioniert Verstöße gegen gläubigerschützende Vorschriften. Wenn also durch § 256 Abs. 5 AktG die Nichtigkeitsfolge bei Verstößen gegen Bewertungsvorschriften gegenüber der Generalklausel eingeschränkt werden soll, ist es möglich, auch weitere Einschränkungen aus diesem Absatz herauszulesen. Die Herausnahme unwesentlicher Bewertungsfehler aus der Nichtigkeitsfolge ist dann vertretbar, wenn der Gläubigerschutz und die Ausschüttungsbemessung bei unwesentlichen Falschbewertungen nicht beeinträchtigt werden, so dass der Schutzzweck des § 256 AktG nicht tangiert würde. Auch hier tritt wieder das Problem auf, zu beurteilen, ab wann eine Falschbewertung als nicht mehr unwesentlich angesehen werden kann.

Eine weitergehende Auslegung des § 256 Abs. 5 AktG kann jedoch unterbleiben, wenn sich die Einschränkungen bereits aus übergeordneten Grundsätzen ergeben. Ein solcher könnte der Grundsatz der Wesentlichkeit sein. Der Grundsatz der Wesentlichkeit, der eng mit dem Grundsatz der Wirtschaftlichkeit zusammenhängt, ist im Gesetz nicht genannt. Dennoch wird ein solcher Grundsatz als zu den GoB gehörig allgemein angenommen.[554] Im angelsächsischen Recht existiert der sog. Grundsatz der „materiality". Danach ist die Rechnungslegung so auszulegen, dass die Tatbestände offengelegt werden, die für die Jahresabschlussadressaten von Bedeutung sind, während Sachverhalte von untergeordneter Bedeutung vernachlässigt werden können, da sie keinen maßgeblichen Einfluss auf das Jahresergebnis haben.[555] Durch die Übernahme des Einblicksgebots im Sinne des „true and fair view", § 264 Abs. 2 S. 1 HGB in das deutsche Handelsrecht ist auch der Gedanke der Wesentlichkeit übertragen worden.[556]

553 Zur Einordnung des § 256 Abs. 5 AktG als einschränkende Interpretationsnorm s.o., A.5., S. 74.

554 LEFFSON, GoB, 7. Aufl., S. 180ff.; WINNEFELD, Bilanz-Handbuch, 4. Aufl., D Rn. 395; BAUMBACH/HOPT, HGB, 34. Aufl., § 252 Rn. 26; WINKELJOHANN/BÜSSOW in: BeBiKo, 7. Aufl., § 252 Rn. 70; BAETGE/KIRSCH in: KÜTING/WEBER, Handbuch der ReLe, 4. Aufl., Band Ia, I Rn. 309; BAETGE/KIRSCH/THIELE, Bilanzen, 11. Aufl., S. 121; IDW, WP-Handbuch 2006, Band I, 13. Aufl., F Rn. 598; ADS, Rechnungslegung, Tb. 1, 6. Aufl., § 252 Rn. 128; MAYER-WEGELIN, Wesentlichkeit, BB Sp. 4/06, S. 8 (9).

555 Vgl. ADS, Rechnungslegung, Tb. , 6. Aufl., § 252 Rn. 127; BAUMBACH/HOPT, HGB, 34. Aufl., § 252 Rn. 26; OSSADNIK, Materialitiy, WPg 20/93, S. 617 li. Sp.

556 So auch OSSADNIK, Materialitiy, WPg 20/93, S. 617 li. Sp.; ders. in: BB 25/93, S. 1763, Wesentlichkeit; ebenso NIEHUS, Materiality, WPg 1/81, S. 1 (3 li. Sp.).

Ferner ergibt sich im HGB selbst ein solcher Grundsatz aus bestimmten Vorschriften, so z.B. aus den Bewertungs- und Inventurvereinfachungsverfahren gem. §§ 240 Abs. 3 und 4, 241, 256 HGB sowie aus Einzelvorschriften zur Bilanz[557] und zum Anhang[558]. BAETGE/KIRSCH/THIELE weisen zutreffend darauf hin, dass aufgrund der kurzen Aufstellungsfristen[559] eine Begrenzung auf die wesentlichen Informationen notwendig und einzig praktikabel ist.[560]

Auszugehen ist vom Grundsatz der Wirtschaftlichkeit, wonach die Informationsvermittlung wirtschaftlich erfolgen muss. Daraus folgt, dass eine Steigerung des Informationsertrags nur dann gerechtfertigt ist, wenn der damit verbundene Aufwand geringer ist als der erzielte Ertrag.[561] Es handelt sich dabei um eine ökonomische Kosten-Nutzen-Betrachtung. Der Aufwand entsteht einerseits für den Bilanzierenden durch Ermittlung, Gewinnung und Verarbeitung von Informationen zur Bewertung bestimmter Sachverhalte, andererseits für den Bilanzleser durch Aufarbeitung und Interpretation der vermittelten Informationen. So ist es unökonomisch für den Bilanzierenden, aufwendige Bewertungsarbeiten vorzunehmen für Sachverhalte, die keine oder nur unwesentliche Auswirkungen auf das Jahresergebnis haben. Für den Bilanzleser ist es ebenso unökonomisch, wenn zusätzliche unwesentliche Informationen die Selektion der relevanten Informationen erschweren. Dieser Wirtschaftlichkeitsgrundsatz führt dazu, dass die Bilanzierungsregeln dann nicht beachtet zu werden brauchen bzw. sollen, wenn es lediglich um unwesentliche Informationen geht, die die Gesamtaussage des Jahresabschlusses nicht beeinflussen. Dies wird als Grundsatz der Wesentlichkeit bezeichnet. Es wird deutlich, dass eine „Überinformation" mit unwesentlichen Sachverhalten nicht nur überflüssig, sondern ggf. kontraproduktiv ist. Der Grundsatz der Wesentlichkeit ergibt sich damit auch aus der Informationsfunktion des Jahresabschlusses.[562] Der Grundsatz führt sich fort in der Abschlussprüfung, denn auch diese muss wirtschaftlich erfolgen. Der Abschlussprüfer braucht daher unwesentliche Sachverhalte nicht zu prüfen.[563]

557 § 265 Abs. 7 Nr. 1 HGB: „für die Vermittlung eines den tatsächlichen Verhältnissen [...] entsprechenden Bildes nicht erheblich".

558 § 268 Abs. 4 S. 2 und Abs. 5 S. 3 HGB: „größeren Umfang"; § 277 Abs. 4 S. 2: „nicht von untergeordneter Bedeutung"; § 284 Abs. 2 Nr. 4 HGB: „erheblicher Unterschied"; § 285 Nr. 3, 4, 5 und 12 HGB: „von Bedeutung", „erheblich", „nicht unerheblichen Umfang"; § 286 Abs. 3 Nr. 1 HGB: „von untergeordneter Bedeutung".

559 §§ 243 Abs. 3, 264 Abs. 1 S. 2, 3 HGB.

560 BAETGE/KIRSCH/THIELE, Bilanzen, 11. Aufl., S. 121 f.

561 WINNEFELD, Bilanz-Handbuch, 4. Aufl., D Rn. 400; BAETGE/KIRSCH/THIELE, Bilanzen, 11. Aufl., S. 121.

562 Vgl. LEFFSON, GoB, 7. Aufl., S. 182.

563 S. dazu IDW PS 250: Wesentlichkeit im Rahmen der Abschlussprüfung.

Für Ansatz und Bewertung gilt damit zum Einen, dass Wahlrechte und Beurteilungsspielräume eine Bandbreite von zulässigen Werten ermöglichen, zum Anderen dass durch den Grundsatz der Wesentlichkeit solche Sachverhalte außer Acht gelassen werden können bzw. sollen, die unwesentlich oder unbedeutend für die Darstellung der Vermögens-, Finanz- und Ertragslage sind. Wird damit z.B. eine außerplanmäßige Abschreibung unterlassen, und handelt es sich nur um einen geringen Betrag, der weder die Postengröße noch das Jahresergebnis maßgeblich beeinflusst, ist diese unterlassene Abschreibung vom Grundsatz der Wesentlichkeit gedeckt, so dass gar kein Verstoß gegen die GoB vorliegt. Nach dieser Betrachtung liegt bereits tatbestandlich gar keine Überbewertung vor.

Festzuhalten ist, dass bereits der übergeordnete Grundsatz der Wesentlichkeit dazu führt, dass unwesentliche Abweichungen von den Ansatz- und Bewertungsvorschriften nicht zur Nichtigkeit des Jahresabschlusses führen. Den Ansatz- und Bewertungsregeln wohnt der Grundsatz der Wesentlichkeit inne, so dass eine Nichtbeachtung der Vorschriften erst bei Verlassen der Unwesentlichkeit vorliegt. Objektiv kann ein konkreter Bilanzansatz nur entweder „fehlerhaft" oder „fehlerfrei" sein. Unter Beachtung des Wesentlichkeitsgrundsatzes stellt eine Bagatellabweichung demnach gar keinen Fehler dar, da sie von den GoB gedeckt ist, so dass dieser Jahresabschluss „richtig" bzw. „fehlerfrei" ist. Werden die Grenzen der Wesentlichkeit verlassen, liegt objektiv ein Fehler vor. Die Frage, ob dieser Fehler für sich wesentlich oder unwesentlich ist, stellt sich sodann nicht mehr.

Soweit es sich um derartige unwesentliche Abweichungen handelt, sind diese somit von den GoB gedeckt, so dass bereits tatbestandlich gar keine Falschbewertung i.S.d. § 256 Abs. 5 AktG vorliegt. Die vielfach geforderte Einschränkung der Nichtigkeitsfolge ist daher bereits in der Definition der Über- bzw. Unterbewertung in § 256 Abs. 5 S. 2 AktG enthalten, wo es heißt:

> *Überbewertet sind Aktivposten, wenn sie mit einem höheren Betrag, Passivposten, wenn sie mit einem niedrigeren Betrag angesetzt sind,* ***als nach §§ 253 bis 256 des Handelsgesetzbuchs zulässig*** *ist.*[564]

Zulässig nach diesen Vorschriften ist gerade die unwesentliche Abweichung von den Regelungen, was durch den Wesentlichkeitsgrundsatz bedingt ist.

564 § 256 Abs. 5 S. 2 AktG, Hervorhebung nicht im Original.

c. Zwischenergebnis

Der Grundsatz der Wesentlichkeit führt dazu, dass unwesentliche Abweichungen von Ansatz- und Bewertungsvorschriften keine fehlerhafte Bilanzierung bedeuten. Es liegt damit in diesen Fällen keine i.S.d. § 256 Abs. 5 AktG tatbestandliche Falschbewertung vor. Die Forderung nach einer Ergänzung des Tatbestands des § 256 Abs. 5 AktG um das Kriterium der Wesentlichkeit ist daher nicht notwendig und auch durch Auslegung nicht zu ermitteln. Sobald die Grenze des Wesentlichkeitsgrundsatzes verlassen wird, liegt ein Fehler vor, der im Falle der Überbewertung in jedem Fall zur Nichtigkeit des Jahresabschlusses führt. Im Falle der Unterbewertung muss der Vorsatz bezogen auf diese unrichtige Wiedergabe bzw. zumindest bezogen auf die Verschleierung der Vermögens- und Ertragslage hinzutreten.

d. Wesentlichkeitsgrenzen für die Beurteilung der Nichtigkeit

(1) Bedeutung von Schwellenwerten

Wie dargelegt, wird überwiegend vertreten, dass Bagatellfälle bzw. unwesentliche Bewertungsfehler nicht zur Nichtigkeit des Jahresabschlusses führen sollen. Es wurde gezeigt, dass dieses Kriterium nicht durch eine Ergänzung der Tatbestandsvoraussetzungen des § 256 Abs. 5 AktG zu fordern ist, sondern dass dieses sich aus dem übergeordneten Grundsatz der Wesentlichkeit ergibt.

Nicht gelöst ist damit jedoch das Problem der tatsächlichen Abgrenzung zwischen Bagatellfällen, unwesentlichen und nicht mehr unwesentlichen Abweichungen. Auch wenn es sich erst dann um einen „Fehler" handelt, wenn die Grenze der Unwesentlichkeit überschritten wird, ist eine praktikable Abgrenzungsmöglichkeit zu finden, bis wann eine Abweichung noch als zulässig zu erachten ist, und ab wann sie als Fehler zu klassifizieren ist. Durch die Analyse wurde allerdings deutlich, dass diese Grenze eng zu ziehen ist, weil der Grundsatz der Wesentlichkeit keine übermäßigen Abweichungen von den Bewertungsvorschriften zulassen kann. Es kommt auf die Perspektive des Jahresabschlussadressaten an, für den bestimmte Informationen unwesentlich sein müssen. Wird im praktischen Fall um die Nichtigkeit eines Jahresabschlusses gestritten, werden konkrete Sachverhalte vorgetragen werden, die die Nichtigkeit begründen sollen. Zunächst ist daher davon auszugehen, dass diese auch nicht unwesentlich sein können, sind sie doch zumindest für den Nichtigkeitskläger sehr wohl von Bedeutung. Handelt es sich also um eine konkrete vermutete Falschbewertung, wird diese im praktischen Fall bei Vorliegen regelmäßig nicht mehr unwesentlich sein. Diese Beurteilung muss jedoch für den Einzelfall entschieden werden. Quantitative Schwellenwerte können dafür einen Anhaltspunkt bieten.

In Fällen, in denen das Gesamtbild des Jahresabschlusses falsch erscheint und eine systematische Untersuchung erfolgen muss, in welchen Posten Bewertungsfehler vorliegen, ergibt sich neben der Bedeutung von Schwellenwerten als Anhaltspunkt für die Beurteilung der Wesentlichkeit eine weitere praktische Bedeutung derartiger Schwellenwerte: Um eine Nichtigkeitsprüfung wirtschaftlich zu gestalten, muss ähnlich zur Abschlussprüfung eine Wesentlichkeitsschwelle festgelegt werden, durch die der Prüfungsumfang festgelegt werden kann.[565]

Ausgehend von der ökonomischen Kosten-Nutzen-Betrachtung sind unwesentlich solche Sachverhalte und die daraus resultierenden Abweichungen, deren Verarbeitung höhere Kosten verursacht hätte als sie Nutzen gestiftet hätte. Eine ökonomisch-mathematische Untersuchung durch Bildung von Kosten- und Nutzenfunktionen ist jedoch praktisch nicht möglich. Die Wesentlichkeitsschwelle läge in dem Punkt, in dem die Grenzkosten und der Grenznutzen einer zusätzlichen Information übereinstimmen. Derartige Funktionen lassen sich jedoch praktisch nicht bilden, schon weil sich diese für jeden Bilanzierenden und jeden Bilanzleser unterscheiden würden.[566]

Wie bereits angedeutet, ist ein Lösungsansatz darin zu sehen, die ordinale Skala der Abweichungsklassen (Bagatellfall, unwesentlich, nicht mehr unwesentlich=fehlerhaft) einer kardinalen Skala mit konkreten numerischen Abweichungen zuzuordnen. Für derartige Schwellenwerte gibt es vielfältige Möglichkeiten. Zunächst ist zu unterscheiden zwischen absoluten Schwellenwerten und relativen Schwellenwerten. Bei relativen Grenzen ergeben sich zahlreiche Alternativen für die jeweilige Bezugsgröße.

Ziel soll es vorliegend sein, Schwellenwerte für Wesentlichkeitsgrenzen in Bezug auf Falschbewertungen und Jahresabschlussnichtigkeit zu ermitteln. So ist zwar der hier betreffende Wesentlichkeitsgrundsatz nicht nur auf die Nichtigkeit bezogen, sondern als ein allgemeiner Grundsatz der Rechnungslegung anzusehen. Jedoch kann die Sanktion eines Verstoßes nur in der Nichtigkeitsfolge gesehen werden. Ein Verstoß gegen den Wesentlichkeitsgrundsatz bewirkt die Nichtbeachtung von Rechnungslegungsvorschriften, die in den Grenzen des § 256 AktG zur Jahresabschlussnichtigkeit führt. Dies ist insbesondere der Fall bei Verstoß gegen gläubigerschützende Vorschriften. Der konkret verletzte Jahresabschlusszweck kann sich bei verschiedenen Verstößen jedoch unterscheiden,

565 Diese zwei Aspekte der Wesentlichkeitsbetrachtung ergeben sich auch für die Abschlussprüfung aus IDW PS 250, Tz. 12, 17.

566 Vgl. zu dieser Betrachtung OSSADNIK, Materialitiy, WPg 20/93, S. 617 (618) und BAETGE/KIRSCH/THIELE, Bilanzen, 11. Aufl., S. 121.

so dass die Art des Verstoßes für die Wesentlichkeitsgrenzbetrachtung relevant sein kann. Die von § 256 Abs. 5 AktG behandelten Verstöße bewirken wie dargelegt sowohl den Falschausweis eines Aktiv- bzw. Passivpostens als auch des Jahresergebnisses.[567] Betroffen sind somit insbesondere die Ausschüttungsbemessungsfunktion und die Kapitalerhaltung. Bei der Frage der Bedeutung für den Bilanzleser ist daher insbesondere auf das Eigenkapital bzw. das Jahresergebnis abzustellen. Bei Gliederungsfehlern hingegen ist die Informationsfunktion des Jahresabschlusses beeinträchtigt, so dass auf das Gesamtbild des Jahresabschlusses abzustellen ist.

Der unterschiedlichen Bedeutung wird bereits durch § 256 AktG Rechnung getragen, da für Gliederungsfehler gem. § 256 Abs. 4 AktG eine wesentliche Beeinträchtigung der Klarheit und Übersichtlichkeit gefordert wird. Diese „Wesentlichkeit“ ist zu unterscheiden von der des allgemeinen Grundsatzes. Auch wenn der Grundsatz verletzt wurde, kann somit im Falle von Gliederungsverstößen die Nichtigkeitsfolge ausbleiben, wenn nicht eine wesentliche Beeinträchtigung der Klarheit und Übersichtlichkeit vorliegt.

(2) Absolute und relative Schwellenwerte zur Beurteilung von Abweichungen

Für die Abgrenzung von wesentlichen und unwesentlichen Fehlern durch quantitative Schwellenwerte sind in der Literatur vielfältige Vorschläge gemacht worden. Einig sind sich dabei nahezu alle Autoren, dass derartige Werte nur Anhaltspunkte sein können und eine Entscheidung nur im Einzelfall getroffen werden kann.[568] Darin sind qualitative Kriterien einzubeziehen.

Vorgeschlagene Grenzwerte beziehen sich zumeist auf die Planung und Durchführung der Abschlussprüfung. Der Abschlussprüfer muss bei erkannten Abweichungen von den Bilanzierungsregeln entscheiden, ob diese Abweichung im Rahmen der Wesentlichkeit noch vertretbar ist oder nicht, so dass eine Testatseinschränkung die Folge wäre. Um die Prüfung wirtschaftlich zu gestalten, muss eine Auswahl der überhaupt zu prüfenden Sachverhalte getroffen werden; unwesentliche Sachverhalte können außer Acht gelassen werden, da selbst deren Fehlerhaftigkeit nicht zu einer Testatseinschränkung führen würde. Eine ent-

---

567 S. dazu o. A.8.a., S. 80 ff.

568 Vgl. LÖCKE, Materiality, in: BB 6/99, S. 307 (311); WINKELJOHANN/SCHELLHORN in: BeBiKo, 7. Aufl., § 264 Rn. 57 a.E.; OSSADNIK, Materialitiy, WPg 20/93, S. 617 (628f.); BUCHNER, Prüfungswesen, 2. Aufl., S. 245; KAISER, Berichtigung und Änderung, S. 229f.; DÖRNER/WIRTH in: KÜTING/WEBER, Handbuch der ReLe, 4. Aufl., Band Ia, § 284-288 Rn. 7 ff.; RÖLIKE in: SPINDLER/STILZ, AktG, § 256 Rn. 64.

sprechende Situation liegt vor, wenn ein bereits testierter Jahresabschluss auf Nichtigkeitsgründe untersucht werden soll.[569]

Im Falle einer erhobenen Nichtigkeitsklage ist der Grund der Nichtigkeit zu substantiieren, so dass ein vermuteter Fehler konkret gerügt wird. In dieser Situation muss der entscheidende Richter für den Einzelfall beurteilen, ob diese Abweichung unwesentlich ist oder nicht. Im Gegensatz zur vorgenannten Situation ist hier ein konkreter Informationsempfänger bekannt, dessen Präferenz für die Frage der Entscheidungserheblichkeit einer vorenthaltenen Information maßgeblich ist. Zumindest für diesen Adressaten ist die gerügte Abweichung wesentlich, sonst hätte er keine Nichtigkeitsklage erhoben. Es ist daher zu entscheiden, ob diese Präferenz vertretbar ist und auch für den Bilanzierenden hätte erkennbar sein können. Schwellenwerte können hier im Sinne der Objektivierung wie ein Anscheinsbeweis eine Vermutung für Wesentlichkeit bzw. Unwesentlichkeit aufstellen.

Zunächst ist zu entscheiden, ob absolute oder relative Schwellenwerte sachgerecht sind. Nachteil absoluter Grenzen ist zweifelsohne die Tatsache, dass derartige Grenzwerte nicht die Verhältnisse, insbesondere Größe, des Bilanzierenden berücksichtigen können. Ein und dieselbe Bewertungsabweichung kann für unterschiedlich große Gesellschaften bzw. für die Adressaten deren Rechnungslegung auch unterschiedlich große Bedeutung haben.[570] Gänzlich willkürfrei kann die Festlegung von Grenzwerten – seien es absolute oder relative Werte – niemals sein. Eine andere Möglichkeit der Objektivierung ist jedoch nicht gegeben.[571]

Einigkeit dürfte darin bestehen, dass erst ab einer absoluten Bagatellgrenze überhaupt eine Wesentlichkeit denkbar ist. Eine Falschbewertung von z.B. 100,- € wird niemals ernsthaft als wesentlich angesehen werden können. Zu entscheiden ist, wie hoch eine absolute Mindestgrenze angesetzt werden kann. Anhaltspunkt kann die Wertgrenze für sog. geringwertige Wirtschaftsgüter des § 6 Abs. 2 EStG sein. Danach dürfen selbständig nutzbare Gegenstände sofort abgeschrieben werden, wenn ihr Wert 410,00 € netto ohne USt nicht übersteigt. Diese Regelung gilt zwar nicht unmittelbar für die Handelsbilanz, die Sofortabschreibung wird aber in der Praxis auch handelsrechtlich durchgeführt und aner-

569 Folge wäre beim Ergebnis der Nichtigkeit, dass auch die Erteilung eines uneingeschränkten Bestätigungsvermerks angegriffen werden kann. Zu der Frage, inwieweit dem Abschlussprüfer Pflichtverletzungen vorgeworfen werden können, s.u.

570 So auch OSSADNIK, Wesentlichkeit, BB 25/93, S. 1763.

571 So auch OSSADNIK, Materialitiy, WPg 20/93, S. 617 (618 re. Sp.); KAISER, Berichtigung und Änderung, S. 227; QUICK, Materiality, WISU 11/92, S. 873 (874).

kannt.[572] Grundlage ist der Wesentlichkeitsgrundsatz.[573] Der Wert von 410,00 € wurde durch Glättung des vor der Euroumstellung geltenden Werts von 800,00 DM bestimmt. Diese Wertgrenze für geringwertige Wirtschaftsgüter bestand bereits im EStG mit Wirkung vom 01.01.1965. Wird die zwischenzeitliche Inflation von rund 300% berücksichtigt, so wäre der Wert heute mit mindestens 1.200,00 € anzusetzen.[574] Das Unterbleiben der Erhöhung im EStG ist lediglich mit fiskalischen Erwägungen zu begründen.

Gem. § 6 Abs. 2a EStG ist wahlweise eine Sammelabschreibung (sog. „Poolabschreibung“) für solche Wirtschaftsgüter möglich, deren Wert größer ist als 150,00 €, jedoch 1.000,00 € nicht übersteigt.[575] Dies macht deutlich, dass eine absolute Bagatellgrenze mit mindestens 1.000,00 € angesetzt werden kann.[576] Entsprechend können nach den US-GAAP Gegenstände mit Wert bis zu 2.000,00 US-$ sofort als Aufwand gebucht werden.[577]

Eine absolute Bagatellgrenze von 1.000,00 € ist daher als sachgerecht anzusehen, so dass Abweichungen bis zu 1.000,00 € stets als unwesentlich angesehen werden können. Die Nichtigkeitsfolge kann in diesen Fällen demgemäß nicht eintreten.

In Bezug auf eine absolute Obergrenze besteht nicht ohne Weiteres Einigkeit. Angesichts der Auslegung des § 256 Abs. 5 AktG, nach der nur unwesentliche Abweichungen nicht zur Nichtigkeit führen, im Zweifel also die Nichtigkeitsfolge eintreten soll, spricht einiges dafür, dass auch eine absolute Obergrenze festzustellen ist, ab der in keinem Fall mehr von einer Unwesentlichkeit gesprochen werden kann. Kann ein Betrag von beispielsweise 1 Mio. € noch unwesentlich sein?[578] Angesichts von Bilanzsummen, die mehrere Milliarden Euro erreichen, könnte eine demgemäß lediglich 0,1 % betragende Abweichung durchaus als unwesentlich angesehen werden.

Die folgende Tabelle zeigt Entscheidungen zur Nichtigkeit:

---

572 Vgl. BAUMBACH/HOPT, HGB, 34. Aufl., § 253 Rn. 14; ADS, Rechnungslegung, 6. Aufl. Tb. 1, § 253 Rn. 410 f.; KOZIKOWSKI/Roscher/Schramm in: BeBiKo, 7. Aufl., § 253 Rn. 275 f.

573 ADS aaO.

574 Vgl. WINNEFELD, Bilanz-Handbuch, 4. Aufl., E Rn. 986.

575 Danach ist ein Sammelposten der Wirtschaftsgüter mit Netto-Wert zwischen 150,00 und 1.000,00 € zu bilden, der zusammen über 5 Jahre abgeschrieben wird, sog. „Poolabschreibung“, vgl. § 6 Abs. 2a EStG.

576 So auch KOZIKOWSKI/Roscher/Schramm in: BeBiKo, 7. Aufl., § 253 Rn. 275.

577 WINNEFELD, Bilanz-Handbuch, 4. Aufl., E Rn. 986.

578 Bei WÜRTELE wird eine absolute Obergrenze von 1 Mio. DM erwähnt, WÜRTELE, Operationalisierung, S. 123.

Gericht	Entscheidungsjahr	Aussagen zur Wesentlichkeit in den Entscheidungsgründen
BGH	1982[579]	Nichtbildung einer Rückstellung in Höhe von bis zu 1,633 Mio. DM „nicht bedeutungslos“, keine Aussage zur relativen Bedeutung
FG Nürnberg	1986[580]	Nichtaktivierung von 130.000 DM ist bei einem Eigenkapital von 600.000 DM eine erhebliche Abweichung [21 % des EK]
LG Düsseldorf	1988[581]	Überbewertung von 9,3 Mio. DM „nicht unbedeutend“, keine Aussage zur relativen Bedeutung
OLG Hamm	1991[582]	Unterlassene Rückstellung von 50.000 DM ist bei einer Bilanzsumme von 646.000 DM ein erheblicher Fehler [7,7 %]
BGH	1993[583]	Nichtaktivierung eines Ersatzanspruchs gem. § 317 AktG; Überbewertung angenommen ohne Aussage zur relativen Bedeutung
LG Stuttgart	1994[584]	Gliederungsfehler einer Buchung in Höhe von 34,3 Mio. DM ist wesentlich; keine Aussage zur relativen Bedeutung

579 BGH v. 1.3.82 – II ZR 23/81, BGHZ 83, S. 341.
580 FG Nürnberg v. 28.10.86 – I 74/82, BB 8/87, S. 520.
581 LG Düsseldorf v. 26.2.88 – 40 O 255/80, BB13/89, S. 882.
582 OLG Hamm v. 17.4.91 – 8 U 173/90, BB 30/91, S. 2122.
583 BGH v. 15.11.93 – II ZR 235/92, BGHZ 124, S. 111.
584 LG Stuttgart v. 11.4.94 – 6 KfH O 169/93.

LG Frankfurt	2001[585]	Überbewertung macht zwar 22 % des Bilanzgewinns aus, jedoch weniger als 1% der Bilanzsumme und ist daher nicht signifikant
OLG Dresden	2006[586]	Unterlassene Aktivierung in Höhe von 12,8 Mio. DM führt zur Nichtigkeit; verbotene Aktivierung von 48 Mio. DM führt ebenso zur Nichtigkeit; keine Aussage zur relativen Bedeutung
LG München I	2007[587]	Falschbewertung von 60 Mio. € „unwesentlich", da lediglich 5,89 % des JÜ und 0,094 % der Bilanzsumme
OLG München	2008[588]	Bestätigung des LG München I
OLG Frankfurt	2008[589]	Falschbewertung unter ½ % der Bilanzsumme unwesentlich; auf Relation zum Bilanzgewinn kommt es nicht an
LG Frankfurt	2008[590]	Falschbewertung von 3,6 Milliarden Euro unwesentlich, weil unter ½ % der Bilanzsumme; auf Relation zum Bilanzgewinn kommt es nicht an

Tabelle 2: Rechtsprechung zur Wesentlichkeit

585 LG Frankfurt/Main v. 3.5.01 – 3/6 O 135/00, DB 27-28/01, S. 1483.
586 OLG Dresden v. 16.2.06 – 2 U 290/05, AG 2006, S. 672.
587 LG München I v. 12.4.2007 – 5 HK O 23424/06, NJOZ 31/07, S. 3403.
588 OLG München v. 7.1.08 – 7 U 3773/07, BB 9/08, S. 440, BeckRS 08, 04119.
589 OLG Frankfurt/Main v. 18.3.08 – 5 U 171/06, BeckRS 08, 07124.
590 LG Frankfurt/Main v. 19.6.08 – 3-5 O 158/07, BeckRS 08, 23905.

Festzustellen ist, dass vielfach die Gerichte lediglich die absolute Höhe der Falschbewertung anführen, und diese für die Nichtigkeitsfolge ausreichen lassen. Nur teilweise wird die relative Bedeutung der Falschbewertung herangezogen. Dabei sieht das OLG Hamm eine Falschbewertung, die 7,7 % des Eigenkapitals beträgt, als wesentlich an, das LG München I eine Falschbewertung in Höhe von 5,89 % des Jahresüberschusses als unwesentlich. Das OLG Frankfurt/Main sieht wie das LG Frankfurt/Main eine Relation zum Jahresergebnis bzw. Bilanzgewinn als nicht entscheidend an und stellt nur auf die Relation zur Bilanzsumme ab. Dabei ist diese Ansicht jedoch selbst innerhalb des OLG Frankfurt/Main umstritten.[591]

Es wird deutlich, dass es bei der Beurteilung auf die Beurteilung im Einzelfall ankommt. Genau diese Beurteilung wurde in den aufgeführten Fällen vorgenommen. Aus der Betrachtung der Entscheidungen geht hervor, dass bei erkannten Abweichungen häufiger auf Nichtigkeit erkannt wurde als dagegen. Auch die Rechtsprechung tendiert folglich dazu, die Nichtigkeitsfolge nur bei im Einzelfall unwesentlichen Abweichungen ausbleiben zu lassen und nicht etwa eine besondere Schwere der Abweichung zu fordern, um die Nichtigkeitsfolge zu bewirken. Entgegen der vielfachen Zitierung fordern auch die Gerichte zumeist nicht eine erhebliche Überbewertung. Vielmehr wird in den Entscheidungsgründen die konkret festgestellte Falschbewertung als erheblich bzw. schwerwiegend bezeichnet. Diese Urteile werden jedoch teilweise derart zitiert, dass eine erhebliche oder schwerwiegende Falschbewertung gefordert wird, um die Nichtigkeitsfolge zu bewirken.[592] Die Behauptung, auch die Rechtsprechung forderte eine solche Schwelle, ist damit bei eingehender Betrachtung der jeweiligen Entscheidungsgründe nicht haltbar.

Dennoch ist auch die Rechtsprechung uneinheitlich und wendet verschiedene Bezugsgrößen und Schwellen an. Aufgrund der vielfältigen Bezugsgrößen ist es damit meist möglich, das gewünschte Ergebnis (wesentlich oder unwesentlich) argumentativ zu stützen, so dass die Vermutung einer Willkür trotz der angeblich objektiven Größen verbleibt. So sieht das LG Frankfurt in der in der Tabelle aufgeführten Entscheidung eine Überbewertung, die 22 % des Bilanzgewinns ausmacht, als unwesentlich an, weil sie weniger als 1 % der Bilanzsumme

591 So widerspricht der 23. Senat des OLG Frankfurt/Main, Urteil v. 24.6.09 – 23 U 90/07, DB 35/09, S. 1863 (1868) explizit der Auffassung des 5. Senats, die in dem Urteil zu 5 U 171/06 geäußert wurde.

592 So belegt beispielsweise WIMMER die Behauptung, die Rechtsprechung fordere eine wesentliche Überbewertung (WIMMER, DStR 49/97, S. 1931 li. Sp., dort Fn. 2) mit dem LG Düsseldorf, das lediglich eine Überbewertung von 9,2 Mio. DM als „nicht unbedeutend" ansieht; LG Düsseldorf v. 26.2.88 – 40 O 255/80, BB 13/89, S. 882 (884). Die Behauptung ist damit gerade nicht belegt.

ausmache.[593] Eine genaue Betrachtung der Entscheidungsgründe lässt jedoch einen Rechenfehler erkennen, sollten die genannten Zahlen zutreffend sein: Die Bilanz weist laut der Entscheidungsgründe einschließlich der Falschbewertung einen Bilanzgewinn von 711 Mio. DM aus. Die Bilanzsumme beträgt ca. 1.726 Mio. DM. Die Überbewertung des betreffenden Aktivpostens beträgt 156,6 Mio. DM. Das sind 22 % des ausgewiesenen Bilanzgewinns, jedoch 28 % des korrekten Bilanzgewinns.[594] Ferner entsprechen 156,6 Mio. ca. 9 % von 1.726 Mio. und nicht weniger als 1 %. Das LG Frankfurt verrechnete sich scheinbar um eine Kommastelle. Berücksichtigt man auch hier, dass die Bilanzsumme bereits den Fehler enthält, bewirkt die Überbewertung gar eine Veränderung der Bilanzsumme um rund 10 %.[595] Der Jahresabschluss im betreffenden Fall war damit nichtig gem. § 256 Abs. 1 Nr. 1 i.V.m. Abs. 5 S. 1 Nr. 1 AktG wegen Überbewertung, so dass es sich nach hier vertretener Auffassung um eine klare Fehlentscheidung handelt. Eine derartige Überbewertung kann schwerlich als unwesentlich angesehen werden. Ob hier im Sinne des Ergebnisses gerechnet wurde, sei dahingestellt. Deutlich wird allerdings, dass fast jedes gewünschte Ergebnis mit passenden Schwellenwerten untermauert werden kann.

Das LG Frankfurt vertritt in einer anderen Entscheidung wie teilweise das OLG Frankfurt, dass nur die Relation zur Bilanzsumme entscheidend sei.[596] Ein Bezug zum Bilanzgewinn sei nicht zu ziehen, weil Jahresabschlüsse von Gesellschaften mit geringen Jahresergebnissen dann durch nahezu jeden Ansatzfehler nichtig würden.[597] Diese Argumentation kann nicht überzeugen. Auf die Gesellschaften mit geringer Bilanzsumme ließe sich dieses Argument ebenso beziehen, so dass dann niemals eine Nichtigkeit eintreten würde. Vielmehr sind für Bilanzsumme und das darin enthaltene Jahresergebnis unterschiedliche Schwellenwerte zu bilden. Eine Relation der Falschbewertung zum Jahresergebnis zu ziehen, ist jedoch gerade notwendig, weil sich daraus die Ausschüttungsbemessungsfunktion ergibt, deren Verstoß ein zentraler Grund für die Notwendigkeit der Nichtigkeitssanktion ist. Diese Ansicht bestätigt auch ein anderer Senat des

---

593 LG Frankfurt/Main v. 3.5.01 – 3/6 O 135/00, DB 27-28/01, S. 1483.

594 Der korrekte Bilanzgewinn beträgt 711-156,6 Mio. DM = 554,4 Mio. DM. 156,6/554,4*100=28,25.

595 156,6/(1.726-156,6)*100=9,98.

596 OLG Frankfurt/Main v. 18.3.08 – 5 U 171/06, BeckRS 08, 07124; LG Frankfurt/Main v. 19.6.08 – 3-5 O 158/07, BeckRS 08, 23905.

597 OLG Frankfurt/Main v. 18.3.08 – 5 U 171/06, BeckRS 08, 07124; LG Frankfurt/Main v. 19.6.08 – 3-5 O 158/07, BeckRS 08, 23905.

OLG Frankfurt, der explizit ein Abstellen auf das Jahresergebnis für erforderlich hält.[598]

Wenn mehrere Schwellenwerte in Betracht kommen, muss jedenfalls die höchste relative Wirkung ausschlaggebend sein und kann nicht durch eine niedrigere Relation ausgehebelt werden. Wenn also wie im eben zitierten Beispiel die Falschbewertung 22 % einer möglichen Bezugsgröße ausmacht, muss dies zur Nichtigkeit führen, auch wenn eine andere denkbare Bezugsgröße nur um 1 % verändert wird. Dies ergibt sich eindeutig aus dem Gesetzeswortlaut, der im Zweifel die Nichtigkeit fordert. Deren Ausbleiben kann nur die Ausnahme sein bei positiv festgestellter Unwesentlichkeit. Dies ist nur der Fall, wenn die denkbaren Schwellenwerte sämtlichst unterschritten werden. Wird nur einer der Schwellenwerte überschritten, so kann nicht mehr von Unwesentlichkeit ausgegangen werden.

Als mögliche Bezugsgrößen für relative Schwellenwerte werden u.a. diskutiert:[599]

- einzelne Posten der Bilanz und/oder GuV,
- das Eigenkapital,
- das Jahresergebnis vor oder nach Steuern,
- ein geglättetes Jahresergebnis (z.B. Mittel der letzten 5 Jahre),
- die Bilanzsumme,
- die Umsatzerlöse.

---

598 OLG Frankfurt/Main v. 24.6.09 – 23 U 90/07, DB 35/09, S. 1863 (1868); erstinstanzlich LG Frankfurt/Main v. 19.6.08 – 3-5 O 158/07; der 23. Senat widerspricht explizit der Auffassung des 5. Senats in 5 U 171/06.

599 Vgl. OSSADNIK, Materialitiy, WPg 20/93, S. 617 (619); LÖCKE, Materiality, in: BB 6/99, S. 307 (311); BUCHNER, Prüfungswesen, 2. Aufl., S. 246; WÜRTELE, Operationalisierung, S. 122ff.

Die folgende Tabelle enthält beispielhaft einige in der Literatur vorgeschlagene Wesentlichkeitsschwellen:

Verfasser	**Wesentlichkeitskriterien**
Winkeljohann/Schellhorn[600]	Die Abweichung verändert • den Jahresüberschuss um mind. 10 % zzgl. 0,25 % der Bilanzsumme oder • die Bilanzsumme um mind. 5 % oder • wichtige Einzelposten um mind. 10 %. • Alternativ: Es wird die Überschreitung gesellschaftsrechtlicher Grenzen vereitelt (z.B. Überschuldung o. Verlust von 50 % des Grundkapitals, § 92 AktG)
Leffson/Bönkhoff[601]	Durch den Fehler wird das Jahresergebnis um mind. 2,5 % verändert.
Löcke[602]	5/10 % - Regel bezogen auf das „ordentliche Ergebnis nach Steuern“: Abweichung < 5 % : unwesentlich 5 % < Abweichung < 10 % : Einzelfallbeurteilung Abweichung < 10 % : wesentlich
Quick[603]	5/10 % - Regel bezogen auf den durchschnittlichen Gewinn vor Steuern der letzten 3 – 5 Jahre Abweichung < 5 % : unwesentlich 5 % < Abweichung < 10 % : Einzelfallbeurteilung Abweichung < 10 % : wesentlich

600 Winkeljohann/Schellhorn in: BeBiKo, 7. Aufl., § 264 Rn. 56ff.

601 Leffson/Bönkhoff, Materiality-Entscheidungen, WPg 82, S. 389 (395).

602 Löcke, Materiality, in: BB 6/99, S. 307 (312). Das „ordentliche Ergebnis nach Steuern“ soll durch Eliminierung außerordentlicher Erträge und Aufwendungen ermittelt werden. Es handelt sich damit um das „Ergebnis der gewöhnlichen Geschäftstätigkeit“ vermindert um die angefallenen Steuern.

603 Quick, Materiality, WISU 11/92, S. 873 (875).

WINKELJOHANN und SCHELLHORN weisen explizit darauf hin, dass die vorgeschlagenen Grenzen nur „im Allgemeinen" gelten sollen und lediglich einen Anhaltspunkt darstellen, so dass im Einzelfall auch andere Grenzen gelten können.[604] Das sog. „save-havens"-Konzept[605] löst dies durch den Zwischenbereich (5 bis 10 %). Es ist damit weiter objektiviert, fordert aber bei Überschreitung der Zwischenzone eine starre Anwendung.

Zu beachten ist ferner, dass teilweise die Grundbezugsgröße unterschiedlich ist. Ist eine Falschbewertung ausgemacht worden, so stellt sich die Frage, welcher Wert den Bezugspunkt der Relation darstellen soll. Das ausgewiesene Jahresergebnis bzw. die Bilanzsumme enthalten bereits die Über- bzw. Unterbewertung, so dass diese zunächst herausgerechnet werden muss, um den eigentlich korrekten Wert ermitteln. Der Prozentsatz der Veränderung ist sodann auf diese Größe zu beziehen. Wird als Grenze ein Prozentsatz benannt, der sich auf den konkret ausgewiesenen Ansatz beziehen soll, ist dieser entsprechend niedriger zu wählen.

Folgende Formel verdeutlicht die Umrechnung:

A:	Ansatzwert
i:	Fehler
W:	fehlerfreier Ansatz; Bezugsgröße
i:*	Fehler bezogen auf den Ansatzwert

$$W = 1$$
$$A = W + i = 1 + i$$
$$i^* = i / A = i/(1+i)$$

Wird beispielsweise wie von WINKELJOHANN/SCHELLHORN gefordert, dass der Fehler den Jahresüberschuss um 10 % verändern soll bzw. die Bilanzsumme um 5 %, so reicht bezogen auf den angesetzten Wert, der eine Überbewertung enthält, ein Prozentsatz von

$$0{,}1/1{,}1 = 0{,}0909 = 9{,}09\ \%$$

bzw.

$$0{,}05/1{,}05 = 0{,}0476 = 4{,}76\ \%$$

aus.

604 WINKELJOHANN/SCHELLHORN in: BeBiKo, 7. Aufl., § 264 Rn. 57.

605 Vgl. OSSADNIK, Materialitiy, WPg 20/93, S. 617 (620).

Anders herum betrachtet beträgt ein festgestellter Anteil am tatsächlichen Ansatzwert einen entsprechend größeren Anteil am fehlerbereinigten Wert, nämlich

$$i° = i / (1-i) \ .$$

Beträgt der ausgewiesene Jahresüberschuss 1.018 Mio. € und enthält dieser eine Überbewertung von 60 Mio. € (vgl. Urteil des LG München I), so beträgt die Falschbewertung zwar lediglich 5,89 % des Jahresüberschusses. Der korrekte Jahresüberschuss von 958 Mio. € wird jedoch durch den Fehler um 6,26 % verändert.[606] Bei diesem Beispiel mag der Unterschied womöglich nicht relevant sein, bei Überschreiten der 10 %-Grenze wird aber die Entscheidung beeinflusst. Die Grenze dafür liegt wie zuvor dargestellt bei 9,09 %. Wird folglich ein Fehler, der geringfügig mehr als 9 % der ausgewiesenen Bezugsgröße ausmacht, wegen Unterschreiten der angenommenen 10 %-Grenze als unwesentlich klassifiziert, wäre diese Entscheidung fehlerhaft, da die 10 %-Grenze bei korrekter Betrachtung bereits überschritten ist.

Ein weiteres Beispiel soll die Anwendung von Grenzwerten und die dabei auftretenden Probleme verdeutlichen:

> Eine AG legt ihren Jahresabschluss zum Geschäftsjahr t0 vor. Es handelt sich um eine kleine AG gem. § 267 Abs. 1 HGB. Die GuV weist einen Jahresfehlbetrag von 200.000,00 € aus. Die Bilanzsumme beträgt 1,6 Mio. €. Das Jahresergebnis wird insbesondere durch eine gebildete Rückstellung für ungewisse Verbindlichkeiten gem. § 249 Abs. 1 S. 1 HGB in Höhe von 200.000,00 € belastet. Diese Rückstellung war pflichtgemäß zu bilden. Von einer möglichen Bandbreite wurde aber dem Vorsichtsprinzip entsprechend der höchste Wert gewählt. Ein Ansatz von 100.000,00 € wäre im Rahmen des Beurteilungsspielraums bezüglich der Höhe der wahrscheinlichen Inanspruchnahme ebenso vertretbar und damit zulässig gewesen.
>
> Ferner hält die AG eine Beteiligung mit Anschaffungskosten von 100.000,00 €, zu denen diese unter dem Posten A.III. „Finanzanlagen" aktiviert ist.[607] Die Gesamtsumme dieses Postens beträgt 400.000,00 €. Aufgrund der anhaltend schlechten Ertragslage ist der Wert der Beteiligung auf maximal 85.000,00 € gesunken. Es hätte damit eine außerplanmäßige Abschreibung wegen voraussichtlich dauernder Wertminderung gem. § 253 Abs. 3 S. 3 HGB in Höhe von 15.000,00 € vorgenommen werden müssen, was jedoch unterlassen wurde.

606 Nach der Formel ermittelbar durch 0,0589/(1-0,0589)=0,0626 .

607 Die AG ist kleine i.S.d. § 267 Abs. 1 HGB, so dass gem. § 266 Abs. 1 S. 3 HGB nicht weiter aufgegliedert werden muss als nach den mit römischen Zahlen bezeichneten Posten.

Ist die erfolgte Feststellung des Jahresabschlusses nichtig? Der Posten A.III. „Finanzanlagen" ist um 15.000,00 € zu hoch ausgewiesen. Er könnte damit überbewertet sein gem. § 256 Abs. 5 S. 1 Nr. 1, S. 2 AktG. Es handelt sich um einen Verstoß gegen § 253 HGB, da eine Abschreibungspflicht bestand. Dieser Verstoß stellt jedoch keine Überbewertung dar, wenn er unwesentlich ist. Die Fehler von 15.000,00 € beträgt 7,5 % des ausgewiesenen Jahresergebnisses. Das korrekte Jahresergebnis betrüge einen Fehlbetrag von 215.000,00 €. Die Veränderung durch den Fehler beträgt demnach 6,98 %. Die Überbewertung beträgt ferner 0,9375 % der Bilanzsumme bzw. verändert die korrekte Bilanzsumme um 0,946 %.[608] Die Fehler beträgt ferner 3,75 % des Postens „Finanzanlagen" bzw. verändert diesen um 3,896 %.

Nach den Kriterien von Winkeljohann und Schellhorn ist die Falschbewertung unwesentlich, so dass keine Nichtigkeit folgt. Die Veränderung des Jahresergebnisses um 6,98 % ist jedoch nach den Kriterien von Leffson und Bönkhoff nicht mehr unwesentlich, so dass eine Überbewertung vorliegt und der Jahresabschluss gem. § 256 Abs. 1 Nr. 1, Abs. 5 S. 1 Nr. 1 AktG nichtig wäre.

Wie sich aus dem Beispiel ergibt, wäre auch ein Ansatz der Rückstellung mit lediglich 100.000,00 € vertretbar gewesen. Der Jahresfehlbetrag wäre danach mit 100.000,00 € ausgewiesen worden, der korrekte Jahresfehlbetrag unter Berücksichtigung der außerplanmäßigen Abschreibung hätte 115.000,00 € betragen. Der Fehler hätte nunmehr den Jahresfehlbetrag um 13,04 % verändert, so dass auch nach Winkeljohann/Schellhorn die Nichtigkeitsfolge eintreten würde.

Wird als Bezugsgröße der überbewertete Posten „Finanzanlagen" betrachtet, so wird er durch die Falschbewertung um 3,896 % verändert. Dies allein würde nach keiner der vorgeschlagenen Kriterien die Nichtigkeit bewirken. Handelte es sich um eine mittelgroße oder große AG, müsste eine weitere Aufgliederung des Posten gem. § 266 Abs. 2 HGB erfolgen. Auch eine kleine AG kann die Aufgliederung freiwillig vornehmen. An der Überbewertung ändert dies nichts, da nunmehr der Posten A.III.3. „Beteiligungen" um 15.000,00 € überbewertet wäre. Die weitere Aufgliederung kann jedoch Bedeutung haben, wenn eine Kompensation mit einer Unterbewertung in Betracht käme.[609] Darüber hinaus ändert sich aber auch die Bezugsgröße. So beträgt im Beispiel der Wert des Gesamtpostens „Finanzanlagen" 400.000,00 €. Neben der Beteiligung von 100.000,00 € bestehen also Vermögensgegenstände mit Buchwerten von 300.000,00 €, die

608 Nach erfolgter Abschreibung betrüge die Bilanzsumme nur noch 1,585 Mio. €. 15/1585*100=0,946.

609 S. dazu oben A.8.a., S. 80 ff.

auch anderen Kategorien zugeordnet sein könnten. Wären die anderen Vermögensgegenstände beispielsweise zu 250.000,00 € dem Posten „Wertpapiere des Anlagevermögens" zuzuordnen, so betrüge der Posten Beteiligungen noch 150.000,00 €. Die Falschbewertung macht nunmehr 10 % des Postens aus bzw. verändert den korrekten Wert gar um 11,11 %.[610] Nunmehr ergibt sich die Nichtigkeit bereits aus dem Schwellenwert zur Bezugsgröße „Bilanzposten".

Das Beispiel macht deutlich, dass bei gleichem Sachverhalt andere zulässige Entscheidungsalternativen des Bilanzierenden die Entscheidung über die Wesentlichkeit einer davon unabhängigen Überbewertung umkehren können, wenn Grenzwerte starr angewendet werden. So kann die freiwillige Aufgliederung von Posten bei kleinen Kapitalgesellschaften bzw. der Ansatz anderer Bilanzposten innerhalb von zulässigen Bandbreiten die Schwellenwerte verändern. Ferner wurde deutlich, dass eine Anwendung von Grenzwerten mit rechnerischen Problemen verbunden ist, die vielfältig gar nicht wahrgenommen werden.

(3) Ergebnis

Dem Wortlaut und Zweck des § 256 AktG wird einzig eine strenge Anwendung möglicher Schwellenwerte dergestalt gerecht, dass im Zweifel die Nichtigkeit eintritt. Die hier betrachteten Falschbewertungen bewirken den Falschausweis eines Aktiv- bzw. Passivpostens und verändern das Jahresergebnis und damit das Eigenkapital. Als denkbare Bezugsgrößen für Schwellenwerte kommen daher der Wert des Postens, die Bilanzsumme, das Eigenkapital und ein Gewinn- bzw. Ergebnismotiv in Betracht. In Entscheidungen zur Nichtigkeit wird meist undifferenziert entweder der Jahresüberschuss, der Bilanzgewinn oder ein Ergebnis vor Steuern herangezogen. Eine Auswahl der sachgerechten Bezugsgröße muss sich nach dem beeinträchtigten Jahresabschlusszweck richten. Ferner ist zu beachten, dass der Schwellenwert umso größer sein kann, je kleiner die jeweilige Bezugsgröße ist und umgekehrt.

Falschbewertungen beeinträchtigen die Ausschüttungsbemessung, Kapitalerhaltung sowie den Gläubigerschutz und führen zur Verfehlung der Informationsfunktion. Eine maßgebliche Beeinträchtigung des Gläubigerschutzes tritt ein, wenn ein zu hoch ausgewiesener Gewinn ausgeschüttet wird, der bei korrekter Bilanzierung gar nicht zur Verfügung gestanden hätte. Als zentrale Bezugsgröße für einen Schwellenwert kommen daher der Jahresüberschuss bzw. der Bilanzgewinn in Betracht. Die GuV von AGs ist gem. § 158 AktG zwingend unter Darstellung der teilweisen Verwendung des Jahresergebnisses aufzustellen. Im Unterschied zum Jahresüberschuss, der sich nur auf das konkrete Geschäftsjahr bezieht, enthält der Bilanzgewinn durch Rücklagenentnahmen und –einstel-

610 15/150=0,1 ; 0,1/0,9=0,1111.

lungen sowie Gewinnvortragseinstellungen bzw. –entnahmen periodenfremde Bestandteile. So kann beispielsweise ein Jahresfehlbetrag durch Entnahmen aus Gewinnvorträgen zu einem Bilanzgewinn modifiziert werden, so dass eine Ausschüttung erfolgen könnte. Aus der Bilanzierungsperiode heraus, die die Falschbewertung enthält, ergibt sich das ausschüttbare Ergebnis nur aus dem Jahresüberschuss. Als Bezugsgröße ist daher in erster Linie der Jahresüberschuss bzw. –fehlbetrag heranzuziehen. Dass es sich dabei um ein Ergebnis nach Steuern handelt, ist sinnvoll, da nur das Nachsteuerergebnis ausschüttbar ist. Unter der Berücksichtigung, dass die Unwesentlichkeit nur die Ausnahme sein kann, scheint ein Schwellenwert von 5 % sachgerecht, der sich auf das korrekte Ergebnis, also ohne Falschbewertung, beziehen soll. Wird das ausgewiesene Ergebnis betrachtet, so reichte daher ein Anteil von 4,76 % aus.

Bei anderen Kapitalgesellschaften kann gem. § 268 Abs. 1 HGB wahlweise der Ausweis eines Bilanzergebnisses vorgenommen werden. Dieses tritt jedoch gem. § 268 Abs. 1 S. 2 Hs. 1 HGB an die Stelle des Jahresüberschusses/-fehlbetrages, so dass dieser selbst nicht direkt aus der Bilanz zu ersehen ist. Er ergibt sich jedoch aus den notwendigen Angaben im Anhang, so dass auch in diesem Fall als Bezugsgröße auf den Jahresüberschuss/-fehlbetrag abzustellen ist.[611]

Als weitere Bezugsgröße bietet sich der Wert des betreffenden Postens an, da die Falschbewertung sich direkt darauf bezieht. Wie zuvor beispielhaft dargestellt, kann jedoch durch die Aufgliederung diese Größe stark variieren. Um den Falschausweis und die damit verbundene Verfehlung der Informationsfunktion zu messen, sollte daher die Bedeutung des Postens selbst berücksichtigt werden. So kann es durchaus unwesentlich sein, wenn zwar ein Posten selbst stark verändert wird, es sich dabei aber um einen per se unwesentlichen Posten handelt. Zur Objektivierung bietet sich daher als Bezugsgröße nur die Bilanzsumme an. Aufgrund deren absoluter Größe kommt hier ein niedriger Schwellenwert von 1 % in Betracht.

Diese Kriterien sind alternativ anzuwenden und nicht kumulativ, d.h. die Nichtigkeit ist gegeben, wenn entweder die eine oder die andere Schwelle *über*schritten ist. Da eine gefundene Falschbewertung auf ihre Unwesentlichkeit zu untersuchen ist, werden die Schwellen als Höchstschwellen formuliert, so dass die Unwesentlichkeit gegeben ist, wenn die Schwellen kumulativ *unter*schritten sind. Ferner ist nochmals darauf hinzuweisen, dass diese Werte nur Anhaltspunkte sein sollen und die Entscheidung im Einzelfall getroffen werden muss.

---

611 Vgl. § 268 Abs. 1 S. 2 Hs. 2 HGB und SCHULZE-OSTERLOH in: BAUMBACH/HUECK, GmbHG, 18. Aufl., § 42 Rn. 224f.

Aus diesem Grundsatz ergibt sich auch, dass bei Vorliegen mehrerer festgestellter Falschbewertungen eine Gesamtbetrachtung vorgenommen werden muss. Sind verschiedene Posten überbewertet und mögen diese Überbewertungen für sich genommen jeweils unwesentlich sein, so ist das Gesamtbild des Jahresabschlusses doch verzerrt, wenn die Summe der Überbewertungen nicht mehr unwesentlich ist.[612]

Mehrere Überbewertungen sind folglich zu addieren, entsprechendes gilt für Unterbewertungen.[613] Finden sich in verschiedenen Posten Über- und Unterbewertungen, so können sich diese nicht ausgleichen, eine Kompensation ist nur innerhalb eines Postens möglich.[614] Es ist dann jeweils die Summe der gefundenen Über- und Unterbewertungen darauf zu überprüfen, ob Wesentlichkeit gegeben ist. Die Nichtigkeit kann sich dann theoretisch sowohl aus Über- als auch aus Unterbewertung ergeben.

Aufgrund des zusätzlichen subjektiven Tatbestandsmerkmals der Unterbewertung kann in derartigen Fällen lediglich auf die Überbewertung abgestellt werden mit dem Hinweis, dass diese durch die Unterbewertung von anderen Posten nicht kompensiert werden kann.

Danach lässt sich folgende Regel aufstellen:

---

612 Vgl. DÖRNER/WIRTH in: KÜTING/WEBER, Handbuch der ReLe, 4. Aufl., Band Ia, § 284-288 Rn. 11 und MAYER-WEGELIN, Wesentlichkeit, BB Sp. 4/06, S. 8 (9f.).

613 Falschbewertungen von Vermögensgegenständen innerhalb eines Postens sind ohnehin zu addieren, da Bezugspunkt für die Falschbewertung gem. § 256 AktG der Posten ist. Vgl. dazu oben, A.8.a., S. 80 ff.

614 Vgl. dazu oben aaO.

Eine Falschbewertung ist in der Regel *unwesentlich*, wenn sie	Das entspricht:[615]
• den Jahresüberschuss bzw. –fehlbetrag um weniger als 5 % verändert und • die Bilanzsumme um weniger als 1 % verändert. Bagatellfälle **bis 1.000,00 €** sind **stets unwesentlich.** **Mehrere unwesentliche** Über- bzw. Unterbewertungen verschiedener Posten können sich zu einer wesentlichen Über- bzw. Unterbewertung **addieren**.	4,76 % des fehlerhaften Jahresergebnisses 0,99 % der fehlerhaften Bilanzsumme

Abbildung 3: Wesentlichkeitsgrenzen zur Bestimmung der Nichtigkeit

Die hier vorgeschlagenen Schwellenwerte mögen auf den ersten Blick recht niedrig erscheinen. Es wurde jedoch gezeigt, dass nur diese strenge Sichtweise der geltenden Norm zur Nichtigkeit, § 256 AktG, gerecht wird. Ferner ist zu beachten, dass aufgrund des Beurteilungsspielraumes des Bilanzierenden die Frage nach der Wesentlichkeit bzw. Unwesentlichkeit erst zu stellen ist, wenn die Bandbreite der vertretbaren Wertansätze verlassen wurde.

Soll für eine Prüfung auf Nichtigkeit eines Jahresabschlusses eine Wesentlichkeitsgrenze festgelegt werden, kann nur teilweise auf diese Grenzwerte zurückgegriffen werden. So können Geschäftsvorfälle, die einen Wert unterhalb der Wesentlichkeitsschwelle haben, zwar grundsätzlich von der Prüfung ausgenommen werden. Jedoch ist zu beachten, dass für sich gesehen unwesentliche Falschbewertungen sich mit weiteren Falschbewertungen summieren können. Ferner ist in Bezug auf Unterbewertungen zu beachten, dass der Wert eines Postens gerade zu niedrig ausgewiesen wird, oder gar ein einziger Ansatz innerhalb eines Postens unterlassen wurde, so dass die Unterbewertung nicht erkannt würde, wenn einzelne Posten aufgrund ihres geringen Wertes von einer Prüfung ausgenommen werden. Für eine Nichtigkeitsprüfung ist daher zunächst eine

615 Siehe dazu ausführlich oben, Kap. III, B.3.d.(2), S. 153 .

Prognose zu erstellen, ob Unter- oder Überbewertungen erwartet werden. Nur wenn es sich um vermutete Überbewertungen handelt, können einzelne Vermögensgegenstände bzw. Posten von der Prüfung ausgenommen werden, wenn ihr Wert die Wesentlichkeitsgrenze unterschreitet. Diese ist aufgrund der möglichen Summierung einzelner unwesentlicher Fehler niedriger zu wählen als die hier vorgeschlagenen Grenzen für erkannte Falschbewertungen.

IV. Rechtsfolgen der Nichtigkeit eines Jahresabschlusses

A. Unmittelbare Rechtsfolgen der Nichtigkeit eines Jahresabschlusses

1. Nichtigkeit des Feststellungsbeschlusses

Die Nichtigkeit des Jahresabschlusses gem. § 256 AktG bedeutet rechtlich die Nichtigkeit des Feststellungsbeschlusses als korporationsrechtliches Rechtsgeschäft.[616] Der Beschluss wurde entweder gem. § 172 AktG durch die Verwaltung der AG oder im Ausnahmefall gem. § 173 AktG durch die Hauptversammlung gefasst. Ist der Tatbestand des § 256 AktG erfüllt, folgt daraus die Nichtigkeit der Feststellung ex tunc als unmittelbare Rechtsfolge. Das gesamte Rechtsgeschäft bestehend aus Vorlagebeschluss des Vorstands und Billigungsbeschluss des Aufsichtsrats bzw. der Hauptversammlungsbeschluss ist damit nichtig. Alle an die Feststellung geknüpften weiteren Rechtsfolgen können demgemäß nicht eintreten bzw. vorgenommene Rechtsgeschäfte auf Grundlage der Feststellung sind wegen der anfänglichen Nichtigkeit ohne Rechtsgrundlage erfolgt.[617] Vorrangig ist das die mit dem Beschluss erwünschte Rechtsfolge: Die rechtsverbindliche Gültigkeit der im Jahresabschluss festgestellten Zahlen. Genau diese tritt nicht ein. Demgemäß wird auch kein – vor Gewinnverwendungsbeschluss nur mittelbarer – Gewinnausschüttungsanspruch auf den ausgewiesenen Bilanzgewinn aus § 58 Abs. 4 AktG begründet.

Nichtig ist stets die Feststellung als Ganzes, da der Jahresabschluss in seiner Gesamtheit festgestellt wird. Eine Teilnichtigkeit scheidet daher aus.[618] Gegebenfalls werden jedoch zusammen mit der Feststellung des Jahresabschlusses in einem einheitlichen Beschluss weitere gefasste Beschlussteile gem. § 139 BGB von der Nichtigkeit erfasst.[619]

---

616 Vgl. dazu oben, Kap. III.A.1.b.(2), S. 39.

617 RÖLIKE in: SPINDLER/STILZ, AktG, § 256 Rn. 88.

618 ADS, Rechnungslegung, 6. Aufl., Tb. 4, § 256 Rn. 74; HENNRICHS, Fehlerhafte Bilanzen, ZHR 168 (2004), S. 382 (391); BÜRGERS/KÖRBER, AktG, § 256 Rn. 24.

619 S. dazu o., Kap. III.B.1.a.(3), S. 113.

2. Nichtigkeit des Gewinnverwendungsbeschlusses, § 253 AktG

Da die der Gewinnermittlung zu Grunde gelegten Zahlen bei Nichtigkeit der Feststellung keine rechtliche Gültigkeit haben, normiert § 253 AktG konsequenterweise, dass im Falle der Nichtigkeit des Jahresabschlusses auch der darauf beruhende Gewinnverwendungsbeschluss nichtig ist, § 253 Abs. 1 S. 1 AktG. Der Gewinnverwendungsbeschluss wird gem. § 174 AktG von der Hauptversammlung gefasst. Dieser Beschluss unterliegt damit den allgemeinen Nichtigkeits- und Anfechtungsregeln, §§ 241 und 243 AktG, was § 253 AktG auch klarstellt.[620] § 253 AktG ergänzt daher die Nichtigkeitsgründe für Gewinnverwendungsbeschlüsse um den Fall der Nichtigkeit des Jahresabschlusses.[621] Es liegt jedoch auch eine Begrenzung der Nichtigkeitsgründe in § 253 AktG: So wäre beispielsweise eine Überbewertung, die nicht unter die einschränkende Interpretationsnorm des § 256 Abs. 5 AktG fällt[622], kein Nichtigkeitsgrund für die Feststellung des Jahresabschlusses, sehr wohl aber ein Verstoß gegen gläubigerschützende Vorschriften. Ein Gewinnverwendungsbeschluss, der die Ausschüttung eines Gewinns bewirkt, der durch Verstoß gegen die Bewertungsvorschriften ermittelt wurde, könnte daher nichtig gem. § 241 Nr. 3 Alt. 2 AktG sein. Dass dies jedoch nicht möglich sein soll, wird durch § 253 AktG klargestellt.

Es verbleibt jedoch die Möglichkeit der Anfechtbarkeit des Gewinnverwendungsbeschlusses gem. § 243 AktG. Dazu müsste der Beschluss gegen Gesetz oder Satzung verstoßen. Ein solcher Verstoß könnte darin gesehen werden, dass ein Gewinn ausgeschüttet wird, der nicht unter Beachtung der Bewertungsvorschriften ermittelt wurde. Der Jahresabschluss ist jedoch mangels Nichtigkeitsgrundes uneingeschränkt wirksam. Die Anfechtbarkeit des Gewinnverwendungsbeschlusses würde im Ergebnis dazu führen, dass ein rechtsgültig festgestellter Gewinn dennoch nicht ausschüttbar wäre. Die Anfechtbarkeit muss daher in einem solchen Falle ausscheiden, was sich aus § 174 Abs. 1 S. 2 AktG ergibt. Danach ist die Hauptversammlung an den festgestellten Jahresabschluss gebunden. Ist eben diese Feststellung rechtsgültig, so kann ein darauf beruhender Gewinnverwendungsbeschluss auch nicht anfechtbar sein, selbst wenn die Feststellung inhaltlich mängelbehaftet ist. Das Regelsystem der Jahresabschlussnichtigkeit lässt Ansatz- und Bewertungsfehler unterhalb der Schwelle des § 256 Abs. 5 AktG ungeahndet. Dies kann folglich nicht durch eine An-

620 § 253 Abs. 1 S. 1 AktG: „…außer in den Fällen … des § 241 nur dann nichtig,…“. Für die Anfechtbarkeit nach § 243 AktG ergibt sich dies aus § 254 Abs. 1 S. 1 AktG: „…kann außer nach § 243 auch angefochten werden, wenn…“.

621 HÜFFER, AktG, 9. Aufl. , § 253 Rn. 1 und in: MüKo AktG, 2. Aufl., § 253 Rn. 2, 8.

622 Z.B. weil innerhalb des Postens eine Kompensation erfolgt.

fechtbarkeit der darauf beruhenden Ausschüttungsentscheidung ausgehebelt werden. Aufgrund der Bindung des § 174 Abs. 1 S. 2 AktG verstößt der im Beispiel herangezogene Gewinnverwendungsbeschluss gerade nicht gegen das Gesetz. Ansatz- und Bewertungsfehler des Jahresabschlusses können den Gewinnverwendungsbeschluss folglich nur betreffen, wenn sie auch zur Nichtigkeit des Jahresabschlusses gem. § 256 AktG führen.

Prüfungsfehler hingegen würden nicht ohne weiteres zu einer Nichtigkeit des Gewinnverwendungsbeschlusses nach allgemeinen Regeln führen. Da diese aber gem. § 256 Abs. 1 Nr. 2 und 3 AktG zur Nichtigkeit des Jahresabschlusses führen, begründet § 253 AktG damit auch besondere Nichtigkeitsgründe für den Gewinnverwendungsbeschluss.

§ 253 AktG führt daher abschließend die Nichtigkeitsgründe für den Gewinnverwendungsbeschluss auf und führt teils zur Erweiterung, teils zur Begrenzung der Nichtigkeitsgründe im Vergleich zu sonstigen Hauptversammlungsbeschlüssen.

Die Nichtigkeit der Feststellung des Jahresabschlusses bewirkt damit in jedem Falle auch die Nichtigkeit des Gewinnverwendungsbeschlusses. Dadurch wird auch die bedeutsame Rechtsfolge des Ausschüttungsanspruches auf den durch den Jahresabschluss ermittelten Gewinn betroffen. Ausschüttungen, die auf einem nichtigen Jahresabschluss beruhen, sind daher ohne Rechtsgrund erfolgt.

Über § 253 AktG wird die Sanktion einer Verfehlung des Jahresabschlusszwecks der Ausschüttungsbemessung erreicht. Das Tatbestandsmerkmal des „Beruhens" auf dem Jahresabschluss ist daher weit auszulegen. Jeder Gewinnverwendungsbeschluss, der den Gewinn eines nichtigen Jahresabschlusses verteilt, ist damit nichtig, ungeachtet, ob der volle Bilanzgewinn oder nur ein Teil ausgeschüttet wird. Auch wenn selbst bei Behebung der Nichtigkeitsgründe der Gewinnverwendungsbeschluss gleich lauten würde, da sich der gleiche Bilanzgewinn ergibt, behebt das nicht die Nichtigkeit des Erstbeschlusses, so dass in jedem Fall eine erneute Beschlussfassung zu erfolgen hat.[623]

---

623 HÜFFER in: MüKo AktG, 2. Aufl., § 253 Rn. 8. Dies ist beispielsweise denkbar, wenn sich Über- und Unterbewertungen verschiedener Posten ausgleichen oder die Auflösung eines Gewinnvortrages den Bilanzgewinn unverändert lässt. Nicht vereinbar mit § 253 AktG ist die Auffassung des IDW, das eine erneute Beschlussfassung in einem solchen Fall für entbehrlich hält; insoweit ohne Begründung, IDW RS HFA 6, 3. Tz. 32.

3. Nichteinhaltung der Rechnungslegungspflichten

a. gesellschaftsrechtliche vs. handelsrechtliche Rechnungslegung

Bei der Beurteilung der Reichweite der Nichtigkeit sind zunächst die unterschiedlichen Sphären der Rechnungslegungspflichten zu beachten.[624] Die handelsrechtliche Rechnungslegung als öffentlich-rechtliche Pflicht ergibt sich aus §§ 242, 264 HGB. Diese ist mit der Aufstellung des Jahresabschlusses als tatsächlichem Akt abgeschlossen, der durch die Unterschrift gem. § 245 HGB dokumentiert wird. Die gesellschaftsrechtliche Rechnungslegung dagegen wird durch die Feststellung erfüllt, die den ermittelten Gewinn rechtsverbindlich festlegt und mittelbar die an den Jahresabschluss geknüpften Ansprüche entstehen lässt. Mit der Nichtigkeit der Feststellung des Jahresabschlusses fehlt es an dieser rechtswirksamen Geltung der gesellschaftsrechtlichen Rechnungslegung. Folge der Nichtigkeit ist damit die Nichterfüllung der gesellschaftsrechtlichen Rechnungslegungspflicht.

Die handelsrechtliche Rechnungslegungspflicht wird durch die Aufstellung als tatsächlichen Akt erfüllt. Die Nichtigkeit der Feststellung bewirkt folglich nicht die Gegenstandslosigkeit der handelsrechtlichen Rechnungslegung. Trotz Nichtigkeit bleibt es bei der fristgerecht erfolgten Aufstellung. Soweit es um Verfahrens- und Prüfungsfehler als Nichtigkeitsgründe geht, liegt auch kein Mangel dieser handelsrechtlichen Rechnungslegung selbst vor. Lediglich bei Inhaltsfehlern liegt eine mangelhafte Rechnungslegung vor. Die Aufstellungspflicht wurde damit zwar erfüllt, dies jedoch mangelhaft. So liegt bei Inhaltsfehlern ein Verstoß gegen die Aufstellungsgrundsätze der §§ 243 Abs. 1, 264 Abs. 2 HGB vor. Das HGB selbst kennt jedoch keine Norm, die derartige Verstöße ahndet. Andererseits liegt eine Nichteinhaltung der Pflichten vor, da die Ansatz- und Bewertungsregeln nicht dispositiv sind. Erst ein den Vorschriften entsprechender Jahresabschluss erfüllt die Rechnungslegungspflicht der §§ 242, 264 Abs. 1 HGB. Dieser Grundsatz folgt auch aus § 239 Abs. 2 HGB, der die sachliche Richtigkeit der Buchführung normiert.[625] Soweit es um Inhaltsfehler geht, ist damit bei Nichtigkeit der Feststellung des Jahresabschlusses auch die handelsrechtliche Rechnungslegungspflicht nicht erfüllt. Eines Rückgriffs auf § 256 AktG bedarf es dazu zunächst nicht.

Bei Vorliegen von Inhaltsfehlern als Nichtigkeitsgrund sind daher sowohl die gesellschaftsrechtliche als auch die handelsrechtliche Rechnungslegungspflicht nicht ordnungsgemäß erfüllt worden. Dies wird auch von der Literatur vertreten, meist jedoch ohne dass eine Trennung der rechtlichen Sphären über-

624 Vgl. zur Abgrenzung der unterschiedlichen Sphären oben, Kap. III.B.2.c.(2), S. 132 ff.

625 Zum Grundsatz der sachlichen Richtigkeit S. LEFFSON, GoB, 7. Aufl., S. 193ff.

haupt erfolgt und auch ohne Bezugnahme auf die Fehlerart. Vielmehr wird die Nichtigkeit nach § 256 AktG auch auf die handelsrechtliche Rechnungslegung bezogen.[626]

b. Folge der Nichteinhaltung: Neuaufstellungspflicht

Die Literatur fordert überwiegend ohne eine Unterscheidung der rechtlichen Sphären im Falle der Nichtigkeit des Jahresabschlusses dessen Neuaufstellung.[627] Eine genaue Betrachtung zeigt jedoch, dass sich eine solche Pflicht nicht in allen Fällen ergibt.

Folge der Nichteinhaltung der jeweiligen Rechnungslegungspflicht kann zunächst nur die Pflicht zur Beseitigung des jeweiligen Fehlers unter Beachtung der relevanten Sphäre der Rechnungslegung sein. Bezogen auf die gesellschaftsrechtliche Rechnungslegung bedeutet dies, dass die pflichtgemäße Feststellung mit ihren weiteren Rechtswirkungen erst wirksam erfolgen kann, wenn die Rechnungslegung und der Feststellungsvorgang fehlerfrei sind. Bei Verfahrensfehlern ist damit der Feststellungsakt unter Vermeidung des Fehlers zu wiederholen, bei Prüfungsfehlern ist die Prüfung bzw. Bestellung nachzuholen. Inhaltlich ist der Jahresabschluss nicht zu ändern, sondern kann sodann wirksam festgestellt werden. Eine Neuaufstellungspflicht für den Jahresabschluss ergibt sich demnach im Fall von Verfahrens- oder Prüfungsfehlern gar nicht.[628] Eine inhaltliche Änderung kann naturgemäß dennoch erforderlich sein, so z.B. wenn der Abschlussprüfer Mängel feststellt oder wenn z.B. der Aufsichtsrat die Billigung für den vorgelegten Abschluss verweigert oder die Hauptversammlung Änderungen verlangt. Diese Änderungspflichten ergeben sich jedoch nicht primär aus der Nichtigkeit.

Im Fall von Inhaltsfehlern kann der Feststellungsakt nur nach einer Neuaufstellung des Jahresabschlusses mangelfrei rechtswirksam durchgeführt werden. In diesem Fall wird auch die handelsrechtliche Sphäre betroffen, da auch die

---

626 HABERSACK, Auswirkungen der Nichtigkeit, NZG 14 (2003), S. 659 (661 li. Sp.); HÜFFER in: MüKo AktG, 2. Aufl., § 256 Rn. 74; SCHMIDT/LUTTER, AktG, § 256 Rn. 40; HENNRICHS, Fehlerhafte Bilanzen, ZHR 168 (2004), S. 382 (390); anders KAISER, der die Sphären trennt, KAISER, Berichtigung und Änderung, S. 230 ff. u. BALTHASAR, Bestandskraft, S. 124 f.

627 MÜLLER, H.-P. in: FS BUDDE, Änderungen, S. 431 (432); GEIST, Berichtigung, DStR 8/96, S. 306 (307); MÜLLER, W. in: FS QUACK, Änderungen, S. 359 (369); SCHMIDT/LUTTER, AktG, § 256 Rn. 40; HÜFFER, AktG, 9. Aufl. , § 256 Rn. 33; LUTTER in: FS HELMRICH, Gültigkeit des JA, S. 685 (693f.); IDW, WP-Handbuch 2006, Band I, E Rn. 473; IDW RS HFA 6, Tz. 15.

628 So i.E. auch ADS, Rechnungslegung, 6. Aufl., Tb. 4, § 256 Rn. 91 und RÖLIKE in: SPINDLER/STILZ, AktG, § 256 Rn. 91.

„Aufstellung" des Jahresabschlusses mängelbehaftet ist. Der auf- und festgestellte Jahresabschluss entspricht nicht den Grundsätzen der §§ 243 Abs. 1, 264 Abs. 2 HGB. Aufgrund dieser Inhaltsfehler ist die gesellschaftsrechtliche Feststellung nichtig, wenn die weiteren Voraussetzungen des § 256 AktG erfüllt sind. Eine Neuaufstellungspflicht ergibt sich aus §§ 242, 264 Abs. 1 HGB, denn erst ein inhaltlich fehlerfreier Jahresabschluss kann die handelsrechtliche Rechnungslegungspflicht erfüllen. Zutreffend weist BALTHASAR daher darauf hin, dass für eine solche Berichtigungspflicht § 256 AktG gar nicht heranzuziehen sei.[629] Eine Verknüpfung zwischen der gesellschaftsrechtlichen Sphäre und der öffentlich-rechtlichen Sphäre ist jedoch in der anderen Richtung herzustellen: § 256 AktG begrenzt mit seinen einschränkenden Interpretationsnormen der Absätze 4 und 5 die Fälle der Nichtigkeit. Wie erläutert, liegt die Begrenzung in der Forderung der Wesentlichkeit bei Gliederungsfehlern und in der Kompensationsmöglichkeit sowie subjektiven Anforderungen bei Unterbewertungen im Falle von Bewertungsfehlern.[630] Ein Bewertungsfehler, der durch Kompensation innerhalb eines Postens nicht zur Nichtigkeit führt, stellt dennoch einen Verstoß gegen die Bewertungsvorschriften des HGB dar. Nach allgemeinen Regeln des HGB bedürfte daher auch dieser Fehler einer Behebung. Diese Pflicht muss jedoch durch § 256 AktG begrenzt werden, denn wenn eine rechtswirksame Feststellung dieses handelsrechtlich fehlerhaften Jahresabschlusses möglich ist, kann die Rechtsordnung nicht im gleichen Zuge eine Berichtigung verlangen. § 256 AktG ist daher in der Weise für die handelsrechtliche Rechnungslegung heranzuziehen, dass die Grenzen der Fehlerhaftigkeit für eine Berichtigungspflicht abgesteckt werden. Nur ein Fehler, der zur Nichtigkeit der Feststellung nach § 256 AktG führt, kann auch zu einer Änderungspflicht nach den Regeln des HGB führen. Bei Fehlern unterhalb der Nichtigkeitsschwelle ist eine Berichtigung möglich und zulässig, jedoch nicht zwingend.[631]

Im Fall von Inhaltsfehlern, die zur Nichtigkeit der Feststellung gem. § 256 AktG führen, bedarf es daher der Neuaufstellung des Jahresabschlusses unter Berichtigung der Fehler.[632] Dadurch erst wird die handelsrechtliche Rechnungslegungspflicht ordnungsgemäß erfüllt und nur ein neu aufgestellter mangelfreier Jahresabschluss kann Grundlage für eine rechtswirksame Feststellung sein. Die-

629 BALTHASAR, Bestandskraft, S. 124f.

630 Vgl. dazu o. Kap. III.A.8.c., S. 86 ff.

631 I.E. so auch RÖLIKE in: SPINDLER/STILZ, AktG, § 256 Rn. 90. Zu den Grundsätzen vgl. HENNRICHS, Fehlerhafte Bilanzen, ZHR 168 (2004), S. 382 (393); HÜFFER, AktG, 7.Aufl., § 172 Rn. 10; IDW RS HFA 6 Tz. 14; MÜLLER, W. in: FS QUACK, Änderungen, S. 359 (366).

632 MÜLLER, W. in: FS QUACK, Änderungen, S. 359 (369); LUTTER in: FS HELMRICH, Gültigkeit des JA, S. 685 (693 f.).

se Neuauf- und –feststellung hat unabhängig davon zu erfolgen, ob die Nichtigkeit des Jahresabschlusses gerichtlich festgestellt ist, denn die Nichtigkeit greift kraft Gesetzes ein. Welche Grundsätze bei der Neuaufstellung und Neufeststellung heranzuziehen sind, soll nachfolgend untersucht werden. Vorab ist jedoch die Frage der Heilung zu klären, die eng mit der der Neuaufstellungspflicht verknüpft ist.

4. Heilung der Nichtigkeit gem. § 256 Abs. 6 AktG

a. Bedeutung der Heilung

Gem. § 256 Abs. 6 AktG kann die Nichtigkeit in bestimmten Fällen „nicht mehr geltend gemacht werden", wenn seit Bekanntmachung nach § 325 HGB sechs Monate bzw. drei Jahre verstrichen sind. Die folgende Tabelle zeigt die Nichtigkeitsgründe mit den jeweiligen Heilungsfristen:

Nichtigkeitsgrund	Heilbarkeit und Heilungsfrist
Inhaltsfehler:	
Generalklausel, Abs. 1 Nr. 1	3 Jahre
Gliederungsfehler, Abs. 4	3 Jahre
Bewertungsfehler, Abs. 5	3 Jahre
Verstoß gegen Rücklagenbildung, Abs. 1 Nr. 4	6 Monate
Prüfungsfehler:	
unterbliebene Prüfung, Abs. 1 Nr. 2	*nicht heilbar*
keine Bestellung oder Prüfung durch Nicht-WP, Abs. 1 Nr. 3	6 Monate
Verfahrensfehler:	
Bei Feststellung durch Verwaltung, Abs. 2	6 Monate
Bei Feststellung durch HV:	
Einberufungsmängel, Abs. 3 Nr. 1	6 Monate
Beurkundungsmängel, Abs. 3 Nr. 2	6 Monate
Nichtigerklärung nach Anfechtung, Abs. 3 Nr. 3	*nicht heilbar*

Tabelle 3: Heilungsfristen

Inhaltsfehler sind erst nach der langen Dreijahresfrist heilbar, mit Ausnahme der Rücklagenbildungsfehler, für die kurze 6-Monats-Frist gilt. Unheilbar sind lediglich die Nichtigkeit bei unterbliebener Prüfung und selbstverständlich die nach Anfechtung durch Urteil erklärte Nichtigkeit.

Für die übrigen Nichtigkeitsgründe gilt die sechsmonatige Heilungsfrist. Der Gesetzgeber hat demnach nach der Schwere des Nichtigkeitsgrundes abgestuft. Dies ist grundsätzlich sachgerecht, wenngleich teilweise die Abgrenzung zweifelhaft ist bzw. kritisiert werden kann. Dass eine unterbliebene Abschlussprüfung die unheilbare Nichtigkeit zur Folge hat, ist die einzig tragbare Lösung, da sonst die Prüfungspflicht umgangen werden könnte. Nur ein geprüfter Jahresabschluss kann festgestellt werden, § 316 Abs. 1 S. 2 HGB. Nicht sinnvoll erscheint die Heilungsmöglichkeit jedoch bei Prüfung durch Nicht-Wirtschaftsprüfer. Erfolgt eine Prüfung durch nicht qualifizierte Personen, so ist es verfehlt, das Vertrauen in die Richtigkeit des Jahresabschlusses durch die kurzfristige Heilbarkeit zu schützen. Ein Verstoß gegen § 319 Abs. 1 HGB sollte daher unter die unheilbaren Nichtigkeitsgründe des § 256 Abs. 1 Nr. 2 AktG gefasst werden.[633]

Zu beachten sind ferner die Fälle, in denen es an einem wirksamen Feststellungsbeschluss überhaupt fehlt. In einem solchen Falle bleibt kein Raum für eine Heilung etwaiger Nichtigkeit, da gar kein Beschluss vorliegt. Dies ist beispielsweise der Fall, wenn der Aufsichtsrat im Falle des § 172 AktG gar nicht an der Feststellung mitgewirkt hat oder trotz Zuständigkeit der Hauptversammlung dennoch die Verwaltung feststellt.[634]

Für die hier im Schwerpunkt betrachteten Ansatz- und Bewertungsfehler gilt eine Heilungsfrist von drei Jahren ab Publizierung des Jahresabschlusses. Danach kann gem. § 256 Abs. 6 S. 1 AktG die Nichtigkeit „nicht mehr geltend gemacht werden". Diese Formulierung lässt die Frage offen, ob die Nichtigkeit weiterhin gegeben ist und lediglich nicht mehr geltend gemacht werden kann, oder ob die Nichtigkeit nachträglich wegfällt, dies mit anfänglicher Wirkung ex tunc bzw. ab Fristende ex nunc? Die überwiegende Meinung der Literatur geht von einer echten Heilungsvorschrift aus, die die Nichtigkeit entgegen dem Wortlaut wegfallen lässt und die Wirksamkeit der Feststellung ex tunc bewirkt.[635] Zu diesem Ergebnis gelangen einige Autoren auch mit der Begründung, es mache keinen Unterschied, ob lediglich die Geltendmachung versagt wird oder die Nichtigkeit nachträglich wegfällt.[636] Faktisch ändere sich damit die materielle Rechtslage mit dem Ablauf der Heilungsfrist: Das zuvor nichtige Rechtsgeschäft der Feststellung wird durch Zeitablauf nachträglich voll gültig. Begründet wird

---

633 S. dazu ausführlich Kap. III.A.3., S. 63.

634 S. dazu ausführlich o. Kap. III.A.4., S. 63 ff.

635 HÜFFER, AktG, 9. Aufl. , § 256 Rn. 28 und ders. in: MüKo AktG, 2. Aufl., § 256 Rn. 64; IDW, WP-Handbuch 2006, Band I, U Rn. 237; HEIDEL, AktR, 2. Aufl., § 256 Rn. 89; HABERSACK, Auswirkungen der Nichtigkeit, NZG 14 (2003), S. 659 (661 re. Sp.); HENNRICHS, Fehlerhafte Bilanzen, ZHR 168 (2004), S. 382 (389).

636 So ADS, Rechnungslegung, 6. Aufl., Tb. 4, § 256 Rn. 84; KROPFF in: FS BUDDE, Auswirkungen der Nichtigkeit, S. 341 (349); HENSE, Rechtsfolgen, WPg 23-24/93, S. 716.

diese Auffassung mit der durch die Heilungsmöglichkeit beabsichtigten Rechtssicherheit.[637]

Die Heilung nichtiger Hauptversammlungsbeschlüsse regelt § 242 AktG. Auch dieser ordnet an, dass die Nichtigkeit nach Eintritt der Heilungsvoraussetzungen „nicht mehr geltend gemacht werden" kann.[638] In diesem Fall ist es trotz der Formulierung des § 242 AktG die absolut herrschende Meinung, dass es sich um echte Heilung handelt, die eine materiell-rechtliche Wirkung dergestalt hat, dass der zunächst nichtige Beschluss anfänglich wirksam wird.[639] Auf diese Auslegung verweist die Literatur, die aufgrund des gleichen Wortlauts des § 256 Abs. 6 AktG auch darin eine echte Heilungsvorschrift sieht.

Diese Parallelität wird jedoch im Schrifttum auch verneint. Mit Bezug auf den Wortlaut wird hervorgehoben, dass die Nichtigkeit eben nicht beseitigt wird, sondern lediglich nicht mehr geltend gemacht werden könne. Eine materielle Änderung der Rechtslage trete demnach nicht ein.[640] Gegen eine der Auslegung des § 242 AktG entsprechende Auslegung des § 256 Abs. 6 AktG könnte sprechen, dass § 256 Abs.6 AktG den Begriff der „Heilung" gar nicht erwähnt, § 242 AktG hingegen mit „Heilung der Nichtigkeit" als amtlicher Überschrift betitelt ist. Dies ist allerdings redaktioneller Natur, da die Übergangsvorschrift des § 21 EGAktG mit der amtlichen Überschrift „Heilung der Nichtigkeit von Jahresabschlüssen" auch den § 256 Abs. 6 AktG als Heilungsvorschrift bezeichnet.

Ein Unterschied zwischen der Heilung nach § 242 AktG und der nach § 256 Abs. 6 AktG ergibt sich jedoch in der Sachlage. Sämtliche Hauptversammlungsbeschlüsse sind gem. § 130 Abs. 5 AktG dem Handelsregister in Abschrift einzureichen. Diese werden von dem Registergericht gem. § 8 Abs. 2 HRV in einem Aktenband gesammelt und sind zur Einsicht für jedermann gem. § 9 Abs. 1 HGB bestimmt. Zu unterscheiden von dieser Einreichung ist die Eintragung eines Beschlusses in das Handelsregister. Diese ist nur für bestimmte Beschlüsse von Bedeutung vorgeschrieben, z.B. für Satzungsänderungen, vgl. § 181 Abs. 1

---

637 Vgl. HÜFFER in: MüKo AktG, 2. Aufl., § 256 Rn. 64 und HENNRICHS, Fehlerhafte Bilanzen, ZHR 168 (2004), S. 382 (389).

638 § 242 Abs. 1, Abs. 2 S. 1 AktG.

639 Vgl. statt vieler HÜFFER, AktG, 9. Aufl. , § 242 Rn. 7 und HEIDEL, AktR, 2. Aufl., § 242 Rn. 5 jeweils m.w.N.

640 MÜLLER, W. in: FS QUACK, Änderungen, S. 359 (369); WICHMANN, Nichtigkeit bei vGA, GmbHR 19/92, S. 643 (649); KAISER, Berichtigung und Änderung, S. 239ff.; so wohl auch GEIST, Berichtigung, DStR 8/96, S. 306 (308) und MÜLLER, H.-P. in: FS BUDDE, Änderungen, S. 431 (432).

AktG.[641] Die Heilungsvorschrift des § 242 AktG verlangt als Heilungsvoraussetzung die Eintragung des Beschlusses. Nur für eintragungspflichtige Beschlüsse ist die Heilung folglich überhaupt möglich.[642]

Erst ab der Eintragung läuft die Heilungsfrist des § 242 Abs. 2 AktG. Dieser Eintragung könnte im Fall des § 256 Abs. 6 AktG zwar die Veröffentlichung des Jahresabschlusses im elektronischen Bundesanzeiger gem. § 325 HGB entsprechen. Eine inhaltliche Prüfung auf Richtigkeit wird jedoch durch den Betreiber des elektronischen Bundesanzeigers nicht vorgenommen. Gem. § 329 Abs. 1 S. 1 HGB wird die Vollzähligkeit der Unterlagen sowie die Einhaltung der Fristen überprüft. Wenn die Vollzähligkeitsprüfung Anlass zu der Annahme gibt, dass größenabhängige Erleichterungen nicht hätten in Anspruch genommen werden können, so können weitere Angaben des Bilanzierenden verlangt werden, vgl. § 329 Abs. 2 HGB. Nichtigkeitsgründe, selbst wenn diese offensichtlich sind wie z.B. bei unterbliebener Prüfung, sind nicht Gegenstand der Prüfungspflicht des Bundesanzeigers.[643] Eine Entsprechung bei der Offenlegung des Jahresabschlusses und der Fassung von Hauptversammlungsbeschlüssen besteht daher eher bezogen auf die Einreichung gem. § 325 HGB und der gem. § 130 Abs. 5 AktG. Bloß eingereichte Hauptversammlungsbeschlüsse können jedoch gerade nicht geheilt werden.

Bei den alleinig heilbaren eintragungspflichtigen Beschlüssen nimmt das Registergericht anders als der Betreiber des elektronischen Bundesanzeigers eine materielle Prüfung vor. Insbesondere ist vor der Eintragung von Amts wegen zu prüfen, ob Nichtigkeitsgründe gegeben sind.[644] Diese Prüfungskompetenz und –pflicht ergibt sich auch aus §§ 398, 395 FamFG. Gem. § 376 FamFG ist das Amtsgericht als Registergericht zuständig. Die Löschung gem. § 398 FamFG wird selbst durch die Heilung nach Zeitablauf gem. § 242 AktG nicht ausgeschlossen, was explizit in § 242 Abs. 2 S. 3 AktG geregelt ist. Liegt ein Nichtigkeitsgrund vor, so besteht ein Eintragungshindernis.

Aufgrund der erfolgten materiellen Prüfung – die in der Praxis naturgemäß nur kursorisch durch das Registergericht erfolgen kann – rechtfertigt sich die Rückwirkung der Heilung nach Zeitablauf und die Veränderung der materiellen Rechtslage. Genau diese Rechtfertigung gibt es im Fall der Offenlegung des Jah-

---

641 Weitere eintragungspflichtige Beschlüsse sind z.B.: Änderungen des Vorstands, § 81 Abs. 1 AktG, Erhöhung des Grundkapitals, §§ 184 Abs. 1, 188 Abs. 1 AktG, bedingte Kapitalerhöhung, § 195 Abs. 1 AktG und weitere Kapitalerhöhende bzw. –senkende Beschlüsse.

642 Hüffer, AktG, 9. Aufl. , § 130 Rn. 30; Heidel, AktR, 2. Aufl., § 130 Rn. 40.

643 Baumbach/Hopt, HGB, 34. Aufl., § 329 Rn. 1; Ellrott/Grottel in: BeBiKo, 7. Aufl., § 329 Rn. 5.

644 Hüffer, AktG, 9. Aufl. , § 241 Rn. 35; Heidel, AktR, § 241 Rn. 14.

resabschlusses jedoch nicht: Eine materiell-rechtliche Prüfung erfolgt nicht – insbesondere nicht auf Nichtigkeitsgründe. Mit dem bloßen Verweis auf die Wirkung der Heilung gem. § 242 AktG lässt sich daher für § 256 Abs. 6 AktG eine entsprechende Auslegung nicht begründen. Der bloße Zeitablauf rechtfertigt vielmehr keine rückwirkende Änderung der materiellen Rechtslage. § 256 Abs. 6 AktG ist folglich mit dem Wortlaut als unechte Heilungsvorschrift zu sehen. Eine rückwirkende Änderung der Rechtslage bewirkt der Zeitablauf nicht. Die Nichtigkeit bleibt bestehen, kann jedoch nicht mehr geltend gemacht werden.

Fraglich ist, worin der genaue Unterschied zwischen den verschiedenen Ansichten liegt. Nach KROPFF[645] und ADS[646] gibt es keinen. Um dies zu beurteilen, bedarf es eines genauen Blickes auf die unterschiedlichen Sphären der Rechnungslegung sowie der eigentlichen Bedeutung der Nichtigkeit. Nichtig ist nicht der „Jahresabschluss", sondern der den Jahresabschluss feststellende Beschluss der Verwaltung bzw. der Hauptversammlung. Wie oben dargelegt, ist die handelsrechtliche Rechnungslegung selbst nur im Fall von Inhaltsfehlern betroffen. Der Kern der Frage der Wirkung der Heilung ist daher nicht darin zu sehen, inwieweit die Heilung zurückwirkt oder nicht, sondern vielmehr in der Frage, ob auch die Fehlerhaftigkeit des Jahresabschlusses geheilt werden kann; ob also der Jahresabschluss nach Ablauf der Heilungsfrist als im Rechtssinne „fehlerfrei" anzusehen ist.

Die Fehlerhaftigkeit selbst kann nicht durch Zeitablauf geheilt werden. Der Jahresabschluss als Zahlenwerk kann schwerlich nach Zeitablauf plötzlich als fehlerfrei angesehen werden, obwohl er Falschbewertungen enthält und damit die Vermögens-, Finanz- und Ertragslage der Gesellschaft verzerrt darstellt. Die Rechtsordnung nimmt lediglich im Sinne der Rechtssicherheit diese Fehlerhaftigkeit hin und lässt die Rechtsfolgen der Feststellung nun bestehen. Die Nichtigkeit der Feststellung kann nach Ablauf der Heilungsfrist nicht mehr geltend gemacht werden. Bezogen auf die Nichtigkeit der Feststellung machen die unterschiedlichen Auffassungen folglich im Ergebnis keinen Unterschied. Rechtsfolgen, die auf der Feststellung beruhen, mögen daher zwar ohne Rechtsgrund erfolgt sein, letztlich wird aber deren Bestand durch die Heilungsvorschrift gesichert.

645 KROPFF in: FS BUDDE, Auswirkungen der Nichtigkeit, S. 341 (349).

646 ADS sehen keine praktische Konsequenz in den unterschiedlichen Auffassungen der Bedeutung der Heilung, ADS, Rechnungslegung, 6. Aufl., Tb. 4, § 256 Rn. 84.

Die Fehlerhaftigkeit des Jahresabschlusses wird hingegen durch den Zeitablauf nicht beseitigt.[647] Diese kann nur durch eine Neuaufstellung unter Berichtigung des Fehlers beseitigt werden.[648] Inwieweit dies nach Ablauf der dreijährigen Heilungsfrist notwendig ist, bzw. ein Unterlassen pflichtwidrig, wird nachfolgend untersucht. Bedeutsam ist dies unter anderem für die Frage, inwieweit Ersatzansprüche gegen den zur Rechnungslegung verpflichteten Vorstand auch nach Ablauf der Heilungsfrist geltend gemacht werden können. Es handelt sich in diesem Falle grundsätzlich nicht um die „Geltendmachung der Nichtigkeit *der Feststellung*", sondern um die Geltendmachung der Fehlerhaftigkeit des Jahresabschlusses.[649]

b. Abwarten der Heilungsfrist?

(1) Meinungsstand

Ist die Feststellung nichtig, so ist sie im Regelfall auch heilbar. Es stellt sich daher die Frage, inwieweit die Verantwortlichen auch bei Erkennen der Nichtigkeit den Ablauf der Heilungsfrist abwarten dürfen. Zumindest im Fall der sechsmonatigen Heilungsfrist plädiert die Mehrheit der Literatur dafür, dass die Heilung abgewartet werden darf.[650] Eine Neuaufstellung des Jahresabschlusses ist in diesen Fällen ohnehin nicht nötig, da es sich nicht um Inhaltsfehler handelt. Im Fall von heilbaren Prüfungsfehlern (fehlende/mangelhafte Bestellung oder Prüfung durch Nicht-Wirtschaftsprüfer) wird es bereits praktisch schwierig sein, eine erneute Prüfung mit anschließender Neufeststellung vor Ablauf der Heilungsfrist durchzuführen. Dies gilt abgeschwächt auch für Verfahrensfehler. Die 6-monatige Heilungsfrist stellt sich daher faktisch als Ausschlussfrist für die

---

647 Ebenso MÜLLER, W. in: FS QUACK, Änderungen, S. 359 (369); i.E. auch HENNRICHS, Fehlerhafte Bilanzen, ZHR 168 (2004), S. 382 (389), der klarstellt, dass der JA auch nach Heilung nicht „im Rechtssinne fehlerfrei" ist.

648 So auch ADS, Rechnungslegung, 6. Aufl., Tb. 4, § 256 Rn. 90 ff. und MÜLLER, H.-P. in: FS BUDDE, Änderungen, S. 431 (432 f.); IDW, WP-Handbuch 2006, Band I, U Rn. 243.

649 So auch KOWALSKI, der auch nach Ablauf der Heilungsfrist Ersatzansprüchen gegen den Vorstand nicht die Grundlage entzogen sieht: KOWALSKI, Der nichtige JA, AG 11/93, S. 502 (505).

650 So HÜFFER, AktG, 9. Aufl. , § 256 Rn. 33, ders. in: MüKo AktG, 2. Aufl., § 256 Rn. 78; HENNRICHS, Fehlerhafte Bilanzen, ZHR 168 (2004), S. 382 (389f.); KROPFF in: FS BUDDE, Auswirkungen der Nichtigkeit, S. 341 (357); IDW RS HFA 6, Tz. 16; i.E. auch SCHMIDT/LUTTER, AktG, § 256 Rn. 35; grds. für ein Abwarten: KOWALSKI, Der nichtige JA, AG 11/93, S. 502 (505 li. Sp.); HENSE, Rechtsfolgen, WPg 23-24/93, S. 716 (717 li. Sp.); LUTTER in: FS HELMRICH, Gültigkeit des JA, S. 685 (691); ADS, Rechnungslegung, 6. Aufl., Tb. 4, § 256 Rn. 90, § 172 Rn. 39.

Erhebung einer Nichtigkeitsklage dar. Ein Abwarten dieser Frist ist folglich zulässig und sachgerecht.

Bedeutung hat die Frage daher insbesondere für die Inhaltsfehler (Generalklausel, Gliederungs- und Bewertungsfehler), für die die dreijährige Heilungsfrist gilt. Wie oben erläutert, besteht im Fall von Inhaltsfehlern die Pflicht zur Neuaufstellung des Jahresabschlusses und dessen Neufeststellung. Sobald ein solcher Fehler erkannt wird, ist der Vorstand daher sowohl im Rahmen seiner Rechnungslegungspflicht der §§ 242, 264 Abs. 1 HGB i.V.m. §§ 78, 91 Abs. 1 AktG als auch im Rahmen seiner Pflicht zur Vorlage und Feststellung des Jahresabschlusses gem. § 170 Abs. 1 AktG zum Handeln verpflichtet. Befürworter einer allgemeinen Abwartemöglichkeit wollen dem Vorstand auch bei Erkennen von Inhaltsfehlern einen Ermessensspielraum für die Neuaufstellung und -feststellung zugestehen. KOWALSKI begründet dies damit, dass ein geheilter Jahresabschluss die Rechnungslegungspflicht der§§ 242, 264 HGB erfülle und es durchaus auch im Interesse der Gesellschaft sein könne, die Heilung abzuwarten, um aufwendige und kostspielige Neuaufstellungen oder gar Reputationsverluste durch negative „Schlagzeilen" zu vermeiden.[651] Dieses Ermessen liege in der eigenverantwortlichen Leitung der Gesellschaft durch den Vorstand gem. § 76 Abs. 1 AktG.[652] KROPFF stellt auf die Schwere des Mangels ab und sieht eine Pflicht nur bei erheblichen Mängeln, die ein unzutreffendes Bild der Vermögens-, Finanz- und Ertragslage bewirken.[653] Im Ergebnis kommen auch die Befürworter einer Abwartemöglichkeit dazu, dass im Fall von Inhaltsfehlern ein pflichtgemäßes Abwägen des Vorstands erforderlich ist, ob eine Neuaufstellung notwendig im Interesse der Gesellschaft und der Öffentlichkeit ist, oder nicht.[654] Dies wird umso weniger der Fall sein, je näher der Ablauf der Heilungsfrist rückt.

Demgegenüber wird von anderer Auffassung ein Ermessen gänzlich untersagt. GEIST und BALTHASAR stellen heraus, dass aus rechtlicher Sicht gar kein Jahresabschluss existiere, und sehen daher keinen Raum, die Nachholung der bisher nicht erfolgten Rechnungslegung in das Ermessen des Vorstands zu stel-

651 KOWALSKI, Der nichtige JA, AG 11/93, S. 502 (504f.).

652 ders., S. 505 li. Sp.

653 KROPFF in: FS BUDDE, Auswirkungen der Nichtigkeit, S. 341 (356f.).

654 LUTTER in: FS HELMRICH, Gültigkeit des JA, S. 685 (691); ADS, Rechnungslegung, 6. Aufl., Tb. 4, § 256 Rn. 90, § 172 Rn. 39; HÜFFER in: MüKo AktG, 2. Aufl., § 256 Rn. 78; HENNRICHS, Fehlerhafte Bilanzen, ZHR 168 (2004), S. 382 (389f.); dazu auch MATTHEUS/SCHWAB, Fehlerkorrektur, BB 20/04, S. 1099 (1101f.).

len.[655] Allenfalls bei kurz bevorstehender Heilung könne im Einzelfall von der Neuaufstellungspflicht abgesehen werden.[656]

(2) Stellungnahme

Ist der Jahresabschluss mit inhaltlichen Fehlern behaftet, die zur Nichtigkeit der Feststellung gem. § 256 AktG führen, so muss er neu aufgestellt und festgestellt werden. Dies ergibt sich aus den §§ 242, 264 HGB für die handelsrechtliche Rechnungslegung sowie aus der gesellschaftsrechtlichen Pflicht zur Feststellung gem. §§ 172 ff. AktG, die nur nach Neuaufstellung wirksam erfolgen kann. Eine Verknüpfung der aktienrechtlichen Nichtigkeitsregelung und den handelsrechtlichen Rechnungslegungsvorschriften besteht dergestalt, dass § 256 AktG die Grenzen der Nichtigkeit klarstellt. Nur solche Fehler, die auch zur Nichtigkeit gem. § 256 AktG führen, stellen auch im Rechtssinne Fehler der handelsrechtlichen Rechnungslegung dar.[657]

Von diesem Grundsatz ist auszugehen. Ist nun gem. § 256 Abs. 6 AktG die Heilung eingetreten, bedeutet diese Heilung wie oben dargestellt lediglich, dass die Nichtigkeit der Feststellung nicht mehr geltend gemacht werden kann. Die Wirkungen der gesellschaftsrechtlichen Rechnungslegung sollen damit Bestand haben. Die Fehlerhaftigkeit der handelsrechtlichen Rechnungslegung kann hingegen durch die Heilung nicht beseitigt werden. Eine Antwort auf die Frage des Abwartens der Heilungsfrist beantwortet daher noch nicht die Frage, inwieweit auch nach Heilung der gesellschaftsrechtlichen Rechnungslegung eine Fehlerbehebung der handelsrechtlichen Rechnungslegung geboten bleibt. Die Frage des möglichen Abwartens wird zumeist in dem Kontext gesehen, dass nach Ablauf der Heilungsfrist eine Neuaufstellung gänzlich unterbleiben könne, da der geheilte Jahresabschluss nunmehr fehlerfrei sei.[658] Dies ist hingegen mangels Heilung des Jahresabschlusses selbst nicht der Fall.[659] Insofern verbleibt es grundsätzlich auch nach Heilung der Feststellung bei einer Neuaufstellungspflicht nach den handelsrechtlichen Regeln.[660] Damit besteht nicht nur vor Ablauf der dreijährigen Heilungsfrist eine unbeschränkte Neuaufstellungspflicht, sondern diese besteht auch nach Ablauf der Heilung der Feststellung fort.

Die Verquickung von handelsrechtlicher und gesellschaftsrechtlicher Rechnungslegung führt jedoch dazu, dass auch für die Neuaufstellungspflicht eine

655 GEIST, Berichtigung, DStR 8/96, S. 306 ff.; BALTHASAR, Bestandskraft, S. 219 ff.

656 GEIST, aaO, S. 309; BALTHASAR, aaO, S. 222.

657 S. dazu o. S. 176.

658 So insbesondere KOWALSKI, Der nichtige JA, AG 11/93, S. 502 (505 li. Sp.).

659 So auch GEIST, Berichtigung, DStR 8/96, S. 306 (308 li. Sp.).

660 So zutreffend auch KAISER, Berichtigung und Änderung, S. 241.

Verbindung des § 256 AktG zu den handelsrechtlichen Regeln herzustellen ist. So wie das Handelsrecht unmittelbar keine Neuaufstellungspflicht kennt, sondern es lediglich bei der bisher nicht ordnungsgemäß erfüllten Aufstellung bleibt, kann eine Rückwirkung der Heilung der gesellschaftsrechtlichen Feststellung eben dieses wider den GoB aufgestellten Jahresabschlusses auf das Handelsrecht möglich sein. Im Falle der wirksamen Heilung der Feststellung hat die Rechtsordnung die Fehlerhaftigkeit insoweit akzeptiert, als die Rechtsfolgen nunmehr rechtlichen Bestand haben sollen. Insbesondere wird die nicht erfüllte Ausschüttungsbemessungsfunktion des Jahresabschlusses damit akzeptiert. Es verbleibt jedoch bei der verfehlten Informations- und Dokumentationsfunktion.

Wird nach Ablauf der Frist ein „geheilter" Jahresabschluss z.B. Neugläubigern vorgelegt, ohne dass auf die Bewertungsfehler hingewiesen wird, so wird bewusst eine Fehlinformation weitergeleitet. Hier wird deutlich, dass in der Mehrzahl der Literatur nicht beachtet wird, dass der Kern der Nichtigkeit nur die Feststellung betrifft, nicht jedoch den Jahresabschluss selbst. Fälschliche Informationen können nicht durch Zeitablauf „geheilt" werden, sondern lediglich durch Richtigstellung. Deutlich wird hier auch nochmals, warum Konzernabschlüsse, die alleinig einer Informationsfunktion dienen, nicht „nichtig" sein können und dies auch nicht zielführend wäre.

Der Zeitablauf kann allenfalls in faktischer Weise „heilend" wirken. Wird bedacht, dass die Heilung drei Jahre nach Offenlegung erfolgt und dass die Offenlegung in der Regel zum Ende des auf den Bilanzstichtag folgenden Jahres erfolgt[661], so tritt die Heilung in der Regel erst knapp vier Jahre nach dem Bilanzstichtag ein, auf den sich die Information bezieht. Der Informationsgehalt des betreffenden Jahresabschlusses ist damit schon stark zurückgegangen. So bleibt die Information zwar fehlerhaft, der Wert auch der fehlerfreien Information ist jedoch geringer geworden. Vor diesem Hintergrund hat der Zeitablauf auch für die Neuaufstellungspflicht der handelsrechtlichen Rechnungslegung eine Bedeutung. Wenn die Heilung auf gesellschaftsrechtlicher Ebene eingetreten ist, so spricht sowohl der lange Zeitraum als auch der Bestand der Rechtsfolgen des Jahresabschlusses (Gewinnausschüttungsansprüche) dafür, dass eine Neuaufstellung grundsätzlich nicht mehr erfolgen muss. Die Verfehlung der Informationsfunktion des Jahresabschlusses wiegt allein nicht mehr so schwer, so dass im Regelfall eine Änderung in laufender Rechnung ausreichen wird. Durch das Erkennen des Fehlers ist auch die Selbstinformationsfunktion des Jahresabschlusses gewahrt. Insbesondere, wenn dem fehlerhaften Jahresabschluss jedoch

661 Gem. § 325 Abs. 1 S. 2 HGB hat die Einreichung zur Offenlegung spätestens vor Ablauf des zwölften Monats des dem Abschlussstichtag nachfolgenden Geschäftsjahrs zu erfolgen.

noch ein eigener Aussagewert beizumessen ist (z.B. gegenüber einem Unternehmenskäufer, der die letzten Jahresabschlüsse einsehen möchte), ist auch nach Heilung der Feststellung zumindest auf die Fehler hinzuweisen bzw. ein berichtigter Abschluss vorzulegen.[662]

c. Ergebnis

Die „Heilung der Nichtigkeit des Jahresabschlusses“ bedeutet, dass die Nichtigkeit des Feststellungsbeschlusses nach Ablauf der Heilungsfrist nicht mehr geltend gemacht werden kann. Entgegen der teilweise vertretenen Literaturmeinung handelt es sich daher nicht um eine „echte“ Heilung im Rechtssinne.

Vor Ablauf der dreijährigen Heilungsfrist für Inhaltsfehler besteht in jedem Fall die Pflicht zur Neuaufstellung und Neufeststellung des Jahresabschlusses unter Berichtigung der Fehler. Ein Abwarten trotz Erkennen der Fehler lässt sich nicht rechtfertigen, da die handelsrechtliche Rechnungslegungspflicht nicht ordnungsgemäß erfüllt wurde und selbst nach Ablauf der Heilungsfrist dieser Fehler weder geheilt noch beseitigt wird. Erkennt also der Vorstand Inhaltsfehler, die zur Nichtigkeit führen, so muss er unverzüglich die Neuaufstellung und Feststellung vorantreiben.[663] Bei Zweifeln ist zumindest sachverständiger Rat in Anspruch zu nehmen.[664] Diese Neuvornahme ist unabhängig von einer gerichtlichen Geltendmachung der Nichtigkeit, da sich die Nichtigkeit ipso iure ergibt. Im Übrigen wird durch §§ 256 Abs. 7 S. 1, 249 Abs. 1 S. 2 AktG klargestellt, dass die Nichtigkeit auch auf andere Weise als durch Klage geltend gemacht werden kann.[665] Besteht also innerhalb des Vorstands Einigkeit, so kann eine Neuaufstellung mit anschließender Neufeststellung des Jahresabschlusses erfolgen.[666] Bei Uneinigkeit bleibt nur der Weg der Klage durch ein Vorstands- oder Aufsichtsratsmitglied.[667] Ist die Heilung gem. § 256 Abs. 6 AktG erfolgt, so besteht zwar grundsätzlich die Neuaufstellungspflicht fort, jedoch kann in der Regel davon ausgegangen werden, dass die Verfehlung der Informationsfunktion ohne weitere Folgen ist, so dass eine Neuaufstellung unterbleiben kann.

---

662 Darauf weist auch GEIST hin, vgl. GEIST, Berichtigung, DStR 8/96, S. 306 (308 li. Sp.).

663 Ebenso MÜLLER, W. in: FS QUACK, Änderungen, S. 359 (369).

664 LUTTER fordert die Einholung mindestens eines unabhängigen Sachverständigengutachtens, LUTTER in: FS HELMRICH, Gültigkeit des JA, S. 685 (689f.). HÜFFER sieht eine Berechtigung selbst bei Zweifelhaftigkeit, HÜFFER in: MüKo AktG, 2. Aufl., § 256 Rn. 78.

665 LUTTER in: FS HELMRICH, Gültigkeit des JA, S. 685 (689).

666 Vgl. ADS, Rechnungslegung, 6. Aufl., Tb. 4, § 172 Rn. 38, § 256 Rn. 95; LUTTER in: FS HELMRICH, Gültigkeit des JA, S. 685 (688 ff.); IDW RS HFA 6, 2.3.1.1. Tz. 15.

667 Dazu im Folgenden.

Die Heilung bewirkt nicht die rückwirkende Änderung der materiellen Rechtslage. Vielmehr verbleibt es bei der Nichtigkeit, die jedoch nicht mehr geltend gemacht werden kann. In der Schwebephase zwischen der (nichtigen) Fassung des Beschlusses und dem Ablauf der Heilungsfrist erfolgte Dispositionen werden daher nicht mit „geheilt". Erfolgen Rechtshandlungen in Kenntnis der Nichtigkeit, so können diese Pflichtverletzungen darstellen und im Einzelfall Schadensersatzansprüche auslösen.[668] Die „Fehlerhaftigkeit" des Jahresabschlusses kann unbeschadet der Heilung der Feststellung nämlich jederzeit geltend gemacht werden.

Der Unterschied zu einer Anfechtbarkeit liegt darin, dass anfechtbare Beschlüsse wirksam sind und nur bei Ausübung der Anfechtung ex tunc unwirksam werden. Der nichtige Feststellungsbeschluss ist anfänglich nichtig, die unmittelbaren Folgen sollen aber bei Ablauf der Frist rechtlichen Bestand haben.

Ferner führt eine Heilung der Nichtigkeit des Jahresabschlusses dazu, dass auch die auf dessen Nichtigkeit beruhende Nichtigkeit des Gewinnverwendungsbeschlusses geheilt wird, § 253 Abs. 1 S. 2 AktG. Dies ist Konsequenz des Gleichlaufs von Nichtigkeit der Jahresabschlussfeststellung und dem darauf beruhenden Gewinnverwendungsbeschluss. Eine Nichtigkeit des Gewinnverwendungsbeschlusses aus anderen, allgemeinen Nichtigkeitsgründen wird dagegen nur nach der allgemeinen Vorschrift des § 242 AktG geheilt.[669]

5. Grundsätze der Neuaufstellung

Ist der Jahresabschluss aufgrund von Inhaltsfehlern gem. § 256 AktG nichtig, besteht eine Neuaufstellungspflicht der handelsrechtlichen Rechnungslegung aus den allgemeinen Vorschriften der §§ 242, 264 Abs. 1 HGB. Diese ist Grundlage für die Erfüllung der gesellschaftsrechtlichen Rechnungslegungspflicht aus §§ 78, 91 Abs. 1, 170 Abs. 1 AktG, die in einer Feststellung des neu aufgestellten Jahresabschlusses mündet.

Uneinigkeit und Unklarheit besteht in der Frage, welche Grundsätze für diese Neuaufstellung gelten. Fraglich ist, ob es sich um eine bloße Änderung der gefundenen Fehler oder um eine Neuaufstellung des gesamten Jahresabschlusses handelt. Damit zusammen hängt die Frage, inwieweit Wahlrechte neu ausgeübt werden können und welcher Wertaufhellungszeitraum dieser Neuaufstellung zu Grunde zu legen ist. Schließlich ist zu klären, in welchem Umfang eine erneute

---

668 So auch KOWALSKI, der zwar von einer Möglichkeit des Abwartens ausgeht, aber auch nach Heilung Schadensersatzansprüchen nicht die Grundlage entzogen sieht, KOWALSKI, Der nichtige JA, AG 11/93, S. 502 (505).

669 HEIDEL, AktR, 2. Aufl., § 253 Rn. 5f.; HÜFFER, AktG, 9. Aufl. , § 253 Rn. 5.

Abschlussprüfung stattzufinden hat, ob es sich also um eine Vollprüfung oder lediglich eine Nachtragsprüfung handelt.

a. Berücksichtigung wertaufhellender Erkenntnisse?

Die Literatur – soweit auf diese Problematik überhaupt eingehend - beantwortet diese Fragen überwiegend auf der Grundlage des Verständnisses, den Jahresabschluss selbst als Objekt der Nichtigkeit zu sehen. Bei dem nichtigen Jahresabschluss handele es sich um ein rechtliches Nullum, um einen Nichtabschluss, der rechtlich gar nicht existent sei.[670] Der Vorstand sei seiner Aufstellungspflicht nicht nachgekommen. Die Neuaufstellung sei damit die erstmalige Aufstellung des betreffenden Jahresabschlusses, so dass sowohl die handelsrechtliche als auch die gesellschaftsrechtliche Rechnungslegungspflicht erstmalig erfüllt werde.[671] Daraus wird insbesondere geschlossen, dass neue wertaufhellende Erkenntnisse zu berücksichtigen seien. Da es sich um die erstmalige Aufstellung handele, gelte als Ende des Wertaufhellungszeitraums i.S.d. § 252 Abs. 1 Nr. 4 HGB das Ende der Neuaufstellung, da diese ja die erste eigentliche Aufstellung sei.[672] Nach Auffassung des Hauptfachausschusses des IDW sind dagegen auch bei der Ersetzung nichtiger Jahresabschlüsse nur dann wertaufhellende Erkenntnisse zu berücksichtigen, wenn die Änderung ergebniserhöhend wirkt und sich die neuen Erkenntnisse gegenläufig auswirken.[673] Teilweise wird in diesem Fall ein Wahlrecht zur weitergehenden Berücksichtigung wertaufhellender Tatsachen zugestanden.[674]

Eine Abstufung nach der Ergebniswirkung bzw. die Annahme eines Wahlrechts ist aus dem Gesetz nicht zu ersehen und widerspricht auch dem korrekten Verständnis des Wertaufhellungszeitraums. Ist der Wertaufhellungszeitraum beendet, dürfen danach gewonnene Erkenntnisse nicht mehr berücksichtigt werden. Alle bis dahin erlangten wertaufhellenden Erkenntnisse müssen berücksich-

---

670 GEIST, Berichtigung, DStR 8/96, S. 306 (307); MÜLLER, W. in: FS QUACK, Änderungen, S. 359 (369); SCHMIDT/LUTTER, AktG, § 256 Rn. 40; LUTTER in: FS HELMRICH, Gültigkeit des JA, S. 685 (693f.); IDW, WP-Handbuch 2006, Band I, E Rn. 473; BALTHASAR, Bestandskraft, S. 221; i.E. so auch ADS, Rechnungslegung, 6. Aufl., Tb. 4, § 172 Rn. 36, § 256 Rn. 84, 92.

671 BALTHASAR, Bestandskraft, S. 138 u. 221; LUTTER in: FS HELMRICH, Gültigkeit des JA, S. 685 (693f.), MÜLLER, H.-P. in: FS BUDDE, Änderungen, S. 431 (432).

672 Vgl. ADS, Rechnungslegung, 6. Aufl., Tb. 4, § 256 Rn. 92.; BALTHASAR, Bestandskraft, S. 140 u. 222f.; i.E. auch KROPFF in: FS BUDDE, Auswirkungen der Nichtigkeit, S. 341 (347f.); HENNRICHS, Fehlerhafte Bilanzen, ZHR 168 (2004), S. 382 (391).

673 IDW RS HFA 6, 3. Tz. 29.

674 So MÜLLER, W. in: FS QUACK, Änderungen, S. 359 (369) m.w.N.

tigt werden.[675] Konsequent ist daher nur entweder die Verpflichtung, alle bis zum Ende der Neuaufstellung erlangten wertaufhellenden Erkenntnisse zu berücksichtigen, oder deren Berücksichtigung gänzlich zu untersagen. Wird die Aufstellung als gegenstandslos betrachtet, weil auch sie von der Nichtigkeit erfasst wird, so wäre die Neuaufstellung die erstmalige Aufstellung und der Wertaufhellungszeitraum gem. § 252 Abs. 1 Nr. 4 HGB endete damit erst mit dem Schluss dieser Aufstellung. Sämtliche in der Zwischenzeit gewonnenen wertaufhellenden Erkenntnisse wären damit zu berücksichtigen.[676] Festzuhalten bleibt, dass die überwiegende Literatur zumindest ein Wahlrecht der Berücksichtigung wertaufhellender Erkenntnisse zur Neuaufstellung zugesteht, mehrheitlich sogar die Verpflichtung sieht. Schließlich wird daraus auch geschlossen, dass Wahlrechte neu und abweichend ausgeübt werden können, da es sich faktisch um eine Erstaufstellung handele.[677]

Dieser Auffassung ist jedoch entschieden zu widersprechen. Der Annahme, es handele sich aufgrund der Nichtigkeit rechtlich um die erste wirksame Aufstellung, liegt ein unscharfes Verständnis des Begriffs der Nichtigkeit zu Grunde. Wie eingehend dargelegt, stellt die Aufstellung des Jahresabschlusses einen Realakt dar, der nicht Objekt der Nichtigkeit sein kann.[678] Nichtig ist allein das Rechtsgeschäft der Feststellung. Der aufgestellte Jahresabschluss ist fehlerhaft, woraus sich auch die Neuaufstellungspflicht ergibt, aber dennoch hat der Akt

---

675 S. ausführlich zum Wertaufhellungszeitraum oben, Kap. III.B.2., S. 121 ff.

676 So ausdrücklich BALTHASAR, Bestandskraft, S. 140 f. u. 223.

677 So auch der BFH, der allerdings auf die Maßgeblichkeit für die Steuerbilanz abstellt, BFH v. 8.10.08 – I R 61/07, BB 8/09, S. 379f. Der BFH stellt einerseits heraus, dass die Maßgeblichkeit der Handelsbilanz auch nach einer Neuaufstellung des vormals nichtigen Jahresabschlusses bestehen bleibt. Ergeben sich also andere Wertansätze in der neu aufgestellten Bilanz, so sind diese maßgeblich für die Steuerbilanz, die gem. § 4 Abs. 2 S. 1 EStG zu ändern ist. Aufgrund der rechtlichen „Nichtexistenz“ der Handelsbilanz gesteht der BFH dem Bilanzierenden jedoch zu, Wahlrechte neu auszuüben. Dies ist aus den genannten Gründen verfehlt, da dem das unrichtige Verständnis zu Grunde liegt, die Bilanz selbst wäre „nichtig“. Den Widerspruch, dass ein Steuerpflichtiger danach sogar besser steht, wenn er zunächst Steuerbilanzen auf Grundlage nichtiger handelsrechtlicher Abschlüsse einreicht, um so die Entscheidung über Wahlrechtsausübungen herauszuschieben, begegnet der BFH mit der Argumentation, dass bei missbräuchlichem Verhalten eine Neuausübung der Wahlrechte hingegen verwehrt sei, vgl. BFH aaO, S. 379 re. Sp. unten. Ein solcher Umweg ist indes nicht notwendig, wenn konsequent die hier vertretene Auffassung verfolgt wird, dass für eine Neuausübung der Wahlrechte kein Raum bleibt.

678 Dies räumen auch ADS explizit ein (ADS, Rechnungslegung, 6. Aufl., Tb. 4, § 256 Rn. 92), gestehen dann aber doch die Berücksichtigung wertaufhellender Erkenntnisse zu.

der Aufstellung stattgefunden. Die sich daran anschließenden Rechtsfolgen können zwar aufgrund der Nichtigkeit der Feststellung nicht eintreten, jedoch wurde der handelsrechtliche Jahresabschluss wirksam aufgestellt und mit der Unterschrift gem. § 245 HGB als gültig in den Rechtsverkehr gebracht. Diesen Realakt als rechtlich nicht existent anzusehen, ist verfehlt.[679] Ein solche Auffassung würde im übrigen dazu führen, dass auch die strafrechtlichen Folgen einer Nichtaufstellung – Bankrott gem. § 283 Abs. 1 Nr. 7 b) StGB bzw. Verletzung der Buchführungspflicht gem. § 283b Abs. 1 Nr. 3 b) StGB - eingreifen könnten, da ja nunmehr die (angeblich rechtlich erstmalige) Aufstellung stark verspätet erfolgt.

Die Aufstellung als solche ist vielmehr rechtzeitig erfolgt, jedoch fehlerhaft. Damit die gesellschaftsrechtliche Rechnungslegung nunmehr samt wirksamer Feststellung erfüllt werden kann und auch die handelsrechtliche Rechnungslegung fehlerfrei erfüllt wird, ist der zuvor aufgestellte Jahresabschluss neu aufzustellen. Maßstab sind dabei die Regeln, die für die erstmalige Aufstellung gegolten haben. Der neu aufgestellte Jahresabschluss muss folglich die Gestalt haben, die der zuvor aufgestellte Jahresabschluss gehabt hätte, wenn er fehlerfrei gewesen wäre. Er ist damit so aufzustellen, wie er bei der erstmaligen Aufstellung unter Beachtung der gesetzlichen Vorschriften hätte aufgestellt werden müssen. Bestandteil dieser relevanten gesetzlichen Vorschriften ist auch § 252 Abs. 1 Nr. 4 HGB mit dem geltenden Vorsichtsprinzip. Daraus folgt, dass gerade keine neuen wertaufhellenden Erkenntnisse berücksichtigt werden dürfen, sondern der Kenntnisstand zum Abschluss der erstmaligen Aufstellung zu Grunde gelegt werden muss.[680] Nur so wird dem Verständnis der stichtagsbezogenen Aussage des Jahresabschlusses Rechnung getragen.[681] Die Fehlerhaftigkeit misst sich am objektiven Sorgfaltsmaßstab des Bilanzierenden und der Erkennbarkeit von Tatsachen zum Zeitpunkt des Aufstellungsendes. Nur wenn zu diesem Zeitpunkt erkennbare Tatsachen nicht bei der Rechnungslegung berücksichtigt wurden, ist der Jahresabschluss objektiv falsch und die Nichtigkeitsfolge kann eintreten. Wie kann dann eine Berichtigung dieses Fehlers die neuen Erkenntnisse dennoch einzubeziehen verlangen? Ferner sind auch Wahlrechte bereits ausgeübt worden, so dass kein Raum für eine Änderung dieser Entscheidung bleibt, es sei

679 So zutreffend auch KAISER, Berichtigung und Änderung, S. 232 ff. und KÜTING/KAISER, Wertaufhellung, in: WPg 13/00, S. 577 (593ff.). Missverständlich HENNRICHS, der KAISER dahingehend zitiert, dass der öffentlich-rechtlich erstellte Jahresabschluss ordnungsgemäß wäre, HENNRICHS, Fehlerhafte Bilanzen, ZHR 168 (2004), S. 382 (390). Dies behauptet KAISER indes so nicht, vgl. KAISER aaO.

680 So auch RÖLIKE in: SPINDLER/STILZ, AktG, § 256 Rn. 91.

681 BFH v. 23.1.08 – I R 40/07, BB 27/08, S. 1446 (1447).

denn, der Nichtigkeitsgrund liegt in der fehlerhaften Ausübung.[682] Würde eine Neuausübung der Wahlrechte zugelassen, so stände eine Gesellschaft, deren Jahresabschluss nichtig ist, besser als eine solche, die einen wirksamen Jahresabschluss vorgelegt hat, da für diese unstreitig kein Raum für die Neuausübung von Wahlrechten bleibt.[683]

Folgendes Beispiel verdeutliche, zu welchen Ergebnissen die Berücksichtigung neuer Erkenntnisse führen könnte:

> Die X-AG wird im Jahre t0 auf Schadensersatz in Höhe von 100.000,00 EUR verklagt. Die Rechtslage ist zwar nicht eindeutig, aber die X-AG muss davon ausgehen, im Prozess zu unterliegen. Eine Berücksichtigung im Jahresabschluss zum 31.12.t0 erfolgt jedoch nicht. Im Jahr t2 wird in zweiter Instanz die Klage abgewiesen, Revision wird nicht zugelassen; die Nichtzulassungsbeschwerde bleibt ohne Erfolg. Das Urteil ist daher rechtskräftig. Ein Aktionär rügt dennoch die Unrichtigkeit des Jahresabschlusses zum 31.12.t0 und verlangt Neuaufstellung.

Im Jahresabschluss zum 31.12.t0 hätte eine Rückstellung gem. § 249 Abs. 1 S. 1 Alt. 1 HGB in Höhe von 100.000,00 EUR gebildet werden müssen, die den Gewinn entsprechend gemindert hätte. Es handelte sich um eine dem Grund und der Höhe nach ungewisse Verbindlichkeit i.S.d. § 249 Abs. 1 S. 1 AktG. Der Posten „sonstige Rückstellungen" war damit überbewertet i.S.d. § 256 Abs. 5 AktG, so dass die Jahresabschlussfeststellung gem. §§ 256 Abs. 1 Nr. 1 i.V.m. Abs. 5 AktG nichtig war. Es ergibt sich damit die Neuaufstellungspflicht. Die Tatsache, dass die Klage abgewiesen wurde, bedeutet, dass ein Anspruch auf Schadensersatz nicht bestanden hat. Die Abweisung der Klage ist damit ein wertaufhellendes Ereignis, das deutlich macht, dass schon zum 31.12.t0 keine wirtschaftliche Belastung der X-AG vorlag, da ein Anspruch gegen sie nicht begründet war. Wäre bei der Neuaufstellung der Kenntnisstand zu diesem Zeitpunkt heranzuziehen, wäre der Wertaufhellungszeitraum noch nicht beendet, so dass auch in dem neuaufgestellten Jahresabschluss die Rückstellung nicht zu bilden wäre. Der Jahresabschluss, der nunmehr wirksam festgestellt werden kann, hätte damit genau die gleiche Gestalt wie der als nichtig erachtete Jahresabschluss. Dieses Ergebnis ist widersinnig. Grund für die Nichtigkeit ist das Unterlassen der Bildung einer Rückstellung, die nach damaligem Kenntnisstand hätte gebildet werden müssen. Genauso wenig wie nachträgliche Erkenntnisse

---

682 So auch BALTHASAR, obwohl er einer Verlängerung des Wertaufhellungszeitraums wegen der „Nichtigkeit" der Erstaufstellung zustimmt, BALTHASAR, Bestandskraft, S. 138f.

683 Siehe zu dieser Problematik auch das bereits zitierte BFH-Urteil v. 8.10.08 – I R 61/07, BB 8/09, S. 379f. und die Beurteilung in Fn. 677.

einen vormals richtigen Jahresabschluss nichtig machen können, kann ein nichtiger Jahresabschluss durch nachträgliche Erkenntnisse wieder richtig werden. „Richtig“ nach den GoB ist allein der Jahresabschluss, dem der Kenntnisstand zum Ende der Erstaufstellung zu Grunde gelegt wird. In der Neuaufstellung des Jahresabschlusses ist daher die Rückstellung zu bilden. Jede andere Ansicht führt dazu, dass ein Jahresabschluss niemals „richtig“ sein kann, da stets neue Erkenntnisse über die Wertfindung bestimmter Vermögensgegenstände bekannt werden.

Der folgende Jahresabschluss zum 31.12.t1 hat die Rückstellung dann nicht zu enthalten, wenn die Klageabweisung noch vor der Aufstellung dieses Jahresabschlusses bekannt wird. Dann nämlich handelt es sich um eine berücksichtigungspflichtige wertaufhellende Erkenntnis für diesen Jahresabschluss.

Im Ergebnis ist festzuhalten, dass im Falle der Nichtigkeit wegen Inhaltsfehlern der Jahresabschluss insgesamt neu aufzustellen ist und er die Gestalt haben muss, die er bei Erstaufstellung und Beachtung der gesetzlichen Vorschriften hätte haben müssen. Der Wertaufhellungszeitraum ist bereits bei Abschluss der Erstaufstellung beendet gewesen.[684]

b. Abschlussprüfung des neu aufgestellten Jahresabschlusses

Für den neu aufgestellten Jahresabschluss stellt sich die Frage, inwieweit dieser durch einen Abschlussprüfer zu prüfen ist und ob der für den nichtigen Abschluss bestellte Abschlussprüfer als solcher auch für den neu aufgestellten Jahresabschluss in Betracht kommt.

Gem. § 316 Abs. 1 S. 2 HGB kann nur ein geprüfter Jahresabschluss festgestellt werden. Da die zuvor nichtige Feststellung nun wirksam für den Neuabschluss erfolgen soll, bedarf es einer erneuten Abschlussprüfung, die den Neuabschluss betrifft. Fraglich dabei ist, ob es sich um eine Nachtragsprüfung i.S.d. § 316 Abs. 3 HGB handelt, oder ob eine Vollprüfung notwendig ist.

(1) Nachtragsprüfung vs. Vollprüfung

Eine Neuaufstellung des Jahresabschlusses ist nur im Fall von Inhaltsfehlern notwendig.[685] Entscheidend ist dabei die Berichtigung des Fehlers, der zur Nichtigkeit des Jahresabschlusses geführt hat. Es könnte sich dabei folglich um eine reine Änderung handeln, die nach § 316 Abs. 3 HGB zu beurteilen ist, so dass es sich um eine reine Nachtragsprüfung handelte. In diesem Fall ist der Jahresabschluss nur erneut zu prüfen, „soweit es die Änderung erfordert“, § 316 Abs. 3

684 Wie hier zutreffend RÖLIKE in: SPINDLER/STILZ, AktG, § 256 Rn. 91.

685 Vgl. dazu oben, 3.b), S. 175 ff.

S. 1 HGB. Daraufhin ist der ursprüngliche Bestätigungsvermerk zu ergänzen sowie ein Nachtragsbericht zu verfassen.[686]

Klassische Fälle einer notwendigen Nachtragsprüfung sind insbesondere die Änderung des Jahresabschlusses durch die Hauptversammlung im Falle ihrer Feststellungszuständigkeit gem. § 173 Abs. 3 AktG oder die Korrektur von Mängeln der Rechnungslegung, die nicht zur Nichtigkeit führen.[687] Eine „Änderung" des Jahresabschlusses in diesem klassischen Sinne des § 316 Abs. 3 HGB liegt hingegen nicht vor, wenn sich die Neuaufstellungspflicht wegen nichtigkeitsbegründender Mängel ergibt. Dennoch wird vertreten, dass es sich bei der Prüfung eines wegen Nichtigkeit neu aufgestellten Jahresabschlusses um eine Nachtragsprüfung handeln soll, bzw. deren Grundsätze heranzuziehen seien, so dass nur die Änderungen zu prüfen wären.[688]

ADS vertreten zwar zunächst auch, dass die Grundsätze der Nachtragsprüfung auch bei Ersetzung eines nichtigen Jahresabschlusses angewendet werden *können*[689], dies jedoch nicht ohne an anderer Stelle darauf hinzuweisen, dass die Sachlage eine andere ist als bei einer klassischen Nachtragsprüfung. Daher sei insbesondere § 316 Abs. 3 S. 1 Hs. 2 HGB nicht anzuwenden, so dass regelmäßig eine volle Prüfungspflicht bestehe.[690]

Sinn der in § 316 Abs. 3 HGB normierten Nachtragsprüfung ist eine praxisgetreue Erleichterung der Abschlussprüfung im Fall von Änderungen. Der zuvor mit der Vollprüfung befasste Abschlussprüfer hat Kenntnis über den geänderten Jahresabschluss und kann die Wirkung einzelner Änderungen auf den Gesamtabschluss am besten beurteilen. Daher ist allein der zuvor bestellte Abschlussprüfer auch für die Nachtragsprüfung bestellt[691] und demgemäß ist es auch sachgerecht, die Prüfungspflicht nur auf die erfolgten Änderungen zu beschränken. Handelte es sich bei der Prüfung des den nichtigen Jahresabschluss ersetzenden Abschlusses tatsächlich um eine Nachtragsprüfung, so wäre damit auch geklärt, dass nur der zuvor bestellte Abschlussprüfer als solcher in Frage käme.

---

686 § 316 Abs. 3 S. 2 HGB. Zu Alternativen S. ADS, Rechnungslegung, 6. Aufl., Tb. 7, § 316 Rn. 69.

687 Vgl. zu diesen Fällen oben, 3.b), S. 175.

688 So das IDW, WP-Handbuch 2006, Band I, U Rn. 246; IDW RS HFA 6, Tz. 31; SCHULZE-OSTERLOH in: BAUMBACH/HUECK, GmbHG, 18. Aufl., § 41 Rn. 76; FORSTER, JA-Prüfer, in: FS W. MÜLLER, S. 183 (187ff.).

689 ADS, Rechnungslegung, 6. Aufl., Tb. 7, § 316 Rn. 79.

690 ADS, Rechnungslegung, 6. Aufl., Tb. 4, § 256 Rn. 92.

691 So schon der Gesetzeswortlaut des § 316 Abs. 3 S. 1 HGB: „...der Abschlussprüfer...". Vgl. auch BAUMBACH/HOPT, HGB, 34. Aufl., § 316 Rn. 4, § 318 Rn. 1; IDW PS 400 Tz. 105.

Dies ist jedoch abzulehnen. Die Sachlage im Fall der Prüfung des wegen Nichtigkeit neu aufgestellten Jahresabschlusses ist eine andere als bei klassischen Fällen einer Nachtragsprüfung. Im Gegensatz zu diesen Fällen ist regelmäßig eine längere Zeit verstrichen und ein – wenn auch nichtiger – Feststellungsakt hat stattgefunden. Die Notwendigkeit der Vollprüfung entfällt daher nicht, weil diese bereits kurz zuvor – bis auf die Änderungen – erfolgt wäre.[692] Es handelt sich bei der Neuaufstellung eines nichtigen Jahresabschlusses bereits begrifflich nicht um eine „Änderung" i.S.d. § 316 Abs. 3 HGB.[693] Ferner ist gerade fraglich, ob der Abschlussprüfer, der trotz Nichtigkeit einen Bestätigungsvermerk erteilt hat, überhaupt für die Prüfung des neu aufgestellten Abschlusses in Frage kommen kann. Aufgrund des gegebenen Nichtigkeitsgrundes ist nämlich zu fordern, dass sämtliche Posten des Jahresabschlusses einer neuen, unabhängigen Prüfung unterzogen werden. Schließlich bleibt auch kein Raum für eine analoge Anwendung des § 316 Abs. 3 HGB, da dieser lediglich die genannten Fälle der Jahresabschlussänderung betrifft, nicht aber eine Neuaufstellung, die unter die Grundregel des § 316 Abs. 1 HGB fallen muss. Eine die Analogie rechtfertigende Regelungslücke ist daher nicht ersichtlich.

Demgemäß wird zu Recht vertreten, dass es sich bei der Prüfung des neu aufgestellten Jahresabschlusses um eine Vollprüfung gem. § 316 Abs. 1 HGB handelt.[694]

(2) Reichweite der Erstbestellung und Abschlussprüfer des Neuabschlusses

Für die bedeutsame Frage, inwieweit der für die Prüfung des nichtigen Jahresabschlusses bestellte Abschlussprüfer als solcher für die Prüfung des neu aufgestellten Jahresabschlusses in Betracht kommt, ist zunächst der Bestellungsvorgang und das Verhältnis von gesellschaftsrechtlicher Bestellung sowie schuldrechtlicher Vertragsbeziehung zu untersuchen. Wie klargestellt wurde, handelt es sich bei der notwendigen erneuten Prüfung nicht um eine Nachtragsprüfung, so dass der zuvor bestellte Abschlussprüfer nicht schon kraft Gesetzes gem. § 316 Abs. 3 S. 1 HGB für die Neuprüfung bestellt ist.[695]

---

692 So i.E. auch MÜLLER, H.-P. in: FS BUDDE, Änderungen, S. 431 (441) und ADS, Rechnungslegung, 6. Aufl., Tb. 4, § 256 Rn. 92 a.E.

693 So zutreffend auch LG Dresden v. 26.02.09 – 41 HK T 3/08, BeckRS 09, 9823.

694 HÜFFER in: MüKo AktG, 2. Aufl., § 256 Rn. 79 a.E., KOWALSKI, Der nichtige JA, AG 11/93, S. 502 (506); HENNRICHS, Fehlerhafte Bilanzen, ZHR 168 (2004), S. 382 (391); MATTHEUS/SCHWAB, Fehlerkorrektur, BB 20/04, S. 1099 (1102 li. Sp.); wohl auch SCHMIDT/LUTTER, AktG, § 256 Rn. 40.

695 Folgend ist die Nomenklatur des Gesetzes zu beachten, das zwischen „Wirtschaftsprüfer" und „dem Abschlussprüfer" unterscheidet. Der Begriff „Wirtschaftsprüfer" bezeichnet danach für die Abschlussprüfung taugliche Personen allgemein (§ 319 Abs. 1

Gem. § 318 Abs. 1 HGB wird der Abschlussprüfer von den Gesellschaftern, im Fall der AG also von der Hauptversammlung, gewählt. Bei diesem Wahlbeschluss handelt es sich um einen Hauptversammlungsbeschluss, der den allgemeinen Regeln des Aktienrechts folgt. Auf diesen sind daher die Regeln der §§ 241 ff. AktG anwendbar. Eine Ausnahme ergibt sich jedoch, wenn der Wirtschaftsprüfer gegen Tätigkeitsverbote gem. §§ 319 Abs. 2 bis 5, 319a HGB verstößt. Für diese ist eine Geltendmachung durch Anfechtungs- oder Nichtigkeitsklage gem. § 243 Abs. 3 Nr. 2 AktG ausgeschlossen und allein das Ersetzungsverfahren nach § 318 Abs. 3 HGB vorgesehen.[696] Die Bestellung erfolgt für einen bestimmten Jahresabschluss und umfasst Nachtragsprüfungen dieses Abschlusses.[697] Eine Bestellung für mehrere Geschäftsjahre ist nicht möglich; die Bestellung muss für jeden Jahresabschluss neu beschlossen werden.[698]

Zu unterscheiden von der gesellschaftsrechtlichen Bestellung durch Beschluss ist die schuldrechtliche Beautragung. Diese erfolgt gem. § 318 Abs. 1 S. 4 HGB i.V.m. § 111 Abs. 2 S. 3 AktG durch den Aufsichtsrat. Da ein Erfolg in Form des Prüfungsberichts und des Bestätigungsvermerks[699] geschuldet ist, handelt es sich um einen Geschäftsbesorgungsvertrag mit Werkvertragscharakter gem. §§ 675, 631 BGB.[700] Der Vertragsschluss erfolgt zwischen dem Wirtschaftsprüfer bzw. der Wirtschaftsprüfungsgesellschaft und dem Aufsichtsrat als Vertreter der AG i.S.d. § 164 BGB. Die notwendige Vertretungsmacht erhält der Aufsichtsrat durch § 111 Abs. 2 S. 3 AktG.[701] Das Angebot auf Abschluss des Geschäftsbesorgungsvertrags hat der Wirtschaftsprüfer im Rahmen seiner Berufspflichten unverzüglich anzunehmen oder abzulehnen, vgl. § 51 WPO.[702]

HGB), der Begriff „Abschlussprüfer" bezeichnet den für die Prüfung eines bestimmten Jahresabschlusses bestellten Wirtschaftsprüfer.

696 S. dazu ausführlich o., Kap. III. A.1.d) S. 52 und 3. S. 59 ff.

697 Vgl. § 318 Abs. 1 S. 1 HGB u. Baumbach/Hopt, HGB, 34. Aufl., § 316 Rn. 4, § 318 Rn. 1; IDW PS 400 Tz. 105.

698 Förschle/Heinz in: BeBiKo, 7. Aufl., § 318 Rn. 11; ADS, Rechnungslegung, 6. Aufl., Tb. 7, § 318 Rn. 54f.; IDW, WP-Handbuch 2006, Band I, A Rn. 526.

699 Wobei es sich gem. § 322 Abs. 2 HGB auch um einen eingeschränkten Vermerk oder einen Versagungsvermerk handeln kann.

700 Förschle/Heinz in: BeBiKo, 7. Aufl., § 318 Rn. 14; ADS, Rechnungslegung, 6. Aufl., Tb. 7, § 318 Rn. 191 ff.; IDW, WP-Handbuch 2006, Band I, A Rn. 519, je m.w.N.

701 Logischer wäre daher eine Positionierung in § 112 AktG, da dieser besondere Vertretungsbefugnisse des AR regelt.

702 Für WP-Gesellschaften, die gem. § 6 Abs. 1 HGB kraft Rechtsform als Kaufleute gelten, wird ein Schweigen auf die Auftragserteilung gem. § 362 HGB zudem als Annahme gewertet.

Inhalt des Vertrags ist die Durchführung einer Abschlussprüfung für einen bestimmten Jahresabschluss gem. § 317 HGB mit Ablieferung des Prüfungsberichts und des Bestätigungsvermerks gem. §§ 321, 322 HGB.[703] Ferner wird die Vergütungsfrage geregelt werden, wobei Erfolgs- oder Pauschalhonorare gem. § 55 WPO und § 2 Abs. 2 der Berufssatzung der Wirtschaftsprüfer unzulässig sind. Regelfall sind daher Stundensätze für angefallene Arbeitsstunden.

Die rechtlich zu trennenden Sphären der Bestellung und der schuldrechtlichen Beauftragung werden jedoch durch § 318 HGB verknüpft. So kann gem. § 318 Abs. 1 S. 5 HGB der Prüfungsauftrag nur widerrufen werden, wenn eine Ersetzung nach § 318 Abs. 3 HGB stattgefunden hat. Der schuldrechtliche Vertrag kann folglich durch die Gesellschaft nur gekündigt werden, wenn ein anderer Abschlussprüfer bestellt ist, damit die Gesellschaft nicht „prüferlos" wird. Die Regeln der §§ 631 ff. BGB, insbesondere § 649 BGB, sind daher weitgehend ausgehebelt. Der Abschlussprüfer kann den Vertrag gem. § 318 Abs. 6 HGB nur aus wichtigem Grund kündigen. Folge ist in diesem Fall eine Neubestellung durch die Gesellschafter gem. § 318 Abs. 1 HGB oder durch das Gericht gem. § 318 Abs. 4 HGB. Danach ist das Gericht außer im Ersetzungsverfahren nach § 318 Abs. 3 HGB auch zuständig, wenn der Abschlussprüfer nicht bis zum Ablauf des betreffenden Geschäftsjahres gewählt worden ist, die Auftragsannahme abgelehnt hat oder sonst weggefallen ist, § 318 Abs. 4 S. 2 HGB.[704] Nach § 318 Abs. 4 S. 3 HGB ist der Vorstand verpflichtet, einen Bestellungsantrag zu stellen. Sachlich zuständig ist gem. §§ 375 Nr. 1, 376 Abs. 1 FamFG das Amtsgericht als Registergericht. § 318 Abs. 4 HGB regelt sowohl Fälle der mangelhaften oder fehlenden Bestellung - § 318 Abs. 4 S. 1 HGB[705] – als auch des Mangels des schuldrechtlichen Auftrags – Abs. 4 S. 2. Es wird deutlich, dass die Verknüpfung von Bestellung und schuldrechtlichem Vertrag auch andersherum gilt: Ist der schuldrechtliche Vertrag aus anderen Gründen als einer mangelhaften Bestellung unwirksam, so kann auch die Bestellung nicht wirken. § 318 Abs. 4 S. 2 HGB nennt die Nichtannahme des Auftrags oder den Wegfall des Prüfers. Darunter müssen auch Fälle der Nichtigkeit des Prüfungsvertrags wie z.B. aus §§ 138 oder 104 BGB fallen, da dies einer Nichtannahme

---

703 Vgl. dazu auch IDW PS 220 Tz. 18 ff.

704 § 318 Abs. 4 S. 2 HGB nimmt Bezug auf die Sollvorschrift des § 318 Abs. 1 S. 3 HGB, wonach der AP vor dem Ablauf des zu prüfenden Geschäftsjahres gewählt werden soll. Ist dies nicht der Fall, z.B. auch wegen nachträglichem Wegfall der Bestellung durch Kündigung gem. § 318 Abs. 6 HGB, so ist auf Antrag das Gericht zuständig, vgl. § 318 Abs. 4 S. 2 HGB.

705 Nämlich dass der Abschlussprüfer nicht gewählt wurde, darunter fällt auch eine nichtige oder angefochtene Wahl.

gleichkommt.[706] Im Ergebnis steht und fällt die Bestellung auch mit der Wirksamkeit des schuldrechtlichen Prüfungsvertrages.[707]

Die Nichtigkeit des schuldrechtlichen Prüfungsvertrags kann sich praktisch jedoch insbesondere aus § 134 BGB wegen des Vorliegens von Befangenheitsgründen ergeben.[708] Für die Ausschlussgründe der §§ 319 Abs. 2 bis 5, 319a, 319b HGB ist das Ersetzungsverfahren gem. § 318 Abs. 3 HGB einschlägig; in diesen Fällen kann die Nichtigkeit der Bestellung anderweitig nicht geltend gemacht werden.[709] Festzuhalten ist damit, dass die einmal wirksame Bestellung eines Abschlussprüfers nur beseitigt werden kann, wenn die Besorgnis der Befangenheit gegen den bestellten Wirtschaftsprüfer besteht und das Ersetzungsverfahren erfolgreich durchlaufen wird.[710]

Entscheidend für die Frage, ob der Abschlussprüfer des nichtigen Jahresabschlusses auch den neuaufgestellten Abschluss prüfen darf bzw. muss, ist daher die Klärung der Reichweite der einmal erfolgten wirksamen Bestellung. Eindeutig äußern sich dazu ADS, indem sie ausführen, dass die Prüfung des neu aufgestellten Jahresabschlusses allein dem damalig bestellten Abschlussprüfer obliege.[711] Sie argumentieren damit, dass die Bestellung durch die Nichtigkeit der Feststellung nicht berührt würde und daher die Bestellung für das betreffende Geschäftsjahr auch den für dieses Geschäftsjahr neu aufgestellten Jahresabschluss umfasse.[712] Die Bestellung beziehe sich auf ein bestimmtes Geschäftsjahr und nicht auf einen bestimmten Jahresabschluss bzw. nicht auf eine bestimmte Fassung dieses Jahresabschlusses. Ferner folge auch keine Befangenheit aus der vorigen Testatserteilung trotz Übersehens von Nichtigkeitsgründen.[713] Zu dem gleichen Ergebnis gelangen die Teile der Literatur, die die Grundsätze der Nachtragsprüfung anwenden wollen und schon daher die Bestel-

706 Vgl. ADS, Rechnungslegung, 6. Aufl., Tb. 7, § 318 Rn. 408 ff.; Förschle/Heinz in: BeBiKo, 7. Aufl., § 318 Rn 29 f.

707 So auch Ebke in: MüKo HGB, 2. Aufl., § 318 Rn. 22.

708 Vgl. dazu ausführlich oben III.A.1.d) S. 50 ff. und 3. S. 59 ff.

709 Vgl. oben aaO.

710 So auch Frings in: WPg 13/06, Pflichtverletzungen des AP, S. 821 (829).

711 ADS, Rechnungslegung, 6. Aufl., Tb. 7, § 318 Rn. 61 und Tb. 4, § 256 Rn. 92 a.A. Ferner könnten auch die Grundsätze der Nachtragsprüfung angewendet werden, woraus die Prüfereigenschaft folge, vgl. Tb. 7, § 316 Rn. 79. Dies vermag indes nicht zu überzeugen, wenn sie an anderer Stelle herausstellen, dass die Sachlage gerade eine andere sei, vgl. Tb. 4, § 256 Rn. 92.

712 ADS aaO.

713 ADS aaO.

lung des damaligen Abschlussprüfers als auch für die Prüfung des Neuabschlusses gegeben sehen.[714]

KOWALSKI dagegen sieht eine Neubestellung als notwendig an und hält den vormals bestellten Abschlussprüfer darüber hinaus für befangen und daher ausgeschlossen.[715] Weitere eindeutige Aussagen zu dieser Frage sind in der Literatur nicht ersichtlich, obwohl davon auszugehen ist, dass die Vertreter einer notwendigen Vollprüfung gem. § 316 Abs. 1 HGB auch eine Neubestellung für erforderlich halten müssen. Dies ist die einzig sachgerechte Lösung des Problems, die sich auch aus einer genauen Betrachtung der Gesetzessystematik ergibt:

Wie erläutert, ist eine einmal bestehende Bestellung nur durch ein Ersetzungsverfahren gem. § 318 Abs. 3 HGB aufgrund von Ausschlussgründen zu korrigieren. Durch die Gesellschaft kann eine Kündigung des zivilrechtlichen Vertrags gem. § 318 Abs. 1 S. 5 HGB ebenso nur aus diesem Grund erfolgen. Das Ersetzungsverfahren wurde durch das BilReG Ende 2004 neu gestaltet, und streitige Fragen wurden gelöst. Bei in der Person des Abschlussprüfers liegenden Abberufungsgründen – insbesondere Ausschlusstatbestände – können der Vorstand, der Aufsichtsrat oder eine qualifizierte Minderheit die Ersetzung des Abschlussprüfers durch das Gericht beantragen, § 318 Abs. 3 S. 1 HGB. Der Antrag ist innerhalb einer Frist von zwei Wochen nach Fassung des Wahlbeschlusses bzw. nach Kenntniserlangung von den Befangenheitsgründen zu stellen. Die Frist beginnt auch zu laufen, wenn die Kenntniserlangung ohne grobe Fahrlässigkeit zu erwarten ist.[716]

Deutlich wird, dass nach der Bestellung nur eine zeitnahe Ersetzung möglich sein soll. Bedeutsam ist nun der durch das BilReG eingeführte § 318 Abs. 3 S. 7 HGB: Nach Erteilung des Bestätigungsvermerks oder Ergänzung des Vermerks im Fall einer Nachtragsprüfung gem. § 316 Abs. 3 HGB kann der Ersetzungsantrag nicht mehr gestellt werden. Eine Ersetzung ist spätestens dann nicht mehr notwendig bzw. obsolet, wenn die Bestellung sich „erledigt" hat, also die Jahresabschlussprüfung abgeschlossen ist. Dies ist gem. § 318 Abs. 3 S. 7 HGB der Fall, wenn der Bestätigungsvermerk erteilt wurde. Damit wird deutlich, dass sich die Bestellung auf eine einmalige Abschlussprüfung eines bestimmten Jahresabschlusses und nicht eines Geschäftsjahrs bezieht. Einzige Erweiterung ist die explizit geregelte Nachtragsprüfung.[717] Nach der Änderung des § 318 Abs. 3

---

714 IDW, WP-Handbuch 2006, Band I, U Rn. 246; IDW RS HFA 6, Tz. 31; IDW PS 400 Tz. 105; KROPFF in: FS BUDDE, Auswirkungen der Nichtigkeit, S. 341 (355 Fn. 43); RÖLIKE in: SPINDLER/STILZ, AktG, § 256 Rn. 93 und ohne weitere Begründung SCHULZE-OSTERLOH in: BAUMBACH/HUECK, GmbHG, 18. Aufl., § 41 Rn. 76.

715 KOWALSKI, Der nichtige JA, AG 11/93, S. 502 (506).

716 § 318 Abs. 3 S. 2 und 3 HGB.

717 So auch schon vor dem BilReG KOWALSKI, Der nichtige JA, AG 11/93, S. 502 (506).

HGB durch das BilReG ist damit die Auffassung, den bisherigen Abschlussprüfer weiter für bestellt zu erachten, nicht mehr haltbar.[718]

Einer Erledigung der Bestellung kann auch nicht mit dem Argument entgegengetreten werden, der erstmalige Jahresabschluss sei nichtig, daher rechtlich nicht existent und somit wäre auch die Prüfung hinfällig, so dass es sich um eine erstmalige Prüfung für das Geschäftsjahr handele, die von der ersten Bestellung umfasst wäre: Wie eingehend erläutert, ist der Realakt der erfolgten Aufstellung gerade nicht von der Nichtigkeit erfasst. Genauso wenig beeinflusst dies die erfolgte erste Abschlussprüfung als Realakt. Für den nichtigen Jahresabschluss wurde wirksam ein Wirtschaftsprüfer als Abschlussprüfer bestellt, der eine Prüfung durchgeführt hat, die mit Abgabe eines Prüfungsberichts und Erteilung eines Bestätigungsvermerks geendet hat. Damit sind sowohl Bestellung als auch der schuldrechtliche Vertrag erledigt. Ist der Jahresabschluss nicht mit Fehlern behaftet, soll die Feststellung nunmehr auch Bestand haben, da selbst Befangenheitsgründe nicht die Nichtigkeit des Jahresabschlusses bewirken, vgl. § 256 Abs. 1 Nr. 3 AktG.[719]

Wird nun die Prüfung eines neu aufgestellten Jahresabschlusses notwendig, so ist der Prüfungsakt gem. §§ 316 Abs. 1, 318 HGB neu zu durchlaufen.[720] Eine Bestellung durch die Gesellschafter ist jedoch gem. § 318 Abs. 1 S. 3 HGB wegen des Zeitablaufs nicht mehr möglich. Es hat daher zwingend die Bestellung durch das Registergericht gem. § 318 Abs. 4 HGB zu erfolgen, die von Vorstand, Aufsichtsrat oder einem Gesellschafter zu beantragen ist.

Dass dieses Ergebnis einzig sachgerecht ist, wird auch deutlich, wenn eine Befangenheit des Abschlussprüfers angenommen wird: Wäre der Abschlussprüfer, der dem mit nichtigkeitsbegründenden Mängeln behafteten Jahresabschluss einen Bestätigungsvermerk erteilt hat, noch für die Prüfung des neu aufgestellten Jahresabschlusses bestellt, so gäbe es faktisch keine Möglichkeit, diesen wegen Besorgnis der Befangenheit zu ersetzen. Gerade diese Besorgnis ist aber zumindest naheliegend, hat der Wirtschaftsprüfer doch bei der damaligen Prüfung Nichtigkeitsgründe toleriert oder zumindest übersehen. Auch wenn eine Befangenheit nicht per se zu besorgen sein muss, so besteht doch offensichtlich die Gefahr einer Inobjektivität, da frühere Versäumnisse unter Umständen gerechtfertigt werden wollen. Für eine solche Besorgnis spricht auch § 258 Abs. 4 S. 3 AktG, der die Abschlussprüfer der letzten drei Jahre als Sonderprüfer für eine

718 Insofern kann die Kommentierung von ADS, die explizit den alten Abschlussprüfer für bestellt halten, als hinfällig gelten, da diese noch vor dem BilReG erfolgt ist (1997).

719 Siehe dazu auch oben, Kap. III.A.3., S. 59.

720 So zutreffend LG Dresden v. 26.02.09 – 41 HK T 3/08, nicht veröffentlicht.

Sonderprüfung wegen Unterbewertung gesetzlich ausschließt. Ein Ersetzungsverfahren würde jedoch bei Fortbestehen der Bestellung schon daran scheitern, dass gem. § 318 Abs. 3 S. 7 HGB der Antrag unzulässig ist, da bereits ein Bestätigungsvermerk erteilt wurde.

Selbst wenn die Neuprüfung als Nachtragsprüfung gesehen wird, so dass der Ersetzungsantrag grundsätzlich noch möglich wäre, wäre es schon wegen der Zweiwochenfrist der Sätze 2 und 3 des § 318 Abs. 3 HGB faktisch nicht möglich, ein erfolgreiches Ersetzungsverfahren durchzuführen. Aus dieser Betrachtung wird deutlich, dass dies auch nicht notwendig sein kann, weil eben die Bestellung nicht einen wegen Nichtigkeit neu aufgestellten Jahresabschluss umfasst. Das Ersetzungsverfahren ist vielmehr darauf zugeschnitten, dass die Bestellung nur für eine durchgeführte Abschlussprüfung gilt und nicht weitere, Jahre später notwendige, Prüfungen umfasst.

Diese Auffassung entspricht schließlich auch dem Schicksal des schuldrechtlichen Prüfungsauftrags, der wie erläutert über § 318 Abs. 1 S. 5, Abs. 4 S. 2, Abs. 6 HGB mit der Bestellung verknüpft ist. Inhalt des schuldrechtlichen Vertrags ist die Durchführung genau einer Abschlussprüfung mit Erstellung des Prüfungsberichts und Erteilung eines Bestätigungsvermerks. Aus dem Vertrag hat die Gesellschaft gem. §§ 675, 631 BGB einen Anspruch auf Prüfungsdurchführung erlangt. Die Auslegung eines solchen Vertrages wird ergeben, dass nicht auch Ansprüche auf eine mehrere Jahre später notwendig werdende erneute Prüfung geschaffen werden sollen. Wäre der Wirtschaftsprüfer z.B. aus Kapazitätsgründen nicht in der Lage, den Vertrag zu erfüllen, so machte er sich unter Umständen schadensersatzpflichtig wegen Nichterfüllung gem. §§ 280, 281 BGB. Es wird deutlich, dass auch der schuldrechtliche Vertrag nur die erstmalig durchgeführte Abschlussprüfung erfasst; der Anspruch ist durch Vornahme der Prüfung, Erstellung des Prüfungsberichts und Erteilung des Bestätigungsvermerks durch Erfüllung gem. § 362 Abs. 1 BGB erloschen.

(3) Ergebnis

Zusammenfassend ist festzustellen, dass die Bestellung des Abschlussprüfers mit der Erteilung des Bestätigungsvermerks erledigt ist, auch wenn es sich dabei um einen mangelhaften Jahresabschluss handelt. Für die notwendige Prüfung des wegen Nichtigkeit neu aufzustellenden Jahresabschlusses ist eine Neubestellung des Abschlussprüfers durch das Gericht gem. § 318 Abs. 4 HGB notwendig. Der Vorstand ist nach einem die Nichtigkeit eines Jahresabschlusses feststellenden Urteil daher verpflichtet, diesen neu aufzustellen und prüfen zu lassen. Dazu ist ein Bestellungsantrag bei dem Registergericht gem. § 318 Abs. 4 HGB zu stellen. Als Vorschlag sollte naturgemäß ein anderer Wirtschaftsprüfer als der Prüfer des Erstabschlusses genannt werden.

Nicht sachgerecht ist wie erläutert ein Antrag auf Abberufung des alten Abschlussprüfers und Bestellung eines neuen Abschlussprüfers im Ersetzungsverfahren gem. § 318 Abs. 3 HGB. Ein solches Verfahren ist schon gem. § 318 Abs. 3 S. 7 HGB unzulässig. Dennoch wird dies in der Praxis häufig geführt und mündet in den Streit, inwieweit die Testierung eines nichtigen Abschlusses einen Befangenheitsgrund für die Neuprüfung darstellt.[721] Die Bestellung eines Abschlussprüfers durch das Gericht ist gem. § 318 Abs. 4 S. 4 Hs. 2 HGB unanfechtbar. Ein abgelehnter Ersetzungsantrag bzw. die fälschlich nicht ausgesprochene Bestellung kann gem. § 318 Abs. 3 S. 8, Abs. 4 S. 4 Hs. 1 HGB, §§ 58, 402 Abs. 1 FamFG durch Beschwerde angegriffen werden. Die Beschwerde ist gem. §§ 63 Abs. 1, 64 Abs. 1 FamFG binnen eines Monats bei dem erstinstanzlichen Gericht einzulegen. Weiteres Rechtsmittel ist sodann gem. §§ 70 FamFG, 133 GVG die Rechtsbeschwerde beim BGH.[722]

Im praktisch bedeutsamen Fall der Insolvenz einer Gesellschaft ist die Sachlage entsprechend. Häufig wird die Nichtigkeit eines zurückliegenden Jahresabschlusses durch den Insolvenzverwalter aufgedeckt. Für die Neuaufstellung des Jahresabschlusses ist gem. § 155 Abs. 1 InsO der Insolvenzverwalter zuständig. Für die Bestellung des Abschlussprüfers ist auch in diesem Fall das Registergericht zuständig, da gem. § 155 Abs. 3 InsO im Insolvenzverfahren die Bestellung ausschließlich auf diesem Wege in entsprechender Anwendung des § 318 HGB erfolgt.[723] Bedeutsam ist hier das Antragsrecht des Insolvenzverwalters, das in § 318 HGB nicht erfasst ist. Der Insolvenzverwalter ist daher berechtigt und verpflichtet, einen Antrag auf Abschlussprüferbestellung für den neu aufgestellten Jahresabschluss zu stellen. Der teils geführte Streit, inwieweit der Insol-

---

721 So bei AG Dresden v. 20.02.08 – HRB 13183, nicht veröffentlicht, das einen Ersetzungsantrag zurückweist mit der Begründung des Fristablaufs, aufgehoben durch LG Dresden, 41 HK T 3/08 v. 26.02.09, die Aufhebung bestätigt durch OLG Dresden v. 30.09.09, 13 W 0281/09; AG Mönchengladbach v. 29.12.03 – 18 HRB 5529, das einem Ersetzungsantrag wegen Befangenheit stattgibt, ohne auf die Frist einzugehen; ebenso AG Düsseldorf v. 4.1.05 – HRB 21315/HA, bestätigt mit der Begründung der zulässigen Bestellung gem. § 318 Abs. 4 HGB durch LG Düsseldorf v. 10.06.06 – 36 T 8/06, jeweils nicht veröffentlicht.

722 Vor Geltung des FamFG war der Instanzenzug abweichend geregelt; Rechtsmittel waren die sofortige Beschwerde und sofortige weitere Beschwerde beim OLG.

723 Das OLG Dresden sieht im Insolvenzfall ein weiteres Argument dafür, dass eine Neubestellung zu erfolgen hat in den insolvenzrechtlichen Vorschriften: Der Prüfungsvertrag ende jedenfalls gem. §§ 115, 116 InsO mit Eröffnung des Insolvenzverfahrens automatisch bzw. gem. § 103 InsO mit Ablehnung der Erfüllung durch den Insolvenzverwalter. Dadurch erlische wegen der Verknüpfung von schuldrechtlichem Vertrag und Bestellung auch letztere, so dass eine Neubestellung zu erfolgen habe, OLG Dresden v. 30.09.09 – 13 W 0281/09.

venzverwalter im Rahmen eines Ersetzungsverfahrens gem. § 318 Abs. 3 HGB antragsberechtigt ist, ist daher obsolet.[724]

c. Publizitätspflicht

Gem. § 325 HGB haben die gesetzlichen Vertreter von Kapitalgesellschaften den Jahresabschluss spätestens ein Jahr nach dem Stichtag beim Betreiber des elektronischen Bundesanzeigers einzureichen und bekannt machen zu lassen. Diese Offenlegung ist unabhängig von der Feststellung.[725] Bei der Einreichung wird durch den Betreiber des elektronischen Bundesregisters gem. § 329 HGB die Vollständigkeit der Unterlagen und die Fristeinhaltung geprüft. Eine inhaltliche Prüfung des Jahresabschlusses findet dagegen nicht statt.[726] Im Grundsatz ist daher die Publizitätspflicht mit der Offenlegung des zuerst aufgestellten – fehlerhaften – Jahresabschlusses erfüllt.[727] Ungeklärt ist, inwieweit der neu aufgestellte Jahresabschluss zu publizieren ist und welche Maßnahmen das Registergericht ergreifen kann.

Die Durchsetzung der Publizitätspflicht soll durch ein im Rahmen des EHUG v. 10.11.2006[728] neu gestaltetes Ordnungsgeldverfahren gem. § 335 HGB erreicht werden.[729] Danach hat das Bundesamt für Justiz bei Unterlassen

---

724 So auch LG Dresden, v. 26.02.09 – 41 HK T 3/08.

725 Dies ergibt sich aus § 325 Abs. 1 S. 6 HGB sowie aus § 328 Abs. 1 Nr. 2 HGB; S. dazu auch o. Kap. III. B.2.c.(2), S. 132 ff.

726 Vgl. dazu oben 4.a. S. 181 und BAUMBACH/HOPT, HGB, 34. Aufl., § 329 Rn. 1; ELLROTT/GROTTEL in: BeBiKo, 7. Aufl., § 329 Rn. 5.

727 So auch HÜFFER, AktG, 9. Aufl. , § 256 Rn. 33; RÖLIKE in: SPINDLER/STILZ, AktG, § 256 Rn. 96.

728 Gesetz über elektronische Handelsregister und Genossenschaftsregister sowie das Unternehmensregister (EHUG) v. 10.11.06, BGBl. I 2553.

729 Ein derartiges Verfahren war schon vorher geregelt, hatte jedoch praktisch keine Bedeutung, da das zuständige Gericht nur auf Antrag eingriff, so dass eine Vielzahl von Kapitalgesellschaften ihre Jahresabschlüsse nie offengelegt haben. Durch die technische Möglichkeit der elektronischen Offenlegung und die Verpflichtung dazu nach dem EHUG ist auch die Kontrolle der Pflichteinhaltung erleichtert worden, so dass nun auch in der Praxis die Einhaltung der Publizitätspflicht überwacht wird. Das Ordnungsgeldverfahren ist in der neuen Form nicht mehr nur auf Antrag durchzuführen, sondern das Bundesamt für Justiz ist gem. § 335 Abs. 1 S. 1 HGB zur Durchführung verpflichtet; lediglich die Höhe des Ordnungsgeldes steht im pflichtgemäßen Ermessen der Bundesbehörde. Da es um die Durchsetzung einer nicht vertretbaren Handlung geht, wäre nach der Nomenklatur der ZPO die Bezeichnung als Zwangsgeld sachgerechter, vgl. § 888 ZPO, da ein Ordnungsgeld den Verstoß gegen Unterlassungspflichten ahndet, vgl. § 890 ZPO. Andererseits ist nach der ZPO nur ein Ordnungsgeld vorher anzudrohen, so dass der Begriff wohl aus diesem Grunde verwendet wurde. Die

der fristgerechten Einreichung des Jahresabschlusses ein Ordnungsgeldverfahren durchzuführen, in dem unter Androhung eines Ordnungsgeldes zwischen 2.500,- € und 25.000,- € die Einreichung der Unterlagen innerhalb einer sechswöchigen Frist gefordert wird, § 335 Abs. 1 S. 4, Abs. 3 HGB. Voraussetzung ist, dass eine Pflicht aus § 325 HGB nicht befolgt wird.[730]

Fraglich ist daher, ob ein Ordnungsgeldverfahren in Betracht kommt, um zur Ersetzung eines nichtigen Jahresabschlusses durch Offenlegung des korrekten Jahresabschlusses anzuhalten.[731] Gem. der Fassung des § 335 HGB nach EHUG kann die Aufstellung eines Jahresabschlusses nur mittelbar durch Anhaltung zur Offenlegung erzwungen werden. Die Offenlegung wurde jedoch bereits in Bezug auf den Erstabschluss erfüllt. Mangels inhaltlicher Prüfung durch den Betreiber des elektronischen Bundesanzeigers kann dieser die Mangelhaftigkeit des Erstabschlusses auch nicht erkennen. Da die Nichtigkeit unmittelbar nur die Feststellung des Jahresabschlusses betrifft und damit die gesellschaftsrechtliche Sphäre der Rechnungslegung, wird die öffentlich-rechtliche Pflicht der Publizierung ebenso wenig unmittelbar berührt.

Dennoch ist wie oben dargestellt auch handelsrechtlich eine Neuaufstellungspflicht gegeben, von der erst nach Ablauf der Heilungsfrist abgesehen werden kann.[732] Diese Neuaufstellungspflicht umfasst auch die Pflicht zur Offenlegung des neu aufgestellten Jahresabschlusses aus § 325 HGB in unmittelbarer Anwendung.[733] Die 12-Monatsfrist des § 325 Abs. 1 S. 2 HGB kann jedoch hierauf keine Anwendung mehr finden, weil diese Zeit naturgemäß verstrichen ist.[734] Es bietet sich jedoch eine analoge Anwendung des § 325 Abs. 1 S. 6 HGB an, der eine unverzügliche Einreichung von Änderungen bei nachträglicher Prüfung oder Feststellung fordert. Müssen bloße Änderungen unverzüglich offengelegt werden, so gilt dies erst recht für eine komplette Neuaufstellung. Sobald der

---

amtliche Überschrift des 6. Unterabschnitts des 2. Abschnitts des 3. Buchs des HGB, §§ 331-335b HGB, verwendet indes auch den Begriff „Zwangsgeld“, obwohl nur das „Ordnungsgeld“-verfahren geregelt ist.

730 § 335 Abs. 1 S. 1 Nr. 1 HGB.

731 Dies bejahend KROPFF in: FS BUDDE, Auswirkungen der Nichtigkeit, S. 341 (357), jedoch noch für das Zwangsgeld nach § 335 HGB a.F., das die Aufstellungspflichten durchsetzen sollte, denen die Offenlegung erst folgt. Durch die Neufassung im Rahmen des EHUG wurde diese Sanktion ersatzlos gestrichen, da die Anhaltung zur Offenlegung die Erfüllung der Aufstellungspflicht naturgemäß erfordert. So weist § 335 Abs. 1 S. 3 HGB auch explizit darauf hin, dass die Unterlassung der Offenlegung nicht mit der Nichtaufstellung eines Jahresabschlusses entschuldigt werden kann. Ebenso für § 335 HGB a.F. GEIST, Berichtigung, DStR 8/96, S. 306 (309 re. Sp.).

732 Vgl. dazu oben, 4.c. S. 187.

733 So auch LUTTER in: FS HELMRICH, Gültigkeit des JA, S. 685 (693).

734 Dies gilt erst recht für die 4-Monatsfrist des § 325 Abs. 4 HGB.

Jahresabschluss neu aufgestellt wurde, greift damit die Offenlegungspflicht „unverzüglich nach Vorlage an die Gesellschafter" ein. Diese kann sodann gem. § 335 HGB durch Ordnungsgeldandrohung durchgesetzt werden. Dies folgt auch aus der Betrachtung der gesellschaftsrechtlichen Ebene. Der neu aufgestellte Jahresabschluss ist ebenso neu festzustellen. Aus der Ratio der Regelungen des § 325 Abs. 1 S. 6 HGB und § 328 Abs. 1 Nr. 1 HGB folgt, dass darüber auch eine neue Offenlegung erfolgen muss.[735]

Problematisch ist jedoch der Fall, in dem keine Neuaufstellung erfolgt. Ist der Erstabschluss offengelegt worden, so läuft die Heilungsfrist des § 256 Abs. 3 AktG. Solange diese Frist läuft und keine Nichtigkeitsklage anhängig ist, besteht zwar wie erläutert eine Pflicht zur Neuaufstellung, eine Offenlegungspflicht kann aber nicht konstruiert werden, da diese analog § 325 Abs. 1 S. 6 HGB erst nach erfolgter Neuaufstellung eingreift und eine formelle Offenlegung für das betreffende Geschäftsjahr bereits fristgerecht erfolgt ist. Eine Durchsetzung der Neuaufstellung kann folglich in diesem Fall nicht durch das Ordnungsgeldverfahren erreicht werden.[736] Bezüglich der Offenlegung kann folglich sanktionsfrei die Heilungsfrist abgewartet werden, wenn der Erstabschluss offengelegt wurde.

Wird jedoch rechtskräftig die Nichtigkeit des Jahresabschlusses festgestellt, so steht damit auch die unbedingte Neuaufstellungs- und Offenlegungspflicht fest. Diese muss konsequenterweise auch erzwingbar sein. Die Rechtsprechung lässt die Frage, ob in diesem Fall ein Ordnungsgeldverfahren möglich ist, soweit ersichtlich offen.[737] Die Informationsfunktion des Jahresabschlusses kann aber nur gewahrt werden, wenn auch die diese ermöglichende Offenlegung durchsetzbar ist. Da die „Vorlage an die Gesellschafter" fehlt, bedarf es jedoch einer Frist, ab der eine Unterlassung geahndet werden kann. Diese ist nur für den Fall der Erstaufstellung vorgesehen, nämlich 12 Monate ab dem Rechnungslegungsstichtag, § 325 Abs.1 S. 2 HGB, bzw. gem. § 325 Abs. 4 HGB vier Monate für kapitalmarktorientierte Gesellschaften. Eine Frist für die Offenlegung bei Neuaufstellungspflicht ist nicht vorgesehen, so dass diesbezüglich eine Regelungslücke vorliegt. Diese ist auch als planwidrig zu bezeichnen, da nur nach einer Frist die Erzwingung der Offenlegung möglich ist. Es ist daher eine analoge Anwendung der Zwölf- bzw. Vier-Monatsfrist des § 325 Abs. 1 S. 2 bzw. Abs.

---

735 Ähnlich auch RÖLIKE in: SPINDLER/STILZ, AktG, § 256 Rn. 96.

736 So auch BayObLG v. 26.5.00 – 3 Z BR 111/00, BB 37/00, S. 1884 zum Zwangsgeld zur Offenlegung gem. § 335 Abs. 1 Nr. 6 HGB a.F.; SCHMIDT/LUTTER, AktG, § 256 Rn. 40; HÜFFER, AktG, 9. Aufl. , § 256 Rn. 33 und ders. in: MüKo AktG, 2. Aufl., § 256 Rn. 68.

737 BayObLG v. 26.5.00 – 3 Z BR 111/00, BB 37/00, S. 1884.

4 S. 1 HGB geboten, die mit der Rechtskraft des Nichtigkeitsurteils beginnen sollte. Wird damit vier bzw. zwölf Monate nach rechtskräftiger Feststellung der Nichtigkeit eines Jahresabschlusses nicht der neu aufgestellte Jahresabschluss beim Betreiber des elektronischen Bundesanzeigers eingereicht, hat das Bundesamt für Justiz ein Ordnungsgeldverfahren analog § 335 HGB einzuleiten.[738]

Dieses Ergebnis folgt auch aus einem Vergleich zur „freiwilligen“ Neuaufstellung. Erfolgt diese, so ergibt sich die Offenlegungspflicht unmittelbar aus § 325 Abs. 1 HGB und kann durch Ordnungsgeld erzwungen werden. Für die Verweigerung der Aufstellung trotz Aufstellungspflicht wegen rechtskräftig festgestellter Nichtigkeit muss das erst recht gelten.

Zusammenfassend ist damit festzustellen, dass im Falle der Nichtigkeit des Jahresabschlusses mit der Neuaufstellungspflicht eine Pflicht zur Offenlegung des neu aufgestellten Jahresabschlusses einhergeht. Diese ist jedoch erst durchsetzbar, wenn die Neuaufstellung tatsächlich erfolgt ist oder wenn die Nichtigkeit des Jahresabschlusses rechtskräftig festgestellt wurde. Im ersteren Fall hat die Offenlegung unverzüglich nach Vorlage an die Gesellschafter, im zweiten Fall spätestens 12 Monate nach Rechtskraft des Urteils zu erfolgen. Bei Nichteinhaltung ist ein Ordnungsgeldverfahren einzuleiten. Vor Ablauf der Heilungsfrist des § 256 Abs. 6 AktG ist damit eine Neuaufstellung des Jahresabschlusses nur erzwingbar, wenn die Nichtigkeit gerichtlich geltend gemacht wird.

d. Fazit

Im Falle der Nichtigkeit des Jahresabschlusses wegen Inhaltsfehlern ist dieser insgesamt neu aufzustellen. Wertaufhellende Erkenntnisse nach Aufstellung des Erstabschlusses dürfen **nicht** berücksichtigt werden. Der Jahresabschluss muss vielmehr die Gestalt haben, die er bei Erstaufstellung unter Beachtung der gesetzlichen Vorschriften gehabt hätte. Der wegen Nichtigkeit neu aufzustellende Jahresabschluss ist prüfungspflichtig. Bei dieser Prüfung handelt es sich um eine Vollprüfung gem. § 316 Abs. 1 HGB, die durch einen gem. § 318 Abs. 4 HGB neu zu bestellenden Abschlussprüfer durchzuführen ist. Grundsätzlich könnte auch der Abschlussprüfer bestellt werden, der bereits den nichtigen Jahresab-

---

738 Für die Möglichkeit der Durchsetzung der Offenlegung nach Nichtigkeitsurteil auch SCHMIDT/LUTTER, AktG, § 256 Rn. 40, jedoch ohne auf die Problematik der Frist einzugehen. Ebenso MATTHEUS/SCHWAB, Fehlerkorrektur, BB 20/04, S. 1099 (1103 re. Sp.). Aufgrund der Eintragungspflicht des Nichtigkeitsurteils in das Handelsregister gem. § 248 Abs. 1 S. 2 AktG und der Offenlegungspflicht für börsennotierte Gesellschaften gem. § 248a AktG wird die Neuaufstellungspflicht offenbar, so dass die Ahndung auch praktisch durchsetzbar ist.

schluss testiert hatte, es ist jedoch naheliegend, einen anderen Wirtschaftsprüfer zu bestellen, da zumindest die Besorgnis der Befangenheit gem. § 319 Abs. 2 HGB als Ausschlussgrund naheliegt.

Folge dieses Ergebnisses ist, dass eine ohne Neubestellung durch den damalig bestellten Abschlussprüfer durchgeführte Abschlussprüfung zur Nichtigkeit auch des neu aufgestellten Jahresabschlusses führt. Diese ergibt sich aus § 256 Abs. 1 Nr. 3 Alt. 2 AktG, weil der Jahresabschluss zwar geprüft wurde, dies aber durch einen nicht wirksam bestellten Abschlussprüfer. Es handelt sich dabei nicht um einen Grund der §§ 319 Abs. 2 bis 4, 319a Abs. 1 oder § 319b Abs. 1 HGB, so dass der Nichtigkeitsgrund des § 256 Abs. 1 Nr. 3 Alt. 2 AktG eingreift. Die Bestellung fehlt hier gänzlich. Es gilt die kurze Heilungsfrist von 6 Monaten gem. § 256 Abs. 6 S. 1 HGB. Wird also aufgrund der nicht vertretbaren Auffassung, die Bestellung lebe fort, der neu aufgestellte Jahresabschluss wiederum durch den alten Abschlussprüfer geprüft, so kann diesem innerhalb der Heilungsfrist mit einer Nichtigkeitsklage gegen die Feststellung des Jahresabschlusses begegnet werden. Auf Befangenheitsgründe kommt es dann nicht an, sondern die Nichtigkeit folgt kraft Gesetzes wegen der fehlenden Bestellung aus § 256 Abs. 1 Nr. 3 AktG.

Der schuldrechtliche Vertrag wird indes nicht berührt, da kein Verstoß gegen ein gesetzliches Verbot gem. § 134 BGB vorliegt. Ein solches ist nur gegeben, wenn gegen Tätigkeitsverbote der §§ 319, 319a, 319b HGB verstoßen wird, nicht jedoch darin zu sehen, ohne wirksame Bestellung geprüft zu haben. Dies führt zwar zur Nichtigkeit des Jahresabschlusses, ist jedoch nicht „verboten" i.S.d. § 134 BGB, da der Wirtschaftsprüfer kein Tätigkeitsverbot missachtet hat.[739] Auch aus diesem Grund ist dringend eine Neubestellung zu empfehlen, um unnötige Kosten zu vermeiden, die durch eine Nichtigkeitsklage mit anschließender Neuprüfung durch einen anderen Wirtschaftsprüfer entstehen würden.

Der neu aufgestellte Jahresabschluss ist sodann gem. § 325 HGB offenzulegen. Eine Erzwingung der Neuaufstellung samt Prüfung und Offenlegung ist jedoch nur möglich, wenn die Nichtigkeit gerichtlich festgestellt wird. In diesem Fall ist ein Ordnungsgeldverfahren gem. § 335 HGB einzuleiten, wenn nicht die Offenlegung spätestens vier bzw. zwölf Monate nach Rechtskraft des Nichtigkeitsurteils erfolgt ist.[740]

---

739 Anders als bei Verstoß gegen Tätigkeitsverbote ist daher auch kein Bußgeldtatbestand erfüllt, vgl. § 334 Abs. 2 HGB, der nur den Verstoß gegen Ausschlussgründe der §§ 319, 319a, 319b HGB ahndet.

740 Abhängig davon, ob es sich um eine kapitalmarktorientierte Gesellschaft i.S.d. § 246d HGB handelt oder nicht.

6. Auswirkungen der Nichtigkeit auf Folgeabschlüsse

a. Problemstellung und Meinungsstand

Ist ein Jahresabschluss z.B. wegen Überbewertung nichtig, stellt sich die Frage, welche Auswirkungen dies auf nachfolgende Jahresabschlüsse hat. Insbesondere ergeben sich Probleme daraus, dass bei nicht sofortiger Entdeckung eines Bewertungsfehlers und gerichtlicher Feststellung der Nichtigkeit aufgrund des Zeitablaufs bereits mehrere nachfolgende Jahresabschlüsse existieren.

Einig ist sich die Literatur zutreffend darin, dass die Nichtigkeit des Vorjahresabschlusses kein unmittelbarer Nichtigkeitsgrund für den folgenden Jahresabschluss ist.[741] Dies ist eindeutig, da sich ein solcher Nichtigkeitsgrund nicht in § 256 AktG findet, der die Nichtigkeitsgründe abschließend regelt. Ebenso einig ist sich die Literatur, dass ein Folgeabschluss, der den Bewertungsfehler des Vorjahresabschlusses wiederholt, für sich genommen gem. § 256 AktG nichtig ist, ohne dass es auf die Nichtigkeit des Vorjahresabschlusses ankäme.[742] Auch dies ist ohne weiteres offensichtlich zutreffend.

Dennoch verbleiben Probleme. Ein Jahresabschluss baut stets auf dem Vorjahresabschluss auf. Dies ergibt sich aus dem Grundsatz der Bilanzidentität gem. § 252 Abs. 1 Nr. 1 HGB. Ist nun der Vorjahresabschluss nichtig, so ist fraglich, ob dessen Werte als Eröffnungswerte in Betracht kommen. Wird der Vorjahresabschluss aufgrund festgestellter Nichtigkeit neu aufgestellt, ergeben sich auch neue, andere Eröffnungswerte für den Folgeabschluss. Wird der Vorjahresabschluss jedoch geheilt, stellen dessen „geheilte“ Werte die „richtigen“ Eröffnungswerte des Folgeabschlusses dar? Schließlich kann ein Verstoß gegen den Grundsatz der Bilanzidentität gem. § 252 Abs. 1 Nr. 1 HGB zur Nichtigkeit des Folgeabschlusses führen, nämlich über die Generalklausel des § 256 Abs. 1 Nr.

---

741 Hüffer, AktG, 9. Aufl. , § 256 Rn. 34, ders. in: MüKo AktG, 2. Aufl., § 256 Rn. 81; Bürgers/Körber, AktG, § 256 Rn. 24; Heidel, AktR, 2. Aufl., § 256 Rn. 44; Schmidt/Lutter, AktG, § 256 Rn. 41; Müller, W., Prüfverfahren und Nichtigkeit, ZHR 168/04, S. 414 (422); Zöllner in: FS Scherrer, Folgen der Nichtigkeit, S. 355 (359); Kropff in: FS Budde, Auswirkungen der Nichtigkeit, S. 341 (342); Hense, Rechtsfolgen, WPg 23-24/93, S. 716 (717); ADS, Rechnungslegung, 6. Aufl., Tb. 4, § 256 Rn. 76.

742 Hüffer, AktG, 9. Aufl. , § 256 Rn. 34, ders. in: MüKo AktG, 2. Aufl., § 256 Rn. 81; Bürgers/Körber, AktG, § 256 Rn. 24; Schmidt/Lutter, AktG, § 256 Rn. 41; Müller, W., Prüfverfahren und Nichtigkeit, ZHR 168/04, S. 414 (423); Zöllner in: FS Scherrer, Folgen der Nichtigkeit, S. 355 (360); Kropff in: FS Budde, Auswirkungen der Nichtigkeit, S. 341 (342); Hense, Rechtsfolgen, WPg 23-24/93, S. 716 (717).

1 AktG. Wie dargelegt, ist § 252 Abs. 1 Nr. 1 HGB zu den relevanten Vorschriften zu zählen, die unter die Generalklausel fallen.[743] Ein Verstoß gegen den Grundsatz der Bilanzidentität fällt damit als Inhaltsfehler unter die Generalklausel und führt zur Nichtigkeit mit dreijähriger Heilungsfrist.

Zu klären ist, wann ein solcher Verstoß gegeben ist. HENSE sieht die Vorjahreszahlen eines nichtigen Jahresabschlusses nicht als taugliche Eröffnungswerte an, weil die Schlussbilanz des Jahres aufgrund der Nichtigkeit ohne rechtliche Wirkung sei.[744] So erscheine es nicht vertretbar, „falsche“ Werte als Anfangswerte zu übernehmen.[745] Dies vermag auf den ersten Blick zu überzeugen, ist aber in dieser Form nicht zu stützen. Wenn erkannt wird, dass der Vorjahresabschluss nichtigkeitsbegründende Fehler aufweist, so reicht es gerade nicht aus, für den Folgeabschluss durch Korrektur der Anfangswerte den Fehler zu bereinigen. Vielmehr muss der Vorjahresabschluss aufgrund der Nichtigkeit neu aufgestellt werden. Die Problematik für den Folgeabschluss stellt sich dann nicht mehr. Praktisch stellt sich das Problem jedoch anders dar: Wenn die Nichtigkeit bemerkt wird, so wird häufig bereits auch der Folgeabschluss auf- und festgestellt sein; dies naturgemäß auf Basis der Schlusswerte des nichtigen Vorjahresabschlusses.

Ähnlich wie HENSE argumentiert KROPFF, der in der nichtigen Vorbilanz keine Schlussbilanz im Rechtssinne sieht, so dass es bereits an maßgeblichen Vorjahreszahlen fehle.[746] Dies führte in der Konsequenz dazu, dass bei Nichtigkeit eines Jahresabschlusses im Folgeabschluss stets ein Verstoß gegen § 252 Abs. 1 Nr. 1 HGB vorliegt, weil überhaupt keine wirksamen Vorjahreszahlen vorhanden wären, die eine Einhaltung des Grundsatzes möglich machten.

Demgegenüber stellt ZÖLLNER zutreffend heraus, dass das Zahlenwerk als solches niemals nichtig sein kann.[747] Insofern könne es nur darauf ankommen, dass die Schlusswerte des Vorjahres korrekt als Eröffnungswerte des Folgejahres übernommen werden.[748] Eine Abweichung ergibt sich danach jedoch dann, wenn der Vorjahresabschluss aufgrund der Nichtigkeit neu aufgestellt wird. Die nunmehr geänderten Abschlusswerte stimmen nicht mehr mit den Eröffnungs-

743 Siehe dazu oben, Kap. III.A.8.d.(4), S. 97.

744 HENSE, Rechtsfolgen, WPg 23-24/93, S. 716 (718 li. Sp.).

745 SCHEDLBAUER schlägt dazu dokumentierte Übergangsbuchungen vor, SCHEDLBAUER, Bestandskraft, in: DB 42/92, S. 2097 (2103 re.Sp.).

746 KROPFF in: FS BUDDE, Auswirkungen der Nichtigkeit, S. 341 (343). So wohl auch RÖLIKE in: SPINDLER/STILZ, AktG, § 256 Rn. 95.

747 ZÖLLNER in: FS SCHERRER, Folgen der Nichtigkeit, S. 355 (362).

748 ZÖLLNER aaO.

werten des Folgejahres überein, so dass durch die Neuaufstellung der Folgeabschluss nichtig würde.[749]

Als Lösung dieser Problematik hat sich mehrheitlich das Konzept einer „schwebenden Unwirksamkeit“ herauskristallisiert. Ausgangspunkt die die zutreffende Begründung, dass es nach der ratio des § 256 AktG auch nach dem Willen des Gesetzgebers nicht sachgerecht sein kann, dass ein nichtiger Jahresabschluss faktisch zur Nichtigkeit der Folgeabschlüsse führt, zumal dieser Nichtigkeitsgrund nicht unmittelbar in § 256 AktG erfasst ist. Daher soll der Folgeabschluss nicht nichtig sein, sondern schwebend unwirksam und erst unter der Bedingung wirksam werden, dass der Vorjahresabschluss wirksam wird.[750] Eindeutig ist die genaue Ausprägung dieser Ansicht jedoch nicht. So geht HÜFFER wohl davon aus, dass der Folgeabschluss bereits eine Korrektur erfahren hat, da der Schwebezustand beendet sei, wenn der Vorabschluss ebenso korrigiert wurde – also sodann die Bilanzidentität gewahrt ist.[751] SCHMIDT und LUTTER stellen hingegen darauf ab, dass der Vorjahresabschluss gem. § 256 Abs. 6 AktG geheilt wird und dadurch der Schwebezustand ende[752] – das wiederum macht nur Sinn, wenn der Folgeabschluss die Ausgangswerte des nichtigen Jahresabschlusses zur Grundlage hatte.[753] Dies erkennt ZÖLLNER und sieht den Schwebezustand als beendet an, wenn die Kontinuität gewahrt wird, indem entweder die Nichtigkeit geheilt ist oder der geänderte/berichtigte Vorjahresabschluss im Wesentlichen inhaltsgleich neu festgestellt wird.[754] Die Wirkung der schwebenden Unwirksamkeit ist die, dass vor Klärung der Nichtigkeit des Vorjahresabschlusses Fakten schaffende Dispositionen vermieden werden sollten, die auf dem neuen Abschluss basieren.

---

749 ADS, Rechnungslegung, 6. Aufl., Tb. 4, § 256 Rn. 80; vgl. auch HÜFFER in: MüKo AktG, 2. Aufl., § 256 Rn. 82; ZÖLLNER in: FS SCHERRER, Folgen der Nichtigkeit, S. 355 (365) 1.5.

750 HÜFFER in: MüKo AktG, 2. Aufl., § 256 Rn. 82; SCHMIDT/LUTTER, AktG, § 256 Rn. 41; KROPFF in: FS BUDDE, Auswirkungen der Nichtigkeit, S. 341 (348 ff.); ZÖLLNER in: FS SCHERRER, Folgen der Nichtigkeit, S. 355 (365 ff.); SCHULZE-OSTERLOH in: BAUMBACH/HUECK, GmbHG, 18. Aufl., § 42a Rn. 33. A.A. wohl BÜRGERS/KÖRBER, AktG, § 256 Rn. 24.

751 HÜFFER in: MüKo AktG, 2. Aufl., § 256 Rn. 82 a.E.

752 SCHMIDT/LUTTER, AktG, § 256 Rn. 41; ähnlich KROPFF in: FS BUDDE, Auswirkungen der Nichtigkeit, S. 341 (349).

753 RÖLIKE in: SPINDLER/STILZ, AktG, § 256 Rn. 95.

754 ZÖLLNER in: FS SCHERRER, Folgen der Nichtigkeit, S. 355 (365).

b. Stellungnahme

Die vorgenannten Ausführungen zum Ansatz der Anfangswerte des Folgeabschlusses setzen voraus, dass die Nichtigkeit des Vorabschlusses erkannt wird, bzw. zumindest über mögliche Fehler diskutiert wird. Dann wird jedoch der Folgeabschluss ohnehin ebenso untersucht werden. Zu klären ist daher insbesondere der Fall, dass erst vor Ende der Heilungsfrist, die bis zu knapp vier Jahre nach dem Stichtag des Jahresabschlusses liegen kann, eine Falschbewertung erkannt bzw. aufgedeckt wird. Wird noch vor Feststellung des Folgeabschlusses die Fehlerhaftigkeit des Vorabschlusses erkannt, so hat der Vorstand den Vorabschluss neu auf- und festzustellen. Im gleichen Zuge ist der sich gerade in der Phase der Aufstellung befindliche Jahresabschluss zu berichtigen, da die Vorjahreswerte anzupassen sind. Ist die Feststellung des Folgeabschlusses bereits erfolgt, so ist ebenso eine Änderung und Neufeststellung notwendig.

Beispiel:

Die X-AG hält ein Wertpapierpaket, das nicht dauernd dem Geschäftsbetrieb dienen soll. Es ist zutreffend im Umlaufvermögen im Posten „sonstige Wertpapiere" ausgewiesen. Die Anschaffungskosten für das Paket betragen 100.000,00 EUR (t0). Im Jahr t1 sinkt der Börsenkurs auf 50.000,00 EUR für das Wertpapierpaket. Gem. § 253 Abs. 4 HGB ist eine außerplanmäßige Abschreibung pflichtgemäß vorzunehmen, auch wenn die Wertminderung voraussichtlich nur vorübergehend ist. Im Jahresabschluss zum 31.12. t1 weist die AG das Aktienpaket dennoch mit den Anschaffungskosten von 100.000,00 EUR aus. Im Jahr t2 wird durch den Vorstand veranlasst, die außerplanmäßige Abschreibung vorzunehmen, das Wertpapierpaket wird zum 31.12.t2 mit 50.000,00 EUR ausgewiesen.

Der Jahresabschluss zum 31.12.t1 ist nichtig gem. § 256 Abs. 1 Nr. 1 i.V.m. Abs. 5 S. 1 Nr. 1 AktG. Es handelt sich um einen Verstoß gegen das Abschreibungsgebot des § 253 Abs. 4 HGB, wodurch der Posten „sonstige Wertpapiere" überbewertet ist. Als Anfangswert im Jahr t2 wird der Wert von 100.000,00 EUR übernommen. Durch die Abschreibung im Jahr t2 wird der Jahresüberschuss des Jahres t2 um 50.000,00 EUR vermindert und zum 31.12.t2 das Wertpapierpaket mit 50.000,00 EUR angesetzt. Ist auch der Jahresabschluss zum 31.12.t2 der X-AG nichtig? Der Posten „sonstige Wertpapiere" ist nunmehr korrekt bewertet, eine Überbewertung liegt nicht vor. Ferner ist auch der Grundsatz der Bilanzidentität formell gewahrt, da die Vorjahreswerte übernommen wurden.

Zunächst ist nur der Jahresabschluss zum 31.12.t1 nichtig. Wird nun beispielsweise nach Nichtigkeitsklage diese Nichtigkeit festgestellt, so ist der Jahresabschluss neu aufzustellen. Es ist nun bereits zum 31.12.t1 die Abschreibung vorzunehmen, das Jahresergebnis im Jahr t1 wird dadurch um EUR 50.000,00 reduziert. Die Korrektur des Jahresabschlusses t1 führt jedoch dazu, dass der Grundsatz der Bilanzidentität nicht mehr gewahrt ist, so dass nunmehr der Jahresabschluss zum 31.12.t2 gegen § 252 Abs. 1 Nr. 1 HGB verstößt, obwohl er den korrekten Wertansatz des Postens „sonstige Wertpapiere" wiedergibt. Er weist jedoch ein um 50.000,00 EUR zu niedriges Jahresergebnis aus, da die eigentlich in t1 vorzunehmende Abschreibung in t2 ertragswirksam verbucht wurde. Der Fehler führte daher lediglich zu einer zeitlichen Verschiebung der Gewinnminderung. Bis zur Neuaufstellung des Jahresabschlusses t1 war der Jahresabschluss t2 daher formal wirksam, da er sowohl den Bilanzansatz korrekt wiedergab als auch den Grundsatz der Bilanzidentität wahrte. Wäre der Jahresabschluss zum 31.12.t1 geheilt worden, so wäre auch der Jahresabschluss zum 31.12.t2 voll wirksam mit dem Ergebnis, dass die notwendige Abschreibung lediglich zu spät vorgenommen wurde, also eine zeitliche Verschiebung der Gewinnminderung eingetreten wäre.[755]

Erst durch die – notwendige – Neuaufstellung des Jahresabschlusses zum t1 ergibt sich ein Fehler im Jahresabschluss t2, nämlich der niedrigere Ausgangswert der Wertpapiere, der unter Beibehaltung des Schlusswertes zu einer Eliminierung der Abschreibung in t2 führen muss. Kann jedoch der zunächst wirksame Jahresabschluss nachträglich nichtig werden? Objekt der Nichtigkeit ist der Feststellungsbeschluss, der sich auf den Inhalt des Jahresabschlusses bezieht. Zum Zeitpunkt der Feststellung des Jahresabschlusses t2 wies dieser formal die korrekten Anfangswerte aus und verstieß daher nicht gegen den Grundsatz der Bilanzidentität; einen weiteren Nichtigkeitsgrund wies er nicht auf. Eine nachträglich eintretende Nichtigkeit eines Rechtsgeschäfts gibt es jedoch nicht. Andererseits ist es zur Einhaltung der Rechnungslegungsgrundsätze notwendig, eine Änderung des Folgeabschlusses vorzunehmen, wenn der Vorjahresabschluss nach Nichtigkeit korrigiert wird.[756] Ansonsten wären zwar durch Korrektur in laufender Rechnung die Schlussansätze korrekt, jedoch wäre Ergebnisauswirkung entweder doppelt erfasst (wie im Beispiel), oder gar nicht.[757] Nach dem Vorschlag von HENSE, der die Eröffnungswerte anpassen will,[758] wäre im Beispiel die Abschreibung gar nicht erfasst, wenn der Vorjahresabschluss geheilt würde. Das Konzept von HENSE macht daher nur Sinn, wenn die Korrektur

755 Wäre die Abschreibung hingegen in t2 nicht vorgenommen worden, so wäre der Jahresabschluss t2 bereits selbst gem. § 256 Abs. 1 Nr. 1 i.V.m. Abs. 5 AktG wegen Überbewertung nichtig.

756 So auch das IDW, vgl. IDW RS HFA 6, 3. Tz. 27.

757 Auf diese Problematik weist auch KROPFF hin, vgl. KROPFF in: FS BUDDE, Auswirkungen der Nichtigkeit, S. 341 (346).

758 HENSE, Rechtsfolgen, WPg 23-24/93, S. 716 ff.

des Vorjahresabschlusses vorausgesetzt wird. Genau diese ist jedoch aufgrund der Heilungsmöglichkeit nicht immer gegeben. Tritt diese ein, so würde die Korrektur bereits der Eröffnungswerte die Ergebnisauswirkung der Bewertungskorrektur entfallen lassen. Dies ist jedoch gerade nicht gewünscht.

Statt anfänglicher Nichtigkeit ist daher die Möglichkeit der Wirksamkeit der Feststellung des Folgeabschlusses bei Heilung des Vorjahresabschlusses zu beachten. In der Abstufung der Mangelhaftigkeit von Rechtsgeschäften verbleibt dazu nur eine Anfechtbarkeit oder das vorgeschlagene Konzept der schwebenden Unwirksamkeit.[759] Um einerseits die Wahrung der Bilanzidentität sicherzustellen und andererseits die Korrektur in laufender Rechnung nach Heilung einer nichtigen Jahresabschlussfeststellung ergebniswirksam werden zu lassen, ist das Konzept der schwebenden Unwirksamkeit sachgerecht.[760] Im Unterschied zur Wirksamkeit und Anfechtbarkeit bedarf es keiner rechtsgestaltenden Geltendmachung innerhalb einer Frist, sondern die endgültige Wirksamkeit hängt vom Eintritt einer fehlenden Wirksamkeitsbedingung ab. Eine solche Unwirksamkeit wird auch für Hauptversammlungsbeschlüsse im aktienrechtlichen Beschlussmängelrecht als Institut anerkannt[761] und für die Jahresabschlussfeststellung in § 173 Abs. 3 AktG normiert. Die fehlende Bedingung ist hier die rechtlich wirksame Feststellung der Schlusszahlen des Vorjahresabschlusses. Entweder tritt diese durch Heilung ein oder durch Feststellung gleicher Schlusszahlen. Letzteres wird aufgrund von Nichtigkeit wegen Bewertungsfehlern selten der Fall sein. Bei Neuaufstellung des Vorjahresabschlusses mit geänderten Schlusszahlen wird die Feststellung des Folgeabschlusses damit endgültig unwirksam. Es bedarf dann der Änderung des Folgeabschlusses und dessen Neufeststellung. Die Feststellung ist jedoch nicht nichtig gem. § 256 Abs. 1 Nr. 1 AktG i.V.m. § 252 Abs. 1 Nr. 1 HGB. Eine solche Nichtigkeit tritt nur ein, wenn bereits bei der Aufstellung des Jahresabschlusses nicht die tatsächlich angesetzten Schlusswerte des Vorjahresabschlusses verwendet werden, sondern andere Werte.

Gem. § 316 Abs. 1 S. 2 HGB hat vor der Neufeststellung nach Änderung eine Abschlussprüfung stattzufinden. Anders als bei Neuaufstellung nach Nichtigkeit handelt es um eine Nachtragsprüfung gem. § 316 Abs. 3 HGB, da lediglich eine Anpassung an die geänderten Werte erfolgen muss und insoweit keine Spielräume für den Umfang der Änderung verbleiben. Dieser richtet sich allein

---

759 Im Zivilrecht ist dies für Rechtsgeschäfte beschränkt Geschäftsfähiger normiert, vgl. §§ 106 ff. BGB.

760 Voll zuzustimmen ist der von ZÖLLNER vorgeschlagenen Sichtweise, ZÖLLNER in: FS SCHERRER, Folgen der Nichtigkeit, S. 355 (365 ff.).

761 Vgl. statt vieler HÜFFER, AktG, 9. Aufl. , § 241 Rn. 6 m.w.N.; HEIDEL, AktR, 2. Aufl., § 241 Rn. 1.

nach den Änderungen des Vorjahresabschlusses, die insoweit die Folgeänderungen bedingen.

Wird der Schwebezustand durch Heilung des Vorjahresabschlusses oder durch Feststellung mit gleichen Schlusszahlen beendet, so ist die Feststellung des Folgeabschlusses endgültig wirksam. Analog § 184 Abs. 1 BGB wirkt dies zurück, so dass der Folgeabschluss als anfänglich voll wirksam festgestellt gilt.

c. Ergebnis

Der Grundsatz der Bilanzidentität ist formal dann gewahrt, wenn die tatsächlichen Schlusswerte des aufgestellten Vorjahresabschlusses als Eröffnungswerte verwendet werden.[762] Ist der Vorjahresabschluss fehlerhaft, führt dies allein noch nicht zu einem Verstoß gegen den Grundsatz der Bilanzidentität, da nur durch Übernahme der fehlerhaften Eröffnungswerte eine ergebniswirksame Korrektur in laufender Rechnung möglich ist.

Zur Wirksamkeit des Feststellungsbeschlusses eines Jahresabschlusses gehört die rechtswirksame Feststellung der Schlusswerte des Vorjahresabschlusses. Ist der Vorjahresabschluss nichtig, ist die Feststellung des Folgeabschlusses daher schwebend unwirksam. Wird der Vorjahresabschluss mit geänderten Zahlen neu festgestellt, führt dies zur endgültigen Unwirksamkeit der Feststellung des Folgeabschlusses. Dieser ist daher zu ändern, indem die geänderten Schlusswerte des Vorjahresabschlusses als Eröffnungswerte übernommen werden und entsprechende Anpassungen vorgenommen werden. Es handelt sich nicht um Nichtigkeit gem. § 256 AktG, sondern um endgültige Unwirksamkeit aufgrund Fehlens einer Feststellungsvoraussetzung. Eine Heilung dieses Fehlers selbst ist daher nicht möglich. Der geänderte Folgeabschluss ist gem. § 316 Abs. 3 HGB einer Nachtragsprüfung zu unterziehen und neu festzustellen.

Tritt für den Vorjahresabschluss die Heilung gem. § 256 Abs. 6 AktG ein, so tritt die Bedingung der Wirksamkeit der Vorjahreszahlen ein, so dass die Feststellung des Folgeabschlusses damit ebenso wirksam ist.

B. Geltendmachung der Nichtigkeit

1. Nichtigkeitsklage gem. § 256 Abs. 7 AktG

Gem. § 256 Abs. 7 S. 1 AktG gilt für die Klage auf Feststellung der Nichtigkeit § 249 AktG sinngemäß. Danach können Aktionäre, der Vorstand oder Mitglieder des Vorstands oder des Aufsichtsrats Klage auf Feststellung der Nichtigkeit

762 RÖLIKE in: SPINDLER/STILZ, AktG, § 256 Rn. 95.

eines Hauptversammlungsbeschlusses gegen die Gesellschaft erheben. § 249 AktG verweist wiederum auf diverse Vorschriften über Anfechtungsklagen. Klagebefugt sind damit nur shareholder und Unternehmensorgane bzw. deren Mitglieder, also unternehmensinterne Personen.

Im praktisch bedeutsamsten Fall der Insolvenz einer Gesellschaft stellt sich die Frage, ob auch der Insolvenzverwalter für eine Nichtigkeitsklage i.S.d. § 249 AktG klagebefugt ist. Nach dem Gesetzeswortlaut ist dies nicht der Fall. In Anlehnung an die Klagebefugnis eines Abwicklers, die sich aus § 268 Abs. 2 AktG i.V.m. § 245 Nr. 4 AktG ergibt, wird aber zutreffend von der Mehrheit der Literatur und Rechtsprechung eine Klagebefugnis des Insolvenzverwalters zumindest dann angenommen, wenn der angefochtene bzw. für nichtig erachtete Beschluss Auswirkungen auf die Masse hat.[763] SCHMIDT und LUTTER sehen diese Beschränkung nicht, sondern sehen den Insolvenzverwalter vielmehr in jedem Fall als klagebefugt an.[764] Im Fall der Nichtigkeitsklage auf Feststellung der Nichtigkeit des Jahresabschlusses wird die Massebezogenheit stets gegeben sein, so dass auch nach herrschender Ansicht der Insolvenzverwalter in diesem Fall klagebefugt ist.[765]

Gem. § 246 Abs. 2 AktG ist Klagegegner die Gesellschaft selbst, diese vertreten durch Vorstand *und* Aufsichtsrat als Organe. Klagt der Vorstand, ein Vorstands- oder Aufsichtsratsmitglied, so wird die Gesellschaft nur durch das jeweils andere Organ vertreten, § 246 Abs. 2 S. 3 AktG. Auch im Falle der Insolvenz bleibt die Gesellschaft dem klaren Wortlaut nach der richtige Klagegegner.[766] Da eine Klage wegen Nichtigkeit des Jahresabschlusses in diesem Fall regelmäßig durch den Insolvenzverwalter selbst erhoben wird, kann die streitige Frage, ob dieser als korrekter Beklagter anzusehen ist, dahingestellt bleiben.[767] Vertreten wird die Gesellschaft als Beklagte auch im Fall der Insolvenz durch Vorstand und Aufsichtsrat.[768]

---

763 Vgl. HÜFFER, AktG, 9. Aufl. , § 245 Rn. 29; HEIDEL, AktR, 2. Aufl., § 245 Rn. 22; OLG Dresden v. 16.2.2006 – 2 U 290/05, AG 2006, S. 672.

764 SCHMIDT/LUTTER, AktG, § 256 Rn. 37.

765 So auch BÜRGERS/KÖRBER, AktG, § 256 Rn. 20; BANGE, Rückforderung, in: ZInsO 10/06, S. 519 (521) und schon HAASE, Nichtigkeit, DB 5/77, S. 241 (243 f.).

766 Str., vgl. HEIDEL, AktR, 2. Aufl., § 246 Rn. 44.

767 Vgl. zu diesem Streit HÜFFER, AktG, 9. Aufl. , § 246 Rn. 29; HEIDEL, AktR, 2. Aufl., § 246 Rn. 44; SCHMIDT/LUTTER, AktG, § 246 Rn. 15, die den Insolvenzverwalter für Beschlussmängelklagen stets als Beklagten ansehen. Sie vergessen dabei jedoch den Fall, dass er selbst Kläger der Beschlussmängelklage ist.

768 Wobei sich dies nur auf Beschlussmängelklagen bezieht. Sonstige Klagen gegen die Gesellschaft sind ohnehin gem. § 87 InsO unzulässig, vgl. auch § 240 ZPO.

Zuständig ist gem. §§ 249 Abs. 1 S. 1, 246 Abs. 3 AktG ausschließlich das Landgericht am Sitz der Gesellschaft, dort die Kammer für Handelssachen, § 246 Abs. 3 S. 2 AktG i.V.m. § 95 Abs. 2 GVG. Eine Frist für die Erhebung der Nichtigkeitsklage gibt es im Gegensatz zur Anfechtungsklage (§ 246 Abs. 1 AktG) nicht. Der Begründetheit steht jedoch in jedem Fall die Heilung entgegen. Ist die Klage vor Ablauf der Heilungsfrist rechtshängig worden, so kann die Heilung nicht eintreten, da sich die Frist gem. § 256 Abs. 6 S. 2 AktG bis zur rechtskräftigen Entscheidung verlängert. Die Frist wird damit nicht gehemmt, sondern nach rechtskräftiger Entscheidung ist die Nichtigkeit entweder festgestellt oder die Feststellung hat Bestand.[769]

Die Frist beginnt gem. § 256 Abs. 6 S. 1 AktG mit der Bekanntmachung des Jahresabschlusses im elektronischen Bundesanzeiger nach § 325 Abs. 2 HGB. Das Datum der Veröffentlichung wird im elektronischen Bundesanzeiger angegeben. Der Fristbeginn ist damit klar zu bestimmen. Dass für den Fristbeginn § 187 Abs. 1 BGB analog anzuwenden ist, ist unstreitig. Umstritten ist jedoch, inwieweit für das Fristende § 193 BGB anzuwenden ist. Fällt das Fristende der Heilungsfrist auf einen Samstag, Sonn- oder Feiertag, so würde die Anwendung des § 193 BGB dazu führen, dass auch eine am Montag bzw. nächsten Werktag rechtshängig gewordene Nichtigkeitsklage die Frist noch verlängern würde.

§ 193 BGB betrifft die notwendige Abgabe einer Willenserklärung oder Erbringung einer Leistung innerhalb einer Frist. Dem gleichzusetzen wäre hier die Erhebung der Nichtigkeitsklage, wenn diese innerhalb der Dreijahresfrist zu erheben ist. Es kommt dann eine analoge Anwendung des § 193 BGB in Betracht. Dagegen spricht, dass die Dreijahresfrist nicht eine Frist zur Erhebung der Nichtigkeitsklage ist, wie es bei der Monatsfrist für die Anfechtungsklage gem. § 246 Abs. 1 AktG der Fall ist, sondern dass die Frist den Eintritt der Heilung bestimmt. Die Klage muss dagegen vor Eintritt der Heilung rechtshängig sein, damit sich die Frist verlängert. Die Klageerhebung stellt danach kein Ereignis dar, das innerhalb der Frist zu erbringen ist, sondern ist nur Tatbestandsmerkmal für die Verlängerung einer anderen Frist. Der Wortlaut des § 256 Abs. 6 AktG spricht daher gegen eine Anwendung des § 193 BGB.[770] Zusammen damit hängt die Frage, inwieweit die Einreichung der Klage bei Gericht ausreicht. Die Rechtshängigkeit tritt gem. §§ 253 Abs. 1, 261 Abs. 1, 271 ZPO mit der Zustellung der Klageschrift an die Gesellschaft ein. Ist die Klage bei Ablauf der Heilungsfrist lediglich anhängig, so kann gem. § 167 ZPO bereits die Einrei-

---

769 Wegen Abweisung der Klage und Heilung etwaiger anderweitiger Mängel.

770 So auch HÜFFER, AktG, 9. Aufl. , § 256 Rn. 30, der zuvor noch für eine analoge Anwendung des § 193 BGB plädierte, vgl. HÜFFER in: MüKo AktG, 2. Aufl., § 256 Rn. 66.

chung der Klage die Verlängerung der Heilungsfrist bewirken, wenn durch die Zustellung eine Frist gewahrt werden soll und die Zustellung demnächst erfolgt.[771] Wird mit dem Wortlaut die Frist nicht als Frist zur Verhinderung der Heilung, sondern als Frist zum Eintritt der Heilung gesehen, wäre auch diese Rückwirkung der Zustellung nicht möglich, obwohl auch Gegner einer Anwendbarkeit des § 193 BGB den § 167 ZPO für anwendbar halten.[772] Ferner stellt § 256 Abs. 6 S. 2 AktG explizit auf die „Rechtshängigkeit" der Klage ab, nicht auf deren Anhängigkeit.

Die wohl überwiegende Meinung und Rechtsprechung sieht die Heilungsfrist auch als Frist für die Erhebung der Nichtigkeitsklage.[773] In diesem Fall ist die analoge Anwendung des § 193 BGB anzunehmen, ebenso wie die Anwendbarkeit des § 167 ZPO. Endet die Dreijahresfrist damit z.B. an einem Samstag, so genügt für das Herausschieben der Heilung die Einreichung der Klage am folgenden Montag. Wird die Klageschrift der Gesellschaft dann z.B. 10 Tage später zugestellt, so wirkt die Zustellung gem. § 167 ZPO zurück auf den Montag, an dem analog § 193 BGB die Erhebung der Klage ausreichend war.[774] Aus Vorsichtsgründen sollte jedoch wenn möglich die Klage in einem solchen Fall rechtzeitig eingereicht werden, da die Nichtanwendung von § 167 ZPO und § 193 BGB dem Wortlaut eher entspricht.[775]

Im Übrigen gelten gem. § 249 Abs. 1 AktG die Vorschriften über die Anfechtungsklage sinngemäß, dies betrifft das sog. Freigabeverfahren gem. § 246 a AktG und die Vorschriften zum Streitwert, zur Urteilswirkung sowie zur Bekanntmachungspflicht, §§ 246 a bis 248 a AktG. Das ansonsten praktisch bedeutsame Freigabeverfahren ist jedoch für die Nichtigkeit des Jahresabschlusses nicht relevant, da es nur Hauptversammlungsbeschlüsse über Maßnahmen zur

771 „Demnächst" bedeutet in diesem Zusammenhang die Zustellung durch das Gericht im normalen Geschäftsgang, ohne dass diese durch ein schuldhaftes Verhalten des Klägers verzögert wurde, vgl. THOMAS/PUTZO, ZPO, 29. Aufl., § 167 Rn. 10 ff.

772 Namentlich HÜFFER, AktG, 9. Aufl. , § 256 Rn. 30.

773 Vgl. HÜFFER in: MüKo AktG, 2. Aufl., § 256 Rn. 67; HEIDEL, AktR, 2. Aufl., § 256 Rn. 40; SCHMIDT/LUTTER, AktG, § 256 Rn. 34.

774 Vgl. HÜFFER in: MüKo AktG, 2. Aufl., § 256 Rn. 67; HEIDEL, AktR, 2. Aufl., § 256 Rn. 40; SCHMIDT/LUTTER, AktG, § 256 Rn. 34; LG Düsseldorf v. 26.2.1988 – 40 O 255/80, AG 1989, S. 140 ff. (noch für § 270 Abs. 3 ZPO a.F.).

775 Im Übrigen ist zu beachten, dass im Einzelfall trotz Nichtanwendung von § 167 ZPO nicht ausschließlich auf die tatsächliche Zustellung abzustellen ist, da diese gem. § 166 ZPO durch das Gericht erfolgt und der Kläger keinen Einfluss darauf hat. Liegt ein Versäumnis des Gerichts vor, so ist dies unabhängig von § 167 ZPO beachtlich.

Kapitalbeschaffung, -herabsetzung oder Unternehmensverträge betrifft, vgl. § 246 a Abs. 1 AktG.

2. Anderweitige Geltendmachung

Gem. §§ 256 Abs. 7 S. 1, 249 Abs. 1 S. 2 AktG kann die Nichtigkeit auch auf andere Weise als durch Klage geltend gemacht werden.[776] Die Literatur weist demgemäß z.B. auf eine einredeweise Geltendmachung im Rahmen eines Prozesses auf Gewinnausschüttung hin.[777] Entsprechend ist eine Geltendmachung durch Widerklage möglich, wenn z.B. aufgrund der Nichtigkeit Leistungen ohne Rechtsgrund erlangt wurden.[778] Auf diese Weise ist eine Inzidentkontrolle möglich. Sollen aufgrund der Nichtigkeit Ersatzansprüche geltend gemacht werden, könnte aus prozessökonomischen Gründen daran zu denken sein, ohne Erhebung der Nichtigkeitsklage im Rahmen eines Haftungsprozesses die Nichtigkeit geltend zu machen. Dies ist jedoch nicht zu empfehlen, da eine anderweitige Geltendmachung grundsätzlich nicht die Heilung der Nichtigkeit verhindern kann.

Für nicht i.S.d. § 249 Abs. 1 S. 1 AktG Klagebefugte ist die Geltendmachung durch einfache Feststellungsklage gem. § 256 Abs. 1 ZPO möglich und zulässig.[779] Es bedarf jedoch für diese Fälle eines besonderen Feststellungsinteresses nach den allgemeinen Regeln des § 256 Abs. 1 ZPO.[780] Ferner gilt ein solches Feststellungsurteil auch bei Feststellung der Nichtigkeit nur zwischen

776 LUTTER diskutiert, ob durch die Formulierung „Für die Klage auf Feststellung der Nichtigkeit gegen die Gesellschaft gilt § 249 sinngemäß" die Anwendung des § 249 Abs. 1 S. 2 AktG gerade ausgeschlossen sein könnte, da nur für die Klage § 249 anzuwenden sei, kommt aber zutreffend zu dem Schluss, dass dies nicht der Fall ist, LUTTER in: FS HELMRICH, Gültigkeit des JA, S. 685 (688). Nach hier vertretener Auffassung muss eine anderweitige Geltendmachung schon deswegen möglich sein, weil i.G. zur Anfechtung die Nichtigkeit nicht erst durch Rechtsgestaltung entsteht, sondern kraft Gesetzes gegeben ist. Ein Berufen auf diese muss daher in jedem Fall der Relevanz des Jahresabschlusses für eine andere Rechtsfrage möglich sein. Lediglich die Heilung verhindert dies.

777 HÜFFER in: MüKo AktG, 2. Aufl., § 256 Rn. 73; HEIDEL, AktR, 2. Aufl., § 256 Rn. 42; IDW, WP-Handbuch 2006, Band I, U Rn. 234; ADS, Rechnungslegung, 6. Aufl., Tb. 4, § 256 Rn. 95; LUTTER in: FS HELMRICH, Gültigkeit des JA, S. 685 (688).

778 Zu den denkbaren Ansprüchen siehe unten, S. 293 ff.

779 WIMMER, Zivil- und strafrechtliche Folgen, DStR 49/97, S. 1931.

780 HÜFFER in: MüKo AktG, 2. Aufl., § 256 Rn. 73; HEIDEL, AktR, 2. Aufl., § 256 Rn. 41; ADS, Rechnungslegung, 6. Aufl., Tb. 4, § 256 Rn. 94; KOWALSKI, Der nichtige JA, AG 11/93, S. 502 (504).

den Prozessparteien und nicht inter omnes,[781] da die Vorschrift des § 248 AktG auf einfache Feststellungsklagen nicht anzuwenden ist.[782]

Insbesondere ist eine anderweitige Geltendmachung der Nichtigkeit dergestalt möglich, dass diese durch Neuauf- und –feststellung des Jahresabschlusses beseitigt wird.[783] Wie dargelegt ist der Vorstand dazu bei Erkennen der Nichtigkeit auch verpflichtet. Da die Nichtigkeit kraft Gesetzes eintritt, müssen der zunächst aufgestellte Jahresabschluss und dessen Feststellung nicht erst „beseitigt" werden, sondern durch Neuauf- und –feststellung werden die Pflichten erstmals ordnungsgemäß erfüllt. Dies wird praktisch nur möglich sein, wenn der Gesamtvorstand von der Nichtigkeit überzeugt ist und dieser auch den Aufsichtsrat überzeugt hat, da letzterer die Billigung gem. §§ 171, 172 AktG sonst verweigern wird. Erfolgt die Feststellung des neu aufgestellten Jahresabschlusses, so führt diese Form der „Geltendmachung" der Nichtigkeit zu einer wirksamen Rechnungslegung für das betreffende Geschäftsjahr.[784] Bei einer solchen Einigkeit ist daher die Nichtigkeitsklage unnötig.[785] Eine Heilung ist dann nicht mehr notwendig. Das zu heilende Rechtsgeschäft der Feststellung wurde bereits wiederholt. Der neu aufgestellte Jahresabschluss ist gem. § 316 Abs. 1 HGB zu prüfen und gem. § 325 HGB offenzulegen.[786] Dadurch ist die nichtige Feststellung und deren Publizität durch die wirksame Feststellung einschließlich deren Publizität ersetzt worden.

Problematisch sind Fälle, in denen bereits vor der Beschlussfassung über die Neufeststellung die Heilungsfrist abläuft. Eine Verlängerung der Heilungsfrist wird gem. § 256 Abs. 6 S. 2 AktG explizit nur durch Rechtshängigkeit einer Nichtigkeitsklage bewirkt. Die die Heilung ausschließende Neuvornahme des Rechtsgeschäfts liegt erst in der Fassung des Feststellungsbeschlusses, sei es durch Billigung durch den Aufsichtsrat gem. § 172 AktG oder durch Beschlussfassung der Hauptversammlung gem. § 173 AktG. Durch den Zeitablauf wäh-

---

781 Das Nichtigkeitsurteil gem. §§ 256 Abs. 7, 249 AktG gilt inter omnes, dazu ausführlich unten, S. 225.

782 Vgl. Hüffer in: MüKo AktG, 2. Aufl., § 256 Rn. 73; Heidel, AktR, 2. Aufl., § 256 Rn. 41; ADS, Rechnungslegung, 6. Aufl., Tb. 4, § 256 Rn. 94; Kowalski, Der nichtige JA, AG 11/93, S. 502 (504); IDW, WP-Handbuch 2006, Band I, U Rn. 235.

783 Vgl. Hüffer, AktG, 9. Aufl. , § 256 Rn. 33, ders. in: MüKo AktG, 2. Aufl., § 256 Rn. 78; Heidel, AktR, 2. Aufl., § 256 Rn. 44 a.E., ADS, Rechnungslegung, 6. Aufl., Tb. 4, § 256 Rn. 90; Lutter in: FS Helmrich, Gültigkeit des JA, S. 685 (688).

784 Vgl. dazu Lutter in: FS Helmrich, Gültigkeit des JA, S. 685 (688); ADS, Rechnungslegung, 6. Aufl., Tb. 4, § 256 Rn. 95.

785 Sonst wäre es dem Vorstand nicht möglich, einen nichtigen Jahresabschluss zu ersetzen, obwohl alle Beteiligten von der Nichtigkeit überzeugt sind, vgl. Lutter und ADS je aaO.

786 Vgl. dazu o. 5.b.+c. S. 193 ff.

rend Neuaufstellung und Neuprüfung kann es daher praktisch häufig vorkommen, dass die Heilungsfrist abzulaufen droht bzw. vor Neufeststellung abläuft. Wie dargelegt, bewirkt die Heilung keine rückwirkende Änderung der Rechtslage sondern verhindert nur eine Geltendmachung der Nichtigkeit der Feststellung. Wird deren „Geltendmachung" bereits in der notwendigen Neuaufstellung des Jahresabschlusses zur Vorbereitung dessen Neufeststellung gesehen, so ist diese Geltendmachung bereits vor Heilung erfolgt. Schließlich führt die tatsächliche Neufeststellung zu einer faktischen Veränderung des status quo, da der neue Feststellungsakt existent ist und offengelegt wird.[787]

Geht der Vorstand von der Nichtigkeit des Jahresabschlusses aus und treibt die Neuaufstellung voran, sind die Interessen derer verletzt, die den alten Jahresabschluss für wirksam halten. Diese können jedoch gegen die Ersetzung vorgehen. Der Aufsichtsrat kann zunächst die Billigung verweigern, so dass die Feststellung durch die Hauptversammlung zu erfolgen hat. Auch wenn diese erfolgt, so steht einzelnen Aktionären, Vorstands- oder Aufsichtsratsmitgliedern die Nichtigkeitsklage offen. Denn wenn der alte Jahresabschluss keine Inhaltsfehler aufwies, so muss dies konsequenterweise für den neuen, geänderten Abschluss gelten. War der alte Jahresabschluss entgegen der Auffassung des Vorstands ordnungsgemäß, so muss der neue Jahresabschluss Inhaltsfehler aufweisen und wäre daher gem. § 256 Abs. 1 Nr. 1 i.V.m. § 256 Abs. 4 oder Abs. 5 AktG nichtig. Welche Bilanzierung gesetzmäßig ist, wird sodann im Rahmen einer Nichtigkeitsklage geklärt.[788] Die Betroffenen sind folglich nicht einer eigenmächtigen Änderung des Jahresabschlusses durch den Vorstand ausgeliefert, wenn der alte Jahresabschluss gar keine zur Nichtigkeit führenden Mängel aufwies. Wird dagegen lediglich geltend gemacht, dass die Heilung bereits vor Neufeststellung eingetreten sei, so stellt dieses keinen Nichtigkeitsgrund für den neu aufgestellten Jahresabschluss dar. Dies ist auch sachgerecht, da das Vertrauen auf einen nichtigen Jahresabschluss nicht schutzwürdig ist, wenn dessen Nichtigkeit bereits vor Eintritt der Heilung bekannt war.

---

787 Wer sich nunmehr auf den „alten" Jahresabschluss berufen möchte, müsste darauf beruhende Ansprüche seinerseits durchsetzen. Dies können z.B. Gewinnausschüttungsansprüche aufgrund des zuvor festgestellten Jahresabschlusses sein, wenn noch keine Dividendenzahlung erfolgt ist. Inwieweit darauf ein Anspruch besteht bzw. wie sich Rückforderungen durchsetzen lassen, ausführlich unten C.1.b., S. 271 ff.

788 So i.E. auch LUTTER in: FS HELMRICH, Gültigkeit des JA, S. 685 (702 f.).

3. Rechtsnatur und Streitgegenstand der Nichtigkeitsklage

a. Problemstellung und Meinungsstand

Sowohl in § 256 Abs. 7 S. 1 AktG als auch in § 249 Abs. 1 S. 1 AktG heißt es bezogen auf die Nichtigkeitsklage „Klage auf Feststellung der Nichtigkeit". Dem Wortlaut nach handelt es sich damit um eine Feststellungsklage. Dies liegt nahe, da die Nichtigkeit selbst kraft Gesetzes eintritt und nicht erst durch ein Gestaltungsurteil herbeigeführt werden müsste. Die ganz herrschende Meinung vertritt daher, dass es sich um eine besondere Form der allgemeinen Feststellungsklage gem. § 256 ZPO handelt.[789] Bei der Nichtigkeit eines Beschlusses handelt es sich um ein Rechtsverhältnis i.S.d. § 256 Abs. 1 ZPO[790], und ein besonderes Feststellungsinteresse liegt für die Klagebefugten schon wegen ihrer Verbindung zur Gesellschaft vor.[791] Andererseits kann nur die Erhebung der Nichtigkeitsklage den Eintritt der Heilung verhindern. Insoweit kommt der Nichtigkeitsklage faktisch eine Gestaltungswirkung wie bei der Anfechtungsklage zu. Insbesondere SCHMIDT sieht die Nichtigkeitsklage daher wie die Anfechtungsklage als Gestaltungsklage an.[792]

Einig sind sich Literatur und Rechtsprechung, dass beide Klagearten – Anfechtungs- und Nichtigkeitsklage – dasselbe Rechtsschutzziel verfolgen, nämlich die richterliche Klärung der Nichtigkeit des Beschlusses für und gegen jedermann herbeizuführen.[793] Der BGH hat eindeutig klargestellt, dass es nicht darauf ankommt, ob Nichtigkeits- oder Anfechtungsgründe geltend gemacht werden und ob der Antrag auf Feststellung der Nichtigkeit oder Nichtigerklärung lautet; das Gericht hat vielmehr sowohl Nichtigkeits- als auch Anfechtungsgründe zu prüfen, so dass auch die Frage, ob es sich letztlich um eine Nichtigkeits- oder eine Anfechtungsklage handelt, eine durch das Gericht zu entscheidende Rechtsfrage ist.[794] Insofern ist SCHMIDT zuzustimmen, dass die Nichtigkeitsklage der Anfechtungsklage näher steht, als eine gewöhnliche Feststellungsklage.[795] Beide verfolgen dasselbe Ziel und sind nur von bestimmten Klagebefugten gegen die Gesellschaft zu erheben. Es kann damit letztlich offen

---

789 Statt vieler HÜFFER, AktG, 9. Aufl. , § 249 Rn. 10 und ders. in: MüKo AktG, 2. Aufl., § 249 Rn. 4 sowie HEIDEL, AktR, 2. Aufl., § 249 Rn. 4.

790 Vgl. die Definition und Beispiele bei THOMAS/PUTZO, ZPO, 29. Aufl., § 256 Rn. 5 ff.

791 So auch HÜFFER, AktG, 9. Aufl. , § 249 Rn. 11.

792 SCHMIDT, Gesellschaftsrecht, 4. Aufl., § 15 II.3., S. 445 u. § 28 IV., S. 861.

793 BGH v. 17.2.1997 – II ZR 41/96, BB 19/97, S. 988, BGHZ 134, S. 364; bestätigt mit BGH v. 22.7.02 – II ZR 286/01, NJW 47/02, S. 3465 (3466); HÜFFER, AktG, 9. Aufl. , § 246 Rn. 13; SCHMIDT, Gesellschaftsrecht, 4. Aufl., § 15 II.3., S. 445.

794 BGH v. 17.2.1997 – II ZR 41/96, BB 19/97, S. 988, BGHZ 134, S. 364.

795 Vgl. SCHMIDT, Gesellschaftsrecht, 4. Aufl., § 15 II.3., S. 446.

bleiben, ob es sich bei der Nichtigkeitsklage um eine Gestaltungsklage oder lediglich um eine Feststellungsklage i.S.d. § 256 ZPO handelt.

Bedeutsam sind vielmehr die Abgrenzung des Streitgegenstands sowie die Wirkung und Reichweite der materiellen und subjektiven Rechtskraft eines Nichtigkeitsurteils. Nach dem von der Rechtsprechung zutreffend vertretenen zweigliedrigen Streitgegenstandsbegriff im Zivilprozess bestimmt sich der Streitgegenstand aus dem Klageantrag und dem diesem zu Grunde liegenden Lebenssachverhalt.[796] Die Bestimmung des Streitgegenstands hat insbesondere Bedeutung für den Umfang der Rechtshängigkeit gem. § 261 ZPO sowie die Reichweite der materiellen Rechtskraft gem. § 322 ZPO. Im Fall von Anfechtungs- und Nichtigkeitsklagen kommt dem Begriff darüber hinaus eine besondere Bedeutung im Rahmen der Präklusionswirkung der Klage zu.

Wird z.B. eine Nichtigkeitsklage erhoben mit der Begründung, der Jahresabschluss enthalte Überbewertungen i.S.d. § 256 Abs. 5 AktG, ergäbe sich bei enger Betrachtung der Streitgegenstand aus dem Antrag auf Feststellung der Nichtigkeit und dem Sachverhalt der dargelegten Überbewertung. Demgegenüber stellten andere Nichtigkeitsgründe (wie z.B. Gliederungsfehler gem. § 256 Abs. 4 AktG oder Verfahrensfehler i.S.d. § 256 Abs. 2 AktG) einen anderen Streitgegenstand dar. Ebenso Anfechtungsgründe nicht inhaltlicher Art, die gem. § 257 AktG zur Anfechtung berechtigen. Insbesondere für die Anfechtungsklage ist es entscheidend, ob nur vorgetragene Fehler zum Streitgegenstand gehören, da nicht vorgetragene Anfechtungsgründe nach Ablauf der Monatsfrist der §§ 257 Abs. 2 S. 1, 246 Abs. 1 AktG präkludiert wären. Zunächst nicht vorgetragene Nichtigkeitsgründe wären zwar nicht präkludiert, da die Heilung bei rechtzeitiger Klageerhebung gem. § 256 Abs. 7 AktG herausgeschoben wird. Wenn solche jedoch nicht zum Streitgegenstand gehörten, so könnte und müsste eine weitere Nichtigkeitsklage erhoben werden, der eine anderweitige Rechtshängigkeit gem. § 261 Abs. 3 Nr. 1 ZPO nicht entgegenstünde.[797]

---

796 Vgl. ausführlich zum Begriff des Streitgegenstands THOMAS/PUTZO, ZPO, 29. Aufl., Einl. II Rn. 1 ff. sowie ANDERS/GEHLE, Assessorexamen, 8. Aufl., Rn. 440 ff.; VOLLKOMMER in: ZÖLLER, ZPO, 28. Aufl., Einl. Rn. 60ff. Die von der Mindermeinung vertretenen abweichenden Auffassungen finden sich bei THOMAS/PUTZO, ZPO, 29. Aufl., Einl. II Rn. 3 ff. Einzig sachgerecht ist jedoch allein der zweigliedrige Begriff, der dem Wortlaut des § 253 Abs. 2 Nr. 2 ZPO entspricht und den auch die Rechtsprechung anwendet, VOLLKOMMER in: ZÖLLER, ZPO, 28. Aufl., Einl. Rn. 83; BGH v. 19.12.91 – IX ZR 96/91, BGHZ 117, S. 1 (5) sowie BGH v. 18.11.82 - IX ZR 91/81, NJW 83, S. 388 (389).

797 „Streitsache" meint in § 261 Abs. 3 Nr. 1 ZPO den Streitgegenstand, THOMAS/PUTZO, 29 Aufl., § 261 Rn. 15.

Teile der Literatur vertreten eine enge Auffassung des Streitgegenstands, da es keinen Grund für eine Abweichung vom allgemein vertretenen zweigliedrigen Streitgegenstandsbegriff gebe.[798] Eine solche Abkehr ist jedoch gar nicht nötig, wie der BGH klargestellt hat: Der dem Feststellungsantrag zu Grunde liegende Sachverhalt besteht aus dem Beschluss einschließlich aller Umstände seines Zustandekommens.[799] Der Lebenssachverhalt ist danach geprägt durch die Beschlussfassung als einheitlichen Vorgang, dem bestimmte Fehler anhaften können. Eine weitergehende Unterteilung dieses Sachverhalts in Einzelelemente des Beschlussverfahrens und darauf bezogene Fehler sieht der BGH als sachfremd und realitätsfern an.[800] Der Begriff des Lebenssachverhalts sei vielmehr weit auszulegen.

Dieser Ansicht ist im Grundsatz zuzustimmen. Ziel der Anfechtungs- und Nichtigkeitsklage ist die Feststellung der Nichtigkeit eines Beschlusses bzw. dessen Nichtigerklärung. Da es eine Vielzahl von Nichtigkeits- und Anfechtungsgründen gibt, ist es sachgerecht, dem Gericht auch die Feststellung der Nichtigkeit aufgrund eines anderen Nichtigkeitsgrundes zu ermöglichen, als dem der vorgetragen ist. Dies ist nur bei weiter Auslegung des Streitgegenstands möglich, da das Gericht nur über diesen entscheiden darf. Es wäre weiter praxisfern, eine Klageänderung i.S.d. § 263 ZPO darin zu sehen, dass der Vortrag z.B. eines Gliederungsfehlers nach Klageerhebung mit Begründung einer Überbewertung die Einführung eines neuen Lebenssachverhalts darstellte. Vielmehr ist darin eine Ergänzung der tatsächlichen Ausführungen i.S.d. § 264 Nr. 1 ZPO zu sehen, die keine Klageänderung darstellt. Dies widerspricht damit auch nicht der herrschenden Definition des Streitgegenstandsbegriffs als bestehend aus Klageantrag und Lebenssachverhalt, denn auch danach ist der Begriff des „Lebenssachverhalts" weit auszulegen und dieser nicht in verschiedene Aspekte einheitlicher Meinungsbildungen zu unterteilen.[801]

Diese Auffassung deckt sich auch mit dem Begriff des Streitgegenstands im Verwaltungsrecht. Wie oben dargelegt, ist die Situation des der Gesellschaft gegenüberstehenden Klägers rechtlich mit der Situation des Bürgers gegenüber der Verwaltung zu vergleichen, so dass die verwaltungsrechtlichen Grundsätze über

798 HÜFFER, AktG, 9. Aufl. , § 246 Rn. 12 und ders. in: MüKo AktG, 2. Aufl., § 246 Rn. 17, jeweils m.w.N.; Bork, Streitgegenstand der Beschlussmängelklage, NZG 02, S. 1094 ff.; MATTHEUS/SCHWAB, Fehlerkorrektur, BB 20/04, S. 1099 (1105); SCHWAB, Prozessrecht, § 5 D I 2; SCHMIDT/LUTTER, AktG, § 256 Rn. 37.

799 BGH v. 22.7.02 – II ZR 286/01, BGHZ 151, S. 1 (4 ff.), NJW 02, S. 3456 (3466); zuerst: ZÖLLNER in: Kölner Komm. AktG, § 246 Rn. 47, sowie ZÖLLNER, ZPO, 28. Aufl., Einl. Rn. 80; zust. HEIDEL, AktR, 2. Aufl., § 246 Rn. 21.

800 Vgl. BGH aaO.

801 Vgl. THOMAS/PUTZO, ZPO, 29. Aufl., § 263 Rn. 3, Einl. II Rn. 31f.

Anfechtungs- und Nichtigkeitsklagen gem. §§ 42, 43 VwGO für die Auslegung heranzuziehen sind.[802] Danach besteht der Streitgegenstand einer Anfechtungsklage aus dem Antrag auf Beseitigung des Verwaltungsakts und dem Klagegrund, der gem. § 113 Abs. 1 VwGO in der Rechtswidrigkeit des Verwaltungsakts und der darauf beruhenden Verletzung des Klägers in seinen Rechten besteht.[803] Der zu Grunde liegende Lebenssachverhalt umfasst damit alle Umstände im Zusammenhang mit dem Erlass des Verwaltungsakts.

Von den Anhängern einer engen Auslegung des Streitgegenstands – nämlich nur die konkret vorgetragene Sachverhaltsdarstellung umfassend – äußern MATTHEUS und SCHWAB folgende Bedenken gegen die hier befürwortete weite Auslegung des BGH: Ein Kläger könne obsiegen, obwohl er nur einen unvollständigen Sachverhalt vorgetragen habe.[804] Da unstreitig sei, dass ein Nichtigkeitsgrund ausreiche, um den gesamten Beschluss nichtig werden zu lassen, obsiege ein Kläger, der nur einen Beschlussmangel vortrage. Wenn aber sämtliche Mängel eines Beschlusses zum Streitgegenstand zählten, so werde damit einer Klage stattgegeben, deren Sachverhalt gar nicht vollständig vorgetragen worden sei.[805]

Diese Argumentation vermag nicht zu überzeugen. Entscheidend für die Begründetheit einer Klage ist, dass sämtliche die begehrte Rechtsfolge begründenden Tatsachen vorgetragen und dargelegt werden und diese entweder unbestritten sind oder zur Überzeugung des Gerichts bewiesen werden können. Bei Nichtbeweisbarkeit unterliegt die Partei, die die Beweislast trägt. Das Begehr ist im Falle der Nichtigkeitsklage die Feststellung der Nichtigkeit. Dafür reichen die Darlegung und ggf. der Beweis <u>eines</u> Nichtigkeitsgrundes aus. Der Vortrag des Klägers ist damit nicht unvollständig, auch wenn der Streitgegenstand weiteren Sachverhalt umfasst.

Die Problematik ergibt sich jedoch daraus, dass zwar ein Nichtigkeitsgrund für sich genommen ausreicht, es jedoch mehrere Nichtigkeitsgründe gibt. Im Fall der Stattgabe einer Nichtigkeitsklage entsteht bezüglich des unmittelbaren Rechtsschutzziels kein Problem: Der Gesamtbeschluss ist nichtig, das Rechtsschutzziel wurde erreicht. Für eine weitere Nichtigkeits- oder Anfechtungsklage besteht kein Bedarf. Problematisch wird es indes im Fall der Abweisung einer Nichtigkeitsklage. Wird eine Nichtigkeitsklage aufgrund eines bestimmten Mangels erhoben und in diesem Fall abgewiesen, so wäre es zumindest dem Kläger verwehrt, den selben Beschluss aufgrund eines anderen Mangels an-

802 Vgl. dazu oben, Kapitel III.A.1.c.(3), S. 47.

803 Vgl. RENNERT in: EYERMANN, VwGO, 12. Aufl., § 121 Rn. 23 a.E., 25; KOPP/SCHENKE, VwGO, 16. Aufl., § 90 Rn. 14.

804 MATTHEUS/SCHWAB, Fehlerkorrektur, BB 20/04, S. 1099 (1105 re. Sp.).

805 Vgl. MATTHEUS/SCHWAB aaO.

zugreifen, da dieser bei weiter Auslegung des Streitgegenstands bereits Gegenstand des Vorprozesses war und damit der Erhebung der neuen Klage die Rechtskraft des abweisenden Urteils entgegenstünde.[806] Es wurde bereits rechtskräftig über den Streitgegenstand entschieden, der alle denkbaren Beschlussmängel umfasste.[807]

Bedeutsam ist in diesem Zusammenhang die Reichweite der subjektiven Rechtskraft, d.h. wer durch das Urteil gebunden wird. Ist es nur dem jeweiligen Kläger verwehrt, eine anderweitige Klage zu erheben, so bleibt ein Kreis übriger Klagebefugter. Im Gegensatz zu der Grundregel des § 325 ZPO, wonach ein Urteil nur für und gegen die Parteien des jeweiligen Rechtsstreits wirkt, ergibt sich aus dem gem. §§ 256 Abs. 7, 249 Abs. 1 S. 1 AktG auch für die Nichtigkeitsklage geltenden § 248 Abs. 1 AktG jedoch eine weitergehende Bindung. Danach bindet das die Nichtigkeit feststellende Urteil nicht nur die Parteien, sondern alle weiteren Klagebefugten, unabhängig davon, ob sie tatsächlich Partei sind. Diese Regel gilt damit vom Wortlaut her nur für stattgebende Urteile[808] und nur für unternehmensinterne Personen.

Es ist jedoch zutreffend einhellige Meinung, dass sich diese Bindung nicht nur auf den Kreis der Klagebefugten erstreckt, sondern auch auf nicht beteiligte Personen. Das stattgebende Nichtigkeitsurteil i.S.d. § 256 AktG wirkt damit für und gegen jedermann - inter omnes.[809]

Dies ergibt sich aus der Rechtsfortbildung für Gestaltungsklagen, deren gestaltende Wirkung jedermann binden.[810] Auch wenn die Nichtigkeitsklage keine Gestaltungsklage ist, so kann wegen der Identität der Rechtsschutzziele und der Austauschbarkeit der Klagegründe ein Anfechtungsurteil nicht weiter gehen als ein Nichtigkeitsurteil.[811] Wenn positiv festgestellte Anfechtungsgründe eine Nichtigkeit inter omnes bewirken, so müssen positiv festgestellte Nichtigkeitsgründe diese Wirkung erst recht haben.

---

806 Vgl. zur Problematik MATTHEUS/SCHWABaaO.

807 Darauf weist auch der BGH hin, der verhindern möchte, dass eine Gesellschaft mehrfach von einem Aktionär mit Nichtigkeitsklagen gegen denselben Beschluss „überzogen" wird, BGH v. 22.7.02 – II ZR 286/01, BGHZ 152, S. 1 (5), NJW 47/02, S. 3465 (3466).

808 „Soweit der Beschluss durch rechtskräftiges Urteil für nichtig erklärt ist, […]", § 248 Abs. 1 S. 1 AktG.

809 Einhellige Meinung, vgl. HÜFFER, AktG, 9. Aufl. , § 256 Rn. 31, 249 Rn. 17, ders. in: MüKo AktG, 2. Aufl., § 256 Rn. 71; HEIDEL, AktR, 2. Aufl., § 256 Rn. 41; BGH v. 17.2.97 – II ZR 41/96, BGHZ 134, S. 364.

810 HÜFFER in: MüKo AktG, 2. Aufl., § 249 Rn. 23 und in: AktG, 8. Aufl., § 249 Rn. 17.

811 Vgl. HÜFFER, AktG, 9. Aufl. , § 249 Rn. 17 sowie HEIDEL, AktR, 2. Aufl., § 249 Rn. 14.

Für abweisende Klagen gibt § 248 Abs. 1 AktG keine besondere Regel vor. Es verbleibt daher bei den allgemeinen Grundsätzen. Zu unterscheiden ist dabei zwischen Prozessurteilen und Sachurteilen. Die Klage als unzulässig abweisende Prozessurteile erwachsen nur bezüglich der darin entschiedenen prozessualen Frage in Rechtskraft.[812] Auch der Kläger ist daher nicht daran gehindert, eine erneute Klage zu erheben, wenn diese zulässig ist.[813] Ein abweisendes Sachurteil entscheidet jedoch über den Streitgegenstand und erwächst diesbezüglich in Rechtskraft. Der Kläger ist damit gehindert, eine erneute Beschlussmängelklage mit identischem Streitgegenstand zu erheben. Diese Rechtskraftwirkung bindet jedoch nur die Streitparteien gem. § 325 Abs. 1 ZPO. Andere Klagebefugte könnten daher aus dem gleichen Lebenssachverhalt eine Beschlussmängelklage erheben.[814]

Im Fall einer Anfechtungsklage ist dieses Problem von geringer praktischer Relevanz, da aufgrund der Monatsfrist des § 246 Abs. 1 AktG ohnehin kein Raum für spätere Mängelrügen bleibt. Im Fall der Nichtigkeitsklage ist dies jedoch wegen der längeren Heilungsfristen bedeutsam. In Bezug auf den Kläger entscheidet die Abgrenzung des Streitgegenstands daher darüber, inwieweit ihm eine erneute Klageerhebung möglich ist.

Wird z.B. eine Jahresabschlussfeststellung aufgrund eines Verfahrensfehlers gem. § 256 Abs. 2 AktG angegriffen (innerhalb der Heilungsfrist von 6 Monaten) und diese Klage abgewiesen, so gäbe es bei weiter Auslegung des Streitgegenstands aufgrund entgegenstehender Rechtskraft für den Kläger keine Möglichkeit mehr, die Feststellung des Jahresabschlusses aus anderen Gründen anzugreifen. Zeigt sich z.B. zwei Jahre nach Bekanntmachung des Jahresabschlusses eine Überbewertung i.S.d. § 256 Abs. 5 AktG, so wäre diese zwar noch nicht geheilt, eine Nichtigkeitsklage jedoch unzulässig. Es ist keineswegs sachgerecht, dem Vorkläger die Klage aufgrund völlig eigenständiger, später zu Tage tretender Nichtigkeitsgründe zu verwehren. Die praktische Bedeutung ist aufgrund der langen Heilungsfristen ebenso hoch. Das Ergebnis widerspricht auch der ratio legis, die für verschiedene Nichtigkeitsgründe unterschiedlich lange Heilungsfristen vorsieht. Faktisch werden diese ausgehebelt, wenn eine frühzeitig erhobene Nichtigkeitsklage wegen eines Mangels die spätere Rüge anderer Mängel durch denselben Kläger unmöglich macht.

---

812 THOMAS/PUTZO, ZPO, 29 Aufl., § 322 Rn. 3; MUSIELAK, ZPO, 6. Aufl., § 322 Rn. 44.

813 So auch HÜFFER, AktG, 9. Aufl. , § 248 Rn. 13, § 246 Rn. 15; HEIDEL, AktR, 2. Aufl., § 248 Rn. 15

814 Vgl. HÜFFER, AktG, 9. Aufl. , § 248 Rn. 8 und HEIDEL, AktR, 2. Aufl., § 248 Rn. 15.

b. Lösungsansatz

Um die erläuterte Problematik zu lösen, müssen die Eigenheiten der Jahresabschlussfeststellung beachtet werden. Bei genauer Betrachtung lässt sich der Ansatz des BGH daran anpassen, ohne im Grundsatz von der zutreffenden Auffassung des BGH abzuweichen: Zunächst ist zu beachten, dass § 256 AktG einen Sonderfall darstellt, da er auch die Nichtigkeit von Beschlüssen der Verwaltung normiert (Feststellung durch Vorstand und Aufsichtsrat), was sonst nur für Hauptversammlungsbeschlüsse der Fall ist. Die Eigenheiten der rechtsgeschäftlichen Feststellung durch die Verwaltung sind daher zu beachten. Darüber hinaus ergibt sich auch im Fall von Hauptversammlungsbeschlüssen folgender bedeutsamer Unterschied: § 256 AktG nimmt für Inhaltsfehler Bezug auf den Inhalt des Jahresabschlusses selbst und nicht auf den Inhalt des Feststellungsbeschlusses.[815] Der allgemeine Nichtigkeitsgrund des § 241 Nr. 3 AktG nimmt dagegen Bezug auf den Inhalt des jeweiligen Beschlusses.[816] Der Bezugspunkt ist damit nicht der Inhalt des Beschlusses, sondern der Inhalt des Jahresabschlusses bestehend aus Bilanz, GuV und Anhang.

Wenn der BGH also in dem Lebenssachverhalt als Teil des Streitgegenstands die der Entstehung des Beschlusses zu Grunde liegenden Umstände sieht, so passt eine Umfassung sämtlicher Mängel nur zu typischen Hauptversammlungsbeschlüssen, nicht jedoch zur Eigenart des Feststellungsbeschlusses. Im Fall der Nichtigkeitsklage i.S.d. § 256 Abs. 7 AktG ist jedoch genau abzugrenzen, wie weit der jeweilige „Lebenssachverhalt" der Beschlussfassung gehen kann. Der Feststellungsvorgang besteht aus Aufstellung des Jahresabschlusses durch den Vorstand, Vorlage des durch den Abschlussprüfer geprüften Jahresabschlusses an den Aufsichtsrat sowie Billigung durch diesen nach dessen Prüfung. Dieses Rechtsgeschäft eigener Art besteht damit aus mehreren Akten, die für sich genommen eigene Lebenssachverhalte darstellen. So ist die Aufstellung des Jahresabschlusses, die damit dessen Inhalt bestimmt, ein eigener Lebenssachverhalt und von der Bestellung des Abschlussprüfers und dessen Prüfung sowie der Prüfung und Billigung durch den Aufsichtsrat zu trennen. Damit ergibt sich eine Trennung der Lebenssachverhalte nach den Fehlerarten des § 256 AktG: Inhaltsfehlern liegt mit der Aufstellung ein anderer Lebenssachverhalt zu Grunde als jeweils Prüfungsfehlern und Verfahrensfehlern. Die Prüfungsfehler sind dabei noch zu unterteilen in Bestellungsfehler und weitere Fehler, da auch

815 „Ein festgestellter Jahresabschluss ist […] nichtig, wenn er durch seinen Inhalt Vorschriften verletzt, …", § 256 Abs. 1 Nr. 1 AktG.

816 „Ein Beschluss der Hauptversammlung ist […] nichtig, wenn er […] durch seinen Inhalt Vorschriften verletzt, …", § 241 Nr. 3 Alt. 2 AktG.

der Bestellungsvorgang durch eine eigene Beschlussfassung erfolgt[817] und von der Durchführung der Abschlussprüfung zu unterscheiden ist.

Unterschiedlichen Fehlerarten des § 256 AktG liegen damit auch unterschiedliche Lebenssachverhalte zu Grunde, so dass bei Beschlussmängelrügen aufgrund unterschiedlicher Fehlerarten jeweils ein anderer Streitgegenstand gegeben ist. So ergibt sich praktisch kein Problem, da auch die Heilungsfristen jeweils gleich laufen.[818] Prüfungsfehler sind dabei in Bestellungsfehler und Fehler bei der Abschlussprüfung zu unterteilen.

Praktisch bedeutet dieses Ergebnis für die Nichtigkeitsklage gem. § 256 Abs. 7 AktG, dass im Laufe des Rechtsstreits z.B. nach vorgetragener Überbewertung auch noch andere Inhaltsfehler wie beispielsweise Gliederungsfehler gemäß Absatz 4 vorgetragen werden können, ohne dass dies eine Klageänderung darstellen würde. Damit verbietet sich auch eine anderweitig erhobene Nichtigkeitsklage wegen Inhaltsfehlern, da dieser gem. § 261 Abs. 3 Nr. 1 ZPO die Rechtshängigkeit der schon erhobenen Klage entgegensteht. Eine Klage wegen Verfahrensfehlern muss jedoch eigenständig erhoben werden, da es sich damit um einen eigenen Streitgegenstand handelt. Diese Verfahren wären aber nach § 249 Abs. 2 S. 1 AktG zu verbinden, zumal wegen der ausschließlichen Zuständigkeit gem. §§ 249 Abs. 1 S. 1, 246 Abs. 3 AktG die Klage vor demselben Gericht zu erheben wäre.

Wird wie im vorgenannten Beispiel eine Nichtigkeitsklage mit der Rüge eines Verfahrensfehlers rechtskräftig abgewiesen, so steht diese Rechtskraft nicht der späteren Erhebung einer Klage z.B. wegen Überbewertung entgegen.

Eine abgewiesene Klage z.B. wegen Überbewertung steht jedoch einer späteren Erhebung einer Klage desselben Klägers wegen eines Gliederungsfehlers entgegen, da dieser Mangel bereits Gegenstand des Vorprozesses war. Dies ist jedoch im Sinne der Rechtssicherheit durchaus sachgerecht, da der betreffende Jahresabschluss inhaltlich bereits einmal auf dem Prüfstand gestanden hat und es dem Kläger zuzumuten ist, dann auch sämtliche inhaltlichen Mängel vorzutragen.

4. Klageverfahren

a. Antrag und Klagehäufung

Die Jahresabschlussnichtigkeitsklage ist vor Ablauf der Heilungsfrist für den jeweiligen Nichtigkeitsgrundes zu erheben, klageberechtigt sind ausschließlich

817 § 318 Abs. 1 S. 1 HGB. Siehe zum Bestellungsvorgang o. 5.b.(2) S. 195 ff.

818 Ausnahme bleibt die Prüfung durch Nicht-WP, was ein weiteres Argument dafür darstellt, diese zu den unheilbaren Prüfungsfehlern zu zählen.

Aktionäre, der Vorstand als Organ, Mitglieder des Vorstands oder Mitglieder des Aufsichtsrats, § 249 Abs. 1 S. 1 AktG. Beklagte ist die Gesellschaft, wobei zu beachten ist, dass diese entgegen § 78 Abs. 1 AktG nicht allein durch den Vorstand, sondern im Fall der Nichtigkeitsklage gem. § 246 Abs. 2 AktG durch Vorstand und Aufsichtsrat vertreten wird, es sei denn ein Mitglied des jeweils anderen Organs ist selbst Kläger. Wird die Klage z.B. von einem Aktionär erhoben und als Beklagte nur die Gesellschaft, vertreten durch den Vorstand, bezeichnet, so läuft der Kläger Gefahr, dass die Klage als einfache Feststellungsklage gem. § 256 ZPO gewertet wird, die mangels Rechtsschutzbedürfnis abzuweisen ist, da eine Nichtigkeitsklage gem. § 249 AktG vorgeht.[819]

Die Klageschrift ist aufgrund der Doppelvertretung im Regelfall gem. § 170 Abs. 1 S. 1 ZPO sowohl an den Aufsichtsrat als auch an den Vorstand zuzustellen, wobei gem. § 170 Abs. 3 ZPO die Zustellung an jeweils ein Mitglied des Organs ausreicht. Sobald die Klageschrift zugestellt ist, hat der Vorstand gem. §§ 256 Abs. 7 S. 1, 249 Abs. 1 S. 1, 246 Abs. 4 S. 1, 25 S. 1 AktG die Erhebung der Nichtigkeitsklage sowie jeden Termin zur mündlichen Verhandlung im elektronischen Bundesanzeiger bekanntzumachen. Darüber hinaus ist im Fall der Börsennotierung die Klageerhebung gem. § 256 Abs. 7 S. 2 AktG auch der Bundesanstalt für Finanzdienstleistungsaufsicht (BaFin) mitzuteilen. Dies rührt aus dem Verhältnis zum sog. Enforcement-Verfahren.

Der Antrag ist auf Feststellung der Nichtigkeit zu richten. Früher übliche Hilfsanträge auf Nichtigerklärung sind aus zweierlei Gründen unnötig: Zunächst hat der BGH klargestellt, dass aufgrund der Identität der Rechtsschutzziele Anfechtungs- und Nichtigkeitsklagen austauschbar sind, so dass das Gericht durch Subsumtion zu ermitteln hat, um welche Klageart es sich handelt.[820] Darüber hinaus handelt es sich im Fall der Jahresabschlussfeststellung in der Regel um eine Nichtigkeitsklage, da Anfechtungsgründe nur in den engen Grenzen des § 257 AktG in Betracht kommen. Im Regelfall der Nichtigkeitsklage ist daher unabhängig von der Auffassung des BGH ohnehin allein ein Feststellungsantrag sachgerecht.

Fraglich bleibt, ob der Antrag auf Feststellung der Nichtigkeit des Feststellungsbeschlusses oder auf Feststellung der Nichtigkeit des Jahresabschlusses lauten muss. Dogmatisch richtig wäre das erstere, nach dem Wortlaut des § 256 Abs. 1 AktG gilt das zweite. Aufgrund des Gesetzeswortlauts sollte der Antrag in dieser Weise gestellt werden.[821] Dadurch wird auch deutlich, dass Anknüp-

819 Dazu bereits BGH v. 23.2.78 – II ZR 37/77, BGHZ 70, S. 384.

820 BGH v. 17.2.1997 – II ZR 41/96, BB 19/97, S. 988.

821 So auch ADS, Rechnungslegung, 6. Aufl., Tb. 4, § 256 Rn. 94; HÜFFER in: MüKo AktG, 2. Aufl., § 256 Rn. 71; BÜRGERS/KÖRBER, AktG, § 256 Rn. 20; RÖLIKE in: SPINDLER/STILZ, AktG, § 256 Rn. 80. Ein auf Feststellung der Nichtigkeit des Feststel-

fungspunkt für Inhaltsfehler der Jahresabschluss selbst und nicht der Beschlussinhalt der Feststellung ist. Der Antrag sollte daher beispielhaft wie folgt lauten:

Es wird festgestellt, dass der Jahresabschluss der X-AG zum 31.12... nichtig ist.

Wird die Nichtigkeit des Jahresabschlusses rechtskräftig festgestellt, so ist das Urteil durch den Vorstand unverzüglich beim Handelsregister einzureichen, §§ 256 Abs. 7 S. 1, 249 Abs. 1 S. 1, 248 Abs. 1 S. 2 AktG.[822] Bei börsennotierten AGs ist darüber hinaus der Ausgang des Rechtsstreits in jedem Fall der BaFin mitzuteilen sowie jede Verfahrensbeendigung, d.h. nicht nur gerichtliche Entscheidungen, sondern auch eine Klagerücknahme, Erledigterklärungen oder ein Vergleich, gem. §§ 248a, 149 Abs. 2 u. 3, 25 S. 1 AktG im elektronischen Bundesanzeiger bekanntzumachen.[823]

Folge der Nichtigkeit des Jahresabschlusses ist wie erläutert die Nichtigkeit des Gewinnverwendungsbeschlusses. Da z.B. Dividendenausschüttungen auf diesem beruhen, kann es vorteilhaft sein, auch diese gerichtlich feststellen zu lassen. Auch hierfür ist die Nichtigkeitsklage die statthafte Klageart, § 253 Abs. 2 AktG. Eine alleinige Nichtigkeitsklage gegen den Gewinnverwendungsbeschluss aus Gründen der Nichtigkeit des Jahresabschlusses ist jedoch keineswegs zu empfehlen, da diese nicht die Heilung der Nichtigkeit des Jahresabschlusses verhindert; dies gilt nach dem eindeutigen Wortlaut des Gesetzes nur umgekehrt.[824] Bei den Jahresabschluss betreffenden Nichtigkeitsgründen ist folglich in jedem Fall dieser anzugreifen, auch wenn weitere gewünschte Ansprüche nur aufgrund des nichtigen Gewinnverwendungsbeschlusses verfolgt werden sollen. Die rechtzeitige Erhebung einer Nichtigkeitsklage gegen den Jahresabschluss bewirkt auch die Verlängerung der Heilungsfrist für den Gewinnverwendungsbeschluss, da sich diese gem. § 253 Abs. 1 S. 2 AktG nach der Frist für den Jahresabschluss richtet. Die gerichtliche Feststellung der Nichtigkeit des Gewinnverwendungsbeschlusses ist damit zwar nicht unbedingt notwendig, weil sie gem. § 253 Abs. 1 AktG stets zwingende Folge der Jahresabschlussnichtigkeit ist; in Rechtskraft erwächst jedoch nur dessen Nichtigkeitsfeststellung. Ein explizit die Nichtigkeit des Gewinnverwendungsbeschlusses feststellendes Urteil vermeidet daher diesbezüglichen Streit in Folgeprozessen.

---

lungsbeschlusses gerichteter Antrag wäre jedoch sachgerechterweise umzudeuten und eine solche Klage nicht als unzulässig abzuweisen, dies ergibt sich schon aus § 139 Abs. 1 ZPO, i.E. so auch SCHMIDT/LUTTER, AktG, § 256 Rn. 37.

822 HÜFFER, AktG, 9. Aufl. , § 248 Rn. 10.

823 RÖLIKE in: SPINDLER/STILZ, AktG, § 256 Rn. 82.

824 HÜFFER in: MüKo AktG, 2. Aufl., § 253 Rn. 10.

Dagegen könnte allerdings die Entstehung von Kosten sprechen. Es handelt sich um verschiedene Streitgegenstände aufgrund der unterschiedlichen Anträge und auch des unterschiedlichen Lebenssachverhalts, so dass es sich um eine objektive Klagehäufung gem. § 260 ZPO handelt mit der Folge der Streitwertaddition gem. §§ 5 ZPO, 39 GKG. Aufgrund der regelmäßig hohen Streitwerte – die nur durch § 247 Abs. 1 S. 2 AktG begrenzt werden – ergeben sich hohe Kosten des Rechtsstreits. Soll dennoch auch die Feststellung der Nichtigkeit des Gewinnverwendungsbeschlusses begehrt werden, so sollte jedenfalls dieser zweite Antrag als unechter Hilfsantrag gestellt werden, also nur für den Fall des Durchdringens mit dem Hauptantrag. Ein solcher unechter Hilfsantrag ist zulässig und wird auflösend bedingt rechtshängig.[825] Wird der Antrag auf Feststellung der Nichtigkeit des Jahresabschlusses abgewiesen, so erhöht sich der Streitwert nicht durch den Hilfsantrag. Wird dem 1. Antrag stattgegeben, so ist dem Hilfsantrag in diesem Fall zwingend ebenso stattzugeben, da die Nichtigkeit des Jahresabschlusses vorgreiflich für die Nichtigkeit des Gewinnverwendungsbeschlusses ist. Es wäre daher vertretbar, analog § 45 Abs. 1 S. 3 GKG nur den höheren Wert anzunehmen, da eine weitere Prüfung durch das Gericht nicht erfolgen muss. Direkt passt § 45 GKG auf den unechten Hilfsantrag jedoch nicht, so dass auch mit einer Addition gerechnet werden muss.[826]

Unproblematisch ist die Erhebung einer Nichtigkeitsklage bezogen auf den Gewinnverwendungsbeschluss, wenn ein stattgebendes Nichtigkeitsurteil für den Jahresabschluss vorliegt und dies rechtskräftig ist. Dieses ist vorgreiflich für

---

825 Vgl. THOMAS/PUTZO, ZPO, 29. Aufl., § 260 Rn. 8 sowie ANDERS/GEHLE, Assessorexamen Zivilrecht, 8. Aufl., Rn. 476; GREGER in: ZÖLLER, ZPO, 28. Aufl., § 260 Rn. 4.

826 Vgl. ANDERS/GEHLE, Assessorexamen Zivilrecht, 8. Aufl., Rn. 484. Die Gefahr dass sich der Streitwert ohnehin erhöht, dürfte hier im Gegensatz zum allgemeinen Zivilprozess jedoch nicht gegeben sein. In einem solchen ist zu erwarten, dass ein findiger Beklagter auch den Hilfsantrag zum unbedingten Prozessgegenstand macht, indem er negative Feststellungswiderklage erhebt. Das Feststellungsinteresse am Nichtbestehen eines weitergehenden Anspruchs resultiert aus der ernsthaften Berühmung mit einem Anspruch durch den Hilfsantrag. Eine dementsprechende Widerklage auf Feststellung der Wirksamkeit des Gewinnverwendungsbeschlusses wäre im Nichtigkeitsprozess zwar grundsätzlich zulässig, da die Konnexität i.S.d. § 33 ZPO gegeben ist, jedoch ist das Feststellungsinteresse in diesem Fall nicht gegeben. Wird der Hauptantrag abgewiesen, so ist auch die Nichtigkeit des Gewinnverwendungsbeschlusses zumindest aus Fehlern des Jahresabschlusses nicht denkbar. Die Beklagte hat daher kein besonderes Interesse daran, dass die Wirksamkeit des Beschlusses festgestellt wird. Zulässig ist lediglich eine positive Beschlussfeststellungsklage für den Fall der Anfechtung bzw. Nichtigkeit eines ablehnenden Beschlusses, ähnlich einer Verpflichtungsklage im Verwaltungsrecht, vgl. HÜFFER, AktG, 9. Aufl. , § 246 Rn. 42; HEIDEL, AktR, 2. Aufl., § 246 Rn.11.

die Entscheidung über die Nichtigkeit des Gewinnverwendungsbeschlusses, so dass ohne weiteres der Nichtigkeitsklage stattzugeben wäre.[827]

b. Darlegungs- und Beweislast

Nach allgemeinen Regeln muss jede Partei die zur Erfüllung der ihr günstigen Rechtsnorm erforderlichen Tatsachen vortragen, darlegen und im Streitfall beweisen.[828] Diese Grundregel gilt mangels anderer Bestimmungen auch für die Nichtigkeitsklage gem. § 256 Abs. 7 AktG.[829] Der Nichtigkeitskläger muss daher die Tatsachen vortragen, die zur Erfüllung des Nichtigkeitsgrunds führen und Beweismittel anbieten. Darzulegen und im Streitfall zu beweisen sind stets nur Tatsachen, nicht jedoch Rechtsfragen.[830] Die Frage z.B. einer Überbewertung i.S.d. § 256 Abs. 5 AktG stellt eine Rechtsfolge dar, die das Gericht durch Subsumtion zu entscheiden hat. Relevant für die Darlegung sind daher die Tatsachen, die zur Überbewertung geführt haben, also z.B. die Gründe für die Notwendigkeit einer unterlassenen Rückstellungsbildung. Die Bestimmung eines zur Nichtigkeit führenden Rechnungslegungsfehlers ist ersichtlich diffizil, so dass in der Praxis regelmäßig Parteigutachten notwendig sein werden, um die zur Nichtigkeit führenden Tatsachen substantiiert vortragen zu können.

Werden die Tatsachen durch die Gesellschaft ausdrücklich bestritten (§ 138 Abs. 3 ZPO), so sind sie durch den Nichtigkeitskläger zu beweisen, soweit sie nicht gem. § 291 ZPO offenkundig sind. Letzteres ist in der Praxis selten.[831] Der Nichtigkeitskläger muss daher Zeugen benennen, Urkunden vorlegen bzw. Vorlage in Besitz der Gesellschaft befindlicher Urkunden gem. § 420 ZPO verlangen. Ferner wird in der Regel Beweis durch gerichtliche Sachverständige erhoben werden, was neben Beweisantritt gem. § 403 ZPO nach § 144 Abs. 1 ZPO auch durch das Gericht angeordnet werden kann.

Von der Grundregel der Beweislast des Klägers existieren jedoch Ausnahmen. So gewährt die Rechtsprechung nach dem sog. Prinzip der Tatsachennähe

---

827 Vgl. zur Vorgreiflichkeit THOMAS/PUTZO, ZPO, 29. Aufl., § 322 Rn. 9.

828 THOMAS/PUTZO, ZPO, 29. Aufl., Vorbem § 284 Rn. 23.

829 BÜRGERS/KÖRBER, AktG, § 246 Rn. 42; HEIDEL, AktR, 2. Aufl., § 246 Rn. 38; ADS, Rechnungslegung, 6. Aufl., Tb. 4, § 256 Rn. 94; IDW, WP-Handbuch 2006, Band I, U Rn. 233.

830 THOMAS/PUTZO, ZPO, 29. Aufl., Vorbem § 284 Rn. 18.

831 Jedoch auch für die Nichtigkeitsklage denkbar. So kann z.B. ein wertaufhellendes Ereignis vor Aufstellung des Jahresabschlusses aus den Medien allgemein bekannt sein, wie z.B. die finanzielle Not eines in der Öffentlichkeit stehenden Schuldners, so dass eine Forderung abzuschreiben wäre. Sind diese Medienberichte vor Aufstellung des Jahresabschlusses erfolgt, so ist die Möglichkeit der Kenntnis offenkundig und daher nicht beweisbedürftig.

Beweiserleichterungen bis zur Beweislastumkehr.[832] Insbesondere für Tatsachen, die weder im Gefahrenbereich einer Partei liegen, noch üblicherweise zu deren Kenntnis gelangen können, ist es danach nicht sachgerecht, wenn dieser Partei die volle Beweislast obliegt, da ihr die Beweisführung praktisch nie möglich wäre.[833] Für gesellschaftliche Interna, die nicht zur Kenntnis z.B. eines Aktionärs als Kläger gelangen können, reicht danach die Darlegung der Umstände, die zur Vermutung der Fehlerhaftigkeit der Rechnungslegung führen.[834]

Ferner kann im Fall der Nichtigkeitsklage das Prüfungsurteil des Abschlussprüfers eine Rolle für die Beweislast spielen: So führt eine Einschränkung bzw. ein Versagungsvermerk zwar keinesfalls zur Nichtigkeit des Jahresabschlusses.[835] Die Gründe für die Versagung können aber in Mängeln der Rechnungslegung liegen, die zur Nichtigkeit führen. Sowohl Versagungsvermerk als auch eine eingeschränkter Bestätigungsvermerk sind gem. § 322 Abs. 4 S. 3 HGB zu begründen.[836] Aus dieser Begründung sind bereits die Mängel der Rechnungslegung ersichtlich. Handelt es sich dabei um Inhaltsmängel des Jahresabschlusses[837], tut der Kläger im Rahmen der Klage auf Feststellung der Nichtigkeit dieses Jahresabschlusses seiner Darlegungs- und Beweislast genüge, wenn er die aus dem Vermerk ersichtlichen Rechnungsmängel vorträgt und darlegt, warum diese auch Nichtigkeitsgründe darstellen. Als Beweis genügt der eingeschränkte Bestätigungsvermerk bzw. Versagungsvermerk. Es obliegt nun der Gesellschaft, zu beweisen, warum die trotz Versagung bzw. Einschränkung aufgrund der erkannten Mängel erfolgte Feststellung dennoch wirksam ist.[838] Die Anforderungen an die Substanz der Darlegung durch Vorstand und Aufsichtsrat gehen umso weiter, je deutlicher die Einwendungen bzw. Versagungsgründe in der Begründung auf eine Nichtigkeit des Jahresabschlusses hinweisen.[839]

---

832 Vgl. BÜRGERS/KÖRBER, AktG, § 246 Rn. 42; HEIDEL, AktR, 2. Aufl., § 246 Rn. 40; THOMAS/PUTZO, ZPO, 29. Aufl., Vorbem § 284 Rn. 18, 25 ff., 37 ff.

833 So z.B. im Bereich der sog. Produzentenhaftung für das Inverkehrbringen eines fehlerhaften Produktes, vgl. THOMAS/PUTZO, ZPO, 29. Aufl., Vorbem § 284 Rn. 29 sowie PALANDT, BGB, 69. Aufl., § 823 Rn. 183 f.

834 Vgl. HEIDEL, AktR, 2. Aufl., § 246 Rn. 41.

835 IDW, WP-Handbuch 2006, Band I, Q Rn. 581 ff.; ADS, Rechnungslegung, 6. Aufl., Tb. 7, § 322 Rn. 328 ff.; siehe dazu auch o. Kap. III.A. 3., S. 59.

836 Zu Formulierungen siehe IDW PS 400, Tz. 50 ff. u. Tz. 65 ff.

837 Dies ist nicht der Fall, wenn eine Versagung aus Prüfungshemmnissen resultiert, § 322 Abs. 2 S. 1 Nr. 4; Abs. 5 HGB; vgl. IDW PS 400, Tz. 68a.

838 Vgl. dazu TIELMANN, Durchsetzung Rechnungslegung, S. 80.

839 Da der Abschlussprüfer den Jahresabschluss auf Mängel der Rechnungslegung prüft, aber nicht zu beurteilen hat, ob diese die Nichtigkeitsschwelle überschreiten, muss er nicht grundsätzlich in seinem Prüfungsurteil auf die mögliche Nichtigkeitsfolge hin-

c. Umfang der materiellen Rechtskraft (objektive Grenzen)

Neben der subjektiven Rechtskraft, die den Umfang der durch das Urteil gebundenen Personen abgrenzt, sind die objektiven Grenzen der Rechtskraft bedeutend. Grundsätzlich kann das Urteil nur über den Streitgegenstand entscheiden, d.h. die objektiven Grenzen der Rechtskraft umfassen den Streitgegenstand. Nach dem zweigliedrigen Streitgegenstandsbegriff umfasst dieser den Lebenssachverhalt sowie den Antrag. Wie zuvor dargelegt, ist damit durch ein Nichtigkeitsurteil nur über eine der Fehlerarten der Nichtigkeit entschieden worden und dem Antrag gemäß nur über die Nichtigkeit selbst. Im Falle der Feststellung der Nichtigkeit eines Jahresabschlusses stellt sich jedoch die Frage, welche Feststellungen ihrem Umfang nach in Rechtskraft erwachsen. Die Reichweite dieser materiellen Rechtskraft ist von der formellen Rechtskraft zu unterscheiden. Die formelle Rechtskraft tritt gem. § 705 ZPO ein, wenn kein Rechtsmittel mehr gegen das Urteil zulässig ist und führt daher lediglich dazu, dass das Urteil Bestand hat.

Die Reichweite der Bindungswirkung in objektiver Hinsicht wird hingegen als materielle Rechtskraft bezeichnet. Diese ergibt sich aus § 322 Abs. 1 ZPO. Danach erwächst das Urteil nur insoweit in Rechtskraft, als über den erhobenen Anspruch entschieden ist. Im Sinne des zweigliedrigen Streitgegenstandsbegriffs bestimmt sich der Umfang der materiellen Rechtskraft nach dem Gesetzeswortlaut daher zunächst allein aus dem Urteilstenor.[840] Im Fall des Nichtigkeitsurteils stellt dieser lediglich die Nichtigkeit eines bestimmten Jahresabschlusses fest. Bedeutsam insbesondere für Folgefragen der Haftung ist hingegen die Frage, ob auch der Nichtigkeitsgrund, also z.B. eine Überbewertung als Inhaltsfehler, rechtskräftig festgestellt wird.

Durch die Beschränkung der materiellen Rechtskraft auf den Entscheidungssatz in § 322 Abs. 1 ZPO hat der Gesetzgeber die Grenzen der Rechtskrafterstreckung indes eng gezogen. So erwachsen tatsächliche Feststellungen des Gerichts, die Urteilselemente und die Beurteilung vorgreiflicher Rechtsverhältnisse nicht in Rechtskraft.[841] Insbesondere erwächst also nicht der Inhalt der Entscheidungsgründe in Rechtskraft. Nur wenn sich die Reichweite der Rechtskraft nicht allein durch den Tenor feststellen lässt, sind auch Tatbestand und

---

weisen, wenn diese nicht offensichtlich ist, vgl. IDW, WP-Handbuch 2006, Band I, Q Rn. 581 ff.; ADS, Rechnungslegung, 6. Aufl., Tb. 7, § 322 Rn. 254; TIELMANN, Durchsetzung Rechnungslegung, S. 80.

840 THOMAS/PUTZO, ZPO, 29. Aufl., § 322 Rn. 17; MUSIELAK, ZPO, 6. Aufl., § 322 Rn. 16.

841 Vgl. THOMAS/PUTZO aaO. und § 322 Rn. 28; MUSIELAK, ZPO, 6. Aufl., § 322 Rn. 2, 17; VOLLKOMMER in: ZÖLLER, ZPO, 28. Aufl., vor § 322 Rn. 31 ff.

Entscheidungsgründe zur Auslegung heranzuziehen.[842] Dies ist in der Regel jedoch nur bei abweisenden Urteilen der Fall, da aus dem Abweisungstenor selbst der Umfang der Rechtskraft nicht ersichtlich sein kann.[843]

Ungeachtet der Frage, ob es sich bei der Überbewertung eines Jahresabschlusses um eine Tatsache oder um ein Rechtsverhältnis handelt, so erwächst diese gem. § 322 Abs. 1 ZPO nicht in Rechtskraft. Der BGH hat eindeutig klargestellt, dass eine Erstreckung der Rechtskraft präjudizielle Rechtsverhältnisse nicht erfasst, selbst wenn „zwingende Sinnzusammenhänge" deren Geltung fordern.[844] Ebenso wenig sind tatsächliche Feststellungen erfasst, so ist z.B. mit der Feststellung der Auflösung eines Vertrages der Auflösungsgrund nicht Bestandteil der rechtskräftigen Feststellung.[845] Übertragen auf die Nichtigkeitsklage wäre damit z.B. der Nichtigkeitsgrund der Überbewertung weder als Tatsache noch als vorgreifliches Rechtsverhältnis rechtskräftig festgestellt, obwohl diese in einem konkreten Fall der einzig denkbare Nichtigkeitsgrund sein könnte.

Diese Begrenzung der Reichweite der materiellen Rechtskraft wird teilweise in der Literatur kritisiert, die eine Erweiterung der Rechtskrafterstreckung zumindest auf rechtliche Sinnzusammenhänge begründen will.[846] Die aus dem Wortlaut des § 322 ZPO folgende Begrenzung ist jedoch zu akzeptieren und wurde vom Gesetzgeber ausweislich der Begründung auch bewusst gewählt.[847] Ohne die Begrenzung würde die richterliche Entscheidung über den Tenor hinausgehen und so Gerichte dazu zwingen, zu überblicken, inwieweit in den Entscheidungsgründen über den Tenor hinausgehende Aussagen getroffen wurden, da selbst beiläufige Urteilsgründe bindend wären.[848]

---

842 THOMAS/PUTZO § 322 Rn. 17; MUSIELAK, ZPO, 6. Aufl., § 322 Rn. 17; VOLLKOMMER in: ZÖLLER, ZPO, 28. Aufl., vor § 322 Rn. 31.

843 Vgl. MUSIELAK, ZPO, 6. Aufl., § 322 Rn. 16; VOLLKOMMER in: ZÖLLER, ZPO, 28. Aufl., vor § 322 Rn. 31.

844 BGH v. 26.6.03 – I ZR 269/00, BGH NJW 42/03, S. 3058.

845 Vgl. BGH v. 3.6.87 – VIII ZR 158/86, BGH NJW-RR 4/88, S. 199, wonach die Nichtigkeit eine Vertrages nach Anfechtung wegen arglistiger Täuschung festgestellt worden war, in einem späteren Prozess jedoch die arglistige Täuschung verneint wurde; vgl. dazu auch MUSIELAK, ZPO, 6. Aufl., § 322 Rn. 58 und VOLLKOMMER in: ZÖLLER, ZPO, 28. Aufl., § 322 Rn. 8 und vor § 322 Rn. 28, 32.

846 Vgl. dazu schon ZEUNER, Objektive Grenzen, S. 42 f., 72ff. und ZEISS, ZPR, 9. Aufl., Rn. 574.

847 Vgl. MUSIELAK, ZPO, 6. Aufl., § 322 Rn. 2. Diese bewusste Grenzziehung ergibt sich auch aus der Existenz der Möglichkeit einer Zwischenfeststellungsklage gem. § 256 Abs. 2 ZPO, die unnötig wäre, wenn präjudizielle Rechtsverhältnisse ohnehin in Rechtskraft erwachsen würden.

848 Vgl. ausführlich zur Reichweite der materiellen Rechtskraft MUSIELAK, Lebenssachverhalt, NJW 49/00, S. 3593 ff.

Im Fall der stattgebenden Nichtigkeitsklage ist die Frage der Rechtskrafterstreckung umso bedeutender, weil nicht nur die Streitparteien, sondern jedermann gebunden wird. Aufgrund der einschränkenden Regelung des § 322 Abs. 1 ZPO ist jedoch festzuhalten, dass ein die Nichtigkeit eines Jahresabschlusses feststellendes Urteil lediglich bezüglich dieser Feststellung in Rechtkraft erwächst, aber nicht den Grund der Nichtigkeit feststellt.[849]

Mögliche Folge sind divergierende Entscheidungen, wenn z.B. die Nichtigkeit aufgrund vorgetragener Überbewertung rechtskräftig festgestellt wird, in Folgeprozessen z.B. zur Haftung jedoch die Überbewertung verneint wird. Insbesondere aufgrund zu erwartender hoher Kosten durch Gutachten zur Substantiierung des Vortrags bzw. zum Beweis gem. § 403 ZPO besteht ein Interesse daran, diese Fragen in verschiedenen Prozessen nicht mehrfach klären zu müssen.

Es drängt sich die Überlegung auf, ob es möglich ist, durch Nennung des Nichtigkeitsgrundes im Antrag diesen zum Streitgegenstand und damit Gegenstand der Rechtskraft zu machen.[850] Zunächst ist dazu anzumerken, dass es sich dann um eine Klagehäufung der aktienrechtlichen Nichtigkeitsklage mit einer einfachen Feststellungsklage handelt, da §§ 256 Abs. 7 S. 1, 249 AktG sich nur auf die Klage der „Feststellung der Nichtigkeit" und nicht auf weitere Feststellungen bezieht. Es könnte damit keine inter-omnes-Wirkung erzielt werden.

Prozessual gibt § 256 Abs. 2 ZPO jedoch die Möglichkeit, im Rahmen einer Zwischenfeststellungsklage auch die Entscheidung über vorgreifliche Rechtsverhältnisse in Rechtskraft erwachsen zu lassen. Dies könnte damit eine Möglichkeit sein, auch die Überbewertung feststellen zu lassen. Gem. § 256 Abs. 2 ZPO muss es sich um ein im Laufe des Rechtsstreits streitig gewordenen Rechtsverhältnis handeln, von dessen Bestehen oder Nichtbestehen die Entscheidung des Rechtsstreits ganz oder zum Teil abhängt. Die Entscheidung über die Nichtigkeit des Jahresabschlusses hängt von dem Bestehen oder Nichtbestehen einer i.S.d. § 256 Abs. 5 AktG tatbestandlichen Überbewertung ab, so dass diese Frage vorgreiflich i.S.d. § 256 Abs. 2 ZPO wäre. Ferner ist es zutreffend h. M., dass das Rechtsverhältnis nicht erst im Laufe des Prozesses streitig ge-

849 Das gilt auch, wenn die Nichtigkeitsklage als Gestaltungsklage angesehen wird, denn auch ein Gestaltungsurteil stellt im Ergebnis nur fest, dass die neue Rechtslage, also die Nichtigkeit des Jahresabschlusses, rechtmäßig ist und dem Kläger ein Gestaltungsrecht zustand, nicht jedoch den Grund dieser Gestaltungsmöglichkeit, vgl. MUSIELAK, ZPO, 6. Aufl., § 322 Rn. 63 sowie VOLLKOMMER in: ZÖLLER, ZPO, 28. Aufl., § 322 Rn. 3.

850 Etwa durch den Antrag: „Es wird festgestellt, dass der Jahresabschluss der X-AG zum 31.12… wegen Überbewertung nichtig ist."

worden sein muss, sondern dass auch bezüglich bereits bei Klageerhebung streitiger Rechtsverhältnisse die Zwischenfeststellungsklage möglich ist.[851] Dies ist sachgerecht, da Streitigkeit im Rechtssinne gem. § 138 Abs. 3 ZPO erst eintritt, wenn im Prozess vorgetragener Sachverhalt explizit durch den Gegner bestritten wird, andernfalls gilt der Vortrag als zugestanden.

Es müsste sich bei der Überbewertung eines Jahresabschlusses aber auch um ein Rechtsverhältnis i.S.d. § 256 ZPO handeln. Darunter ist nach dem BGH die rechtliche Beziehung von Personen untereinander oder von einer Person zu einem Gegenstand zu verstehen.[852] Kein Rechtsverhältnis hingegen sind bloße Tatsachen – wenn sie auch rechtserheblich sind, oder Vorfragen von Rechtsverhältnissen.[853] Die Überbewertung eines Jahresabschlusses ist eine Rechtsfrage, weil das Vorliegen an den Kriterien des § 256 Abs. 5 AktG gemessen werden muss und von der bloßen Tatsache der Falschbewertung zu unterscheiden ist. Dennoch ist zweifelhaft, ob es sich dabei um ein Rechtsverhältnis handelt. Es mangelt dieser Eigenschaft eines Jahresabschlusses nämlich daran, unmittelbar eine Beziehung zu einer Person herzustellen. Für den Fall der begehrten Feststellung, dass ein Konzernabschluss kein den tatsächlichen Verhältnissen entsprechendes Bild der Vermögens-, Finanz- und Ertragslage des Konzerns vermittelt, hat der BGH so auch entschieden, dass es sich nicht um ein feststellungsfähiges Rechtsverhältnis, sondern um eine bloße Tatsachenfrage handelt.[854]

Der BGH hat zwar mit der Feststellungsfähigkeit des Annahmeverzugs eine Ausnahme zugelassen. Dieser gilt als feststellungsfähig, obwohl es sich nicht um ein Rechtsverhältnis handelt.[855] Auch bei diesem handelt es sich um eine bloße Tatsache, die als Rechtsfrage zu entscheiden ist. Die Ausnahme ist jedoch allein zur Vollstreckung gem. §§ 756, 765 ZPO wegen des dringenden Interesses des Klägers zugelassen. Ein solches kann hier nicht in vergleichbarer Weise gesehen werden. Auch eine Ausnahme scheint hier daher nicht angezeigt.

---

851 THOMAS/PUTZO § 256 Rn. 26, 30; MUSIELAK, ZPO, 6. Aufl., § 256 Rn. 41; BGH v. 6.7.89 – IX ZR 280/88, NJW-RR 90, S. 318 (319f.).

852 Vgl. THOMAS/PUTZO § 256 Rn. 5 und MUSIELAK, ZPO, 6. Aufl., § 256 Rn. 2.

853 THOMAS/PUTZO § 256 Rn. 10; GREGER in: ZÖLLER, ZPO, 28. Aufl., § 256 Rn. 21.

854 BGH v. 14.1.08 – II ZR 282/06, AG 08, S. 325. Maßgeblich für die Begründung war zwar auch die Ausführung der Vorinstanz, der Konzernabschluss entfalte als reines Informationsinstrument keine Rechtswirkung auf die Aktionäre, so dass es sich schon deswegen nicht um ein Rechtsverhältnis handelt, vgl. OLG Frankfurt v. 21.11.06 – 5 U 15/05, ZIP 07, S. 72. Dies ist bezogen auf den Einzelabschluss wegen dessen Ausschüttungsbemessungsfunktion zwar nicht so, jedoch wird die Beurteilung auch dann nicht zur Annahme eines Rechtsverhältnisses führen, da die Bewertung wohl allenfalls als Vorfrage anzusehen ist, die nach ständiger Rspr. des BGH auch nicht feststellungsfähig ist.

855 BGH v. 13.12.01 – VII ZR 27/00, BGH NJW 17/02, S. 1262 (1263).

MATTHEUS und SCHWAB sehen dennoch eine bindende Feststellung des zur Nichtigkeit führenden Mangels.[856] So gestehen sie zwar ein, dass die Rechtskraft des Urteils vorgreifliche Rechtsverhältnisse nicht umfasst, begründen die bindende Feststellung des Nichtigkeitsgrunds jedoch damit, dass der Streitgegenstand der Nichtigkeitsklage nicht nur den Beschluss, sondern auch den gerügten Beschlussmangel umfasse. Daraus folge, dass dieser konsequenterweise mit festgestellt werde, da das Urteil über den Streitgegenstand entscheide. Weitere Jahresabschlüsse mit demselben Mangel seien ebenso nichtig und es wäre nicht zumutbar, für jeden weiteren Jahresabschluss mit demselben Mangel erneut die Nichtigkeit zu erstreiten. Diese Argumentation kann nicht überzeugen: So sinnvoll es unter Umständen wäre, auch den Nichtigkeitsgrund in Rechtskraft erwachsen zu lassen, ändert dies nichts daran, dass die Systematik der §§ 256 Abs. 2, 322 Abs. 1 ZPO dies nicht zulässt. Die Tatsache, dass der Nichtigkeitsgrund Teil des zum Streitgegenstand gehörenden Lebenssachverhalts ist, führt nicht automatisch dazu, dass dieser auch in Rechtskraft erwächst. Insoweit ist der zum zweigliedrigen Streitgegenstand gehörende Antrag zu beachten, der damit die Rechtskraftwirkung bestimmt. Der Streitgegenstand besteht aus Antrag und Lebenssachverhalt, er umfasst also auch das tatsächliche Vorbringen. Dieses in den Entscheidungsgründen bestätigt erwächst jedoch nicht in Rechtskraft. Die Argumentation von MATTHEUS und SCHWAB würde dazu führen, dass grundsätzlich die Feststellung aller erfüllten Tatbestandsmerkmale einer Norm in einem Urteil in Rechtskraft erwachsen würden. Genau dies ist jedoch nach der Struktur des § 322 ZPO wie erläutert nicht der Fall.

Zusammenfassend ist damit festzuhalten, dass lediglich die Feststellung der Nichtigkeit als solche in Rechtskraft erwächst. Bei der Überbewertung eines Postens in der Bilanz eines Jahresabschlusses handelt es sich nicht um ein feststellungsfähiges Rechtsverhältnis. Folge ist, dass es keine Möglichkeit gibt, diese Eigenschaft des Jahresabschlusses im Rahmen eines Urteils rechtskräftig feststellen zu lassen. Auch die Überlegung, im Rahmen des Feststellungsantrags den Grund einzubeziehen, geht daher fehl. Eine solche Klage wäre teilweise unzulässig. Die begrenzte Reichweite des Nichtigkeitsurteils ist daher zu beachten. Zuletzt bleibt anzumerken, dass auch die erfolgreiche Zwischenfeststellung der Überbewertung mangels inter-omnes-Wirkung keine zufriedenstellende Präklusion bewirken würde, da Folgeprozesse gerade nicht zwischen den ursprünglichen Parteien zu erwarten sind, sondern zwischen Gesellschaft und einem nicht an dem Rechtsstreit beteiligten Organ oder dem Abschlussprüfer. Eine Lösung

---

856 MATTHEUS/SCHWAB, Fehlerkorrektur, BB 20/04, S. 1099 (1102, 1105). Dem ohne eigene Begründung zustimmend SCHMIDT/LUTTER, AktG, § 256 Rn. 39, 41.

dieser Problematik liegt daher in der unmittelbaren Einbeziehung dieser Personen in den Nichtigkeitsprozess durch Streitverkündung.[857]

d. Prozessbeendende Maßnahmen der Gesellschaft

Ist eine Nichtigkeitsklage gegen die Gesellschaft erhoben worden, ist es der durch Vorstand und Aufsichtsrat vertretenen Gesellschaft nach allgemeinen Regeln möglich, die Nichtigkeit gem. § 307 ZPO anzuerkennen oder durch Nichtverhandeln ein Versäumnisurteil gem. § 331 ZPO gegen sich ergehen zu lassen. Es ist jedoch streitig und zu hinterfragen, ob diese Disposition für Vorstand und Aufsichtsrat zulässig ist. Mehrheitlich wird davon ausgegangen, dass der Dispositionsmaxime folgend die Gesellschaft als Beklagte sowohl anerkennen als auch säumig sein kann.[858] Ferner sei auch ein gerichtliches Geständnis gem. § 288 ZPO möglich. Aus den gesetzlichen Vorschriften der §§ 249, 246 AktG ergibt sich auch keine Regelung, die ein Verbot der Anwendung der §§ 307, 331 ZPO begründen könnte. Konsequent verfährt damit die Rechtsprechung, die den Erlass von Anerkenntnis- oder Versäumnisurteilen für zulässig hält und diese praktiziert.[859]

Dennoch werden Bedenken gegen diese Auffassung geäußert. Für den Fall des Anerkenntnisses wird für Anfechtungs- und Nichtigkeitsklagen allgemein von Teilen der Literatur hervorgehoben, dass es der Verwaltung nicht obliegen kann, über einen Beschluss der Hauptversammlung zu disponieren, indem sie durch Anerkenntnis diesen der Nichtigkeit preisgibt.[860] Es könne so zu einem kollusiven Zusammenwirken des Klägers (z.B. einem Aktionär oder Vorstandsmitglied) und der Verwaltung der Gesellschaft kommen, die zusammen einen Beschluss der Hauptversammlung zu Fall bringen. Die Beschränkung dieser Bedenken auf das Anerkenntnis ist indes für die Praxis irrelevant, denn wenn ein solches kollusives Interesse gegeben ist, dann kann das gleiche Ziel auch durch Nichtverhandeln mit der Folge eines Versäumnisurteils oder durch Geständnis bzw. bloßes Nichtbestreiten gem. § 138 Abs. 3 ZPO erreicht werden. Wenn die Vertreter dieser Meinung jedoch lediglich das Anerkenntnis versagen wollen,

---

857 Siehe dazu unten 5.

858 HÜFFER, AktG, 9. Aufl. , § 246 Rn. 17 und ders. in: MüKo AktG, 2. Aufl., § 246 Rn. 25f., § 256 Rn. 72; HEIDEL, AktR, 2. Aufl., § 246 Rn. 35; BÜRGERS/KÖRBER, AktG, § 246 Rn. 38 jeweils m.w.N.; LUTTER in: FS HELMRICH, Gültigkeit des JA, S. 685 (696).

859 Vgl. LG Hannover v. 29.5.92 – 23 O 64/91, ZIP 92, S. 1236 zum Anerkenntnis; BGH v. 28.9.98 – II ZB 16/98, NJW-RR 99, S. 285 zum Versäumnisurteil.

860 Vgl. SCHMIDT in: Großkomm. AktG, § 246 Rn. 78 und VOLHARD, ZGR 96, S. 55 (69ff.); HÜFFER in: MüKo AktG, 2. Aufl., § 246 Rn. 26 und BÜRGERS/KÖRBER, AktG, § 246 Rn. 38.

hat diese Auffassung praktisch keine Relevanz.[861] Anzumerken ist, dass wegen der notwendigen Doppelvertretung der Gesellschaft gem. § 246 Abs. 2 AktG ein solches Zusammenwirken Einigkeit sowohl mit dem Vorstand als auch dem Aufsichtsrat erfordert. Bereits durch die Doppelvertretung der Gesellschaft wird daher derartigen Konstellationen entgegengewirkt.

Hier ist jedoch der spezielle Fall der Nichtigkeit des Jahresabschlusses zu beachten. Bezugspunkt der Nichtigkeit im Fall von Inhaltsfehlern ist der Jahresabschluss selbst. Für die Buchführung und Rechnungslegung und damit die Erstellung des Jahresabschlusses verantwortlich ist gem. §§ 238, 242, 264 Abs. 1 HGB i.V.m. §§ 78, 91 Abs. 1 AktG der Vorstand. Nur im Ausnahmefall der Feststellung des Jahrsabschlusses durch die Hauptversammlung ergibt sich eine der oben genannten Meinung vergleichbare Problematik. Die Verwaltung könnte im Fall der Klage über die Feststellung der Hauptversammlung disponieren. Im Regelfall der Feststellung des Jahresabschlusses durch die Verwaltung gem. § 172 AktG prüft und billigt der Aufsichtsrat diesen. Für den Regelfall geht es damit nicht um die Nichtigkeit eines Hauptversammlungsbeschlusses, sondern eines Verwaltungsbeschlusses. Eine Prozessbeendigung durch Zugestehen, Nichtverhandeln oder Anerkenntnis eben dieser Verwaltung würde daher nicht unmittelbar in Entscheidungen der Hauptversammlung eingreifen. Jedoch ist zu bedenken, dass auch bei der Feststellung des Jahresabschlusses durch die Verwaltung mittelbar die Rechte der Aktionäre betroffen sind, da sie insbesondere bei der Fassung des Gewinnverwendungsbeschlusses gem. § 175 Abs. 1 S. 2 AktG an diesen gebunden sind. Ferner ist dieser bei Nichtigkeit des Jahresabschlusses zwingend ebenso nichtig, § 253 AktG. Mit der Disposition über die Nichtigkeit des Jahresabschlusses disponiert die Verwaltung damit gleichzeitig über den Gewinnverwendungsbeschluss.[862] Praktisch wird indes genau bei Feststellung des Jahresabschlusses durch die Verwaltung für eben diese personenidentische Verwaltung kein Interesse bestehen, die Nichtigkeit des Jahresabschlusses anzuerkennen, denn so gesteht der Vorstand eigenes Fehlverhalten ein, ist er doch für die Rechnungslegung verantwortlich gewesen. Anders ist dies jedoch, wenn Vorstand und/oder Aufsichtsrat zwischenzeitlich gewechselt haben, was angesichts der langen Heilungsfrist bei Inhaltsfehlern häufig vorkommen wird. Durch Anerkenntnis könnte die zum Zeitpunkt der Klageerhebung amtierende Verwaltung über Verhalten der damaligen Verwaltung disponieren. Hier zeigt sich, dass es äußerst fraglich ist, ob dies möglich sein darf. Gerade im bedeutsamen Fall der Insolvenz der Gesellschaft könnte so der Insolvenzverwal-

861 So i.E. auch HÜFFER in: MüKo AktG, 2. Aufl., § 246 Rn. 26 und BÜRGERS/KÖRBER, AktG, § 246 Rn. 38, die daher auch das Anerkenntnis zulassen wollen.

862 Darauf weisen auch SCHMIDT und LUTTER hin, SCHMIDT/LUTTER, AktG, § 256 Rn. 39.

ter als Kläger zusammen mit einem neu amtierenden Vorstand und Aufsichtsrat – der im Insolvenzverfahren eng mit dem Insolvenzverwalter zusammenarbeitet und erfahrungsgemäß dessen Weisungen befolgt – auf einfache und schnelle Weise die Nichtigkeit des Jahresabschlusses gerichtlich feststellen lassen, ohne dass der für den konkreten Jahresabschluss verantwortliche Ersteller in das Verfahren eingebunden wäre, obwohl es um dessen Verantwortlichkeitsbereich geht.[863] Zu beachten ist, dass im Fall des Anerkenntnisses gar ein Urteil ergeht, ohne dass eine Schlüssigkeitsprüfung stattgefunden hat.[864] Dies ist im Rahmen allgemeiner Zivilprozesse wegen der Dispositionsmaxime sachgerecht, geht es doch darum, dass der Beklagte einen gegen ihn gerichteten Anspruch akzeptiert, was er kaum täte, wäre dieser nicht schlüssig vorgetragen. Im Beispielsfall erfolgt jedoch gerade eine Disposition über personell fremde Interessen. Im Fall der Säumnis findet zwar gem. § 331 Abs. 1 S. 1, Abs. 2 ZPO eine Schlüssigkeitsprüfung statt. Besteht jedoch ein kollusives Interesse, so ist es unproblematisch, eine schlüssige Klage zu erheben, auch wenn womöglich die prozessuale Wahrheitspflicht des § 138 Abs. 1 ZPO verletzt wird.

Das Beispiel macht deutlich, dass es durchaus zweifelhaft ist, ob der von der feststellenden Verwaltung personenverschiedenen Verwaltung im Klagefall die volle Dispositionsbefugnis zugestanden werden kann. Gleiches gilt im Fall der Feststellung durch die Hauptversammlung.

In der Literatur wird daher die Auffassung vertreten, dass für die Nichtigkeitsklage gegen den Jahresabschluss die Dispositionsbefugnis von Vorstand und Aufsichtsrat eingeschränkt sei.[865] Die Gesellschaft sei statt Beklagter vielmehr eine Art passive Prozessstandschafterin der Mitaktionäre, deren Rechte durch den angefochtenen Beschluss bzw. durch dessen Anfechtung betroffen sind und deren Interessen in der Gesellschaft gebündelt werden.[866] Folglich dürften gegen die Gesellschaft weder Anerkenntnis- noch Versäumnisurteil ergehen und ein Geständnis der Gesellschaft unterliege nicht der Bindungswirkung des § 288 ZPO, da die Vertretungsmacht von Vorstand und Aufsichtsrat insoweit auch im Außenverhältnis eingeschränkt sei.[867] Folge wäre, dass stets streitig zu

863 Im Insolvenzjargon wird dies teilweise in Anlehnung an ein derartiges Verfahren auch als „Kölner Modell“ bezeichnet.

864 Schlüssigkeit einer Klage bedeutet, dass der begehrte Anspruch gegeben ist, wenn das Vorbringen des Klägers als wahr unterstellt wird. Es müssen daher alle Tatbestandsmerkmale als gegeben vorgetragen werden. S. ausführlich dazu ANDERS/GEHLE, Assessorexamen, 8. Aufl., Rn. 93; THOMAS/PUTZO, ZPO, 29. Aufl., § 307 Rn. 10.

865 MATTHEUS/SCHWAB, Rechtsschutz, DB 37/04, S. 1975 (1981f.); SCHMIDT/LUTTER, AktG, § 256 Rn. 39.

866 MATTHEUS/SCHWAB, aaO m.w.N.

867 MATTHEUS/SCHWAB, aaO m.w.N. und SCHMIDT in: Großkomm. AktG, § 241 Rn. 107.

entscheiden ist. Diese Auffassung scheint jedoch nicht haltbar. Mangels einer klaren Regelung in §§ 246, 248 AktG kann nicht von einem Verbot der Anwendung der §§ 288, 307, 331 ZPO ausgegangen werden und dem entscheidenden Gericht bleibt keine andere Möglichkeit, als z.B. auf ein Anerkenntnis hin ein Anerkenntnisurteil zu erlassen. Die Gründe für die abweichende Auffassung sind nachvollziehbar, jedoch gibt der Wortlaut des Gesetzes keine Stütze für ein derartiges Verbot. Allenfalls bei einem evidenten Missbrauch dieser Möglichkeit könnte ein Gericht dazu gehalten sein, den Erlass eines stattgebenden Urteils zu verweigern.[868] Als Begründung bietet sich dann eine Anwendung der Grundsätze des Missbrauchs der Vertretungsmacht an.[869] Dieser führt in der Regel nur zu einer Beschränkung der Vertretungsmacht im Innenverhältnis, so dass nach außen eine Vertretung grundsätzlich wirksam erfolgt. Nur im Fall der Kollusion tritt eine Bindung durch die Vertretung nicht ein, sondern gem. § 138 BGB wird der Vertretene nicht verpflichtet. Auch für die Doppelvertretung des § 246 Abs. 2 AktG muss eine Unbeschränkbarkeit nach außen entsprechend § 82 Abs. 1 AktG gelten.

Ein Anerkenntnis durch die Verwaltung der Gesellschaft kann daher im Regelfall rechtmäßig ergehen. Übertragen auf den Fall der Nichtigkeitsklage erscheint es jedoch sachgerecht, bei bewusstem Zusammenwirken von Kläger und Verwaltung die Klage mangels Rechtsschutzbedürfnis als unzulässig abzuweisen. Die Anforderungen an Begründung und Nachweis dieses bewusst sittenwidrigen Zusammenwirkens werden indes praktisch sehr hoch sein. Auch in diesen Fällen ist daher mit stattgebenden Urteilen zu rechnen.

Die maßgeblichen Wirkungen ergeben sich folglich nur im Innenverhältnis.[870] Es ist die Pflicht von Vorstand und Aufsichtsrat, den Jahresabschluss zu verteidigen.[871] Diese Pflicht ergibt sich schon aus der allgemeinen Sorgfaltspflicht eines ordentlichen und gewissenhaften Geschäftsleiters gem. § 93 Abs. 1 AktG ggf. i.V.m. § 116 AktG. Erkennt der Vorstand, dass ein Jahresabschluss mängelbehaftet ist, so ist der derzeit amtierende Vorstand für die Neuaufstellung gem. §§ 242, 264 HGB gem. § 91 Abs. 1 AktG zuständig, der die Neufeststellung folgt. Wenn der Vorstand selbst von der Fehlerhaftigkeit des Jahresabschlusses überzeugt ist, so hätte er diesen also längst selbst neu auf- und vorlegen müssen. Gibt es innerhalb des Organs Uneinigkeit und ein Vorstands- oder Aufsichtsratsmitglied ist von der Nichtigkeit des Jahresabschlusses überzeugt, so müsste dieses konsequenterweise selbst die Nichtigkeitsklage erheben, was

868 Ebenso VOLHARD, ZGR 96, S. 55 (77f.).

869 Vgl. dazu PALANDT, BGB, 68. Aufl., § 164 Rn. 13 ff.

870 Zu diesem Ergebnis kommt auch VOLHARD, ZGR 96, S. 55 (77f.).

871 So auch bezogen auf das Innenverhältnis MATTHEUS/SCHWAB, Rechtsschutz, DB 37/04, S. 1975 (1981).

ihm gem. § 249 Abs. 1 AktG möglich ist.[872] Nur so gelangt es aus der sonst pflichtgemäßen Verteidigerrolle. Das Anerkenntnis einer Nichtigkeitsklage stellt daher eine Pflichtverletzung dar. Darüber hinaus handelt es sich um widersprüchliches Verhalten, wird doch durch das Anerkenntnis zugestanden, dass der Neuaufstellungspflicht nicht nachgekommen wurde.

Im Ergebnis ist festzuhalten, dass im Außenverhältnis nichts gegen die Möglichkeit von Vorstand und Aufsichtsrat spricht, das Verfahren durch Anerkenntnis, Geständnis oder Säumnis mit Folge der Nichtigkeit des Jahresabschlusses zu beenden. Im Innenverhältnis, gegenüber der Gesellschaft, Aktionären und einem personenverschiedenen Vorstand bzw. Aufsichtsrat kann dieses jedoch ein pflichtwidriges Verhalten darstellen und ggf. Schadensersatzansprüche auslösen.

e. Nebenintervention und Streitverkündung

Insbesondere aufgrund der inter-omnes-Wirkung eines Nichtigkeitsurteils kann bei vielen Personen ein Interesse bestehen, die Nichtigkeit zu verhindern. Um einer pflichtwidrigen Beendigung des Rechtsstreits durch Vorstand und Aufsichtsrat entgegenzuwirken, kann daher ein Beitritt als Nebenintervenient auf Seiten der Beklagten in Betracht kommen. Ebenso ist bei gleichlaufendem Interesse mit dem Kläger ein Beitritt auf Klägerseite denkbar.

Instrument für das Eingreifen in einen fremden Prozess ist die sog. Nebenintervention. In der Praxis ist deren Bedeutung für allgemeine Zivilprozesse gering. Die Bedeutung liegt praktisch allein in der Reaktion auf eine Streitverkündung. Im aktienrechtlichen Anfechtungs- bzw. Nichtigkeitsprozess hat jedoch auch die aktive Nebenintervention Bedeutung.

Gem. § 66 Abs. 1 ZPO kann jeder, der ein rechtliches Interesse daran hat, dass eine Partei in einem anhängigen Prozess obsiegt, dieser als Nebenintervenient zur Unterstützung beitreten. Ein rechtliches Interesse ist gegeben, wenn sich durch ein für die unterstützte Partei negatives Urteil auch die rechtliche Position des Nebenintervenienten verschlechtert.[873] Rein tatsächliche oder wirtschaftliche Nachteile reichen nicht aus.[874] In jedem Fall soll ein solches rechtliches Interesse gegeben sein, wenn das Urteil durch Rechtskrafterstreckung auch

872 LUTTER sieht dazu eine Verpflichtung, wenn nach dem Verdacht einer Falschbewertung mindestens ein unabhängiges Sachverständigengutachten diese bestätigt, LUTTER in: FS HELMRICH, Gültigkeit des JA, S. 685 (690).

873 THOMAS/PUTZO, ZPO, 29. Aufl., § 66 Rn. 5; MUSIELAK, ZPO, 6. Aufl., § 66 Rn. 6.

874 THOMAS/PUTZO, aaO; MUSIELAK aaO.

für und insbesondere gegen den potentiellen Nebenintervenienten wirkt.[875] Aufgrund der dargestellten inter-omnes-Wirkung von Nichtigkeitsurteilen erstreckt sich die Rechtskraft nicht nur auf den Kreis der in § 248 Abs. 1 S. 1 AktG Genannten, sondern auf jedermann. Danach käme auch jedermann als Nebenintervenient in Betracht. Die Rechtsprechung und der Großteil der Literatur sehen jedoch nur den Kreis der in § 248 Abs. 1 S. 1 AktG Genannten als nebeninterventionsberechtigt an, da sich die Rechtskraft auf diesen Kreis erstrecke.[876] Dieser Grund kann jedoch allein nicht ausreichen, da die Rechtskrafterstreckung über § 248 AktG hinaus für jedermann gilt. Vielmehr ist dieses Merkmal darum zu ergänzen, dass sich aufgrund der Rechtskrafterstreckung auch die Beeinträchtigung einer rechtlichen Position ergeben muss, so dass zusätzlich die individuelle Rechtsbetroffenheit zu fordern ist.[877] Andernfalls wäre eine „Popularnebenintervention“ möglich, deren Unzulässigkeit von keiner Auffassung in Frage gestellt wird und die dem deutschen Prozessrecht völlig fremd ist. Ein individuelles rechtliches Interesse kann nur gegeben sein, wenn ein Bezug rechtlicher Art zu der Gesellschaft gegeben ist. Dieser ergibt sich zunächst aus der Aktionärs- oder Organstellung. HÜFFER zieht als zusätzliches Erfordernis daher die Parteifähigkeit als Grundvoraussetzung für die Nebenintervention heran.[878] Diese bestimmt sich im Fall der hier behandelten Nichtigkeitsklage nicht allein nach § 50 ZPO, sondern wird durch § 249 Abs. 1 S. 1 AktG eingeschränkt, der die tauglichen Kläger bestimmt. Nur dieser Kreis, also Aktionäre, der Vorstand als Organ, oder Mitglieder des Vorstands bzw. Aufsichtsrats könne daher überhaupt als Nebenintervenient in Betracht kommen.[879]

Dieses Kriterium eignet sich indes auch nicht zur Abgrenzung der zur Nebenintervention Befugten.[880] Ein über die Rechtskrafterstreckung hinausgehendes rechtliches Interesse kann sich nämlich in bestimmten Fällen auch für Dritte

---

875 Vgl. THOMAS/PUTZO, ZPO, 29. Aufl., § 66 Rn. 5 u. MUSIELAK, ZPO, 6. Aufl., § 66 Rn. 7.

876 So HÜFFER, AktG, . Aufl., § 249 Rn. 9, § 246 Rn. 5 und ders. in: MüKo AktG, 2. Aufl., § 249 Rn. 17, § 246 Rn. 9; WACLAWIK, Selbsthilfe, WM 28/04, S. 1361 (1364 li. Sp.); OLG Frankfurt/Main v. 18.10.01 – 5 W 16/01, BB 47/01, S. 2392; BGH v. 23.4.07 – II ZB 29/05, BeckRS 07, 12406; BGH v. 26.5.08 – II ZB 23/07, BeckRS 08, 14003.

877 So zutreffend auch AUSTMANN, Nebenintervention, ZHR 158/94, S. 495 (496, 501f).

878 HÜFFER, AktG, 9. Aufl. , § 249 Rn. 9, § 246 Rn. 5 und ders. in: MüKo AktG, 2. Aufl., § 246 Rn. 8, § 249 Rn. 17. Ebenso BÜRGERS/KÖRBER, AktG, § 246 Rn. 33.

879 HÜFFER aaO.

880 So i.E. auch LUTTER in: FS HELMRICH, Gültigkeit des JA, S. 685 (697).

ergeben.[881] So weist selbst HÜFFER darauf hin, dass ausnahmsweise Dritte ein rechtliches Interesse i.S.d. § 66 Abs. 1 ZPO haben können, so z.B. bei greifbarem Regressrisiko der Abschlussprüfer, nicht ohne dabei das zuvor aufgestellte Kriterium der Parteifähigkeit scheinbar zu ignorieren.[882] Genau derartige Regressfälle sind neben der Rechtskrafterstreckung eine relevante Fallgruppe des notwendigen rechtlichen Interesses der Nebenintervention. Diese laufen gleich mit einer Streitverkündung gem. § 72 ZPO. Eine solche führt die Wirkung der Nebenintervention herbei und kann von der Partei, die Inhaber eines Regressanspruchs im Fall des Unterliegens sein kann, ausgesprochen werden. Dies ist indes auch der häufigste praktische Anwendungsfall der Nebenintervention, da insbesondere derjenige ein rechtliches Interesse am Obsiegen eines Klägers hat, der bei dessen Niederlage in Regress genommen werden könnte.

Taugliche Nebenintervenienten einer Nichtigkeitsklage i.S.d. § 256 Abs. 7 AktG können daher also sowohl Aktionäre und Organmitglieder der Gesellschaft als auch Dritte sein. Ferner ist der Vorstand als Organ auf Klägerseite nebeninterventionsbefugt.[883] Vorstand und Aufsichtsrat als Organe sind auf Beklagtenseite nicht nebeninterventionsbefugt, da sie die Gesellschaft bereits vertreten, der Aufsichtsrat ist als Organ auch auf Klägerseite nicht interventionsbefugt, da er weder nach allgemeinen Regeln, noch nach den Sonderregeln des § 249 Abs. 1 S. 1 AktG parteifähig ist.[884]

Entscheidendes Kriterium ist ein rechtliches Interesse i.S.d. § 66 Abs. 1 ZPO, das sich nicht allein durch die Rechtskrafterstreckung des Nichtigkeitsurteils ergibt, sondern aus der sich daraus ergebenden Veränderung der rechtlichen Position.[885] Aktionäre und Organmitglieder der Gesellschaft haben stets ein rechtliches Interesse aufgrund ihres Bezuges zu der Gesellschaft, ebenso der Vorstand als Organ. Dritte haben ein solches rechtliches Interesse z.B. im Fall des möglichen Regresses durch die unterlegene Partei, der sie daher zur Unterstützung beitreten, oder aufgrund schuldrechtlicher Verbindungen zu einer Par-

881 So auch WACLAWIK, Selbsthilfe, WM 28/04, S. 1361 (1364, Fn. 50) und AUSTMANN, Nebenintervention, ZHR 158/94, S. 495 (501 f.); BÜRGERS/KÖRBER, AktG, § 246 Rn. 33.

882 HÜFFER in: MüKo AktG, 2. Aufl., § 249 Rn. 17, § 246 Rn. 9. LUTTER trennt daher zwischen Parteifähigkeit und Aktivlegitimation, letztere müsse für den Nebenintervenienten nicht vorliegen, lediglich die grundsätzliche Parteifähigkeit gem. § 50 ZPO, vgl. LUTTER in: FS HELMRICH, Gültigkeit des JA, S. 685 (697).

883 HÜFFER, AktG, 9. Aufl. , § 246 Rn. 5; BÜRGERS/KÖRBER, AktG, § 246 Rn. 33; HEIDEL, AktR, 2. Aufl., § 246 Rn. 7.

884 Der Vorstand als Organ ist nur auf Klägerseite interventionsbefugt, der Aufsichtsrat als Organ gar nicht, vgl. HÜFFER in: MüKo AktG, 2. Aufl., § 246 Rn. 8.

885 Ebenso AUSTMANN, Nebenintervention, ZHR 158/94, S. 495 (496).

tei.[886] Die Möglichkeit, auch als nicht unternehmensinterne Person dem Rechtsstreit beizutreten, ergibt sich praktisch bereits daraus, dass gem. § 71 Abs. 3 ZPO jeder Beigetretene so lange dem Rechtsstreit angehört, bis auf eine Rüge hin die Unzulässigkeit nach mündlicher Verhandlung durch Zwischenurteil ausgesprochen wurde, vgl. § 71 Abs. 1 ZPO. Eine Prüfung der Voraussetzungen findet folglich von Amts wegen nicht statt, sondern nur im Rahmen eines Zwischenstreits auf die Rüge des Gegners hin. Dazu kommt es in der Praxis meist nicht.[887]

Bedeutend für die Möglichkeit der Einflussnahme des Nebenintervenienten auf den Prozess ist dessen Rechtsstellung und dabei die Unterscheidung, ob es sich um eine sog. streitgenössische oder einfache Nebenintervention handelt. Gem. § 69 ZPO liegt eine streitgenössische Nebenintervention vor, wenn sich die Rechtskraft der Entscheidung nach den Vorschriften des bürgerlichen Rechts auf das Rechtsverhältnis des Nebenintervenienten zu dem Gegner der Hauptpartei auswirkt. Anerkannt ist, dass entgegen dem Wortlaut des § 69 ZPO nicht nur Vorschriften des bürgerlichen Rechts für die Rechtskrafterstreckung heranzuziehen sind, sondern auch prozessrechtliche oder andere Vorschriften.[888]

Folge der streitgenössischen Nebenintervention sind die Wirkungen der Streitgenossenschaft gem. §§ 61 f. ZPO. Erklärungen eines Streitgenossen dürfen anderen nicht zum Vor- oder Nachteil gereichen, vgl. § 61 ZPO. Bei notwendiger Streitgenossenschaft, die gem. § 62 ZPO besteht, wenn die Entscheidung den Streitgenossen gegenüber nur einheitlich ergehen kann, müssen auch prozessbeendende Maßnahmen auf Beklagtenseite einheitlich ergehen, ferner tritt eine Säumnis nur ein, wenn alle Streitgenossen säumig sind; ansonsten gelten die weiteren Streitgenossen durch die erschienenen als vertreten, vgl. § 62 Abs. 1 ZPO.[889]

Für Aktionäre, Organmitglieder und den Vorstand der Gesellschaft ist einhellige Meinung von Literatur und Rechtsprechung, dass diese aufgrund der Rechtskrafterstreckung notwendige Streitgenossen und damit streitgenössische

886 Hüffer, AktG, 9. Aufl. , § 246 Rn. 6.

887 Vgl. dazu Waclawik, Selbsthilfe, WM 28/04, S. 1361 (1362).

888 Der Wortlaut des § 69 ZPO ist zu eng und rührt aus der Historie, da historisch der Begriff der Rechtskraft als dem bürgerlichen Recht zugehörig angesehen wurde, vgl. Musielak, ZPO, 6. Aufl., § 69 Rn. 4; Vollkommer in: Zöller, ZPO, 28. Aufl., § 69 Rn. 1 sowie Austmann, Nebenintervention, ZHR 158/94, S. 495 (505); BGH v. 10.10.84 – IVb ZB 23/84, NJW 7/85, S. 386 (387) = BGHZ 92, S. 275 (276 f.)

889 Thomas/Putzo, ZPO, 29. Aufl., § 62 Rn. 17, § 69 Rn. 7; Vollkommer in: Zöller, ZPO, 28. Aufl., § 69 Rn. 7.

Nebenintervenienten gem. §§ 69, 61, 62 ZPO sind.[890] Dies könnte indes bereits aus der inter-omnes-Wirkung des Nichtigkeitsurteils folgen, so dass demnach im Fall der Nichtigkeitsklage überhaupt nur eine streitgenössische Nebenintervention gem. § 69 ZPO möglich wäre, da das Urteil jedermann bindet.[891]

Bei genauer Betrachtung ist dies jedoch nicht der Fall, und auch die Eigenschaft der Aktionäre und Organmitglieder als streitgenössische Nebenintervenienten ist nicht so eindeutig, wie es auf den ersten Blick scheint und wie die Literatur suggeriert. Neben der Bindungswirkung des Urteils für den Nebenintervenienten fordert § 69 ZPO nämlich, dass diese sich auf das Rechtsverhältnis zwischen dem Nebenintervenienten *und dem Gegner der Hauptpartei* auswirkt. Ein Rechtsverhältnis zwischen dem Nebenintervenienten und der unterstützten Partei selbst (das z.B. bei möglichem Regress, also in den Fällen der Streitverkündung, vorliegt) reicht gerade nicht aus.[892] Zur Klärung sollen die Wirkungen und der Sinn der Nebenintervention betrachtet werden: Die entscheidende Wirkung der Nebenintervention ergibt sich direkt aus § 68 ZPO: In einem Folgeprozess zwischen Nebenintervenient (oder Streitverkündungsempfänger) und unterstützter Hauptpartei gilt der Hauptprozess als richtig entschieden.[893] Zur Beseitigung dieser Wirkung durch die Einrede, die Hauptpartei habe den Vorprozess mangelhaft geführt, wird der Nebenintervenient im Folgeprozess nur insoweit gehört, als er daran gehindert war, selbst Angriffs- oder Verteidigungsmittel geltend zu machen; entweder weil es zur Zeit des Beitritts (oder der Streitverkündung) nicht mehr möglich war oder weil Erklärungen und Handlungen der Hauptpartei entgegenstanden.[894] Ferner ist die Einrede zulässig, dass dem Nebenintervenienten unbekannte Angriffs- oder Verteidigungsmittel durch die Hauptpartei absichtlich oder grob fahrlässig nicht geltend gemacht wurden.[895]

Im Verhältnis zur unterstützten Hauptpartei ist der Nebenintervenient für den Folgeprozess damit durch § 68 ZPO in diesen Grenzen geschützt. Ein Rechtsverhältnis zu dem Prozessgegner wird dadurch nicht betroffen. Hat jedoch der Rechtsstreit auch darauf eine Auswirkung, so hilft dem Nebeninterve-

---

890 HÜFFER, AktG, 9. Aufl. , § 249 Rn. 9, § 246 Rn. 7 und ders. in: MüKo AktG, 2. Aufl., § 246 Rn. 10 f., § 249 Rn. 17; HEIDEL, AktR, 2. Aufl., § 249 Rn. 8, § 246 Rn. 8 f.; BÜRGERS/KÖRBER, AktG, § 246 Rn. 34; OLG Schleswig v. 28.1.93 – 5 U 210/91, NJW-RR 15/93, S. 930 ff.; BGH v. 5.4.93 – II ZR 238/91, NJW 31/93, S. 1976 (1983) = BGHZ 122, S. 211 (240); BGH v. 18.6.07 – II ZB 23/06, BeckRS 2007, 10301; MEYER-LANDRUT/PLUSKAT, Nebenintervention, BB 47/07, S. 2533 (2535).

891 Dies zu Recht verneinend auch MUSIELAK, ZPO, 6. Aufl., § 69 Rn. 5.

892 VOLLKOMMER in: ZÖLLER, ZPO, 28. Aufl., § 69 Rn. 2.

893 § 68 Hs. 1 ZPO.

894 § 68 Hs. 2 Alt. 1 u. 2 ZPO.

895 § 68 Hs. 2 Alt. 3 ZPO, praktisch wohl eher selten.

nienten der Schutz des § 68 ZPO nicht. Durch § 69 ZPO sollen ihm aber dann die Befugnisse eines Streitgenossen zukommen, die eine weitergehende Einflussnahme auf den Gang des Hauptprozesses ermöglichen.

In Bezug auf die Klage auf Nichtigkeit des Jahresabschlusses gem. § 256 Abs. 7 AktG ergibt sich daraus Folgendes: Als Nebenintervenienten kommen wie dargelegt wegen § 66 Abs. 1 ZPO nur solche Personen in Betracht, die eine rechtliche Beziehung zu der Gesellschaft haben, da es um deren Jahresabschluss geht. Für klägerische Nebenintervenienten besteht damit stets auch ein Rechtsverhältnis zum Gegner, also zu der Gesellschaft. Durch die inter-omnes-Wirkung wirkt sich das Nichtigkeitsurteil auch stets auf dieses Rechtsverhältnis aus, so dass die Voraussetzungen des § 69 ZPO gegeben sind. Auf Klägerseite ist damit nur eine streitgenössische Nebenintervention denkbar.[896] Einfache Streitgenossen sind allenfalls theoretisch möglich, wenn diese das Kriterium des rechtlichen Interesses gem. § 66 Abs. 1 ZPO gar nicht erfüllen, jedoch mangels Rüge weiterhin am Prozess teilnehmen, § 71 Abs. 1, 3 ZPO.

Für Nebenintervenienten auf Seiten der Beklagten, also der Gesellschaft, ist gem. § 69 ZPO nun ein Rechtsverhältnis zum Kläger notwendig. Für unternehmensinterne Nebenintervenienten besteht eine rechtliche Verbindung mittelbar über die Beziehung zur Gesellschaft, denn nur ebenso unternehmensinterne Personen sind klagebefugt. Literatur und Rechtsprechung lassen diese Verbindung über die Mitgliedschaft zur AG ausreichen oder wollen auf das Kriterium des Rechtsverhältnisses zum Gegner der Hauptpartei verzichten.[897] Am überzeugendsten ist jedoch die zutreffende Begründung von AUSTMANN, der darauf abstellt, dass der Kläger und der Nebenintervenient auf Beklagtenseite die Interessen jeweils der Beschlussmehrheit oder -minderheit vertreten, die sich in dem Rechtsstreit um dessen Gültigkeit gegenüberstehen.[898] Das verbindende Rechtsverhältnis ist damit gewissermaßen in dieser Vertreterrolle zu sehen. Bei Hauptversammlungsbeschlüssen ist dieses daher nur für Aktionäre als Beitretende auf Gesellschaftsseite zu sehen.[899] Im Regelfall der Feststellung des Jahresabschlusses durch Vorstand und Aufsichtsrat wird der Beschluss jedoch gerade nicht durch Aktionäre gefasst. Ist aber ein Aktionär Kläger, so kann dieser gar nicht

---

896 So auch AUSTMANN, Nebenintervention, ZHR 158/94, S. 495 (507) und SCHMIDT/LUTTER, AktG, § 246 Rn. 27für Aktionäre.

897 HÜFFER in: MüKo AktG, 2. Aufl., § 246 Rn. 10 und Nachweise bei AUSTMANN, Nebenintervention, ZHR 158/94, S. 495 (508). Nicht darauf eingehend HÜFFER, AktG, 9. Aufl. , § 246 Rn. 7; HEIDEL, AktR, 2. Aufl., § 246 Rn. 8. LUTTER will § 69 ZPO analog anwenden, LUTTER in: FS HELMRICH, Gültigkeit des JA, S. 685 (696 f.); für erweiternde Auslegung: SCHMIDT/LUTTER, AktG, § 246 Rn. 27.

898 AUSTMANN, Nebenintervention, ZHR 158/94, S. 495 (508 f.).

899 AUSTMANN, Nebenintervention, ZHR 158/94, S. 495 (509).

die Beschlussminderheit vertreten, ebenso fehlte es dem auf Gesellschaftsseite beitretenden Aktionär an der „Vertretung“ der Beschlussmehrheit. Ein entsprechendes Verhältnis wäre vielmehr lediglich für Mitglieder der Verwaltung als Kläger und ebensolchen als Nebenintervenienten zu sehen, da es um einen Beschluss der Verwaltung geht. Zu beachten ist jedoch, dass die Wirkungen der Jahresabschlussfeststellung und ebenso deren Nichtigkeit weitergehen. Auch bei der Feststellung des Jahresabschlusses durch die Verwaltung wird mittelbar in Beschlussfassungen der Aktionäre eingegriffen, da diese insbesondere bei der Fassung des Gewinnverwendungsbeschlusses gem. § 175 Abs. 1 S. 2 AktG an den festgestellten Jahresabschluss gebunden sind. Ferner wird der von der Hauptversammlung gefasste Gewinnverwendungsbeschluss von der Jahresabschlussnichtigkeit mit erfasst. Insofern ist auch für diesen Sonderfall die erforderliche Verbindung zwischen Nebenintervenient auf Seiten der Gesellschaft und Kläger gegeben. Auf Beklagtenseite sind damit Aktionäre und Organmitglieder stets streitgenössische Nebenintervenienten einer Nichtigkeitsklage i.S.d. § 256 Abs. 7 AktG.

Anders ist dies bei gesellschaftsfremden Dritten. Diese begründen ihr rechtliches Interesse auf einem Rechtsverhältnis zur Gesellschaft. Als Nebenintervenient auf deren Seite haben sie damit regelmäßig gerade kein Rechtsverhältnis zum Kläger, also einem Aktionär oder Organmitglied. Obwohl sich die Rechtskraft des Urteils auch auf sie erstreckt, sind gesellschaftsfremde Dritte damit nur einfache Nebenintervenienten.[900]

Im Ergebnis ist festzuhalten, dass Aktionäre und Verwaltungsmitglieder im Fall der Nichtigkeitsklage stets streitgenössische Nebenintervenienten sind. Gesellschaftsfremde Dritte wären hingegen nur auf Klägerseite streitgenössische Nebenintervenienten, auf Gesellschaftsseite, wo praktisch zu erwarten, regelmäßig einfache Nebenintervenienten.

In der Praxis hat diese Qualifikation Bedeutung erlangt für Nebenintervention in Anfechtungsklagen auf Klägerseite. Vielfach wurde ohne weitere Prozessführung durch Aktionäre der Beitritt erklärt, um im Fall von Vergleichsverhandlungen mit Folge der Rücknahme der Klage und Kostenerstattung oder bei Obsiegen Kostenerstattungen zu generieren, insbesondere Anwaltskosten.[901] Diese handelten praktisch oft als „Trittbrettfahrer“, um an Abfindungen teilzuhaben. Durch die Eigenschaft als streitgenössische Nebenintervenienten gilt jedoch nicht per se eine Kostenerstattung wie für die Hauptpartei. Dies sieht § 101 Abs.

---

900 Vgl. dazu AUSTMANN, Nebenintervention, ZHR 158/94, S. 495 (509).

901 Vgl. dazu WACLAWIK, Selbsthilfe, WM 28/04, S. 1361 (1363f.) sowie MEYER-LANDRUT/PLUSKAT, Nebenintervention, BB 47/07, S. 2533 ff.

1 ZPO nur für den Fall der einfachen Nebenintervention vor.[902] Für streitgenössische Nebenintervention gilt gem. § 101 Abs. 2 ZPO die Regel des § 100 ZPO, wonach auch unterschiedliche Kostentragungen möglich sind. Dies hat der BGH klargestellt und so einen Missbrauch der Nebenintervention auf Klägerseite in Anfechtungs- und Nichtigkeitsklagen eingedämmt.[903]

Für die Klage auf Nichtigkeit eines Jahresabschlusses sollen folgend die praktisch denkbaren und sinnvollen Fälle einer Nebenintervention beleuchtet werden: Auf Klägerseite ist ein Beitritt sinnvoll, wenn das gleiche Interesse wie das des Klägers verfolgt wird, also die Feststellung der Nichtigkeit des Jahresabschlusses. Da diese im Erfolgsfall wie mehrfach dargelegt inter-omnes festgestellt wird, muss dazu ein weiteres rechtliches Interesse i.S.d. § 66 Abs. 1 ZPO gegeben sein. Dies wird am häufigsten für unternehmensinterne Personen gegeben sein. Aktionäre haben z.B. meist dann ein Interesse an der Nichtigkeit des Jahresabschlusses, wenn es sich um den Nichtigkeitsgrund der Unterbewertung handelt, da in diesem Fall die Gewinnausschüttungsansprüche beschnitten werden. Treten Aktionäre der Klage eines anderen Aktionärs oder z.B. des Insolvenzverwalters bei, so ist dies nur sinnvoll, wenn sie tatsächlich zur Aufklärung z.B. eines Unterbewertungstatbestands beitragen können. Ansonsten wird ein Beitritt wenig sinnvoll sein, da sich die Rechtskraft ohnehin auf sie erstreckt. Nicht möglich ist es selbst dem streitgenössischen klägerischen Nebenintervenient, eine Beendigung des Prozesses durch Verzicht oder Klagerücknahme zu verhindern.[904] Diese Disposition obliegt gem. § 67 ZPO allein dem Kläger. Es ist daher in derartigen Fällen zu vermuten, dass beitretende Aktionäre nur an einem evtl. Vergleich partizipieren wollen, was durch die Anwendung von § 101 Abs. 2 ZPO nicht mehr zwingend lukrativ sein muss.

Für die Anfechtungsklage wurde im Rahmen des UMAG[905] § 246 Abs. 4 S. 2 AktG angefügt, der einen Beitritt von Aktionären als Nebenintervenienten nur innerhalb eines Monats nach der Bekanntmachung zulässt. Dies hat den Streit beendet, ob ein Beitritt auch nach dem Ablauf der Monatsfrist des § 246

---

902 Sog. „Kostenparallelität". Dies gilt gem. §§ 101 Abs. 1, 98 ZPO auch für Kostentragungsregelungen innerhalb eines Vergleichs.

903 Vgl. dazu den Beschluss des BGH v. 18.6.07 – II ZB 23/06, BeckRS 07, 10301.

904 Vollkommer in: Zöller, ZPO, 28. Aufl., § 69 Rn. 6; Hüffer, AktG, 9. Aufl. , § 249 Rn. 9, § 246 Rn. 7 und ders. in: MüKo AktG, 2. Aufl., § 246 Rn. 7, § 249 Rn. 17; Heidel, AktR, 2. Aufl., § 249 Rn. 8, § 246 Rn. 9; Thomas/Putzo, ZPO, 29. Aufl., § 69 Rn. 6; vgl. auch Musielak, ZPO, 6. Aufl., § 69 Rn. 8, § 67 Rn. 9;); Austmann, Nebenintervention, ZHR 158/94, S. 495 (511 f.).

905 Gesetz zur Unternehmensintegrität und Modernisierung des Anfechtungsrechts v. 22.9.05, BGBl. I S. 2802.

Abs. 1 AktG zulässig ist.[906] Es soll so ein Missbrauch durch Aktionäre verhindert werden, die die Anfechtungsfrist selbst nicht eingehalten haben. § 249 Abs. 1 S. 1 AktG verweist für die Nichtigkeitsklage auf § 246 Abs. 4 AktG, also damit auch auf dessen Satz 2. Da die Nichtigkeitsklage nicht fristgebunden ist, erscheint es äußerst zweifelhaft, einem Aktionär den Beitritt später als einen Monat nach der Bekanntmachung der Nichtigkeitsklage zu verwehren. Eine eigene Klage kann dieser zumindest aufgrund gleichartiger Fehler wegen entgegenstehender Rechtshängigkeit nicht erheben.[907] Dem Aktionär als Inhaber rechtlichen Interesses gem. § 66 Abs. 1 ZPO darf daher das rechtliche Gehör nicht verwehrt werden. § 249 Abs. 1 S. 1 AktG ist daher berichtigend so zu lesen, dass er nur auf § 246 Abs. 4 S. 1 AktG verweist, nicht jedoch auf dessen Satz 2, da es sich offensichtlich um ein Redaktionsversehen handelt.[908]

Wie oben dargelegt ist es die Pflicht des Vorstands, bei Erkennen der Falschbewertung innerhalb eines Jahresabschlusses diesen neu aufzustellen. Bestehen innerhalb des Vorstands unterschiedliche Auffassungen, ist es die Pflicht des zweifelnden Vorstandsmitglieds, die Nichtigkeitsklage zu erheben, um so aus der Verteidigungspflicht bezogen auf den Bestand des Jahresabschlusses herauszugelangen.[909] In einem solchen Fall würde die Gesellschaft gem. § 246 Abs. 2 AktG allein vom Aufsichtsrat vertreten werden. Denkbar ist nun der Fall, dass erst durch die Erhebung der Nichtigkeitsklage z.B. eines Aktionärs dem Vorstand die Nichtigkeit bewusst wird.[910] Da er selbst hätte klagen können (und müssen), muss es ihm möglich sein, dem Kläger als Nebenintervenient beizutreten. Dies ist die konsequente Folge dessen, dass er nicht anerkennen darf. Folge ist, dass die Gesellschaft nunmehr allein durch den Aufsichtsrat vertreten wird.[911] Praktisch bleibt jedoch auch bei dieser Lösung das Problem des Eingestehens eigener Fehler, denn ein gewissenhafter Vorstand hätte bereits selbst die Nichtigkeit erkennen und umgehend handeln müssen; nicht erst bei Erhebung einer Nichtigkeitsklage durch Aktionäre.

Für den Aufsichtsrat gibt es keine organschaftliche Nebeninterventionsbefugnis, da dieser auch nicht als Organ klagen könnte, vgl. § 249 Abs. 1 S. 1

---

906 Zu dem Streit noch WACLAWIK, Selbsthilfe, WM 28/04, S. 1361 (1365 ff.).

907 Siehe dazu oben 3.b. S. 227.

908 HÜFFER lässt dies offen, geht aber wohl auch von einem Versehen des Gesetzgebers aus, HÜFFER, AktG, 9. Aufl. , § 249 Rn. 15. SCHMIDT/LUTTER zweifeln bereits an der Verfassungsmäßigkeit des § 246 Abs. 4 S. 2 AktG auch für die Anfechtungsklage, SCHMIDT/LUTTER, AktG, § 246 Rn. 26.

909 Vgl. oben (3).

910 So auch AUSTMANN, Nebenintervention, ZHR 158/94, S. 495 (500 oben).

911 Vgl. § 246 Abs. 2 AktG und HÜFFER in: MüKo AktG, 2. Aufl., § 246 Rn. 8, § 249 Rn. 17.

AktG.[912] Er muss daher in jedem Fall den Bestand des Jahresabschlusses verteidigen. Ein Mitglied des Aufsichtsrats ist dagegen nebeninterventionsbefugt, so dass ein Anschluss auf Klägerseite denkbar ist. Auch hier ist jedoch fraglich, inwieweit daran praktisch ein Interesse besteht, da jenes Mitglied bei pflichtgemäßem Verhalten selbst hätte Klage erheben müssen.[913]

Höhere praktische Relevanz hat ein Beitritt als Nebenintervenient auf Beklagtenseite. Das Interesse liegt hier darin, den Bestand des Jahresabschlusses zu verteidigen. Aufgrund möglicherweise erfolgter Gewinnausschüttungen und an den Jahresabschluss geknüpfter Rechte können dieses Interesse sowohl Aktionäre und Unternehmensorgane als auch externe Dritte haben. Insbesondere ist es Aktionären und Mitgliedern der Verwaltung wegen ihrer Eigenschaft als streitgenössische Nebenintervenienten möglich, prozessbeendende Maßnahmen durch Vorstand und Aufsichtsrat zu verhindern. Es kann gegen den Willen dieser Nebenintervenienten weder Versäumnis- noch Anerkenntnisurteil ergehen. Ferner können sie gem. §§ 69, 61, 62 ZPO Geständnissen widersprechen und selbst Tatsachen bestreiten.[914] Eine Preisgabe des Jahresabschlusses an die Nichtigkeit, die prozessrechtlich zumindest möglich ist, kann somit verhindert werden.

Weiteres Interesse, auf Seiten der Gesellschaft dem Rechtsstreit beizutreten, kann sich aus der Befürchtung ergeben, bei deren Niederlage Schadensersatzansprüchen ausgesetzt zu sein. Dieses kommt für Vorstands- und Aufsichtsratsmitglieder wegen einer möglichen Haftung aus § 93 ggf. i.V.m. § 116 AktG in Betracht, für den Abschlussprüfer, der den falschbewerteten Jahresabschluss testiert hat, ferner für bösgläubige Aktionäre, denen ansonsten eine Rückforderung gem. § 62 Abs. 1 AktG droht. Treten Organmitglieder der Gesellschaft auf Beklagtenseite als Nebenintervenienten bei, so bleibt es bei der Vertretung der Gesellschaft durch Vorstand und Aufsichtsrat gem. § 246 Abs. 2 S. 3 AktG. Der Nebenintervenient steht als streitgenössischer Nebenintervenient selbständig neben den Organen. So kann z.B. bei Uneinigkeit innerhalb des Vorstands das überstimmte Vorstandsmitglied ein Anerkenntnis verhindern. Eine Analogie des § 246 Abs. 2 S. 3 AktG, die dazu führen würde, dass bei Auftritt eines Organmitglieds als Nebenintervenient dieses Organ von der Vertretung ausgeschlossen wird, wäre nicht sachgerecht, da im Fall des Beitritts auf Beklagtenseite Organ und Mitglied auf der gleichen Seite des Prozesses stehen.

---

912 HÜFFER in: MüKo AktG, 2. Aufl., § 246 Rn. 8, § 249 Rn. 17.

913 Vgl. dazu oben (3).

914 HÜFFER, AktG, 9. Aufl. , § 246 Rn. 7; ders. in: MüKo AktG, 2. Aufl., § 246 Rn. 11, § 249 Rn. 17; HEIDEL, AktR, 2. Aufl., § 246 Rn. 9; THOMAS/PUTZO, ZPO, 29. Aufl., § 69 Rn. 7; MEYER-LANDRUT/PLUSKAT, Nebenintervention, BB 47/07, S. 2533 (2535); AUSTMANN, Nebenintervention, ZHR 158/94, S. 495 (510 ff.).

Die zuletzt genannten Fälle werden praktisch jedoch eher Bedeutung im Rahmen einer Streitverkündung haben. Gem. § 72 ZPO kann die Gesellschaft den Personen, die sie bei Unterliegen - also Feststellung der Nichtigkeit des Jahresabschlusses - womöglich in Anspruch nehmen kann, den Streit verkünden. Zu klären ist, welche Wirkung eine solche Streitverkündung hat. Die Rechtskraft des Nichtigkeitsurteils wirkt ohnehin gegen jedermann, also auch gegen jeden denkbaren Streitverkündungsempfänger. Die Reichweite der Rechtskraft erfasst jedoch wie dargelegt lediglich die Feststellung der Nichtigkeit, nicht jedoch die Feststellung des Nichtigkeitsgrunds.[915] Wirkung der Streitverkündung ist gem. § 74 Abs. 3 ZPO, dass ab dem Zeitpunkt des möglichen Beitritts die Vorschrift des § 68 ZPO gilt. Dies gilt unabhängig davon, ob der Streitverkündungsempfänger tatsächlich beitritt oder nicht, § 74 Abs. 1 und 2 ZPO. Mit der Möglichkeit der Einrede in den engen Grenzen des § 68 Hs. 2 ZPO gilt damit im Folgeprozess zwischen der Gesellschaft und dem Streitverkündungsempfänger der Nichtigkeitsprozess als richtig entschieden. Diese Wirkung geht in bedeutsamer Weise weiter als die Rechtskrafterstreckung: Im Gegensatz zu der materiellen Rechtskraft sind von der Interventionswirkung jegliche Vorfragen erfasst, also sowohl vorgreifliche Rechtsverhältnisse als auch tatsächliche Feststellungen.[916] Für die Nichtigkeitsklage i.S.d. § 256 Abs. 7 AktG bedeutet dies, dass der Nichtigkeitsgrund gegenüber dem Streitverkündungsempfänger bindend festgestellt ist.

Sollen also z.B. Vorstandsmitglieder, Aufsichtsratsmitglieder und/oder Abschlussprüfer wegen der Nichtigkeit eines Jahresabschlusses aufgrund von Überbewertung in Anspruch genommen werden, ist es sinnvoll, diesen im Nichtigkeitsprozess den Streit zu verkünden. Die Erklärung der Streitverkündung erfolgt im Namen der Gesellschaft, wobei zu klären ist, ob auch hierfür die Doppelvertretung des § 246 Abs. 2 AktG gilt. Dies ist nicht der Fall: Die Streitverkündung hat für den Hauptprozess selbst keinerlei Wirkung, § 74 Abs. 2 ZPO.[917] Insofern erklärt die AG diese nicht als Beklagte des Hauptprozesses, sondern als möglicherweise unterliegende Partei, die einen Folgeprozess führen muss. Die Wirkung der Streitverkündung aus § 68 ZPO bezieht sich damit ausschließlich auf den Folgeprozess, den die Hauptpartei mit dem Streitverkündeten ggf. führen muss, § 74 Abs. 3 ZPO. In diesem Regressprozess gilt § 246 AktG nicht, sondern die Gesellschaft wird gem. § 78 Abs. 1 S. 1 AktG durch den Vorstand allein vertreten. Daher ist es sachgerecht, dass auch nur dieser die Gesell-

915 Siehe dazu o. S. 239.

916 THOMAS/PUTZO, ZPO, 29. Aufl., § 68 Rn. 5; MUSIELAK, ZPO, 6. Aufl., § 68 Rn. 3 f.; VOLLKOMMER in: ZÖLLER, ZPO, 28. Aufl., § 68 Rn. 8 f.

917 VOLLKOMMER in: ZÖLLER, ZPO, 28. Aufl., § 72 Rn. 1a, 3, § 74 Rn. 5.

schaft für die Streitverkündungserklärung vertritt. Soll Vorstandsmitgliedern der Streit verkündet werden, wird gem. § 112 AktG die Gesellschaft nur durch den Aufsichtsrat vertreten.[918]

Im Fall der **Insolvenz** der Gesellschaft muss daher das Recht zur Erklärung der Streitverkündung dem Insolvenzverwalter zustehen. Ist er selbst Beklagter, ist dies eindeutig. Ist er selbst Kläger, so scheint dies zunächst paradox. Aber für den Folgeprozess ist nur der Insolvenzverwalter als Partei kraft Amtes gem. §§ 80, 85 InsO prozessführungsbefugt, so dass auch er das Recht haben muss, diesen Folgeprozess durch Streitverkündung vorzubereiten.[919] Neben Vorstand bzw. Aufsichtsrat als Vertreter der Gesellschaft kann folglich auch der Insolvenzverwalter den Streit verkünden.

In den jeweiligen Folgeprozessen steht damit bei Erfolg der Nichtigkeitsklage nicht nur die Nichtigkeit des Jahresabschlusses fest, sondern auch z.B. die Überbewertung einzelner Posten.[920] Vorstands- und Aufsichtsratsmitglieder als Beitretende können in ihrem Interesse als streitgenössische Nebenintervenienten ein Anerkenntnis durch Vorstand und Aufsichtsrat als Organe verhindern. Dem Beitretenden Abschlussprüfer ist dies aufgrund seiner Eigenschaft als einfacher Nebenintervenient zwar nicht möglich.[921] Erkennen Vorstand und Aufsichtsrat jedoch an, oder gestehen sie, so wird zwar die Nichtigkeit des Jahresabschlusses festgestellt und die Interventionswirkung des § 68 ZPO tritt ein. Dennoch ist der Abschlussprüfer über § 68 Hs. 2 ZPO geschützt, weil er im Folgeprozess einwenden kann, dass der Vorprozess mangelhaft geführt wurde, weil er durch Erklärungen der Hauptpartei daran gehindert wurde, eigene Angriffs- oder Verteidigungsmittel geltend zu machen, § 68 Hs. 2 Alt. 2 ZPO.[922]

Im Ergebnis ist damit festzuhalten, dass unternehmensinterne Personen stets als Nebenintervenienten in Betracht kommen, Dritte nur im Ausnahmefall. Erstere sind in der Regel streitgenössische Nebenintervenienten, Letztere einfache. Aktionäre oder Verwaltungsmitglieder können daher einem pflichtwidrigen Anerkenntnis bzw. Geständnis durch Vorstand und Aufsichtsrat entgegenwirken und

---

918 Auch gegenüber ausgeschiedenen Vorstandsmitgliedern, HÜFFER, AktG, 9. Aufl. , § 112 Rn. 2.

919 Auch die Klage gegen die Gesellschaft führt der Insolvenzverwalter als Verwalter über das Vermögen der Gesellschaft. Genau in deren Namen erklärt er auch die Streitverkündung.

920 Vgl. AUSTMANN, Nebenintervention, ZHR 158/94, S. 495 (503f.).

921 Siehe dazu oben 4.e., S. 243 ff.

922 Vgl. dazu AUSTMANN, Nebenintervention, ZHR 158/94, S. 495 (509).

so verhindern, dass der Jahresabschluss in womöglich kollusiver Absicht dem Nichtigkeitsverdikt preisgegeben wird. Die Streitverkündung durch die Gesellschaft stellt ein taugliches Mittel dar, neben der Feststellung der Nichtigkeit gegenüber dem Streitverkündungsempfänger auch den Nichtigkeitsgrund bindend feststellen zu lassen, um einen Regressprozess vorzubereiten.

5. Verhältnis der Nichtigkeit zum Rechnungslegungs-Enforcement

a. Ausgestaltung des Enforcement

Durch das BilKoG[923] wurde als zusätzliches Prüfungsinstrument der Rechnungslegung das sog. „Enforcement" eingeführt. Gem. § 342b Abs. 1 HGB kann dafür durch das Bundesministerium der Justiz eine private Prüfstelle anerkannt werden, die Verstöße gegen Rechnungslegungsvorschriften prüft. Diese Anerkennung ist für die „Deutsche Prüfstelle für Rechnungslegung e.V." (DPR) erfolgt.[924]

Bei dem Verfahren gem. §§ 342b ff. HGB handelt es sich um ein zweistufiges Verfahren. Auf der ersten Stufe obliegt die Prüfung der DPR und sie beruht auf einer freiwilligen Mitwirkung der geprüften Unternehmen. Auf der zweiten Stufe ist die Bundesanstalt für Finanzdienstleistungsaufsicht (BaFin) gem. den §§ 37n ff. WpHG zuständig. Relevant ist das Enforcement-Verfahren gem. § 342b Abs. 2 S. 2 HGB allein für **börsennotierte Unternehmen** mit Wertpapieren i.S.d. § 2 Abs. 1 S. 1 WpHG, die an einer deutschen Börse zum Handel im regulierten Markt zugelassen sind.

Eine Prüfung durch die DPR erfolgt entweder bei Vorliegen konkreter Anhaltspunkte, auf Veranlassung durch die BaFin oder stichprobenartig, § 342b Abs. 2 S. 3 Nr. 1-3 HGB, § 37p Abs. 2 WpHG. Konkrete Anhaltspunkte können sich durch Beobachtungen der DPR oder auch durch Hinweise Dritter ergeben.[925] Gegenstand der Prüfung durch die DPR sind gem. § 342b Abs. 2 S. 1 HGB jeweils nur der zuletzt festgestellte Jahresabschluss einschließlich Lagebericht bzw. der zuletzt gebilligte Konzernabschluss einschließlich Konzernlagebericht. Ziel der Prüfung durch die DPR ist nicht eine Vollprüfung des betreffenden Abschlusses sondern eine schwerpunktartige Prüfung wesentlicher Sach-

923 Gesetz zur Kontrolle von Unternehmensabschlüssen (Bilanzkontrollgesetz) v. 15.12.04, BGBl. I S. 3408.

924 SCHEFFLER, WPg 12/07, S. I; ELLROTT/GROTTEL in: BeBiKo, 7. Aufl., § 342b Rn. 2.

925 GAHLEN/SCHÄFER, Enforcementverfahren, BB 30/06, S. 1619.

verhalte.[926] Das Prüfungsergebnis der DPR wird gem. § 342b Abs. 5 HGB dem Unternehmen mitgeteilt. Wurden keine Fehler festgestellt, ist das Verfahren damit beendet.

Wurden Fehler der Rechnungslegung festgestellt, wird der Gesellschaft Gelegenheit zur Stellungnahme innerhalb einer Frist gegeben, § 342b Abs. 5 HGB. Bei Einvernehmen erkennt das Unternehmen die Feststellung der DPR an. Ferner wird dies der BaFin mitgeteilt, die gem. § 37q WpHG anordnet, dass der Fehler im elektronischen Bundesanzeiger bekanntzumachen ist, soweit nicht fehlendes öffentliches Interesse entgegensteht. Der Großteil der durch die DPR eingeleiteten Verfahren wird in der Praxis auf dieser ersten Stufe erledigt.[927] Das Enforcement-Verfahren setzt damit erfolgreich auf eine freiwillige Kooperation der geprüften Unternehmen.[928]

Weigert sich das geprüfte Unternehmen, an der Prüfung mitzuwirken bzw. erkennt es die Fehlerfeststellung der DPR nicht an, so kann die BaFin auf der zweiten Stufe die Prüfung anordnen und erzwingen, § 37o WpHG. In diesem Fall stellt die BaFin gefundene Fehler gem. § 37q Abs. 1 WpHG fest und ordnet die Offenlegung an, § 37q Abs. 2 WpHG. Gegen die Feststellungen und Anordnungen der BaFin kann das betroffene Unternehmen Rechtsschutz im Wege des Widerspruchs und der anschließenden Beschwerde gem. §§ 37t, 37u WpHG in Anspruch nehmen. Das Verfahren ähnelt einem Verwaltungsverfahren. Das Widerspruchsverfahren richtet sich demgemäß nach §§ 68 ff. VwGO (vgl. § 37t Abs. 2 WpHG). Für die Entscheidung über die Beschwerde ist gem. § 37u WpHG i.V.m. § 48 Abs. 4 WpÜG ausschließlich das OLG Frankfurt/Main, am Sitz der BaFin, zuständig.

---

926 GAHLEN/SCHÄFER, Enforcementverfahren, BB 30/06, S. 1619 (1620 li. Sp.); ELLROTT/GROTTEL in: BeBiKo, 7. Aufl., § 342b Rn. 17.

927 SCHEFFLER, WPg 12/07, S. I.

928 Das von MATTHEUS und SCHWAB festgestellte Dilemma, der Vorstand dürfe eine Falschbilanzierung nicht anerkennen, sondern müsse den Bestand des Jahresabschlusses verteidigen – MATTHEUS/SCHWAB, Rechtsschutz, DB 37/04, S. 1975 (1983 f.) – ergibt sich nach hier vertretener Auffassung nicht. Sobald der Vorstand den Fehler erkennt, muss er gerade handeln und den Jahresabschluss ändern bzw. neu aufstellen und feststellen. Nur wenn er dies nicht tut, handelte er sodann pflichtwidrig, wenn er eine daraufhin erhobene Nichtigkeitsklage anerkennt. Nach dem Verständnis von MATTHEUS und SCHWAB wäre die Änderung eines Jahresabschlusses durch den Vorstand schlechthin unzulässig.

Das Enforcement ermöglicht damit allein die Fehlerfeststellung und deren öffentliche Bekanntmachung. Eine Korrektur bzw. deren Erzwingung sind dagegen nicht Bestandteil des Enforcement-Verfahrens.[929]

b. Folgen der Fehlerfeststellung

Das Enforcement dient dazu, Fehler der Rechnungslegung, also Inhaltsfehler von Jahresabschlüssen und Konzernabschlüssen, aufzudecken. Es betrifft nur Unternehmen von öffentlichem Interesse, mithin solche, deren Wertpapiere an einer inländischen Börse zum Handel im regulierten Markt zugelassen sind. Für Anleger ist neben dem Einzelabschluss insbesondere der Konzernabschluss als Informationsinstrument maßgeblich. Das Enforcement betrifft demgemäß sowohl Einzel- als auch Konzernabschlüsse.

Durch die Aufdeckung und Offenlegung der Fehler wird dem Kapitalmarkt ermöglicht, entsprechend zu reagieren. Potentielle Anleger können sich entscheiden, von einem Anteilserwerb aufgrund der fehlerhaften Rechenschaftslegung abzusehen. Anteilseignern selbst wird die fehlerhafte Rechnungslegung vor Augen gehalten. Mangels einer unmittelbaren Sanktion durch die DPR oder die BaFin müssen Aktionäre die Nichtigkeitsklage gem. § 256 Abs. 7 AktG erheben, wenn sie eine Reaktion durch die Gesellschaft erzwingen wollen. Es geht damit bei dem Enforcement-Verfahren um die Sanktionierung einer Verfehlung der Informationsfunktion. Wie dargelegt kann ein solcher Fehler nur durch Bereinigung der Fehlinformation, also Offenlegung des Fehlers, behoben werden. Für Konzernabschlüsse, die ausschließlich eine Informationsfunktion innehaben, bedarf es daher keiner weiteren Sanktionierung. Für Einzelabschlüsse wird die Verfehlung der Teilfunktion der Informationsfunktion sanktioniert. Die Verfehlung deren weiterer Funktionen, insbesondere Kapitalerhaltungs- und Ausschüttungsbemessungsfunktion, wird dagegen durch die Nichtigkeit sanktioniert. Insofern ist es sachgerecht, das Ergebnis des Enforcement-Verfahrens nur in der Bekanntmachung des Fehlers zu statuieren.

Ist ein Fehler eines Einzelabschlusses durch die DPR festgestellt und vom Unternehmen anerkannt worden oder aber rechtskräftig durch die BaFin festgestellt worden, und handelt es sich dabei um einen Nichtigkeitsgrund i.S.d. § 256

---

929 Dies war im Rahmen des Gesetzentwurfs zunächst angedacht, wurde aber verworfen, vgl. MATTHEUS/SCHWAB, Fehlerkorrektur, BB 20/04, S. 1099 (1101 f.). ELLROTT/GROTTEL in: BeBiKo, 7. Aufl., § 342b Rn. 42 ff. Der Begriff „Enforcement", deutsch „Erzwingung" oder „Vollstreckung" ist daher streng genommen unpassend und erzeugt falsche Vorstellungen. Allenfalls faktisch trägt die Existenz dieses Verfahrens im Sinne einer Präventivfunktion zur Erzwingung der Einhaltung der Rechnungslegungsvorschriften bei.

AktG, führt dies zur Verpflichtung des Vorstands, den betreffenden Jahresabschluss unter Bereinigung der Fehler neu aufzustellen und festzustellen.[930] Spätestens nach der rechtskräftigen Feststellung durch die BaFin kann sich der Vorstand nicht mehr auf Unwissen berufen, sondern muss pflichtgemäß handeln und nicht erst die Erhebung einer Nichtigkeitsklage abwarten.

Dennoch kann sich im Rahmen einer Nichtigkeitsklage im Detail eine andere Beurteilung ergeben. Das Enforcement prüft gem. § 342b Abs. 2 S. 1 HGB, ob der Jahresabschluss „den gesetzlichen Vorschriften einschließlich der Grundsätze ordnungsmäßiger Buchführung" entspricht. Es geht damit nicht (nur) um Nichtigkeitsgründe in Form von Inhaltsfehlern. Wenn es sich bei dem festgestellten Fehler zwar um einen Verstoß gegen Rechnungslegungsvorschriften handelt, diese jedoch nicht zur Nichtigkeit gem. § 256 AktG führen, so ergibt sich eine abweichende Beurteilung.

Die Feststellung der DPR bzw. BaFin betrifft damit nur die handelsrechtliche Sphäre der Rechnungslegung, wobei diese für den Konzernabschluss die Anwendung der IFRS gestattet bzw. vorschreibt. Die gesellschaftsrechtliche Sphäre der Rechnungslegung mit dem Rechtsakt der Feststellung wird durch das Enforcement nicht unmittelbar betroffen; es wird lediglich ein Fehler offengelegt. Wird im Anschluss an eine Feststellung im Enforcement-Verfahren eine Nichtigkeitsklage erhoben, wäre es folglich auch in diesem Fall widersprüchlich, wenn Vorstand und Aufsichtsrat die Nichtigkeit anerkennen. Dann hätten sie konsequenterweise bereits selbst die Neuaufstellung vorantreiben müssen. Auch bei Fehlern, die nicht zur Nichtigkeit des Jahresabschlusses führen, ist die Korrektur zulässig. Da das Enforcement-Verfahren jedoch nicht bei unwesentlichen Fehlern eingreifen soll, wird in der Praxis regelmäßig eine Berichtigungspflicht vorliegen.

Dass das Enforcement-Verfahren mit dem Ziel der Fehlerent- bzw. -aufdeckung im Fall des Einzelabschlusses gewissermaßen eine Vorstufe zur Nichtigkeitsklage ist, bestätigt sich durch dessen Subsidiarität. Gem. § 342b Abs. 3 HGB, § 37o Abs. 2 WpHG findet eine Prüfung durch die DPR oder die BaFin nicht statt, solange eine Nichtigkeitsklage gem. § 256 Abs. 7 AktG anhängig ist oder eine Sonderprüfung gem. §§ 142 bzw. 258 AktG stattfindet. Die Erhebung der Klage und deren Ausgang ist daher bei börsennotierten Unternehmen der BaFin mitzuteilen, vgl. § 256 Abs. 7 S. 2 AktG. Praktisch wird zeitlich ein Prüfverfahren der DPR vorgehen, weil dieses sich nur auf den zuletzt festgestellten Jahresabschluss bezieht. Läuft ein Enforcement-Verfahren und wird zu dieser Zeit eine Nichtigkeitsklage erhoben, so ist das Enforcement-Verfahren zu unter-

930 So auch ELLROTT/GROTTEL in: BeBiKo, 7. Aufl., § 342b Rn. 45.

brechen.[931] Wird im Rahmen der Nichtigkeitsklage die Nichtigkeit des Jahresabschlusses festgestellt, hat sich das Enforcement-Verfahren erledigt, bei Abweisung kann eine Fortführung der Prüfung auf Fehler unterhalb der Nichtigkeitsschwelle erfolgen.[932] Durch eine Fehlerfeststellung der DPR bzw. der BaFin wird ein mit demselben Jahresabschluss befasstes Gericht nicht gebunden.[933] Zunächst ist der Prüfungsmaßstab des Enforcement wie dargelegt ein anderer. Weiter unterliegt aber auch die Beurteilung der Vereinbarkeit einer konkreten Bilanzierungsmaßnahme mit den gesetzlichen Bilanzierungsregeln allein dem Tatrichter. Feststellungen der DPR bzw. BaFin können diesen nicht binden, da es sich nicht um inter omnes wirkende rechtskräftige Urteile handelt, sondern um Verwaltungsakte gem. §§ 9, 35 VwVfG.[934]

Für Konzernabschlüsse stellt das Enforcement-Verfahren die einzige gesetzlich normierte Sanktion bei deren Fehlerhaftigkeit dar. Neben der Prüfung auf Einklang mit den handelsrechtlichen Rechnungslegungsvorschriften, eröffnet § 342b Abs. 2 S. 1 AktG auch die Prüfung von Konzernabschlüssen, die gem. § 315a HGB nach den IFRS aufgestellt worden sind.[935] Praktisch wird sich das Enforcement nur auf diese IFRS-Konzernabschlüsse beschränken, da die für die Prüfung in Betracht kommenden börsennotierten Unternehmen gem. § 315a Abs. 1 HGB verpflichtet sind, ihre Konzernabschlüsse nach den IFRS aufzustellen.[936] Auf diese Abschlüsse wäre eine -abzulehnende- analoge Anwendung des § 256 AktG ohnehin nicht anwendbar.

Schließlich bezieht sich das Enforcement anders als die Nichtigkeit explizit auch auf den Lagebericht bzw. den Konzernlagebericht, § 342b Abs. 2 S. 1 HGB. Der Lagebericht ist nicht Bestandteil des Jahresabschlusses oder Konzernabschlusses, sondern ein zusätzliches Informationsinstrument.

Zusammenfassend ist die Funktion des Enforcement darin zu sehen, bei für die Öffentlichkeit bedeutsamen Unternehmen (Börsennotierung) eine Verfehlung der Informationsfunktion durch Bekanntgabe der Fehler zu sanktionieren und so die Fehlinformation zu bereinigen. Dementsprechend werden die Informationsinstrumente handelsrechtlicher Jahresabschluss einschließlich Lagebericht sowie Konzernabschluss einschließlich Konzernlagebericht betrachtet. Nicht erfasst ist

---

931 Ebenso HENNRICHS, Fehlerhafte Bilanzen, ZHR 168 (2004), S. 382 (406).

932 Vgl. dazu HENNRICHS aaO und MÜLLER, W., Prüfverfahren und Nichtigkeit, ZHR 168/04, S. 414 (416).

933 RÖLIKE in: SPINDLER/STILZ, AktG, § 256 Rn. 85.

934 MOCK, Bindung an Enforcement, DB 18/05, S. 987.

935 „... oder den sonstigen durch Gesetz zugelassenen Rechnungslegungsstandards…“, § 342b Abs. 2 S. 1 HGB.

936 So auch ELLROTT/GROTTEL in: BeBiKo, 7. Aufl., § 342b Rn. 47.

de lege lata dagegen ein gem. § 325 Abs. 2a HGB nach den IFRS aufgestellter und offengelegter Einzelabschluss.[937] Da statt des zwar weiterhin aufgestellten HGB-Jahresjahresabschlusses ausschließlich der IFRS-Abschluss offengelegt wird, erfüllt dieser auch maßgeblich die Informationsfunktion. Angesichts dieser Tatsache wäre es de lege ferenda sachgerecht, auch diesen für eine Prüfung durch die DPR bzw. die BaFin zugänglich zu machen.

6. Exkurs: Fehlerhaftigkeit des Konzernabschlusses und IFRS-Einzelabschlusses

a. Gerichtliche Geltendmachung

(1) Konzernabschluss

Weist der Konzernabschluss inhaltliche Fehler auf, so führt dies nicht zu dessen „Nichtigkeit". Wie oben ausführlich erläutert, kann ein Konzernabschluss nicht nichtig sein. § 256 AktG ist nicht auf Konzernabschlüsse anwendbar, da dieser explizit nur den festgestellten Jahresabschluss betrifft. Auch eine Analogie verbietet sich, da es in erster Linie um eine Sanktion der Verfehlung des Gläubigerschutzes geht, die der Konzernabschluss gerade nicht erfüllt. Schließlich wäre eine analoge Anwendung insbesondere für nach den IFRS aufgestellte Konzernabschlüsse schwerlich möglich.[938] Für eine Nichtigkeit i.S.d. Vorschrift besteht auch kein Bedarf, weil es keine unmittelbaren Rechtsfolgen gibt, die an den Konzernabschluss anknüpfen. Dementsprechend wird dieser auch nicht „festgestellt". Die „Nichtigkeit" eines Konzernabschlusses würde daher im Gegensatz zum Einzelabschluss keine Anspruchsdurchsetzung durch Wegfall eines Rechtsgrundes ermöglichen und es bedarf auch nicht der Verhinderung des Eintritts einer Heilung. Ansprüche können allenfalls aus der tatsächlichen Fehlerhaftigkeit des Konzernabschlusses und der darauf beruhenden Falschinformation erwachsen. Für diese ist jedoch nicht die „Nichtigkeit" Voraussetzung.

---

937 BÜRGERS/KÖRBER, AktG, § 256 Rn. 21. § 342b Abs. 2 S. 1 HGB nennt den zuletzt festgestellten Jahresabschluss sowie den zuletzt gebilligten Konzernabschluss. Der nach § 325 Abs. 2a HGB offenzulegende Einzelabschluss wird nicht genannt und kann auch nicht vom Begriff des festgestellten Jahresabschlusses umfasst sein, da dieser IFRS-Einzelabschluss nicht festgestellt wird. So i. E. auch ELLROTT/GROTTEL in: BeBiKo, 7. Aufl., § 342b Rn. 13. Nicht zuzustimmen ist daher MATTHEUS und SCHWAB, die auch den Einzelabschluss nach § 325 Abs. 2a HGB erfasst sehen, dies jedoch ohne weitere Begründung, MATTHEUS/SCHWAB, Fehlerkorrektur, BB 20/04, S. 1099 (1099 li. Sp.).

938 Vgl. zum Vorstehenden ausführlich oben, Kap. III.B.1.c.(1) u. (2) S. 114 ff.

Ein fehlerhafter Konzernabschluss kann allein seine Informationsfunktion nicht erfüllen. Für börsennotierte Unternehmen kann eine Sanktion durch das Enforcement-Verfahren erfolgen, indem die Fehler öffentlich bekannt gemacht werden und so die Fehlinformation beseitigt wird.

Es bleibt jedoch die Frage zu klären, inwieweit die Fehlerhaftigkeit von Konzernabschlüssen geltend gemacht werden kann und wie eine Bereinigung der Fehlinformation erzwungen werden kann, um die Erfüllung der Konzernabschlussfunktion durchzusetzen. Wie beim Einzelabschluss sind auch beim Konzernabschluss die Sphären der handelsrechtlichen und gesellschaftsrechtlichen Rechnungslegung zu trennen. Die Aufstellungsgrundsätze und –regeln ergeben sich zunächst aus dem Handelsrecht, §§ 290 bis 315a HGB. Gem. § 315a HGB ist für bestimmte Konzerne der Konzernabschluss nach den IFRS aufzustellen, deren Anwendbarkeit daher durch handelsrechtliche Vorschriften eröffnet wird.[939]

Die gesellschaftsrechtliche Konzernrechnungslegung wird durch Billigung des Konzernabschlusses durch den Aufsichtsrat gem. § 171 Abs. 2 S. 4 und 5 AktG erfüllt. Erfolgt diese nicht, so entscheidet gem. § 173 Abs. 1 S. 2 AktG die Hauptversammlung. Die Feststellung des Jahresabschlusses stellt ein korporationsrechtliches Rechtsgeschäft mit mehreren Akten dar: Vorlage des Jahresabschlusses an den Aufsichtsrat mit vorangehendem Vorlagebeschluss, Prüfung durch den Aufsichtsrat mit folgendem Billigungsbeschluss. Diese Beschlüsse werden zur Feststellung des Jahresabschlusses zusammengefasst, vgl. § 172 AktG.

Demgegenüber besteht für den Konzernabschluss keine derartige Zusammenfassung der verschiedenen Beschlussfassungen. Vielmehr verbleiben die Einzelakte der Vorlage und des Billigungsbeschlusses, bzw. im Fall der Versagung der Billigung durch den Aufsichtsrat ein Hauptversammlungsbeschluss über die Billigung. Dieser Hauptversammlungsbeschluss unterliegt den allgemeinen Regeln der §§ 241 ff. AktG, da keine spezielle Regel vorgeht.[940] Verstößt der Konzernabschluss gegen Regelungen der §§ 290 ff. HGB, so kommt eine Nichtigkeit des Billigungsbeschlusses gem. § 241 Nr. 3 Alt. 3 AktG wegen Verstoßes gegen sonst im öffentlichen Interesse liegende Vorschriften in Betracht.[941] Diese kann gem. § 249 AktG durch Nichtigkeitsklage von Aktionären, Vorstand oder Verwaltungsmitgliedern geltend gemacht werden, zu dem Klageverfahren sei verwiesen auf die Nichtigkeitsklage bezogen auf den Jahresab-

939 Vgl. dazu oben Kap. II.2.b) S. 19 ff.

940 Vgl. oben Kap. II 10.b) (3) S. 130 und HÜFFER, AktG, 9. Aufl. , § 173 Rn. 2a sowie HENNRICHS, Fehlerhafte Bilanzen, ZHR 168/04, S. 382 (398, Fn. 70).

941 Vgl. ausführlicher dazu oben Kap. III.B.1.c. (3) S. 118.

schluss. Streitgegenstand dieser Nichtigkeitsklage ist jedoch der Billigungsbeschluss der Hauptversammlung über den Konzernabschluss, so dass der Antrag auf Feststellung der Nichtigkeit des Billigungsbeschlusses lauten muss, nicht etwa auf Feststellung der Nichtigkeit des Konzernabschlusses.[942] In Betracht kommt auch eine Anfechtung des Billigungsbeschlusses gem. § 243 AktG, wenn keine schwerwiegenden Mängel vorliegen. So kann jedenfalls eine Verletzung gesetzlicher Vorschriften, §§ 290 ff. HGB, gerügt werden. Diese ist jedoch innerhalb der Monatsfrist des § 246 Abs. 1 AktG zu erheben und die weiteren Merkmale der Anfechtungsbefugnis gem. § 245 AktG müssen gegeben sein.

Praktisch bedeutsamer ist jedoch der Regelfall der Billigung des Konzernabschlusses durch den Aufsichtsrat. Dieser Beschluss sowie der Vorlagebeschluss des Vorstands unterliegen wie dargelegt nicht der Regelung des § 256 AktG. Für Beschlüsse der Verwaltung sind auch nicht die Vorschriften der §§ 241 ff. AktG analog anzuwenden.[943] Vielmehr gelten die allgemeinen zivilrechtlichen Regeln. Die Folge der Nichtigkeit kann jedoch nur eintreten, wenn es sich bei dem Vorlagebeschluss des Vorstands sowie dem Billigungsbeschluss des Aufsichtsrats um Rechtsgeschäfte handelt. Dies könnte fraglich sein, da unmittelbar keine weiteren rechtlichen Folgen an den Konzernabschluss geknüpft werden. Demgemäß wird teilweise argumentiert, der Konzernabschluss könne nicht nichtig sein, weil er keine rechtsgeschäftliche Basis habe.[944] Wie oben erläutert, handelt es sich bei den gesellschaftsrechtlichen Beschlussfassungen des Vorstands und Aufsichtsrats jedoch stets um Rechtsgeschäfte.[945] Die Stimmabgaben stellen Willenserklärungen dar, weil sie auf die Setzung der Rechtsfolge gerichtet sind, den Beschluss als Entscheidung verbindlich werden zu lassen. Der aus den Willenserklärungen gebildete Beschluss stellt daher ein – nichtvertragliches – Rechtsgeschäft dar, unabhängig davon, welche weiteren Rechtsfolgen der Beschluss bewirkt.[946] Auch der Konzernabschluss hat daher eine rechtsgeschäftliche Basis, die in dem Billigungsbeschluss liegt. Nach allgemeinen Regeln kann

942 Hilfsweise sollte die Nichtigerklärung beantragt werden, wenn die Klage innerhalb der Monatsfrist des § 246 AktG erhoben wurde, auch wenn dies nach BGH nicht notwendig ist.

943 Vgl. dazu oben, Kap. III.A.1.c.(3) S. 47 und III.B.1.c.(3) S. 118.

944 So wohl HÜFFER, AktG, 9. Aufl. , § 256 Rn. 3 und LG München I v. 12.4.07 – 5 HK o 23424/06, NJOZ 31/07, S. 3403 (3407).

945 Siehe Kap. III.A.1.b.(2) S. 39 ff.

946 Zutreffend ganz h.M. Vgl. HÜFFER, AktG, 9. Aufl. , § 108 Rn. 3; BAUMBACH/HUECK, GmbHG, 18. Aufl., § 47 Rn. 7; HEIDEL, AktR, 2. Aufl., § 108 Rn. 3 m.w.N.; Nichtigkeit eines Beschlusses als feststellungsfähiges Rechtsverhältnis: THOMAS/PUTZO, ZPO, 29. Aufl., § 256 Rn. 6.

ein solches Rechtsgeschäft entsprechend § 134 BGB nichtig sein. Für Vorstands- und Aufsichtsratsbeschlüsse hat dies auch der BGH bestätigt, der die Nichtigkeitsfolge bei inhaltlichen Gesetzes- oder Satzungsverstößen bzw. bei wesentlichen Verfahrensfehlern sieht.[947] Auch der Konzernabschluss hat insofern sehr wohl eine rechtsgeschäftliche Grundlage. Mangels weiterer Rechtsfolgen bedarf es jedoch nicht der Nichtigkeitsfolge vergleichbar mit dem Jahresabschluss. Dennoch kann der Billigungsbeschluss des Aufsichtsrats nichtig sein. Dies ist der Fall, wenn der Konzernabschluss inhaltliche Fehler aufweist, die einen Verstoß gegen die Aufstellungsregeln der §§ 290 ff. HGB darstellen. Auch diese Regeln sind nicht dispositiv, so dass es sich um Verstöße gegen zwingendes Recht handelt. Ein diese Verstöße billigender Beschluss ist demgemäß nach allgemeinen Regeln nichtig. Gleiches gilt für eine Billigung trotz unterbliebener Konzernabschlussprüfung. Gem. § 316 Abs. 2 S. 1 HGB ist der Konzernabschluss stets durch einen Abschlussprüfer zu prüfen. Hat keine Prüfung stattgefunden, so kann der Konzernabschluss gem. § 316 Abs. 2 S. 2 HGB nicht gebilligt werden. Ein dennoch erfolgter Billigungsbeschluss ist daher gem. § 134 BGB nichtig.

Diese Nichtigkeit kann durch einfache Feststellungsklage gem. § 256 ZPO festgestellt werden. Unzweifelhaft handelt es sich bei der Nichtigkeit eines Beschlusses um ein Rechtsverhältnis i.S.d. § 256 Abs. 1 ZPO. Auch diese Klage ist daher auf Feststellung der Nichtigkeit des Billigungsbeschlusses zu richten. Es bedarf jedoch eines Feststellungsinteresses für den Kläger gem. § 256 Abs. 1 ZPO. Für den Fall der Feststellung der Nichtigkeit von Verwaltungsbeschlüssen wird ein solches Interesse stets für Aufsichtsratsmitglieder aufgrund ihrer Organstellung und Mitwirkung an der Beschlussfassung gegeben sein.[948] Die Klage eines Aufsichtsratsmitglieds auf Feststellung der Nichtigkeit des Billigungsbeschlusses des Konzernabschlusses ist daher regelmäßig zulässig.[949] Das Rechtsverhältnis muss nicht zwingend zwischen Feststellungskläger und Beklagtem bestehen, sondern der Kläger kann bei Vorliegen eines eigenen Feststellungsinteresses auch das Bestehen oder Nichtbestehen eines Rechtsverhältnisses zwischen dem Beklagten und einem Dritten feststellen lassen.[950] Ein Interesse ist

---

947 BGH v. 17.5.93 – II ZR 89/92, BGHZ 122, S. 342 = BB 21/93, S. 1468; BGH v. 21.4.97 – II ZR 175/95 – BGHZ 135, S. 244 = BB 23/97, S. 1169; BGH v. 10.10.05 – II ZR 90/03, BGHZ 164, S. 249.

948 Vgl. HÜFFER, AktG, 9. Aufl. , § 108 Rn. 18; BGH v. 21.4.97 – II ZR 175/95 – BGHZ 135, S. 244 = BB 23/97, S. 1169; BGH v. 10.10.05 – II ZR 90/03, BGHZ 164, S. 249.

949 Dies für den Fall der Konzernabschlussbilligung explizit bejahend OLG Frankfurt a.M. v. 21.11.06 – 5 U 115/05, ZIP 07, S. 72.

950 THOMAS/PUTZO, ZPO, 29. Aufl., § 256 Rn. 9; BGH v. 10.10.05 – II ZR 90/03, BGHZ 164, S. 249, Tz. 19.

dann gegeben, wenn das Rechtsverhältnis zwischen dem Beklagten und dem Dritten auch für die Rechtsbeziehung zwischen Kläger und Beklagtem von Bedeutung ist. Bezogen auf den Billigungsbeschluss des Aufsichtsrats ist dies auch für Vorstandsmitglieder der Fall. Auch ein Vorstandsmitglied kann daher aufgrund der Organzugehörigkeit die Nichtigkeit des Billigungsbeschlusses geltend machen.

Fraglich ist dies jedoch für Aktionäre. Grundsätzlich unterliegt das Verwaltungshandeln einer AG nicht der Kontrolle durch die Aktionäre.[951] Die Nichtigkeit eines Aufsichtsratsbeschlusses ist ein Rechtsverhältnis zwischen Aufsichtsrat und Gesellschaft und berührt die Rechtsbeziehung des Aktionärs zur Gesellschaft nicht unmittelbar. Dennoch kann nach der Rechtsprechung auch für Aktionäre im Einzelfall ein Feststellungsinteresse bestehen. So bejaht der BGH für die Feststellung pflichtwidrigen Organhandelns dann ein Aktionärsinteresse, wenn der Aktionär durch den Beschluss in seinen Mitgliedschaftsrechten beeinträchtigt ist.[952] Für den Fall der Feststellung der Nichtigkeit des Billigungsbeschlusses eines Konzernabschlusses hat der BGH dies jedoch nicht bestätigt.[953] Im Gegensatz zu einem Fall, in dem die Verwaltung im Rahmen einer Kapitalerhöhung über einen Bezugsrechtausschluss der Aktionäre beschlossen hatte, würden im Fall der Billigung des Konzernabschlusses die Mitgliedschaftsrechte der Aktionäre nicht beeinträchtigt, da keine Auswirkungen auf das Mitverwaltungs- und Vermögensrecht des Aktionärs folgten.[954] HEIDEL sieht gerade in der Richtigkeit der Information des Konzernabschlusses eine Voraussetzung für die Ausübung der Mitgliedschaftsrechte des Aktionärs.[955] Dem ist jedoch nicht zuzustimmen. Der Aktionär wird lediglich ein tatsächliches Interesse daran haben, dass die Fehlerhaftigkeit des Konzernabschlusses festgestellt wird. Ein rechtliches Interesse ergibt sich jedenfalls nicht, weil jegliche rechtlichen Folgen sich allein auf den (Einzel)-Jahresabschluss gründen und nur dieser für die Gewinnermittlung relevant ist. Dieses reicht für ein Feststellungsinteresse i.S.d. § 256 Abs. 1 ZPO nicht aus.[956] Die Geltendmachung von Ansprüchen eines durch die Fehlinformation womöglich geschädigten Aktionärs bedarf nicht einer „Nich-

---

951 Dies folgt schon aus der Eigenverantwortlichkeit des Vorstands gem. § 76 Abs. 1 AktG, der frei von Weisungen ist, vgl. HÜFFER, AktG, 9. Aufl. , § 76 Rn. 10; OLG Frankfurt a.M. v. 21.11.06 – 5 U 115/05, ZIP 07, S. 72.

952 BGH v. 10.10.05 – II ZR 90/03, BGHZ 164, S. 249, Tz. 16.

953 BGH v. 14.1.08 – II ZR 282/06: Zurückweisung der Nichtzulassungsbeschwerde gegen OLG Frankfurt a.M. v. 21.11.06 – 5 U 115/05, ZIP 07, S. 72.

954 Vgl. BGH v. 14.1.08 – II ZR 282/06 mit Verweis auf BGH v. 10.10.05 – II ZR 90/03, BGHZ 164, S. 249, dort Tz. 19f.

955 HEIDEL, AktR, 2. Aufl., § 256 Rn. 7a.

956 So auch das IDW, WP-Handbuch 2006, Band I, U Rn. 176 a.E.

tigkeit" des Konzernabschlusses, sondern deren Voraussetzung ist die tatsächliche Fehlerhaftigkeit der Information. Diese ist Vorfrage eines Schadensersatzprozesses des Aktionärs und wäre daher im Rahmen eines solchen Prozesses zu klären.[957]

Da die Nichtigkeit nach allgemeinen Regeln nur bei schwerwiegenden Mängeln eintritt, kann das Argument, eine analoge Anwendung des § 256 AktG wäre notwendig, um den Bestand des Konzernabschlusses zu schützen, nicht überzeugen.[958] Wegen leichter Mängel kann gerade eine Nichtigkeit des Billigungsbeschlusses nicht geltend gemacht werden bzw. eine diesbezüglich erhobene Feststellungsklage hätte keine Aussicht auf Erfolg. Der Bestand des Konzernabschlusses ist daher ausreichend geschützt.

Zusammenfassend ist festzuhalten, dass eine gerichtliche Geltendmachung der Fehlerhaftigkeit des Konzernabschlusses nur für Verwaltungsmitglieder durch Erhebung einer allgemeinen Feststellungsklage mit dem Begehr, die Nichtigkeit des Billigungsbeschlusses festzustellen, möglich ist. Aktionären fehlt für eine solche Klage regelmäßig das Feststellungsinteresse. Diesen bleibt im Fall der Börsennotierung jedoch ein Hinweis an die DPR bzw. die BaFin auf die vermuteten Fehler, um so einen „konkreten Anhaltspunkt" für eine Prüfung gem. § 342b Abs. 2 S. 3 Nr. 1 HGB bzw. § 37o Abs. 1 S. 1 WpHG anzubringen und damit eine Anlassprüfung anzuregen. Ferner steht den Aktionären offen, dem Vorstand und/oder Aufsichtsrat bei Verschließen vor Fehlern die Erteilung der Entlastung durch die Hauptversammlung zu verweigern, § 120 AktG.

(2) IFRS-Einzelabschluss

Wie der Konzernabschluss erfüllt auch der gem. § 325 Abs. 2a HGB wahlweise alternativ zum HGB-Jahresabschluss offenzulegende Einzelabschluss nach den IFRS eine reine Informationsfunktion. Dieser ist gem. § 171 Abs. 4 AktG wie der Konzernabschluss durch den Aufsichtsrat zu prüfen und zu billigen. Gem. § 324a Abs. 1 S. 1, Abs. 2 S. 1 HGB unterliegt er der Prüfungspflicht durch den Abschlussprüfer des Einzelabschlusses. Ferner ist gem. § 324a Abs. 1 S. 2 HGB eine entsprechende Anwendung des § 316 Abs. 2 S. 2 HGB angeordnet, wonach der Einzelabschluss gem. § 325 Abs. 2a HGB nicht gebilligt werden kann, wenn er nicht geprüft worden ist. Im Ergebnis ist damit der IFRS-Einzelabschluss entsprechend dem Konzernabschluss zu behandeln. Ist er nicht geprüft worden, so

---

957 Zur möglichen Schadensersatzpflicht der Verwaltung auch MÜLLER, W., Prüfverfahren und Nichtigkeit, ZHR 168/04, S. 414 (426).

958 So HENNRICHS, Fehlerhafte Bilanzen, ZHR 168 (2004), S. 382 (396f.); HEIDEL, AktR, 2. Aufl., § 256 Rn. 7; SCHMIDT/LUTTER, AktG, § 256 Rn. 3 und ALTENBURGER in: MüKo AktG, 2. Aufl., § 172 Rn. 86. Offenlassend BUSSE VON COLBE, TransPuG, BB 31/02, S. 1583 (1586).

ist ein dennoch erfolgter Billigungsbeschluss des Aufsichtsrats nichtig gem. § 134 BGB. Ferner ist der Billigungsbeschluss nichtig, wenn der Einzelabschluss schwerwiegende Inhaltsfehler aufweist. Die Nichtigkeit kann durch Vorstands- oder Aufsichtsratsmitglieder im Wege der allgemeinen Feststellungsklage gem. § 256 ZPO mit dem Begehr der Feststellung der Nichtigkeit des Billigungsbeschlusses geltend gemacht werden. Aktionären steht dieser Weg indes nicht offen. Mangels einer Erfassung des IFRS-Einzelabschlusses durch das Rechnungslegungs-Enforcement kann auch keine Prüfung durch die DPR angeregt werden. Auch hier zeigt sich die Notwendigkeit der Erweiterung des Rechnungslegungs-Enforcement auf den IFRS-Einzelabschluss i.S.d. § 325 Abs. 2a HGB.

b. Folgen der Fehlerhaftigkeit

(1) Konzernabschluss

Inhaltliche Fehler des Konzernabschlusses stellen eine Verletzung der handelsrechtlichen Sphäre der Konzernrechnungslegung dar. Diese Pflicht entspringt aus den §§ 290 ff. HGB und mündet gem. § 315a HGB für bestimmte kapitalmarktorientierte Mutterunternehmen in einer Pflicht zur Anwendung der IFRS auf den Konzernabschluss. Entsprechend dem Einzel-Jahresabschluss hat die Nichtigkeit des gesellschaftsrechtlichen Akts der Billigung auf den Realakt der pflichtgemäßen Aufstellung zunächst keine unmittelbare Auswirkung auf die öffentlich-rechtliche Rechnungslegung. Folge des Fehlers ist im Fall des Konzernabschlusses allein die Falschinformation. Diese kann auch durch die Nichtigkeit des Billigungsbeschlusses nicht bereinigt werden. Vielmehr ist der Vorstand als das gem. § 290 Abs. 1 S. 1 AktG für die Konzernrechnungslegung verantwortliche Organ verpflichtet, abzuwägen, inwieweit der Falschinformation entgegenzutreten ist.

Im Fall der Nichtigkeit der Jahresabschlussfeststellung ist eine Neuaufstellung und –feststellung stets verpflichtend.[959] Die Feststellung des Jahresabschlusses ist zwingend vorzunehmen und bei ihrer Nichtigkeit muss sie erneut erfolgen, wozu bei Inhaltsfehlern eine Neuaufstellung des Jahresabschlusses erforderlich ist. Im Unterschied dazu kann die Billigung des Konzernabschlusses jedoch auch negativ ausfallen. Auch ein nicht gebilligter Konzernabschluss ist offenzulegen und erfüllt im Grundsatz die Rechnungslegungspflicht, wenn auch schlecht i.S.d. §§ 290 ff. HGB.[960] Aus dieser unterschiedlichen Qualität von

959 Vgl. dazu oben S. 185.

960 Ferner wird die Versagung der Billigung durch Offenlegung des Berichts des AR gem. § 325 Abs. 3, Abs. 1 S. 3 HGB publik.

Feststellung und Billigung folgt, dass bei Fehlerhaftigkeit des Konzernabschlusses nicht zwangsläufig eine Neuaufstellung desselben erfolgen muss.[961] Handelt es sich nicht um schwerwiegende Mängel, führen diese ohnehin nicht zur Nichtigkeit des Billigungsbeschlusses. In einem solchen Fall reicht eine Korrektur in laufender Rechnung wie beim Jahresabschluss aus.

Handelt es sich um schwerwiegende Mängel, ist Folge die Nichtigkeit des Billigungsbeschlusses. Der Vorstand hat in diesem Fall im Rahmen seiner Pflichten aus §§ 91 Abs. 1, 93 Abs. 1 AktG zu entscheiden, wie der Fehlinformation entgegenzutreten ist. In der Regel wird eine Korrektur in laufender Rechnung ausreichen, da durch Offenlegung des folgenden, den vorigen Fehler korrigierenden, Konzernabschlusses eine Bereinigung der Fehlinformation erfolgt. In jedem Fall sind dazu Angaben im Konzernanhang zu machen. Entscheidend ist, wann die Nichtigkeit bekannt wird, da Ziel eine zeitnahe Richtigstellung sein muss. Wird ein Fehler folglich gerade nach Offenlegung eines Konzernabschlusses oder des Folgeabschlusses bekannt, so kann eine Änderung in laufender Rechnung nicht ausreichen, da die Falschinformation erst zu spät richtiggestellt würde.[962] In einem solchen Fall besteht die Verpflichtung zur Korrektur durch Änderung und Nachtragsprüfung des letzten fehlerhaften Konzernabschlusses.[963] Nur so kann die Falschinformation gegenüber der Öffentlichkeit bereinigt werden. Dies kann von Vorstands- oder Aufsichtsratsmitgliedern durch Erhebung der Feststellungsklage faktisch erzwungen werden.[964] Den Aktionären bleibt eine Versagung der Entlastung des Vorstands- und Aufsichtsrats durch die Hauptversammlung.[965]

Die Korrektur des fehlerhaften Konzernabschlusses mit Nachtragsprüfung und erneuter Vorlage zur Billigung ist in jedem Fall zulässig, wenn auch nicht unbedingt verpflichtend. Bei Mängeln des Konzernabschlusses ist dem Vorstand

---

961 So i. E. auch HÜFFER, AktG, 9. Aufl. , § 256 Rn. 3; HENNRICHS, Fehlerhafte Bilanzen, ZHR 168 (2004), S. 382 (397); MÜLLER, W., Prüfverfahren und Nichtigkeit, ZHR 168/04, S. 414 (426f.). ADS sprechen bei schwerwiegenden Mängeln von einem „Scheinkonzernabschluss“, der rechtlich nicht die Konzernrechnungslegung erfülle, ADS, Rechnungslegung, 6. Aufl., Tb. 4, § 256 Rn. 1. Letztlich vermittelt aber auch ein solcher „Scheinkonzernabschluss“ eine – eben falsche – Information, so dass sich ebenso die Frage der Richtigstellung stellt.

962 Vgl. dazu die Grundsätze des IDW in IDW RS HFA 6, 5.2. und 5.3., Rn. 42 ff.

963 Solange keine Änderung in laufender Rechnung erfolgt ist, werden auch die Folgeabschlüsse den gleichen inhaltlichen Fehler aufweisen.

964 Aus diesem Grund halten SCHMIDT und LUTTER eine analoge Anwendung von § 256 AktG für notwendig, SCHMIDT/LUTTER, AktG, § 256 Rn. 3 a.E. Dies ist dafür jedoch wie erläutert nicht der Fall, da § 256 Abs. 1 ZPO einschlägig ist.

965 Wobei darauf hinzuweisen ist, dass gem. § 120 Abs. 2 S. 2 AktG in der Entlastung explizit kein Verzicht auf Ersatzansprüche liegt.

jedoch zu empfehlen, im Zweifel diesen Weg zu gehen, um so möglichen Schadensersatzansprüchen vorzubeugen.

(2) IFRS-Einzelabschluss

Grundsätzlich gilt für den IFRS-Einzelabschluss i.S.d. § 325 Abs. 2a HGB das für den Konzernabschluss Ausgeführte entsprechend, da dieser ebenso ein reines Informationsinstrument ist. Zwischen Konzernabschluss und IFRS-Einzelabschluss ergibt sich jedoch ein bedeutsamer Unterschied im Fall der versagten Billigung durch den Aufsichtsrat: Über die Billigung des Konzernabschlusses entscheidet in diesem Fall gem. § 173 Abs. 1 S. 2 AktG die Hauptversammlung. Versagt auch diese die Billigung, so ist der Konzernabschluss gem. § 325 Abs. 3 HGB dennoch offenzulegen. Die Uneinigkeit von Vorstand und Aufsichtsrat sowie die Versagung der Billigung ergeben sich der Öffentlichkeit aus dem Bericht des Aufsichtsrats, der gem. § 325 Abs. 3, Abs. 1 S. 3, Abs. 2 HGB ebenso offenzulegen ist, sowie aus dem Fehlen der sonst anzugebenden Billigung, vgl. § 328 Abs. 1 Nr. 1 HGB.[966]

Der IFRS-Einzelabschluss hingegen ist durch die Versagung der Billigung gegenstandslos geworden, weil er in diesem Fall gem. § 171 Abs. 4 S. 2 AktG nicht offengelegt werden darf. Da dies dessen einzige Funktion ist, bedarf es zwingend der Billigung des IFRS-Einzelabschlusses durch den Aufsichtsrat. Eine gleichwohl erfolgende Offenlegung stellt eine Pflichtverletzung des Vorstands dar. Die Billigung wirkt konstitutiv, da nur die Offenlegung eines gebilligten IFRS-Einzelabschlusses eine befreiende Wirkung i.S.d. § 325 Abs. 2b HGB entfalten kann. Die Offenlegungspflicht des handelsrechtlichen Jahresabschlusses besteht damit bei fehlender Billigung weiter fort und kann gem. § 335 HGB erzwungen werden. Die Prüfungspflicht des Betreibers des elektronischen Bundesanzeigers gem. § 329 Abs. 1 HGB umfasst zwar nur die Vollzähligkeit und Fristwahrung der Einreichung. Ob die Frist mit Einreichung eines IFRS-Einzelabschlusses gem. § 325 Abs. 2a HGB gewahrt ist, kann jedoch nur beurteilt werden, wenn eine Prüfung auf die Möglichkeit der befreienden Wirkung dieses Einzelabschlusses erfolgt.[967] Dazu muss zumindest das Vorliegen eines positiven Billigungsbeschlusses geprüft werden. Liegt ein solcher vor, kann jedoch eine weitergehende Prüfung auf dessen inhaltliche Richtigkeit nicht verlangt werden, da die Prüfungspflicht des § 329 Abs. 1 HGB nur die formellen Anforderungen umfasst.[968] Fehlt es an einem positiven Billigungsbeschluss, ist damit weiterhin der HGB-Jahresabschluss offenzulegen, was nach Ablauf der

966 HÜFFER, AktG, 9. Aufl. , § 171 Rn. 14a.

967 So auch ELLROTT/GROTTEL in: BeBiKo, 7. Aufl., § 329 Rn. 5.

968 Vgl. ELLROTT/GROTTEL aaO.

Frist des § 325 Abs. 1 S. 2 HGB durch das Verfahren gem. § 335 HGB erzwungen werden kann.

Der Versagung der Billigung steht deren Nichtigkeit gleich. Steht diese fest, so steht fest, dass der IFRS-Einzelabschluss nicht offengelegt werden durfte und folglich keine befreiende Wirkung entfalten konnte. Sobald die Fehlerhaftigkeit des IFRS-Einzelabschlusses bekannt wird und damit die Nichtigkeit des Billigungsbeschlusses, muss der Vorstand daher für eine Änderung und Neubeschlussfassung über die Billigung sorgen oder aber den HGB-Jahresabschluss offenlegen, wenn die Frist des § 325 Abs. 1 S. 2 HGB schon abgelaufen ist. Eine Durchsetzung dieser Pflicht im Rahmen des Ordnungsgeldverfahrens gem. § 335 HGB wird jedoch in einem solchen Fall erst möglich sein, wenn die Nichtigkeit des Billigungsbeschlusses gerichtlich festgestellt wurde. Da eine solche Feststellungsklage den Aktionären nicht offensteht und auch eine Prüfung durch die DPR nicht möglich ist, ergibt sich hier eine Lücke des Rechtsschutzes für Aktionäre, die durch eine Erfassung des IFRS-Einzelabschlusses in § 342b HGB de lege ferenda zu schließen wäre. Den Aktionären bleibt lediglich die Verweigerung der Entlastung von Vorstand und/oder Aufsichtsrat durch die Hauptversammlung.

Wird die Nichtigkeit des Billigungsbeschlusses gerichtlich festgestellt, so steht die Pflicht zur erneuten Offenlegung fest. Im Gegensatz zur Sachlage beim HGB-Jahresabschluss hat bisher keine wirksame Offenlegung stattgefunden, da die Offenlegung des IFRS-Einzelabschlusses keine befreiende Wirkung entfalten konnte. Die Offenlegungspflicht des HGB-Jahresabschlusses besteht daher weiter fort, so dass bei rechtskräftiger Feststellung der Nichtigkeit des Billigungsbeschlusses umgehend der HGB-Jahresabschluss gem. § 325 Abs. 1 HGB offenzulegen ist, wenn die Frist des § 325 Abs. 1 S. 2 HGB schon abgelaufen ist, wovon im Regelfall auszugehen ist. Das Ordnungsgeldverfahren gem. § 335 HGB kann demgemäß sofort eingeleitet werden. Es scheint auch nicht sachgerecht, dem Vorstand eine weitere Frist zu gewähren, da der HGB-Jahresabschluss bereits vorliegt und sofort offengelegt werden kann. Die alternative Möglichkeit der Offenlegung eines IFRS-Einzelabschlusses ist damit für dieses Geschäftsjahr vertan.

C. Rechtsfolgen der Nichtigkeit für die Gesellschaft und das Gesellschaft-Gesellschafter-Verhältnis

1. Fehlerhafter Gewinnausweis durch Überbewertung

a. Gewinnausschüttungsanspruch der Aktionäre

Gem. § 58 Abs. 4 AktG haben die Aktionäre Anspruch auf den Bilanzgewinn. Grundlage für den Gewinnanteilsanspruch ist damit der festgestellte Jahresabschluss.[969] Dessen Nichtigkeit stellt folglich eine rechtshindernde Einwendung für den Gewinnanspruch dar, so dass ein Anspruch für das betroffene Geschäftsjahr nicht entstanden ist. Bei diesem Gewinnanspruch handelt es sich um den sog. „mitgliedschaftlichen" Gewinnanspruch, der von dem schuldrechtlichen Zahlungsanspruch zu unterscheiden ist.[970] Letzterer folgt erst aus dem Gewinnverwendungsbeschluss gem. § 174 AktG. Dieser gibt den Aktionären einen klagbaren Zahlungsanspruch gegen die Gesellschaft, die Verteilung erfolgt gem. § 60 AktG. Der Gewinnanspruch des § 58 Abs. 4 AktG führt dagegen i.V.m. mit dem festgestellten Jahresabschluss lediglich zu einer Klagbarkeit der Herbeiführung eines Gewinnverwendungsbeschlusses.[971]

Durch die Nichtigkeit des Jahresabschlusses werden sowohl der mitgliedschaftliche Gewinnanspruch der Aktionäre als auch der schuldrechtliche Ausschüttungsanspruch betroffen. Der mitgliedschaftliche Anspruch rührt aus der wirksamen Feststellung des Jahresabschlusses, so dass dieser Anspruch nicht entstehen kann, wenn die Feststellung nichtig ist. Der schuldrechtliche Zahlungsanspruch auf Ausschüttung entsteht aus dem Gewinnverwendungsbeschluss, der gem. § 253 AktG anfänglich nichtig ist. Auch gegen den Zahlungsanspruch besteht daher eine rechtshindernde Einwendung.

Ist noch kein Beschluss über die Gewinnverwendung erfolgt, so kann dieser bei nichtiger Feststellung nicht erzwungen werden. In der Praxis wird jedoch der Gewinnverwendungsbeschluss bereits gefasst sein, da die Achtmonatsfrist des § 175 Abs. 1 S. 2 AktG einzuhalten ist, was in der Regel erfolgt.[972] Mit der Fassung des Gewinnverwendungsbeschlusses entsteht bei wirksam festgestelltem Jahresabschluss ein Zahlungsanspruch der Aktionäre gegen die Gesellschaft gem. §§ 58 Abs. 4, 60, 174 Abs. 1 AktG. Dieser Anspruch ist grundsätzlich gem. § 271 BGB sofort fällig; Näheres kann die Satzung regeln. Die nach dem

969 Vgl. HÜFFER, AktG, 9. Aufl. , § 58 Rn. 26; SCHMIDT/LUTTER, AktG, § 58 Rn. 44.

970 HÜFFER, AktG, 9. Aufl. , § 58 Rn. 26; HEIDEL, AktR, 2. Aufl., § 58 Rn. 39 ff.; Rn. 55 f.

971 Vgl. HEIDEL, AktR, 2. Aufl., § 58 Rn. 40 f.; SCHMIDT/LUTTER, AktG, § 58 Rn. 44.

972 Erst nach deren Ablauf ist der Anspruch auf Beschlussfassung klagbar, HÜFFER, AktG, 9. Aufl. , § 58 Rn. 26 a.E.; SCHMIDT/LUTTER, AktG, § 58 Rn. 44.

Gewinnverwendungsbeschluss auszuschüttenden Dividenden werden daher regelmäßig zeitnah an die Aktionäre ausgezahlt.

Ist der Gewinnverwendungsbeschluss nichtig gem. § 253 AktG, so kann der Auszahlungsanspruch nicht wirksam entstehen. Ist noch keine Ausschüttung erfolgt, so muss der Vorstand die Ausschüttung verweigern.[973] Ist der Vorstand von der Nichtigkeit des Jahresabschlusses überzeugt, so ist die Ausschüttung zu verweigern, auch wenn die Nichtigkeit nicht rechtskräftig festgestellt ist. Gleiches gilt bei Streit um die Nichtigkeit; spätestens sobald eine Klage anhängig ist, da in diesem Fall auch die Heilung nicht eintreten kann.

b. Rückforderung ausgeschütteter Scheingewinne

(1) Anspruch der Gesellschaft aus § 62 Abs. 1 AktG, Gutglaubensschutz

Praktisch wird die Ausschüttung bereits erfolgt sein, wenn die Nichtigkeit des Jahresabschlusses festgestellt wird. Es stellt sich sodann die Frage der Rückforderung. Die Ausschüttung ist auf den vermeintlichen Zahlungsanspruch aus dem Gewinnverwendungsbeschluss geleistet worden. Aufgrund dessen Nichtigkeit ist die Zahlung daher ohne Rechtsgrund erfolgt. Ein grundsätzlich gegebener Anspruch der Gesellschaft gegen die Aktionäre aus ungerechtfertigter Bereicherung gem. § 812 Abs. 1 S. 1 Alt. 1 BGB (Leistungskondiktion) ist jedoch aufgrund vorgehender aktienrechtlicher Regelungen nach h. M. gesperrt.[974] Dies ist zutreffend, da ansonsten die Regelungen des § 62 AktG leer liefen, die die Rückzahlung empfangener verbotener Leistungen abweichend von den §§ 812 ff. BGB regeln.

Gem. § 62 Abs. 1 S. 1 AktG haben Aktionäre der Gesellschaft solche Leistungen zurückzugewähren, die sie „entgegen den Vorschriften dieses Gesetzes" empfangen haben. Dazu gehören insbesondere Gewinnausschüttungen, denen kein gültiger Gewinnverwendungsbeschluss gem. § 174 AktG zu Grunde liegt, sowie Abschläge auf einen nicht wirksam festgestellten Bilanzgewinn, die gem. § 59 AktG zu leisten sind, wenn die Satzung dies vorsieht.[975] Für diese Gewinn-

---

973 HÜFFER in: MüKo AktG, 2. Aufl., § 253 Rn. 2, 11; HEIDEL, AktR, 2. Aufl., § 253 Rn. 7; HENSE, Rechtsfolgen, WPg 23-24/93, S. 716 (720); LUTTER in: FS HELMRICH, Gültigkeit des JA, S. 685 (694).

974 HÜFFER, AktG, 9. Aufl. , § 62 Rn. 2, 9; HEIDEL, AktR, 2. Aufl., § 62 Rn. 17; SCHMIDT/LUTTER, AktG, § 62 Rn. 5, 20; vgl. SPRAU in: PALANDT, BGB, 69. Aufl., Einf. v. § 812 Rn. 5.

975 HÜFFER, AktG, 9. Aufl. , § 62 Rn. 7, 11; HEIDEL, AktR, 2. Aufl., § 62 Rn. 5, 18 f.; LUTTER in: FS HELMRICH, Gültigkeit des JA, S. 685 (694); HENNRICHS, Fehlerhafte Bilanzen, ZHR 168/04, S. 383 (391); HENSE, Rechtsfolgen, WPg 23-24/93, S. 716 (720); SCHMIDT/LUTTER, AktG, § 62 Rn. 22.

bezüge schränkt § 62 Abs. 1 S. 2 AktG die Rückzahlungspflicht jedoch dahingehend ein, dass diese nur für die Aktionäre gilt, die wussten oder fahrlässig nicht wussten, nicht zum Bezug berechtigt gewesen zu sein. Die Aktionäre sind daher geschützt, wenn sie gutgläubig waren, wobei jedoch bereits leichte Fahrlässigkeit zur Bösgläubigkeit führt, da § 62 Abs. 1 S. 2 AktG nur auf „Fahrlässigkeit" abstellt. Eine Haftung nach bereicherungsrechtlichen Regeln des BGB würde hingegen unabhängig von der Gutgläubigkeit zur Rückzahlungspflicht führen, jedoch wäre der Einwand der Entreicherung gem. § 818 Abs. 3 BGB zulässig. Dieser ist lediglich bei positiver Kenntnis der Nichtberechtigung ausgeschlossen, da nur in diesem Fall die verschärfte Haftung gem. § 819 BGB greift. Die Rückgewährpflicht ist damit durch die Regel des § 62 AktG differenziert abweichend von dem allgemeinen Bereicherungsrecht geregelt: Eine Pflicht zur Rückzahlung besteht nur ab leicht fahrlässiger Unkenntnis bzw. positiver Kenntnis der Nichtberechtigung. Besteht der Anspruch, so kann diesem jedoch entgegen dem allgemeinen Zivilrecht nicht der Einwand der Entreicherung entgegengehalten werden.[976] Aufgrund dieser unterschiedlichen Regelungen muss die aktienrechtliche Regel des § 62 AktG als lex specialis dem Bereicherungsrecht vorgehen.

Geschützt sind damit gutgläubige Aktionäre. Zu klären ist, wie dieser gute Glaube konkret zu definieren ist. Bezugspunkt ist die Kenntnis der Nichtberechtigung zum Bezug. Zeitlich muss es daher nach ganz h. M. auch auf den Bezugszeitpunkt ankommen. Nachträglich eintretende Bösgläubigkeit schadet daher nicht.[977] Dies ist zutreffend, weil der Schutz sonst leerliefe, da spätestens bei

---

976 Vgl. HEIDEL, AktR, 2. Aufl., § 62 Rn. 14 sowie HÜFFER, AktG, 9. Aufl. , § 62 Rn. 9. Daran ändert auch die Geltung der allgemeinen Vorschriften nichts, die anwendbar sind, da es sich um ein gesetzliches Rückgewährschuldverhältnis handelt. Wenn der Aktionär entreichert ist, weil er die erhaltene Dividende verbraucht hat (insbesondere für sog. „Luxusaufwendungen", vgl. SPRAU in: PALANDT, BGB, 69. Aufl., § 818 Rn. 34 ff., bei ersparten Aufwendungen ist i.d.R. schon keine Entreicherung gegeben) so ist die Rückzahlung jedoch nicht unmöglich gem. § 275 BGB, da für Geldschulden ein Beschaffungsrisiko gem. § 276 Abs. 1 S. 1 a.E. BGB besteht („Geld hat man zu haben"), vgl. dazu GRÜNEBERG in: PALANDT, BGB, 69. Aufl., § 276 Rn. 28 u. MEDICUS/PETERSEN, BR, 22. Aufl., Rn. 249-252. Lediglich im Fall von erlangter Sachausschüttung gem. § 58 Abs. 5 AktG kann die Rückgewähr unmöglich gem. § 275 Abs. 1 BGB werden, worauf sich der Aktionär berufen kann. Er ist dann i.d.R. jedoch schadensersatzpflichtig gem. §§ 280, 283 BGB, weil er wegen der zumindest fahrlässigen Unkenntnis der Nichtberechtigung auch die Unmöglichkeit zu vertreten haben wird.

977 Ganz h.M., vgl. HEIDEL, AktR, 2. Aufl., § 62 Rn. 23; HÜFFER, AktG, 9. Aufl. , § 62 Rn. 11; HENSE, Rechtsfolgen, WPg 23-24/93, S. 716 (720 re. Sp.); SCHMIDT/LUTTER, AktG, § 62 Rn. 24.

Feststellung der Nichtigkeit jeder Aktionär bösgläubig würde. Dies ergibt sich auch aus einem Vergleich mit der entsprechend formulierten Regel des § 932 Abs. 1 S. 1 BGB.[978]

Kennt ein Aktionär die Nichtigkeit des Jahresabschlusses, so muss er auch den Mangel des Bezugsrechts kennen. Für Fälle der Nichtigkeit wegen unterbliebener Prüfung ist eine solche Kenntnis durchaus denkbar. Für Inhaltsfehler ist dies praktisch seltener anzunehmen. Auch die Kenntnis der Umstände einer Falschbewertung führen noch nicht dazu, dass dem Aktionär die Kenntnis einer Überbewertung vorzuwerfen ist, da dazu ein Subsumtionsschluss notwendig ist. Ein solcher Rechtsirrtum muss ebenfalls beachtlich sein, da die entscheidende Kenntnis der Nichtberechtigung sich erst aus der Kenntnis der Erfüllung des Nichtigkeitstatbestands ergibt.[979] Es kann in derartigen Fällen jedoch die fahrlässige Unkenntnis in Betracht kommen.

Praxisrelevanter als die positive Kenntnis dürfte daher die fahrlässige Unkenntnis sein. Fahrlässig handelt gem. § 276 Abs. 2 BGB, wer die im Verkehr erforderliche Sorgfalt außer Acht lässt.[980] Dabei ist im Zivilrecht ein objektiv-abstrakter Maßstab anzusetzen. Individuell fehlende Sorgfaltseigenschaften können einem Fahrlässigkeitsvorwurf im Zivilrecht grundsätzlich nicht entgegengehalten werden.[981] Der objektiv zu bestimmende Sorgfaltsmaßstab ist zu bestimmen nach dem Lebens- und Verkehrskreis, zu dem die betrachtete Person gehört.[982] Relevant sind Eigenschaften wie Alter, Bildungsstand, Berufskreis etc.[983] Bezogen auf die Aktionäre ergeben sich daher unterschiedliche Gruppen, für die die erforderliche Sorgfalt objektiv unterschiedlich zu bestimmen ist. So ist für einfache Depotkunden die Unkenntnis der Nichtberechtigung eher anzunehmen, als für einen erfahrenen Großaktionär.[984] Für Aktionäre, die zugleich Aufsichtsrats- oder Vorstandsmitglieder sind, dürfte aufgrund der Einbindung in die Feststellung des Jahresabschlusses i.d.R. Kenntnis bzw. zumindest fahrlässi-

978 Für den gutgläubigen Erwerb von Eigentum normiert § 932 Abs. 1 S. 1 BGB, dass es auf Gutgläubigkeit zu der Zeit des Eigentumserwerbs ankommt.

979 So auch HÜFFER, AktG, 9. Aufl. , § 62 Rn. 11 a.E.

980 Nach § 276 Abs. 1 S. 1 BGB hat zwar nur „der Schuldner“ Vorsatz und Fahrlässigkeit zu vertreten, so dass sich § 276 BGB auf Schuldverhältnisse bezieht. Der Maßstab des § 276 Abs. 2 BGB ist jedoch zweifelsfrei auf das gesamte Zivilrecht, auch Ansprüche außerhalb des BGB, anzuwenden, HEINRICHS in: PALANDT, BGB, 69. Aufl., § 276 Rn. 12.

981 Anders als im Strafrecht. Dies ergibt sich auch aus § 277 BGB, der nur in bestimmten Fällen einen individuellen Haftungsmaßstab zulässt, sog. „diligentia quam in suis“; vgl. GRÜNEBERG in: PALANDT, BGB, 69. Aufl., § 276 Rn. 15.

982 GRÜNEBERG in: PALANDT, BGB, 69. Aufl., § 276 Rn. 16 f.

983 Vgl. GRÜNEBERG in: PALANDT, BGB, 69. Aufl., § 276 Rn. 17.

984 So auch BANGE, Rückforderung, in: ZInsO 10/06, S. 519 (521).

ge Unkenntnis gegeben sein.[985] Für jede Aktionärsgruppe ist daher im Einzelfall zu prüfen, ob bezüglich der Unkenntnis der Nichtberechtigung ein Fahrlässigkeitsvorwurf gemacht werden kann oder nicht.

Praktisch äußerst bedeutsam ist die Frage der **Beweislast** für den Fahrlässigkeitsvorwurf bzw. den Vorwurf der positiven Kenntnis. Diese beantwortet sich aus dem Gesetz: Damit die Einschränkungen des § 62 Abs. 1 S. 2 AktG greifen können, muss es sich bei der empfangenen Leistung um Bezug von Gewinnanteilen gehandelt haben. Dies liegt im Interesse der Aktionäre, so dass sie dieses darlegen und beweisen müssen, was jedoch nicht schwerfallen dürfte und meist offensichtlich ist. Liegt ein Bezug als Gewinnanteil vor, so besteht nach der Formulierung des § 62 Abs. 1 S. 2 AktG der Anspruch nur, wenn die Kenntnis bzw. fahrlässige Unkenntnis von der Nichtberechtigung gegeben ist. Es handelt sich daher um ein Tatbestandsmerkmal der Anspruchsgrundlage.[986] Die Gesellschaft als Anspruchsinhaber hat diese Merkmale daher darzulegen und zu beweisen.[987] Daran dürfte in der Praxis die Rückforderung bezogener Dividenden für die größten Teile der Aktionäre scheitern. Gibt es im Zuge der Feststellung Zweifel an der Richtigkeit des Jahresabschlusses, so empfiehlt es sich daher, diese möglichst frühzeitig zu dokumentieren und die Aktionäre darüber zu informieren, da so eine Beweisführung erst ermöglicht wird.[988]

(2) Höhe des Anspruchs, Gegenansprüche der Aktionäre

Zu erstatten sind bei Bösgläubigkeit grundsätzlich alle Gewinnausschüttungen, die auf dem nichtigen Gewinnverwendungsbeschluss beruhen, da sie nicht durch § 174 Abs. 1 AktG gedeckt sind. Dies ist insoweit unabhängig vom Grund der Nichtigkeit. Handelt es sich dabei jedoch nicht um Inhaltsfehler, so wird der neu festgestellte Jahresabschluss den gleichen Bilanzgewinn ausweisen und der neu zu fassende Gewinnverwendungsbeschluss identisch mit dem vormals nichtigen Beschluss sein. Eine Rückforderung ist in diesem Fall praktisch sinnlos, da der gleiche Betrag aufgrund des neu zu fassenden Beschlusses auszuschütten wäre. Ferner kann sich auch bei Nichtigkeit des Jahresabschlusses wegen Inhaltsfehlern aus dem korrigierten Jahresabschluss ein auszuschüttender Bilanzgewinn ergeben. Im Fall der Unterbewertung wird der auszuschüttende Bilanzgewinn

---

985 BANGE, Rückforderung, in: ZInsO 10/06, S. 519 (521).

986 Andernfalls wäre § 62 Abs. 1 S. 2 AktG dergestalt formuliert, dass der Anspruch nur ausgeschlossen ist, wenn die Aktionäre gutgläubig waren. In diesem Fall obläge ihnen die Darlegungs- und Beweislast.

987 So i.E. auch HÜFFER, AktG, 9. Aufl. , § 62 Rn. 12.

988 Selbstverständlich können andere Erwägungen dagegen sprechen.

sogar höher sein, im Fall der Überbewertung wird dieser zwar geringer ausfallen, kann aber immer noch positiv sein.

Eine auch nach Korrektur des Jahresabschlusses zu hohe Ausschüttung ergibt sich nur im Fall der Überbewertung und dies nur insoweit, als **Scheingewinne** ausgeschüttet werden. Dies sind solche, die sich bei korrekter Bewertung gar nicht ergeben hätten, mithin bestehen Scheingewinne genau in Höhe der Falschbewertung.[989] Ist eine Rückforderung von erlangten Ausschüttungen möglich, so ist es sachgerecht, diese nur in Höhe der Differenz zwischen den Bilanzgewinnen des nichtigen und des neu aufgestellten Jahresabschlusses zu fordern, also nur in Höhe der ausgeschütteten Scheingewinne. Der Anspruch aus § 62 Abs. 1 AktG bezieht sich jedoch im Grundsatz auf die volle Ausschüttung. Die Gesellschaft hat daher gegen jeden bösgläubigen Aktionär einen Anspruch auf Rückzahlung der vollen erhaltenen Dividende. Dieser hat jedoch einen Gegenanspruch gegen die Gesellschaft aus § 174 Abs. 1 AktG, sobald der neue Gewinnverwendungsbeschluss gefasst wird. Sodann liegt eine Aufrechungslage gem. § 387 BGB vor, so dass der Aktionär durch Erklärung der Aufrechnung den Rückzahlungsanspruch gem. §§ 388 f. BGB auf seinen Anteil am Scheingewinn reduzieren kann. Ist jedoch die Nichtigkeit festgestellt, die Neufeststellung und der Gewinnverwendungsbeschluss aber noch nicht erfolgt, so bestünde der Anspruch der Gesellschaft grundsätzlich in voller Höhe.

Einer Geltendmachung kann jedoch der Grundsatz von Treu und Glauben gem. § 242 BGB entgegenstehen. Wenn ersichtlich ist, dass der neu festzustellende Jahresabschluss wieder einen positiven ausschüttbaren Bilanzgewinn ausweisen wird, so ist von vornherein klar, dass im Saldo nur die Differenz zu erstatten ist. Insofern würde eine Leistung verlangt, die alsbald zurückzugewähren ist. Nach dem Grundsatz *„dolo agit, qui petit, quod statim redditurus est“*[990] ist die Durchsetzung eines solchen Anspruchs rechtsmissbräuchlich.[991] Der in Anspruch genommene Aktionär könnte folglich wirksam diesen Einwand erheben, soweit es sich nicht um Scheingewinne handelt.[992] Auch wenn sich ein Gegenanspruch auf Zahlung erst mit Fassung des Gewinnverwendungsbeschlusses er-

---

989 Der Begriff „Scheingewinn“ ist hier zu unterscheiden von dem des Scheingewinns im Zusammenhang mit der Beurteilung des Konzepts der nominellen Kapitalerhaltung im Vergleich zu einer realen Kapitalerhaltung, vgl. dazu Kap. 1. Im Zusammenhang mit der Nichtigkeit des Jahresabschlusses sind Scheingewinne nur solche, die sich aus einer Überbewertung des Jahresabschlusses ergeben.

990 Sinngemäß: „Rechtsmissbräuchlich handelt, wer fordert, was sofort zurückzugeben ist.“

991 S. zu diesem Grundsatz GRÜNEBERG in: PALANDT, BGB, 69. Aufl., § 242 Rn. 52 sowie MEDICUS/PETERSEN, BR, 22. Aufl., Rn. 465.

992 WEILEP/WEILEP, Nichtigkeit, BB 3/06, S. 147 (151).

gibt, so besteht bereits ab Feststellung des korrigierten Jahresabschlusses der mitgliedschaftliche Gewinnanspruch, der den Beschluss klagbar macht. Insofern ist das Erfordernis der „alsbaldigen" Rückgewährpflicht gegeben. Wie hoch der nicht rückforderbare Teil der Gewinnausschüttung ist, wird sich im Rahmen eines Prozesses der Gesellschaft gegen den Aktionär wegen Rückforderungsansprüchen leicht klären lassen, da entweder die Nichtigkeit gerichtlich festgestellt ist, so dass sich der Nichtigkeitsgrund und damit die Überbewertung ermitteln lässt, oder die Nichtigkeit im Rahmen des Prozesses substantiiert dargelegt werden muss, woraus die Überbewertung samt deren Höhe ersichtlich wird.

Gleiches gilt, wenn die Nichtigkeit zwar erkannt wird, jedoch wegen der kurz bevorstehenden Heilung weder eine Neuaufstellung noch die gerichtliche Feststellung der Nichtigkeit vorangetrieben wird. Ein in dieser Phase geltend gemachter Anspruch auf Rückzahlung von Ausschüttungen wäre rechtsmissbräuchlich, da mit Eintritt der Heilung der ausgeschüttete Scheingewinn beim Aktionär verbleiben könnte. Der Vorstand der Gesellschaft muss sich in diesem Fall entscheiden, ob die Nichtigkeit geltend gemacht wird (Klage bzw. Neuaufstellung) oder nicht (dann auch keine Rückforderung).[993]

Die volle Ausschüttung ist bei Bösgläubigkeit dann rückforderbar, wenn der korrekte Jahresabschluss gar keinen positiven Bilanzgewinn, sondern einen Verlust ausgewiesen hätte. Der Einwand des Rechtsmissbrauchs kann dann nicht durchgreifen. Häufig ist dies der Fall bei Insolvenz der Gesellschaft, da gerade in der Insolvenz die Wirksamkeit der Vorjahresabschlüsse durch den Insolvenzverwalter hinterfragt wird. Die Versuchung, die Überschuldung der Gesellschaft in Krisenzeiten zu „verhindern" bzw. herauszuzögern, ist erfahrungsgemäß groß.[994] Rückforderungsansprüche sind in diesem Fall gem. § 62 Abs. 2 S. 2 AktG i.V.m. § 80 InsO durch den Insolvenzverwalter durchzusetzen.[995]

Praktisch häufig wird jedoch der Fall sein, dass der Anspruch des § 62 AktG nicht durchsetzbar ist, da zumindest der Beweis der fahrlässigen Unkenntnis der Gesellschaft nicht gelingen wird, geschweige denn der der positiven Kenntnis. In diesen Fällen verbleiben auch ausgeschüttete Scheingewinne bei den Aktionären, was insbesondere im Fall eines bei korrekter Bilanzierung auszuweisenden Verlustes besonders gravierend sein kann.

---

993 S. für die Schwebephase vor Heilung KOWALSKI, Der nichtige JA, AG 11/93, S. 502 (507 re. Sp.).

994 So auch REUTER, Krisenrecht, BB 35/03, S. 1797 (1799).

995 Vgl. BANGE, Rückforderung, in: ZInsO 10/06, S. 519; SCHMIDT/LUTTER, AktG, § 62 Rn. 33 f.

Problematisch ist bei Gutgläubigkeit der Aktionäre die Rechtslage nach Auf- und Feststellung eines korrigierten Jahresabschlusses, der erneut einen positiven Bilanzgewinn ausweist. Die aufgrund des nichtigen Gewinnverwendungsbeschlusses bezogenen Gewinnanteile können aufgrund des Gutglaubensschutzes insgesamt nicht zurückgefordert werden. Der neu zu fassende Gewinnverwendungsbeschluss gibt den Aktionären jedoch einen Zahlungsanspruch gem. § 174 Abs. 1 AktG. Können die gutgläubigen Aktionäre nun den korrekten Anteil am Jahresgewinn erneut fordern? Ein weiteres Problem ergibt sich, wenn zwischenzeitlich die Aktien den Eigentümer gewechselt haben: Rückzahlungsverpflichtet ist allein der Leistungsempfänger, also der damalige Anteilseigner, Inhaber des Zahlungsanspruchs ist der Anteilseigner zum Zeitpunkt der Gewinnverwendungsbeschlussfassung.

Diese Problematik wird soweit ersichtlich nur von ZÖLLNER erkannt und behandelt.[996] Mangels Rückforderungsanspruch der Gesellschaft aufgrund des Gutglaubensschutzes entsteht keine Aufrechungslage, die den neu entstandenen Anspruch aus dem Gewinnverwendungsanspruch erlöschen lassen könnte. Für Rechtsnachfolger eines bösgläubigen Aktionärs gilt entsprechendes: Der bösgläubige frühere Aktionär müsste voll zurückzahlen während der Rechtsnachfolger die korrekten Gewinne des damaligen Geschäftsjahrs erhält. Im ersteren Fall würde die Gesellschaft geschädigt, da Gewinne doppelt ausgeschüttet werden müssten; im zweiten Fall erhält der vorige Aktionär gar keinen Anteil am Bilanzgewinn des nichtigen Jahresabschlusses. Zumindest der Fall der Doppelausschüttung kann ersichtlich keinesfalls gewollt sein und muss korrigiert werden.

ZÖLLNER schlägt vor, die Doppelforderung des Gewinnanteils durch gutgläubige Aktionäre als rechtsmissbräuchlich anzusehen, weist aber darauf hin, dass dies nicht für Einzelrechtsnachfolger gelten kann, da diese noch gar keinen Bezug erhalten haben.[997] Das allgemeine Bereicherungsrecht löst derartige Unbilligkeiten mit der sog. Saldotheorie: Danach werden synallagmatisch verknüpfte Bereicherungsansprüche nicht aufgerechnet, sondern die Ansprüche werden ipso iure verrechnet, so dass Ansprüche nur im Saldo bestehen.[998] Bei der Saldierung sind Billigkeitserwägungen heranzuziehen. So kann sich ein Bereicherungsschuldner nicht gem. § 818 Abs. 3 BGB auf Entreicherung berufen und damit die eigene Schuld reduzieren, gleichzeitig aber einen eigenen Bereicherungsanspruch aus demselben Schuldverhältnis voll einfordern.[999]

---

996 ZÖLLNER in: FS SCHERRER, Folgen der Nichtigkeit, S. 355 (375 ff.).

997 ZÖLLNER in: FS SCHERRER, Folgen der Nichtigkeit, S. 355 (376).

998 S. zur Saldotheorie SPRAU in: PALANDT, BGB, 69. Aufl., § 818 Rn. 27, 48 ff. u. GRÜNEBERG, § 387 Rn. 2; MEDICUS/PETERSEN, BR, 22. Aufl., Rn. 224 ff.

999 Vgl. SPRAU in: PALANDT, BGB, 69. Aufl., § 818 Rn. 48.

Diese Grundsätze müssen auf die Rückforderung ausgeschütteter Gewinne angewendet werden. Sachgerecht ist, dass bei Bösgläubigkeit von vornherein nur ein Rückerstattungsanspruch auf ausgeschüttete Scheingewinne besteht. Dies wird wie erläutert durch Anwendung des „dolo agit"-Grundsatzes erreicht. Bei Gutgläubigkeit kann sich der Schutz aber auch nur auf das Behaltendürfen des bezogenen Scheingewinns beziehen. Der auch ohne Überbewertung ausschüttbare Gewinn wurde bereits bezogen und kann nach nunmehr erstmals wirksamen Gewinnverwendungsbeschlusses nicht nochmals eingefordert werden. Einem geltend gemachten Anspruch des Aktionärs aus § 174 Abs. 1 AktG kann die Gesellschaft entgegenhalten, dass bereits – zwar rechtsgrundlos – erfüllt wurde und der Rückforderungsanspruch entgegensteht, der lediglich mangels Bösgläubigkeit nicht durchsetzbar ist. Der erneute Gewinnverwendungsbeschluss gibt gem. § 242 BGB nachträglich den Rechtsgrund für den Dividendenbezug.

Die tatsächlich erfolgten Ausschüttungen für ein Geschäftsjahr sind folglich auf Ausschüttungsansprüche für dasselbe Geschäftsjahr anzurechnen und zwar durch Betrachtung auf die zum Bezug berechtigende Aktie. Die Anrechung gilt daher auch gegenüber Neuinhabern einer Aktie. Dies ist sachgerecht, weil der Kaufpreis einer Aktie das Ausschüttungspotential beinhaltet, der Käufer folglich noch ausschüttbare Gewinne „mitkauft". Im Fall der trotz Nichtigkeit erfolgten Ausschüttung wurde dementsprechend bei der Preisbildung berücksichtigt, dass Dividenden bereits geflossen sind, so dass der Käufer auch nicht mit einer erneuten Ausschüttung für dieses Geschäftsjahr rechnen konnte. Ein nach Neufassung des Gewinnverwendungsbeschlusses gegebener Anspruch auf Ausschüttung wäre daher ein „Segen" für den Rechtsnachfolger, der ersichtlich nicht begründet ist.[1000]

Zusammenfassend ist festzuhalten, dass eine Rückforderung ausgeschütteter Gewinne nur im Fall der Bösgläubigkeit möglich ist und der Anspruch nur in Höhe der ausgeschütteten Scheingewinne besteht. Gutgläubige Aktionäre sind geschützt und dürfen die bezogenen Scheingewinne behalten. Auf Zahlungsansprüche aus neu gefassten Gewinnverwendungsbeschlüssen für ein Geschäftsjahr sind die auf die jeweilige Aktie für dieses Geschäftsjahr tatsächlich erfolgten Zahlungen anzurechnen. Auch der gutgläubige Aktionär oder dessen Rechtsnachfolger können für ein bestimmtes Geschäftsjahr damit nicht doppelt eine Ausschüttung erhalten.

1000 So i.E. auch ZÖLLNER in: FS SCHERRER, Folgen der Nichtigkeit, S. 355 (376).

c. Auswirkungen auf Folgeabschlüsse

Wie oben erläutert, sind die Feststellungen der Folgeabschlüsse im Fall der Nichtigkeit eines Jahresabschlusses schwebend unwirksam, bis dieser entweder geheilt oder neu aufgestellt ist.[1001] Bei der Beschlussfassung über die Gewinnverwendung ist die Hauptversammlung gem. § 174 Abs. 1 S. 2 AktG an den festgestellten Jahresabschluss gebunden. Der Gewinnverwendungsbeschluss bezieht sich daher auf den in dem festgestellten Jahresabschluss ausgewiesenen Bilanzgewinn. Ist die Feststellung des Jahresabschlusses schwebend unwirksam, so muss sich dies folglich in dem Gewinnverwendungsbeschluss fortsetzen, so dass auch dieser schwebend unwirksam ist. Dies ist einzig konsequent und ergibt sich auch aus § 173 Abs. 3 AktG.[1002]

Wird der Vorjahresabschluss geheilt, so wird die Feststellung des Folgeabschlusses wirksam, ebenso der Gewinnverwendungsbeschluss. Wird die Feststellung endgültig unwirksam, da der Vorjahresabschluss mit geänderten Schlusswerten erneut auf- und festgestellt wird, so gilt dies auch für den Gewinnverwendungsbeschluss. Fraglich ist, welche Folge die schwebende Unwirksamkeit auf den Zahlungsanspruch der Aktionäre hat. Ist der Anspruch einklagbar bzw. handelt der Vorstand pflichtwidrig, wenn er Ausschüttungen aufgrund des schwebend unwirksamen Gewinnverwendungsbeschlusses vornimmt? Praktisch wird die Vorgehensweise des Vorstands von dessen Einschätzung der Nichtigkeit des Vorjahresabschlusses abhängen. Wenn der Vorstand die Wirksamkeit des Vorjahresabschlusses verteidigt, so wäre es inkonsequent, andererseits die Ausschüttung für den Folgeabschluss mit der Begründung der schwebenden Unwirksamkeit abzulehnen. Dies wäre nur sachgerecht, wenn eine Nichtigkeitsklage anhängig ist, so dass Zweifel über die Wirksamkeit des Vorjahresabschlusses und damit der Feststellung des Folgeabschlusses bestehen.

KROPFF vertritt dazu die enge Auffassung, dass aufgrund eines schwebend unwirksamen Gewinnverwendungsbeschlusses kein Ausschüttungsanspruch besteht und dass eine Ausschüttung auch nicht erfolgen darf – jede vorgenommene Ausschüttung sei in diesem Fall pflichtwidrig, da ein Verstoß gegen § 57 Abs. 3 AktG vorliege.[1003] Nach dieser Ansicht besteht folglich kein Unterschied zwischen dem schwebend unwirksamen und einem nichtigen Gewinnverwendungsbeschluss.

Zu Recht weist ZÖLLNER darauf hin, dass gem. § 59 AktG Ausnahmen von § 57 Abs. 3 AktG zulässig sind, insbesondere wenn es um prognostizierte Bi-

---

1001 Siehe oben, A.6. S. 214.

1002 So auch KROPFF in: FS BUDDE, Auswirkungen der Nichtigkeit, S. 341 (352 f.) und ZÖLLNER in: FS SCHERRER, Folgen der Nichtigkeit, S. 355 (369).

1003 KROPFF in: FS BUDDE, Auswirkungen der Nichtigkeit, S. 341 (354).

lanzgewinne geht. Insofern macht es einen Unterschied, ob Gewinnausschüttungen ohne bzw. aufgrund eines nichtigen Gewinnverwendungsbeschlusses vorgenommen werden – diese sind ohne Zweifel pflichtwidrig und ohne Rechtsgrund erlangt – oder aufgrund eines gefassten und lediglich schwebend unwirksamen Beschlusses. Die Reichweite der Unwirksamkeit lässt sich bei Erkennen der möglichen Nichtigkeit des Vorjahresabschlusses entgegen der Ansicht KROPFFs nämlich feststellen: KROPFF geht davon aus, dass bei Neuaufstellung des nichtigen Jahresabschlusses Wahlrechte neu ausgeübt werden können und wertaufhellende Erkenntnisse zu berücksichtigen sind, so dass nicht absehbar sei, welche Schlusswerte der neu aufgestellte Jahresabschluss haben werde.[1004] Wie gezeigt wurde, ist dies jedoch nicht der Fall: Die Ausübung von Wahlrechten steht nicht erneut zur Disposition, und der Wertaufhellungszeitraum wird nicht über die ursprüngliche Aufstellung hinaus verlängert.[1005] Es ist daher für den Vorstand abschätzbar, inwieweit sich die Nichtigkeit des Vorjahresabschlusses auf den Folgeabschluss auswirken kann.

Ferner ist zu beachten, dass eine Überbewertung innerhalb des Vorjahresabschlusses nicht zwingend zu einem erhöhten Gewinnausweis auch des Folgeabschlusses führt. Dies ist nur der Fall, wenn dieser erneut die Überbewertung ausweist, dann ist er selbst eigenständig nichtig. Ist eine erforderliche Abwertung hingegen vorgenommen worden bzw. diese im Folgeabschluss nicht mehr notwendig, so führt die Korrektur des Vorjahresabschlusses sogar zu einem höheren oder gleichen Gewinn des Folgeabschlusses.[1006] Insofern kann die Pflicht des Vorstands nur so weit gehen, aufgrund des schwebend unwirksamen Gewinnverwendungsbeschlusses nur solche Gewinne nicht auszuschütten, die bei endgültiger Unwirksamkeit und Neufassung des Beschlusses womöglich nicht ausschüttbar wären. Andernfalls führte das Konzept der schwebenden Unwirksamkeit zu einer übermäßigen Benachteiligung der Aktionäre, die gerade nicht gewollt sein kann. Für die Pflichtwidrigkeit des Vorstandshandelns kommt es folglich darauf an, inwieweit dieser sorgfältig abgewogen und geprüft hat, welcher Gewinn sich auch bei endgültiger Unwirksamkeit der Feststellung des Folgeabschlusses und damit des Gewinnverwendungsbeschlusses ergeben wird – dieser darf auch ausgeschüttet werden. Es handelt sich dabei analog § 59 AktG um Abschläge auf den Bilanzgewinn. Der erneut gefasste Gewinnverwendungsbeschluss gibt für derartige Ausschüttungen den Rechtsgrund. Es empfiehlt sich,

1004 KROPFF in: FS BUDDE, Auswirkungen der Nichtigkeit, S. 341 (354).
1005 Vgl. dazu oben, S. 189 ff.
1006 Vgl. dazu das Beispiel in Kap.IV.A.6. S. 211.

diese Abwägung und die Ausschüttung analog § 59 Abs. 3 AktG mit dem Aufsichtsrat abzustimmen.

Für den praktisch häufigen Fall, dass die Nichtigkeit eines Jahresabschlusses gar nicht erkannt wird, wird auch die Wirksamkeit der Folgeabschlüsse nicht in Frage gestellt. Die Ausschüttungen werden folglich entsprechend dem Ausweis des nichtigen und der folgenden schwebend unwirksamen Jahresabschlüsse vorgenommen werden. Bei nachträglichem Erkennen der Fehler und anschließender Korrektur der betroffenen Abschlüsse und Gewinnverwendungsbeschlüsse kann sich dann wiederum das Problem ergeben, dass „doppelte" Zahlungsansprüche der Aktionäre bestehen. Dies ist der Fall, wenn z.B. eine Überbewertung in Folgejahren korrigiert wurde. Die Neuaufstellung des nichtigen Jahresabschlusses mit Korrektur der Überbewertung führt zu neuen Anfangswerten der Folgeabschlüsse und damit zur Eliminierung der Korrektur im Folgeabschluss. Es handelte sich nur um eine zeitliche Verschiebung der Gewinnreduzierung. Kann der zu hoch ausgeschüttete Scheingewinn nicht zurückerlangt werden, so muss berücksichtigt werden, ob durch Korrektur in laufender Rechnung bereits ein Ausgleich geschaffen wurde. Ansonsten erwächst ein neuer Zahlungsanspruch aufgrund des höher ausgewiesenen Gewinns in Folgejahren. Dies kann nicht sachgerecht sein, so dass auch hier eine Saldierung der Fehlerauswirkungen vorgenommen werden muss. In derartigen Fällen stellt sich daher die berechtigte Frage, ob die Nichtigkeit überhaupt verfolgt wird, da ein Ausschüttungsschaden der Gesellschaft nicht vorliegt. Es wird dazu das folgende Beispiel wieder aufgegriffen:

Die X-AG hält ein Wertpapierpaket, das nicht dauernd dem Geschäftsbetrieb dienen soll. Es ist zutreffend im Umlaufvermögen im Posten „sonstige Wertpapiere" ausgewiesen. Die Anschaffungskosten für das Paket betragen 100.000,00 EUR (t0). Im Jahr t1 sinkt der Börsenkurs auf 50.000,00 EUR für das Wertpapierpaket. Gem. § 253 Abs. 4 HGB ist eine außerplanmäßige Abschreibung pflichtgemäß vorzunehmen, auch wenn die Wertminderung voraussichtlich nur vorübergehend ist. Im Jahresabschluss zum 31.12. t1 weist die AG das Aktienpaket dennoch mit den Anschaffungskosten von 100.000,00 EUR aus. Es wird eine Vollausschüttung vorgenommen. Im Jahr t2 wird durch den Vorstand veranlasst, die außerplanmäßige Abschreibung vorzunehmen, das Wertpapierpaket wird zum 31.12.t2 mit 50.000,00 EUR ausgewiesen. Auch für das Geschäftsjahr t2 besteht ein positiver Bilanzgewinn, der voll ausgeschüttet wird.

Der Jahresabschluss zum 31.12.t1 ist nichtig gem. § 256 Abs. 1 Nr. 1 i.V.m. Abs. 5 S. 1 Nr. 1 AktG wegen Überbewertung. Die Vollausschüttung umfasst einen Scheingewinn in Höhe von 50.000,00 EUR. Der Jahresabschluss zum 31.12.t2 ist schwebend unwirksam, ebenso der Gewinnverwendungsbeschluss. Nichtigkeit ist nicht gegeben, da die Überbewertung nicht mehr vorliegt. Der Anfangswert von

100.000,00 EUR ist jedoch unrichtig. Würde die Nichtigkeit des Jahresabschlusses t1 gerichtlich festgestellt, müsste der Abschluss neu aufgestellt werden und einen um 50.000,00 EUR niedrigeren Gewinn ausweisen. In der Folge ist auch der Jahresabschluss t2 zu korrigieren, da der Anfangswert des Wertpapierpakets bereits mit 50.000,00 EUR anzusetzen ist. Folge ist die Eliminierung der Abschreibung, so dass der Gewinn um 50.000,00 EUR erhöht wird. Der erneut gefasste Gewinnverwendungsbeschluss sieht eine Vollausschüttung vor.

Angenommen, ein Rückforderungsanspruch der Gesellschaft auf den ausgeschütteten Scheingewinn t1 scheitert mangels Bösgläubigkeit, können die Aktionäre nun die Ausschüttung weiterer 50.000,00 EUR für das Geschäftsjahr t2 fordern? Ein Anspruch besteht grundsätzlich aus § 174 Abs. 1 AktG. Wäre der Rückforderungsanspruch gegeben, könnte mit diesem aufgerechnet werden, dies wäre aber vorliegend nicht der Fall. Im Ergebnis muss die rechtsgrundlos erfolgte Ausschüttung des Scheingewinns jedoch berücksichtigt werden. Der zuvor aufgestellte Grundsatz, dass auf Zahlungsansprüche aus neu gefassten Gewinnverwendungsbeschlüssen die tatsächlich erfolgten Auszahlungen für ein Geschäftsjahr anzurechnen sind, ist folglich dahingehend zu erweitern, dass die Anrechnung auch erfolgen muss, wenn es sich um Scheingewinne aus Vorjahren handelt, die durch eine Korrektur in laufenden Jahren bereits ausgeglichen wurden.

Aus dem Beispiel wird deutlich, dass in diesem Fall die Geltendmachung der Nichtigkeit keinen Sinn gemacht hat, da im Saldo ohnehin kein Ausschüttungsschaden der Gesellschaft vorgelegen hat. Ein solcher wäre im Beispiel jedoch gegeben gewesen, wenn im Geschäftsjahr t2 der Bilanzgewinn 50.000,00 EUR unterschritten hätte, da eine Kompensation der vorigen Scheingewinnausschüttung dann nicht oder nur teilweise möglich gewesen wäre.

d. Ergebnis

Soweit Scheingewinne wegen Überbewertung ausgeschüttet werden, sind diese nur im Fall der Bösgläubigkeit von den Aktionären zurückzufordern. Erfolgt eine Korrektur der Überbewertung in laufender Rechnung und führt diese zu einer Verminderung ausschüttbarer Gewinne in Höhe zuvor ausgeschütteter Scheingewinne, so ergibt sich im Saldo kein Vermögensschaden der Gesellschaft. Ist eine solche Kompensation nicht möglich oder nicht erfolgt, so verbleibt ein Ausschüttungsschaden bei der Gesellschaft.

Erfolgt wegen Geltendmachung der Nichtigkeit eine Neuaufstellung und Neufeststellung des vormals nichtigen Jahresabschlusses, führt dies auch zu einer Notwendigkeit der Anpassung der Folgeabschlüsse. Ansprüche aus neu gefassten Gewinnverwendungsbeschlüssen sind in diesem Fall mit vorher erfolgten Ausschüttungen so zu verrechnen, dass im Ergebnis keine Doppelausschüttungen durch gutgläubige Aktionäre verlangt werden können.

2. Folgen einer Überbewertung

Hohe praktische Bedeutung hat die Nichtigkeit des Jahresabschlusses in den Fällen, in denen durch Überbewertung bei korrekter Rechnungslegung erkennbare Krisensituationen verdeckt werden. So können z.B. die Erkennbarkeit einer Überschuldung der Gesellschaft, die zur Insolvenzantragspflicht gem. § 19 InsO führt oder das Vorliegen einer Unterbilanz, die zu einer Informationspflicht des Vorstands geführt hätte, durch Überbewertung verhindert werden. So ist immer wieder zu beobachten, dass in einer Krise der Gesellschaft die Jahresabschlüsse nicht auf die bedrohliche Lage der Unternehmen hinweisen, sondern vielmehr die Vermögens- und Ertragslage deutlich zu positiv dargestellt wird. Dies ist sogar häufig noch kurz vor Beantragung eines Insolvenzverfahrens der Fall.[1007] Der Grund liegt in derartigen Fällen in einer sog. „Bilanzkosmetik", die zu nichtigkeitsbegründenden Mängeln führt.

a. Verschleierung einer Überschuldung

(1) Insolvenzrechtlicher Überschuldungsbegriff

Gem. § 19 Abs. 1 InsO ist für alle Kapitalgesellschaften neben der (drohenden) Zahlungsunfähigkeit auch die Überschuldung ein Insolvenzgrund. Diese ist nach der ursprünglichen Definition des § 19 Abs. 2 InsO gegeben, wenn das Vermögen des Schuldners die bestehenden Verbindlichkeiten nicht mehr deckt. Als Bewertungsmaßstab ist die Fortführung des Unternehmens zu Grunde zu legen, wenn diese überwiegend wahrscheinlich ist, § 19 Abs. 2 S. 2 InsO. Andernfalls sind Liquidationswerte anzusetzen.[1008] Im Zuge der Finanzkrise wurde durch das Finanzmarktstabilisierungsgesetz (FMStG)[1009] § 19 Abs. 2 InsO zunächst befristet bis 31.12.2010 dahingehend geändert, dass Überschuldung nicht vorliegt,

1007 Vgl. WEILEP/WEILEP, Nichtigkeit, BB 3/06, S. 147; ebenso REUTER, Krisenrecht, BB 35/03, S. 1797 (1799).

1008 MÖNNING in: NERLICH/RÖMERMANN, InsO, § 19 Rn. 27; UHLENBRUCK, InsO, 13. Aufl., § 19 Rn. 13; HÜFFER, AktG, 9. Aufl., § 92 Rn. 12.

1009 Gesetz v. 17.10.08, BGBl. I S. 1982.

wenn die Fortführung überwiegend wahrscheinlich ist.[1010] Diese Befristung wurde sodann um weitere drei Jahre bis Ende 2013 verlängert.[1011]

Die Definition des Überschuldungsbegriffs ist lange und fortwährend in Literatur und Rechtsprechung umstritten.[1012] Bedeutung hat die insolvenzrechtliche Überschuldung insbesondere zur Beurteilung pflichtwidrigen Handelns von gesetzlichen Vertretern von Kapitalgesellschaften, die gem. § 15a InsO bereits bei Überschuldung verpflichtet sind, Insolvenzantrag zu stellen. Dem Vorstand bleibt dazu gem. § 15a Abs. 1 S. 1 InsO eine Frist von drei Wochen ab Eintritt der Überschuldung. Praktisch wird jedoch meist ein Insolvenzantrag erst bei Zahlungsunfähigkeit oder drohender Zahlungsunfähigkeit gestellt.[1013] In diesem Stadium ist die Insolvenz offensichtlich und nicht mehr zu verhindern bzw. zu verschleiern. Zahlungsunfähigkeit im insolvenzrechtlichen Sinne ist gem. § 17 InsO gegeben, wenn der Schuldner nicht mehr in der Lage ist, die fälligen Zahlungspflichten zu erfüllen, § 17 Abs. 2 S. 1 InsO. Sind die Zahlungen bereits eingestellt worden, wird gem. § 17 Abs. 2 S. 2 InsO widerleglich vermutet, dass Zahlungsunfähigkeit vorliegt.

So eindeutig die gesetzliche Definition auf den ersten Blick zu sein scheint, so viele Probleme birgt auch die Bestimmung der Zahlungsunfähigkeit in der Praxis. So kommt es nach h.M. nicht auf ein dauerhaftes Unvermögen, die Zahlungspflichten zu erfüllen, an.[1014] Es reicht vielmehr das Unvermögen des Schuldners, die gesetzlich oder vertraglich fälligen Zahlungspflichten zu begleichen. Dabei reicht grundsätzlich auch die Unfähigkeit, nur einen Teil der Zahlungsverpflichtungen begleichen zu können.[1015] Eine Unerheblichkeitsgrenze

---

1010 „…, wenn das Vermögen des Schuldners die bestehenden Verbindlichkeiten nicht mehr deckt, es sei denn, die Fortführung des Unternehmens ist nach den Umständen überwiegend wahrscheinlich.“ § 19 Abs. 2 S. 1 InsO i.d.F. des FMStG.

1011 Gesetz zur Erleichterung der Sanierung von Unternehmen, von Bundestag und Bundesrat verabschiedet am 8.9.2009 bzw. 18.9.2009.

1012 Vgl. SCHMIDT/UHLENBRUCK, GmbH-Krise, 4. Aufl., Rn. 5.56; BALTHASAR in: KRIEGER, HB Managerhaftung, § 27 Rn. 9.

1013 SCHMIDT, Überschuldung, DB 45/08, S. 2467.

1014 MÖNNING in: NERLICH/RÖMERMANN, InsO, § 17 Rn. 13f.; UHLENBRUCK, InsO, 13. Aufl., § 17 Rn. 19; HAAS in: BAUMBACH/HUECK, GmbHG, 19. Aufl., § 64 Rn. 37 f.; widersprüchlich insoweit HÜFFER, AktG, 9. Aufl. , § 92 Rn. 8.

1015 MÖNNING in: NERLICH/RÖMERMANN, InsO, § 17 Rn. 18; UHLENBRUCK, InsO, 13. Aufl., § 17 Rn. 21. Vgl. dazu auch IDW EPS 800 v. 22.2.08, 2.1. Tz. 10; HAAS in: BAUMBACH/HUECK, GmbHG, 19. Aufl., § 64 Rn. 39; BALTHASAR in: KRIEGER, HB Managerhaftung, § 27 Rn. 37; SCHMIDT/LUTTER, AktG, § 92 Rn. 13.

sieht der BGH bei 10 % der Zahlungsverpflichtungen.[1016] Der Zeitraum, für den die Zahlungsunfähigkeit von einer bloßen Zahlungsstockung abzugrenzen ist, beträgt nach der Rechtsprechung des BGH längstens die Antragsfrist des § 15a InsO von drei Wochen.[1017] Dies ist sachgerecht, da der Gesetzgeber diese drei Wochen als ausreichend ansieht, um die Beseitigung des Insolvenzgrundes – hier durch Beschaffung liquider Mittel – zu erreichen.[1018]

Ist Zahlungsunfähigkeit gegeben, so bedarf im Rahmen des Insolvenzverfahrens die Frage der vorherigen Überschuldung keiner Klärung, da ein Insolvenzgrund gegeben ist. Bedeutsam ist sie jedoch dafür, ob bereits früher eine Pflicht zur Insolvenzantragsstellung bestanden hat. Sinn des Insolvenzgrundes der Überschuldung ist vor allem die frühzeitige Identifizierung fortführungsunfähiger Unternehmen, die durch eine bereits dann bestehende Insolvenzantragspflicht zu rechtzeitig durchgesetzter Marktbereinigung führt; es kommt danach in der Regel zu einer Vorverlagerung der Insolvenzantragspflicht.[1019]

Umstritten und durch die vielfältigen Änderungen des Überschuldungsbegriffs in der Praxis mit Problemen behaftet ist die Prüfung, ob eine **insolvenzrechtliche Überschuldung** vorliegt, die zur Antragspflicht gem. § 15a InsO führt. So haben sich über die Änderungen der Konkursordnung zur Insolvenzordnung seit über 30 Jahren unterschiedliche Definitionen des Überschuldungsbegriffs herausgebildet, die teilweise undurchsichtig und uneinheitlich in ihrer Bezeichnung sind: Neue und alte zweistufige Ermittlung, modifizierte zweistufige Methode,[1020] teilweise wird sogar von einer dreistufigen Ermittlung gespro-

1016 BGH v. 24.5.05 – IX ZR 123/04, BB 36/05, S. 1923 (1926 f.); UHLENBRUCK, InsO, 13. Aufl., § 17 Rn. 23. MÖNNING weist darauf hin, dass dies im Einzelfall zu modifizieren ist, vgl. MÖNNING in: NERLICH/RÖMERMANN, InsO, § 17 Rn. 13; ebenso BALTHASAR in: KRIEGER, HB Managerhaftung, § 27 Rn. 36.

1017 BGH v. 24.5.05 – IX ZR 123/04, BB 36/05, S. 1923 (1924 f.).

1018 HAAS in: BAUMBACH/HUECK, GmbHG, 19. Aufl., § 64 Rn. 38, 42; IDW, vgl. IDW EPS 800 v. 22.2.08, 2.1. Tz. 8; SCHMIDT/LUTTER, AktG, § 92 Rn. 13. Grundlage für die Beurteilung der Zahlungsfähigkeit muss nach wie vor die Erstellung eines Finanzplans sein, der die Zahlungsverpflichtungen mit Fälligkeiten sowie Zahlungseingänge erfasst.

1019 MÖNNING in: NERLICH/RÖMERMANN, InsO, § 19 Rn. 8; SCHMIDT, Überschuldung, DB 45/08, S. 2467 (2470, 2471); IDW FAR 1/1996, 1.

1020 Vgl. zu den Begriffen IDW, WP-Handbuch 2006, Band I, V Rn. 15.

chen.[1021] Diese Unklarheiten erschweren dem Vorstand die pflichtgemäße Beurteilung, ob eine Überschuldung gegeben ist oder nicht.[1022]

Ausgangspunkt für Zweifel an der Fortführungsfähigkeit des Unternehmens wird in der Regel eine bilanzielle bzw. buchmäßige Überschuldung sein.[1023] Diese zeigt sich durch einen nicht durch Eigenkapital gedeckten Fehlbetrag, der gem. § 268 Abs. 3 HGB auszuweisen ist. Diese bilanzielle oder buchmäßige Überschuldung ist indes nicht mit einer Überschuldung im insolvenzrechtlichen Sinne gleichzusetzen.[1024] Die bilanzielle Überschuldung zeigt einen Überhang der Passiva zu den Aktiva bei Bewertung der Vermögensgegenstände und Schulden nach den handelsrechtlichen Bewertungsregeln. Ausgangspunkt ist zwar auch hier die going-concern-Prämisse gem. § 252 Abs. 1 Nr. 2 HGB, also eine Bewertung zu Fortführungswerten. Die Bewertungsregeln sind jedoch geprägt durch das Vorsichtsprinzip, das tendenziell zu einem Wertansatz unter den Verkehrswerten führt. Zur Ermittlung der insolvenzrechtlichen Überschuldung sind die Vermögenswerte hingegen nach Zeitwerten anzusetzen, so dass stille Reserven aufzudecken sind.[1025] Ziel soll die Beantwortung der Frage sein, ob das Unternehmen fähig ist, am Markt weiter zu bestehen.

Unterschied der verschiedenen Konzeptionen zur Bestimmung der Überschuldung war und ist die Weise, in der sich die Fortführungsprognose[1026] auswirkt: Vor Geltung der bis zum FMStG geltenden Fassung des § 19 Abs. 2 InsO hatte sich ein zweistufiger Begriff durchgesetzt, der die Fortführungsprognose als Bestandteil des Überschuldungsbegriffs ansah: Selbst wenn sich eine Überschuldung bei Ansatz von Liquidationswerten ergab (rechnerische Überschul-

---

1021 Vgl. dazu ausführlich SCHMIDT, Überschuldung, DB 45/08, S. 2467 (2468 ff.); MÖNNING in: NERLICH/RÖMERMANN, InsO, § 19 Rn. 1 ff; SCHMIDT/UHLENBRUCK, GmbH-Krise, 4. Aufl., Rn. 5.116; BALTHASAR in: KRIEGER, HB Managerhaftung, § 27 Rn. 7 ff.

1022 IDW, WP-Handbuch 2006, Band I, V Rn. 14.

1023 So auch BALTHASAR in: KRIEGER, HB Managerhaftung, § 27 Rn. 8; ELLROTT/KRÄMER in: BeBiKo, 7. Aufl., § 268 Rn. 76 f.

1024 WINNEFELD, Bilanz-Handbuch, 4. Aufl., D Rn. 1906; UHLENBRUCK, InsO, 13. Aufl., § 19 Rn. 10; MÖNNING in: NERLICH/RÖMERMANN, InsO, § 19 Rn. 28 f. sowie SCHMIDT, Überschuldung, DB 45/08, S. 2467 f., II.1.; IDW, WP-Handbuch 2006, Band , V Rn. 14.

1025 WINNEFELD, Bilanz-Handbuch, 4. Aufl., D Rn. 1906; UHLENBRUCK, InsO, 13. Aufl., § 19 Rn. 10; MÖNNING in: NERLICH/RÖMERMANN, InsO, § 19 Rn. 28, 34; BALTHASAR in: KRIEGER, HB Managerhaftung, § 27 Rn. 21.

1026 Teilweise auch als „Fortbestehensprognose" bezeichnet. Der Unterschied ist lediglich sprachlicher Natur. Da das Gesetz die Wahrscheinlichkeit der „Fortführung" verlangt, wird hier der Begriff „Fortführungsprognose" verwendet.

dung), sollte diese jedoch nicht relevant sein, wenn eine positive Fortführungsprognose bestand.[1027] Der Schwerpunkt der Überschuldungsprüfung lag damit in der Fortführungsprognose. War diese positiv, konnte auch keine Überschuldung vorliegen. Diesem durch den BGH gestützten Ansatz[1028] wurde durch Einführung des § 19 Abs. 2 InsO 1999 zunächst ein Ende gesetzt.[1029] Gem. § 19 Abs. 2 InsO in der Fassung vor FMStG war die Fortführungsprognose nämlich nur noch für den Bewertungsmaßstab heranzuziehen. Bei positiver Fortführungsprognose war der Überschuldungsstatus nach Fortführungswerten zu erstellen. Ergab sich auch dann eine rechnerische Überschuldung, so lag insolvenzrechtlich eine Überschuldung vor. Ausweislich der Gesetzesbegründung sollte die Überschuldung allein durch Vergleich von Vermögen und Schulden bestimmt werden und nicht allein durch eine positive Fortführungsprognose die Insolvenzantragspflicht beseitigt werden.[1030] Dies müsse mit Rücksicht auf den Gläubigerschutz der Fall sein, da sich die Prognose auch als falsch erweisen könnte.[1031] In der Tat entspricht schon begrifflich allein eine Überschuldungsprüfung anhand des Vermögensvergleichs dem Begriff der Überschuldung. Durch die konstitutive Wirkung einer positiven Fortführungsprognose wurde jedoch solchen Unternehmen, die nach überwiegender Wahrscheinlichkeit trotz zwischenzeitlicher Schuldenüberdeckung weiter am Markt bestehen konnten, das Überleben gesichert, da sie noch nicht zum Insolvenzantrag gezwungen wurden.

Diese Überlegung findet sich nun in der aktuell geltenden Fassung des § 19 Abs. 2 InsO nach FMStG wieder: Besteht eine positive Fortführungsprognose, liegt keine Überschuldung im insolvenzrechtlichen Sinne vor, so dass keine Insolvenzantragspflicht besteht. Im Ergebnis wurde wieder zu dem vorher geltenden Begriff zurückgekehrt, den der BGH entwickelt hatte.[1032] Es soll damit verhindert werden, dass Unternehmen, die nur kurzfristig aufgrund der Finanzkrise in Schwierigkeiten geraten sind, unmittelbar einen Insolvenzantrag stellen müssen, obwohl die Prognose deren Überlebensfähigkeit bestätigt.[1033] Die Regel war daher zunächst bis zum 31.12.2010 befristet. Ökonomisch sinnvoll ist die jetzt geltende Regelung. Ist die Überlebensfähigkeit eines Unternehmens gesichert, so macht es keinen Sinn, dieses zu einem Insolvenzverfahren zu zwingen, auch

---

1027 SCHMIDT, Überschuldung, DB 45/08, S. 2467 (2468 f.) 3.; IDW, WP-Handbuch 2006, Band I, V Rn. 15.

1028 BGH v. 13.7.92 – II ZR 269/91, BGHZ 119, S. 201 (214).

1029 SCHMIDT, Überschuldung, DB 45/08, S. 2467 (2469) 4.

1030 BT-Drucksache 12 /2443, S. 115.

1031 Vgl. BT-Drucksache 12/7302, S. 157.

1032 SCHMIDT, Überschuldung, DB 45/08, S. 2467 (2469) 5.

1033 Vgl. Regierungsbegründung zum FMStG, BT-Drucksache 16/10600, S. 21.

wenn zwischenzeitlich die Schulden das Vermögen überdecken. Dem Gläubigerschutz ist lediglich dann Vorrang einzuräumen, wenn die Fortführung unsicher ist. Diese Ansicht teilt offenbar der Gesetzgeber, da er die Befristung nunmehr bis zum Ende des Jahres 2013 verlängert hat. Die „neue alte" Definition wird damit länger beibehalten. Die „richtige" Entscheidung hängt danach von der Qualität der Prognose über die Fortführungswahrscheinlichkeit ab. Inwieweit die Frist bis Ende 2013 eingehalten wird, oder ob die – ökonomisch sinnvollere – jetzige Regelung beibehalten wird, bleibt abzuwarten. Zu begrüßen wären vielmehr klarere Vorgaben über die Durchführung der Fortführungsprognose. Das Gesetz definiert die Fortführungsprognose nicht. Aus § 19 Abs. 2 InsO ergibt sich lediglich, dass Überschuldung nicht vorliegt, wenn die Fortführung des Unternehmens „nach den Umständen überwiegend wahrscheinlich" ist.[1034] Unklar lässt § 19 InsO, welche Kriterien vor welchem Horizont heranzuziehen sind. Einig sind sich Literatur und Rechtsprechung, dass ein mit überwiegender Wahrscheinlichkeit einzuhaltender Finanzplan zu Grunde zu legen ist, aus dem sich ergeben muss, dass die Liquidität in einem mittelfristigen Betrachtungszeitraum ausreicht, die Zahlungsverpflichtungen zu erfüllen.[1035] Es handelt sich folglich letztlich um eine prognostische Zahlungsunfähigkeitsprüfung, da es für die Gläubiger unerheblich ist, aus welchen Quellen die Zahlungen des Schuldners erfolgen.[1036] Auf die Ertragsfähigkeit allein kann es daher nicht ankommen.[1037] Der **Prognosezeitraum** wird mehrheitlich mit ein bis zwei Jahren angenommen, bzw. ist auf das Ende des der Untersuchung nachfolgenden Geschäftsjahrs auszudehnen.[1038] Auch zum Ende des Prognosezeitraums muss

1034 § 19 Abs. 2 S. 1 Hs. 2 InsO.

1035 HAAS in: BAUMBACH/HUECK, GmbHG, 19. Aufl., § 64 Rn. 46; HÜFFER, 8. Aufl., § 92 Rn. 12; MÖNNING in: NERLICH/RÖMERMANN, InsO, § 19 Rn. 20; SCHMIDT, Überschuldung, DB 45/08, S. 2467 (2470); IDW, WP-Handbuch 2006, Band I, V Rn. 18 sowie IDW FAR 1/1996, 3.2; aus der Rechtsprechung: BGH v. 13.7.92 – II ZR 269/91, BGHZ 119, S. 201; BGH v. 29.9.97 – II ZR 245/96, NJW 1998, S. 233 (234); OLG Naumburg v. 20.08.03 – 5 U 67/03; GmbHR 2004, S. 361 (362).

1036 Zutreffend SCHMIDT/UHLENBRUCK, GmbH-Krise, 4. Aufl., Rn. 5.123; MÖNNING in: NERLICH/RÖMERMANN, InsO, § 19 Rn. 20. Zusätzlich wird vielfach das Vorliegen eines tragfähigen Unternehmenskonzepts gefordert. Dieses ist jedoch ohnehin Grundlage für den Finanzplan und die Beurteilung der überwiegenden Wahrscheinlichkeit. Schließlich muss natürlich auch der Wille des Unternehmensträgers zur Fortführung vorliegen. Vgl. dazu MÖNNING in: NERLICH/RÖMERMANN, InsO, § 19 Rn. 18 ff.; SCHMIDT/UHLENBRUCK, GmbH-Krise, 4. Aufl., Rn. 5.122 ff. sowie IDW FAR 1/1996.

1037 Vgl. HAAS in: BAUMBACH/HUECK, GmbHG, 19. Aufl., § 64 Rn. 46.

1038 HAAS in: BAUMBACH/HUECK, GmbHG, 19. Aufl., § 64 Rn. 47; HÜFFER, AktG, 9. Aufl., § 92 Rn. 12; SCHMIDT/UHLENBRUCK, GmbH-Krise, 4. Aufl., Rn. 5.126; IDW FAR 1/1996, 3.2; BGH v. 13.7.92 – II ZR 269/91, BGHZ 119, S. 201 (214).

die Überlebensfähigkeit gesichert sein, nur dann kommt die Fortführungsprognose zu einem positiven Urteil.[1039]

(2) Auswirkung der Überbewertung

Ausgangspunkt für eine Überschuldungsprüfung ist trotz Geltung anderer Bewertungsmaßstäbe die Handelsbilanz, dies hat auch der BGH eindeutig klargestellt.[1040] Insbesondere stellt sich die Frage einer Überschuldung meist erst dann, wenn die Handelsbilanz einen nicht durch Eigenkapital gedeckten Fehlbetrag aufweist. Dieser kann durch Aufdeckung stiller Reserven oftmals ausgeglichen werden, so dass insolvenzrechtlich in diesem Fall nicht zwingend die Überschuldung gegeben ist. Wird ein solcher bei korrekter Rechnungslegung auszuweisender Fehlbetrag jedoch durch eine Überbewertung ausgeglichen, so wird die Überschuldung der AG verschleiert. Denn wenn die Handelsbilanz unter Berücksichtigung des Vorsichtsprinzips noch ein positives Eigenkapital ausweist, so ist insolvenzrechtlich erst recht nicht von einer Überschuldung auszugehen. Für share- und stakeholder besteht folglich in einem solchen Fall kein Anlass, an der Überlebensfähigkeit der Gesellschaft zu zweifeln. Ferner wird selbst im Falle der Aufstellung eines Überschuldungsstatus dieser bei Überbewertungen positiv ausfallen, wenn wie üblich die Handelsbilanzwerte als Ausgangswerte übernommen werden.

Folge ist, dass die Insolvenzantragspflicht des § 15a Abs. 1 S. 1 InsO nicht erkennbar wird. Die Pflicht besteht spätestens drei Wochen nach Eintritt der Überschuldung. Maßgeblich ist dabei das objektive Vorliegen des Überschuldungstatbestands im insolvenzrechtlichen Sinne, also die Beurteilung aufgrund der tatsächlichen Verhältnisse.[1041] Der Vorstand kann sich folglich der Antragspflicht gerade nicht dadurch entziehen, dass durch Überbewertung innerhalb des Jahresabschlusses die Überschuldung nicht offenbar wird. Streitig im Detail sind die subjektiven Voraussetzungen für die Ingangsetzung der Dreiwochenfrist. Zusätzlich zum objektiven Vorliegen der Antragsgründe werden für den Fristbeginn verschiedentlich subjektive Elemente gefordert.[1042] So fordern Teile der

---

1039 Und nicht etwa darf lediglich gesichert sein, dass das Unternehmen noch so lange überlebt, und erst dann in die Insolvenz abgleitet, vgl. SCHMIDT, Überschuldung, DB 45/08, S. 2467 (2479 re. Sp.).

1040 IDW, WP-Handbuch 2006, Band I, V Rn. 14; BGH v. 16.3.09 – II ZR 280/07, NJW 09, S. 2454 (2455).

1041 HÜFFER, AktG, 9. Aufl. , § 92 Rn. 9, 13 zu § 92 Abs. 2 a.F. AktG; HEIDEL, AktR, 2. Aufl., § 92 Rn. 12; IDW, WP-Handbuch 2006, Band I, V Rn. 1 a.E.

1042 BALTHASAR in: KRIEGER, HB Managerhaftung, § 27 Rn. 51.

Literatur die positive Kenntnis der Insolvenzgründe für den Lauf der Frist,[1043] teils böswillige Unkenntnis;[1044] der BGH stellt in neuerer Rechtsprechung mit Teilen der Literatur auf die Erkennbarkeit bzw. fahrlässige Nichtkenntnis ab.[1045]

Der Fristbeginn ist zunächst allein nach objektiven Kriterien zu bestimmen. Die Frage der Erkennbarkeit ist auf Ebene des subjektiven Tatbestands bzw. zivilrechtlich im Rahmen des Vertretenmüssens zu prüfen.[1046] Das unfahrlässige Überschreiten der Frist stellt danach zwar objektiv eine Verletzung der Antragspflicht dar, ist jedoch subjektiv nicht tatbestandlich und löst auch keine zivilrechtliche Haftung aus, da auch diese das Verschulden (Vorsatz oder Fahrlässigkeit) verlangt. Ist die Überschuldung jedoch objektiv in keiner Weise erkennbar, so soll dem Vorstand bei Erkennbarkeit der Existenzbedrohung zumindest noch die Chance gegeben werden, Sanierungsbemühungen anzustellen. Zuzustimmen ist damit der Auffassung des BGH, der auf die Erkennbarkeit der Überschuldung abstellt, damit die Frist zu laufen beginnt. Der Gesetzgeber stellt gem. § 15a Abs. 5 InsO auch die fahrlässige Verletzung der Antragspflicht unter Strafe. Verlangte der Lauf der Frist die positive Kenntnis, so läge stets Vorsatz vor, und eine Fahrlässigkeitsstrafbarkeit wäre gar nicht möglich.[1047]

Die Falschbewertung kann im Extremfall dazu führen, dass statt einer zur Insolvenzantragspflicht führenden Überschuldung ein positiver Bilanzgewinn ausgewiesen wird, der ausgeschüttet werden kann. Der gesamte Bilanzgewinn ist in diesem Fall Scheingewinn und wird in der Regel von den Aktionären nicht rückforderbar sein, § 62 Abs. 1 S. 2 AktG. Der potentielle Schaden der Gesellschaft maximiert sich in einem solchen Fall.

b. Nichtanzeige des Verlusts hälftigen Grundkapitals

Neben der Verschleierung des Vorliegens einer Insolvenzantragspflicht gem. § 15a InsO können durch Überbewertung weitere Vorstandspflichten verletzt werden. Noch vor der Insolvenzantragspflicht durch Überschuldung ergibt sich in der Regel die Pflicht des Vorstands, gem. § 92 Abs. 1 AktG die Hauptversammlung einzuberufen und den Verlust des hälftigen Grundkapitals anzuzei-

---

1043 MÖNNING in: NERLICH/RÖMERMANN, InsO, § 13 Rn. 77 m.w.N.; SCHULZE-OSTERLOH in: BAUMBACH/HUECK, GmbHG, 18. Aufl., § 64 Rn. 50.

1044 HEIDEL, AktR, 2. Aufl., § 92 Rn. 12.

1045 BGH v. 29.11.99 – II ZR 273/98, BGHZ 143 S. 184 (185); HÜFFER, AktG, 9. Aufl. , § 92 Rn. 9, 13; SCHMIDT/LUTTER, AktG, § 92 Rn. 17; HAAS in: BAUMBACH/HUECK, GmbHG, 19. Aufl., § 64 Rn. 124; IDW, WP-Handbuch 2006, Band I, V Rn. 1.

1046 Letztlich ist die Frage, ob die Frist bereits lief oder nicht, erst im Rahmen der Haftung wegen deren Verletzung relevant.

1047 So auch SCHULZE-OSTERLOH in: BAUMBACH/HUECK, GmbHG, 18. Aufl., § 84 Rn. 33, der damit seine Aussage an anderer Stelle (§ 64 Rn. 50) relativiert.

gen, sog. „Unterbilanz".[1048] Nach § 92 Abs. 1 AktG besteht diese Pflicht, wenn sich bei Aufstellung der „Jahresbilanz" oder einer Zwischenbilanz ein Verlust in Hälfte des Grundkapitals ergibt oder dies nach pflichtgemäßem Ermessen anzunehmen ist. Gemeint ist damit, dass das Grundkapital bis zur Hälfte durch Verluste aufgezehrt ist.[1049] Es ergibt sich folglich noch kein nicht durch Eigenkapital gedeckter Fehlbetrag. Aus der Bezugnahme auf die „Jahresbilanz" wird bereits aus dem Gesetzeswortlaut deutlich, dass Bewertungsmaßstab für diese Verlustanzeigepflicht die handelsrechtlichen Bewertungsvorschriften sind.[1050] Ergibt sich nach diesen Vorschriften ein nur noch die Hälfte des Grundkapitals bestehendes Eigenkapital, so trifft den Vorstand die Pflicht zur unverzüglichen Anzeige durch Einberufung der Hauptversammlung. Unverzüglich handelt der Vorstand nach der Legaldefinition des § 121 Abs. 1 S. 1 BGB, wenn er ohne schuldhaftes Zögern einberuft. Da im Gegensatz zur Erstellung eines Überschuldungsstatus i.S.d. § 19 InsO die handelsrechtlichen Bewertungsvorschriften gelten und nur die Hälfte des Grundkapitals aufgezehrt zu sein braucht, ist diese Anzeigepflicht zeitlich vor einer Insolvenzantragspflicht gegeben. Die Anteilseigner sollen frühzeitig informiert sein, um an der Entscheidung über mögliche Maßnahmen teilhaben zu können.[1051]

Anders als für die Tatbestandsvoraussetzungen der Überschuldung ist nach dem Wortlaut des Gesetzes anzunehmen, dass die Einberufungspflicht zunächst nur besteht, wenn eine Zwischenbilanz oder die Bilanz des Jahresabschlusses tatsächlich eine mindestens das hälftige Grundkapital betragende Unterdeckung ausweisen. Praktisch am wichtigsten ist jedoch die dritte Alternative des § 92 Abs.1 AktG. Denn auch wenn sich die Unterdeckung nicht aus einer Bilanz ergibt, besteht danach die Einberufungspflicht, wenn eine Aufzehrung des hälftigen Grundkapitals nach „pflichtgemäßem Ermessen anzunehmen" ist, § 92 Abs. 1 Hs. 1 Alt. 3 AktG. Dies kann der Fall sein, wenn die Unterdeckung durch Überbewertungen verschleiert wird.[1052]

1048 Vgl. IDW, WP-Handbuch 2006, Band I, V Rn. 1.

1049 Und nicht etwa, dass ein in einem Geschäftsjahr ausgewiesener Verlust diese Höhe beträgt. Ganz h.M. vgl. HÜFFER, AktG, 9. Aufl. , § 92 Rn. 2; HEIDEL, AktR, 2. Aufl., § 92 Rn. 2; SCHMIDT/LUTTER, AktG, § 92 Rn. 3. Dies ergibt sich auch aus einem Vergleich zu der entsprechenden Regelung für GmbH, § 49 Abs. 3 GmbHG.

1050 Mit „Jahresbilanz" kann nur die Bilanz des handelsrechtlichen Jahresabschlusses gemeint sein; dies ist einhellige Meinung, vgl. HÜFFER, AktG, 9. Aufl. , § 92 Rn. 3; HEIDEL, AktR, 2. Aufl., § 92 Rn. 2.

1051 REUTER, Krisenrecht, BB 35/03, S. 1797 (1801 re. Sp.).

1052 Vgl. SCHMIDT/LUTTER, AktG, § 92 Rn. 12.

c. Verdeckung verbotener Zahlungen

Gem. § 92 Abs. 2 S. 1 AktG darf der Vorstand nach Eintreten der Zahlungsunfähigkeit oder Vorliegen einer Überschuldung keine Zahlungen mehr leisten, dennoch geleistete Zahlungen werden als „verbotene Zahlungen“ bezeichnet.[1053] Die Bezugnahme auf Zahlungsunfähigkeit oder Überschuldung macht deutlich, dass es sich um die Insolvenzgründe handelt, mithin also eine Überschuldung im insolvenzrechtlichen Sinne vorliegen muss.[1054] Durch das Zahlungsverbot soll eine Masseschmälerung nach Eintritt der Insolvenzreife verhindert werden.[1055] Zutreffend ist § 92 Abs. 2 AktG daher so auszulegen, dass das Zahlungsverbot greift, sobald objektiv die Voraussetzungen der Überschuldung bzw. Zahlungsfähigkeit gegeben sind.[1056] Um das Ziel der Verhinderung einer Masseschmälerung zu erreichen, ist das Zahlungsverbot nach zutreffender Meinung von Literatur und Rechtsprechung weit auszulegen. Erfasst sind daher nicht nur Auszahlungen im Liquiditätssinne, sondern jegliche baren und unbaren Leistungen, die eine Masseschmälerung bewirken, also grundsätzlich auch Warenlieferungen oder Erbringung von Dienstleistungen.[1057] Nach dem BGH fällt selbst die Scheckeinreichung auf ein im Soll geführtes Konto unter das Zahlungsverbot, da dies einer Kredittilgung gleichkommt.[1058] Dies ist zutreffend, da nur die Einzahlung auf ein Guthabenkonto zu einem gleichwertigen Auszahlungsanspruch gegen die Bank führt. So wenig wie die Verminderung einer Verbindlichkeit einen Vorteil für die Masse bewirkt, führt die Eingehung einer solchen zu einem unmittelbaren Nachteil. Insofern verstößt die Begründung von Verbindlichkeiten nicht gegen das Zahlungsverbot.[1059]

Zulässig sind solche Zahlungen, die mit der Sorgfalt eines ordentlichen und gewissenhaften Geschäftsleiters vereinbar sind, § 92 Abs. 2 S. 2 AktG. Das sind zum Einen Zahlungen, die masseneutral sind, also eine unmittelbare wertde-

1053 Hüffer, AktG, 9. Aufl. , § 92 Rn. 14.

1054 Unbestritten, vgl. Hüffer, AktG, 9. Aufl. , § 92 Rn. 14 sowie Heidel, AktR, 2. Aufl., § 92 Rn. 15.

1055 So auch Balthasar in: Krieger, HB Managerhaftung, § 27 Rn. 56.

1056 Hüffer, AktG, 9. Aufl. , § 92 Rn. 14a; Heidel, AktR, 2. Aufl., § 92 Rn. 17; Reuter, Krisenrecht, BB 35/03, S. 1797 (1803 re. Sp.); BGH v. 16.3.09 – II ZR 280/07, BB 23/09, S. 1207.

1057 Reuter, Krisenrecht, BB 35/03, S. 1797 (1803); Hüffer, AktG, 9. Aufl. , § 92 Rn. 14a; Heidel, AktR, 2. Aufl., § 92 Rn. 16; Haas in: Baumbach/Hueck, GmbHG, 19. Aufl., § 64 Rn. 65.

1058 BGH v. 29.11.99 – II ZR 273/98, BGHZ 143, S. 184.

1059 So auch BGH v. 30.3.98 – II ZR 146/96, BGHZ 138, S. 211 (216 f.), zustimmend Hüffer, AktG, 9. Aufl. , § 92 Rn. 14a; Haas in: Baumbach/Hueck, GmbHG, 19. Aufl., § 64 Rn. 66.

ckende Gegenleistung erbringen (z.B. Bargeschäfte), zum Anderen Zahlungen, die notwendig sind, um Sanierungsbemühungen zu ermöglichen (z.B. Mietzahlungen).[1060] Die Dreiwochenfrist des § 15a InsO bezieht sich daher nur auf die Antragspflicht, nicht jedoch auf das Zahlungsverbot.[1061] Innerhalb der drei Wochen muss eine Abwendung der Insolvenzreife erreicht werden, um den Antrag entbehrlich zu machen. Masseschmälernde Zahlungen führen gerade nicht dazu, es sei denn sie machen die Sanierung erst möglich. Der Vorstand ist in dieser Zeit vielmehr verpflichtet, Sanierungsmaßnahmen unter Abwägung der Gläubigerbelange zu sondieren.[1062] Aus der Formulierung des Gesetzes der Zulässigkeit von Zahlungen als Ausnahme ergibt sich, dass der Vorstand die Darlegungs- und Beweislast für die Zulässigkeit trägt.[1063]

Durch eine Überbewertung, die die Überschuldung verschleiert bzw. die im Vorfeld die Warnfunktion innehabende Anzeigepflicht des § 92 Abs. 1 AktG verdeckt, wird folglich auch das Zahlungsverbot des § 92 Abs. 2 AktG verschleiert. Praktische Relevanz erhält das Zahlungsverbot vor allem für den Zeitraum zwischen einer insolvenzrechtlichen Überschuldung und einem Insolvenzantrag wegen Zahlungsunfähigkeit. Nach einem solchen werden verbotene Zahlungen schon aufgrund der Illiquidität selten sein. Ergibt sich jedoch, dass eine Überschuldung bereits zu einem vorherigen Insolvenzantrag verpflichtet hätte, so sind zwischenzeitliche Zahlungen betroffen.

3. Schadenspositionen der Gesellschaft

a. Vermögensschäden als relevante Schadenspositionen

Als Grundlage für die Bestimmung von Haftungsfolgen für Unternehmensorgane durch Schadensersatzansprüche der Gesellschaft soll zunächst untersucht werden, welche Schadenspositionen der Gesellschaft durch die Nichtigkeit des Jahresabschlusses typischerweise entstehen können. Praktisch relevant sind dazu nur Vermögensschäden, also materielle Schäden, da immaterielle Schäden im deutschen Zivilrecht nur in Ausnahmefällen durch Geldzahlung ersatzfähig sind. Gem. § 253 Abs. 1 BGB ist Ersatz immaterieller Schäden in Geld nur in gesetz-

---

1060 HAAS in: BAUMBACH/HUECK, GmbHG, 19. Aufl., § 64 Rn. 73; HÜFFER, AktG, 9. Aufl., § 92 Rn. 14b; SCHMIDT/LUTTER, AktG, § 92 Rn. 21.

1061 Vgl. REUTER, Krisenrecht, BB 35/03, S. 1797 (1803 re. Sp.); BGH v. 16.3.09 – II ZR 280/07, BB 23/09, S. 1207.

1062 Vgl. zu den Pflichten BGH v. 9.7.79 – II ZR 118/77, BGHZ 75, S. 96.

1063 Dies ergibt sich auch direkt aus § 93 Abs. 2 S. 2 AktG. Ausführlich zu § 92 Abs. 2 AktG und S.2 als „Rechtfertigungsklausel“: LIEBS in: FS RITTNER, Zahlungsverbot, S. 369 ff.

lich ausdrücklich bestimmten Fällen möglich. § 253 Abs. 2 BGB nennt die wesentlichen Fälle wie Körperverletzung, Freiheitsentzug und Verletzung der sexuellen Selbstbestimmung. Ein Geldersatz für den reinen „Imageschaden", der einer AG durch die Nichtigkeit eines Jahresabschlusses entsteht, ist damit grundsätzlich nicht zu erlangen.

Zu beachten ist, dass nur ein Schadensersatz in Geld für immaterielle Schäden durch § 253 Abs. 1 BGB ausgeschlossen ist.[1064] Auch für immaterielle Schäden gilt im Grundsatz die Ersatzpflicht durch Naturalrestitution gem. § 249 BGB.[1065] Danach ist der Zustand herzustellen, der bestehen würde, wenn der zum Schadensersatz verpflichtende Umstand nicht eingetreten wäre. Im Fall immaterieller Schäden ist dies jedoch in der Regel unmöglich. So kann ein „Rufschaden" nur begrenzt durch Klarstellung beseitigt werden.

Das Vorliegen eines Vermögensschadens wird im Grundsatz nach der sog. Differenzhypothese bestimmt. Ausgehend vom Grundsatz der Naturalrestitution gem. § 249 Abs. 1 BGB werden zwei Vermögenspositionen miteinander verglichen: Der Vermögenswert des Geschädigten mit und ohne das schädigende Ereignis. Die Differenz dieser Vermögenswerte stellt den Vermögensschaden dar.[1066]

b. Vermögensschäden aufgrund der Nichtigkeit

Bedeutsam, weil ersatzfähig und damit Haftungsfolgen begründend, sind damit nur Vermögensschäden, die der Gesellschaft aufgrund der Nichtigkeit entstehen. Denkbar sind zwei Arten der Vermögensminderung auf Seiten der Gesellschaft: Echte eigene Schäden sowie mittelbare Schäden durch eine Inanspruchnahme der Gesellschaft durch Dritte. Letztere stehen im Zusammenhang mit einer Außenhaftung der Unternehmensorgane, da nur diese als Vertreter der Gesellschaft ein Verschulden der juristischen Person begründen können.[1067]

Folgend sind die typischen Vermögensminderungen, die einen auf der Nichtigkeit des Jahresabschlusses beruhenden eigenen Schaden der Gesellschaft darstellen, aufgeführt:

1064 Gemeinhin als „Schmerzensgeld" bezeichnet.

1065 Vgl. dazu GRÜNEBERG in: PALANDT, BGB, 69. Aufl., § 253 Rn. 3, Vorb. v. § 249 Rn. 9.

1066 GRÜNEBERG in: PALANDT, BGB, 69. Aufl., Vorb. v. § 249 Rn. 10. Entscheidend für die Ersatzpflicht ist sodann die Kausalität zwischen ersatzpflichtbegründendem Ereignis und Schaden; ferner werden aus Wertungsgesichtspunkten Ausnahmen von der Differenzhypothese gemacht, vgl. dazu ausführlich PALANDT aaO Rn. 11 ff.

1067 Analog § 31 BGB. Ausführlich dazu unten.

(1) Ausschüttungsschaden

Wie oben dargelegt, liegt ein Ausschüttungsschaden der Gesellschaft dann vor, wenn wegen Überbewertung Scheingewinne ausgeschüttet werden. Der Vermögensschaden entsteht der AG dann, wenn die Überbewertung nicht in laufender Rechnung korrigiert wird, was zu einer Verminderung von Gewinnausschüttungen in der Folgezeit geführt hätte. Erst durch Feststellung der Nichtigkeit wird eine Rückforderung von den Aktionären möglich, diese wird jedoch zumeist am Beweis der fahrlässigen Nichtkenntnis der Nichtberechtigung scheitern.

(2) Kosten der Neuaufstellung und Abschlussprüfung

Handelte es sich um Nichtigkeit des Jahresabschlusses wegen Inhaltsfehlern, ist der Jahresabschluss neu aufzustellen und vor der - erstmals wirksamen Feststellung – erneut durch einen Abschlussprüfer zu prüfen, wobei es sich um eine Vollprüfung handelt. Sowohl die Neuaufstellung als auch die erneute Abschlussprüfung verursachen nicht unerhebliche Kosten, die im Fall einer wirksamen Erstfeststellung nicht angefallen wären. Diese Kosten stellen daher einen Vermögensschaden der Gesellschaft dar.

(3) Kosten für Feststellung der Nichtigkeit

Ist der Vorstand nicht selbst von der Nichtigkeit überzeugt, so dass er sie durch sofortige Neuaufstellung des Jahresabschlusses geltend macht, wird zwischen den Organmitgliedern Streit darüber bestehen, inwieweit Nichtigkeitsgründe gegeben sind. Der zweifelnde Vorstand oder Aufsichtsrat muss daher sachverständigen Rat einholen, der Gutachterkosten entstehen lässt. Selbiges gilt für den Nichtigkeitskläger, z.B. den Insolvenzverwalter einer AG, der im Rahmen der Nichtigkeitsklage durch Parteigutachten seinen Vortrag substantiieren muss. Auch diese Kosten können in der Praxis aufgrund der Komplexität der Abgrenzung und Feststellung nichtigkeitsbegründender Rechnungslegungsmängel immens sein.

(4) Prozesskosten und Schadensersatz

Unterliegt die Gesellschaft einer Nichtigkeitsklage, hat sie die Kosten des Rechtsstreits zu tragen. Diese umfassen nicht nur Gerichts- und Anwaltskosten, sondern können ggf. auch Sachverständigenkosten enthalten.

Ferner können sich weitere Folgekosten aus einer Nichtigkeit ergeben, insbesondere durch Inanspruchnahme der Gesellschaft aufgrund des nichtigen Jahresabschlusses. Diese können in vertraglichen oder deliktischen Schadensersatzverpflichtungen gegenüber Dritten liegen.[1068] Da der Vorstand als gesetzlicher Vertreter der Gesellschaft handelt, wird ihr dieses Handeln analog § 31 BGB zugerechnet, so dass sie für jegliches schuldhafte Handeln ihres Vorstands einstehen muss.[1069]

Ist die Nichtigkeit festgestellt, muss ferner die Neuaufstellung und Offenlegung des Jahresabschlusses fristgerecht erfolgen. Wird dies versäumt, ist ein Ordnungsgeld gem. § 335 HGB zu erheben, das ebenso die Gesellschaft belasten kann, wenn es gem. § 335 Abs. 1 S. 2 HGB gegen diese statt gegen die Vorstandsmitglieder durchgeführt wird.[1070]

c. Vermögensschäden im Zusammenhang mit der Nichtigkeit im Insolvenzfall

(1) Durchsetzungspflicht massemehrender Ansprüche durch den Insolvenzverwalter

Nach Eröffnung eines Insolvenzverfahrens geht gem. §§ 80, 148 InsO die Verwaltungs- und Verfügungsbefugnis über das Vermögen des Schuldners auf den Insolvenzverwalter über. Zentrale Pflicht des Insolvenzverwalters ist die Verwaltung und Verwertung der Insolvenzmasse, so dass die Gläubiger möglichst weitgehend und gleichmäßig befriedigt werden, vgl. § 1 InsO.[1071] Um dies zu erreichen, ist der Insolvenzverwalter gehalten, die Masse weitestmöglich zu mehren, also Ansprüche des Schuldners gegen Dritte, ggf. gerichtlich, durchzusetzen, wozu er als Partei kraft Amtes prozessführungsbefugt ist, §§ 80, 85 InsO.[1072] Dazu gehören typischerweise bei Schuldnern, die juristische Personen sind, Ansprüche der Gesellschaft gegen die gesetzlichen Vertreter und Gesellschafter.[1073] Hier sollen lediglich Ansprüche aus Schäden betrachtet werden, die im Zusammenhang mit der Nichtigkeit eines vorinsolvenzlichen Jahresabschlusses denkbar sind.

1068 Vgl. Gelhausen in: Krieger, HB Managerhaftung, § 28 Rn. 25, 27.

1069 Grüneberg in: Palandt, BGB, 69. Aufl., § 31 Rn. 3, § 278 Rn. 6; § 31 BGB geht nach zutreffender Meinung § 278 BGB vor.

1070 Vgl. dazu ausführlich oben, Kap. IV.A.5.c. S. 206.

1071 Abeltshauser in: Nerlich/Römermann, InsO, § 60 Rn. 21; Uhlenbruck, InsO, 13. Aufl., § 60 Rn. 14.

1072 Abeltshauser in: Nerlich/Römermann, InsO, § 60 Rn. 23 f.; Wittkowski aaO, § 80 Rn. 22 ff., 68; Uhlenbruck, InsO, 13. Aufl., § 80 Rn. 104.

1073 Typisch sind Ansprüche gegen Gesellschafter wegen überbewerteter Sacheinlagen oder Nichtleistung der Stammeinlagen, Rückforderung zurückgezahlter eigenkapitalersetzender Darlehen etc., siehe dazu Schmidt/Uhlenbruck, GmbH-Krise, 4. Aufl., Rn. 7.101 ff.

Die Durchsetzung von Ansprüchen der Gesellschaft liegt im Interesse der Gläubiger, da das Haftungskapital erhöht wird. Ansprüche gegen den Vorstand aus Pflichtverletzung, gegen Aktionäre wegen Rückforderung widerrechtlich bezogener Gewinnanteile oder Einflussnehmer auf die Gesellschaft i.S.d. § 117 AktG können daher gem. §§ 62 Abs. 2, 93 Abs. 5, 117 Abs. 5 AktG grundsätzlich auch von den Gläubigern der AG geltend gemacht werden.[1074] Im Insolvenzverfahren ist dies jedoch nicht möglich, sondern derartige Ansprüche sind allein von dem Insolvenzverwalter geltend zu machen, vgl. §§ 62 Abs. 2 S. 2, 93 Abs. 5 S. 4, 117 Abs. 5 S. 3 AktG. Dies ist sachgerecht, da aus der Masse sämtliche Gläubiger gleichermaßen zu befriedigen sind. Ein Gläubigerwettlauf mit Befriedigung einzelner Gläubiger wird durch das alleinige Verfolgungsrecht des Insolvenzverwalters verhindert.

(2) Durch den Insolvenzverwalter zu verfolgende Schadenspositionen der Gesellschaft

Der Insolvenzverwalter ist folglich gehalten, zu untersuchen, inwieweit Ansprüche gegen Gesellschafter oder Organe gegeben sind. Ergeben sich Anhaltspunkte für Falschbewertungen, so sollte – in der Regel durch unabhängige Sachverständige – der betreffende Jahresabschluss auf Nichtigkeitsgründe geprüft werden.

Ergibt sich danach ein **Ausschüttungsschaden**, ist dessen Ersatz gem. § 62 Abs. 2 S. 2 AktG durch den Insolvenzverwalter zu verfolgen. Ferner ist der Ausschüttungsschaden ggf. gegen Vorstand, Aufsichtsrat oder Abschlussprüfer geltend zu machen, auch dies hat gem. § 93 Abs. 5 S. 4 AktG durch den Insolvenzverwalter zu erfolgen.

Ferner ist zu untersuchen, inwieweit bereits im Vorfeld eine Insolvenzantragspflicht wegen Überschuldung bestanden hätte. Im Fall der Überbewertung kann wie oben dargestellt sowohl die Einberufungspflicht des § 92 Abs. 1 AktG, als auch die Antragspflicht des § 15a InsO verletzt worden sein, so dass eine Insolvenzverschleppung vorliegt. Ferner können im Fall der Verschleierung einer Überschuldung nach Eintreten der Überschuldung bis zum Zeitpunkt des tatsächlich gestellten Insolvenzantrags **verbotene Zahlungen** i.S.d. § 92 Abs. 2 AktG vorgenommen worden sein. Diese erfolgen typischerweise dann, wenn die Überschuldung durch eine Überbewertung verschleiert wurde.

1074 Zu unterscheiden ist dabei, ob die Gläubiger den Anspruch als eigenen Anspruch geltend machen können oder als Prozessstandschafter der AG. Letzteres ist nach h.M. der Fall für den Anspruch aus § 62 AktG, weil er der Kapitalerhaltung dient, SCHMIDT/LUTTER, AktG, § 62 Rn. 28, § 93 Rn. 57 ff.; HÜFFER, AktG, 9. Aufl. , § 62 Rn. 13 f.

d. Ansprüche aus Verlustausgleichspflicht gem. § 302 AktG

Schließlich ergeben sich typischerweise Probleme im Konzernverbund zwischen Mutter- und Tochterunternehmen, wenn Gewinnabführungs- und Beherrschungsverträge i.S.d. § 291 AktG bestehen. Als Ausgleich für die weitgehende Einflussmöglichkeit sowie die Aufgabe der Vermögensbindung in der Tochtergesellschaft gem. § 291 Abs. 3 AktG hat das beherrschende Unternehmen gem. § 302 Abs. 1 AktG während der Vertragsdauer eines solchen Vertrags[1075] jeden Jahresfehlbetrag auszugleichen, soweit dieser nicht durch Entnahmen aus Gewinnrücklagen ausgeglichen wird.[1076] Das abhängige Unternehmen hat folglich stets ein Jahresergebnis von 0, da in der GuV ein entsprechender Ertrag bzw. ein Aufwand aus Gewinnabführung auszuweisen ist, § 277 Abs. 3 S. 2 HGB.[1077] Das abhängige Unternehmen kann somit grundsätzlich nicht in Insolvenz gehen, solange die Obergesellschaft ihrer Verlustausgleichspflicht nachkommen kann.[1078] Ist dies für die Obergesellschaft jedoch problematisch, so besteht praktisch das Bedürfnis, den auszugleichenden Verlust möglichst gering zu halten – durch bilanzpolitische Maßnahmen. Gleiches gilt im Fall einer Beendigung des Unternehmensvertrags bezüglich des zuletzt auszugleichenden Verlusts.[1079]

Dieses Bedürfnis kann zu Überbewertungen des Jahresabschlusses der abhängigen Gesellschaft führen, zumal die Obergesellschaft häufig aufgrund ihrer Beherrschungsmöglichkeit auch Einfluss auf die Rechnungslegung nehmen kann. Ist der Jahresabschluss der Tochter nichtig wegen Überbewertung, so führt der neu aufzustellende Jahresabschluss zu einem höheren Verlust und damit einem höheren Ausgleichsanspruch. Im Fall einer Insolvenz der abhängigen Gesellschaft – sei es nach einer Beendigung des Unternehmensvertrags und z.B. einem Verkauf oder bei bestehendem Vertrag aufgrund einer Zahlungsunfähigkeit der Obergesellschaft – ist daher auch der Insolvenzverwalter gehalten zu prüfen, inwieweit Ansprüche aus § 302 AktG bestehen.

1075 Es reicht das Bestehen eines Beherrschungs- oder Gewinnabführungsvertrags aus. Meist bestehen jedoch beide Verträge, die zu einem sog. Organschaftsvertrag zusammengefasst werden, vgl. HÜFFER, AktG, 9. Aufl. , § 291 Rn. 24.

1076 Da nicht nur Gewinne abzuführen sind, sondern auch Verluste auszugleichen sind, werden Gewinnabführungsverträge i.S.d. § 291 AktG auch als Ergebnisübernahmeverträge oder Ergebnisabführungsverträge bezeichnet.

1077 In Höhe des Verlusts wird eine Forderung gegen die Mutter aktiviert: Forderungen gegen verbundene Unternehmen an Erträge aus Verlustübernahme.

1078 Vgl. HEIDEL, AktR, 2. Aufl., § 291 Rn. 7.

1079 Vgl. KRIEGER, Verlustausgleich, NZG 19/05, S. 787 (787 re. Sp.).

Streitig in Literatur und Rechtsprechung ist jedoch, inwieweit es überhaupt der Nichtigkeit des Jahresabschlusses bedarf: Geklärt ist zwar, dass im Fall der Gewinnabführung die Dividendenvereinnahmung phasengleich zu erfolgen hat – zumindest handelsrechtlich.[1080] Bei gleichen Stichtagen ist folglich bei der Mutter der Anspruch zu aktivieren, bei der Tochter eine Verbindlichkeit auszuweisen, die den Gewinn aufwandswirksam neutralisiert. Für den Fall der Verlustausgleichspflicht verbleibt jedoch der Streit, ob Bestehen und/oder Fälligkeit des Ausgleichsanspruchs von der Feststellung des handelsrechtlichen Jahresabschlusses abhängt oder nicht.[1081] Der BGH hat dazu klar Stellung bezogen, indem er weder für Bestehen noch für die Fälligkeit des Ausgleichsanspruchs die Feststellung des Jahresabschlusses fordert. Vielmehr sei der Anspruch von dem Jahresabschluss gelöst, so dass es auch bezüglich der Höhe nicht auf den – möglicherweise fälschlich – im Jahresabschluss ausgewiesenen Jahresfehlbetrag ankommt, sondern allein auf den „sich bei objektiv ordnungsmäßiger Bilanzierung zum Bilanzstichtag ergebenden (fiktiven) Jahresfehlbetrag".[1082] Ob eine die Nichtigkeit begründende Überbewertung vorliegt oder nicht, könnte damit im Einzelfall dahingestellt bleiben. Auch die Heilung eines nichtigen Jahresabschlusses könnte damit nichts am Bestehen eines evtl. Nachforderungsanspruchs ändern.[1083]

KRIEGER weist hingegen auf Probleme dieser Ansicht hin:[1084] Der sich ohne Ausgleichspflicht ergebende Jahresfehlbetrag wird einzig nach handelsrechtlichen Bewertungsmaßstäben ermittelt und stellt nicht einen nach Kostenrechnungsgesichtspunkten betriebswirtschaftlich „richtigen" Verlust dar. Ebenso wenig lässt sich ein einzig „richtiger" Jahresfehlbetrag ermitteln, da dessen Ausweis durch Wahlrechte und Spielräume beeinflusst wird.[1085] Eine Maßgeblichkeit des handelsrechtlichen Jahresabschlusses für den Ausgleichsbetrag ist daher mit KRIEGER nicht zu verleugnen: Entscheidend ist folglich, ob allein die

1080 HÜFFER, AktG, 9. Aufl. , § 256 Rn. 26, § 291 Rn. 26 m.w.N.; ADS, Rechnungslegung, 6. Aufl., Tb. 5, § 277 Rn. 71; BGH v. 12.1.1998 – II ZR 82/93, „Tomberger", BGHZ 137, S. 378, 382; zur steuerlichen Behandlung: BFH v. 7.8.00 – GS 2/99, BFHE 192, S. 339, BStBl. II 2000, S. 632.

1081 Vgl. zur Übersicht der Meinungen KRIEGER, Verlustausgleich, NZG 19/05, S. 787 (788 li. Sp.).

1082 BGH v. 10.7.06 – II ZR 238/04, AG 06, S. 629 (631) und BGH v. 14.2.05 – II ZR 361/02, NZG 05, S. 481; damit bestätigend BGH v. 11.10.99 – II ZR 120/98, BGHZ 142, S. 382.

1083 Dem BGH zustimmend SPINDLER/KLÖHN, Verlustausgleichspflicht, NZG 14/05, S. 584 (586).

1084 KRIEGER, Verlustausgleich, NZG 19/05, S. 787 ff.

1085 So auch KRIEGER, Verlustausgleich, NZG 19/05, S. 787 (789).

handelsrechtliche Rechnungslegung die Basis für den Ausgleichsanspruch gibt, oder ob die gesellschaftsrechtliche Rechnungslegung mit Feststellung den Anspruch begründet und in der Höhe festlegt.[1086] Ersteres würde den Anspruch zu einem eigenständigen Anspruch machen, der kraft Gesetzes am Bilanzstichtag entsteht und für den die Handelsbilanz die Grundlage gibt, was der Auffassung des BGH entspricht. Zweiteres würde den Anspruch wie den mitgliedschaftlichen Gewinnanspruch an die rechtswirksame Feststellung des Jahresabschlusses knüpfen.

Die Ansicht des BGH ist vor allem praktischen Problemen geschuldet: Die Feststellung könnte durch das beherrschende Unternehmen verzögert werden und ein einmal festgestellter Jahresabschluss müsste erst mit der Nichtigkeitsklage angegriffen werden, um die Heilung zu verhindern, wenn ein höherer Ausgleich gefordert wird.[1087]

Im Ergebnis kann der Auffassung des BGH gefolgt werden. Die Bedenken gegen diese Auffassung können ausgeräumt werden, wenn die Sphären der Rechnungslegung und die Auswirkung einer Nichtigkeit der Feststellung beachtet werden: Auch wenn keine Nichtigkeit der Feststellung gegeben ist bzw. eine solche geheilt ist, bleibt der handelsrechtliche Jahresabschluss fehlerhaft.[1088] Die Auffassung des BGH muss jedoch so ausgelegt werden, dass der handelsrechtliche Jahresabschluss als Ergebnis der öffentlich-rechtlichen Rechnungslegungspflicht maßgeblich für Bestehen und Höhe des Verlustausgleichs ist. Dazu reicht aber der *aufgestellte* Jahresabschluss aus. Der Feststellung bedarf es nicht, da diese Teil der gesellschaftsrechtlichen Rechnungslegung ist.[1089] Durch den Unternehmensvertrag i.S.d. § 291 AktG sind Ober- und Untergesellschaft in normierter Weise miteinander verknüpft – Gleiches gilt für die handelsrechtlichen Jahresabschlüsse von Ober- und Untergesellschaft. Dies rechtfertigt das Bestehen des Ausgleichsanspruchs unabhängig von der Feststellung des Jahresabschlusses. Die Ausübung von Spielräumen und Wahlrechten kann jedoch für die Ermittlung des Ausgleichsanspruchs nicht etwa anders erfolgen als im Jahresab-

---

1086 Diese Unterscheidung trifft KRIEGER offenbar nicht, wenn er den Jahresabschluss nach der herrschenden Meinung für gänzlich unmaßgeblich hält: KRIEGER, Verlustausgleich, NZG 19/05, S. 787 (789). Wie KRIEGER: SCHMIDT/LUTTER, AktG, § 302 Rn. 42.

1087 Vgl. dazu BGH v. 11.10.99 – II ZR 120/98, BGHZ 142, S. 382 (386).

1088 Siehe dazu oben S. 185.

1089 Zu diesem Ergebnis kommen auch SCHMIDT/LUTTER, AktG § 302 Rn. 24, ohne die Sphären der Rechnungslegung zu trennen.

schluss – solange dort die Regeln eingehalten wurden.[1090] Ergibt eine spätere Prüfung, dass der Jahresabschluss des abhängigen Unternehmens Bewertungsfehler aufweist, die zu einem höheren oder niedrigeren Verlustausgleich führen, kann dies unabhängig von einer Nichtigkeit geltend gemacht werden. Die Lösung des BGH führt jedoch auch dazu, dass die gem. § 302 Abs. 4 AktG geregelte spezielle Verjährungsfrist von 10 Jahren auch für die Ermittlung der Höhe des Anspruchs ausgeschöpft werden kann; wäre die Feststellung maßgeblich, wäre dies nach Ablauf der dreijährigen Heilungsfrist nicht mehr möglich.

Das von KRIEGER angeführte Problem, der Wertaufhellungszeitraum würde so auf bis zu 10 Jahre verlängert, so dass laufende Nachforderungen möglich würden,[1091] besteht keineswegs: Maßgeblich ist der aufgestellte handelsrechtliche Jahresabschluss, für den der Wertaufhellungszeitraum mit Abschluss der Aufstellung endet. Die Feststellung ist dafür gerade nicht entscheidend.[1092] Nachforderungen können sich also nur ergeben, wenn dargelegt wird, dass der damalig aufgestellte Jahresabschluss unter Berücksichtigung dieses Kenntnisstands ein zu hohes Jahresergebnis (also hier einen zu geringen Verlust) ausgewiesen hätte. Im Ergebnis ist der Gegenstand einer solchen Darlegung damit identisch mit der Überprüfung von Nichtigkeitsgründen. Es bedarf zwar keiner klageweisen Geltendmachung der Nichtigkeit, im Prozess um Nachforderungen auf den Verlustausgleich muss die Falschbewertung jedoch genauso substantiiert dargelegt werden. Der Unterschied der Auffassungen schwindet dadurch praktisch umso mehr.[1093]

D. Straf- und zivilrechtliche Konsequenzen für Vorstand und Aufsichtsrat

1. Einführung

Der Vorstand leitet unter eigener Verantwortung die Aktiengesellschaft. Erst durch ihn als Organ wird die Gesellschaft handlungsfähig. Bedeutsam für die Frage der Haftung ist dabei die Tatsache, dass der Vorstand durch seine Hand-

---

1090 So i.E. auch SPINDLER/KLÖHN, Verlustausgleichspflicht, NZG 14/05, S. 584 (585), ohne die Sphären der Rechnungslegung zu trennen. Ebenso SCHMIDT/LUTTER, AktG, § 302 Rn. 23.

1091 KRIEGER, Verlustausgleich, NZG 19/05, S. 787 (791).

1092 Siehe dazu ausführlich oben, III.B.2.c.(2), S. 132 ff.

1093 Es unterscheidet sich damit faktisch die Anforderungen an die Art der Darlegungslast, da nicht die Nichtigkeit dargelegt werden muss, sondern die Fehlerhaftigkeit des Jahresabschlusses; so wohl auch SCHMIDT/LUTTER, AktG, § 302 Rn. 24.

lungsbefugnisse über das Schicksal fremden Vermögens entscheidet. Der Vorstand ist daher gewissermaßen Treuhänder fremden Vermögens, so dass ihn ein erhöhter Sorgfaltsmaßstab für das ihm anvertraute Gut trifft. Aktuell mehren sich aufgrund der Finanz- und Wirtschaftskrise die Forderungen, durch eine schärfere Haftung die Tendenz zu verhindern, mit fremden Vermögen sorgloser umzugehen, als dies bei eigenem Vermögen der Fall wäre. Dazu soll auch die Verpflichtung zu einem Selbstbehalt bei sog. „D&O-Versicherungen“[1094] beitragen, die durch das VorstAG eingeführt wurde.[1095] Inwieweit dieser Selbstbehalt eine Wirkung zeigt, bleibt zu hinterfragen, da auch gegen diesen Selbstbehalt eine private Versicherung des Vorstandsmitglieds möglich ist, die als Eingriff in die Privatautonomie schwerlich verboten werden kann.[1096]

Andererseits birgt jedes unternehmerische Handeln Risiken, ohne deren Eingehung das Unternehmensziel der Gewinnerzielung nicht möglich ist. Erweisen sich unternehmerische Entscheidungen im Nachhinein als falsch, darf dies nicht in jedem Fall zu einer Haftung führen.[1097] Dies wird durch die sog. „Business Judgement Rule“ in § 93 Abs. 1 S. 2 AktG klargestellt, wonach eine Pflichtverletzung dann nicht vorliegt, wenn eine unternehmerische Entscheidung auf ausreichender Informationsgrundlage zum Wohle der Gesellschaft gefällt wurde.[1098]

Das AktG regelt in § 93 AktG die Haftung des Vorstands gegenüber der Gesellschaft, sog. Binnenhaftung oder Innenhaftung.[1099] Gem. § 93 Abs. 1 AktG haben die Vorstandsmitglieder bei der Geschäftsführung die „Sorgfalt eines ordentlichen und gewissenhaften Geschäftsleiters“ anzuwenden. Verstoßen Vorstands-

1094 Vermögensschaden-Haftpflichtversicherungen für den Vorstand. In Anlehnung an das amerikanische Board-System „Directors and Officers“-Versicherung genannt.

1095 § 93 Abs. 2 S. 3 AktG n.F. nach VorstAG, Gesetz zur Angemessenheit der Vorstandsvergütung v. 31.7.09, BGBl. I S. 2509.

1096 HARZENETTER, Selbstbehalt, DStR 13/10, S. 653 (658). Die schnelle Umsetzung des Gesetzes war nach hiesiger Ansicht eher dem Wahlkampf zur Bundestagswahl 2009 geschuldet, um eine Reaktion auf die Finanz- und Wirtschaftskrise zu zeigen; das VorstAG kann daher als kriseninduzierter Legislativakt bezeichnet werden. Ausführlich zur n.F. des § 93 Abs. 2 S. 3 AktG: FRANZ, Selbstbehalt, DB 51-52/09, S. 2764.

1097 Auch in diesem Zusammenhang ist die Einführung des Selbstbehalts kritisch zu sehen, da die notwendige Entscheidungsfreudigkeit der Unternehmensleitung bei erhöhtem Risiko geschmälert werden wird.

1098 Dies war auch vor Einführung des § 93 Abs. 1 S. 2 AktG h.M. und Rechtsprechung, insofern hat die Regelung eher klarstellende Bedeutung, HÜFFER, AktG, 9. Aufl. , § 93 Rn. 4a; KRIEGER in: HB Managerhaftung, § 3 Rn. 7 f.

1099 WIESNER in: HB GesR, Band 4, 3. Aufl., § 26 Rn. 1; KRAUSE, Managerhaftung, BB 26/09, S. 1370 (1371).

mitglieder schuldhaft gegen ihre Pflichten, sind sie gem. § 93 Abs.2 AktG der Gesellschaft zum Schadensersatz verpflichtet.[1100] Das Verschulden wird gem. § 93 Abs. 2 S. 2 AktG vermutet, so dass Vorstandsmitglieder das fehlende Verschulden darzulegen und zu beweisen haben.[1101] Aus dieser Generalklausel ergibt sich wenig über den Umfang der Haftung. Dieser bemisst sich vielmehr nach dem Pflichtenkreis eines „ordentlichen und gewissenhaften Geschäftsleiters". Genau dieser hat sich jedoch in den letzten Jahren durch mehr und mehr Pflichten und Konkretisierungen erweitert, was eine enorme Erweiterung der Vorstandshaftung zur Folge hat, da jede Pflichtverletzung im Grundsatz zur Schadensersatzpflicht führt.[1102]

Von der Innenhaftung aus § 93 AktG gegenüber der Gesellschaft zu unterscheiden ist die Außenhaftung, also eine persönliche Haftung von Vorstandsmitgliedern gegenüber Dritten wie z.B. Aktionären oder Gläubigern. Diese ergibt sich nur aus allgemeinen Regeln des Zivilrechts, insbesondere der deliktischen Haftung gem. §§ 823, 826 BGB.[1103]

Die Haftung des Vorstands ist Gegenstand umfangreicher Literatur. Hier soll lediglich die Haftung behandelt werden, die sich im Zusammenhang mit einer Nichtigkeit des Jahresabschlusses, insbesondere aufgrund von Bewertungsfehlern, ergeben kann. Insbesondere können diese auch zur Kaschierung von Managementfehlern begangen werden. Einzugehen ist aufgrund der hohen praktischen Relevanz zuvor auf die Haftungsverteilung zwischen den Mitgliedern eines mehrpersonigen Vorstands.

2. Individualhaftung und Ressortprinzip

Der Vorstand einer AG besteht gem. § 76 Abs. 2 AktG aus einer oder mehreren natürlichen Personen. Gem. §§ 238, 242, 264 Abs. 1 HGB i.V.m. §§ 78 Abs. 1, 91 Abs. 1 AktG ist der Vorstand verantwortlich für die Buchführung und die Erstellung des Jahresabschlusses nebst Lagebericht. Die Buchführungspflicht obliegt gem. § 238 Abs. 1 S. 1 HGB „dem Kaufmann", verpflichtet ist im Fall der AG daher gem. § 6 Abs. 1 HGB, § 3 Abs. 1 AktG die Gesellschaft selbst aus ihrer Kaufmannseigenschaft als Handelsgesellschaft. Über § 91 Abs. 1 AktG

1100 Dass es sich um eine Verschuldenshaftung handelt, ist unstreitig; vgl. nur HÜFFER, AktG, 9. Aufl., § 93 Rn. 14.

1101 KRIEGER in: HB Managerhaftung, § 3 Rn. 2; HÜFFER, AktG, 9. Aufl., § 93 Rn. 16.

1102 LUTTER in: KRIEGER, HB Managerhaftung, § 1 Rn. 11; THEISEN, Haftung in: FREIDANK, Rechnungslegung, S. 338.

1103 KRIEGER in: HB Managerhaftung, § 3 Rn. 46, ALTMEPPEN, § 7 Rn. 3; KRAUSE, Managerhaftung, BB 26/09, S. 1370 (1372).

trifft die Verantwortung aber den Vorstand. Für die Erstellung des Jahresabschlusses ergibt sich bereits aus § 264 Abs. 1 S. 2 HGB die Verpflichtung der gesetzlichen Vertreter, mithin des Vorstands, § 78 Abs. 1 S. 1 AktG. Darüber hinaus ist Aufstellung des Jahresabschlusses wie die gesamte Rechnungslegung Teil der Geschäftsführung.[1104] Diese obliegt gem. § 77 Abs. 1 S. 1 AktG bei mehreren Vorstandsmitgliedern stets allen gemeinschaftlich. Auch aus § 264 Abs. 1 S. 2 HGB sowie § 91 Abs. 1 AktG ergibt sich, dass stets alle Vorstandsmitglieder sowohl für die Buchführung als auch die Jahresabschlusserstellung verantwortlich sind. Die Pflichten treffen damit stets den Gesamtvorstand, eine abweichende Regelung in der Satzung ist nicht zulässig.[1105] Gem. § 94 AktG umfasst dies auch stellvertretende Vorstandsmitglieder. Der aufgestellte Jahresabschluss ist folglich auch gem. § 245 HGB durch alle Vorstandsmitglieder und Stellvertreter zu unterzeichnen, was die Gesamtverantwortlichkeit dokumentiert.[1106]

In der Praxis wird im Rahmen einer Geschäftsverteilung gem. § 77 Abs. 2 AktG regelmäßig die Rechnungslegung einem Vorstandsmitglied intern zugewiesen, das seinerseits auch die Bücher nicht selbst führt, sondern sich wiederum Hilfspersonen bedient. Gleiches gilt für die Jahresabschlusserstellung, die vielfach extern, z.B. durch Wirtschaftsprüfer oder Steuerberater, erfolgt.[1107] Von der Verantwortlichkeit können sich auch die nach Geschäftsverteilung nicht zuständigen Vorstandsmitglieder dadurch jedoch nicht befreien.[1108] Die Bildung von Ressortzuständigkeiten ist sinnvoll und zu empfehlen, den anderen Vorstandsmitgliedern obliegt in diesem Fall jedoch eine Überwachungspflicht über

---

1104 BAUMBACH/HOPT, HGB, 34. Aufl., § 264 Rn. 8; HÜFFER, AktG, 9. Aufl. , § 77 Rn. 3; ADS, Rechnungslegung, 6. Aufl., Tb. 5, § 264 Rn. 21, 25.

1105 ADS, Rechnungslegung, 6. Aufl., Tb. 5, § 264 Rn. 20; WINKELJOHANN/SCHELLHORN in: BeBiKo, 7. Aufl., § 264 Rn. 12; HÜFFER, AktG, 9. Aufl. , § 91 Rn. 3; BAUMBACH/HOPT, HGB, 34. Aufl., § 264 Rn. 8; GELHAUSEN in: KRIEGER, HB Managerhaftung, § 28 Rn. 28, 34.

1106 BAUMBACH/HOPT, HGB, 34. Aufl., § 245 Rn. 2; WINKELJOHANN/SCHELLHORN in: BeBiKo, 7. Aufl., § 264 Rn. 14, FÖRSCHLE, § 245 Rn. 2; HÜFFER, AktG, 9. Aufl. , § 91 Rn. 3; ADS, Rechnungslegung, 6. Aufl., Tb. 6, § 245 Rn. 12.

1107 Zu den Grundsätzen vgl. IDW HFA 4/1996.

1108 GELHAUSEN in: KRIEGER, HB Managerhaftung, § 28 Rn. 35 f.; WINKELJOHANN/SCHELLHORN in: BeBiKo, 7. Aufl., § 264 Rn. 12; HÜFFER, AktG, 9. Aufl. , § 77 Rn. 14, § 93 Rn. 13a; HÜBNER, Managerhaftung, S. 10; SCHMIDT/LUTTER, AktG, § 77 Rn. 18. Zur frühzeitigen Aufdeckung von Pflichtwidrigkeiten kann aber die Interne Revision angehalten werden, S. dazu MATZENBACHER in: FREIDANK, Bilanzdelikte, S. 143 (145).

die ressortzuständigen Mitglieder und diesen über die ausführenden Hilfspersonen.[1109]

Dies hat Bedeutung für den Anknüpfungspunkt der Haftung. Eine Kollektivhaftung in dem Sinne, dass alle Vorstandsmitglieder für das Fehlverhalten des zuständigen Vorstandsmitglieds haften, gibt es nicht. So ist eine Haftung für fremdes deliktisches Handeln dem deutschen Zivilrecht fremd, und eine Zurechnung fremden Verschuldens bedarf stets bestimmter Voraussetzungen, die zu einer eigenen Vorwerfbarkeit führen.[1110] Es verbleibt damit bei einer Individualhaftung, so dass für jedes Vorstandsmitglied einzeln zu prüfen ist, inwieweit eine Pflichtverletzung vorliegt. Diese kann jedoch bereits in der Verletzung der Überwachungspflicht liegen.[1111]

Entsprechendes gilt für die strafrechtliche Verantwortlichkeit. Strafbar können sich nur jeweils die Vorstandsmitglieder als natürliche Personen machen, wobei

---

1109 GELHAUSEN in: KRIEGER, HB Managerhaftung, § 28 Rn. 35 f., 49 f., KRIEGER, § 3 Rn. 13; BAUMBACH/HOPT, HGB, 34. Aufl., § 238 Rn. 8, 10, § 264 Rn. 8; HÜFFER, AktG, 9. Aufl. , § 91 Rn. 3, § 77 Rn. 14 f., § 93 Rn. 13a; WINKELJOHANN/SCHELLHORN in: BeBiKo, 7. Aufl., § 264 Rn. 12; WIESNER in: HB GesR, Band 4, 3. Aufl., § 26 Rn. 6; HEIDEL, AktR, 2. Aufl., § 77 Rn. 9. Aus der Rechtsprechung: BGH v. 15.10.96 – VI ZR 319/95, BGHZ 133, S. 370 (377 f.) (zur GmbH).

1110 So beruht die Haftung für fremdes Verschulden durch Zurechnung gem. § 278 BGB darauf, dass der Erfüllungsgehilfe eine Pflicht des Schuldners erfüllt, so dass dieser das Risiko einer Delegation tragen muss, vgl. GRÜNEBERG in: PALANDT, BGB, 69. Aufl., § 278 Rn. 12 ff. und MEDICUS/PETERSEN, BR, 22. Aufl., Rn. 780. Ohne eine schuldrechtliche Sonderverbindung kann sich zwar eine Haftung für Verrichtungsgehilfen gem. § 831 BGB ergeben, die ihrerseits nicht schuldhaft handeln müssen, diese stellt jedoch eine Haftung für das eigene Auswahlverschulden dar; SPRAU in: PALANDT, BGB, 69. Aufl., § 831 Rn. 3 und MEDICUS/PETERSEN, BR, 22. Aufl., Rn. 782. Schließlich besteht bei einer verschuldensunabhängigen Gefährdungshaftung wie z.B. aus § 7 StVG oder § 833 BGB der Vorwurf, eine Gefahrenquelle in Verkehr gebracht zu haben; SPRAU in: PALANDT, BGB, 69. Aufl., Einf v § 823 Rn. 6 und MEDICUS/PETERSEN, BR, 22. Aufl., Rn. 631 ff. Die Haftung juristischer Personen regelt sich analog § 31 BGB. Verschulden des Vorstands wird danach der AG als eigenes Verschulden zugerechnet. Auch hierbei handelt es sich jedoch nicht um Haftung für fremdes deliktisches Handeln. Die juristische Person selbst ist nicht handlungsfähig sondern wird dies erst durch ihre Organe. Handeln diese in Ausübung ihrer Organstellung, so stellt deren Verschulden ein Verschulden der Gesellschaft dar; S. dazu MEDICUS/PETERSEN, BR, 22. Aufl., Rn. 779.

1111 WIESNER in: HB GesR, Band 4, 3. Aufl., § 26 Rn. 6; KRIEGER in: HB Managerhaftung, § 3 Rn. 13; HÜFFER, AktG, 9. Aufl. , § 93 Rn. 13a; HEIDEL, AktR, 2. Aufl., § 93 Rn. 80 f.; SCHMIDT/LUTTER, AktG, § 93 Rn. 27.

individuell die Erfüllung des subjektiven Tatbestands, der Rechtswidrigkeit und der Schuld zu prüfen ist.[1112]

3. Straf- und ordnungswidrigkeitenrechtliche Konsequenzen für den Vorstand

a. Vorsatz und Fahrlässigkeit

Zunächst sollen die möglichen Straftatbestände untersucht werden, da deren Erfüllung über § 823 Abs. 2 BGB ebenso zivilrechtliche Ansprüche auslösen kann.

Wie oben dargelegt, beruht die Nichtigkeit des Jahresabschlusses als Nichtigkeit des Rechtsgeschäfts der Feststellung regelmäßig allein auf der Erfüllung objektiver Tatbestandsmerkmale. Auch im Fall von Falschbewertungen kommt es nicht darauf an, ob diese bewusst oder unbewusst vorgenommen wurden. Lediglich im Fall von Unterbewertungen muss Vorsatz hinzutreten, damit Nichtigkeit gegeben ist.[1113]

Die strafrechtliche Verantwortlichkeit hängt hingegen gem. § 15 StGB stets von Vorsatz oder Fahrlässigkeit ab, wobei eine Strafbarkeit wegen Fahrlässigkeit nur ausnahmsweise bei gesetzlicher Bestimmung in Betracht kommt.[1114] Gleiches gilt gem. § 10 OWiG für Ordnungswidrigkeiten. Bei den im Zusammenhang mit der Nichtigkeit relevanten Strafvorschriften handelt es sich überwiegend um Vorsatzdelikte. Außer wenn es sich um Nichtigkeit wegen Unterbewertung handelt, bedarf die Frage der Strafbarkeit folglich stets einer weiteren Prüfung und kann nicht im Regelfall angenommen werden. Ausreichend ist dabei jedoch das Vorliegen von Eventualvorsatz (dolus eventualis), für den eine billigende Inkaufnahme des Tatbestandseintritts ausreicht.[1115]

1112 Dies ergibt sich bereits aus § 29 StGB. Eine Strafbarkeit juristischer Personen existiert im deutschen Strafrecht – anders als in einigen anderen Ländern – nicht, S. dazu FISCHER, StGB, 57. Aufl., § 14 Rn. 1c. Lediglich § 14 Abs. 1 Nr. 1 StGB ermöglicht eine Bestrafung von Organmitgliedern, obwohl die zur Begehung bestimmter Sonderdelikte erforderlichen Eigenschaften nicht bei dem Organmitglied sondern lediglich bei der juristischen Person vorliegen, FISCHER, StGB, 57. Aufl., § 14 Rn. 3. Die Verhängung von Geldbußen ist gem. § 30 OWiG jedoch auch gegen juristische Personen möglich.

1113 Vgl. dazu oben, Kap. III.A.8.c., S. 86 ff.

1114 Über Art. 1 EGStGB gilt der allgemeine Teil des StGB – damit auch § 15 StGB – auch für das Nebenstrafrecht z.B. aus HGB oder AktG.

1115 Vgl. dazu oben, Kap. III. A.8.c., S. 86; siehe zu strafrechtlichen Haftungsrisiken im Bereich der Abschlusserstellung auch WULF in: FREIDANK, Bilanzdelikte, S. 213-239.

b. Unrichtige Darstellung

(1) § 331 HGB

Gem. § 331 Nr. 1 HGB macht sich strafbar, wer als Mitglied des vertretungsberechtigten Organs oder des Aufsichtsrats einer Kapitalgesellschaft die Verhältnisse der Gesellschaft im Jahresabschluss oder Lagebericht unrichtig wiedergibt oder verschleiert. Der Strafrahmen reicht von Geldstrafe bis zu Freiheitsstrafe von drei Jahren. Es handelt sich um ein Sonderdelikt, da nur Mitglieder des Vertretungsorgans oder des Aufsichtsrats taugliche Täter sind. Für die AG sind dies daher die Vorstands- und Aufsichtsratsmitglieder. Die tatbestandsmäßige unrichtige Darstellung ist gegeben, wenn die „Verhältnisse" der AG im Jahresabschluss unrichtig wiedergegeben werden oder verschleiert werden. Es handelt sich um zwei unabhängige Tatbestandsalternativen.

Die Strafbarkeit wegen unrichtiger Darstellung ist nicht nur auf Ebene des subjektiven Tatbestands sondern auch bezüglich des objektiven Tatbestands zunächst unabhängig von der Nichtigkeit des Jahresabschlusses, deren Voraussetzungen nicht an die Darstellung der „Verhältnisse" der Kapitalgesellschaft geknüpft werden.[1116] Ferner bezieht die Strafnorm auch den Lagebericht und andere Berichtsinstrumente ein. Sanktioniert wird damit durch die Strafvorschrift in erster Linie eine Verfehlung der Informationsfunktion der Rechnungslegungsinstrumente. Im Fall von Inhaltsfehlern, insbesondere Falschbewertungen, müssen sich jedoch Parallelen zwischen Nichtigkeit und Strafbarkeit ergeben.

Was genau unter den „Verhältnissen" der Kapitalgesellschaft zu verstehen ist, ergibt sich aus dem Gesetz nicht und bedarf der Auslegung. Die Unbestimmtheit des Begriffs ist für eine Strafnorm verfassungsrechtlich zumindest problematisch. Vor dem Hintergrund des strafrechtlichen Bestimmtheitsgrundsatzes des Art. 103 Abs. 2 GG *(„nulla poena sine lege certa")* ist der Begriff daher im Zweifel eng auszulegen;[1117] das BVerfG hat den Tatbestand des § 331 Nr. 1 HGB jedoch als verfassungsgemäß angesehen.[1118] Unter die wirtschaftlichen Verhältnisse fallen in jedem Fall die Vermögens-, Finanz- und Ertragslage, die sich gem. § 264 Abs. 2 HGB aus dem Jahresabschluss ersehen lassen müssen.[1119] Nach dem BVerfG umfassen die Verhältnisse jedoch neben den wirtschaftlichen Verhältnissen auch die sozialen, politischen oder sonstigen Um-

1116 Vgl. Maul, Bilanzdelikte, DB 4/89, S. 185 I.

1117 Maul, Bilanzdelikte, DB 4/89, S. 185 I.

1118 BVerfG v. 15.8.06 - 2 BvR 822/06, NJW-RR 06, S. 1627.

1119 Schulze-Osterloh/Servatius in: Baumbach/Hueck, GmbHG, 18. Aufl., Anh. § 82 Rn. 5.

stände, die für die gegenwärtige oder künftige Situation der Gesellschaft von Bedeutung sind.[1120]

Wenn der Jahresabschluss oder Lagebericht inhaltliche Fehler aufweisen, so führt dies zu einer falschen Darstellung der Vermögens-, Finanz- oder Ertragslage, so dass eine unrichtige Wiedergabe der Verhältnisse vorliegt. Die zweite Tatbestandsalternative, die Verschleierung, soll insbesondere die Beweisführung erleichtern, damit dem Täter nicht der Einwand möglich ist, die Bilanzierung sei zwar missverständlich aber letztlich nicht unwahr.[1121] Eine scharfe Trennung der Tatbestandsvarianten wird vielfach praktisch nicht möglich sein.[1122]

Falschbewertungen, die gem. § 256 Abs. 1 Nr. 1 i.V.m. Abs. 5 AktG zur Nichtigkeit des Jahresabschlusses führen, stellen nicht unwesentliche inhaltliche Fehler des Jahresabschlusses dar und erfüllen daher stets auch den objektiven Tatbestand der unrichtigen Wiedergabe.[1123] Dies gilt selbstverständlich auch für Unterbewertungen, bei deren Tatbestandsmäßigkeit i.S.d. § 256 AktG bereits Vorsatz vorliegen muss.[1124] Die Frage der Wesentlichkeit und Ausschöpfung von Beurteilungs- oder Ermessensspielräumen ist damit bereits geklärt, weil eine Nichtigkeit nur vorliegt, wenn diese Spielräume verlassen wurden und die Falschbewertung nicht unwesentlich ist.[1125] Im Gegenzug ist es sachgerecht, solche Falschbewertungen, die nicht zur Nichtigkeit des Jahresabschlusses führen, auch aus dem Tatbestand der unrichtigen Wiedergabe zu herauszunehmen, da durch § 256 AktG die Grenze der tolerierbaren Inhaltsfehler festgelegt wird, und dieser insoweit auf das Handelsrecht wirkt.[1126] Für Gliederungsfehler ist daher ebenso die Wertung des § 256 Abs. 4 AktG heranzuziehen, der erhöhte Anforderungen an die Tatbestandsmäßigkeit stellt.[1127] Nur solche Gliederungsfehler, die

---

1120 Der Straftatbestand ist so zwar sehr weit, was zu hinterfragen ist, jedoch ist dies kein Problem der Unbestimmtheit, BVerfG v. 15.8.06 - 2 BvR 822/06, NJW-RR 06, S. 1627 (1628).

1121 Vgl. KOZIKOWSKI/HUBER in: BeBiKo, 7. Aufl., § 331 Rn. 15.

1122 MAUL, Bilanzdelikte, DB 4/89, S. 185 I.

1123 So auch SCHULZE-OSTERLOH/SERVATIUS in: BAUMBACH/HUECK, GmbHG, 18. Aufl., Anh. § 82 Rn. 6; KOZIKOWSKI/HUBER in: BeBiKo, 7. Aufl., § 331 Rn. 12, 21.

1124 Vgl. KOZIKOWSKI/HUBER in: BeBiKo, 7. Aufl., § 331 Rn. 13; SCHULZE-OSTERLOH/SERVATIUS in: BAUMBACH/HUECK, GmbHG, 18. Aufl., Anh. § 82 Rn. 6.

1125 Vgl. dazu oben...Kap. III.B.3. S. 151 ff.

1126 Vgl. dazu oben, Kap. IV.A.3.b S. 175 f. Für Fehler unterhalb der Nichtigkeitsschwelle kommt eine Ordnungswidrigkeit gem. § 334 HGB in Betracht. Würde jeder Verstoß zur Strafbarkeit führen, wäre die Ordnungswidrigkeitenvorschrift des § 334 HGB nahezu obsolet, so auch KOZIKOWSKI/HUBER in: BeBiKo, 7. Aufl., § 331 Rn. 20 f.

1127 Vgl. dazu oben Kap. III.B.3.d.(1) S. 151 ff.

auch zur Nichtigkeit des Jahresabschlusses führen, stellen damit eine unrichtige Wiedergabe i.S.d. § 331 Nr. 1 HGB dar.

Weitere Inhaltsfehler können sich insbesondere aus fehlerhaften bzw. fehlenden Anhangsangaben ergeben. Für kapitalmarktorientierte Unternehmen ohne Konzernrechungslegungspflicht gilt dies gem. § 264 Abs. 1 S. 2 HGB auch für den Eigenkapitalspiegel und die Kapitalflussrechnung. Während das völlige Fehlen von Anhang, Eigenkapitalspiegel oder Kapitalflussrechnung zur Nichtigkeit des Jahresabschlusses führt, gilt dies nicht zwingend für eine Strafbarkeit. Vielmehr ist zu prüfen, inwieweit das Unterlassen einer Angabe zu einer unrichtigen Wiedergabe oder Verschleierung der Vermögens-, Finanz- oder Ertragslage führt. Ferner bezieht § 331 Nr. 1 HGB auch den Lagebericht mit ein, dessen Fehlerhaftigkeit gerade nicht zur Nichtigkeit des Jahresabschlusses führt. Eine Strafbarkeit kann in diesen Fällen also auch gegeben sein, wenn den Jahresabschluss keine Nichtigkeitsfolge trifft.

Da eine handelsrechtliche Pflicht aus §§ 264 Abs. 1 S. 1, 2, 284, 285, 289 HGB zur Erstellung der Berichtsinstrumente besteht, steht das Unterlassen grundsätzlich gem. § 13 StGB dem aktiven Tun gleich.[1128] Da es auf den Schwerpunkt des Handelns ankommt,[1129] kann in der Regel jedoch von einem aktiven Tun ausgegangen werden, weil auch z.B. ein lückenhafter Anhang die aktive (jedoch schlechte) Erfüllung der Pflicht zur Erstellung eines Anhangs darstellt. Werden pflichtgemäße Angaben nicht gemacht, so kann zumindest eine Verschleierung durch aktives Tun vorliegen. Dies ist bei falschen Anhangsangaben stets der Fall, bei fehlenden Angaben regelmäßig.[1130] Die Tatbegehung durch Unterlassen kommt jedoch praktisch in Betracht, wenn nachträglich die Fehlerhaftigkeit bekannt wird, und die pflichtgemäße Änderung nicht erfolgt.[1131] Strafrechtlich relevant kann die Verletzung der Änderungspflicht durch Unterlassen jedoch nur sein, wenn nicht die Heilung des Jahresabschlusses eingetreten ist.

1128 KOZIKOWSKI/HUBER in: BeBiKo, 7. Aufl., § 331 Rn. 14.

1129 Siehe dazu FISCHER, StGB, 57. Auflage, § 13 Rn. 5.

1130 Eine unrichtige Wiedergabe liegt dann nicht vor, wenn das Fehlen einer Angabe zu keiner Aussage führt – also auch nicht dazu, dass ein bestimmter Sachverhalt nicht gegeben ist. Dies wäre z.B. bei Fehlen der Angabe der Bewertungsmethode gem. § 284 Abs. 2 Nr. 1 HGB der Fall, vgl. KOZIKOWSKI/HUBER in: BeBiKo, 7. Aufl., § 331 Rn. 14 a.E.

1131 WIMMER, Zivil- und strafrechtliche Folgen, DStR 49/97, S. 1931 (1934); SCHULZE-OSTERLOH/SERVATIUS in: BAUMBACH/HUECK, GmbHG, 18. Aufl., Anh. § 82 Rn. 8, 18; vgl. zur Garantenstellung des Geschäftsleiters BGH v. 6.7.90 – 2 StR 549/89, BGHSt 37, S. 106 ff.

Es handelt sich gem. § 12 Abs. 2 StGB um ein Vergehen, so dass der Versuch mangels Bestimmung in § 331 HGB nicht strafbar ist, § 23 Abs. 1 StGB. § 331 Nr. 1 HGB stellt nicht auf die Feststellung des Jahresabschlusses ab, so dass eine Tatbestandsverwirklichung bereits bei der Aufstellung erfolgen kann. Zur Vollendung muss der Jahresabschluss irgendeinem Adressaten zugegangen sein.[1132] Dies können z.B. Mitglieder des Aufsichtsrats, der Abschlussprüfer oder Gläubiger, aber auch andere Dritte sein.[1133]

Der subjektive Tatbestand ist für jedes Vorstandsmitglied einzeln zu prüfen. Da bedingter Vorsatz ausreicht, genügt es, wenn ein Vorstandsmitglied die unrichtige Wiedergabe für möglich hält, diese aber billigend in Kauf nimmt.[1134] Auch das Vorstandsmitglied, das zwar nicht selbst an der Erstellung des Jahresabschlusses beteiligt war, macht sich folglich aufgrund der Überwachungspflicht aus der Gesamtverantwortlichkeit strafbar, wenn es trotz Zweifeln an der Richtigkeit keine weiteren Prüfungen unternimmt, sondern die Weitergabe des Jahresabschlusses billigt.[1135] Der Zugang an einen Adressaten muss ebenso vom Vorsatz erfasst sein, die Vollendung kann folglich erst vorliegen, wenn der fehlerhafte Jahresabschluss mit Wissen oder Willen des Täters einem Adressaten zugeht.

Im Übrigen gelten die allgemeinen Regeln. Rechtfertigungs- oder Entschuldigungsgründe können theoretisch vorliegen, sind praktisch jedoch kaum denkbar.

Zusammenfassend ist festzuhalten, dass für Bewertungsfehler ein direkter Zusammenhang zwischen dem Straftatbestand der unrichtigen Darstellung und der Nichtigkeit des Jahresabschlusses besteht: Werden Falschbewertungen, die zur Nichtigkeit des Jahresabschlusses führen, vorsätzlich vorgenommen, so ist Strafbarkeit gem. § 331 Nr. 1 HGB gegeben. Handelt es sich um Bewertungsfehler unterhalb der Nichtigkeitsschwelle scheidet eine Strafbarkeit hingegen aus. Die gleiche Wertung gilt für Gliederungsfehler. Bei anderen Inhaltsfehlern ist hingegen zu differenzieren. Insbesondere kann eine Strafbarkeit wegen solcher Fehler selbst dann gegeben sein, wenn keine Nichtigkeit vorliegt.

1132 WIMMER, Zivil- und strafrechtliche Folgen, DStR 49/97, S. 1931 (1934); MAUL, Bilanzdelikte, DB 4/89, S. 185 (II.1.c)).

1133 KOZIKOWSKI/HUBER in: BeBiKo, 7. Aufl., § 331 Rn. 22; SCHULZE-OSTERLOH/SERVATIUS in: BAUMBACH/HUECK, GmbHG, 18. Aufl., Anh. § 82 Rn. 16; MAUL, Bilanzdelikte, DB 4/89, S. 185 (II.1.c)).

1134 Vgl. GELHAUSEN in: KRIEGER, HB Managerhaftung, § 28 Rn. 57.

1135 Vgl. KOZIKOWSKI/HUBER in: BeBiKo, 7. Aufl., § 331 Rn. 23 sowie WIMMER, Zivil- und strafrechtliche Folgen, DStR 49/97, S. 1931 (1934).

Neben dem Jahresabschluss und Lagebericht gilt die Strafbarkeit auch für unrichtige Darstellung im Konzernabschluss, § 331 Nr. 2 HGB. Für den fakultativen IFRS-Einzelabschluss gem. § 325 Abs. 2a HGB bezieht sich die Strafbarkeit auf die Offenlegung, § 331 Nr. 1a HGB. Für diesen Tatbestand reicht sogar Leichtfertigkeit aus, die mit grober Fahrlässigkeit gleichzusetzen ist.[1136] Dies ist insofern überraschend, als dadurch eine Strafverschärfung für diejenigen eintritt, die von der Möglichkeit des § 325 Abs. 2a HGB Gebrauch machen.

Obwohl offenbar beabsichtigt, ist keine Strafverschärfung eingetreten durch die Strafbarkeit der unrichtigen Abgabe der Versicherung gem. § 264 Abs. 2 S. 3, 289 Abs. 1 S. 5, 297 Abs. 2 S. 4 HGB - des sog. „Bilanzeids". Die nicht richtige Abgabe des Bilanzeids ist strafbar gem. § 331 Nr. 3a HGB. Unrichtig ist der Bilanzeid jedoch nur, wenn auch eine unrichtige Darstellung i.S.d. Nummern 1 bzw. 2 vorliegt, da die Erklärung nach „bestem Wissen" erfolgt. Vorsätzlich unrichtig kann die Erklärung nur sein, wenn Falschbewertungen auch vorsätzlich begangen wurden.[1137] Insgesamt ist die Bedeutung des Bilanzeids damit eher gering.[1138]

(2) § 400 AktG

§ 400 AktG erweitert den Straftatbestand der unrichtigen Darstellung für Vorstands- und Aufsichtsratsmitglieder auf Darstellungen oder Übersichten über den Vermögensstand, Vorträge und Auskünfte in der Hauptversammlung. Die Vorschrift ist gem. § 400 Abs. 1 Nr. 1 a.E. AktG jedoch explizit subsidiär zu § 331 Nr. 1 HGB, so dass es sich gerade um andere Darstellungen bzw. Übersichten als den Jahresabschluss oder Lagebericht handeln muss.[1139]

(3) § 334 HGB – Ordnungswidrigkeiten

Ordnungswidrig handelt der Vorstand gem. § 334 Abs. 1 Nr. 1 HGB, der bei der Aufstellung oder Feststellung des Jahresabschlusses vorsätzlich gegen die dort genannten Vorschriften verstößt. Dies sind Bilanzierungs- und Bewertungsre-

---

1136 FISCHER, StGB, 57. Aufl., § 15 Rn. 20.

1137 So auch GELHAUSEN in: KRIEGER, HB Managerhaftung, § 28 Rn. 57; kritisch schon Deutsches Aktieninstitut (DAI), Stellungnahme zum TUG, NZG 18/06, S. 696 (699).

1138 Ebenso SCHELLHORN, Bilanzeid, DB 44/09, S. 2363 (2365) sowie ABENDROTH, Bilanzeid, WM 25/08, S. 1147 (1151). Im Einzelfall wäre zu klären, ob eine Strafverschärfung dadurch eintritt, dass die unrichtige Darstellung und die unrichtige Erklärung tatmehrheitlich i.S.d. § 53 StGB begangen wurden, so dass eine Gesamtstrafe gem. § 54 StGB zu bilden ist.

1139 KOZIKOWSKI/HUBER in: BeBiKo, 7. Aufl., § 331 Rn. 51.

geln des HGB. Wie oben gezeigt[1140] kann ein Verstoß gegen diese Regeln zumeist auch zur Nichtigkeit des Jahresabschlusses führen, so dass bei Vorsatz zugleich der Straftatbestand des § 331 Nr. 1 HGB erfüllt wäre. Die Vorschrift erfasst daher zum Einen Verstöße, die unterhalb der Nichtigkeitsschwelle liegen und damit auch nicht zur Strafbarkeit führen, zum Anderen Verstöße, die gar nicht von der Nichtigkeit erfasst werden wie z.B. ein Verstoß gegen die Unterzeichnungspflicht aus § 245 HGB. Ansonsten ist § 334 HGB gem. § 21 OWiG subsidiär zu § 331 HGB.

c. Betrug und Untreue - §§ 263 ff. StGB

Die zuvor behandelten Bilanzdelikte ahnden die tatbestandsmäßige Falschdarstellung der Verhältnisse der Gesellschaft. Eine tatsächliche Täuschung bei Dritten braucht nicht einzutreten und es muss auch kein schädigender Taterfolg eintreten bzw. erstrebt werden.[1141] Unabhängig von den bilanzspezifischen Delikten des Handels- und Aktienrechts kommen für den Fall der Bezweckung eines Taterfolgs durch Bilanzmanipulationen Straftatbestände des allgemeinen Strafrechts in Betracht, die folgend spezifisch für Täuschungen durch fehlerhafte Jahresabschlüsse untersucht werden sollen. Dies sind regelmäßig keine Sonderdelikte, so dass eine Strafbarkeit nicht nur für Organmitglieder in Betracht kommt.

(1) Betrug, § 263 StGB

Der objektive Tatbestand des Betrugs erfordert eine Täuschungshandlung, durch die ein kausaler Irrtum bei dem Getäuschten hervorgerufen wird, der wiederum kausal zu einer das Vermögen des Getäuschten oder eines Dritten schädigenden Vermögensverfügung führt.[1142] Der subjektive Tatbestand erfordert neben dem Vorsatz bezogen auf die des objektiven Tatbestands das Merkmal der Bereicherungsabsicht, d.h. es muss dem Täter gerade darauf ankommen, durch die Täuschung sich oder einem Dritten einen Vermögensvorteil zu verschaffen.[1143] Täter kann jede Person sein, es handelt sich im Gegensatz zu § 331 HGB nicht um ein Sonderdelikt.

Denkbar ist z.B. der Fall, dass ein überbewerteter Jahresabschluss vorgelegt wird, um einen Kredit zu erlangen.[1144] Kennt der Täter die Überbewertung bzw.

1140 Siehe Kapitel III.A.9. S. 105, sowie Tabelle 1: Bewertungsvorschriften und Nichtigkeitstatbestände.

1141 Vgl. MAUL, Bilanzdelikte, DB 4/89, S. 185 I., IV.3.f.

1142 Auf die vielfältigen Einzelprobleme des Straftatbestands des Betrugs kann hier nicht eingegangen werden. Vgl. dazu einführend FISCHER, StGB, 57. Aufl., § 263 Rn. 1 ff.

1143 FISCHER, StGB, 57. Aufl., § 263 Rn. 186.

1144 WIMMER, Zivil- und strafrechtliche Folgen, DStR 49/97, S. 1931 (1934).

hält er sie für möglich und nimmt dies in Kauf, so liegt eine betrugsrelevante Täuschung vor. Täter kann auch z.B. Angestellter der AG sein, der mit der Bank verhandelt.[1145] Ähnlich praktisch bedeutsam ist der Fall der Verhandlungen eines Unternehmensverkaufes, insbesondere share-deal. Ausgangspunkt für die Kaufpreisfindung sind grundsätzlich Jahresabschlüsse der Vorjahre. Werden diese in Kenntnis einer Überbewertung vorgelegt, liegt ebenso eine betrugsrelevante Täuschung vor. Ein weiteres Beispiel ist die Erfüllung des Prozessbetrugs durch Vorlage falscher Abschlüsse in Rechtsstreitigkeiten. Getäuscht wird der entscheidende Richter, der durch die Täuschung ein falsches Urteil zu Lasten der Gegenpartei fällen kann.[1146]

Für die Erfüllung des Straftatbestands relevant ist der Vorsatz in Bezug auf die Fehlerhaftigkeit des Jahresabschlusses und dessen Täuschungsmoment. Entscheidend ist damit zwar nicht die Frage, ob Nichtigkeitsgründe vorliegen, jedoch können nur solche im Fall der Falschbewertung betrugsrelevant sein, da Fehler unterhalb der Nichtigkeitsschwelle nicht zu einer Änderungspflicht führen.[1147] Auch hier bemisst sich folglich die Grenze der tolerierbaren Fehler der handelsrechtlichen Rechnungslegung an der gesellschaftsrechtlichen Nichtigkeitsfolge. Zu beachten ist dabei auch, dass die Heilung gem. § 256 Abs. 6 HGB die Fehlerhaftigkeit des Jahresabschlusses nicht beseitigen kann.[1148] Auch die Vorlage eines geheilten Abschlusses in Kenntnis der Überbewertung erfüllt daher den Täuschungstatbestand des Betrugs.[1149] Dies kann insbesondere für den Fall des Prozessbetrugs praktisch relevant werden, da aufgrund möglicher hoher Verfahrensdauer häufig Jahresabschlüsse schon länger vergangener Geschäftsjahre vorzulegen sind.

Gem. § 263 Abs. 2 StGB ist trotz der Vergehensqualität des Betrugs auch der Versuch strafbar. Sobald ein überbewerteter Jahresabschluss vorsätzlich in

---

1145 Denn es reicht, dass ein Dritter – hier die Gesellschaft – bereichert wird. Auch der Getäuschte und der Vermögensverfügende – hier ein Bankmitarbeiter und das Kreditinstitut – brauchen nicht identisch zu sein, sog. „Dreiecksbetrug", vgl. FISCHER, StGB, 57. Aufl., § 263 Rn. 79 ff.

1146 Vgl. FISCHER, StGB, 57. Aufl., § 263 Rn. 43 f.

1147 Vgl. dazu oben Kap. IV.A.3.b. S. 177.

1148 Vgl. oben Kap. IV.A.4.b./c. S. 183 ff.; KAISER, Berichtigung und Änderung, S. 241; MÜLLER, W. in: FS QUACK, Änderungen, S. 359 (369).

1149 Vgl. GEIST, Berichtigung, DStR 8/96, S. 306 (308 li.Sp.) und oben Kap. III.4.b./c. S. 203 f.

Bereicherungsabsicht vorgelegt wird, ist das Strafbarkeitsstadium damit erreicht.[1150]

(2) Kreditbetrug, § 265b StGB

Während der Tatbestand des Betrugs eine Vermögensverfügung aufgrund der Täuschung erfordert, die zu einer Gefährdung oder Beschädigung des Vermögens des Geschädigten führt, verlagert der Straftatbestand des Kreditbetrugs die Strafbarkeit bereits auf ein Vorfeld derartiger Betrugshandlungen.[1151] Es reicht danach aus, wenn im Zusammenhang mit einem Antrag auf Kreditgewährung der kreditgebenden Bank ein unrichtiger Jahresabschluss vorgelegt wird. Dies stellt bereits die Erfüllung des Tatbestands des § 265b Abs. 1 Nr. 1 a) StGB dar. Bilanz und Gewinn- und Verlustrechnung werden explizit in Abs. 1 Nr. 1 a) genannt.

Es muss sich um unrichtige Angaben über wirtschaftliche Verhältnisse handeln, die für den Kreditnehmer vorteilhaft sind und für die Entscheidung über den Antrag erheblich, § 265b Abs. 1 Nr. 1 a.E. StGB. Daher kann nicht zwingend von der Nichtigkeit auf die Unrichtigkeit i.S.d. § 265b StGB geschlossen werden. Werden z.B. Über- und Unterbewertungen verschiedener Posten kompensiert, tritt zwar Nichtigkeit ein, jedoch wird das Gesamtergebnis nicht verfälscht, so dass für den Kreditgeber keine erheblich falsche Angabe gemacht wird.[1152] Gleiches wird regelmäßig im Fall der Nichtigkeit wegen fehlerhafter Anhangsangaben oder Gliederungsfehlern gelten. Hier ist im Einzelfall zu prüfen, inwieweit es sich um für den Antragsteller vorteilhafte Angaben handelt. Im Fall von Überbewertungen wird jedoch regelmäßig der Tatbestand erfüllt sein.

Der Straftatbestand des Kreditbetrugs führt zu einer Vorverlagerung der Strafbarkeit, die insbesondere auf eine erhebliche Beweiserleichterung zurückzuführen ist, da lediglich die vorsätzliche Vorlage des Jahresabschlusses im Zusammenhang mit der Kreditbeantragung vorliegen muss; dass daraufhin tatsächlich ein Kredit gewährt wird, fordert der Straftatbestand nicht.[1153]

(3) Untreue, § 266 StGB

Wer seine Befugnis, im Rahmen einer Vermögensbetreuungspflicht über fremdes Vermögen zu verfügen, missbraucht, macht sich wegen Untreue strafbar,

---

1150 WIMMER, Zivil- und strafrechtliche Folgen, DStR 49/97, S. 1931 (1934); Zur Abgrenzung der Vorbereitungshandlung und der Schwelle zum Versuch („unmittelbares Ansetzen“, § 22 StGB) siehe FISCHER, StGB, 57. Aufl., § 263 Rn. 7 ff.

1151 FISCHER, StGB, 57. Aufl., § 263 Rn. 3 f.

1152 FISCHER, StGB, 57. Aufl., § 263 Rn. 31 ff.

1153 WIMMER, Zivil- und strafrechtliche Folgen, DStR 49/97, S. 1931 (1934).

wenn der Missbrauch zu einem Vermögensnachteil führt. Der Untreuetatbestand ist wegen seiner Weite äußerst diffizil und erfuhr Einschränkungen durch Literatur und Rechtsprechung.[1154] So sind sich Literatur und Rechtsprechung einig, dass auch die 1. Variante des Missbrauchs neben der Befugnis eine besondere Vermögensbetreuungspflicht erfordert.[1155]

Der Vorstand der AG stellt jedoch ein Musterbeispiel für den tauglichen Täter dar, der über fremdes Vermögen – nämlich das der Gesellschaft – verfügen kann und den eine besondere Betreuungspflicht für dieses Vermögen trifft.[1156] Der Straftatbestand ahndet den Missbrauch, der dadurch möglich wird, dass „rechtliches Können" (im Außenverhältnis) und „rechtliches Dürfen" (im Innenverhältnis) sich unterscheiden. Die Vertretungs- und Handlungsmacht des Vorstands kann gem. § 82 AktG nicht beschränkt werden. Nach innen hat der Vorstand jedoch die Sorgfalt eines ordentlichen und gewissenhaften Geschäftsleiters i.S.d. § 93 Abs. 1 AktG anzuwenden.

Im Zusammenhang mit einem nichtig überbewerteten Jahresabschluss kann es insbesondere dann zu einer Tatbestandserfüllung kommen, wenn vorsätzlich Scheingewinne ausgeschüttet werden. Der Untreuetatbestand ist erfüllt, wenn dem Inhaber des betreuten Vermögens ein Nachteil entsteht, wozu eine konkrete Vermögensgefährdung ausreicht.[1157] Dies ist im Fall der Scheingewinnausschüttung gegeben, da Rückforderungen wie gezeigt regelmäßig unmöglich sind.

Zu beachten ist jedoch, dass eine Einwilligung des Vermögensinhabers die Pflichtwidrigkeit und damit die Tatbestandserfüllung entfallen lassen kann.[1158] Anknüpfungspunkt für die Strafbarkeit wegen Untreue ist der Missbrauch der Befugnisse, die dem Betreuer durch den Vermögensinhaber eingeräumt werden. Ein solcher liegt gerade nicht vor, wenn der Vermögensinhaber mit der Vermögensschädigung einverstanden ist. Die Ausschüttung von Scheingewinnen wird regelmäßig auf einem Gewinnverwendungsbeschluss der Hauptversammlung basieren. Dieser Beschluss könnte eine Einwilligung der Aktionäre und damit des Vermögensinhabers in die Vermögensschmälerung darstellen. Die Grenze der Einwilligungsmöglichkeit ist nach der neueren Rechtsprechung des BGH jedenfalls stets ein existenzgefährdender Eingriff. Für den Fall der Scheinge-

1154 WIMMER, Zivil- und strafrechtliche Folgen, DStR 49/97, S. 1931 (1934).

1155 Vgl. FISCHER, StGB, 57. Aufl., § 266 Rn. 6, 21 ff.

1156 FISCHER, aaO Rn. 13, 48.

1157 Ders. aaO Rn. 150.

1158 Dies entspricht der Regel des § 93 Abs. 4 AktG, der für diesen Fall auch eine zivilrechtliche Haftung ausschließt; Voraussetzung ist jedoch, dass der Beschluss wirksam ist. Dies gilt im Beispielsfall für den Gewinnverwendungsbeschluss gem. § 253 AktG gerade nicht.

winnausschüttung ist dies eine solche, die das Grundkapital angreift bzw. gar zu einer insolvenzrechtlichen Überschuldung führt.[1159] Eine solche ist folglich in jedem Fall tatbestandlich. Für die GmbH wird z.B. aber die Einwilligung in verdeckte Gewinnausschüttungen, die nicht zu einem Angriff des Stammkapitals führen, als tatbestandsausschließend angesehen, wenn alle Gesellschafter zugestimmt haben.[1160] Mit Blick auf den Schutzzweck des § 266 StGB, der nicht auf Gläubigerschutz, sondern auf Vermögensschutz gerichtet ist, soll eine Strafbarkeit nur bei Überschreiten dieser Grenze anzunehmen sein.[1161]

Im Fall der Scheingewinnausschüttung bei der AG ist jedoch zu beachten, dass der Gewinnverwendungsbeschluss gem. § 253 AktG nichtig ist. Es handelt sich damit schon nicht um eine wirksame Einwilligung; selbst wenn das Grundkapital nicht angegriffen wird. Da gem. § 57 Abs. 3 AktG grundsätzlich nur die Ausschüttung des Bilanzgewinns zulässig ist, stellt die wissentliche Ausschüttung von Scheingewinnen auch eine pflichtwidrige Vermögensverletzung dar.[1162] Ferner wird aufgrund des strengeren Kapitalschutzes in der AG den Aktionären als Anteilseignern eine Einwilligungskompetenz zur Vermögensschädigung der Gesellschaft nicht zugestanden.[1163]

Wird ein Scheingewinn ausgeschüttet, ist damit der Tatbestand des Missbrauchs trotz vermeintlicher Einwilligung der Hauptversammlung erfüllt, wenn die Ausschüttung vorsätzlich erfolgt, also in Kenntnis der Überbewertung bzw. wenn diese zumindest billigend in Kauf genommen wird.[1164] Relevanz hat die Verfolgung des Straftatbestands der Untreue insbesondere in den Fällen, in denen ein Gewinn ausgeschüttet wird, obwohl ein Verlust hätte ausgewiesen werden müssen, der zur Überschuldung der AG geführt hätte, mithin meist im Zusammenhang mit einer Insolvenz der AG.

1159 FISCHER, StGB, 57. Aufl., § 266 Rn. 61, 95 ff.; BGH v. 31.7.09 – 2 StR 95/09; Fortführung von BGH v. 13.5.04 - 5 StR 73/03, BGHSt 49, S. 147 („Bremer Vulkan").

1160 FISCHER, StGB, 57. Aufl., § 266 Rn. 96; ROTH/ALTMEPPEN, GmbHG, 6. Aufl., § 43 Rn. 153.

1161 Vgl. FISCHER, StGB, 57. Aufl., § 266 Rn. 94, 97. So auch KUTZNER, Untreue, NStZ 5/05, S. 269 (270), der die Geltung der vom BGH geschaffenen Regeln auch für die AG anwendbar sieht.

1162 FISCHER, StGB, 57. Aufl., § 266 Rn. 103; HÜFFER, AktG, 9. Aufl. , § 57 Rn. 2, 22. Anders ist dies bei der GmbH, bei der gem. § 30 GmbHG lediglich das Stammkapital nicht ausgeschüttet werden darf. Gesetzliche Rücklagen gibt es nicht.

1163 FISCHER, StGB, 57. Aufl., § 266 Rn. 102.

1164 Für die GmbH WIMMER, Zivil- und strafrechtliche Folgen, DStR 49/97, S. 1931 (1934).

d. Insolvenzstraftaten

Wie oben dargestellt, steht die Nichtigkeit eines Jahresabschlusses wegen Überbewertung häufig in Zusammenhang mit einer Insolvenz, da durch die Überbewertung eine Überschuldung verschleiert wird. In diesem Fall kommen spezifische Insolvenzstraftatbestände in Betracht, die hier in Bezug auf Falschbewertungen von Jahresabschlüssen untersucht werden sollen. Die Straftatbestände des Strafgesetzbuchs (§§ 283 bis 283d StGB) können jedoch nur erfüllt sein, wenn tatsächlich die Zahlungen eingestellt wurden bzw. ein Insolvenzverfahren eröffnet oder der Antrag mangels Masse abgewiesen wurde (§ 283 Abs. 6 StGB).

(1) Bankrott und Verletzung der Buchführungspflicht, §§ 283, 283b StGB

Der Straftatbestand des Bankrott ahndet zum Schutz etwaiger Insolvenzmasse katalogartig aufgeführte Bankrotthandlungen, die zur Strafbarkeit führen, wenn sie in einer Krise des Schuldners begangen werden und diese Krise in das Vorliegen eines Insolvenzgrundes mündet. So ist Voraussetzung der Tatbestandsvarianten des § 283 Abs. 1 StGB, dass diese „bei Überschuldung oder bei drohender oder eingetretener Zahlungsunfähigkeit" begangen werden. Gem. § 283 Abs. 6 StGB ist die Tat nur strafbar, wenn der Täter tatsächlich die Zahlungen eingestellt hat oder über sein Vermögen das Insolvenzverfahren eröffnet bzw. der Antrag mangels Masse abgewiesen wurde. Dabei handelt es sich um eine sog. objektive Strafbarkeitsbedingung, d.h. dieses Merkmal muss lediglich objektiv vorliegen und braucht nicht vom Vorsatz umfasst zu sein.[1165] Frühester Zeitpunkt der für die Begehung des § 283 StGB erforderlichen Krise ist das Vorliegen einer Überschuldung.[1166] Dazu wird nicht eine bilanzielle Überschuldung ausreichen, sondern es ist der insolvenzrechtliche Überschuldungsbegriff heranzuziehen, so dass die Aufdeckung stiller Reserven zulässig ist.[1167] Bedeutsam ist, dass auch eine fahrlässige Begehung strafbar ist, §§ 283 Abs. 4, 5, 283b Abs. 2 StGB. Im Zusammenhang mit dem Jahresabschluss stehen die Bankrotthandlungen des § 283 Abs. 1 Nr. 5 und 7 StGB. Nach Nr. 5 wird bestraft, wer Handelsbücher nicht oder unübersichtlich führt. Nach Nr. 7 wird bestraft, wer entgegen dem Handelsrecht Bilanzen unübersichtlich aufstellt oder die Bilanzaufstellung innerhalb der vorgeschriebenen Zeit unterlässt.

1165 WLACHOJIANNIS, Insolvenzstrafrecht, BuW 1/04, S. 26 (27).

1166 Vgl. LACKNER/KÜHL, StGB, 26. Aufl., § 283 Rn. 5.

1167 Die Fortführungsprognose wird allerdings nicht entscheidend sein, da der Straftatbestand ohnehin nur in Betracht kommt, wenn die Insolvenz eintritt.

Diese Varianten ahndet auch der Straftatbestand der Verletzung der Buchführungspflicht, § 283b Abs. 1 Nr. 1 und 3 StGB, in identischer Formulierung. Der Unterschied der Straftatbestände des Bankrott und der Verletzung der Buchführungspflicht liegt darin, dass § 283b StGB nicht die Begehung in einer Krise verlangt. Für die Tatbestandserfüllung ist folglich das Bestehen einer Überschuldung oder drohenden Zahlungsunfähigkeit unerheblich. Objektive Strafbarkeitsbedingung bleibt aber das Eintreten der Insolvenzgründe, § 283b Abs. 3 StGB. Es muss daher zumindest irgendein tatsächlicher Zusammenhang zwischen der Verletzung der Buchführungspflicht und der eingetretenen Insolvenz liegen, da nicht jede unabhängig von einer Krise begangene Verletzung zur Strafbarkeit führen soll und darf.[1168] § 283b StGB erfasst daher Begehungen unmittelbar vor oder nach einer Krise oder die objektive Tatbestandserfüllung in einer Krise, ohne dass diese vom Vorsatz erfasst wird und auch unfahrlässig verkannt wird. Wird die Krise mindestens fahrlässig verkannt, so ist Strafbarkeit gem. § 283 StGB gegeben. § 283b StGB tritt als subsidiär zurück.[1169]

§§ 283, 283b StGB stellen auf die Krise des Täters und dessen Pflichten ab. Buchführungspflichtig ist gem. §§ 238, 6 Abs. 1 HGB, § 3 Abs. 1 AktG die AG als Handelsgesellschaft. Auch diese muss die Voraussetzung der Krise bzw. das Eintreten der Insolvenzgründe erfüllen und ist damit zunächst der Täter. Tatsächlich handelt jedoch der Vorstand der AG, der gem. § 91 Abs. 1 AktG für die Buchführung zuständig ist und gem. § 264 Abs. 1 S. 2 HGB den Jahresabschluss aufzustellen hat. Die Strafbarkeit der Vorstandsmitglieder ergibt sich jedoch aus § 14 Abs. 1 Nr. 1 StGB, wonach die Merkmale auf den Vorstand als gesetzlichen Vertreter zu beziehen sind, obwohl sie nur bei der AG als Vertretener vorliegen.[1170] Strafrechtlich verantwortlich ist damit jedes Vorstandsmitglied, wenn eine Krise der AG in das Vorliegen von Insolvenzgründen mündet.[1171]

1168 FISCHER, StGB, 57. Aufl., Vor § 283 Rn. 17, § 283b Rn. 3, 5; LACKNER/KÜHL, StGB, 26. Aufl., § 283b Rn. 3; ausführlich TIEDEMANN in: LAUFHÜTTE u.a., Leipz. Komm. StGB, Band 9/2, 12. Aufl., Vor § 283 Rn. 92 ff., 97; STREE/HEINE in: SCHÖNKE/SCHRÖDER, StGB, 27. Aufl., § 283b Rn. 7.

1169 FISCHER, StGB, 57. Aufl., Vor § 283 Rn. 17, § 283 Rn. 42, § 283b Rn. 6.

1170 Vgl. FISCHER, StGB, 57. Aufl., vor § 283 Rn. 21; LACKNER/KÜHL, StGB, 26. Aufl., § 283 Rn. 3.

1171 TIEDEMANN hält dafür eine berichtigende Auslegung für notwendig, da nach § 283 Abs. 6 StGB über das Vermögen des Täters das Insolvenzverfahren eröffnet sein müsste. Täter kann aber gerade nur der Vorstand selbst sein. Richtig wäre daher die Formulierung „...des Schuldners...“; TIEDEMANN in: LAUFHÜTTE u.a., Leipz. Komm. StGB, Band 9/2, 12. Aufl., Vor § 283 Rn. 63 f. Dies ist überzeugend, die Auslegung wird jedoch vorzunehmen sein, so dass aus diesem Grund keine Straffreiheit eintreten kann; ebenso STREE/HEINE in: SCHÖNKE/SCHRÖDER, StGB, 27. Aufl., § 283 Rn. 59a.

Der Vorstand muss gem. § 283b Abs. 1 Nr. 3 a) StGB entgegen dem Handelsrecht eine Bilanz vorsätzlich oder fahrlässig so aufgestellt haben, dass die Übersicht über den Vermögensstand der AG erschwert wird. Die Literatur nennt als Beispiele den Ausweis fiktiver Beträge, das Weglassen von Posten oder falsche Wertansätze.[1172] So klar wie dies zunächst erscheint, so schwierig ist es zu beurteilen, wann ein Ansatz „falsch" i.S.d. Handelsrechts ist. Jedenfalls ist zu konstatieren, dass nichtigkeitsbegründende Bewertungs- und Gliederungsfehler, die die Voraussetzungen der §§ 256 Abs. 4 und 5 AktG erfüllen, auch die Übersicht über den Vermögensstand erschweren. Dabei reicht gem. § 283b Abs. 2 StGB Fahrlässigkeit aus. Da es auf eine Erschwerung der Übersicht über den Vermögensstand ankommt, kann auch ein korrekter Ergebnisausweis, z.B. durch Kompensation von Posten, den Tatbestand nicht ausschließen. § 283b StGB stellt nur auf die Bilanz ab. Andererseits kann eine innerhalb eines Postens erfolgte Kompensation die Übersicht nicht erschweren, da sie aus der Bilanz gar nicht ersichtlich ist. Die Betrachtungsweise ist folglich identisch mit der zur Beurteilung der Nichtigkeit des Jahresabschlusses wegen Inhaltsfehlern. Die differenzierte Regelung zur Nichtigkeit kann daher für die Beurteilung dieses Straftatbestands herangezogen werden.

Praktisch bedeutet das Folgendes: Durch die Unterschrift gem. § 245 HGB, die spätestens bei Feststellung durch alle, auch die stellvertretenden, Vorstandsmitglieder unter den Jahresabschluss zu leisten ist, wird die Gültigkeit der Fassung des Jahresabschlusses dokumentiert. Ist ein Jahresabschluss wegen Falschbewertung nichtig, so ist auch der objektive Tatbestand der Verletzung der Buchführungspflicht gem. § 283b Abs. 1 Nr. 3 a) StGB erfüllt. Tritt die Bedingung des Vorliegens von Insolvenzgründen in der Folgezeit ein, so ergibt sich für alle Vorstandsmitglieder, die die Falschbewertung mindestens fahrlässig erkannt haben, eine Strafbarkeit gem. § 283b Abs. 1 Nr. 3 a) i.V.m. § 14 Abs. 1 Nr. 1 StGB. Dies ist praktisch insbesondere dann denkbar, wenn durch Überbewertungen eine Überschuldung der AG verschleiert wird. Durch eine korrekte Bilanzierung wäre die Krise zwar erst offenbar geworden. Die Erfüllung des Bankrotts, also Begehung „bei Überschuldung", könnte daher zweifelhaft sein. Da § 283b StGB nicht die Begehung „bei Überschuldung" fordert, ahndet dieser bereits die erste Falschbilanzierung, die im genannten Fall offensichtlich in einem tatsächlichen Zusammenhang zur eingetretenen Insolvenz stände.

1172 FISCHER, StGB, 57. Aufl., § 283 Rn. 28; WLACHOJIANNIS, Insolvenzstrafrecht, BuW 1/04, S. 26 (28); TIEDEMANN in: LAUFHÜTTE u.a., Leipz. Komm. StGB, Band 9/2, 12. Aufl., § 283 Rn. 137 ff.

Fahrlässigkeit im strafrechtlichen Sinne ist gegeben, wenn eine objektive Sorgfaltspflichtverletzung vorliegt und für den konkreten Täter subjektiv der Tatbestandserfolg zumindest vorhersehbar war.[1173] Auch die im Fall der Ressortbildung nicht für die Rechnungslegung zuständigen Vorstandsmitglieder können daher von einer Strafbarkeit erfasst werden. Durch ihre Unterschrift dokumentieren sie ihre Verantwortlichkeit. Aufgrund ihrer Überwachungspflicht müssen sie bereits bei Zweifeln die Richtigkeit der Bilanzierung hinterfragen, ansonsten ist eine objektive Sorgfaltspflichtverletzung regelmäßig gegeben. Ein Ausscheiden der Strafbarkeit ist daher praktisch nur dann anzunehmen, wenn einzelne Vorstandsmitglieder durch die die Bilanz manipulierenden Personen getäuscht werden und so keinerlei Anhaltspunkte für die bevorstehende Unternehmenskrise haben und daher auch nicht die Fehlerhaftigkeit der Bilanz erkennen können. Das durch einen Bestätigungsvermerk geschaffene Vertrauen ist für diese Beurteilung heranzuziehen.

Im Vorfeld kann die Variante des § 283b Abs. 1 Nr. 1 StGB erfüllt sein, wonach die unterbleibende oder mangelhafte Führung der Handelsbücher geahndet wird. Dies könnte Vorbereitungen von Bilanzmanipulationen erfassen, wenn z.B. die Buchhaltungsabteilung angewiesen wird, einen bestimmten Geschäftsvorfall nicht zu erfassen.

Die verspätete Aufstellung des Jahresabschlusses wird von § 283b Abs. 1 Nr. 3 b) StGB erfasst, der damit als echtes Unterlassungsdelikt ausgestaltet ist.[1174] Maßgeblich sind die Fristen zur Aufstellung, nicht zur Feststellung des Jahresabschlusses.[1175] Für die AG beträgt diese Frist gem. § 264 Abs. 1 HGB drei Monate bzw. bei kleinen AGs sechs Monate. Zur Dokumentation der Einhaltung dieser Fristen empfiehlt es sich daher, bereits bei Aufstellung den Jahresabschluss zu unterzeichnen, nicht erst bei dessen Feststellung.[1176] Hervorzuheben ist, dass die Aufstellung als Realakt selbst nicht von der Nichtigkeit erfasst werden kann. Ist ein innerhalb der Fristen aufgestellter Jahresabschluss nichtig, so wurde er dennoch rechtzeitig – wenn auch mangelhaft – aufgestellt. Die Erstaufstellung ist entgegen einiger Stimmen in der Literatur nicht gegenstandslos.[1177] Die zu erfolgende Neuaufstellung ist nicht etwa die erste Aufstellung und somit verspätet, sondern auch die fehlerhafte Aufstellung hat die Frist erfüllt. Erfolgte die fehlerhafte Aufstellung jedoch zumindest fahrlässig und

---

1173 FISCHER, StGB, 57. Aufl., § 15 Rn. 12a, 17 f.; LACKNER/KÜHL, StGB, 26. Aufl., § 15 Rn. 36 ff.

1174 Die Voraussetzungen des § 13 StGB sind daher nicht notwendig. FISCHER, StGB, 57. Aufl., § 283 Rn. 29.

1175 FISCHER, StGB, 57. Aufl., § 283 Rn. 27.

1176 Siehe dazu schon oben, Kap. III.B.2.c.(2), dort S. 134.

1177 Siehe dazu oben, Kap. IV.A.5.a., S. 189 f.

steht diese im Zusammenhang mit einer Insolvenz, so kommt Strafbarkeit gem. § 283b Abs. 1 Nr. 3 a) StGB in Betracht, bei vorsätzlich falscher Bilanzierung darüber hinaus unrichtige Darstellung gem. § 331 Nr. 1 HGB.

Über § 14 StGB werden die Merkmale der Gesellschaft auf den Täter übertragen. Dies gilt nicht nur für Vorstandsmitglieder, sondern gem. § 14 Abs. 2 Nr. 2 StGB auch für Dritte, die von dem Vorstand beauftragt wurden, in eigener Verantwortung die Buchführungs- oder Bilanzierungsaufgaben wahrzunehmen und den Tatbestand erfüllen.[1178] Denkbar ist damit z.B. eine Strafbarkeit des Leiters der Buchhaltungsabteilung aus § 283b Abs. 1 Nr. 1 StGB oder eines mit der Erstellung des Jahresabschlusses beauftragten Steuerberaters aus § 283b Abs. 1 Nr. 3 a) StGB.[1179] Die strafrechtliche Verantwortlichkeit des Vorstands selbst muss dadurch nicht entfallen.

Im Insolvenzverfahren geht die Buchführungs- und Rechnungslegungspflicht gem. § 155 Abs. 1 S. 2 InsO auf den Insolvenzverwalter über. Diesen können daher auch die Strafvorschriften des Bankrotts treffen.[1180] Die Merkmale der Gesellschaft werden dem Verwalter ebenfalls nach § 14 Abs. 1 Nr. 3 StGB zugerechnet.[1181] Die objektive Strafbarkeitsbedingung des § 283 Abs. 6 StGB ist bereits eingetreten, das Insolvenzverfahren wurde eröffnet. Eine dem nachfolgende Bankrotthandlung ist ebenso tatbestandsmäßig.[1182] Ferner befindet sich die Gesellschaft in einer „Krise“ i.S.d. § 283 Abs. 1 StGB, so dass grundsätzlich aufgrund der Subsidiarität des § 283b StGB die Tatbestände des § 283 Abs. 1 StGB in Betracht kommen. Durch Insolvenzeröffnung wird die Krise auch nicht beendet, dies ist erst der Fall nach erfolgreichen Sanierungsbemühungen.[1183] Erst wenn durch Sanierungsbemühungen des Insolvenzverwalters die Zahlungsfähigkeit wiederhergestellt und keine Überschuldung mehr gegeben ist, scheidet der Tatbestand des § 283 StGB aus. Für den Insolvenzverwalter kommt jedoch

---

1178 Über § 14 StGB werden die persönlichen Merkmale der Krise und der eingetretenen Insolvenz zugerechnet. Dem Beauftragen werden über § 14 Abs. 2 Nr. 2 StGB zunächst die Merkmale des Vorstands zugerechnet. Dieser erfüllt diese zwar nicht selbst, ihm werden sie jedoch über § 14 Abs. 1 Nr. 1 StGB zugerechnet. Es erfolgt damit eine doppelte Zurechnung.

1179 Vgl. FISCHER, StGB, 57. Aufl., vor § 283 Rn. 21a; TIEDEMANN in: LAUFHÜTTE u.a., Leipz. Komm. StGB, Band 9/2, 12. Aufl., § 283 Rn. 101.

1180 EISOLT/SCHMIDT, ReLe in der Insolvenz, BB 13/09, S. 654 (567).

1181 Da er als Partei kraft Amtes einem gesetzlichen Vertreter gleichgestellt ist, vgl. FISCHER, StGB, 57. Aufl., § 14 Rn. 3; LACKNER/KÜHL, StGB, 26. Aufl., § 14 Rn. 2; TIEDEMANN in: LAUFHÜTTE u.a., Leipz. Komm. StGB, Band 9/2, 12. Aufl., Vor § 283 Rn. 66.

1182 LACKNER/KÜHL, StGB, 26. Aufl., § 283 Rn.29; TIEDEMANN in: LAUFHÜTTE u.a., Leipz. Komm. StGB, Band 9/2, 12. Aufl., Vor § 283 Rn. 96.

1183 So auch FISCHER, StGB, 57. Aufl., vor § 283 Rn. 16.

weiterhin eine Strafbarkeit aus § 283b StGB in Betracht. Praktisch bedeutsam ist für den Insolvenzverwalter weniger die Vorschrift zur fehlerhaften Erstellung als die zur Fristeinhaltung. Auch im Insolvenzverfahren sind die Aufstellungsfristen einzuhalten, was sich aus der Erleichterungsregelung des 155 Abs. 2 S. 2 InsO ergibt. Diese bezieht sich jedoch nur auf die Erstellung der Eröffnungsbilanz sowie des Jahresabschlusses des Rumpfgeschäftsjahrs.[1184] Trotz vielfacher praktischer Probleme ist damit auch der Insolvenzverwalter gehalten, die kurzen Aufstellungsfristen einzuhalten.[1185] Mangels des Erfordernisses der Begehung in einer Krise und der bereits eingetretenen Strafbarkeitsbedingung ist bei Verstoß gegen die Aufstellungsfrist somit grundsätzlich eine Strafbarkeit aus § 283b Abs. 1 Nr. 3 b) StGB gegeben.[1186]

(2) Nichtanzeige hälftigen Verlusts des Grundkapitals, § 401 Abs. 1 AktG

Wird entgegen der Pflicht des § 92 Abs. 1 AktG bei Verlust des hälftigen Grundkapitals nicht die Hauptversammlung einberufen und der Verlust angezeigt, ist Strafbarkeit gem. § 401 Abs. 1 AktG gegeben. Gem. § 401 Abs. 2 AktG ist selbst die fahrlässige Begehung strafbar. Als echtes Unterlassungsdelikt trifft die Strafbarkeit jedes Vorstandsmitglied, das zumindest fahrlässig die Einberufungspflicht verletzt. Der Tatbestand nimmt direkt Bezug auf § 92 Abs. 1 AktG, so dass auch die Erkennbarkeit des Verlusts nach pflichtgemäßem Ermessen erfasst ist. Wird der Verlust durch eine Überbewertung verschleiert, kann damit Strafbarkeit aus § 401 AktG gegeben sein.

(3) Insolvenzverschleppung, § 15a Abs. 4 InsO

Durch das MoMiG wurde § 15a InsO eingeführt, der die Insolvenzantragspflicht und die Strafbarkeit bei Verletzung einheitlich für alle juristischen Personen und haftungsbeschränkte Personengesellschaften in der InsO regelt. Die spezialgesetzlichen Regelungen in den jeweiligen Gesellschaftsgesetzen wurden im gleichen Zuge aufgehoben.[1187] Strafbar ist jedes Mitglied des Vorstands, das entge-

1184 ANDRES in: NERLICH/RÖMERMANN, InsO, § 155 Rn. 21, 44.

1185 Tatbestandsausschließend wirkt allerdings auch für den Insolvenzverwalter die rechtliche oder tatsächliche Unmöglichkeit der rechtzeitigen Jahresabschlusserstellung, vgl. FISCHER, StGB, 57. Aufl., § 283 Rn. 29a sowie LACKNER/KÜHL, StGB, 26. Aufl., § 283 Rn. 20 a.E.

1186 Der notwendige Zusammenhang zwischen Insolvenzeintritt und Tathandlung wird hier im Zweifel gegeben sein, zumal ein rein tatsächlicher Zusammenhang ausreicht und keine Kausalität notwendig ist; TIEDEMANN in: LAUFHÜTTE u.a., Leipz. Komm. StGB, Band 9/2, 12. Aufl., Vor § 283 Rn. 98, § 283 Rn. 14; explizit für Nachholung im Insolvenzverfahren LACKNER/KÜHL, StGB, 26. Aufl., § 283b Rn. 3.

1187 So § 401 Abs. 1 Nr. 2 a.F. AktG, § 84 Abs. 1 Nr. 2 a.F. GmbHG.

gen der Pflicht des § 15a Abs. 1 S. 1 AktG bei Eintritt der Überschuldung oder Zahlungsunfähigkeit nicht innerhalb der Frist von maximal drei Wochen Insolvenzantrag stellt. Es handelt sich damit um ein echtes Unterlassungsdelikt,[1188] so dass es auf eine Garantenstellung i.S.d. § 13 StGB nicht ankommt. Strafbar ist gem. § 15a Abs. 5 InsO auch die fahrlässige Begehung.

Die Frist beginnt grundsätzlich bei objektivem Vorliegen einer Überschuldung oder Zahlungsunfähigkeit und deren Erkennbarkeit für den Vorstand.[1189] Der Antrag ist ohne schuldhaftes Zögern, spätestens nach drei Wochen zu stellen, § 15a Abs. 1 S. 1 InsO. Daraus ergibt sich, dass die Dreiwochenfrist nur ausgeschöpft werden darf, wenn auch Sanierungsbemühungen angestellt werden.[1190] Dies wird in der Praxis häufig verkannt, indem die Dreiwochenfrist in jedem Falle als ausschöpfbar angesehen wird. Andererseits ist in den Fällen, in denen die Verschleppung der Insolvenz praktisch relevant wird, meist die Dreiwochenfrist ohnehin überschritten. Ist das Bestehen der Überschuldung bzw. Zahlungsunfähigkeit erkennbar oder wird dies fahrlässig verkannt, so ist Fahrlässigkeitsstrafbarkeit gegeben.

Im Fall einer Verschleierung der Überschuldung durch Überbewertung ist damit regelmäßig eine Strafbarkeit wegen Insolvenzverschleppung für die Vorstandsmitglieder gegeben, die die Falschbewertung kennen oder für möglich halten. Lediglich Vorstandsmitgliedern, die keinerlei Anhaltspunkte für eine Fehlerhaftigkeit des Jahresabschlusses haben, weil auch die tatsächlichen Verhältnisse nicht darauf hinweisen, kann kein Fahrlässigkeitsvorwurf gemacht werden.

e. Steuerhinterziehung

Im Fall einer Nichtigkeit wegen Unterbewertung kann sich eine Strafbarkeit wegen Steuerhinterziehung gem. § 370 Abs. 1 Nr. 1 AO ergeben. Durch die Maßgeblichkeit der Handelsbilanz für die Steuerbilanz gem. § 5 Abs. 1 S. 1 EStG, § 8 Abs. 1 S. 1 KStG führt eine Unterbewertung zu einer Verminderung auch des steuerrechtlichen Jahresergebnisses, so dass eine Steuerverkürzung vorliegt. Da die Nichtigkeit wegen Unterbewertung bereits die vorsätzliche Verschleierung fordert, ist auch eine vorsätzliche unrichtige Angabe gegenüber den Steuerbehörden anzunehmen, wenn die Steuererklärung auf Basis des unterbewerteten Jahresabschlusses eingereicht wird. Bei Leichtfertigkeit kommt eine Ordnungswidrigkeit gem. § 378 AO in Betracht.

1188 ROTH/ALTMEPPEN, GmbHG, 6. Aufl., Vorb § 64 Rn. 86.

1189 SCHMIDT/UHLENBRUCK, GmbH-Krise, 4. Aufl., Rn. 11.57; HAAS in: BAUMBACH/HUECK, GmbHG, 19. Aufl., § 64 Rn. 124 f.

1190 HEIDEL, AktR, 2. Aufl., § 92 Rn. 12; BALTHASAR in: KRIEGER, HB Managerhaftung, § 27 Rn. 50.

4. Zivilrechtliche Konsequenzen für den Vorstand

a. Haftung gegenüber der Gesellschaft – Innenhaftung

(1) Haftung aus § 93 Abs. 2 AktG

Zentrale Haftungsnorm für die Haftung der Vorstandsmitglieder gegenüber der AG ist § 93 Abs. 2 AktG. Danach sind Vorstandsmitglieder, die ihre Pflichten verletzen, der Gesellschaft zum Ersatz des daraus entstehenden Schadens verpflichtet. Die Pflichten der Vorstandsmitglieder ergeben sich zum Einen aus dem Anstellungsvertrag mit der Gesellschaft gem. §§ 611, 241 BGB, zum Anderen aus deren Organstellung. Für diese regelt § 93 Abs. 1 S. 1 AktG im Sinne einer Generalklausel, dass die Vorstandsmitglieder bei ihrer Geschäftsführung die Sorgfalt eines ordentlichen und gewissenhaften Geschäftsleiters anzuwenden haben. Auf diesen Pflichtenrahmen lassen sich letztlich alle denkbaren Pflichtverletzungen zurückführen. Der genaue Inhalt dieser Sorgfalt ist schwierig in allgemeiner Weise bestimmbar, sondern richtet sich nach dem jeweiligen Unternehmen.[1191] Stets einen Verstoß gegen die Sorgfalt eines ordentlichen und gewissenhaften Geschäftsleiters stellt naturgemäß ein Verstoß gegen zwingende gesetzliche Vorschriften dar.[1192] Vorliegend sollen lediglich Pflichtverletzungen bezüglich der Rechnungslegung betrachtet werden, die zur Nichtigkeit des Jahresabschlusses führen. Dabei handelt es sich um Verstöße gegen § 91 Abs. 1 AktG bzw. gegen die Rechnungslegungsvorschriften der §§ 238 ff. HGB. Verstöße gegen diese zwingenden Vorschriften stellen stets eine objektive Pflichtverletzung dar.

Der Pflichtenrahmen wird jedoch eingeschränkt durch die sog. „Business Judgement Rule" des § 93 Abs. 1 S. 2 AktG, wonach eine Pflichtverletzung dann nicht vorliegt, wenn eine unternehmerische Entscheidung auf ausreichender Informationsgrundlage zum Wohle der Gesellschaft gefällt wurde.[1193] In Bezug auf die hier betrachteten Rechnungslegungsfehler ist jedoch festzustellen, dass die Einhaltung der Rechnungslegungsvorschriften nicht zur unternehmerischen Disposition steht.[1194] Die Erfüllung der Rechnungslegungspflichten gehört zwar zur Geschäftsführung, Entscheidungsfragen ergeben sich jedoch nur bezüglich der Ausübung von Wahlrechten und Ausnutzung von Beurteilungsspielräumen. Im Fall der Nichtigkeit werden die zulässigen Spielräume aber verlas-

1191 SCHMIDT/LUTTER, AktG, § 93 Rn. 12.

1192 HEIDEL, AktR, 2. Aufl., § 93 Rn. 72; HÜFFER, AktG, 9. Aufl. , § 93 Rn.

1193 Dies war auch vor Einführung des § 93 Abs. 1 S. 2 AktG h.M. in Literatur und Rechtsprechung, insofern hat die Regelung eher klarstellende Bedeutung, HÜFFER, AktG, 9. Aufl. , § 93 Rn. 4a; KRIEGER in: HB Managerhaftung, § 3 Rn. 7 f.

1194 Vgl. SCHMIDT/LUTTER, AktG, § 93 Rn. 12.

sen, so dass in jedem Fall eine objektive Pflichtverletzung gegeben ist.[1195] Das Vorliegen eines uneingeschränkten Bestätigungsvermerks durch den Abschlussprüfer wird häufig als Exkulpationsgrund für Pflichtverletzungen vorgeschoben. Dies ist jedoch untauglich, da die Verantwortlichkeit für die Aufstellung des Jahresabschlusses beim Vorstand verbleibt und ein Bestätigungsvermerk nicht zwingend die „Richtigkeit" des Jahresabschlusses garantiert.[1196]

Nichtigkeitsbegründende Fehler der Rechnungslegung stellen damit stets eine objektive Pflichtverletzung dar. Gem. § 93 Abs. 2 S. 1 AktG sind die Vorstandsmitglieder daher grundsätzlich der AG zum Ersatz des kausalen Schadens verpflichtet. Die Pflichtverletzung i.S.d. § 93 Abs. 1 AktG stellt regelmäßig auch eine positive Vertragsverletzung des Anstellungsvertrags dar – so ein solcher denn wirksam besteht -, die gem. §§ 280, 611 BGB zu einer Schadensersatzpflicht führen würde. Einem solchen Anspruch kommt jedoch keine eigenständige Bedeutung zu.[1197] So ist die Haftung aus § 93 AktG in ihrem Rahmen auch zwingend festgelegt und kann weder durch Satzung noch vertraglich verschärft oder gemildert werden.[1198]

Die Haftung aus § 93 Abs. 2 AktG ist eine Verschuldenshaftung. Das Vorstandsmitglied haftet nur für vorsätzlich oder fahrlässig begangene Pflichtverletzungen.[1199] Bedeutsam ist dabei die Regelung zur Darlegungs- und Beweislast aus § 93 Abs. 2 S. 2 AktG. Danach trägt das Vorstandsmitglied die Beweislast sowohl für das Nichtvorliegen der Pflichtverletzung – also die Einhaltung der Sorgfalt gem. § 93 Abs. 1 S. 1 AktG – als auch für mangelndes Verschulden.[1200] Die AG muss nach allgemeinen Regeln den Eintritt und die Höhe des Schadens beweisen sowie die Kausalität zwischen fehlerhafter Rechnungslegung und Schaden.[1201] Dass es sich um eine verschuldete Pflichtverletzung handelt, wird

1195 Vgl. GELHAUSEN in: KRIEGER, HB Managerhaftung, § 28 Rn. 62.

1196 So kann die Abschlussprüfung keine lückenlose Prüfung sein; ferner baut der AP auf den ihm zur Verfügung gestellten Informationen auf, vgl. BAUMBACH/HOPT, HGB, 34. Aufl., § 317 Rn. 4; FÖRSCHLE/SCHMIDT in: BeBiKo, 7. Aufl., § 317 Rn. 100 ff.; GELHAUSEN in: KRIEGER, HB Managerhaftung, § 28 Rn. 63.

1197 WIESNER in: HB GesR, § 26 Rn. 4; HÜFFER, AktG, 9. Aufl. , § 93 Rn. 11.

1198 SCHMIDT/LUTTER, AktG, § 93 Rn. 3; WIESNER in: HB GesR, § 26 Rn. 4.

1199 Unstr., HÜFFER, AktG, 8. Aufl., § 93 Rn. 14; WIESNER in: HB GesR, § 26 Rn. 9; HEIDEL, AktR, 2. Aufl., § 93 Rn. 105; SCHMIDT/LUTTER, AktG, § 93 Rn. 29.

1200 HEIDEL, AktR, 2. Aufl., § 93 Rn. 113; KRIEGER in: HB Managerhaftung, § 3 Rn. 33; SCHMIDT/LUTTER, AktG, § 93 Rn. 31.

1201 HÜFFER, AktG, 8. Aufl., § 93 Rn. 16; WIESNER in: HB GesR, § 26 Rn. 11; HEIDEL, AktR, 2. Aufl., § 93 Rn. 114 f.; KRIEGER in: HB Managerhaftung, § 3 Rn. 33; SCHMIDT/LUTTER, AktG, § 93 Rn. 31.

sodann vermutet. Die Beweislastumkehr des § 93 Abs. 2 S. 2 AktG geht damit noch weiter als die Regel des § 280 Abs. 1 S. 2 BGB für die Haftung aus positiver Vertragsverletzung, nach der nur das Verschulden vermutet wird.[1202] Auch aus diesem Grunde ist die Haftung des § 93 Abs. 2 AktG weiter als eine etwaige Haftung aus dem Anstellungsvertrag des Vorstandsmitglieds.[1203]

Im Rahmen der Beweislast des Vorstandsmitglieds kommt es auf die konkreten Sorgfaltsanforderungen für das jeweilige Vorstandsmitglied an. Im Fall einer Geschäftsverteilung geht die Exkulpationslast des für die Rechnungslegung zuständigen Vorstandsmitglieds folglich weiter als für die übrigen Vorstandsmitglieder. Letztere müssen lediglich darlegen und beweisen, dass sie ihrer Aufsichtspflicht genüge getan haben.[1204] Individuelles Unvermögen kann zivilrechtlich keine Exkulpation ermöglichen. Nach dem zivilrechtlich geltenden objektiv-abstrakten Sorgfaltsmaßstab[1205] muss ein Vorstandsmitglied sich bei fehlendem eigenen Fachwissen sachverständigen Rat einholen. Nur wenn dies durch sorgfältig ausgewählte Berater gewährleistet ist, liegt eine Pflichtverletzung nicht vor.[1206] In Bezug auf Bewertungsfehler kann sich das ressortzuständige Vorstandsmitglied folglich nur exkulpieren, wenn es beweisen kann, dass die Falschbewertungen ausschließlich durch z.B. den den Jahresabschluss erstellenden Steuerberater vorgenommen wurden. Im Fall z.B. einer unterlassenen Abschreibung muss nachgewiesen werden können, dass die Tatsachen die zur Abwertungspflicht geführt haben, entweder innerhalb des Wertaufhellungszeitraums unbekannt waren oder aber dem sachverständigen Jahresabschlusserstel-ler mitgeteilt wurden und dieser eine Abschreibungspflicht verneint hat.

Mehrere Vorstandsmitglieder haften der Gesellschaft gem. § 93 Abs. 2 S. 1 AktG als Gesamtschuldner. Ungeachtet der jeweiligen Verantwortlichkeit kann die Gesellschaft folglich jedes Vorstandsmitglied gem. § 421 BGB einzeln auf den gesamten Schaden in Haftung nehmen. Die Haftungsbeiträge der einzelnen Vorstandsmitglieder müssen diese im Innenverhältnis klären, indem sie sich bei zu hoher Inanspruchnahme gegenseitig aus § 426 BGB in Regress nehmen.[1207] Lediglich ein Vorstandsmitglied, das sich gänzlich exkulpieren kann, also Nichtvorliegen von Pflichtverletzung und/oder Verschulden beweisen kann, ist zu keiner Zahlung verpflichtet.

1202 Da § 93 Abs. 2 S. 2 AktG die Beweislast für die Pflichtverletzung selbst umkehrt, gilt dies erst recht für deren Vertretenmüssen.

1203 Für den u.U. selbst diese Beweislastumkehr gem. § 619a BGB nicht gilt.

1204 Vgl. SCHMIDT/LUTTER, § 93 Rn. 27.

1205 Siehe dazu oben, Kap. IV.C.1.b.(1), S. 273.

1206 Vgl. SCHMIDT/LUTTER, § 93 Rn. 27f.

1207 WIESNER in: HB GesR, § 26 Rn. 13; SCHMIDT/LUTTER, AktG, § 93 Rn. 25.

(2) Sondertatbestände des § 93 Abs. 3 AktG

§ 93 Abs. 3 AktG führt Sondertatbestände auf, nach denen der Vorstand „namentlich zum Ersatz" verpflichtet ist. Die aufgeführten Verstöße würden ohnehin als Pflichtverletzungen gem. § 93 Abs. 2 AktG zum Schadensersatz verpflichten. Daher handelt es sich um mehr als bloße „Regelbeispiele". Zum Einen wird die Möglichkeit der Gläubiger, Ansprüche der Gesellschaft gegen die Vorstandsmitglieder im eigenen Namen gem. § 93 Abs. 5 AktG geltend zu machen, erweitert. Diese besteht bei Erfüllung der Sondertatbestände des § 93 Abs. 3 AktG bereits bei leichter Fahrlässigkeit, während das gem. § 93 Abs. 5 S. 2 AktG ansonsten nur im Falle grober Sorgfaltspflichtverletzung möglich ist.

Zum Anderen bewirken die Sondertatbestände nach zutreffender herrschender Ansicht eine weitere Beweiserleichterung für die Gesellschaft als Anspruchsinhaber: Bei Erfüllung der Sondertatbestände wird vermutet, dass der Gesellschaft ein Schaden in Höhe des Mittelabflusses entstanden ist.[1208] Die Differenzhypothese des § 249 Abs. 1 BGB wird folglich insoweit modifiziert, als keine Betrachtung des Gesamtvermögens mit dem schädigenden Ereignis vorgenommen werden muss. Der Vermögensschaden könnte sich in diesem Fall durch Hinzurechnung erlangter Erstattungsansprüche gegen Dritte verringern. Ist ein Sondertatbestand des § 93 Abs. 3 erfüllt, sind erlangte Ansprüche jedoch nicht zu betrachten. Ein Schaden wird vermutet, die Beweislast insoweit umgekehrt.[1209] Das in Anspruch genommene Vorstandsmitglied muss folglich auch darlegen und beweisen, dass der AG trotz des Mittelabflusses kein Schaden entstanden ist. Im Fall von Scheingewinnausschüttungen wird somit ein Schaden unabhängig davon vermutet, ob die Ausschüttung von den Aktionären gem. § 62 AktG zurückerlangt werden kann oder nicht.[1210]

Die Sondertatbestände des § 93 Abs. 3 AktG stellen damit eigene Anspruchsgrundlagen dar.[1211] Im Fall der Nichtigkeit des Jahresabschlusses kommen Ansprüche der AG gegen den Vorstand aus § 93 Abs. 3 Nr. 1, 2 Alt. 2, 5 und 6 AktG in Betracht.

(3) Enthaftung des Vorstands, § 93 Abs. 4 AktG

Gem. § 93 Abs. 4 S. 1 AktG tritt die Ersatzpflicht gegenüber der Gesellschaft nicht ein, wenn die Handlung auf einem gesetzmäßigen Beschluss der Hauptver-

---

1208 WIESNER in: HB GesR, § 26 Rn. 19; HEIDEL, AktR, 2. Aufl., § 93 Rn. 128; SCHMIDT/LUTTER, AktG, § 93 Rn. 37.

1209 So auch HÜFFER, AktG, 9. Aufl. , § 93 Rn. 22.

1210 SCHMIDT/LUTTER, AktG, § 57 Rn. 53.

1211 HÜFFER, AktG, 9. Aufl. , § 93 Rn. 22; WIESNER in: HB GesR, § 26 Rn. 19; SCHNABEL/LÜCKE in: Vorstand AG, § 6 Rn. 110.

sammlung beruht. Dies ist sachgerecht, da der Vorstand gem. § 83 Abs. 2 AktG verpflichtet ist, gesetzmäßige Beschlüsse der Hauptversammlung umzusetzen bzw. auszuführen. Entscheidend ist dabei die Gesetzmäßigkeit. Diese ist nicht gegeben, wenn der Beschluss nichtig oder anfechtbar ist.[1212] Im Fall der Nichtigkeit des Jahresabschlusses beruhen ersatzpflichtige Handlungen insbesondere auf dem Gewinnverwendungsbeschluss der Hauptversammlung. Scheingewinnausschüttungen sind folglich nicht durch § 93 Abs. 4 AktG gedeckt, da der Gewinnverwendungsbeschluss gem. § 253 AktG nichtig ist.

Bedeutsam ist, welche Auswirkung die Heilung der Nichtigkeit auf Ansprüche aus § 93 AktG hat. Nach Ablauf der Heilungsfrist der Jahresabschlussfeststellung kann gem. § 253 Abs. 1 S. 2 AktG auch die Nichtigkeit des Gewinnverwendungsbeschlusses nicht mehr geltend gemacht werden. Eine Rückforderung der Ausschüttungen aus § 62 AktG ist daher nicht mehr möglich. Zu klären ist, ob damit auch Schadensersatzansprüche gegen Organe ausgeschlossen sind. Zum Zeitpunkt der Gewinnausschüttung waren Jahresabschlussfeststellung und Gewinnverwendungsbeschluss unwirksam weil nichtig, und die Heilung wirkt nicht ex tunc.[1213] Grundsätzlich sind Schadensersatzansprüche gegen Organe wegen der Pflichtverletzung durch Aufstellung fehlerhafter Jahresabschlüsse daher durch die Heilung nicht ausgeschlossen.[1214] Die Heilung bezieht sich nur auf die Feststellung und den Gewinnverwendungsbeschluss. Nach Eintritt der Heilung können daher weder die Nichtigkeit der Feststellung noch des Gewinnverwendungsbeschlusses geltend gemacht werden – die gesellschaftsrechtlichen Folgen der Rechnungslegung sollen Bestand haben.[1215] Schadensersatzansprüche, die auf der Nichtigkeit von Gewinnverwendungsbeschluss oder Feststellungsbeschluss beruhen, könnten daher durch die Heilung entfallen.

Ob geheilte nichtige Hauptversammlungsbeschlüsse entlastend i.S.d. § 93 Abs. 4 AktG wirken können, ist umstritten. Die wohl h.M. und Rechtsprechung sehen eine Entlastungswirkung, weil nur so das Ziel der Rechtssicherheit durch die Heilung erreicht werden kann.[1216] Dies ist auch für die Heilung des Jahresabschlusses zutreffend, da genau der Bestand der Feststellungswirkungen gewollt ist. Die Entlastungswirkung des § 93 Abs. 4 AktG kann sich nur auf Hauptver-

---

1212 HÜFFER, AktG, 9. Aufl. , § 93 Rn. 25; WIESNER in: HB GesR, § 26 Rn. 15; SCHMIDT/LUTTER, AktG, § 93 Rn. 50.

1213 Siehe dazu oben, Kap. IV.A.4.a. S. 177 u. c. S. 187.

1214 Dazu oben S. 188.

1215 Vgl. oben aaO.

1216 HÜFFER, AktG, 9. Aufl. , § 93 Rn. 25; SCHMIDT/LUTTER, AktG, § 93 Rn. 50; HEIDEL, AktR, 2. Aufl., § 93 Rn. 134; WIESNER in: HB GesR, § 26 Rn. 15; BGH v. 6.10.60 – II ZR 150/58, BGHZ 33, S. 175 (178f.); a.A. SPINDLER in: MüKo AktG, 2. Aufl., § 93 Rn. 113.

sammlungsbeschlüsse beziehen; im Fall der Nichtigkeit des Jahresabschlusses trifft dies jedenfalls auf den Gewinnverwendungsbeschluss zu. Die Gewinnausschüttung als unmittelbar auf der Feststellung beruhend hat damit nach Eintritt der Heilung Bestand. Würde die Heilung nicht zur Entlastungswirkung i.S.d. § 93 Ab. 4 AktG führen, so hätte die Heilung letztlich keine Wirkung, da die wesentliche Folge der Feststellung in der Erfüllung der Ausschüttungsbemessungsfunktion des Jahresabschlusses liegt. Diese soll nach Heilung bestehen bleiben. Dies wird im Zweifel auch anzunehmen sein für das Verfolgungsrecht der Gläubiger und des Insolvenzverwalters aus § 93 Abs. 5 AktG. Gem. § 93 Abs. 5 S. 3 AktG gilt zwar nicht die Beschränkung bei Beruhen auf einem Hauptversammlungsbeschluss, jedoch wirkt auch diesen gegenüber die Heilung der Nichtigkeit.

Zu unterscheiden sind allerdings solche Pflichtverletzungen und deren Folgen, die nicht unmittelbar auf der Feststellung oder dem Gewinnverwendungsbeschluss beruhen.[1217] Der Anspruch auf Ersatz des Ausschüttungsschadens aus § 93 AktG ist jedenfalls mit Eintritt der Heilung wegen § 93 Abs. 4 S. 1 AktG grundsätzlich ausgeschlossen, weil die Nichtigkeit nicht mehr geltend gemacht werden kann.

Ist dem Vorstandsmitglied jedoch nachzuweisen, dass bereits die Herbeiführung des Gewinnverwendungsbeschlusses pflichtwidrig war, weil es die Nichtigkeit des Jahresabschlusses kannte, so kann sich das Vorstandsmitglied nicht auf die Heilung des Beschlusses berufen.[1218] Vielmehr hätte das Vorstandsmitglied selbst die Nichtigkeit beseitigen müssen und bei Uneinigkeit ggf. die Nichtigkeitsklage erheben müssen. Insbesondere im Fall vorsätzlicher Falschbewertungen kann die Haftung für Scheingewinnausschüttungen damit auch nach Heilung gegeben sein. In jedem Fall sollte zur Verhinderung des Heilungseintritts eine Nichtigkeitsklage erhoben wenn, wenn Ersatzansprüche geltend gemacht werden sollen, damit diesen nicht die Grundlage entzogen wird.

Eine weitere Enthaftung für den Vorstand wird durch § 93 Abs. 4 AktG jedoch erschwert. Gem. § 93 Abs. 4 S. 3 u. 4 AktG kann ein Verzicht auf oder Vergleich über Ansprüche aus § 93 Abs. 2 oder 3 AktG erst drei Jahre nach deren Entstehung und nur mit Zustimmung der Hauptversammlung erfolgen. Dadurch wird verhindert, dass die Verwaltung zu Lasten der Aktionäre gegenseitig Anspruchsverzichte ausspricht bzw. dies erfolgt, bevor überhaupt das Ausmaß ei-

---

1217 Dazu im Rahmen der Dritthaftung, unten D.4.b., S. 341 ff.

1218 Hüffer, AktG, 9. Aufl. , § 93 Rn. 25; Schmidt/Lutter, AktG, § 93 Rn. 51; vgl. Heidel, AktR, 2. Aufl., § 93 Rn. 135; Wiesner in: HB GesR, § 26 Rn. 16; Krieger in: HB Managerhaftung, § 3 Rn. 35.

nes Schadens hinreichend übersehen werden kann.[1219] Klarstellend sei erwähnt, dass die Entlastung des Vorstands bzw. des Aufsichtsrats anders als bei der GmbH keine Präklusionswirkung hat. § 120 Abs. 2 S. 1 AktG stellt explizit klar, dass die Entlastung keinen Verzicht auf Ersatzansprüche enthält.[1220]

Die Verjährung beträgt abweichend von allgemeinen Regeln fünf Jahre, § 93 Abs. 6 AktG. Gem. § 200 BGB beginnt die Verjährung mit Entstehung des Anspruchs ohne Rücksicht auf Kenntnis.[1221] Der Anspruch entsteht mit Schadenseintritt, im Fall der Scheingewinnausschüttung folglich mit der Dividendenzahlung.[1222]

(4) Geltendmachung der Ansprüche

Die Verfolgung von Ersatzansprüchen der Gesellschaft gegen den Vorstand obliegt gem. § 112 AktG dem Aufsichtsrat.[1223] Hierin liegt ein praktischer Grund dafür, dass Ansprüche gegen Vorstandsmitglieder meist nur im Fall der Insolvenz durch den Insolvenzverwalter oder bei Wechsel von Aufsichtsrat und/oder Vorstand verfolgt werden. Im laufenden Geschäftsbetrieb ist es praktisch schwer vorstellbar, dass der Aufsichtsrat seinen Vorstand verklagt.[1224] Dies umso mehr, als auch der Aufsichtsrat selbst für Verletzung seiner Überwachungspflichten gem. § 116 AktG haftet. Für die Nichtigkeit des Jahresabschlusses ergibt sich eine besondere Krux: Vorstand und Aufsichtsrat sind gemeinsam zuständig für dessen Feststellung. Bei Fehlern kann also auch der Aufsichtsrat haftbar sein. Eben dieser ist aber zuständig dafür, Schäden der Gesellschaft gegen den Vorstand geltend zu machen. Gleiches gilt umgekehrt für den Vorstand.[1225]

Dennoch hat der Aufsichtsrat keine Wahl, ob er gegen den Vorstand vorgehen möchte: Nach der bedeutenden „ARAG-Entscheidung“ des BGH ist der Aufsichtsrat grundsätzlich verpflichtet, Ansprüche gegen Vorstandsmitglieder durchzusetzen.[1226] Sobald sich Anhaltspunkte für eine Haftung des Vorstands

---

1219 HÜFFER, AktG, 9. Aufl. , § 93 Rn. 28; SCHMIDT/LUTTER, AktG, § 93 Rn. 54.

1220 Für die GmbH nimmt die h.M. eine Präklusionswirkung an, vgl. nur ROTH in: ROTH/ALTMEPPEN, GmbHG, 6. Aufl., § 46 Rn. 30.

1221 ELLENBERGER in: PALANDT, BGB, 69. Aufl., § 200 Rn. 1; SCHMIDT/LUTTER, AktG, § 93 Rn. 63.

1222 Vgl. ELLENBERGER in: PALANDT, BGB, 69. Aufl., § 199 Rn. 3, 15.

1223 SCHNABEL/LÜCKE in: Vorstand AG, § 6 Rn. 168 f.

1224 So auch LUTTER in: KRIEGER, HB Managerhaftung, § 1 Rn. 23.

1225 LUTTER bezeichnet dies gar als „grotesk“, LUTTER, Bankenkrise und Organhaftung, in: ZIP 5/09, S. 197 (200 li. Sp.).

1226 BGH v. 21.4.97 – II ZR 175/95, BB 23/97, S. 1169. Dazu auch FREUND, Organhaftung in: GmbHR 22/09 S. 1185 ff.

ergeben, sind die Voraussetzungen zu prüfen, das Prozessrisiko zu bewerten und sodann die Anspruchsverfolgung einzuleiten.[1227]

Ferner können die Aktionäre für eine Anspruchsdurchsetzung sorgen, indem die Hauptversammlung gem. § 147 AktG die Geltendmachung beschließt oder gem. § 148 AktG eine qualifizierte Minderheit von 1% der Anteile oder Nennbetrag von EUR 100.000,- die Klagezulassung beantragt. Zur Erleichterung der Erreichung des Quorums wurde ein Aktionärsforum geschaffen, in dem im elektronischen Bundesanzeiger Anfragen gestellt werden können, § 127a AktG.

Wie oben dargestellt, bestehen die typischen Schadenspositionen der Gesellschaft im Fall der Nichtigkeit eines Jahresabschlusses im Ausschüttungsschaden, in verbotenen Zahlungen sowie in den Kosten für Feststellung und Beseitigung der Nichtigkeit durch Neuaufstellung und Abschlussprüfung. Nachfolgend soll für diese Ansprüche die prozessuale Durchsetzbarkeit beleuchtet werden:

(5) Anspruch der AG auf Ersatz des Ausschüttungsschadens

Der echte kausale Ausschüttungsschaden besteht in der Höhe, in der Scheingewinne ausgeschüttet werden. Der Mittelabfluss der Gesellschaft liegt jedoch zunächst in der vollen Gewinnausschüttung nach dem Gewinnverwendungsbeschluss, der auf dem festgestellten Jahresabschluss basiert. Im Fall der Nichtigkeit des Jahresabschlusses sind sowohl Feststellung als auch Gewinnverwendungsbeschluss anfänglich nichtig. Die Ausschüttung verstößt damit gegen § 57 Abs. 1, 3 AktG. Gem. § 57 Abs. 1 AktG dürfen den Aktionären Einlagen nicht zurückgewährt werden. Diese Formulierung ist missverständlich und nur noch historisch zu verstehen.[1228] Nach einhelliger Meinung umschreibt § 57 Abs. 1 AktG vielmehr das umfassende Verbot, Leistungen an Aktionäre aus dem Gesellschaftsvermögen zu gewähren, soweit es sich nicht um Bilanzgewinn oder gesetzlich zugelassene Ausnahmen handelt.[1229] Dies wird auch durch den durch das MoMiG[1230] neu eingeführten § 57 Abs. 1 S. 3 AktG deutlich, der klarstellt, dass Leistungen aufgrund von Rechtsgeschäften mit vollwertiger Gegenleistung zulässig sind.[1231] Die Regelungen der Absätze 2 und 3 des § 57 AktG stellen da-

1227 BGH v. 21.4.97 – II ZR 175/95, BB 23/97, S. 1169 (1171).

1228 SCHMIDT/LUTTER, AktG, § 57 Rn. 9.

1229 HÜFFER, AktG, 9. Aufl. , § 57 Rn. 2; SCHMIDT/LUTTER, AktG, § 57 Rn. 9; HEIDEL, AktR, 2. Aufl., § 57 Rn. 4; WIESNER in: HB GesR, § 16 Rn. 42 je m.w.N.

1230 Gesetz zur Modernisierung des GmbH-Rechts und zur Bekämpfung von Missbräuchen v. 23.10.08, BGBl. I, S. 2026.

1231 Durch diese Klarstellung wird die zuvor streitige Betrachtungsweise auf eine bilanzielle Betrachtungsweise festgelegt. Sich bilanziell als bloßer Aktivtausch darstellende

her lediglich Konkretisierungen bzw. Klarstellungen der Grundregel des § 57 Abs. 1 AktG dar.[1232] § 57 Abs. 3 AktG betrifft unmittelbar die Ausschüttung von Gewinnen und erlaubt einzig die Verteilung des Bilanzgewinns.

Im Fall der Nichtigkeit des Jahresabschlusses ist weder der Bilanzgewinn durch die Feststellung rechtlich bestätigt, noch hat der Gewinnverwendungsbeschluss Bestand. Die Ausschüttung verstößt damit in voller Höhe gegen § 57 Abs. 1 und Abs. 3 AktG.[1233] Die dennoch erfolgte Ausschüttung ist damit „entgegen diesem Gesetz" i.S.d. § 93 Abs. 3 AktG geleistet worden, was bereits die objektive Pflichtverletzung darstellt. Als Anspruchsgrundlagen kommen § 93 Abs. 3 Nr. 1, 2 Alt. 2 und 5 AktG in Betracht, da die Gewinnausschüttung sowohl Verteilung von Gesellschaftsvermögen als auch Verstoß gegen das allgemeine Verbot der Einlagenrückgewähr darstellt.[1234] Bei Anspruchskonkurrenz muss somit die speziellste Anspruchsgrundlage vorgehen, so dass § 93 Abs. 3 Nr. 2 Alt. 2 AktG heranzuziehen ist. Es besteht im Fall der Gewinnausschüttung aufgrund nichtigen Jahresabschlusses ein Anspruch der Gesellschaft gegen schuldhaft handelnde Vorstandsmitglieder aus § 93 Abs. 3 Nr. 2 Alt. 2 AktG auf Schadensersatz. Adäquat kausal ist ein Schaden in Höhe der Scheingewinnausschüttung entstanden. Vermutet wird hingegen ein Schaden in Höhe der vollen Ausschüttung sowie die Pflichtwidrigkeit und das Verschulden hinsichtlich der Vornahme der Ausschüttung.

Prozessual bedeutet dies Folgendes: Werden alle Vorstandsmitglieder als Gesamtschuldner verklagt, den vollen aufgrund nichtigen Jahresabschlusses ausgeschütteten Bilanzgewinn zu erstatten, muss die Gesellschaft, vertreten durch den Aufsichtsrat, zunächst nur vortragen, dass der Jahresabschluss und damit der Gewinnverwendungsbeschluss nichtig ist und eine Gewinnausschüttung erfolgt ist. Es wird sodann vermutet, dass die Ausschüttung eine schuldhafte Pflichtverletzung darstellt und ein Schaden in voller Höhe entstanden ist. Zur Exkulpation müssten die Vorstandsmitglieder nun darlegen und ggf. beweisen, dass entweder die Pflichtwidrigkeit der Ausschüttung entfällt, weil der Jahresabschluss und damit der Gewinnverwendungsbeschluss wirksam waren, oder dass sie kein

---

Geschäfte stellen damit keine Auskehrung von Gesellschaftsvermögen an Aktionäre dar, vgl. SCHMIDT/LUTTER, AktG, § 57 Rn. 23; ROTH/ALTMEPPEN, GmbHG, 6. Aufl., § 30 Rn. 76; HUECK/FASTRICH in: BAUMBACH/HUECK, GmbHG, 19. Aufl., § 30 Rn. 36.

1232 Unstr., SCHMIDT/LUTTER, AktG, § 57 Rn. 42, 44; HÜFFER, AktG, 9. Aufl. , § 57 Rn. 21f.

1233 SCHMIDT/LUTTER, AktG, § 57 Rn. 10; HEIDEL, AktR, 2. Aufl., § 57 Rn. 24, 26.

1234 Die Sondertatbestände weisen insofern Überschneidungen auf, so auch WIESNER in: HB GesR, § 26 Rn. 20; SCHNABEL/LÜCKE in: Vorstand AG, § 6 Rn. 114.

Verschulden trifft, weil sie auch nicht fahrlässig die Nichtigkeit verkannt haben. Zuletzt bleibt die Exkulpation, dass kein Schaden entstanden sei, weil die Nichtigkeit nicht auf einer Überbewertung beruht oder ein geringerer Schaden entstanden ist, weil es sich nur bei einem Teil der Ausschüttung um eine Scheingewinnausschüttung handelte.[1235]

Lediglich im Rahmen der sekundären Darlegungslast[1236] muss die Gesellschaft zur Stützung der Anspruchsgrundlage des § 93 Abs. 3 Nr. 2 AktG somit darlegen, dass die Jahresabschlussfeststellung und damit der Gewinnverwendungsbeschluss nichtig waren. Dazu genügt die Vorlage eines Nichtigkeitsurteils aus, das inter omnes gilt.[1237] Gegenüber den Vorstandsmitgliedern steht damit die Nichtigkeit rechtskräftig fest und entfaltet für den Rechtsstreit präjudizielle Wirkung hinsichtlich des fehlenden Rechtsgrundes für die Ausschüttung.[1238] Auf den Nichtigkeitsgrund kommt es dafür zunächst nicht an, weil in jedem Fall die Ausschüttung nicht durch einen Gewinnverwendungsbeschluss gedeckt war.

Im Rahmen des Sondertatbestands des § 93 Abs. 3 AktG verlagert sich die Darlegungs- und Beweislast somit auf den Vorstand.[1239] Zur Vorbereitung eines solchen Haftungsprozesses ist daher zu empfehlen, die Nichtigkeit des Jahresabschlusses vorab gerichtlich feststellen zu lassen.[1240] Zur Exkulpation hinsichtlich des Schadens sowie des Verschuldens wird jedoch der Nichtigkeitsgrund der Überbewertung und dessen Erkennbarkeit streitig sein und hinterfragt werden. Praktisch droht damit der Haftungsprozess zu einer „Gutachtenschlacht" um die Falschbewertungen des Jahresabschlusses zu werden, obwohl dessen Nichtigkeit bereits rechtskräftig feststeht. Um nach einem stattgebenden Nichtigkeitsprozess auch die Überbewertung als Nichtigkeitsgrund bindend festzustellen, sollte daher bereits in diesem Prozess den voraussichtlich in Haftung genommenen Vor-

---

1235 Siehe zur Schadenshöhe der Scheingewinnausschüttung oben Kap. IV.C.1.d. S. 282; vgl. zur Darlegungs- und Beweislast in diesen Fällen OLG Stuttgart v. 25.11.09 – 20 U 5/09, WM 3/10, S. 120 u. FLEISCHER, Kompetenzüberschreitungen, DStR 24/09, S. 1204 (1206).

1236 Vgl. dazu THOMAS/PUTZO, ZPO, 29. Aufl., Vorbem § 284 Rn. 18; GREGER in: ZÖLLER, ZPO, 28. Aufl., vor § 284 Rn. 34, § 138 Rn. 8b.

1237 Siehe dazu oben S. 225.

1238 Vgl. zur Rechtskraftwirkung VOLLKOMMER in: ZÖLLER, ZPO, 28. Aufl., vor § 322 Rn. 21 f.

1239 OLG Stuttgart v. 25.11.09 – 20 U 5/09, WM 3/10, S. 120.

1240 Dies auch, um die Heilung zu verhindern, die sonst gem. § 93 Abs. 4 S. 1 AktG die Ansprüche ausschließen würde. Praktisch wechselt die AG damit die Seiten: Zunächst ist sie Beklagte im Nichtigkeitsprozess, sodann Klägerin als durch die Nichtigkeit Geschädigte. Beide Male auf derselben Seite steht der Aufsichtsrat als Kläger oder Vertreter der Gesellschaft oder –praktisch am relevantesten- der Insolvenzverwalter.

standsmitgliedern durch den Aufsichtsrat der Streit verkündet werden.[1241] Sämtliche Fragen zur Bewertung innerhalb des Jahresabschlusses werden dann in einem Prozess geklärt. Die Streitfrage im Haftungsprozess bezieht sich sodann nur noch auf das Verschulden. Im Fall der Insolvenz der Gesellschaft kann der Insolvenzverwalter dem Vorstand im Namen der AG den Streit verkünden, selbst dann wenn er der Kläger ist.[1242] Alternativ sollte er den Aufsichtsrat dazu anhalten.

(6) Anspruch der AG auf Ersatz verbotener Zahlungen

Gem. § 93 Abs. 3 Nr. 6 AktG haftet der Vorstand für Zahlungen entgegen § 92 Abs. 2 AktG, mithin verbotene Zahlungen nach Eintritt der Überschuldung oder Zahlungsunfähigkeit. Die Ersatzpflicht betrifft alle Zahlungen, die nach Eintritt der insolvenzrechtlichen Überschuldung vorgenommen wurden; diese stellen eine objektive Pflichtverletzung dar, der Schaden wird zunächst in voller Höhe der Zahlungen vermutet. Ist im Vorfeld einer Insolvenz durch einen überbewerteten Jahresabschluss eine Überschuldung verschleiert worden, so liegen verbotene Zahlungen nahe.[1243] Zur Substantiierung des Anspruchs durch den Insolvenzverwalter genügt die Darlegung der Überschuldung, i.d.R. durch Vorlage eines Sachverständigengutachtens zur Überbewertung in der Höhe, die einen nicht durch Eigenkapital gedeckten Fehlbetrag kompensiert. Die Darlegung eines nicht durch Eigenkapital gedeckten Fehlbetrags reicht im Rahmen der primären Darlegungslast aus.[1244] Dem Vorstand obliegt sodann die Exkulpation, Überschuldung habe nicht bestanden, weil stille Reserven den Fehlbetrag ausgleichen konnten[1245] oder weil gar keine Überbewertung gegeben ist. Gelingt diese Exkulpation nicht, so verbleibt die Möglichkeit des Entlastungsbeweises dahingehend, dass die Zahlungen von der Sonderregel des § 92 Abs. 2 S. 2 AktG gedeckt waren oder zwar objektiv verbotene Zahlungen nicht schuldhaft geleistet wurden, weil die Überschuldung unfahrlässig verkannt wurde.

Kann die Überschuldung dargelegt werden, liegt die Beweislast damit beim Vorstand. Auch für diesen Anspruch ist es jedoch nützlich, durch Streitverkündung im Nichtigkeitsprozess die Feststellungen über die Überbewertung als Nichtigkeitsgrund gegenüber dem Vorstand bindend festgestellt zu wissen, um so die Exkulpation zu erschweren.

1241 Vgl. dazu ausführlich oben Kap.IV.B.4.c. S. 234 ff. und e. S. 243 ff.

1242 S. o. aaO.

1243 Vgl. zur Verschleierung oben Kap. IV.C.2.a. S. 283 ff. und c. S. 292.

1244 Vgl. BGH v. 16.3.09 – II ZR 280/07, NJW 09, S. 2454 (2455), Rn. 10 u. BGH v. 27.4.09 – II ZR 253/07, DB 24/09, S. 1287.

1245 Vgl. BGH aaO.

(7) Kosten der Neuaufstellung und Neuprüfung

Typische Schadensposition im Fall der Jahresabschlussnichtigkeit sind die Kosten der Neuaufstellung des Jahresabschlusses und dessen notwendiger Abschlussprüfung. Mangels eines Sondertatbestands liegt die Anspruchsgrundlage in § 93 Abs. 2 AktG. Die objektive Pflichtverletzung ist durch die fehlerhafte Rechnungslegung gegeben, es liegen Verstöße gegen die gesetzlichen Vorschriften der §§ 238 ff. HGB, insbesondere § 264 HGB, §§ 77, 91 Abs. 1 AktG vor.[1246] Darzulegen ist insbesondere die haftungsausfüllende Kausalität, also der Zurechnungszusammenhang zwischen Pflichtverletzung und Schaden. Vom Schadensersatz umfasst sind danach nur Schäden, die äquivalent kausal (condicio sine qua non), adäquat kausal (Adäquanztheorie) und vom Schutzzweck der Norm gedeckt sind.[1247] Hätte der Vorstand den Jahresabschluss bereits bei der Erstaufstellung korrekt aufgestellt, wären keine weiteren Kosten für Neuaufstellung und Zweitprüfung entstanden. Dass die fehlerhafte Aufstellung zu einer mit Kosten verbundenen Neuaufstellung führt, liegt auch nicht außerhalb der Lebenserfahrung, so dass auch die adäquate Kausalität gegeben ist. Ferner ist dieser Schaden auch vom Schutzzweck der Norm umfasst, da die Rechnungslegungsvorschriften gerade die korrekte Aufstellung des Jahresabschlusses sicherstellen sollen. Die ordnungsgemäße Rechnungslegung kann nach Feststellung der Nichtigkeit nur durch Neuaufstellung erreicht werden.

Zu beachten ist, dass die Neuaufstellungs- und –prüfungskosten nur einen kausalen Schaden für die Pflichtverletzung im Rahmen der Erstaufstellung darstellen. Nicht hingegen kausal ist die Verletzung der Pflicht, den Jahresabschluss nach Erkennen der Nichtigkeit neu aufzustellen. Wird diese Pflicht durch Unterlassen verletzt, so mag es zwar andere kausale Schäden geben. Die Neuaufstellungskosten sind jedoch nicht erfasst, denn diese wären gerade auch bei Pflichterfüllung entstanden. Die fehlerhafte Erstaufstellung stellt zwar stets eine Pflichtverletzung dar, es kann aber am Verschulden mangeln, wenn der Vorstand darlegen und beweisen kann, dass die Falschbilanzierung unfahrlässig erfolgt ist. Die unterlassene Neuaufstellung kann sodann verschuldet sein, bewirkt aber keinen kausalen Schaden.

Die Darlegung der Pflichtverletzung muss sich also auf den ursprünglichen Aufstellungsprozess beziehen und die Erkennbarkeit der nichtigkeitsbegründenden Tatsachen ausführen. Insbesondere wenn die Nichtigkeit durch den Insolvenzverwalter geltend gemacht wird und dieser im Rahmen seiner Pflichten aus § 155 InsO für eine Neuaufstellung und –prüfung sorgt, kann die Problematik bestehen, dass der Geschädigte, hier die Gesellschaft vertreten durch den Insol-

1246 Siehe dazu oben, 4.a.(1) S. 325.

1247 S. dazu ausführlich GRÜNEBERG in: PALANDT, BGB, 69. Aufl., Vorb § 249 Rn. 24 ff.

venzverwalter, selber durch einen Willensentschluss zur Schadensentstehung beigetragen hat. Hätte der Insolvenzverwalter gar nicht die Nichtigkeitsklage erhoben und dadurch die Neuaufstellung notwendig gemacht, wären diese Kosten auch nicht entstanden. Die Zurechnung derartiger Schäden wird nach den Regeln der sog. psychisch vermittelten Kausalität bestimmt. Schäden, die durch einen Willensentschluss des Geschädigten erst entstehen, sind danach kausal, wenn der Geschädigte durch die Pflichtverletzung des Schädigers zur Vornahme der Handlung herausgefordert wurde und diese keine ungewöhnliche Reaktion auf das schadensstiftende Ereignis darstellt.[1248] Der Geschädigte (oder auch ein Dritter) darf sich herausgefordert fühlen, wenn die Reaktion nach Abwägung der Alternativen eine vernünftige Handlung darstellt. Das ist eindeutig der Fall bei rechtlich gebotenen Handlungen.[1249]

Vorliegend ist der Insolvenzverwalter gem. § 155 Abs. 1 InsO verpflichtet, die Rechnungslegungspflichten des Schuldners zu erfüllen. Dabei handelt es sich naturgemäß nicht um vorinsolvenzliche Pflichten. Ist jedoch ein Jahresabschluss nichtig, so besteht die Pflicht zur Neuaufstellung fort, die – wenn sie bisher nicht durch den Schuldner erfüllt wurde – nunmehr durch den Insolvenzverwalter zu erfüllen ist. Diese Pflicht besteht wie oben dargelegt grundsätzlich unabhängig von der Heilung.[1250] Andererseits ist in der Regel eine Neuaufstellung auch auf handelsrechtlicher Ebene aufgrund des Zeitablaufs entbehrlich, wenn die Heilung eingetreten ist.[1251] Zur Beantwortung der Frage der Herausforderung ist daher eine Abwägung vorzunehmen, inwieweit die Neuaufstellung des Jahresabschlusses notwendig war. Diese Abwägung ist bereits im Rahmen der Insolvenzsorgfaltspflicht des Verwalters vorzunehmen, da es sich um eine die Masse mit Kosten belastende Maßnahme handelt.[1252]

Eine unbedingte Pflicht des Insolvenzverwalters zur Neuaufstellung des Jahresabschlusses besteht, wenn die Nichtigkeit gerichtlich festgestellt ist, da in diesem Fall keine Heilung eintreten kann und die Neuaufstellung zur Vornahme

---

1248 S. dazu GRÜNEBERG in: PALANDT, BGB, 69. Aufl., Vorb § 249 Rn. 33 f., 41 sowie MEDICUS/PETERSEN, BR, 22. Aufl., Rn. 653 ff. Diese Fälle werden auch als „Herausforderungsfälle" bezeichnet. Die Abgrenzung ist teilweise schwierig und uneinheitlich, da es letztlich auf eine Wertung ankommt, die das Gericht vorzunehmen hat, vgl. Rspr.-Nachweise bei MEDICUS/PETERSEN, BR, 22. Aufl., Rn. 653 u. 843.

1249 Ferner kann es der Fall sein bei sittlich gebotenen Handlungen oder bei den sog. Verfolgungsfällen, vgl. GRÜNEBERG in: PALANDT, BGB, 69. Aufl., Vorb § 249 Rn. 42 f.

1250 Siehe oben, Kap. IV.A.4.c. S. 187.

1251 S.o. aaO.

1252 Zur Insolvenzsorgfaltspflicht des Insolvenzverwalters siehe ABELTSHAUSER in: NERLICH/RÖMERMANN, InsO, § 60 Rn. 21 ff. u. UHLENBRUCK, InsO, 13. Aufl., § 60 Rn. 12 ff.

der gesellschaftsrechtlich notwendigen Feststellung erfolgen muss. Ferner besteht eine grundsätzliche Neuaufstellungspflicht, wenn der Eintritt der Heilung noch zeitlich entfernt liegt. Wurde z.B. durch einen Aktionär die Nichtigkeitsklage erhoben, so hat der Insolvenzverwalter keine Wahl und ist zur Neuaufstellung herausgefordert. Ferner ist er zur Neuaufstellung auch ohne Nichtigkeitsfeststellung verpflichtet, wenn die Nichtigkeit erkannt wird und die Heilung nicht kurz bevor steht.[1253] Zur Erhebung der Nichtigkeitsklage ist der Insolvenzverwalter selbst hingegen nur verpflichtet, wenn die Verhinderung der Heilung notwendig ist, um Ansprüche für die Masse durchsetzen zu können. Das ist regelmäßig der Fall bei Überbewertungen, die zu Scheingewinnausschüttungen geführt haben. Handelt es sich hingegen um eine Unterbewertung bzw. einen Inhaltsfehler, der nur einen bereits ausgewiesenen Verlust vergrößert, wird es in der Regel keinen Sinn für den Insolvenzverwalter machen, die Masse mit Kosten einer Neuaufstellung zu belasten. Die Notwendigkeit muss jedoch im Einzelfall abgewogen werden.

(8) Kosten der Feststellung der Nichtigkeit

Die Frage, ob ein Rechnungslegungsmangel zur Nichtigkeit der Feststellung des Jahresabschlusses führt, ist meist nicht ohne umfangreiche Prüfung zu beantworten, wie sich hier bei Behandlung der Tatbestandsvoraussetzungen gezeigt hat. In der Regel sind daher die Tatbestandsvoraussetzungen durch Sachverständigengutachten zu klären. Da im Rahmen der Nichtigkeitsklage der Kläger darlegungs- und beweispflichtig für die zur Nichtigkeit führenden Tatsachen ist, ist in der Regel ein vorprozessuales Gutachten notwendig, um überhaupt beurteilen zu können, ob zur Nichtigkeit führende Fehler gegeben sind. Die Kosten derartiger Gutachten können aufgrund der Komplexität und Aufwendigkeit der Untersuchung immens sein. Sorgt die Verwaltung für gutachtliche Klärung der Nichtigkeit, so belastet dies die Gesellschaft. Gleiches gilt bei Beauftragung eines Gutachters durch den Insolvenzverwalter.

Ein Ersatz dieser Kosten kann unter zwei Aspekten erreicht werden. Erstens im Rahmen des prozessualen Kostenerstattungsanspruchs aus § 91 ZPO und zweitens als materiellrechtlicher Schadensersatzanspruch. Im Regelfall werden die Gutachten vorprozessual erstellt und sodann als Parteigutachten bzw. Privatgutachten in den Nichtigkeitsprozess eingeführt. Derartige Privatgutachten stellen kein Beweismittel als Sachverständigenbeweis i.S.d. §§ 402 ff. ZPO dar. Vielmehr handelt es sich um urkundlich belegten substantiierten Parteivor-

---

1253 In der Regel wird dann zunächst die Erhebung der Nichtigkeitsklage angezeigt sein, um Zweifel hinsichtlich der Nichtigkeit auszuräumen.

trag.[1254] Die im Prozess unterliegende Partei hat gem. § 91 Abs. 1 S. 1 ZPO die Kosten des Rechtsstreits zu tragen. Insbesondere sind die dem Gegner erwachsenen Kosten zu tragen, soweit sie zur zweckentsprechenden Rechtsverfolgung notwendig waren. Aus § 91 ZPO ergibt sich der prozessuale Kostenerstattungsanspruch, der aus einem Kostenfestsetzungsbeschluss vollstreckbar ist.[1255]

Kosten eines gerichtlich bestellten Sachverständigen sind eindeutig Kosten des Rechtsstreits und damit stets erstattungsfähig.[1256] Problematisch ist dies jedoch bei Privatgutachten. Diese können nur erstattungsfähig i.S.d. § 91 Abs. 1 S. 1 ZPO sein, soweit deren Kosten zur zweckentsprechenden Rechtsverfolgung notwendig waren. Grundsätzlich nicht erstattungsfähig sind daher Rechtsgutachten, da die rechtliche Würdigung allein Sache des Gerichts ist *(„iura novit curia“)*.[1257] Auch Sachgutachten sind jedoch nach Literatur und Rechtsprechung nur ausnahmsweise erstattungsfähig. Danach ist ein vorprozessual eingeholtes Gutachten dann erstattungsfähig, wenn eine ausreichende Klagegrundlage erst durch Einholung des Gutachtens möglich war, insbesondere weil die eigene Sachkunde der Partei nicht ausreicht.[1258] Es kommt folglich darauf an, ob die schlüssige Darlegung des Anspruchs erst durch das Gutachten möglich wird.[1259] Das Gutachten muss jedoch prozessbezogen sein, also für einen konkret beabsichtigten Prozess eingeholt werden.[1260] Indiz für die Prozessbezogenheit und die Notwendigkeit ist die Verwertung durch das Gericht.[1261]

1254 THOMAS/PUTZO, ZPO, 29. Aufl., Vorbem § 402 Rn. 5; GREGER in: ZÖLLER, ZPO, 28. Aufl., § 402 Rn. 2. Allenfalls kommt eine Benennung des Sachverständigen als sachverständiger Zeuge in Betracht, soweit es um die Wahrnehmung von Tatsachen geht (nicht Rechtsfragen! – *„testis non est iudicare“*), vgl. GREGER in: ZÖLLER, ZPO, 28. Aufl., § 402 Rn. 2, § 414 Rn. 1.

1255 Vollstreckungstitel gem. §§ 104, 794 Nr. 2 ZPO.

1256 THOMAS/PUTZO, ZPO, 29. Aufl., § 91 Rn. 48; HERGET in: ZÖLLER, ZPO, 28. Aufl., § 91 Rn. 13; BAUMBACH/LAUTERBACH, ZPO, 68. Aufl., § 91 Rn. 103. Die Höhe der Kosten richtet sich nach den Sätzen des Justizvergütungs- und -entschädigungsgesetzes, JVEG, §§ 1, 8 ff. JVEG.

1257 Vgl. HERGET in: ZÖLLER, ZPO, 28. Aufl., § 91 Rn. 13; THOMAS/PUTZO, ZPO, 29. Aufl., § 91 Rn. 50; BAUMBACH/LAUTERBACH, ZPO, 68. Aufl., § 91 Rn. 280. *iura novit curia = Das Gericht kennt das Recht.* Gleiches beschreibt: *„Da mihi factum, dabo tibi ius!“ = “Gib mir Fakten, ich gebe Dir das Recht!“.*

1258 HERGET in: ZÖLLER, ZPO, 28. Aufl., § 91 Rn. 13; THOMAS/PUTZO, ZPO, 29. Aufl., § 91 Rn. 48; BGH v. 23.5.06 – VI ZB 7/05, NJW-Spez. 07, S. 24.

1259 BAUMBACH/LAUTERBACH, ZPO, 68. Aufl., § 91 Rn. 277.

1260 THOMAS/PUTZO, ZPO, 29. Aufl., § 91 Rn. 48; BAUMBACH/LAUTERBACH, ZPO, 68. Aufl., § 91 Rn. 277; BGH v. 4.3.08 – IV ZB 72/06, DS 08, S. 185.

1261 HERGET in: ZÖLLER, ZPO, 28. Aufl., § 91 Rn. 13. Während des Prozesses eingeholte Gutachten sind dann erstattungsfähig, wenn ohne das Gutachten eine substantiierte Darlegung nicht möglich ist, z.B. zur Erschütterung eines gerichtlichen Sachverständi-

Im Fall des Nichtigkeitsgutachtens ist in der Regel die Prozessbezogenheit gegeben. Aufgrund der Komplexität kann der beweisbelastete Nichtigkeitskläger in der Regel ohne gutachtliche Prüfung nicht schlüssig die Nichtigkeit darlegen. Ausnahmen können sich bei einem sachkundigen Nichtigkeitskläger ergeben. Im Fall der Nichtigkeitsklage gegen die Gesellschaft können also die Kosten als Kosten des Rechtsstreits im Kostenfestsetzungsverfahren geltend gemacht werden, so dass die bei Feststellung der Nichtigkeit unterliegende Gesellschaft diese zu tragen hat. Dies macht insbesondere Sinn für z.B. Aktionäre als Nichtigkeitskläger.

Im Fall des Schadensersatzprozesses gegen den Vorstand ist die Nichtigkeit aufgrund von Überbewertungen Voraussetzung z.B. für den Ausschüttungsschaden. Im Fall der verbotenen Zahlungen oder der Kosten der Neuaufstellung ist die Darlegung der Pflichtverletzung der Falschbewertung notwendig, die ebenso erst durch ein Gutachten möglich wird. Ferner wird die Ermittlung der Schadenshöhe erst durch gutachtliche Prüfung möglich; so durch Höhe der Überbewertung bzw. Zeitpunkt der Überschuldung. Dies muss ebenso für eine Erstattungsfähigkeit ausreichen, da grundsätzlich ein bezifferter Klageantrag notwendig ist, § 253 Abs. 2 Nr. 2 ZPO.[1262] Auch im Schadensersatzprozess kann die Erstattung folglich als Kosten des Rechtsstreits begehrt werden. Die Höhe der Kosten richtet sich dabei *nicht* nach den Sätzen des JVEG.[1263] Der BGH hat eindeutig klargestellt, dass dessen Sätze weder unmittelbar noch entsprechend heranzuziehen sind. Bei ganz erheblicher Abweichung bedarf es jedoch einer besonderen Darlegung der Notwendigkeit.[1264] Vor dem Hintergrund, dass der Stundensatz des JVEG für ein Bewertungsgutachten bei maximal 95,- € liegt[1265], ist diese Forderung jedoch beachtlich, da bereits doppelte Stundensätze eine „ganz erhebliche“ Abweichung darstellen dürften.

---

gen oder zur Herstellung der „Waffengleichheit“ bei sachkundiger Gegenpartei, vgl. HERGET in: ZÖLLER, ZPO, 28. Aufl., § 91 Rn. 13; BAUMBACH/LAUTERBACH, ZPO, 68. Aufl., § 91 Rn. 103.

1262 Vgl. THOMAS/PUTZO, ZPO, 29. Aufl., § 91 Rn. 49. Unbezifferte Zahlungsanträge sind zwar zulässig, wenn die Schadenshöhe durch Schätzung gem. § 287 ZPO ermittelt werden kann, jedoch muss der Kläger Schätzungsgrundlagen umfassend darlegen, GREGER in: ZÖLLER, ZPO, 28. Aufl., § 253 Rn. 14; dies ist hier auch nur durch Gutachten möglich.

1263 BGH v. 25.1.07 – VII ZB 74/06, NJW-Spez. 07, S. 215.

1264 BGH aaO.

1265 Gem. § 9 Abs. 1 S. 2, 3 JVEG i.V.m. Anl. 1 dürfte der Satz für „Unternehmensbewertung“ und damit der Höchstsatz anzuwenden sein.

Neben dem prozessualen Kostenerstattungsanspruch kann ein materiell-rechtlicher Anspruch auf Erstattung der Gutachterkosten bestehen. Dieser kann als Schadensersatzanspruch aus § 93 Abs. 2 AktG gegen den Vorstand gegeben sein, wobei die allgemeinen Voraussetzungen gelten. Dieser materiell-rechtliche Anspruch steht neben und unabhängig von einem etwaigen prozessualen Erstattungsanspruch.[1266] Wenn die Voraussetzungen der Anspruchsgrundlage erfüllt sind, kann eine Geltendmachung im Klageverfahren jedoch vorteilhaft sein, weil der prozessuale Anspruch an der Quotelung teilnimmt.[1267]

Im Einzelfall kann auch hier die haftungsausfüllende Kausalität problematisch sein. Die Pflichtverletzung des Vorstands liegt in der Falschbilanzierung, die bei Nichtigkeit objektiv gegeben ist. Der Schaden liegt in den Gutachterkosten. Sind diese allein als Schaden anzusehen, so bedarf es einer Herausforderung i.S.d. psychisch vermittelten Kausalität, wenn die Gesellschaft oder der Insolvenzverwalter selbst zur Entstehung der Kosten durch Beauftragung beigetragen haben. Ist kein weiterer Vermögensschaden entstanden, so fallen Gutachterkosten nicht in den Schutzbereich der Norm, da die Rechnungslegungsregeln nicht davor schützen sollen, Kosten durch deren Überprüfung zu erleiden; die Gesellschaft wird also nicht herausgefordert. Vielmehr handelt es sich bei Vorliegen eines weiteren Schadens um Schadensfeststellungskosten, die selbst als Teil des Schadens i.S.d. § 249 BGB anzusehen sind.[1268] Als eigener Schaden sind die Kosten nur dann anzusehen, wenn die Gesellschaft nicht durch eigene Beauftragung damit belastet wurde, sondern wenn sie diese als Schadensersatz oder als Kosten des Rechtsstreits z.B. im Nichtigkeitsprozess ersetzen musste. Dann kann grundsätzlich der Vorstand in Regress genommen werden.

In der Regel wird folglich zunächst die Gesellschaft mit den Kosten belastet, entweder weil die Verwaltung selbst pflichtgemäß die Begutachtung vornehmen musste oder weil sie bei Unterliegen des Nichtigkeitsprozesses diese als Prozesskosten zu tragen hatte; in diesem Fall addieren sich die weiteren Kosten des Rechtsstreits. Im Insolvenzfall belasten die Kosten die Masse. Ziel ist es sodann, den schuldhaft falsch bilanzierenden Vorstand in Regress zu nehmen. Bei Geltendmachung von Ausschüttungsschäden oder verbotenen Zahlungen können die Kosten sowohl als materiell-rechtlicher Schaden eingeklagt werden, als auch im Rahmen des Kostenfestsetzungsverfahrens als Prozesskosten geltend ge-

---

1266 HERGET in: ZÖLLER, ZPO, 28. Aufl., vor § 91 Rn. 11 f.; THOMAS/PUTZO, ZPO, 29. Aufl., Vorbem § 91 Rn. 13, § 91 Rn. 51; BAUMBACH/LAUTERBACH, ZPO, 68. Aufl., Übers § 91 Rn. 43, 64.

1267 Vgl. HERGET in: ZÖLLER, ZPO, 28. Aufl., vor § 91 Rn. 12.

1268 Vgl. GRÜNEBERG in: PALANDT, BGB, 69. Aufl., § 249 Rn. 58 sowie BGH v. 23.1.07 – VI ZR 67/06, NJW 07, S. 1450.

macht werden. Ist kein weiterer Schaden entstanden, können nur die Prozesskosten als eigener Schaden geltend gemacht werden.

Im Fall der Insolvenz sollte der Insolvenzverwalter die Fragestellungen an den Gutachter daher mehrschichtig stellen, so dass die jeweiligen Antworten klar abgrenzbar für Nichtigkeitsprozess und Schadensersatzprozess verwendbar sind. Im Schadensersatzprozess wegen weiterer Schäden kann das Gutachten daher als Teil des Schadens geltend gemacht werden. Ist kein weiterer Schaden entstanden, kann es vorteilhaft sein, wenn der Insolvenzverwalter die Gutachterkosten im Rahmen des Kostenfestsetzungsverfahrens des Nichtigkeitsprozesses geltend macht. Diese Kosten werden dadurch zum Schaden der Gesellschaft, für den der Vorstand selbständig in Regress genommen werden kann, da sie ursächlich aus der Falschbilanzierung entstanden sind.

Weitere Folgeschäden können der Gesellschaft aus Inanspruchnahme durch Dritte entstehen. Analog § 31 BGB haftet sie für schuldhaftes Handeln des Vorstands, sowohl aus Vertragsverletzungen als auch aus deliktischen Handlungen.[1269] Solches Handeln stellt i.d.R. auch eine Pflichtverletzung des Vorstands gegenüber der Gesellschaft dar, so dass diese den Vorstand aus § 93 Abs. 2 AktG in Regress nehmen kann.

b. Haftung gegenüber Dritten – Außenhaftung

Adressaten der Rechnungslegung sind sowohl unternehmensinterne als auch unternehmensexterne Personen. Informationsfunktion und Ausschüttungsbemessungsfunktion des Jahresabschlusses dienen insbesondere share- und stakeholdern. Bedeutsam ist daher, welche Ansprüche diesen Personenkreisen im Fall der Verletzung der Rechnungslegungsvorschriften durch den Vorstand zustehen. Insbesondere im Fall der Insolvenz der Gesellschaft kann eine direkte Inanspruchnahme der Vorstandsmitglieder praktisch relevant werden. Aber auch für die Inanspruchnahme der Gesellschaft ist eine Haftungsbegründung der Vorstandsmitglieder bedeutsam, da über § 31 BGB die Gesellschaft für Schadensersatzverpflichtungen der Organe in Ausübung ihrer Tätigkeit aufkommen muss.[1270]

1269 Vgl. KLEINDIEK in: KRIEGER, HB Managerhaftung, § 10 Rn. 1 ff.

1270 GRÜNEBERG in: PALANDT, BGB, 69. Aufl., § 31 Rn. 3, § 278 Rn. 6; BGH v. 9.5.05 – II ZR 287/02, ZIP 05, S. 1270.

(1) Anknüpfungspunkte der Haftung gegenüber Aktionären und Dritten

Eine unmittelbare schuldrechtliche Verbindung zwischen dem handelnden Vorstand und Aktionären, Gläubigern oder sonstigen Dritten wird praktisch in keinem Fall bestehen. Vertragsverhältnisse bestehen zwischen den Gläubigern und der Gesellschaft, aber nicht im Verhältnis zum Vorstand. Anknüpfungspunkte für eine Haftung des Vorstands können sich daher nur aus quasivertraglichen Schuldverhältnissen oder deliktischer Handlung ergeben. Die hier betrachtete Pflichtverletzung des Vorstands liegt zunächst in einem Verstoß gegen die Rechnungslegungsvorschriften der §§ 238 ff. HGB, insbesondere § 264 Abs. 2 HGB sowie § 91 Abs. 1 AktG. Im Insolvenzfall sind damit wie dargelegt häufig Tatbestände der Insolvenzverschleppung verbunden, so Verstöße gegen § 92 Abs. 1 AktG und § 15a InsO.

Eine deliktische Haftung kann insbesondere aus § 823 Abs. 2 BGB i.V.m. der Verletzung eines Schutzgesetzes („den Schutz eines anderen bezweckendes Gesetz") gegeben sein. Schutzgesetz i.S.d. § 823 Abs. 2 BGB ist daher jede Rechtsnorm (Art. 2 EGBGB), die neben der Allgemeinheit zumindest auch den Einzelnen oder bestimmte Personenkreise gegen die Verletzung eines bestimmten Rechtsguts schützen soll.[1271] Welche Normen im Zusammenhang mit der Rechnungslegung als Schutzgesetze in Betracht kommen, soll nachfolgend geklärt werden. Ferner ist eine Haftung aus § 826 BGB wegen vorsätzlicher sittenwidriger Schädigung möglich.

Denkbare Schäden können Dritten in der Regel nicht durch die bloße Kenntnisnahme eines offengelegten nichtigen Jahresabschlusses entstehen, sondern durch weitere Sonderumstände wie z.B. durch falsches Vertrauen auf die Richtigkeit von Jahresabschlüssen im Zusammenhang mit Kreditvergaben oder weiterer geschäftlicher Verbindung mit der Gesellschaft. Die denkbaren Fallgruppen sind höchst heterogen, und meist wird die Kausalität zwischen der Falschbilanzierung als haftungsauslösendes Moment und einem eingetretenen Vermögensschaden anspruchsentscheidend sein. Folgend können daher die möglichen Fallgruppen für eine Außenhaftung des Vorstands wegen Rechnungslegungsmängeln nur im Grundsatz geklärt werden; die konkrete Haftungsausfüllung ist im Einzelfall zu klären.

(2) Haftung gegenüber Aktionären wegen Falschbilanzierung

Den shareholdern dient der Jahresabschluss zum Einen als Nachweis für die Höhe der ihnen als Anteilseigner zustehenden Gewinnbeteiligung als Dividende,

1271 SPRAU in: PALANDT, BGB, 69. Aufl., § 823 Rn. 56a f.; MEDICUS/PETERSEN, BR, 22. Aufl., Rn. 621.

zum Anderen als Entscheidungsgrundlage für den Erwerb, Behalt und Verkauf der Anteile, mithin der Einschätzung der Kursentwicklung. Für Letzteres spielen jedoch auch weitere Publizitätsmittel wie z.B. ad-hoc-Mitteilungen eine Rolle. Hier stellt sich die Frage, inwieweit die bloße Offenlegung eines mit nichtigkeitsbegründenden Fehlern behafteten Jahresabschlusses eine Außenhaftung hervorrufen kann.

Eine deliktische Haftung aus § 823 Abs. 1 BGB scheidet dabei aus. So ist das in der Aktie verbriefte Recht der Mitgliedschaft in der AG zwar als „sonstiges" absolutes Recht i.S.d. § 823 Abs. 1 BGB anerkannt.[1272] Ein haftungsbegründender Eingriff müsste sich aber auf den Kern des Bestands der Mitgliedschaft beziehen, also „mitgliedschaftsbezogen" sein.[1273] Die Pflichtverletzung in Form einer Falschbilanzierung kann einen solchen Eingriff noch nicht darstellen.[1274]

Eine Außenhaftung für Kursentwicklungsschäden wurde in der Rechtsprechung bislang nur für Emittenten aufgrund fehlerhafter ad-hoc-Mitteilungen angenommen.[1275] Die Haftung ergab sich dabei nicht aus Verletzung der Rechnungslegungsvorschriften, sondern aus Verletzung der Vorschriften zur Kapitalmarktinformation und Insiderinformationen, §§ 12 ff. WpHG und daraus folgender Haftung aus § 826 BGB.[1276] Den entschiedenen Fällen lagen jeweils vorsätzlich grob falsche ad-hoc-Mitteilungen zu Grunde, aufgrund derer Aktionäre sich für Kauf, Verkauf oder Halten der jeweiligen Aktien entschieden hatten und daraufhin Vermögensschäden durch Kursverfall erlitten. In diesen Fällen konnten die Kläger auch die Kausalität zwischen fehlerhafter Mitteilung und Schaden beweisen.[1277] Voraussetzung dieser „Informationsdeliktshaftung" ist daher neben

---

1272 SPRAU in: PALANDT, BGB, 69. Aufl., § 823 Rn. 21; ALTMEPPEN in: KRIEGER, HB Managerhaftung, § 7 Rn. 25.

1273 SCHNABEL/LÜCKE in: Vorstand AG, § 6 Rn. 228; SPRAU in: PALANDT, BGB, 69. Aufl., § 823 Rn. 21; HEIDEL, AktR, 2. Aufl., § 93 Rn. 170.

1274 Ebenso SCHMIDT/LUTTER, AktG, § 93 Rn. 65; ALTMEPPEN in: KRIEGER, HB Managerhaftung, § 7 Rn. 26; WIESNER in: HB GesR, Band 4, 3. Aufl., § 26 Rn. 30 je m.w.N.; LG Bonn v. 15.5. 01 – 11 O 181/00, Rn. 62, AG 01, S. 484f.

1275 BGH v. 26.6.06 – II ZR 153/05, ZIP 07, S. 326; BGH v. 9.5.05 – II ZR 287/02, ZIP 05, S. 1270; BGH v. 19.7.04 – II ZR 402/02 – II ZR 217/03 – II ZR 218/03, WM 04, S. 1721 ff. Verstoß gegen § 15 WpHG als vorsätzliche sittenwidrige Schädigung, Haftung des Emittenten aus §§ 826, 31 BGB.

1276 Neben der Haftung aus § 826 BGB steht eine mögliche Haftung aus §§ 37b, 37c WpHG.

1277 Vgl. dazu ausführlich MÜLLER-MICHAELS/WECKER, Informationsdeliktshaftung, ZCG 5/07, S. 207 ff.

der teils problematischen haftungsausfüllenden Kausalität insbesondere der von § 826 BGB vorausgesetzte Schädigungsvorsatz.[1278] Ein solcher wird bei der Offenlegung von überbewerteten Jahresabschlüssen nur im Einzelfall vorliegen bzw. nachweisbar sein.

Ebenso wenig kann sich eine Haftung nach den Grundsätzen der Prospekthaftung (§ 44 BörsG, § 13 VerkProspG) ergeben, da der Jahresabschluss selbst kein Prospekt ist.[1279] Dies ist schon begrifflich nicht der Fall, aber auch deshalb, weil der Jahresabschluss der Regelpublizität dient und die Voraussetzungen für einen ordnungsgemäßen Prospekt gar nicht erfüllen kann.[1280] Vielmehr besteht neben der Rechnungslegungspflicht für Emittenten eine Prospektpflicht, vgl. § 32 Abs. 3 Nr. 2 BörsG, § 8f Abs. 1 VerkProspG.

Eine deliktische Haftung wegen Falschbilanzierung kann daher praktisch nur aus § 823 Abs. 2 BGB gegeben sein. Als Schutzgesetze kommen in diesem Fall die Rechnungslegungsvorschriften des HGB sowie § 91 Abs. 1 AktG in Betracht, ferner die Strafvorschriften der unrichtigen Darstellung.

Allgemein anerkannt ist der Schutzgesetzcharakter der Strafvorschriften des § 331 HGB.[1281] Diese schützen das Vertrauen der Gläubiger und Aktionäre auf die Richtigkeit von Jahresabschluss nebst Lagebericht bzw. Konzernabschluss nebst Konzernlagebericht. Die Erfüllung des Straftatbestands der unrichtigen Darstellung setzt Vorsatz voraus. Wie dargelegt, ist bei vorsätzlicher Falschbilanzierung, die zur Nichtigkeit des Jahresabschlusses führt, in der Regel auch der Tatbestand des § 331 Nr. 1 HGB erfüllt,[1282] so dass die Haftungsbegründung gegeben ist. Im Unterschied zu der Haftung aus § 826 BGB bedarf es dabei keines Schädigungsvorsatzes, im Einzelfall wird aber auch hier der Anspruch an der haftungsausfüllenden Kausalität bzw. deren Beweisbarkeit scheitern.[1283]

1278 Vgl. dazu SPRAU in: PALANDT, BGB, 69. Aufl., § 826 Rn. 10 f. und EKKENGA, Haftungsbegründung bei Kursmanipulationen, ZIP 17/04, S. 781 (783).

1279 Vgl. GELHAUSEN in: KRIEGER, HB Managerhaftung, § 28 Rn. 26.

1280 Vgl. § 7 WpPG, § 8g VerkProspG; zu den Anforderungen an einen ordnungsgemäßen Prospekt S. BGH v. 19.7.04 – II ZR 402/02, WM 04, S. 1721.

1281 KOZIKOWSKI/HUBER in: BeBiKo, 7. Aufl., § 331 Rn. 40; GELHAUSEN in: KRIEGER, HB Managerhaftung, § 28 Rn. 71, ALTMEPPEN, § 7 Rn. 48; WIESNER in: HB GesR, Band 4, 3. Aufl., § 26 Rn. 30; FLEISCHER, Bilanzeid, ZIP 3/07, S. 97 (103); LG Bonn v. 15.5.01 – 11 O 181/00, AG 01, S. 484 (486); BGH v. 19.7.04 - II ZR 218/03, WM 04, S. 1731 (für § 400 AktG).

1282 Vgl. oben 3.b.(1), S. 307 ff.

1283 So bei LG Bonn v. 15.5.01 – 11 O 181/00, AG 01, S. 484 ff.; vgl. auch SCHNABEL/LÜCKE in: Vorstand AG, § 6 Rn. 337. Ebenso ALTMEPPEN in: KRIEGER, HB Managerhaftung, § 7 Rn. 46.

Die Eigenschaft der Rechnungslegungsvorschriften §§ 238 ff. HGB, § 91 Abs. 1 AktG selbst als Schutzgesetze ist hingegen in Literatur und Rechtsprechung umstritten. Die überwiegende Meinung und Rechtsprechung lehnt diese zutreffend ab.[1284] Denn § 91 Abs. 1 AktG dient in erster Linie der internen Zuweisung der Buchführungspflichten an den Vorstand und soll gerade nicht Dritte im Außenverhältnis schützen.[1285] Die Buchführungspflicht entspringt aus §§ 238, 6 Abs. 1 HGB und obliegt damit der Gesellschaft selbst. Eine persönliche Haftung des Vorstands für deren Verletzung scheint daher nicht sachgerecht. Die Verletzung wird zwar über § 31 BGB der Gesellschaft zugerechnet; diese Zurechnung kann aber erst erfolgen, wenn eine Haftungsbegründung des Vorstands selbst gegeben ist. Genau diese ist zweifelhaft. Wäre eine Haftung für Verletzung der Pflichten der §§ 238 ff. HGB unmittelbar vom Gesetzgeber gewollt, hätte diese als Anspruchsgrundlage für Aktionäre gegen die Gesellschaft ausgestaltet werden müssen.[1286]

Diskutiert wird aber, ob die Generalklausel des § 264 Abs. 2 S. 1 HGB als Schutzgesetz anzusehen ist.[1287] Dies ist insbesondere durch die Einführung des sog. „Bilanzeids", § 264 Abs. 2 S. 3 HGB aktuell geworden. Danach haben die gesetzlichen Vertreter von Inlandsemittenten i.S.d. § 2 Abs. 7 WpHG die schriftliche Versicherung abzugeben, dass der Jahresabschluss nach bestem Wissen ein den tatsächlichen Verhältnissen entsprechendes Bild i.S.d. § 264 Abs. 2 S. 1 HGB vermittelt. Durch die persönliche Versicherung der Vorstandsmitglieder wird ein besonderes Vertrauen geschaffen, das eine persönliche Haftungsbegründung der Vorstandsmitglieder rechtfertigen könnte. Faktisch hat der „Bilanzeid" jedoch bis auf die Abschreckungsfunktion für die erklärenden

---

1284 SCHNABEL/LÜCKE in: Vorstand AG, § 6 Rn. 98; GELHAUSEN in: KRIEGER, HB Managerhaftung, § 28 Rn. 68 f., ALTMEPPEN, § 7 Rn. 46; FLEISCHER, Bilanzeid, ZIP 3/07, S. 97 (103); ROTH/ALTMEPPEN, GmbHG, 6. Aufl., § 41 Rn. 12; BAUMBACH/HUECK, GmbHG, 19. Aufl., § 41 Rn. 19 f.; ADS, Rechnungslegung, 6. Aufl., Tb. 4, § 91 AktG Rn. 17, Tb. 5, § 264 HGB Rn. 141; LG Bonn v. 15.5.01 – 11 O 181/00, Rz. 64 f., AG 01, S. 484; BGH v. 10.7.64 – Ib ZR 208/62, BB 64, S. 1273. In neuerer Entscheidung lässt der BGH für die GmbH zunächst offen, ob § 41 GmbHG als Schutzgesetz anzusehen ist, weist aber sodann darauf hin, dass eine Haftung eher dann denkbar ist, wenn weitere Sonderumstände hinzutreten, da die gläubigerschützende Wirkung nur mittelbar ist, BGH v. 13.4.94 – II ZR 16/93, BB 16/94, S. 1095 (1098 f.) = BGHZ 125, S. 366.

1285 So auch HEIDEL, AktR, 2. Aufl., § 91 Rn. 5; SCHMIDT/LUTTER, AktG, § 91 Rn. 18 m.w.N.

1286 So auch GELHAUSEN in: KRIEGER, HB Managerhaftung, § 28 Rn. 69 a.E.

1287 Dies bejahend EKKENGA, Haftungsbegründung bei Kursmanipulationen, ZIP 17/04, S. 781 (789, 793) und WINKELJOHANN/SCHELLHORN in: BeBiKo, 7. Aufl., § 264 Rn. 59. Ausf. REINER in: MüKo HGB, 2. Aufl., § 264 Rn. 83.

Vorstandsmitglieder keine bedeutende Wirkung: Wie oben gezeigt, ist eine Strafbarkeit nach § 331 Nr. 3a HGB wegen unrichtiger Erklärung nur denkbar, wenn bereits eine unrichtige Darstellung gem. § 331 Nr. 1 HGB gegeben ist.[1288] Ferner ergibt sich durch den Wissensvorbehalt („nach bestem Wissen") nur ein Verstoß bei vorsätzlich falscher Erklärung. Es tritt damit weder eine Strafverschärfung ein, noch ergibt sich eine zivilrechtliche Haftungsverschärfung aus § 331 Nr. 3a HGB als Schutzgesetz, da vorsätzliche Falschbilanzierung bereits über § 331 Nr. 1 HGB i.V.m. § 823 Abs. 2 BGB zur Haftung führt. Aufgrund der Geltung nur für Inlandsemittenten handelt es sich vielmehr um eine kapitalmarktrechtliche Vorschrift, die auch im WpHG hätte geregelt werden können und systematisch nicht unter die handelsrechtlichen Rechnungslegungsvorschriften zu fassen ist.[1289] Nach hier vertretener Auffassung handelt es sich um eine „Symbolgesetzgebung"[1290], die das Vertrauen der Anleger in den Kapitalmarkt stützen soll, aber sonst keine Relevanz hat.[1291] Eine Wirkung kann sich allenfalls durch die Appell- und Abschreckungsfunktion gegenüber den Vorstandsmitgliedern ergeben, die sich über das eigene Fehlverhalten so eher bewusst werden.

Eine faktisch bedeutende Haftungsverschärfung ergäbe sich nur aus der Klassifizierung der Generalklausel des § 264 Abs. 2 S. 1 HGB als Schutzgesetz. Ein mit Inhaltsfehlern behafteter Jahresabschluss führt bei Überschreiten der Nichtigkeitsschwelle stets zu einer Verfehlung der Generalklausel, ohne dass es eines subjektiven Tatbestands bedürfte. Gem. § 823 Abs. 2 S. 2 BGB bedarf es zu einer Schadensersatzpflicht des Verschuldens. Danach reicht jedoch die fahrlässige Verletzung der Rechnungslegungspflichten aus, so dass eine Haftung aus § 823 Abs. 2 BGB i.V.m. § 264 Abs. 2 S. 1 HGB zu einer Schadensersatzpflicht bereits bei fahrlässiger Falschbilanzierung führen würde; dies gilt für alle Kapitalgesellschaften und haftungsbeschränkte Personenhandelsgesellschaften.

Eine derart scharfe Haftung, ohne dass es weiterer Sonderumstände bedarf, ist jedoch abzulehnen. So ordnet EKKENGA zwar § 264 Abs. 2 S. 1 HGB als Schutzgesetz ein, fordert aber „im Hinblick auf die gesetzgeberische Grundwertung in § 331 HGB" einen vorsätzlichen Verstoß.[1292] Diese Beschränkung ist inkonsequent, da § 823 Abs. 2 BGB eine solche Beschränkung nicht vorsieht.

1288 S. o. 3.b.(1), S. 311.

1289 So auch ALTENHAIN, Bilanzeid, WM 25/08, S. 1141 (1142 re. Sp.) und FLEISCHER, Bilanzeid, ZIP 3/07, S. 97 (106).

1290 Auch „bubble law" oder kriseninduzierter Legislativakt.

1291 So i.E. auch FLEISCHER, Bilanzeid, ZIP 3/07, S. 97 (105) und ABENDROTH, Bilanzeid, WM 25/08, S. 1147 (1151).

1292 EKKENGA, Haftungsbegründung bei Kursmanipulationen, ZIP 17/04, S. 781 (789 li. Sp.).

Diese Würdigung führt folglich vielmehr dazu, den Schutzgesetzcharakter des § 264 Abs. 2 S. 1 HGB abzulehnen. So hat der BGH klargestellt, dass für die Klassifizierung als Schutzgesetz die Schaffung eines individuellen Schadensersatzanspruchs erkennbar vom Gesetz erstrebt sein und dies im haftungsrechtlichen Gesamtsystem tragbar erscheinen muss.[1293] Damit einher geht die Ansicht, dass die Annahme eines Schutzgesetzes nur geboten ist, wenn nicht bereits ein hinlänglicher Schutz durch andere Haftungsvorschriften gegeben ist.[1294]

Die Gesamtwürdigung ergibt vorliegend, dass eine Haftung aus der Verletzung von § 264 Abs. 2 S. 1 HGB oder der Buchführungsvorschriften allein nicht geboten erscheint und zu weit ginge. Der Gesetzgeber hat bei Einführung des sog. „Bilanzeids“ durch den Wissensvorbehalt klargestellt, dass nur ein vorsätzlicher Verstoß gegen die Rechnungslegungsvorschriften sanktionsbewehrt sein soll. Diese Wertung bestätigt sich auch in §§ 37b Abs. 2 u.5, 37c Abs. 2 u. 5 WpHG, die eine Haftung nur bei Vorsatz bewirken und klarstellen, dass weitergehende Ansprüche aus „vorsätzlichen unerlaubten Handlungen“ unberührt bleiben. Eine Haftung für fahrlässige Fehlinformation soll folglich gerade nicht gegeben sein. Ein ausreichender Schutz der durch Falschbilanzierung Betroffenen ist daher bereits durch § 331 HGB als Schutzgesetz sowie die Haftung aus § 826 BGB nach den Grundsätzen der Informationsdeliktshaftung gegeben.[1295]

Der Kreis der Adressaten der Rechnungslegung ist zu unbestimmt, so dass der Schutzbereich eines Individualschutzes durch die Offenlegung der Rechnungslegung allein nicht abzugrenzen ist. Gleiches gilt für die Strafvorschriften der §§ 283, 283b StGB. Vielmehr bedarf es weiterer Umstände, die ein Vertrauen auf die Rechnungslegung konkretisieren und so einen Individualschutz rechtfertigen. Diese können sich unabhängig von § 331 HGB z.B. aus den einhellig als Schutzgesetzen angesehenen §§ 263, 265b, 266 StGB ergeben.[1296]

1293 BGH v. 19.2.08 – XI ZR 170/07, NJW 08, S. 1734 (1736).

1294 BGH v. 13.4.94 – II ZR 16/93, BB 16/94, S. 1095 (1097) = BGHZ 125, S. 366.

1295 I.E. ebenso REINER in: MüKo HGB, 2. Aufl., § 264 Rn. 83 f.

1296 Wie hier SCHNABEL/LÜCKE in: Vorstand AG, § 6 Rn. 98; GELHAUSEN in: KRIEGER, HB Managerhaftung, § 28 Rn. 68 ff., ALTMEPPEN, § 7 Rn. 46 ff.; ROTH/ALTMEPPEN, GmbHG, 6. Aufl., § 41 Rn. 12; BAUMBACH/HUECK, GmbHG, 19. Aufl., § 41 Rn. 19 f.; ADS, Rechnungslegung, 6. Aufl., Tb. 4, § 91 AktG Rn. 17, Tb. 5, § 264 HGB Rn. 141; SCHMIDT/LUTTER, AktG, § 91 Rn. 18, § 93 Rn. 66; HÜFFER, AktG, 9. Aufl. , § 93 Rn. 19 f.; HEIDEL, AktR, 2. Aufl., § 91 Rn. 5; LG Bonn v. 15.5.01 – 11 O 181/00, AG 01, S. 484; BGH v. 10.7.64 – Ib ZR 208/62, BB 64, S. 1273; i.E. auch BGH v. 13.4.94 – II ZR 16/93, BB 16/94, S. 1095 (1099) = BGHZ 125, S. 366.

(3) Haftung gegenüber anderen Dritten

Eine Haftung des Vorstands gegenüber Dritten, insbesondere Gläubigern, kann sich aus Delikt oder quasivertraglichen Schuldverhältnissen ergeben. Zumeist kann unmittelbar nur die Gesellschaft wegen Vertragsverletzungen gem. §§ 280, 241, 31 BGB in Anspruch genommen werden, die den Vorstand sodann in Regress nehmen kann. Ein Ausnahmefall ist die Möglichkeit des § 93 Abs. 5 AktG für Gläubiger, Schadensersatzansprüche der Gesellschaft gegen den Vorstand im eigenen Namen auf Zahlung an sich selbst geltend zu machen, soweit sie von dieser keine Befriedigung erlangen können.[1297] Relevant ist dies wegen § 93 Abs. 5 S. 2 AktG insbesondere für die Sondertatbestände des § 93 Abs. 3 AktG, mithin für Ausschüttungsschäden und verbotene Zahlungen, § 93 Abs. 3 Nr. 2 Alt. 2 u. Nr. 6.

Ein quasivertraglicher Anspruch gegen Vorstandsmitglieder selbst kann aus culpa in contrahendo für Inanspruchnahme besonderen persönlichen Vertrauens gem. §§ 280 Abs. 1, 241 Abs. 2, 311 Abs. 3 BGB gegeben sein. Im Rahmen eines Vertragsschlusses zwischen Dritten und der AG oder einem Anteilskäufer und dem vorigen Inhaber kann auch zu dem Vorstand als Vertreter der Gesellschaft oder Begleiter des Geschäfts ein vorvertragliches Schuldverhältnis gem. § 311 Abs. 3 BGB entstehen, obwohl dieser nicht selbst Vertragspartei ist.[1298] Dazu muss jedoch das Vorstandsmitglied gem. § 311 Abs. 3 S. 2 BGB ein besonderes Vertrauen in Anspruch genommen und dadurch den Vertragsschluss erheblich beeinflusst haben. Diese Anforderungen sind ersichtlich hoch. Das Vertrauen muss über das gewöhnliche Verhandlungsvertrauen hinausgehen, und es muss ein eigenes wirtschaftliches Interesse gegeben sein; dabei reicht das Interesse an einer Provision nicht aus.[1299] Bei Vorlage überbewerteter Jahresabschlüsse im Rahmen derartiger Vertragsverhandlungen wird eine Haftung des Vorstands aus c.i.c. folglich nur im Ausnahmefall gegeben sein. Ein solcher ist denkbar, wenn z.B. die Insolvenzreife der Gesellschaft durch überbewertete Jahresabschlüsse verdeckt wird und durch persönliche Bekundungen des Vorstands Zweifel des Vertragspartners an der Solvenz der Gesellschaft ausgeräumt werden.[1300] Prozessual bedeutsamer Vorteil einer quasivertraglichen Haftung ge-

---

1297 S. dazu HÜFFER, AktG, 9. Aufl. , § 93 Rn. 32 ff.; SCHMIDT/LUTTER, AktG, § 93 Rn. 57 ff.

1298 Zur Begleitung eines Anteilsverkaufs durch den Vorstand siehe RODEWALD/UNGER, Unternehmensveräußerung, DB 30/07, S. 1627 ff.

1299 Vgl. GRÜNEBERG in: PALANDT, BGB, 69. Aufl., § 311 Rn. 61 ff.; ALTMEPPEN in: KRIEGER, HB Managerhaftung, § 7 Rn. 14 ff.; HÜFFER, AktG, 9. Aufl. , § 93 Rn. 21.

1300 Vgl. WIESNER in: HB GesR, Band 4, 3. Aufl., § 26 Rn. 35.

genüber einer Haftung aus Delikt ist die Beweislastumkehr des § 280 Abs. 1 S. 2 BGB bezüglich des Vertretenmüssens.

Es verbleibt damit eine deliktische Haftung aus § 823 Abs. 2 BGB. Relevante Schutzgesetzverletzungen liegen dabei in § 331 HGB sowie in den Vermögensdelikten der §§ 263 ff. StGB. Die relevanten Fallgruppen bei Falschbilanzierung sind im Rahmen der Strafbarkeit des Vorstands wegen dieser Delikte dargestellt worden; all diese Fälle begründen eine persönliche Haftung des Vorstands.[1301] In diesen Fällen ist regelmäßig auch die haftungsausfüllende Kausalität gegeben.

(4) Insolvenzverschleppungshaftung

Wie dargelegt ist mit Überbewertungen häufig eine Insolvenzverschleppung wegen Verschleierung einer Überschuldung und daraus resultierender Verletzung von § 92 AktG bzw. § 15a InsO verbunden. Inwieweit dabei die Anzeigepflicht des § 92 Abs. 1 AktG Schutzgesetz zu Gunsten der Aktionäre ist, ist umstritten.[1302] Gläubiger sind von dessen Schutzbereich jedenfalls nicht erfasst.[1303] Gegenüber diesen kann sich eine praktisch relevante Haftung jedoch aus § 15a InsO ergeben, da diese durch eine verspätete Antragsstellung regelmäßig geschädigt werden. § 15a InsO (früher § 92 Abs. 2 AktG) ist nach zutreffender h.M. Schutzgesetz zu Gunsten der Gläubiger.[1304]

1301 S. o. 3.b.(1) sowie 3.c., S. 307 sowie S. 312 ff.

1302 Ablehnend HÜFFER, AktG, 9. Aufl. , § 92 Rn. 15; SCHMIDT/LUTTER, AktG, § 92 Rn. 10 je m.w.N., bejahend WIESNER in: HB GesR, Band 4, 3. Aufl., § 26 Rn. 31; HEIDEL, AktR, 2. Aufl., § 92 Rn. 19 m.w.N.

1303 HÜFFER, AktG, 9. Aufl. , § 92 Rn. 15; SCHMIDT/LUTTER, AktG, § 92 Rn. 10; AktR, 2. Aufl., § 92 Rn. 19.

1304 HAAS in: BAUMBACH/HUECK, GmbHG, 19. Aufl., § 64 Rn. 109 f.; HÜFFER, AktG, 9. Aufl. , § 92 Rn. 16; BALTHASAR in: KRIEGER, HB Managerhaftung, § 27 Rn. 52 u. KURZWELLY, § 14 Rn. 55; SCHMIDT/LUTTER, AktG, § 92 Rn. 18 f., § 93 Rn. 68; HEIDEL, AktR, 2. Aufl., § 92 Rn. 20; SCHMIDT/UHLENBRUCK, GmbH-Krise, 4. Aufl., Rn. 11.8; BGH v. 27.4.09 – II ZR 253/07, DB 24/09, S. 1287 (zu § 64 a.F. GmbHG); BGH v. 6.6.94 – II ZR 292/91, BGHZ 126, S. 181 (192 ff.); BGH v. 25.7.05 – II ZR 390/03, GmbHR 05, S. 1425 (zu § 64 a.F. GmbHG); ROTH/ALTMEPPEN, GmbHG, 6. Aufl., Vorb § 64 Rn. 122 ff.; a.A. ALTMEPPEN in: KRIEGER, HB Managerhaftung, § 7 Rn. 18 u. in: ROTH/ALTMEPPEN, GmbHG, 6. Aufl., § 64 Rn. 26. Streitig ist allerdings, inwieweit auch Neugläubigern der Schutz des § 823 Abs. 2 BGB zukommen soll, die nichtvertragliche Ansprüche gegen die Gesellschaft erlangt haben, SCHMIDT/LUTTER, AktG, § 92 Rn. 18 a.E.; HÜFFER, AktG, 9. Aufl. , § 92 Rn. 19; SCHMIDT/UHLENBRUCK, GmbH-Krise, 4. Aufl., Rn.11.18 ff. Der BGH löst dies zutreffend über die Frage des Schutzzwecks der Norm im Rahmen der haftungsausfüllenden

Gläubiger der AG haben folglich einen Schadensersatzanspruch aus §§ 823 Abs. 2 BGB, 15a Abs. 1 InsO gegen den Vorstand persönlich, wenn die Insolvenzantragspflicht schuldhaft verletzt wurde. Für diese Insolvenzverschleppungsschäden ist zu unterscheiden zwischen Altgläubigern und Neugläubigern. Altgläubiger sind solche, die bereits bei Eintritt der Insolvenzreife Gläubiger der Gesellschaft waren. Diese hätten auch bei rechtzeitigem Insolvenzantrag nur eine Insolvenzforderung als Insolvenzgläubiger gem. § 38 InsO gehabt, so dass sich deren Schaden auf die Verschlechterung der Insolvenzquote beschränkt, sog. „Quotenschaden".[1305] Neugläubiger, die nach Eintritt der Insolvenzreife Forderungen erworben haben, hätten das Geschäft in Kenntnis der Insolvenzreife womöglich gar nicht abgeschlossen oder wären Massegläubiger i.S.d. §§ 53, 55 Abs. 1 InsO geworden. Neugläubiger haben daher einen Vertrauensschaden erlitten, der sich nicht auf den Quotenschaden beschränkt; vielmehr besteht Anspruch auf Ersatz des negativen Interesses.[1306] Der Quotenschaden ist gem. § 92 InsO als Gesamtschaden durch den Insolvenzverwalter geltend zu machen; soweit sich dieser mit Ansprüchen aus § 93 Abs. 3 Nr. 6 AktG deckt, ist § 93 Abs. 5 S. 4 AktG einschlägig. Neugläubiger hingegen sind individuell geschädigt und können den Anspruch aus § 823 Abs. 2 BGB daher selbst geltend machen.[1307]

Die Relevanz der Nichtigkeit des Jahresabschlusses liegt in der Darlegung der Insolvenzreife: Zur Erfüllung der primären Darlegungslast reicht ein bei korrekter handelsrechtlicher Bilanzierung vorliegender nicht durch Eigenkapital gedeckter Fehlbetrag aus; mithin die Darlegung einer Überbewertung, die einen solchen kompensiert hat.[1308] Nur wenn es sich um eine nichtigkeitsbegründende Überbewertung i.S.d. § 256 Abs. 5 Nr. 1 AktG handelt, ist die Grenze der vertretbaren Bewertungsspielräume verlassen worden.

Kausalität; an der Eigenschaft des § 15a InsO als Schutzgesetz zu Gunsten der Gläubiger ändert dies nichts, BGH v. 25.7.05 – II ZR 390/03, GmbHR 05, S. 1425.

1305 BALTHASAR in: KRIEGER, HB Managerhaftung, § 27 Rn. 52; SCHMIDT/UHLENBRUCK, GmbH-Krise, 4. Aufl., Rn. 11.15.

1306 WITTKOWSKI in: NERLICH/RÖMERMANN, InsO, § 92 Rn. 8 ff.; BALTHASAR in: KRIEGER, HB Managerhaftung, § 27 Rn. 52 f.; SCHMIDT/UHLENBRUCK, GmbH-Krise, 4. Aufl., Rn. 11.15 ff.; HÜFFER, AktG, 9. Aufl. , § 92 Rn. 17 ff.; SCHMIDT/LUTTER, AktG, § 92 Rn. 18; HAAS in: BAUMBACH/HUECK, GmbHG, 19. Aufl., § 64 Rn. 127.

1307 SCHMIDT/LUTTER, AktG, § 92 Rn. 18; BALTHASAR in: KRIEGER, HB Managerhaftung, § 27 Rn. 52; HEIDEL, AktR, 2. Aufl., § 92 Rn. 20. SCHMIDT/UHLENBRUCK sehen zutreffend den Anteil der Schäden der Neugläubiger, der Quotenschaden ist, als Gesamtschaden, der ebenso gem. § 92 InsO durch den Insolvenzverwalter einzutreiben ist; anders ist eine praktische Handhabung gar nicht möglich; SCHMIDT/UHLENBRUCK, GmbH-Krise, 4. Aufl., Rn. 11.20 ff.

1308 Vgl. BGH v. 16.3.09 – II ZR 280/07, NJW 09, S. 2454 (2455), Rn. 10 u. BGH v. 27.4.09 – II ZR 253/07, DB 24/09, S. 1287.

Praktisch wird für Neugläubiger das Problem bestehen, diese Darlegungslast zu erfüllen. Ohne eine Unterstützung durch den Insolvenzverwalter wird dies kaum möglich sein. Dieser hat jedoch das Interesse, nur solche Ansprüche gegen die Vorstandsmitglieder durchzusetzen, die die Masse mehren. Diese erschöpfen sich meist in Ansprüchen aus § 93 Abs. 3 Nr. 6 AktG, so dass in der Praxis vielfach bereits für die Geltendmachung des Anspruchs der Altgläubiger aus § 823 Abs. 2 BGB kaum Raum verbleibt.

5. Verantwortlichkeit der Aufsichtsratsmitglieder

Der Aufsichtsrat hat gem. § 111 Abs. 1 AktG die Geschäftsführung zu überwachen. Die Buchführung und Rechnungslegung als Teil der Geschäftsführungsaufgabe gehören damit unmittelbar in den Überwachungsbereich des Aufsichtsrats. Als prozessunabhängiges unternehmensinternes Überwachungsorgan übt der Aufsichtsrat damit auch nach dem hier vertretenen Überwachungsbegriff eine Aufsicht aus.[1309] Konkretisiert wird die Aufsicht über die Rechnungslegung durch die Pflicht zur Prüfung des Jahresabschlusses nebst Lagebericht und Gewinnverwendungsvorschlag sowie Konzernabschluss und –lagebericht gem. § 171 AktG und die darauf aufbauende Billigung, die gem. § 172 AktG zur Feststellung des Jahresabschlusses führt. Gem. § 171 Abs. 4 AktG bezieht sich die Prüfungspflicht auch auf einen IFRS-Einzelabschluss nach § 325 Abs. 2a HGB, so dass sämtliche Formen der externen Rechnungslegung von der Überwachungspflicht erfasst sind.

Maßstab der Überwachung ist zunächst die Rechtmäßigkeit der Geschäftsführung, darüber hinaus aber auch deren Zweckmäßigkeit.[1310] Der Aufsichtsrat hat dazu die Mittel, gem. §§ 90 Abs. 3, 111 Abs. 2 AktG jederzeit die Bücher der Gesellschaft einsehen oder Berichte des Vorstands einzufordern. Sobald der Jahresabschluss aufgestellt ist, hat der Vorstand diesen dem Aufsichtsrat vorzulegen. Bezogen auf die Rechnungslegung ist die ordnungsgemäße Führung der Bücher sowie Erstellung des Jahresabschlusses gemäß den gesetzlichen Vorschriften zu überwachen. Die Zweckmäßigkeitsüberwachung bezieht sich auf die Bilanzpolitik des Vorstands, also die Ausübung von Wahlrechten und zulässiger Beurteilungsspielräume.[1311] Die Jahresabschlussprüfung durch den Aufsichtsrat i.S.d. § 171 AktG stellt keine „zweite Abschlussprüfung“ dar, die den

---

1309 S. dazu o, Kap. II, B., S. 32 ff.

1310 SCHMIDT/LUTTER, AktG, § 111 Rn. 16; BGH v. 25.3.91 – II ZR 188/89, BGHZ 114, S. 127 (129f.).

1311 GELHAUSEN in: KRIEGER, HB Managerhaftung, § 28 Rn. 77; SCHMIDT/LUTTER, AktG, § 171 Rn. 4.

Anforderungen der Prüfung durch den Abschlussprüfer entsprechen müsste.[1312] Vielmehr entspricht es der Überwachungsaufgabe, eine Prüfung des Jahresabschlusses auf Plausibilität und innere Schlüssigkeit vorzunehmen und dazu den Prüfungsbericht des Abschlussprüfers heranzuziehen.[1313] Dieser ist gem. § 321 Abs. 5 S. 2 HGB zu diesem Zweck dem Aufsichtsrat vorzulegen; eine zentrale Aufgabe des Prüfungsberichts liegt in der Information des Aufsichtsrats über das Prüfungsergebnis und dessen Entwicklung, um so die Prüfung durch den Aufsichtsrat möglich zu machen.[1314] Das Prüfungsergebnis des Abschlussprüfers ist folglich auf Grundlage des Prüfungsberichts nachzuvollziehen und ggf. zu hinterfragen. Bei Unklarheiten, Unstimmigkeiten oder aufgrund der Kenntnis des Aufsichtsrats aufgedeckten Fehlern ist diesen in jedem Fall nachzugehen und ggf. auch eine weitere Prüfung durch Sachverständige anzustrengen.[1315]

Die Prüfungspflicht trifft den Aufsichtsrat als Kollegialorgan. Diese ist eine der Kernpflichten des Aufsichtsrats, da die Rechnungslegung die Leistung der zu überwachenden Geschäftsführung und deren Erfolg bzw. Misserfolg abbildet.[1316] Die Bedeutung wird auch durch § 100 Abs. 5 n.F. AktG deutlich, der für börsennotierte Unternehmen vorschreibt, dass ein Aufsichtsratsmitglied über Sachverstand auf den Gebieten Rechnungslegung oder Abschlussprüfung verfügen muss. Gem. § 107 Abs. 3 S. 2 AktG kann der Aufsichtsrat einen „Prüfungsausschuss" bilden, der den Beschluss über die Billigung des Jahresabschlusses vorbereitet und damit die Prüfung im Wesentlichen vornimmt. Die Bildung eines solchen Ausschusses wird für börsennotierte Gesellschaften gem. Ziff. 5.3.2 DCGK empfohlen; wird ein solcher Ausschuss gebildet, muss bei börsennotierten Gesellschaften gem. § 107 Abs. 4 n.F. AktG konsequenterweise mindestens das Aufsichtsratsmitglied mit dem von § 100 Abs. 5 AktG geforderten Sachverstand dem Ausschuss angehören. Auch wenn ein solcher Ausschuss gebildet wurde – was für alle Gesellschaften zu empfehlen ist – kann dieser nicht allein den Billigungsbeschluss fassen; dies ist gem. § 107 Abs. 3 S. 3 AktG explizit dem Gesamtorgan vorbehalten. Auch bei Bestehen eines Prüfungsausschusses ist folglich jedes Aufsichtsratsmitglied verpflichtet, persönlich Prüfungsbericht

---

1312 HÜFFER, AktG, 9. Aufl. , § 171 Rn. 9; ADS, Rechnungslegung, 6. Aufl. Tb. 4, § 171 Rn. 19.

1313 Vgl. SCHMIDT/LUTTER, AktG, § 171 Rn. 7; HÜFFER, AktG, 9. Aufl. , § 171 Rn. 5.

1314 Vgl. WINKELJOHANN/POULLIE in: BeBiKo, 7. Aufl., § 321 Rn. 7 sowie SCHMIDT/LUTTER, AktG, § 171 Rn. 7; IDW, WP-Handbuch, Band I, 13. Aufl., Q Rn. 29.

1315 Vgl. GELHAUSEN in: KRIEGER, HB Managerhaftung, § 28 Rn. 76; SCHMIDT/LUTTER, AktG, § 171 Rn. 7. Die Zulässigkeit ergibt sich auch aus § 109 Abs. 1 S. 2 AktG.

1316 SCHMIDT/LUTTER, AktG, § 171 Rn. 3; HÜFFER, AktG, 9. Aufl. , § 171 Rn. 1.

und Jahresabschluss durchzugehen, ferner den durch den Ausschuss gem. § 107 Abs. 3 S. 4 AktG erstellten Bericht, um so eine Grundlage für die Stimmabgabe beim Billigungsbeschluss zu haben.[1317]

Gem. §§ 116, 93 Abs. 1 AktG haben die Aufsichtsratsmitglieder die Sorgfalt eines ordentlichen und gewissenhaften Aufsichtsratsmitglieds anzuwenden. Es gilt wie für den Vorstand eine Individualhaftung, für den Haftungsmaßstab kann sinngemäß auf das zum Vorstand Ausgeführte verwiesen werden.[1318] Der Pflichtenrahmen ist abhängig von der Innenorganisation, jedoch können auch durch Ausschussbildung andere Mitglieder nicht gänzlich enthaftet werden, da die Billigung stets dem Gesamtorgan obliegt. Es gilt der zivilrechtliche objektiv-abstrakte Haftungsmaßstab, so dass individuelle Unfähigkeit nicht exkulpierend wirkt.[1319] Vielmehr muss jedes Aufsichtsratsmitglied notwendige Grundkenntnisse im Bereich der Rechnungslegung vorweisen können oder sich diese aneignen, um überhaupt die Prüfung i.S.d. § 171 AktG vornehmen zu können. Ohne derartige Kenntnisse darf ein Aufsichtsratsmandat gar nicht angenommen werden.[1320] Andererseits sind Spezialkenntnisse nicht zu fordern, was sich im Umkehrschluss aus § 100 Abs. 5 AktG ergibt. Ferner sind vorhandene individuelle Kenntnisse auch anzuwenden und können ggf. sogar haftungserhöhend wirken, da eine besondere Funktion innerhalb des Aufsichtsrats (so z.B. Leitung des Bilanzausschusses) im Einzelfall zu erhöhten Sorgfaltspflichten führt.[1321]

6. Straf- und ordnungswidrigkeitenrechtliche Konsequenzen für den Aufsichtsrat

a. Unrichtige Darstellung

Entsprechend dem Vorstand können sich auch Aufsichtsratsmitglieder wegen unrichtiger Darstellung gem. § 331 Nr. 1 HGB strafbar machen. Der Aufsichtsrat stellt zwar nicht den Jahresabschluss auf, aber durch die Billigung und die daraus folgende Feststellung muss auch er für dessen Richtigkeit einstehen.

1317 GELHAUSEN in: KRIEGER, HB Managerhaftung, § 28 Rn. 81 f.; HÜFFER, AktG, 9. Aufl., § 171 Rn. 9; SCHMIDT/LUTTER, AktG, § 171 Rn. 8.

1318 S.o. 2.

1319 Der typisierte Haftungsmaßstab gilt für alle AR-Mitglieder gleichermaßen, auch die der Arbeitnehmerseite, HÜFFER, AktG, 9. Aufl. , § 116 Rn. 2; BGH v. 17.9.09 – 5 StR 521/08, NJW 10, S. 92.

1320 So auch SCHMIDT/LUTTER, AktG, § 171 Rn. 6 u. HÜFFER, AktG, 9. Aufl. , § 171 Rn. 9; GELHAUSEN in: KRIEGER, HB Managerhaftung, § 28 Rn. 85.

1321 SCHMIDT/LUTTER, AktG, § 116 Rn. 31 f.; HEIDEL, AktR, 2. Aufl., § 116 Rn. 3; HÜFFER, AktG, 9. Aufl. , § 116 Rn. 3.

Nicht dagegen greift der Tatbestand des § 331 Nr. 3a HGB für den Aufsichtsrat. Im Übrigen kann auf die Ausführungen für den Vorstand verwiesen werden. Entscheidendes Merkmal ist der Vorsatz, der praktisch dem Aufsichtsrat schwerer nachzuweisen sein wird als Vorstandsmitgliedern.

Die Ordnungswidrigkeit des § 334 Abs. 1 HGB bezieht ebenso Aufsichtsratsmitglieder ein, wobei die Tatbestandsverwirklichung gem. § 334 Abs. 1 Nr. 1 Alt. 2 HGB nur „bei der Feststellung" möglich ist.

b. Betrug und Untreue, §§ 263 ff. StGB

Da es sich nicht um Sonderdelikte handelt, kann sich grundsätzlich auch jedes Aufsichtsratsmitglied wegen Betrug, Kreditbetrug oder Untreue strafbar machen. Da der Aufsichtsrat weder die Geschäfte führt, noch als Vertreter der Gesellschaft auftritt, wird praktisch jedoch eine Strafbarkeit wegen Betrug oder Kreditbetrug selten sein. Relevant kann jedoch im Zusammenhang mit der Nichtigkeit des Jahresabschlusses eine Strafbarkeit wegen Untreue sein. So trifft den Aufsichtsrat aus seiner Überwachungsaufgabe eine eigene Vermögensbetreuungspflicht gegenüber der Gesellschaft.[1322] Diese trifft jedes Aufsichtsratsmitglied gleichermaßen.[1323] Insbesondere liegt eine strafrechtlich relevante Pflichtverletzung darin, erkanntem Fehlverhalten des Vorstands nicht entgegenzuwirken, da genau darin der Zweck der Überwachungspflicht liegt.[1324] Im Fall einer nichtigkeitsbegründenden Überbewertung und darauf folgender Scheingewinnausschüttung kommt folglich eine Untreuestrafbarkeit der Aufsichtsratsmitglieder in Betracht, die dies zumindest billigend in Kauf nehmen.

c. Insolvenzstraftaten

Die Bankrottdelikte der §§ 283 ff. StGB kommen für Aufsichtsratsmitglieder nicht in Betracht, da eine Zurechnung der Merkmale der Krise und Aufstellungspflichten gem. § 14 Abs. 1 Nr. 1 StGB nur für Vorstandsmitglieder erfolgt.[1325]

Ebenso wenig ist grundsätzlich eine Strafbarkeit von Aufsichtsratsmitgliedern wegen Insolvenzverschleppung gem. § 15a InsO gegeben. Diese trifft eine Insolvenzantragspflicht nur, wenn die AG führungslos ist, § 15a Abs. 3 InsO.

1322 FISCHER, StGB, 57. Aufl., § 266 Rn. 48, 105 f. m.w.N.

1323 BGH v. 17.9.09 – 5 StR 521/08, NJW 10, S. 92 (95).

1324 FISCHER, StGB, 57. Aufl., § 266 Rn. 106; BGH v. 6.12.01 - 1 StR 215/01, BGHSt 47, S. 187, 3.V.

1325 Eine Ausdehnung auf Aufsichtsratsmitglieder über § 75 Nr. 5 StGB stellt nach hier vertretener Auffassung eine im Strafrecht verbotene Analogie dar.

Dies ist gem. § 78 Abs. 1 S. 2 AktG nur der Fall, wenn die Gesellschaft keinen Vorstand (mehr) hat. Es reicht damit nicht aus, dass der Vorstand handlungsunfähig bzw. –unwillig ist. Vielmehr muss dieser sein Amt niedergelegt haben bzw. abberufen worden sein.[1326] Ist die AG führungslos, trifft die Aufsichtsratsmitglieder eine Ausfallzuständigkeit für die Antragstellung. Gem. § 15a Abs. 3 InsO soll die Pflicht nicht eingreifen, wenn die Person von Insolvenzgrund oder Führungslosigkeit keine Kenntnis hat. Dieser Zusatz ist jedoch überflüssig. Die Antragspflicht ist objektiv zu bestimmen, die Frage der Kenntnis im Rahmen des subjektiven Tatbestands. Kennt ein Aufsichtsratsmitglied weder die Führungslosigkeit noch/oder die Insolvenzreife, mangelt es bei Unterlassen der Antragstellung am subjektiven Tatbestand, so dass keine Strafbarkeit gegeben sein kann. Gleiches gilt für mangelndes Verschulden hinsichtlich einer zivilrechtlichen Haftung.[1327]

Eine Strafbarkeit für Aufsichtsratsmitglieder aus Täterschaft kann folglich nur im Fall der Führungslosigkeit gegeben sein. Praktisch relevanter dürfte jedoch eine Strafbarkeit als Teilnehmer an der Insolvenzverschleppung des Vorstands durch Beihilfe gem. §§ 27 StGB, 15a Abs. 4 InsO sein. Beihilfe ist die vorsätzliche Hilfeleistung zu einer vorsätzlichen rechtswidrigen Straftat eines anderen, § 27 Abs. 1 StGB. Der Gehilfenvorsatz muss sich dabei sowohl auf das Vorliegen der Haupttat als auch auf die Hilfeleistung selbst beziehen, sog. „Doppelvorsatz".[1328] Ausreichend ist dabei eine „psychische Beihilfe", die in einer Bestärkung des Haupttäters zur Begehung der Tat liegt.[1329] Ferner genügt es, wenn die Hilfeleistung die Tatbegehung fördert oder erleichtert; nicht notwendig ist, dass der Taterfolg kausal auf der Beihilfe beruht.[1330]

Im Fall einer vorsätzlichen Verschleierung der Überschuldung durch Überbewertung kommt damit eine Beihilfe durch vorsätzlich handelnde Aufsichtsratsmitglieder in Betracht. Sobald der Aufsichtsrat Kenntnis von einer Überschuldung hat, trifft ihn die Pflicht, auf die Insolvenzantragstellung hinzuwirken.[1331] Insoweit begründet die Überwachungspflicht des § 111 Abs. 1 AktG eine strafrechtliche Garantenstellung gem. § 13 Abs. 1 StGB.[1332] Selbst eine

---

1326 Vgl. ROTH/ALTMEPPEN, GmbHG, 6. Aufl., § 35 Rn. 10; 28.

1327 So auch ROTH/ALTMEPPEN, GmbHG, 6. Aufl., Vorb § 64 Rn. 62 f.

1328 FISCHER, StGB, 57. Aufl., § 27 Rn. 22.

1329 FISCHER, StGB, 57. Aufl., § 27 Rn. 11.

1330 FISCHER, StGB, 57. Aufl., § 27 Rn. 14f.

1331 BGH v. 16.3.09 – II ZR 280/07, NJW 09, S. 2454.

1332 SCHMIDT/LUTTER, AktG, § 401 Rn. 6; vgl. dazu FISCHER, StGB, 57. Aufl., § 13 Rn. 18 ff. u. BGH v. 17.7.09 – 5 StR 394/08, BB 42/09, S. 2263.

Nichtreaktion kann damit zur Strafbarkeit wegen Beihilfe durch Unterlassen führen.[1333]

d. Fazit

Die Strafbarkeitsrisiken im Zusammenhang mit der Nichtigkeit des Jahresabschlusses sind für Mitglieder des Aufsichtsrats weit weniger stark als für Vorstandsmitglieder. Eine Fahrlässigkeitsstrafbarkeit kann nur im seltenen Fall der Insolvenzverschleppung bei Führungslosigkeit gegeben sein. Die in Verbindung mit der Nichtigkeit des Jahresabschlusses auch bei Fahrlässigkeit eingreifenden Insolvenzstraftatbestände der §§ 283 ff. StGB sind dagegen für Aufsichtsratsmitglieder nicht relevant. Bei Erkennen einer Antragspflicht des Vorstands kann jedoch eine Nichtreaktion zur Strafbarkeit wegen Beihilfe durch Unterlassen führen.

7. Zivilrechtliche Konsequenzen für den Aufsichtsrat

a. Haftung gegenüber der Gesellschaft – Innenhaftung

Grundsätzlich kann auf das für den Vorstand Ausgeführte verwiesen werden, da über § 116 AktG die Haftungsregeln des § 93 AktG für den Aufsichtsrat entsprechend anzuwenden sind. Die Geltendmachung von Ansprüchen der Gesellschaft gegen den Aufsichtsrat obliegt dabei nach der allgemeinen Regel des § 78 Abs. 1 AktG dem Vorstand. Dies führt dazu, dass trotz scharfer Haftung des Aufsichtsrats diese praktisch nie im laufenden Geschäftsbetrieb durchgesetzt wird. Warum sollte der Vorstand Ansprüche gegen den Aufsichtsrat geltend machen, weil dieser seine Arbeit unzureichend überwacht hat, also eigene Fehler nicht aufgedeckt hat? Dies ist umso deutlicher bei Sachverhalten, in die der Aufsichtsrat selbst eingebunden ist, wie bei der Feststellung des Jahresabschlusses.[1334] Eine Pflichtverletzung mangelhafter Überwachung wird regelmäßig erst recht eine Pflichtverletzung der zu Überwachenden bedeuten. Praktisch kommt eine Inanspruchnahme des Aufsichtsrats daher nur durch einen neu ins Amt gekommenen Vorstand oder den Insolvenzverwalter vor.

1333 FISCHER, StGB, 57. Aufl., § 27 Rn. 11, 13. Es ist dabei auf den Schwerpunkt der Vorwerfbarkeit abzustellen, FISCHER, StGB, 57. Aufl., § 13 Rn. 5. Dieser kann auch in der aktiven Billigung des überbewerteten Jahresabschlusses liegen, die den Vorstand in seinem Tatentschluss, die Überschuldung zu verheimlichen, bestärkt.

1334 Vgl. LUTTER, Bankenkrise und Organhaftung, in: ZIP 5/09, S. 197 (200 li. Sp.); KRIEGER, HB Managerhaftung, § 3 Rn. 40.

Im Unterschied zum Vorstand, dessen Pflichtverletzung bei Aufstellung eines nichtigen Jahresabschlusses in der Aufstellung selbst liegt, liegt die Pflichtverletzung des Aufsichtsrats in einer unzureichenden Prüfung und der daraus folgenden Billigung eines solchen mangelhaften Jahresabschlusses. Eine solche ist dann gegeben, wenn die Mangelhaftigkeit des Jahresabschlusses hätte erkannt werden können, so z.B. wenn der Prüfungsbericht durch das betreffende Aufsichtsratsmitglied gar nicht gelesen wurde oder trotz augenscheinlicher Unklarheiten oder Mängel keine weiteren Nachforschungen betrieben werden. Lässt der Prüfungsbericht des Abschlussprüfers keinerlei Schlüsse auf Mängel des Jahresabschlusses zu und ergeben sich auch sonst keinerlei Erkenntnisse für den Aufsichtsrat, die an der Ordnungsmäßigkeit des Jahresabschlusses zweifeln lassen, können sich die Aufsichtsratsmitglieder in der Regel exkulpierend auf den Prüfungsbericht berufen, insbesondere die Nichtmitglieder eines Prüfungsausschusses, der die Ordnungsmäßigkeit bestätigt.[1335] Sobald jedoch die Mangelhaftigkeit erkannt wird, trifft den Aufsichtsrat die Pflicht, schädigende Maßnahmen des Vorstands zu unterbinden; z.B. bei Überschuldung auf eine Insolvenzantragstellung hinzuwirken sowie verbotene Zahlungen zu verhindern.[1336]

Bedeutsam ist wie für die Haftung des Vorstands die Beweislastumkehr, so dass es dem jeweiligen Aufsichtsratsmitglied obliegt, die Nichterkennbarkeit der Mangelhaftigkeit des Jahresabschlusses darzulegen und zu beweisen. Ebenso gelten die Sondertatbestände des § 93 Abs. 3 AktG für Aufsichtsratsmitglieder mit deren Schadensvermutung gem. § 116 AktG entsprechend.[1337] Grundsätzlich können somit neben den Vorstandsmitgliedern auch die Aufsichtsratsmitglieder wegen der typischen Schadenspositionen im Fall der Nichtigkeit des Jahresabschlusses in Haftung genommen werden; namentlich zum Ersatz des Ausschüttungsschadens, §§ 116, 93 Abs. 3 Nr. 2 Alt. 2 AktG und Ersatz verbotener Zahlungen des Vorstands, §§ 116, 93 Abs. 3 Nr. 6 AktG.[1338]

Nicht hingegen in Betracht kommt eine Haftung für Kosten der Neuaufstellung und –prüfung, da der Aufsichtsrat erst nach erfolgter Aufstellung und Abschlussprüfung seine Überwachungsaufgabe wahrnimmt. Die pflichtgemäße Versagung der Billigung führt gerade ebenso zur Entstehung dieser Kosten, so dass die Pflichtverletzung für diesen Schaden nicht ursächlich ist. Für diese Kosten haftet folglich der Vorstand allein.

1335 BANGE, Rückforderung, in: ZInsO 10/06, S. 519 (522 li. Sp.); GELHAUSEN in: KRIEGER, HB Managerhaftung, § 28 Rn. 87 sowie zu den Pflichten oben, 5. S. 351 ff.

1336 Vgl. BGH v. 16.3.09 – II ZR 280/07, NJW 09, S. 2454.

1337 SCHMIDT/LUTTER, AktG, § 116 Rn. 30; HÜFFER, AktG, 9. Aufl. , § 116 Rn. 8; HEIDEL, AktR, 2. Aufl., § 116 Rn. 13.

1338 Vgl. dazu BGH v. 16.3.09 – II ZR 280/07, NJW 09, S. 2454.

b. Haftung gegenüber Dritten - Außenhaftung

Wie für den Vorstand stellt sich auch für Aufsichtsratsmitglieder die Frage, inwieweit diese bei fehlerhafter Rechnungslegung unmittelbar durch Dritte – insbesondere Aktionäre und Gläubiger der AG – in Anspruch genommen werden können. Mangels Vertretereigenschaft des Aufsichtsrats sind hingegen die Berührungspunkte zu share- und stakeholdern geringer als bei Vorstandsmitgliedern; der Aufsichtsrat ist vielmehr reines Innenorgan.

Zunächst ist auf die Möglichkeit der Gläubiger hinzuweisen, gem. §§ 116, 93 Abs. 5 AktG Ansprüche der Gesellschaft im eigenen Namen auch gegen den Aufsichtsrat geltend zu machen, wenn von der Gesellschaft keine Befriedigung zu erlangen ist.[1339]

Vertragliche oder quasivertragliche Ansprüche Dritter gegen Aufsichtsratsmitglieder sind zwar grundsätzlich möglich, jedoch praktisch selten. Der Aufsichtsrat tritt weder als Vertreter noch in der Regel als Begleiter von Vertragsverhandlungen auf. Eine Sachwalterhaftung aus culpa in contrahendo gem. §§ 280, 241 Abs. 2, 311 Abs. 3 BGB ist daher praktisch nur im Ausnahmefall denkbar.[1340]

Es verbleibt damit eine mögliche deliktische Haftung. Denkbar ist wie für den Vorstand eine Haftung aus § 826 BGB. Auch diese ist bei Nichtigkeit des Jahresabschlusses jedoch nur der Ausnahmefall, da der Aufsichtsrat nicht verantwortlich für die Offenlegung des Jahresabschlusses ist und diesen auch nicht die Kapitalmarktinformationspflichten treffen.

Aufgrund der möglichen Strafbarkeit der Aufsichtsratsmitglieder aus § 331 Nr. 1 HGB kann sich bei Nichtigkeit des Jahresabschlusses eine Haftung wegen unrichtiger Darstellung aus §§ 823 Abs. 2 BGB i.V.m. § 331 Nr. 1 HGB wie für den Vorstand ergeben. Vorstands- und Aufsichtsratmitglieder haften in diesem Fall gem. § 840 Abs. 1 BGB als Gesamtschuldner.[1341]

Praktisch bedeutend ist vor allem eine Haftung des Aufsichtsrats im Insolvenzfall. Ist der Aufsichtsrat wegen Führungslosigkeit selbst antragspflichtig, so ergibt sich eine Haftung aus § 823 Abs. 2 BGB i.V.m. § 15a Abs. 1, 3 InsO.

1339 HÜFFER, AktG, 9. Aufl. , § 116 Rn. 8; HEIDEL, AktR, 2. Aufl., § 116 Rn. 13.

1340 Zu den Anforderungen siehe oben, 4.b.(3) S. 348.

1341 Für den Ausgleich im Innenverhältnis gem. § 426 BGB wird eine Abstufung nach Verursachungsbeiträgen und Verschuldensgrad vorgenommen. Die Grundregel des § 426 Abs. 1 S. 1 BGB (Haftung zu gleichen Teilen im Innenverhältnis) wird dabei nach zutreffender einhelliger h.M. durch den Rechtsgedanken des § 254 BGB ersetzt; GRÜNEBERG in: PALANDT, 69. Aufl., § 426 Rn. 14, § 254 Rn. 3; ALTMEPPEN in: KRIEGER, HB Managerhaftung, § 7 Rn. 72.

Auch im Fall einer Insolvenzverschleppung durch den Vorstand kommt jedoch eine Haftung des Aufsichtsrats wegen Beihilfe zur Insolvenzverschleppung gem. § 830 Abs. 2, Abs. 1 S. 1 BGB in Betracht. Der Begriff der Beihilfe in § 830 Abs. 2 BGB ist identisch mit dem des Strafrechts, so dass die dort geltenden Grundsätze anzuwenden sind.[1342] Bei vorsätzlicher Beihilfe zu vorsätzlicher Insolvenzverschleppung haftet somit auch der Aufsichtsrat für Insolvenzverschleppungsschäden; Vorstand und Aufsichtsrat haften als Gesamtschuldner, § 840 Abs. 1 BGB. Im Vorsatznachweis für den Vorstand wird praktisch das größte Problem liegen. Da die Haftung des Vorstands bereits bei fahrlässiger Verletzung der Insolvenzantragspflicht greift, kann diesbezüglich dahingestellt bleiben, ob der schwer nachweisbare Vorsatz gegeben war oder nicht.[1343] Die Teilnahme des Aufsichtsrats ist hingegen nur bei vorsätzlicher Haupttat überhaupt möglich.

Zu beachten ist ferner die Zurechenbarkeit des jeweiligen Schadens. Die Haupttat des Vorstands liegt im Unterlassen der Insolvenzbeantragung. Diese stellt ein Dauerdelikt dar, dessen Begehung vom Beginn der Antragspflicht bis zur Stellung des Insolvenzantrags bzw. der Verfahrenseröffnung fortdauert.[1344] Eine Teilnahme ist während dieses gesamten Stadiums möglich. Bezogen auf den Quotenschaden der Altgläubiger ist die Haftung aus § 830 Abs. 2 BGB bei Beihilfe stets gegeben, da deren Schaden zwingend mit der Insolvenzverschleppung entsteht. Neugläubigern hingegen entsteht der Schaden erst in einem späteren Stadium des Dauerdelikts. Solche Schäden, die Neugläubigern nur durch weitere Handlungen des Vorstands entstehen, werden dem beihelfenden Aufsichtsratsmitglied nur dann zugerechnet, wenn diese auch von dessen Doppelvorsatz erfasst sind. Das ist der Fall für den Vertrauensschaden, der Neugläubigern durch Vertrauen auf die Solvenz der AG entsteht. Anderenfalls handelt es sich um einen Haupttäterexzess, der dem Teilnehmer nicht zugerechnet wird.[1345] Solche Schäden, die Neugläubigern nicht allein aus der Insolvenz der AG entstehen, sondern auf unerlaubten Handlungen des Vorstands beruhen, die lediglich im Stadium der Insolvenzverschleppung begangen werden, sind zwar adä-

---

1342 SPRAU in: PALANDT, BGB, 69. Aufl., § 830 Rn. 4; BGH v. 25.7.05 – II ZR 390/03, GmbHR 05, S. 1425 = NJW 05, S. 3137 (3139). Vgl. dazu oben, 6.c. S. 355.

1343 Darauf weist auch ALTMEPPEN hin, ROTH/ALTMEPPEN, GmbHG, 6. Aufl., Vorb § 64 Rn. 141f. u. in: KRIEGER, HB Managerhaftung, § 7 Rn. 77 f.

1344 SCHMIDT/UHLENBRUCK, GmbH-Krise, 4. Aufl., Rn. 11.58 a.E.

1345 ROTH/ALTMEPPEN, GmbHG, 6. Aufl., Vorb § 64 Rn. 141; BGH v. 25.7.05 – II ZR 390/03, GmbHR 05, S. 1425 = NJW 05, S. 3137 (3139 f.).

quat kausal durch die Beihilfe verursacht, nicht jedoch vom Schutzzweck der Norm umfasst.[1346]

c. Fazit

Lediglich im Bereich der Innenhaftung bestehen bei Nichtigkeit des Jahresabschlusses für den Aufsichtsrat vergleichbare Haftungsrisiken wie für den Vorstand. Dem Aufsichtsrat wird es jedoch leichter gelingen, sich zu exkulpieren, da ihm nicht die Aufstellung des Jahresabschlusses obliegt, sondern lediglich die Überwachung dessen Aufstellung durch den Vorstand. Eine Außenhaftung ist nur bei vorsätzlichem Zusammenwirken des jeweiligen Aufsichtsratsmitglieds mit dem Vorstand möglich, da eine solche sich praktisch nur aus unrichtiger Darstellung gem. § 331 Nr. 1 HGB bzw. aus Beihilfe zur vorsätzlichen Insolvenzverschleppung des Vorstands ergeben kann.

E. Straf- und zivilrechtliche Konsequenzen für den Abschlussprüfer

1. Aufgaben des Abschlussprüfers

a. Gegenstand, Umfang und Ziel der Abschlussprüfung

Die Prüfung des Jahresabschlusses nebst Lagebericht soll zur Erhöhung der Glaubhaftigkeit der Rechnungslegung beitragen.[1347] Dazu sind Jahresabschluss und Lagebericht auf Einhaltung gesetzlicher und ggf. ergänzender Bestimmungen der Satzung zu prüfen, § 317 Abs. 1, 2 HGB. Maßstab ist die Einhaltung der Generalnorm des § 264 Abs. 2 S. 2 HGB.[1348] Die Prüfung ist dabei so anzulegen, dass mit hinreichender Sicherheit Unrichtigkeiten oder Verstöße gegen Rechnungslegungsvorschriften erkannt werden, § 317 Abs. 1 S. 3 HGB, sog. risikoorientierter Prüfungsansatz.[1349] Die Abschlussprüfung kann und soll daher keine umfassende Rechts- und Geschäftsführungsprüfung sein. Die Ordnungsmäßigkeit der Geschäftsführung oder die wirtschaftliche Lage der AG sind entgegen

1346 Vgl. BGH aaO. Denkbar ist freilich, dass Aufsichtsratsmitglieder auch an einer solchen Tat teilnehmen; die Haftung ergibt sich aber dann nicht aus der Beihilfe zur Insolvenzverschleppung.

1347 Vgl. IDW PS 200, Tz. 8 ff.

1348 Zu Gegenstand, Ziel und Zweck der Jahresabschlussprüfung siehe ausführlich oben, Kap. II.A.4.b. S. 28 ff.

1349 FÖRSCHLE/SCHMIDT in: BeBiKo, 7. Aufl., § 317 Rn. 102; BAUMBACH/HOPT, HGB, 34. Aufl., § 317 Rn. 4 f.

teilweiser Erwartungen in der Öffentlichkeit nicht Gegenstand der Abschlussprüfung; diese soll vielmehr lediglich die Einhaltung der Rechnungslegungsvorschriften prüfen und so mittelbar sicherstellen.[1350] Die Zielsetzung der Abschlussprüfung ist damit identisch mit der des Enforcement-Verfahrens. Als unternehmensexterne, prozessunabhängige Person übt der Abschlussprüfer auch im Sinne des hier vertretenen Überwachungsbegriffs eine Prüfung der Rechnungslegung aus. Dabei sind der Abschlussprüfer und seine Gehilfen gem. § 323 Abs. 1 S. 1 HGB zur gewissenhaften und unparteiischen Prüfung sowie zur Verschwiegenheit verpflichtet. Der Begriff der Gewissenhaftigkeit der Prüfung wird durch die Vorschriften der §§ 317 ff. HGB konkretisiert.[1351] Mit dem durch das BilMoG eingeführten § 317 Abs. 5 HGB sind die internationalen Prüfungsstandards (ISA) verpflichtend anzuwenden, soweit sie durch die Europäische Kommission angenommen wurden.[1352] Die angenommenen ISA erhalten damit Gesetzeskraft und normieren den Pflichtenkreis des Abschlussprüfers.[1353]

b. Nichtigkeitsgründe als Prüfungsgegenstand?

Zu klären ist, inwieweit der Abschlussprüfer den Jahresabschluss auf Nichtigkeitsgründe zu prüfen hat bzw. welche Pflichten ihn bei Erkennen von Rechnungslegungsfehlern treffen. Folge erkannter Unrichtigkeiten oder Verstöße gegen Rechnungslegungsvorschriften ist die Einschränkung des Bestätigungsvermerks oder dessen Versagung, § 322 Abs. 2 HGB. In jedem Fall muss ein Prü-

---

1350 Der Unterschied zwischen dem, was der Bestätigungsvermerk aussagen kann und dem, welche Vorstellungen Teile der Öffentlichkeit von dessen Aussagekraft haben, wird in der Literatur als „Erwartungslücke" bezeichnet; IDW, WP-Handbuch, Band I, 13. Aufl., Q 410; zu deren Reduzierung durch das KonTraG: MOXTER in: BB 14/97, S. 722 (727 ff.).

1351 WINKELJOHANN/FELDMÜLLER in: BeBiKo, 7. Aufl., § 323 Rn. 12; BAUMBACH/HOPT, HGB, 34. Aufl., § 323 Rn. 1.

1352 Die Annahme erfolgt im Wege eines sog. Komitologieverfahrens der EU, siehe dazu FÖRSCHLE/ALMELING in: BeBiKo, 7. Aufl., § 317 Rn. 90 ff. sowie VELDKAMP in: KESSLER/LEINEN/STRICKMANN, HB BilMoG, S. 701 ff. Auszugehen ist von einer Anwendung ab 2011/2012, vgl. Mitteilung der WPK vom Jour fixe 2009, S. 4, http://www.wpk.de/pdf/WPK_Jour_fixe_2009_Berufspolitische_Entwicklungen.pdf (Stand 03/2010).

1353 Bis zur Annahme der ISA durch die EU-Kommission können die IDW Prüfungsstandards zur Konkretisierung der Abschlussprüferpflichten herangezogen werden, die zwar keine Rechtsnormqualität haben, jedoch zur Auslegung des unbestimmten Rechtsbegriffs der „gewissenhaften" Prüfung sowie der Pflichten aus §§ 317 ff. HGB dienen; vgl. BAUMBACH/HOPT, HGB, 34. Aufl., § 323 Rn. 1; WINKELJOHANN/FELDMÜLLER in: BeBiKo, 7. Aufl., § 323 Rn. 12 ff.; EBKE in: MüKo HGB, 2. Aufl., § 323 Rn. 31 f.

fungsurteil gefällt werden.[1354] Gem. § 322 Abs. 4 S. 4 HGB kommt eine Einschränkung des Bestätigungsvermerks bei Vorliegen von Mängeln der Rechnungslegung nur in Betracht, wenn der geprüfte Abschluss dennoch *im Wesentlichen* ein den tatsächlichen Verhältnissen entsprechendes Bild der Vermögens-, Finanz- und Ertragslage vermittelt. Ist dies nicht der Fall, ist der Bestätigungsvermerk zu versagen.[1355] Der Vermerk ist ferner zu versagen, wenn der Abschlussprüfer aufgrund von Prüfungshemmnissen nicht in der Lage ist, ein Urteil abzugeben, § 322 Abs. 5 HGB. Darüber hinaus hat der Abschlussprüfer im Prüfungsbericht auch über festgestellte Unrichtigkeiten, Verstöße oder Tatsachen zu berichten, die bestandsgefährdend sind oder schwerwiegende Verstöße gegen Gesetz oder Satzung erkennen lassen, sog. Redepflicht, § 321 Abs. 1 S. 3 HGB. Diese Redepflicht geht über den eigentlichen Prüfungsgegenstand hinaus, da auch über nicht rechnungslegungsbezogene Mängel berichtet werden muss, so z.B. über erkannte strafbare Handlungen des Vorstands.[1356] Derartige Verstöße berühren die Erteilung eines uneingeschränkten Bestätigungsvermerks somit nicht. Auf solche Verstöße hin ist auch nicht der Prüfungsumfang zu erweitern, sondern es trifft den Abschlussprüfer lediglich die Pflicht, über bei Durchführung der Prüfung festgestellte Tatsachen zu berichten.[1357]

Eine unmittelbare Verbindung zwischen der Nichtigkeit des Jahresabschlusses und der Form des Bestätigungsvermerks (bzw. Versagungsvermerks) besteht nicht. Die Nichtigkeit der Feststellung des Jahresabschlusses bezieht sich auf die gesellschaftsrechtliche Rechnungslegung, wohingegen die Jahresabschlussprüfung die handelsrechtliche Sphäre der Rechnungslegung betrifft. Geprüft wird der *aufgestellte* Jahresabschluss auf Einhaltung der handelsrechtlichen Vorschriften.[1358] Teile der Literatur stellen daher fest, dass weder erkannte Nichtigkeitsgründe zwingend dazu führen, dass der Bestätigungsvermerk zu versagen ist, noch dass ein Versagungsvermerk zwingend auf die Nichtigkeit des Jahres-

---

1354 FÖRSCHLE/KÜSTER in: BeBiKo, 7. Aufl., § 322 Rn. 15; BAUMBACH/HOPT, HGB, 34. Aufl., § 322 Rn. 8, 13.

1355 BAUMBACH/HOPT, HGB, 34. Aufl., § 322 Rn. 10; IDW, WP-Handbuch, Band I, 13. Aufl., Q Rn. 547 ff.; KOLLER/ROTH/MORCK, HGB, 6. Aufl., § 322 Rn. 8; MARTEN/QUICK/RUHNKE, Wirtschaftsprüfung, 3. Aufl., 5.3.1.3 S. 413 f.

1356 BAUMBACH/HOPT, HGB, 34. Aufl., § 321 Rn. 2; IDW, WP-Handbuch, Band I, 13. Aufl., Q Rn. 86; KOLLER/ROTH/MORCK, HGB, 6. Aufl., § 321 Rn. 3.

1357 BAUMBACH/HOPT, HGB, 34. Aufl., § 321 Rn. 6; IDW, WP-Handbuch, Band I, 13. Aufl., Q Rn. 132 ff.; WINKELJOHANN/POULLIE in: BeBiKo, 7. Aufl., § 321 Rn. 25 ff.

1358 Und ggf. Regelungen der Satzung zur Rechnungslegung.

abschlusses hindeutet.[1359] Andere Stimmen der Literatur vertreten, dass erkannte nichtigkeitsbegründende Fehler stets zur Versagung des Bestätigungsvermerks führen müssen.[1360]

Richtig ist, dass Prüfungsgegenstand nicht die Nichtigkeit des Jahresabschlusses ist, sondern die Ordnungsmäßigkeit der Rechnungslegung. Ein unmittelbarer Zusammenhang besteht daher nicht. Eine Verknüpfung der handelsrechtlichen und gesellschaftsrechtlichen Sphäre der Rechnungslegung ergibt sich jedoch insofern aus dem Gesetzeszusammenhang, als die erfolgte Abschlussprüfung – unabhängig von deren Ergebnis[1361] – zwingende Voraussetzung für die Feststellung ist, § 316 Abs. 1 S. 2 HGB. Demgemäß führen Prüfungsfehler zur Nichtigkeit der Feststellung, § 256 Abs. 1 Nr. 2 u. 3 AktG.[1362] Eine weitere Verknüpfung ergibt sich wie gezeigt dergestalt, dass die nichtigkeitsbegrenzenden Vorschriften der Absätze 4 und 5 des § 256 AktG auf das Handelsrecht wirken, indem sie den Rahmen der tolerablen Rechnungslegungsfehler abstecken: Solche Fehler, die nicht zur Nichtigkeit des Jahresabschlusses führen, führen auch nicht zu einer Änderungs- bzw. Neuaufstellungspflicht.[1363] Umgekehrt ist folglich festzustellen, dass Inhaltsfehler, die zur Nichtigkeit des Jahresabschlusses führen, in jedem Fall einen objektiv wesentlichen Mangel der Rechnungslegung darstellen. Handelt es sich um Inhaltsfehler des Jahresabschlusses, so liegt in jedem Fall eine Beeinträchtigung der Darstellung der Vermögens-, Finanz- und Ertragslage vor, denn es muss sich um wesentliche Gliederungsfehler handeln oder um Falschbewertungen von Posten. Erstere beeinträchtigen die Darstellung der Vermögens- bzw. Finanzlage, letztere wirken sich auch auf die GuV aus, so dass neben der Vermögenslage auch die Ertragslage verfälscht wird. Kompensieren sich Bewertungsfehler innerhalb eines Posten, so beeinträchtigen sie weder die Darstellung der Vermögens-, noch der Ertragslage und führen auch nicht zur Nichtigkeit. Kompensierungen zwischen falschbewerteten Posten führen zur

1359 ADS, Rechnungslegung, 6. Aufl., Tb. 7, § 322 Rn. 328 ff.; IDW, WP-Handbuch, Band I, 13. Aufl., Q Rn. 581 ff.; FÖRSCHLE/KÜSTER in: BeBiKo, 7. Aufl., § 322 Rn. 45; BÜRGERS/KÖRBER, AktG, § 256 Rn. 23.

1360 HÜFFER, AktG, 9. Aufl. , § 256 Rn. 32 und in: MüKo AktG, 2. Aufl., § 256 Rn. 77; SCHMIDT/LUTTER, AktG, § 256 Rn. 43; SPINDLER/STILZ, AktG, § 256 Rn. 88; ausführlich KROPFF in: FS HAVERMANN, S. 321 (336 ff.).

1361 Auch im Fall des Versagungsvermerks kann die Feststellung grundsätzlich wirksam erfolgen, ADS, Rechnungslegung, 6. Aufl., Tb. 7, § 322 Rn. 34 ff.; FÖRSCHLE/KÜSTER in: BeBiKo, 7. Aufl., § 322 Rn. 11; IDW, WP-Handbuch, Band I, 13. Aufl., Q Rn. 414 f.

1362 Siehe dazu ausführlich oben Kap. III.A.3. S. 59 ff.

1363 Siehe dazu oben, Kap. IV.A.3.b. S. 177.

Nichtigkeit und korrigieren zwar die Darstellung der Ertragslage, nicht jedoch die der Vermögenslage bzw. Finanzlage. Daraus folgt, dass nichtigkeitsbegründende Inhaltsfehler stets zu Einwendungen i.S.d. § 322 Abs. 4 HGB führen müssen. In der Regel werden diese Fehler auch dazu führen, dass eine im Wesentlichen zutreffende Darstellung der Vermögens-, Finanz- und Ertragslage nicht mehr gegeben ist, so dass gem. § 322 Abs. 4 S. 4 HGB eine Einschränkung nicht mehr ausreicht. Nichtigkeitsbegründende Inhaltsfehler führen damit regelmäßig dazu, dass der Bestätigungsvermerk zu versagen ist.[1364]

Eine Versagung bedeutet umgekehrt jedoch nicht zwingend die Nichtigkeit. Vielmehr ist der Schutzzweck der Nichtigkeitsbestimmungen enger.[1365] Eine Versagung kann beispielsweise auch auf Mängeln des Lageberichts beruhen oder auf Unterbewertungen, die nicht vorsätzlich vorgenommen wurden. Solche führen jedoch nicht zur Nichtigkeit des Jahresabschlusses. Ebenso wenig deutet eine Versagung, die auf Prüfungshemmnissen beruht, auf die Nichtigkeit des Jahresabschlusses hin.

Zusammenfassend ist festzuhalten, dass die Nichtigkeit des Jahresabschlusses zwar nicht Prüfungsgegenstand ist, jedoch Inhaltsfehler des Jahresabschlusses, die zur Nichtigkeit führen, zu einer Versagung des Bestätigungsvermerks führen müssen. Ein Versagungsvermerk deutet hingegen nicht zwingend auf die Nichtigkeit des Jahresabschlusses hin.

c. Pflichten bei nachträglichem Erkennen der Nichtigkeit

Erstattet der Abschlussprüfer einen uneingeschränkten Bestätigungsvermerk und wird die Nichtigkeit dieses Jahresabschlusses gerichtlich festgestellt, so ist zu klären, inwieweit der Abschlussprüfer verpflichtet ist, den Bestätigungsvermerk zu widerrufen. Der Widerruf eines Bestätigungsvermerks ist gesetzlich nicht geregelt. Nach Erteilung des Bestätigungsvermerks ist der Abschlussprüfer auch grundsätzlich nicht verpflichtet, das Schicksal des testierten Jahresabschluss weiter zu verfolgen.[1366] Es ist aber anerkannt und sachgerecht, dass bei nachträglicher Erkenntnis durch den Abschlussprüfer, dass die Voraussetzungen für ein uneingeschränktes Testat nicht vorgelegen haben, der Widerruf möglich und

1364 Eine Einschränkung kommt nur ausnahmsweise in Betracht, wenn im Einzelfall trotz des Fehlers eine positive Gesamtaussage getroffen werden kann, vgl. IDW PS 400, Tz. 55.

1365 So auch ADS, Rechnungslegung, 6. Aufl., Tb. 7, § 322 Rn. 330.

1366 IDW PS 400, Tz. 16, 104; IDW PS 203, Tz. 18.

geboten ist.[1367] Danach ist ein Abschlussprüfer verpflichtet, auf eine Änderung des Jahresabschlusses hinzuwirken und im Fall der Weigerung den Bestätigungsvermerk zu widerrufen.[1368] Dies ist allerdings dann nicht notwendig, wenn ein Vertrauen der Öffentlichkeit auf die Wirksamkeit des Bestätigungsvermerks nicht mehr gegeben ist, weil auf andere Weise die Fehlerhaftigkeit offenkundig geworden ist.[1369]

Wird eine Nichtigkeitsklage erhoben, ist dies gem. §§ 256 Abs. 7 S. 1, 249 Abs. 1 S. 1, 246 Abs. 4 AktG im elektronischen Bundesanzeiger bekannt zu machen; ebenso der Ausgang des Verfahrens, § 248a AktG. Wird die Nichtigkeit also bereits durch Klage geltend gemacht, so besteht kein Grund für den Abschlussprüfer, den Bestätigungsvermerk zu widerrufen.

Erhält der Abschlussprüfer jedoch vor einer Erhebung der Klage und vor Ablauf der Heilungsfrist Kenntnis von nichtigkeitsbegründenden Inhaltsfehlern, so hat er auf Änderung durch den Vorstand hinzuwirken und bei Weigerung das Testat zu widerrufen.[1370] Ein Widerruf ist jedoch sorgfältig abzuwägen, da er nur verpflichtend ist, wenn der Abschlussprüfer von der Fehlerhaftigkeit des Jahresabschlusses überzeugt ist. [1371] Gründet diese Überzeugung nicht auf neuen Erkenntnissen[1372], so bedeutet der Widerruf möglicherweise das Eingestehen eigener Fehler und schneidet später den Einwand ab, dass die Bilanzierung auch mit den neuen Erkenntnissen vertretbar ist. Im Übrigen wird sich nur ausnahmsweise ein kausaler Schaden aufgrund eines Nicht-Widerrufs ergeben.[1373] Im Zweifel sollte daher auf einen Widerruf verzichtet werden.

1367 So gem. IDW PS 400, Tz. 111 ff.; FÖRSCHLE/KÜSTER in: BeBiKo, 7. Aufl., § 322 Rn. 170 ff.

1368 IDW PS 400, Tz. 111; FÖRSCHLE/KÜSTER in: BeBiKo, 7. Aufl., § 322 Rn. 171.

1369 IDW PS 400, Tz. 112; IDW, WP-Handbuch, Band I, 13. Aufl., Q Rn. 691.

1370 So auch GEIST, Berichtigung, DStR 8/96, S. 306 (308 re. Sp.).

1371 Die Notwendigkeit eines Widerrufs wurde insbesondere zur Verhinderung einer Sekundärhaftung mit Lauf neuer Verjährungsfrist diskutiert, S. BÄRENZ, Haftung des AP, BB 34/03, S. 1781 (1784). Dies ist jedoch nicht notwendig, seit der BGH entschieden hat, dass für WP eine Sekundärhaftung nicht gegeben ist, BGH v. 10.12.09 – VII ZR 42/08, NZG 10, S. 146 (149) = DStR 10, S. 340.

1372 Wobei es sich nicht um wertaufhellende Erkenntnisse handeln kann, weil der Wertaufhellungszeitraum längst beendet ist.

1373 So weist zwar das IDW auf mögliche „erhebliche Auswirkungen“ hin und empfiehlt die Hinzuziehung von Rechtsrat, IDW PS 400, Tz. 115, ohne die Auswirkungen zu konkretisieren. FÖRSCHLE/KÜSTER sehen wie hier Auswirkungen nur im Einzelfall, FÖRSCHLE/KÜSTER in: BeBiKo, 7. Aufl., § 322 Rn. 190. Die bedeutendste Auswirkung wird praktisch in berufsrechtlichen Konsequenzen liegen, die in Betracht kommen, wenn eindeutig eine Pflicht zum Widerruf bestand.

2. Straf- und ordnungswidrigkeitenrechtliche Konsequenzen

a. Verletzung der Berichtspflicht, § 332 HGB

Gem. § 332 Abs. 1 HGB macht sich strafbar, wer als Abschlussprüfer oder dessen Gehilfe über das Ergebnis einer Jahresabschlussprüfung unrichtig berichtet, im Prüfungsbericht erhebliche Umstände verschweigt oder einen inhaltlich unrichtigen Bestätigungsvermerk erteilt. Es handelt sich damit um drei Tatbestandsalternativen. Strafbar ist nur die vorsätzliche Begehung, eine Fahrlässigkeitsstrafbarkeit ist nicht normiert. Taugliche Täter sind der Abschlussprüfer und seine Gehilfen. Dies ist folglich der testierende Wirtschaftsprüfer und dessen im Rahmen der Abschlussprüfung tätig gewordenen Angestellten (auch wenn diese selbst Wirtschaftsprüfer sind). Ist Abschlussprüfer gem. § 319 Abs. 1 S. 1 HGB eine Wirtschaftsprüfungsgesellschaft, so wird das Merkmal der Prüfereigenschaft gem. § 14 Abs. 1 Nr. 1 StGB dem gesetzlichen Vertreter dieser Gesellschaft zugerechnet, so dass dieser Täter ist.[1374] Unterzeichnet ein angestellter Wirtschaftsprüfer den Bestätigungsvermerk, der nicht gesetzlicher Vertreter ist, so ergibt sich dessen Strafbarkeit aus der Gehilfenstellung i.S.d. § 332 Abs. 1 HGB.[1375]

Im Zusammenhang mit der Nichtigkeit des Jahresabschlusses kommt in erster Linie die dritte Tatbestandsvariante, d.h. die inhaltlich unrichtige Erteilung eines Bestätigungsvermerks, in Betracht. Inhaltlich unrichtig i.S.d. § 332 HGB ist ein Bestätigungsvermerk, der uneingeschränkt erteilt wird, obwohl pflichtgemäß eine Einschränkung aufgrund von Einwendungen oder die Versagung gem. § 322 Abs. 4 HGB geboten gewesen wäre. Ist der Jahresabschluss aufgrund von Inhaltsfehlern nichtig, so ist wie gezeigt regelmäßig der Bestätigungsvermerk zu versagen, mindestens jedoch einzuschränken. Ein uneingeschränkter Bestätigungsvermerk eines wegen Inhaltsfehlern nichtigen Jahresabschlusses ist damit objektiv unrichtig i.S.d. § 332 Abs. 1 HGB und erfüllt den objektiven Tatbestand.[1376] Diese Erteilung muss vorsätzlich erfolgen, wobei bedingter Vorsatz ausreicht.

1374 Bei mehreren Geschäftsführern ist der verantwortlich, der den Bestätigungsvermerk unterzeichnet.

1375 Denkbar wäre auch eine Anwendung des § 14 Abs. 2 Nr. 1 o. 2 StGB, jedoch reicht die Heranziehung als Gehilfe aus, da diese selbständig taugliche Täter des § 332 HGB sind ohne dass es auf eine Teilnahme als Beihelfer i.S.d. § 27 StGB ankommt.

1376 Kozikowski/Huber wollen die Unrichtigkeit nur annehmen, wenn dem AP dies aufgrund seiner Prüfungsfeststellungen auch bekannt gewesen sein muss, sonst sei schon der objektive Tatbestand nicht erfüllt, Kozikowski/Huber in: BeBiKo, 7. Aufl., § 332

Erhält der Geschäftsführer einer Wirtschaftsprüfungsgesellschaft während der Prüfung z.B. Kenntnis darüber, dass Tatsachen gegeben sind, die zu einer Rückstellungsbildung zwingen, und hält er es für möglich, dass die Nichtbildung zur Nichtigkeit des Jahresabschlusses führt, so macht er sich strafbar gem. § 332 Abs. 1 HGB, wenn er dies billigend in Kauf nimmt und einen uneingeschränkten Bestätigungsvermerk erteilt. Praktisch wird für derartige Fälle jedoch die Beweislage schwierig sein, weshalb die praktische Relevanz gering ist.[1377]

b. Beihilfe, § 27 StGB

Denkbar ist eine Strafbarkeit des Abschlussprüfers aus Beihilfe zu Straftaten des Vorstands, die dieser unter Verwendung eines nichtigen aber uneingeschränkt testierten Jahresabschlusses begeht.[1378] Dazu bedarf es aber der Kenntnis der Fehlerhaftigkeit des Jahresabschlusses sowie Vorsatz bezogen auf die Haupttat und die Beihilfeleistung durch Testatserteilung oder Unterlassen eines gebotenen Widerrufs.

c. Berufsgerichtliche Maßnahmen

Gem. § 67 Abs. 1 WPO werden schuldhafte Pflichtverletzungen von Wirtschaftsprüfern mit berufsgerichtlichen Maßnahmen geahndet. Diese können gem. § 68 Abs. 1 Nr. 1 WPO in einer Geldbuße bis zu 500.000,- Euro liegen. Die schuldhaft unrichtige Testatserteilung bzw. ein unterlassener Widerruf können eine solche Pflichtverletzung darstellen.

3. Zivilrechtliche Konsequenzen

a. Haftung gegenüber der geprüften Gesellschaft

(1) Anspruchsvoraussetzungen, § 323 HGB

Die Haftung des Abschlussprüfers für gesetzliche Pflichtprüfungen ergibt sich zunächst aus § 323 Abs. 1 HGB. Danach sind der Abschlussprüfer und seine Gehilfen sowie die bei der Prüfung mitwirkenden gesetzlichen Vertreter einer

---

Rn. 27. Dies betrifft die Ebene des subjektiven Tatbestands, so dass die Unrichtigkeit in diesem Fall unvorsätzlich ist.

1377 § 403 AktG betrifft andere Prüfungen als die Jahresabschlussprüfungen, insoweit ist § 332 HGB lex specialis. Im Übrigen erfasst § 403 AktG nicht die unrichtige Erteilung des Bestätigungsvermerks.

1378 Siehe dazu oben Kap. IV.D.3.c., S. 312 ff.

Prüfungsgesellschaft bei vorsätzlicher oder fahrlässiger Pflichtverletzung der geprüften Kapitalgesellschaft zum Schadensersatz verpflichtet.

Haftungsbewehrt ist damit jegliche Pflichtverletzung bei einer Jahresabschlussprüfung.[1379] Die Erteilung eines uneingeschränkten Bestätigungsvermerks für einen mit nichtigkeitsbegründenden Inhaltsfehlern behafteten Jahresabschluss ist dann objektiv pflichtwidrig, wenn der Abschlussprüfer den Mangel bei gewissenhafter Prüfung hätte erkennen müssen. Der Abschlussprüfer hätte dann den Bestätigungsvermerk zumindest einschränken müssen. Es ist damit eine Verletzung der Pflicht zur gewissenhaften Prüfung gem. § 323 Abs. 1 S. 1 HGB gegeben. Konnte der Abschlussprüfer die Nichtigkeitsgründe und damit die Mangelhaftigkeit des Jahresabschlusses trotz gewissenhafter Prüfung nicht erkennen, so liegt keine Pflichtverletzung vor.[1380] Die Nichtigkeit des Jahresabschlusses indiziert damit keinesfalls eine Pflichtverletzung des Abschlussprüfers.[1381] Ferner muss die Pflichtverletzung verschuldet sein, wobei leichte Fahrlässigkeit genügt, § 323 Abs. 1 S. 3 HGB.

Ersatzberechtigt aus § 323 Abs. 1 S. 3 HGB ist die geprüfte AG sowie ggf. ein verbundenes Unternehmen. Die Einordnung richtet sich dabei nach § 271 Abs. 2 HGB.[1382] Ersatzverpflichtete sind gem. § 323 Abs. 1 S. 1 HGB der Abschlussprüfer, seine Gehilfen und die bei der Prüfung mitwirkenden gesetzlichen Vertreter einer Prüfungsgesellschaft. Bedeutsam ist, dass damit neben dem bestellten Abschlussprüfer - also gem. § 319 Abs. 1 HGB entweder einer natürlichen Person oder einer Wirtschaftsprüfungsgesellschaft als juristischen Person – die Anspruchsgrundlage des § 323 Abs. 1 HGB auch die Gehilfen des Abschlussprüfers sowie die gesetzlichen Vertreter der Wirtschaftsprüfungsgesellschaft persönlich verpflichtet. Gehilfen des Abschlussprüfers sind dabei alle Personen, die zur Durchführung der Abschlussprüfung herangezogen werden, also auch

---

1379 ADS, Rechnungslegung, 6. Aufl., Tb. 7, § 323 Rn. 77; WINKELJOHANN/FELDMÜLLER in: BeBiKo, 7. Aufl., § 323 Rn. 101; IDW, WP-Handbuch, Band I, 13. Aufl., A Rn. 555.

1380 Vgl. IDW, WP-Handbuch, Band I, 13. Aufl., A Rn. 567; OLG Köln v. 22.4.04 – 8 U 68/03, NJOZ 49/04, S. 4408.

1381 Dies stellt auch das OLG Düsseldorf klar: OLG Düsseldorf v. 27.06.96 – 5 U 11/96, BB 50/96, S. 2614.

1382 WINKELJOHANN/FELDMÜLLER in: BeBiKo, 7. Aufl., § 323 Rn. 116; IDW, WP-Handbuch, Band I, 13. Aufl., A Rn. 568.

Prüfungsleiter und Prüfungsassistenten.[1383] Das Verschulden muss dabei nach allgemeinen Grundsätzen bei jedem Verpflichteten individuell gegeben sein.

Mit der Begründung der persönlichen Haftung der Gehilfen sowie der gesetzlichen Vertreter geht die Haftung aus § 323 HGB deutlich weiter als eine vertragliche Haftung aus dem Prüfungsvertrag, der nur zwischen dem Wirtschaftsprüfer und der AG besteht.[1384] Andererseits ist durch die Haftungsbeschränkung des § 323 Abs. 2 HGB die Haftung gemildert. Da die Haftung aus § 323 HGB spezieller ist, muss sie einer Haftung aus dem Prüfungsvertrag vorgehen, ansonsten würde die Haftungsbeschränkung des § 323 Abs. 2 HGB leerlaufen.[1385] Der Abschlussprüfer ist Vertragspartner des Auftraggebers und steht in einer schuldrechtlichen Verbindung zu diesem. Die vertragliche Haftung aus dem Prüfungsvertrag wird zwar durch den vorgehenden § 323 HGB verdrängt, jedoch rechtfertigt dies nicht, auch die Grundregeln der vertraglichen Haftung außer Kraft zu setzen. Vielmehr geht die vertragliche Haftung auf Schadensersatz in der Haftung aus § 323 HGB auf. Daher ist es auch unbestritten, dass für den Abschlussprüfer die Regel des § 278 BGB heranzuziehen ist.[1386] Danach muss sich der Abschlussprüfer das Verschulden seiner Erfüllungsgehilfen zurechnen lassen. Dies sind die Gehilfen des Abschlussprüfers, also des Wirtschaftsprüfers oder der Prüfungsgesellschaft. Für Verschulden der gesetzlichen Vertreter muss die Gesellschaft analog § 31 BGB haften. Auch der schuldlos handelnde Wirtschaftsprüfer[1387] muss folglich für das Verschulden seiner Gehilfen haften. Die Haftung der Gesellschaft für ihre Vertreter oder Gehilfen lässt deren persönliche Haftung aus § 323 Abs. 1 S. 3 HGB nicht entfallen.[1388] Mehrere Ersatzpflichtige haften dabei gem. § 323 Abs. 1 S. 4 HGB als Gesamtschuldner.

1383 WINKELJOHANN/FELDMÜLLER in: BeBiKo, 7. Aufl., § 323 Rn. 62; IDW, WP-Handbuch, Band I, 13. Aufl., A Rn. 568; ADS, Rechnungslegung, 6. Aufl., Tb. 7, § 323 Rn. 14.

1384 So bereits ADS, Rechnungslegung, 6. Aufl., Tb. 7, § 323 Rn. 113.

1385 Denkbar wäre eine Haftung aus §§ 675, 631, 633, 634 Nr. 4, 280 BGB wegen Mängeln des Prüfungsberichts bzw. Bestätigungsvermerks, die jedoch durch § 323 HGB verdrängt wird; so auch ADS, Rechnungslegung, 6. Aufl., Tb. 7, § 318 Rn. 249.

1386 H.M., so WINKELJOHANN/FELDMÜLLER in: BeBiKo, 7. Aufl., § 323 Rn. 132; IDW, WP-Handbuch, Band I, 13. Aufl., A Rn. 569; ADS, Rechnungslegung, 6. Aufl., Tb. 7, § 323 Rn. 111 je m.w.N.

1387 Bzw. die Wirtschaftsprüfungsgesellschaft, deren gesetzliche Vertreter schuldlos handeln.

1388 WINKELJOHANN/FELDMÜLLER in: BeBiKo, 7. Aufl., § 323 Rn. 114; IDW, WP-Handbuch, Band I, 13. Aufl., A Rn. 569.

(2) Beweislast

Nach allgemeinen Grundsätzen hat der Geschädigte die Pflichtverletzung sowie den kausalen Schadenseintritt darzulegen und ggf. zu beweisen.[1389] Dies ist auch für die Haftung aus § 323 HGB nicht anders. Streitig ist indes, inwieweit eine Beweislastumkehr für das Vertretenmüssen der Pflichtverletzung gegeben ist. Für die Haftung aus Schuldverhältnissen normiert § 280 Abs. 1 S. 2 BGB eine solche Beweislastumkehr. § 323 Abs. 1 S. 3 HGB formuliert das mangelnde Verschulden hingegen nicht als Exkulpationsmöglichkeit. Die überwiegende Meinung der Literatur bejaht eine Beweislastumkehr hinsichtlich des Verschuldens mit Verweis auf § 280 Abs. 1 S. 2 HGB.[1390] Zunächst ist klarzustellen, dass § 280 BGB nur für den Abschlussprüfer selbst gelten kann. Für dessen Gehilfen sowie die gesetzlichen Vertreter einer Wirtschaftsprüfungsgesellschaft als Abschlussprüfer, die ohne eine schuldrechtliche Verbindung zum Auftraggeber aus § 323 Abs. 1 HGB haften, kommt eine Anwendung des § 280 BGB nicht in Betracht. § 280 BGB gilt für Schuldverhältnisse. Die persönliche Haftung der Gehilfen und gesetzlichen Vertreter resultiert hingegen nicht aus dem Prüfungsvertrag, sondern allein aus der eigenständigen Haftungsnorm des § 323 HGB – ein Schuldverhältnis entsteht zwischen diesen Anspruchsverpflichteten und der geprüften Gesellschaft nicht. Für diese scheidet eine Beweislastumkehr folglich von vornherein aus.

Der Abschlussprüfer selbst ist dagegen Vertragspartner. Wie dargestellt, geht die vertragliche Haftung in der Haftung aus § 323 HGB auf, so dass die Grundregeln der vertraglichen Haftung beizubehalten sind. Wie für § 278 BGB muss dies somit auch für § 280 BGB gelten. Die wesentliche Modifikation der vertraglichen Haftung liegt in der Beschränkung gem. § 323 Abs. 2 HGB. Danach beschränkt sich die Haftung bei fahrlässiger Pflichtverletzung auf eine Million Euro für eine Prüfung bzw. auf vier Millionen Euro bei Prüfung von börsennotierten Gesellschaften. Die Haftungsbeschränkung gilt jeweils für die Prüfung des Jahresabschlusses eines Geschäftsjahrs und für alle darauf beruhenden Schäden unabhängig von der Anzahl der Prüfer und begangenen Pflichtverlet-

1389 GRÜNEBERG in: PALANDT, BGB, 69. Aufl., Vorb v § 249 Rn. 128 ff.

1390 IDW, WP-Handbuch, Band I, A Rn. 567; BAUMBACH/HOPT, HGB, 34. Aufl., § 323 Rn. 7, § 347 Rn. 37; BÄRENZ, Haftung des AP, BB 34/03, S. 1781 (1782 f.) m.w.N.; LG München I v. 14.3.08 – 14 HK O 8036/06, 4., ZIP 08, S. 1124; i.E. ablehnend WINKELJOHANN/FELDMÜLLER in: BeBiKo, 7. Aufl., § 323 Rn. 106 u. (allerdings für Rechtslage vor Geltung des § 280 n.F. BGB) ADS, Rechnungslegung, 6. Aufl., Tb. 7, § 323 Rn. 102 ff.

zungen.[1391] Gegner einer Anwendung des § 280 Abs. 1 S. 2 BGB verweisen darauf, dass diese Haftungsbeschränkung leer liefe, wenn sich der Abschlussprüfer auch hinsichtlich der Vorsätzlichkeit der Pflichtverletzung exkulpieren müsste, da bei einer non-liquet-Entscheidung[1392] eine volle Haftung wegen Vorsatz die Folge wäre.[1393] BÄRENZ weist zu Recht darauf hin, dass eine Differenzierung zwischen Verschuldensformen nicht möglich ist, da sich die Beweislastumkehr nur auf das Vertretenmüssen bezieht, das gem. § 276 Abs. 1 BGB Vorsatz und Fahrlässigkeit umfasst.[1394] Entgegen den geäußerten Bedenken wird durch eine Beweislastumkehr jedoch nicht der Vorsatz vermutet, so dass die Haftungsbeschränkung leerlaufen könnte. Gem. § 280 Abs. 1 S. 2, 276 Abs. 1 BGB wird lediglich vermutet, dass der Schuldner die Pflichtverletzung zu vertreten hat, also vorsätzlich *oder* fahrlässig gehandelt hat. Streitig und damit beweisbedürftig können nur Tatsachen sein, wohingegen die Bewertung, ob ein Verhalten als fahrlässig, grob fahrlässig oder vorsätzlich einzustufen ist, eine Rechtsfrage ist, deren Bewertung allein dem Gericht obliegt.[1395] Die Behauptung des Klägers, der Abschlussprüfer hätte vorsätzlich gehandelt, stellt damit eine Rechtsansicht dar; zu beweisen hat der Abschlussprüfer, dass bestimmte tatsächliche Behauptungen nicht zutreffen, aus denen sich das Wissen bzw. Wollen der Pflichtverletzung ergibt. Eine non-liquet-Entscheidung führt damit nicht per se zu einer unbegrenzten Haftung wegen Vorsatz, sondern kann regelmäßig nur zu einer gem. § 323 Abs. 2 HGB begrenzten Haftung führen; die Bewertung des Verschuldensgrads obliegt allein dem Gericht.[1396]

Die Beweislast für das Nichtvertretenmüssen liegt damit gem. § 280 Abs. 1 S. 2 HGB bei dem Wirtschaftsprüfer. Vor dem Hintergrund, dass die größte Darlegungslast in der Darlegung der für den Schadeneinstritt kausalen Pflichtverletzung liegt (Verletzung der Prüfungspflichten, die sich nicht auf eine lückenlose Prüfung beziehen!), wäre eine weitergehende Erschwerung der Anspruchsdarlegung auch nicht sachgerecht. Kann der Abschlussprüfer nicht beweisen, dass er die erforderliche Sorgfalt angelegt hat und die Jahresabschluss-

---

1391 BAUMBACH/HOPT, HGB, 34. Aufl., § 323 Rn. 9.

1392 Non-liquet: „*Es ist nicht klar*". Kann der Beweisbelastete die streitige ihm günstige Tatsache nicht beweisen, verliert er den Rechtsstreit, sog. Beweislasturteil; vgl. ANDERS/GEHLE, Zivilrecht, 8. Aufl., Rn. 1422

1393 WINKELJOHANN/FELDMÜLLER in: BeBiKo, 7. Aufl., § 323 Rn. 106; ADS, Rechnungslegung, 6. Aufl., Tb. 7, § 323 Rn. 103 f.

1394 BÄRENZ, Haftung des AP, BB 34/03, S. 1781 (1783).

1395 Vgl. ANDERS/GEHLE, Zivilrecht, 8. Aufl., Rn. 27 ff., 365 ff.

1396 Dies deckt sich mit der Rspr., die Vorsatzhaftung im Zweifel nicht gewährt, LG München I v. 14.3.08 – 14 HK O 8036/06, 4., ZIP 08, S. 1124; LG Bonn v. 31.5.07 - 2 O 7/01, B.I.4. – nicht veröffentlicht.

mängel nicht hätte erkennen können, so haftet er gem. § 323 HGB. Für die persönliche Haftung der Gehilfen und gesetzlichen Vertreter muss hingegen die geprüfte Gesellschaft neben Pflichtverletzung und Schaden auch das Verschulden beweisen.

(3) Gesamtschuldnerausgleich

Mehrere Ersatzpflichtige haften gem. § 323 Abs. 1 S. 4 HGB als Gesamtschuldner. Die Gesellschaft kann daher gem. § 421 BGB nach ihrer Wahl von jedem Ersatzpflichtigen den gesamten Schadensbetrag verlangen, die Ersatzpflichtigen müssen sich im Innenverhältnis ausgleichen, § 426 BGB. Praktisch wird der Anspruchsteller in erster Linie an der Leistung einer Vermögensschadenhaftplichtversicherung interessiert sein. Diese ist gem. § 54 WPO pflichtgemäß abzuschließen.[1397] Daher ist es im Einzelfall auch nicht im Interesse des Anspruchstellers, sich auf unbegrenzte Haftung wegen Vorsatz zu berufen, da für diesen Fall die Versicherung nicht leistet (§ 81 Abs. 1 VVG) und die persönliche Leistungsfähigkeit oftmals nicht ausreichen wird.

Wegen der Haftungsmilderung bei fahrlässiger Pflichtverletzung ist die Haftungshöhe problematisch, wenn ein Ersatzpflichtiger vorsätzlich gehandelt hat, ein anderer Ersatzpflichtiger aber nur fahrlässig. Gem. § 323 Abs. 2 S. 3 a.E. HGB gilt die Haftungsbeschränkung ohne Rücksicht darauf, ob andere Beteiligte vorsätzlich gehandelt haben. Der nur fahrlässig handelnde Abschlussprüfer muss sich jedoch gem. § 278 BGB auch vorsätzliches Handeln seiner Erfüllungsgehilfen zurechnen lassen. Die Literatur vertritt überwiegend die Ansicht, dass der unvorsätzlich handelnde Abschlussprüfer sich dennoch auf die Haftungsbegrenzung berufen können muss.[1398] Danach muss der vorsätzlich handelnde Gesamtschuldner voll haften, der fahrlässig handelnde Gesamtschuldner nur bis zur Höhe der Haftungsgrenze des § 323 Abs. 2 HGB. Dies erscheint zunächst einleuchtend, das entscheidende Problem liegt jedoch im Ausgleich des Gesamtschuldverhältnisses. Ungelöst ist die Problematik, inwieweit der voll in Haftung Genommene die anderen Gesamtschuldner gem. § 426 BGB in Regress nehmen kann. Grundsätzlich gilt im Innenverhältnis eine Verteilung nach Verur-

1397 Gem. § 1 Abs. 1 S. 2 der Wirtschaftsprüfer-Berufshaftpflichtversicherungsverordnung (WPBHV) muss sich diese auch auf Schäden beziehen, für die der Wirtschaftsprüfer gem. § 278 BGB oder § 831 BGB einzustehen hat. Die Eigenhaftung der Gehilfen oder gesetzlichen Vertreter ist davon zwar nicht erfasst. Auch diese sind jedoch gem. § 102 Abs. 1 VVG vom Versicherungsschutz umfasst.

1398 So ADS, Rechnungslegung, 6. Aufl., Tb. 7, § 323 Rn. 131; WINKELJOHANN/FELDMÜLLER in: BeBiKo, 7. Aufl., § 323 Rn. 133, die jedoch ohne eigene Begründung auf ADS verweisen; BAUMBACH/HOPT, HGB, 34. Aufl., § 323 Rn. 9.

sachungs- und Verschuldensbeiträgen analog § 254 BGB.[1399] Fraglich bleibt aber, inwieweit dann ein vorsätzlich Handelnder, der auf den vollen Schaden in Anspruch genommen wurde, den fahrlässig handelnden Mithaftenden aus § 426 BGB in Regress nehmen kann.

Die Problematik bei verschiedenen Verschuldensgraden ist nach den Grundsätzen der gestörten Gesamtschuld zu lösen. Zunächst gelten dazu die allgemeinen Regeln, so dass auch der fahrlässig handelnde Abschlussprüfer für Vorsatz seiner Erfüllungsgehilfen gem. § 278 BGB einstehen muss; eine Einschränkung des § 278 BGB lässt sich auch nicht überzeugend begründen.[1400] Eine Wirtschaftsprüfungsgesellschaft muss sich das Handeln des gesetzlichen Vertreters ohnehin analog § 31 BGB wie eigenes Handeln zurechnen lassen. Dadurch, dass im Ausgleich der Gesamtschuldner jedoch der fahrlässig handelnde Mitschädiger privilegiert ist, führt dies zu einem gestörten Gesamtschuldverhältnis. Ein solches wird nach ständiger Rechtsprechung und Lehre zu Lasten des Geschädigten gelöst: Der Anspruch wird um den Haftungsanteil des privilegierten Gesamtschuldners vermindert.[1401] Dabei ist zu beachten, dass gem. § 323 Abs. 2 S. 3 HGB die Haftungsbegrenzung auch gilt, wenn mehrere Personen an der Prüfung beteiligt sind, woraus zu schließen ist, dass die Haftungsgrenze stets auf den Gesamtschaden zu beziehen ist. Der Privilegierte darf also im Innenverhältnis nicht höher belastet werden, als wenn alle Beteiligten fahrlässig gehandelt hätten; der vorsätzlich Handelnde darf wegen der Beteiligung des anderen nicht schlechter stehen, als wenn dieser ebenso voll haften müsste. Dies führt im Ergebnis dazu, dass die geschädigte Gesellschaft einen Gesamtbetrag in Höhe zwischen Schaden und Haftungsbegrenzung fordern kann. Zur Verdeutlichung diene folgendes Beispiel:

> Die P-GmbH ist Abschlussprüfer der X-AG. Der Geschäftsführer WP handelt grob fahrlässig, der Prüfungsleiter L vorsätzlich. Die Verursachungsbeiträge seien mit 75/25 % zu Lasten des L anzunehmen. Der kausale Schaden betrage 3 Mio. €. Die P-GmbH haftet gem. §§ 323 HGB, 31 BGB für WP und gem. §§ 323 HGB, 278 BGB für L. WP haftet persönlich aus § 323 Abs. 1 HGB, ebenso L. Privilegiert sind WP sowie die GmbH für den Haftungsanteil von WP. Voll haften muss L, was der GmbH zugerechnet wird.
>
> Hätten L und WP beide fahrlässig gehandelt, hätte die X-AG 1 Mio. € Schadensersatz verlangen können, im Innenverhältnis hätte davon WP 250.000,- € tragen müssen.

1399 Entsprechend dem zum Vorstand Ausgeführten, s.o., Kap. IV.D.4.a.(1) S. 327 sowie Fn. 1341; GRÜNEBERG in: PALANDT, BGB, 69. Aufl., § 254 Rn. 14.

1400 So zutreffend auch BÄRENZ, Haftung des AP, BB 34/03, S. 1781 (1783).

1401 GRÜNEBERG in: PALANDT, BGB, 69. Aufl., § 426 Rn. 18 ff.

Hätten L und WP vorsätzlich gehandelt, hätte die X-AG 3 Mio. € Schadensersatz verlangen können, im Innenverhältnis hätte davon WP 750.000,- € tragen müssen; L 2,25 Mio. €.

Aufgrund des gestörten Gesamtschuldverhältnisses muss sich die X-AG die Haftungsminderung für den Haftungsanteil von WP entgegenhalten lassen. Sie kann daher insgesamt auch von L nur 2,5 Mio. € [3 Mio. * 0,75 + 250.000,- = 2,5 Mio.] fordern, da WP für seinen Verschuldensbeitrag nur mit 250.000,- € haftet. In dieser Höhe kann L den WP oder die P-GmbH in Regress nehmen. Diese kann von der X-AG wegen § 278 BGB ebenso in Höhe von 2,5 Mio. € in Anspruch genommen werden. WP kann als Gesamtschuldner nur in Höhe von 1 Mio. € von der X-AG in Anspruch genommen werden und könnte L oder die P-GmbH sodann in Höhe von 750.000,- € in Regress nehmen. Letztendlich führt dies dazu, dass nach Ausgleich im Innenverhältnis WP mit 250.000,- € und L mit 2,25 Mio. € belastet werden, was dem jeweiligen Verursachungsbeitrag und der Haftungsgrenze nach Verschuldensform entspricht.

Für die geschädigte AG ist jedoch stets zu prüfen, inwieweit eine Inanspruchnahme wegen vorsätzlicher Pflichtverletzung überhaupt erfolgversprechend ist, da die Haftpflichtversicherung nicht leisten wird. Sinnvoll scheint dies nur, wenn die Vermögen des Abschlussprüfers bzw. der Wirtschaftsprüfungsgesellschaft und des vorsätzlich Handelnden zusammen zur Schadensdeckung voraussichtlich ausreichen. Praktisch erfolgt daher meist nur eine Inanspruchnahme wegen fahrlässiger Pflichtverletzung in Höhe der Haftungsgrenze des § 323 Abs. 2 HGB.

(4) Mitverschulden

Ebenso praktisch bedeutsam wie umstritten ist die Frage, inwieweit die Ersatzverpflichteten sich auf ein anspruchsminderndes Mitverschulden des Geschädigten, also der AG, gem. § 254 HGB berufen können. Der Vorstand als Verantwortlicher stellt den Jahresabschluss auf und führt damit dessen Fehlerhaftigkeit erst herbei. Ferner führt der Vorstand ggf. verbotene Zahlungen aus. Das Handeln des Vorstands wird auch im Rahmen des § 254 BGB der AG analog § 31 BGB zugerechnet[1402], so dass eine Mitwirkung an der Schadensentstehung gem. § 254 Abs. 1 BGB gegeben ist oder eine Verletzung der Schadensminderungspflicht gem. § 254 Abs. 2 S. 1 BGB in Betracht kommt. Gleiches gilt für Verschulden von Erfüllungsgehilfen, die an der Erstellung des Jahresabschlusses

1402 Grüneberg in: Palandt, BGB, 69. Aufl., § 254 Rn. 49.

mitwirken; § 254 Abs. 2 S. 2 HGB.[1403] Die Abwägung gem. § 254 Abs. 1 BGB hat nach Verursachungs- und Verschuldensbeiträgen zu erfolgen. Grundsätzlich kann ein absolut überwiegendes Mitverschulden sogar zum gänzlichen Entfall des Anspruchs führen, nämlich dann, wenn dem Geschädigten Vorsatz zur Last fällt, die Pflichtverletzung des Schädigers jedoch nur leicht fahrlässig begangen wurde.[1404] Im Fall der nur fahrlässigen Mitverursachung und einer vorsätzlichen Pflichtverletzung ist ein Mitverschulden hingegen regelmäßig unbeachtlich.[1405]

Der besonderen Aufgabe des Abschlussprüfers entsprechend wird teilweise vertreten, § 254 Abs. 1 BGB sei für Ansprüche aus § 323 HGB gar nicht anwendbar.[1406] Mehrheitlich werden jedoch die allgemeinen Grundsätze mit dem Hinweis auf eine strengere Einzelfallprüfung als anwendbar erachtet.[1407] Nach neuester Rechtsprechung des BGH ist § 254 BGB zwar grundsätzlich anwendbar, jedoch sei aufgrund der Prüfungsaufgabe mehr „Zurückhaltung als sonst üblich geboten".[1408] Im betreffenden Fall lag eine vorsätzliche Falschbewertung vor, der eine grob fahrlässige Pflichtverletzung des Abschlussprüfers entgegenstand. Der BGH hat für diesen Fall trotz vorsätzlichen Verhaltens des Geschädigten den Mitverschuldensanteil nicht bei 100 % gesehen, sondern nur mit 65 % gewichtet, nicht ohne darauf hinzuweisen, dass stets die Umstände des Einzelfalls zu berücksichtigen seien.[1409]

Dem BGH ist im Wesentlichen zuzustimmen. Eine Nichtanwendung des § 254 BGB lässt sich nicht rechtfertigen, da dieser einen festen Bestandteil des Schadensersatzrechts darstellt. Jedoch stellt § 254 HGB keine starren Regeln auf, sondern fordert eine Abwägung der Verursachungsbeiträge. Dabei sind die Pflichten konkret zu beachten. Der Abschlussprüfer hat gem. § 317 Abs. 1 HGB

1403 § 254 Abs. 2 S. 2 BGB bezieht sich unstreitig auch auf § 254 Abs. 1 BGB und ist vielmehr wie ein dritter Absatz des § 254 BGB zu lesen, GRÜNEBERG in: PALANDT, BGB, 69. Aufl., § 254 Rn. 48.

1404 GRÜNEBERG in: PALANDT, BGB, 69. Aufl., § 254 Rn. 64 ff.

1405 GRÜNEBERG in: PALANDT aaO.

1406 BÄRENZ, Haftung des AP, BB 34/03, S. 1781 (1783 f.) und dem zust. wohl BAUMBACH/HOPT, HGB, 34. Aufl., § 323 Rn. 7.

1407 ADS, Rechnungslegung, 6. Aufl., Tb. 7, § 323 Rn. 135 ff.; WINKELJOHANN/FELDMÜLLER in: BeBiKo, 7. Aufl., § 323 Rn. 121 ff.; IDW, WP-Handbuch, Band I, 13. Aufl., A Rn. 619; EBKE in: MüKo HGB, 2. Aufl., § 323 Rn. 74 f.; BANGE, Rückforderung, ZInsO 10/06, S. 519 (521 f.).

1408 BGH v. 10.12.09 – VII ZR 42/08, NZG 10, S. 146 (150 f.).

1409 Im Übrigen wurde zutreffend klargestellt, dass sämtliches Mitverschulden zu berücksichtigen ist, unabhängig davon, ob die Handlungen während der Prüfungsphase oder bereits vorab bei Aufstellung begangen wurden, BGH aaO.

den aufgestellten Jahresabschluss auf Einhaltung der gesetzlichen Vorschriften zu prüfen, und mit hinreichender Sicherheit Fehler aufzudecken. Der Einwand, der Jahresabschluss wäre bereits falsch aufgestellt worden, verstößt damit ebenso gegen Treu und Glauben, wie die Forderung vollen Schadensersatzes trotz eigenen Mitverschuldens. Selbst bei vorsätzlichem Handeln der Gesellschaft ist daher der Anspruch gegen den Abschlussprüfer regelmäßig nicht ausgeschlossen, sondern allenfalls gemindert.[1410] Vorausgesetzt ist jedoch eine Pflichtverletzung. Konnten die Fehler auch bei Anwendung der notwendigen Sorgfalt aufgrund vorsätzlicher Verschleierung und gezielter Falschinformation gar nicht aufgedeckt werden, so mangelt es bereits an der Pflichtverletzung des Abschlussprüfers.[1411] Ist eine solche jedoch gegeben, so wird ein den Anspruch gänzlich entfallen lassendes Mitverschulden nicht in Betracht kommen, denn die zentrale Aufgabe des Abschlussprüfers ist die Prüfung auf Fehler.

Schließlich ist zu beachten, dass das Mitverschulden hier nur auf einer Zurechnung beruht (§§ 31 bzw. 278 BGB). Insofern verbleibt der Gesellschaft als Geschädigter der Anspruch gegen den Mitverschuldenden, also i.d.R. den Vorstand.

Mit dem Hinweis auf Berücksichtigung des Einzelfalls können daher folgende Fallgruppen festgestellt werden, stets vorausgesetzt, dass überhaupt eine Pflichtverletzung gegeben ist: (1) AG handelt vorsätzlich, Abschlussprüfer fahrlässig: Anspruchsminderung; (2) beiderseitig vorsätzliches Handeln: Anspruchsteilung; (3) AG handelt fahrlässig, Abschlussprüfer vorsätzlich oder fahrlässig: voller Anspruch. Die Verschuldensform des Abschlussprüfers wird im dritten Fall bereits durch die Haftungsminderung des § 323 Abs. 2 HGB berücksichtigt.

(5) Schadenspositionen im Fall der Nichtigkeit

Die Pflichtverletzung liegt im Grundsatz in der Erteilung eines uneingeschränkten Bestätigungsvermerks, obwohl zumindest eine Einschränkung geboten gewesen wäre. Diese Pflichtverletzung ist im Einzelfall zu konkretisieren auf die zu Grunde liegende Prüfungspflicht, die verletzt wurde.[1412] So kann eine solche Verletzung z.B. im Unterlassen des Einholens von Bankbestätigungen bzw. des Betreibens weiterer Nachforschungen bei Unstimmigkeiten liegen[1413] oder in der

1410 I.E. ähnlich LG Bonn v. 31.5.07 - 2 O 7/01 – nicht veröffentlicht.

1411 So auch bereits ADS, Rechnungslegung, 6. Aufl., Tb. 7, § 323 Rn. 138.

1412 Dies sind die konkret verletzen ISA, sobald sie gem. § 317 Abs. 5 HGB Gesetzeskraft erlangt haben, bis dahin zur Auslegung die IDW PS.

1413 So in BGH v. 10.12.09 – VII ZR 42/08, NZG 10, S. 146.

Verletzung der Pflicht aus § 317 Abs. 1 S. 3 HGB, die Prüfung so anzulegen, dass Unrichtigkeiten und Verstöße hinreichend sicher erkannt werden.[1414]

Ersatzfähig sind die kausal auf der Pflichtverletzung beruhenden Schäden der geprüften Gesellschaft. Hinsichtlich der typischen Schadenspositionen im Fall der Nichtigkeit des Jahresabschlusses wegen Inhaltsfehlern soll kurz auf die damit zusammenhängenden Probleme eingegangen werden:

Der **Ausschüttungsschaden** ist dann adäquat kausal verursacht, wenn bei Versagung des Testats durch den Abschlussprüfer ein entsprechender Gewinnverwendungsbeschluss nach überwiegender Wahrscheinlichkeit nicht hätte gefasst werden können, da dieser die Grundlage für die folgende Ausschüttung darstellt. Hätte der Abschlussprüfer bei nichtigkeitsbegründender Überbewertung auf diese hingewiesen und den Bestätigungsvermerk versagt, so wäre ein niedrigerer Bilanzgewinn ausgewiesen worden. Die Hauptversammlung ist gem. § 174 Abs. 1 S. 2 AktG an den festgestellten Jahresabschluss gebunden, so dass deren Beschluss die Zurechnung des Kausalverlaufs nicht unterbricht. Der Ausschüttungsschaden beruht damit regelmäßig adäquat kausal auf der Pflichtverletzung des Abschlussprüfers.[1415]

Wird durch die Falschbewertung eine Überschuldung verschleiert, so sind regelmäßig **verbotene Zahlungen** gem. § 92 Abs. 2 AktG vorgenommen worden. Das Zahlungsverbot greift objektiv, sobald tatsächlich eine Überschuldung vorliegt.[1416] Hätte der Abschlussprüfer auf die Überschuldung hingewiesen und das Testat versagt, wären nach überwiegender Wahrscheinlichkeit keine verbotenen Zahlungen mehr vorgenommen worden; aufgrund eines uneingeschränkten Bes-

1414 So in LG München I v. 14.3.08 – 14 HK O 8036/06, ZIP 08, S. 1123.

1415 So auch WINKELJOHANN/FELDMÜLLER in: BeBiKo, 7. Aufl., § 323 Rn. 107 ff.; BANGE, Rückforderung, ZInsO 10/06, S. 519 (521 re.Sp.). Aus der Rspr.: LG Bonn v. 31.5.07 - 2 O 7/01 – nicht veröffentlicht; BGH v. 28.10.93 – IX ZR 21/93, NJW 94, S. 323 (325 f.) = BGHZ 124, S. 27. Im Einzelfall ist der Einwand rechtmäßigen Alternativverhaltens denkbar, wenn dargelegt werden kann, dass auch bei Versagung des Testats eine Änderung des Jahresabschlusses in zulässiger Weise erfolgt wäre, die mit Sicherheit zu gleichem Bilanzgewinnausweis geführt hätte, z.B. durch Auflösung von Gewinnrücklagen; vgl. zum rechtmäßigen Alternativverhalten GRÜNEBERG in: PALANDT, BGB, 69. Aufl., Vorb v § 249 Rn. 64 f.; zur Anwendung auf die Ersatzpflicht nach § 323 HGB: EBKE in: MüKo HGB, 2. Aufl., § 323 Rn. 69; IDW, WP-Handbuch, Band I, 13. Aufl., A Rn. 562.

1416 Vgl. dazu oben, Kap. IV.C.2.a.(2), S. 289 ff.

tätigungsvermerks durfte sich der Vorstand aber herausgefordert fühlen.[1417] Regelmäßig beruhen verbotene Zahlungen folglich auf der Pflichtverletzung des Abschlussprüfers.[1418]

Die Kausalität für die **Kosten der Neuaufstellung** ist insofern problematisch, als auch bei einer Versagung des Testats eine Neuaufstellung oder zumindest Änderung des Jahresabschlusses hätte erfolgen müssen. Insoweit handelt es sich um den zulässigen Einwand rechtmäßigen Alternativverhaltens. Andererseits wird in der Praxis meist bereits im Rahmen der Aufstellung mit der Prüfung begonnen, so dass bestimmte Beanstandungen bereits im Vorfeld geführt werden. Die Kausalität richtet sich daher nach dem Einzelfall.

Bezüglich der **Kosten der Abschlussprüfung** des neu aufgestellten Jahresabschlusses ist festzuhalten, dass ein diesbezüglicher Schadensersatzanspruch mit einem Mängelgewährleistungsanspruch aus dem Prüfungsauftrag konkurriert. Bei dem Prüfungsvertrag handelt es sich um einen Geschäftsbesorgungsvertrag mit Werkvertragscharakter, §§ 675, 631 BGB.[1419] Während Schadensersatzansprüche aus Mängelgewährleistung des Prüfungsvertrags durch § 323 HGB verdrängt werden, gilt dies nicht für die Nacherfüllung und Minderung.[1420] Der Rücktritt ist jedoch durch § 318 Abs. 1 S. 5 HGB ausgeschlossen.[1421] Elegant wäre damit, statt einer Geltendmachung der Neuprüfungskosten als Schadensersatz das Honorar für die Erstprüfung zumindest teilweise durch Minderung zurückzufordern.[1422] Die Minderung ist unabhängig vom Verschulden des Abschlussprüfers möglich.[1423] Diese Ansprüche sind jedoch regelmäßig bereits ein

---

1417 Bei Wissen des Vorstands um die Überschuldung liegt ein vorsätzliches Mitverschulden vor, das den Anspruch jedoch nicht gänzlich entfallen lässt; jedoch kann der Vorstand sodann voll in Haftung genommen werden.

1418 Vgl. bspw. LG München I v. 14.3.08 – 14 HK O 8036/06, ZIP 08, S. 1123.

1419 S.o. Kap. IV.A.5.b.(2), S. 195 ff.

1420 IDW, WP-Handbuch, Band I, 13. Aufl., Q Rn. 313 f.; WINKELJOHANN/POULLIE in: BeBiKo, 7. Aufl., § 321 Rn. 148; ADS, Rechnungslegung, 6. Aufl., Tb. 7, § 318 Rn. 248.

1421 IDW, WP-Handbuch, Band I, 13. Aufl., Q Rn. 314; ADS, Rechnungslegung, 6. Aufl., Tb. 7, § 318 Rn. 248.

1422 Hierauf weist auch das OLG Köln hin, OLG Köln v. 22.4.04 – 8 U 68/03, I.3., NJOZ 49/04, S. 4408.

1423 Verschulden ist nur für Schadensersatzansprüche Voraussetzung, Minderung und Rücktritt setzen nur die Pflichtverletzung voraus, §§ 638 Abs. 1 S. 1, 323 Abs. 1 BGB.

Jahr nach Abnahme des Prüfungsberichts verjährt, so dass im Fall der Nichtigkeit praktisch keine Geltendmachung mehr möglich ist.[1424]

Es verbleibt damit nur die Geltendmachung der Neuprüfungskosten als kausaler Schaden. Wie für die Kosten der Neuaufstellung ist hier im Einzelfall zu prüfen, inwieweit bei Hinweis des Abschlussprüfers auf Versagung eine Änderung des Jahresabschlusses vorgenommen worden wäre, so dass eine Neuprüfung entbehrlich gewesen wäre.

Für die **Kosten der Feststellung der Nichtigkeit** gilt das für den Vorstand Ausgeführte entsprechend.[1425] Diese können grundsätzlich nur im Zusammenhang mit einem anderen Schaden, z.B. Ausschüttungsschaden, als Schadensermittlungskosten geltend gemacht werden.

b. Haftung gegenüber Dritten

Gegenstand umfangreicher Diskussionen ist die Haftung des Abschlussprüfers gegenüber Dritten, also insbesondere Aktionären und Gläubigern der geprüften Gesellschaft. Wie für die Dritthaftung des Vorstands gilt auch hier, dass es neben der bloßen Kenntnisnahme des fehlerhaften Jahresabschlusses weiterer Sonderumstände bedarf, um einen kausalen Schaden zu begründen. Diskutiert wird eine Dritthaftung daher insbesondere in Bezug auf Anlageentscheidungen oder

---

1424 Der Anspruch ergibt sich aus §§ 675, 633, 634 Nr. 3, 636, 638, 346 BGB. Hätte bei pflichtgemäßer Prüfung ein Versagungsvermerk erteilt werden müssen, so weist der uneingeschränkte Bestätigungsvermerk ebenso wie der Prüfungsbericht eine Beschaffenheit auf, die unüblich ist, so dass ein Sachmangel i.S.d. § 633 Abs. 2 S. 2 Nr. 2 BGB vorliegt. Eine Minderung ohne Fristsetzung zur Nacherfüllung wäre zwar gem. § 636 BGB grundsätzlich möglich, diese wird jedoch meist durch Nr. 8 Abs. 1 der Allgemeinen Auftragsbedingungen für WP und WPG (AAB) i.d.F. v. 1.1.02 (IDW-Verlag) ausgeschlossen. Danach kann eine Minderung nur erklärt werden, wenn die Nacherfüllung fehlgeschlagen ist. Ferner wird die Verjährung für derartige Mängelansprüche auf 1 Jahr reduziert und deren unverzügliche schriftliche Geltendmachung gefordert, Nr. 8 Abs. 2 AAB. Diese AGB dürften einer Inhaltskontrolle standhalten: § 309 Nr. 8 b) bb) u. ff) BGB lassen dies ausdrücklich zu. Die Ausschlussfrist für die Mängelanzeige verstieße zwar gegen § 309 Nr. 8 b) ee) BGB, der jedoch zwischen Unternehmern nicht anwendbar ist, § 310 Abs. 1 S. 1 BGB, da § 377 HGB dies ohnehin vorsieht; ein Verstoß gegen § 307 BGB ist insoweit nicht ersichtlich; vgl. GRÜNEBERG in: PALANDT, BGB, 69. Aufl., § 309 Rn. 73. Anders ist dies für die Ausschlussfrist für Schadensersatzforderungen gem. Nr. 9 Abs. 3 AAB, die sowohl gegen § 323 Abs. 4 HGB verstößt als auch gegen § 307 BGB, OLG Düsseldorf v. 21.4.09 – I-24 U 27/08, DStR 43/09, S. 2219.

1425 S.o., Kap. IV.D.4.a.(8), S. 337.

Kreditvergabeentscheidungen, die maßgeblich durch mit uneingeschränkten Bestätigungsvermerken testierte Jahresabschlüsse beeinflusst werden.

(1) Keine weitere Dritthaftung aus § 323 HGB

Gem. § 323 Abs. 1 S. 3 HGB sind Anspruchsberechtigte die geprüfte Gesellschaft und ein verbundenes Unternehmen. Die Haftung gegenüber verbundenen Unternehmen als Nicht-Auftraggeber ist damit bereits eine Dritthaftung. Da die Anspruchsgrundlage die möglichen Anspruchsinhaber direkt erfasst, ist der Kreis der Ersatzberechtigten abschließend geregelt; über den genannten Kreis kann folglich kein Anspruch aus § 323 HGB geltend gemacht werden.[1426]

(2) Vertragliche bzw. quasivertragliche Haftung

Der Prüfungsvertrag besteht ausschließlich zwischen dem Wirtschaftsprüfer bzw. der Wirtschaftsprüfungsgesellschaft und der geprüften AG. Im Rahmen der Diskussion um eine Dritthaftung wird häufig der (ggf. konkludente) Abschluss eines Auskunftsvertrags zwischen dem Abschlussprüfer und Dritten, z.B. kreditgebenden Banken, diskutiert.[1427] Während der ausdrückliche Abschluss eines Auskunftsvertrags praktisch äußerst selten sein dürfte, müssen vor dem Hintergrund des § 675 Abs. 2 BGB an einen Vertragsschluss durch konkludentes Handeln hohe Anforderungen gestellt werden.[1428] Die Haftung wegen uneingeschränkter Testierung eines nichtigen Jahresabschlusses ergibt sich nicht spezifisch in Zusammenhang mit einem Auskunftsvertrag, so dass dieser als mögliche Anspruchsgrundlage Dritter hier nicht weiter zu problematisieren ist.

1426 Unstr., ADS, Rechnungslegung, 6. Aufl., Tb. 7, § 323 Rn. 177; WINKELJOHANN/FELDMÜLLER in: BeBiKo, 7. Aufl., § 323 Rn. 171; BAUMBACH/HOPT, HGB, 34. Aufl., § 323 Rn. 8; IDW, WP-Handbuch, Band I, 13. Aufl., A Rn. 585; BGH v. 6.4.06 – III ZR 256/04, BGHZ 167, S. 155 = WM 06, S. 1052. Dies entspricht auch dem erklärten Willen des Gesetzgebers, der im Rahmen des KonTraG eine Klarstellung nicht für erforderlich hielt, da weitere Dritthaftung aus § 323 HGB schon nach dem Wortlaut ausgeschlossen ist, BT-Drucksache 13/10038, S. 25.

1427 Siehe dazu WINKELJOHANN/FELDMÜLLER in: BeBiKo, 7. Aufl., § 323 Rn. 210 ff.; EBKE in: MüKo HGB, 2. Aufl., § 323 Rn. 124 ff.; IDW, WP-Handbuch, Band I, 13. Aufl., A Rn. 589 ff.

1428 So auch EBKE in: MüKo HGB, 2. Aufl., § 323 Rn. 126 ff. Praktisch wird damit auch ein konkludent geschlossener Auskunftsvertrag selten sein und erfordert mindestens eine direkte Kontaktaufnahme zwischen dem AP und Dritten. Auch der BGH stellt strenge Anforderungen an den Abschluss eines Auskunftsvertrags zwischen AP und Dritten: BGH v. 30.10.08 – III ZR 307/07, NJW 09, S. 512.

Eine Haftung des Abschlussprüfers ist denkbar, wenn Dritte nach den Grundsätzen des Vertrags mit Schutzwirkung zu Gunsten Dritter analog § 328 BGB in den Schutzbereich des Prüfungsvertrags zwischen Wirtschaftsprüfer und AG einbezogen werden. Nach diesen Grundsätzen werden Dritte in den Schutzbereich eines Vertrages einbezogen, wenn Leistungsnähe, Gläubigernähe (Einbeziehungsinteresse) und Erkennbarkeit für den Schädiger gegeben sind.[1429] Ferner muss der Dritte schutzbedürftig sein, also keine anderen gleichwertigen Ansprüche haben.[1430] Leistungsnähe ist gegeben, wenn der Dritte mit der Leistung typischerweise in Berührung kommt und daher den Gefahren einer Schlechtleistung ebenso ausgesetzt ist.[1431] Der Bestätigungsvermerk ist insbesondere zur Kenntnisnahme Dritter bestimmt und soll Vertrauen schaffen, so dass die Leistungsnähe gegeben ist. Das Einbeziehungsinteresse der AG für Dritte ist bereits problematisch, wird aber selbst angenommen, wenn die Interessen des Gläubigers und des Dritten gegenläufig sind.[1432] Schließlich muss diese Einbeziehung für den Schuldner, hier den Abschlussprüfer, erkennbar sein. Aus diesem Merkmal ergibt sich, dass nicht sämtliche Personen erfasst sein können, die die Möglichkeit der Kenntnisnahme des Bestätigungsvermerks haben. Die Einbeziehung Dritter ist danach im Einzelfall streng zu prüfen.

Das Institut des Vertrags mit Schutzwirkung zu Gunsten Dritter ist auf den Prüfungsvertrag schon deswegen nur zurückzuhaltend anzuwenden, weil die Haftung aus dem Prüfungsvertrag zumindest für Schadensersatzansprüche durch § 323 Abs. 1 S. 3 HGB verdrängt wird, der seinerseits eine Dritthaftung explizit ausschließt. Die Einbeziehung in die Schutzwirkung des Vertrages kann nur dazu führen, dass die Ansprüche bestehen, die auch der Gläubiger hätte; die Haftungsbegrenzung des § 323 Abs. 2 HGB muss daher auch für mögliche Ansprüche aus Vertrag mit Schutzwirkung gelten, und zwar insgesamt, da § 323 Abs. 2 S. 1 HGB die Grenze „für eine Prüfung" zieht. Etwaige Inanspruchnahme durch Dritte vermindert daher das Haftungspotential für die Gesellschaft, die sich die Maximalsumme mit dem Dritten teilen muss.[1433] Dieses Ergebnis folgt auch aus dem analog anwendbaren § 334 BGB.[1434]

1429 Vgl. GRÜNEBERG in: PALANDT, BGB, 69. Aufl., § 328 Rn. 16 ff.; MEDICUS/PETERSEN, BR, 22. Aufl., Rn. 844 ff. sowie EBKE in: MüKo HGB, 2. Aufl., § 323 Rn. 132 ff.

1430 Sonst käme eine Analogie von vornherein nicht in Betracht, GRÜNEBERG in: PALANDT, BGB, 69. Aufl., § 328 Rn. 18; EBKE in: MüKo HGB, 2. Aufl., § 323 Rn. 134.

1431 GRÜNEBERG in: PALANDT, BGB, 69. Aufl., § 328 Rn. 16.

1432 WINKELJOHANN/FELDMÜLLER in: BeBiKo, 7. Aufl., § 323 Rn. 195 f.; EBKE in: MüKo HGB, 2. Aufl., § 323 Rn. 133; MEDICUS/PETERSEN, BR, 22. Aufl., Rn. 846a.

1433 Schon deswegen ist das Einbeziehungsinteresse zweifelhaft. Andererseits wird meist die Gesellschaft oder ein Dritter geschädigt sein, nicht zwingend beide.

1434 Vgl. GRÜNEBERG in: PALANDT, BGB, 69. Aufl., § 328 Rn. 2

Auch der BGH hat in jüngster Rechtsprechung klargestellt, dass die Anforderungen an die Einbeziehung Dritter in den Abschlussprüfungsvertrag äußerst streng sein müssen.[1435] Da der für Dritte bestimmte Bestätigungsvermerk stets das Ergebnis der Abschlussprüfung ist und § 323 Abs. 1 HGB eine Dritthaftung gerade ausschließt, ist im Grundsatz nur von einer Haftung gegenüber dem Auftraggeber auszugehen. Eine Einbeziehung Dritter ist damit nur möglich, wenn Abschlussprüfer und geprüfte Gesellschaft übereinstimmend davon ausgehen, dass das Prüfungsergebnis einem konkreten Dritten bekannt gemacht werden soll, der dies als Entscheidungsgrundlage verwendet. Davon ist i.d.R. eher bei freiwilligen Prüfungen, z.B. für einen Zwischenabschluss, als bei Pflichtprüfungen auszugehen.[1436] Ferner wird als Entscheidungsgrundlage meist der Prüfungsbericht statt des bloßen Bestätigungsvermerks verlangt. Im Regelfall ist der Prüfungsbericht nicht für Dritte bestimmt, weshalb gem. Nr. 7 Abs. 1 AAB[1437] die ausdrückliche Zustimmung des Abschlussprüfers zur Weitergabe des Prüfungsberichts gefordert wird. Ein ohne Zustimmung des Abschlussprüfers weitergegebener Prüfungsbericht kann demgemäß eine Einbeziehung Dritter in den Vertrag regelmäßig nicht begründen.

Ähnlich strenge Anforderungen sind an die Annahme einer culpa in contrahendo durch Inanspruchnahme besonderen Vertrauens gem. § 311 Abs. 3 BGB zu stellen.[1438] Dazu bedarf es der erheblichen Beeinflussung eines Vertragsschlusses zwischen der AG und dem Dritten, die der Abschlussprüfer durch Inanspruchnahme besonderen Vertrauens ermöglicht. Um überhaupt in den Anwendungsbereich der c.i.c. zu gelangen, bedarf es daher einer Teilnahme an den Vertragsverhandlungen und einer gleichsamen Garantie für die Richtigkeit der Angaben, die bewusst zu der Entscheidung des Dritten führen. Insbesondere im Rahmen einer Pflichtprüfung wird dies kaum gegeben sein.

Die schuldhafte Erteilung eines uneingeschränkten Bestätigungsvermerks trotz nichtigen Jahresabschlusses begründet folglich im Regelfall keine Dritthaftung aus Vertrag mit Schutzwirkung zu Gunsten Dritter oder c.i.c.

1435 BGH v. 30.10.08 – III ZR 307/07, NJW 09, S. 512, damit bestätigend BGH v. 6.4.06 – III ZR 256/04, BGHZ 167, S. 155 u. BGHZ 138, S. 257. Ebenso streng OLG Düsseldorf v. 2.6.09 – I-23 U 108/08, DStR 10, S. 136.

1436 Vgl. dazu WINKELJOHANN/FELDMÜLLER in: BeBiKo, 7. Aufl., § 323 Rn. 200 ff.; EBKE in: MüKo HGB, 2. Aufl., § 323 Rn. 134;

1437 AAB für WP und WPG v. 1.1.02 (IDW-Verlag).

1438 Zu den hohen Anforderungen s.o., Kap. IV.D.4.b.(3), S. 348 f.

(3) Deliktische Haftung

Eine Dritthaftung kann sich schließlich nach allgemeinen Grundsätzen aus deliktischer Haftung ergeben. Mangels einer denkbaren Verletzung absoluter Rechte i.S.d. § 823 Abs. 1 BGB kommt dabei nur eine Haftung aus Schutzgesetzverletzung gem. § 823 Abs. 2 BGB oder vorsätzlicher sittenwidriger Schädigung gem. § 826 BGB in Betracht.[1439] Dabei ist § 323 HGB eindeutig nicht als Schutzgesetz i.S.d. § 323 HGB einzustufen, da dieser gerade nur die aus ihm Berechtigten schützt und ansonsten dessen Wertung gänzlich unterlaufen würde.[1440] Relevantes Schutzgesetz bei Verletzung der Pflicht zur gewissenhaften Prüfung ist die Strafvorschrift des § 332 HGB. Ferner kommt eine Haftung aus Mittäterschaft oder Beihilfe zu Delikten des Vorstands gem. § 830 Abs. 1 S. 1, Abs. 2 BGB in Betracht.[1441]

Im Ergebnis ergibt sich eine deliktische Dritthaftung regelmäßig nur bei vorsätzlichem Handeln des Abschlussprüfers, also in extremen Fällen, die zumeist ein kollusives Handeln mit dem Vorstand der AG voraussetzen.

4. Ergebnis

Erteilt ein Abschlussprüfer einen Bestätigungsvermerk, obwohl der geprüfte Jahresabschluss einen nichtigkeitsbegründenden Inhaltsfehler aufweist, so indiziert dies nicht eine Pflichtverletzung des Abschlussprüfers. Eine solche ist vor dem Hintergrund, dass die Abschlussprüfung keine lückenlose Prüfung darstellen kann, nur gegeben, wenn bei gewissenhafter Prüfung die Fehler hätten erkannt werden können. Das Verschulden dieser Pflichtverletzung wird vermutet, so dass sich der Abschlussprüfer exkulpieren muss. Im Fall verschuldeter Pflichtverletzung haftet der Abschlussprüfer der AG sowie ggf. verbundenen Unternehmen. Eine Haftung gegenüber Dritten ist der Ausnahmefall und regelmäßig nur bei vorsätzlichem Handeln gegeben.

1439 Vgl. WINKELJOHANN/FELDMÜLLER in: BeBiKo, 7. Aufl., § 323 Rn. 173; EBKE in: MüKo HGB, 2. Aufl., § 323 Rn. 93 ff.; BAUMBACH/HOPT, HGB, 34. Aufl., § 323 Rn. 8.

1440 Unstr., vgl. WINKELJOHANN/FELDMÜLLER in: BeBiKo, 7. Aufl., § 323 Rn.176 m.w.N.

1441 Zu den denkbaren Fällen s.o., Kap. IV.D.3.c. S. 312 ff.

V. Zusammenfassung der wesentlichen Untersuchungsergebnisse

Nachfolgend werden die wesentlichen Ergebnisse der Untersuchung zusammengefasst. Über die Darstellung der Ergebnisse der Einzelabschnitte hinaus erfolgt eine überblicksartige Zusammenführung der Einzelergebnisse in Tabellen.

Kapitel II:

Der Begriff der Überwachung wurde im Rahmen der Grundlegung in die Elemente Kontrolle, Aufsicht und Prüfung unterteilt. Für die **Überwachung der Rechnungslegung** wurden die jeweils vorhandenen Organe identifiziert und den Unterbegriffen der Überwachung zugeordnet. Danach erfolgt die Überwachung der Rechnungslegung durch den Vorstand als Kontrolle, durch den Aufsichtsrat als Aufsicht und durch den Abschlussprüfer als Prüfung. Ggf. kann die Hauptversammlung eine Aufsicht ausüben, wenn sie gem. § 173 AktG den Jahresabschluss feststellt. Eine Prüfung erfolgt neben dem Abschlussprüfer im Fall des Enforcement durch die DPR und die BaFin sowie bei Erhebung einer Nichtigkeitsklage durch die Gerichtsbarkeit.

Kapitel III:

Die Feststellung des Jahresabschlusses ist ein **korporationsrechtliches Rechtsgeschäft**, das nur begrenzt den Regeln des allgemeinen Zivilrechts unterliegt. Ist „der Jahresabschluss nichtig“, bedeutet dies die Nichtigkeit der Feststellung, sei diese durch die Verwaltung oder die Hauptversammlung erfolgt. Bei der Nichtigkeit des Jahresabschlusses handelt es sich damit um einen Spezialfall der Beschlussmängel im Aktienrecht. Das Schicksal einer mangelhaften Feststellung regelt sich ausschließlich nach § 256 AktG. Für den Regelfall der Feststellung des Jahresabschlusses durch Vorstand und Aufsichtsrat stellt § 256 AktG die einzige normierte Form der Nichtigkeit eines Verwaltungsbeschlusses dar.

Nach einer Analyse der historischen Entwicklung des § 256 AktG wurde dessen Zweck herausgearbeitet. Dieser liegt neben der abschließenden Regelung und Begrenzung der Nichtigkeitsgründe für die Jahresabschlussfeststellung in der Durchsetzung der Jahresabschlusszwecke durch Sanktionierung fehlerhafter Jahresabschlüsse.

Die Nichtigkeitsgründe wurden nach Fehlerarten in **Inhaltsfehler, Prüfungsfehler** und **Verfahrensfehler** unterteilt. Schwerpunktmäßig wurden Inhaltsfehler betrachtet. Im Rahmen der Abgrenzung der Tatbestandsvarianten zur Generalklausel des § 256 Abs. 1 Nr. 1 AktG hat sich deren praktischer Anwendungsbereich als gering herausgestellt, da Verstöße gegen Gliederungs- oder Bewertungsvorschriften nach den Absätzen 4 und 5 des § 256 AktG zu behandeln sind. Diese stellen keine leges speciales zu § 256 Abs. 1 Nr. 1 AktG dar, sondern sind einschränkende Interpretationsnormen der Generalklausel, da Verstöße gegen Gliederungs- und Bewertungsvorschriften auch Verstöße gegen den Gläubigerschutz darstellen. Die Absätze 4 und 5 des § 256 AktG wirken daher nicht nichtigkeitsbegründend, sondern nichtigkeitsbeschränkend. Eine Nichtigkeit wegen derartiger Fehler folgt damit nicht aus § 256 Abs. 4 bzw. 5 AktG allein, sondern aus § 256 Abs. 1 Nr. 1 i.V.m. Abs. 4 bzw. 5 AktG.

Als gewichtiger Unterschied zur Nichtigkeit sonstiger Beschlüsse und Rechtfertigung des sprachlichen Gebrauchs der „Nichtigkeit des Jahresabschlusses“, die eigentlich die Nichtigkeit dessen Feststellung bedeutet, wurde Folgendes herausgearbeitet: Anders als § 241 Nr. 3 AktG, dem § 256 Abs. 1 Nr. 1 AktG nachgebildet ist, knüpft letzterer nicht an inhaltliche Fehler des Beschlusses an, sondern nach seinem Wortlaut an inhaltliche Fehler des Jahresabschlusses selbst. So ist Objekt der Nichtigkeit zwar ausschließlich der Feststellungsbeschluss als Rechtsgeschäft, das Bezugsobjekt für Inhaltsfehler bleibt aber der Jahresabschluss als Zahlenwerk bzw. Wortbericht.

Gem. § 256 Abs. 5 AktG ist der Jahresabschluss bei Verstoß gegen die **Bewertungsvorschriften** nichtig, wenn Posten überbewertet oder unterbewertet sind, wobei im letzteren Falle die Vermögens- und Ertragslage vorsätzlich unrichtig wiedergegeben oder verschleiert werden muss. Mit „Über“- bzw. „Unter“-Bewertung ist nicht die Richtung der Falschbewertung im Vergleich zum gesetzeskonform anzusetzenden Wert gemeint, sondern die Auswirkung der Falschbewertung auf das Eigenkapital. Eine Überbewertung bewirkt folglich ein zu hohes Jahresergebnis, die Unterbewertung ein zu niedriges. Obwohl im Sinne des Handelsrechts nur der einzelne Vermögensgegenstand einer Bewertung unterliegt, nimmt § 256 Abs. 5 AktG Bezug auf „Posten“. Darunter sind die Bilanzposten des Gliederungsschemas in § 266 HGB zu verstehen. Die Überbewertung eines Vermögensgegenstandes bewirkt in ihrer direkten Konsequenz die Überbewertung des betreffenden Postens, es sei denn innerhalb desselben Postens ist ein anderer Vermögensgegenstand zu niedrig bewertet und kompensiert so die Überbewertung. Falschbewertungen verschiedener Posten können hingegen nicht kompensierend wirken.

Zweck der Nichtigkeitsfolge der Überbewertung ist die Sanktion von Verstößen gegen die Ausschüttungsbemessungsfunktion des Jahresabschlusses und damit des Gläubigerschutzes sowie von Verstößen gegen den Grundsatz der Kapitalerhaltung. Die gesetzliche Nichtigkeit ist notwendig, da eine reine Anfechtbarkeit nur einem unternehmensinternen Kreis zugänglich wäre. Unterbewertung führt zu einem zu niedrigen Gewinnausweis und schädigt die Gläubiger damit nicht unmittelbar. Neben dem Zweck, den Aktionären eine ihnen zustehende Ausschüttung zu ermöglichen, dient die Nichtigkeit bei Unterbewertung aber auch dem Gläubigerschutz, da unzulässig gebildete stille Reserven durch spätere Auflösung Krisensituationen verschleiern und dadurch die schutzwürdigen Belange der Gläubiger beeinträchtigt werden können.

Die teleologische Auslegung des § 256 Abs. 5 S. 1 AktG hat ergeben, dass dieser dahingehend zu erweitern ist, dass nicht nur ein Verstoß gegen „Bewertungsvorschriften" zur Nichtigkeit führt, sondern auch der Verstoß gegen **„Ansatzvorschriften"** den Beschränkungen des Absatzes 5 unterliegen muss. Es wurde darüber hinaus gezeigt, dass die Absätze 4 und 5 des § 256 AktG selbständig nebeneinander stehen und aufgrund ein- und desselben Fehlers nicht konkurrieren können. Ein Gliederungsfehler durch Ausweis eines Vermögensgegenstandes innerhalb des falschen Postens führt zwar zu einem zu hohen Ausweis des einen und zu niedrigen Ausweis des anderen Postens, dieser beruht jedoch nicht auf Ansatz- oder Bewertungsvorschriften. Treffen Gliederungs- und Bewertungsfehler zusammen, ergibt sich die Nichtigkeit aus verschiedenen Gründen.

Beim Bezugsobjekt „Posten" handelt es sich um die Posten, die konkret in der Bilanz ausgewiesen sind. Wird freiwillig weiter untergliedert als notwendig, so können Kompensationen nur innerhalb der kleineren Posten wirken. Für kleine Kapitalgesellschaften ist das grobe Gliederungsschema maßgeblich, wenn nicht freiwillig das volle Gliederungsschema des § 266 HGB verwendet wird. Eine Falschbewertung im Vergleich zur gesetzeskonformen Bewertung zeigt sich nur bei einer Falschbewertung in dem konkret gebildeten Posten, so dass auch nur dann die Nichtigkeitsfolge notwendig ist. Der Unterschied besteht nur in der weitergehenden Möglichkeit einer Kompensation.

Die Untersuchung der handelsrechtlichen Rechnungslegungsvorschriften hat gezeigt, dass neben den Ansatzvorschriften der §§ 246 bis 251 HGB auch § 252 Abs. 1 Nr. 6 HGB zu den Vorschriften zählen muss, die der Einschränkung des § 256 Abs. 5 AktG unterliegen. Die Grundsätze des § 252 Abs. 1 Nr. 2 bis 5

HGB und § 256a HGB hingegen betreffen zwar ebenso unmittelbar oder mittelbar Ansatz bzw. Bewertung, es wurde jedoch gezeigt, dass ein isolierter Verstoß ohne Verstoß gegen eine der Regeln der §§ 253 bis 256 HGB nicht denkbar ist. Der Grundsatz des § 252 Abs. 1 Nr. 1 HGB betrifft nicht unmittelbar die Bewertung und wird daher nur von der Generalklausel des § 256 Abs. 1 Nr. 1 AktG erfasst. Die folgende Tabelle zeigt eine Übersicht über die jeweils relevanten Inhaltsfehler und zugehörigen nichtigkeitsbegründenden Vorschriften:

Verletzte Vorschrift	**Nichtigkeitstatbestand in § 256 AktG**
Rücklagenbildungsregeln, z.B. § 272 Abs. 2 HGB, § 150 AktG (weitere relevante Vorschriften S. Seite 75)	Absatz 1 Nr. 4
Gliederungsvorschriften, insbesondere §§ 265 bis 268 HGB, § 243 Abs. 2 HGB (weitere relevante Vorschriften S. Seite 76)	Absatz 4[1442]
§ 243 Abs. 2 HGB (soweit kein Gliederungsverstoß)	Absatz 1 Nr. 1
§ 244 HGB	Absatz 1 Nr. 1
§ 246 Abs. 1 HGB	Absatz 5
§ 246 Abs. 2 HGB	Absatz 4
§ 246 Abs. 3 HGB	Absatz 5
§§ 247 bis 251 HGB	Absatz 5
§ 252 Abs. 1 Nr. 1 HGB	Absatz 1 Nr. 1
§ 252 Abs. 1 Nr. 6 HGB	Absatz 5
§ 252 Abs. 1 Nr. 2 bis 5 HGB	./. (Verstoß isoliert nicht denkbar, führt zu Verstoß gegen §§ 253 bis 256 HGB)
§§ 253 bis 256 HGB	Absatz 5
§ 256a HGB	./. (Verstoß isoliert nicht denkbar, führt zu Verstoß gegen § 253 HGB)
§ 243 Abs. 1 HGB, Verstoß gegen nicht kodifizierte GoB	Absatz 1 Nr. 1

Tabelle 4: Bewertungsvorschriften und Nichtigkeitstatbestände

1442 Hier und im Folgenden für Absatz 4 und 5: I.V.m. Absatz 1 Nr. 1 . Die Absätze 4 und 5 wirken nichtigkeitsbeschränkend, so dass die Nichtigkeitsfolge gem. § 256 Abs. 1 Nr. 1 i.V.m. Abs. 4 bzw. 5 AktG eintritt.

Für **weitere Berichtsinstrumente** wurden die Folgen deren Fehlerhaftigkeit untersucht. Anhang, Kapitalflussrechnung und Eigenkapitalspiegel sind Bestandteile des Jahresabschlusses und haben mit Bilanz und GuV eine Einheit darzustellen. Die Vorschriften zu Pflichtangaben im Anhang dienen dem Gläubigerschutz, ebenso die Erstellungspflichten und Vorschriften zur Kapitalflussrechnung und zum Eigenkapitalspiegel. Unterlassene oder unrichtige Angaben im Anhang bzw. das Fehlen der genannten Informationsinstrumente führen damit zur Nichtigkeit des gesamten Jahresabschlusses gem. § 256 Abs. 1 Nr. 1 AktG.

Der Lagebericht ist hingegen nicht Bestandteil des Jahresabschlusses. Er dient lediglich als Informationsinstrument, das neben dem Jahresabschluss steht. Fehler im Lagebericht allein führen damit nicht zur Nichtigkeit des Jahresabschlusses, wenn sich diese nicht auch durch Inhaltsfehler im Jahresabschluss selbst niederschlagen. Gleiches gilt für einen Abhängigkeitsbericht gem. § 312 AktG, der ebenso wenig Bestandteil des Jahresabschlusses ist.

Entgegen der teilweise im Schrifttum zu findenden Stimmen ist eine analoge Anwendung des § 256 AktG auf den **Konzernabschluss** abzulehnen. Im Gegensatz zum Einzelabschluss werden an den Konzernabschluss keine weiteren Rechtsfolgen geknüpft, sondern er ist reines Informationsinstrument. Durch eine Nichtigkeitsfolge des Billigungsbeschlusses wird die Falschinformation nicht bereinigt. Ferner existiert keine Regelungslücke, so dass sich eine Analogie verbietet. Nach allgemeinen zivilrechtlichen Regeln ist der Billigungsbeschluss des Aufsichtsrates gem. § 134 BGB nichtig, wenn er sich auf einen Konzernabschluss bezieht, der inhaltlich wesentlich gegen gesetzliche Vorschriften verstößt. Ein Konzernabschluss, der grobe Falschbewertungen ausweist, verstößt gegen die Rechnungslegungsvorschriften der §§ 290 ff. HGB, so dass dessen Billigungsbeschluss bereits gem. § 134 BGB nichtig ist. Eine Billigung durch die Hauptversammlung nach Versagung durch den Aufsichtsrat erfolgt durch Beschluss, der den allgemeinen aktienrechtlichen Regeln der §§ 241 ff. AktG unterliegt. Eine analoge Anwendung des § 256 AktG ist daher nicht notwendig und wäre verfehlt.

Das **Wertaufhellungsprinzip** hat eine zentrale Bedeutung für die Frage nach Bewertungsfehlern. Da deren Beurteilung ex post erfolgen muss, war abzugrenzen, welche Erkenntnisse für die Bewertung herangezogen werden dürfen, um die Abgrenzung von objektiv fehlerhaften und fehlerfreien Bewertungen zu ermöglichen. Generell dürfen nur solche nachträglichen Erkenntnisse, die Aufschluss über die Verhältnisse am maßgeblichen Abschlussstichtag geben, berücksichtigt werden (wertaufhellende Erkenntnisse). Dabei kommt es darauf an, ob diese zum Zeitpunkt der Aufstellung des Jahresabschlusses bekannt bzw. nach objektiven Maßstäben für den Jahresabschlussersteller erkennbar waren.

Es wurde gezeigt, dass die Sphären der handelsrechtlichen Rechnungslegung und der gesellschaftsrechtlichen Rechnungslegung zu trennen sind. Der Feststellungsbeschluss als Objekt der Nichtigkeit betrifft unmittelbar nur die gesellschaftsrechtliche Rechnungslegungspflicht. Die handelsrechtliche Rechnungslegungspflicht wird hingegen durch die Aufstellung als Realakt erfüllt. Die Untersuchung hat sodann ergeben, dass nach geltender Gesetzeslage der Wertaufhellungszeitraum gem. § 252 Abs. 1 Nr. 4 HGB mit dem Abschluss der **Aufstellung** des Jahresabschlusses beendet ist. Alle bis dahin erlangten wertaufhellenden Erkenntnisse sind zu berücksichtigen, danach erlangte Erkenntnisse dürfen grundsätzlich nicht berücksichtigt werden. Die Frage der Nichtigkeit ist folglich an dieser Grenze zu messen. Auf gesellschaftsrechtlicher Ebene können sich im Einzelfall Konstellationen ergeben, in denen der Vorstand verpflichtet ist, negative Erkenntnisse nach der Aufstellung zu berücksichtigen, um zu hohe Gewinnausschüttungen und damit eine mögliche Haftung zu vermeiden. Im Rahmen dieser sog. „Organverantwortung" ist die Berücksichtigung von vor Feststellung aber nach Aufstellung erlangten Erkenntnissen zulässig. Eine Nichtbeachtung führt jedoch nicht zur Nichtigkeit des handelsrechtlichen Jahresabschlusses.

Für das Wertaufhellungsprinzip bezogen auf die Nichtigkeitsproblematik wurde aus den vorherigen Erkenntnissen folgende Formel entwickelt:

Ein Bilanzansatz ist gesetzeskonform, wenn er die wertaufhellenden Tatsachen berücksichtigt, die nach einem objektiven Sorgfaltsmaßstab zum Zeitpunkt der Aufstellung des Jahresabschlusses erkennbar waren. Die Berücksichtigung zwischen Auf- und Feststellung des Jahresabschlusses gewonnener wertaufhellender Erkenntnisse ist im Rahmen der Organverantwortung zulässig, deren Nichtberücksichtigung führt jedoch nicht zur Nichtigkeit der Feststellung.

Für die Untersuchung eines Bilanzansatzes auf Fehlerhaftigkeit wurde das folgende Schema entwickelt:

Nachträgliches Bekanntwerden wertbeeinflussender Tatsachen

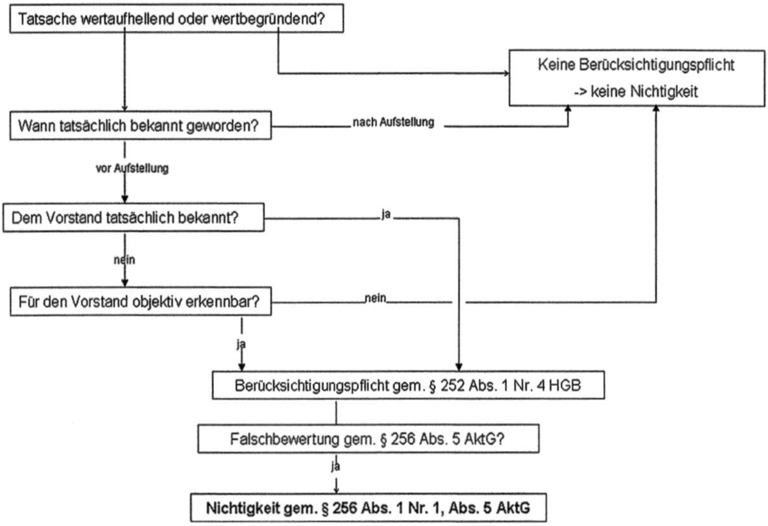

Abbildung 4: Nachträgliches Bekanntwerden wertbeeinflussender Tatsachen

In der Literatur wird vielfach vertreten, nur eine wesentliche Über bzw. Unterbewertung führe zur Nichtigkeit des Jahresabschlusses, und § 256 Abs. 5 AktG sei um das Tatbestandsmerkmal der Wesentlichkeit zu ergänzen. Die Auseinandersetzung mit der Rechtsprechung hat jedoch gezeigt, dass weder der BGH noch die Instanzgerichte das Überschreiten einer Wesentlichkeitsschwelle fordern, sondern lediglich bedeutungslose und damit unwesentliche Falschbewertungen von der Nichtigkeitsfolge ausnehmen wollen.

Weder die grammatische, noch die historische, logisch-systematische oder teleologische Auslegung haben die Notwendigkeit eines weiteren Tatbestandsmerkmals der Wesentlichkeit ergeben. Vielmehr wurde gezeigt, dass bereits der den Bewertungsvorschriften innewohnende allgemeine **Grundsatz der Wesentlichkeit** die notwendige Abgrenzung bewirkt. Falschbewertungen führen damit stets zur Nichtigkeit, es sei denn sie sind unwesentlich. Unwesentliche Falschbewertungen stellen nach dem Grundsatz der Wesentlichkeit schon tatbestandlich keine Über- oder Unterbewertung i.S.d. § 256 Abs. 5 AktG dar.

Im Unterschied zur erwähnten Literaturmeinung ist damit nicht das *Über*schreiten einer Wesentlichkeitsschwelle entscheidend, sondern eine Falschbewertung führt im Zweifel stets zur Nichtigkeit. Auszunehmen sind lediglich Bagatellfälle bis 1.000,00 € sowie als unwesentlich erkannte Fälle.

Zur Objektivierung wurden im Rahmen der Untersuchung als Anhaltspunkt **relative Schwellenwerte** entwickelt. Es wurde gezeigt, dass als Bezugsgrößen das Jahresergebnis nach Steuern (Jahresüberschuss bzw. –fehlbetrag) und die Bilanzsumme geeignet sind. Nur wenn eine erkannte Falschbewertung für beide Bezugsgrößen die Wesentlichkeitsschwelle *unter*schreitet, ist von einer Unwesentlichkeit auszugehen. Ferner wurde herausgearbeitet, dass zu beachten ist, dass ein konkret gerügter Bilanzansatz bereits den Fehler enthält, so dass die Grenzen darauf rechnerisch anzupassen sind.

Die folgende Tabelle zeigt das Ergebnis der Untersuchung:

Eine Falschbewertung ist in der Regel *unwesentlich*, wenn sie	Das entspricht:[1443]
• den Jahresüberschuss bzw. –fehlbetrag um weniger als 5 % verändert und • die Bilanzsumme um weniger als 1 % verändert. Bagatellfälle **bis 1.000,00 €** sind **stets unwesentlich.** **Mehrere unwesentliche** Über- bzw. Unterbewertungen verschiedener Posten können sich zu einer wesentlichen Über- bzw. Unterbewertung **addieren**.	4,76 % des fehlerhaften Jahresergebnisses 0,99 % der fehlerhaften Bilanzsumme

Abbildung 5: Wesentlichkeitsgrenzen zur Bestimmung der Nichtigkeit

1443 Siehe dazu ausführlich oben, Kap. III, B.3.d.(2), S. 153 .

Zu beachten ist, dass es sich um einen Anhaltspunkt handelt. Die abschließende Entscheidung ist im Einzelfall zu treffen. Bedeutsam ist ferner, dass diese Grenzen sich nur auf Bewertungsfehler beziehen, die auf dem Verlassen eines Beurteilungsspielraums beruhen.

Kapitel IV:

Objekt der Nichtigkeit ist das korporationsrechtliche Rechtsgeschäft der Feststellung, das aufgrund der Nichtigkeit anfänglich keine Rechtsfolgen entfalten kann. Gem. § 253 AktG folgt die zwingende Nichtigkeit des Gewinnverwendungsbeschlusses, der auf der Feststellung aufbaut. Weitere Folge der Nichtigkeit ist die **Nichterfüllung der Rechnungslegungspflichten**. Unmittelbar betrifft das zunächst nur die gesellschaftsrechtliche Rechnungslegungspflicht, die durch die Feststellung erfüllt wird. Das Vorliegen von Inhaltsfehlern als Nichtigkeitsgrund führt aber gleichzeitig auch zu einer „Schlechterfüllung" der handelsrechtlichen Rechnungslegungspflicht, da diese nur ordnungsgemäß erfüllt wird, wenn die geltenden Vorschriften beachtet werden. Folge der Nichtigkeit ist damit mittelbar eine Neuaufstellungspflicht des handelsrechtlichen Jahresabschlusses, wenn es sich bei den Nichtigkeitsgründen um Inhaltsfehler handelt. Die Neuaufstellungspflicht ergibt sich direkt aus §§ 242, 264 HGB und nicht aus § 256 AktG. Es wurde gezeigt, dass eine Verknüpfung des Aktienrechts mit dem Handelsrecht jedoch dergestalt besteht, dass § 256 AktG die Grenzen der Fehlerhaftigkeit für eine Berichtigungspflicht absteckt. Solche Inhaltsfehler, die nicht zu einer Nichtigkeit gem. § 256 AktG führen – insbesondere aufgrund der Einschränkungen des § 256 Abs. 5 AktG – , führen auch nicht zu einer Neuaufstellungspflicht; für diese besteht jedoch ein Wahlrecht zur Berichtigung.

Sind seit Bekanntmachung des Jahresabschlusses im elektronischen Bundesanzeiger drei Jahre verstrichen, so ist die Nichtigkeit aufgrund von Inhaltsmängeln gem. § 256 Abs. 6 AktG geheilt. Die Untersuchung hat ergeben, dass es sich dabei nicht um eine echte Heilung handelt, die rückwirkend die Rechtslage ändert. Vielmehr kann lediglich die Nichtigkeit nach Heilungseintritt nicht mehr geltend gemacht werden. Dies betrifft damit nur die Rechtsfolgen der gesellschaftsrechtlichen Rechnungslegung, die nach Heilungseintritt Bestand haben sollen. Die inhaltliche Fehlerhaftigkeit des handelsrechtlichen Jahresabschlusses wird dadurch jedoch nicht beseitigt. Diese kann nur durch eine Neuaufstellung des Jahresabschlusses beseitigt werden. Diese Pflicht aus §§ 242, 264 HGB besteht unabhängig von der Heilung, da sie der handelsrechtlichen Rechnungslegungssphäre entspringt, so dass die Heilungsfrist keinesfalls von dem Vorstand abgewartet werden darf. Aufgrund der Nichtigkeitsfolge ipso iure besteht die

Pflicht zur Neuaufstellung unabhängig von einer gerichtlichen Geltendmachung der Nichtigkeit. Sobald der Vorstand die Fehlerhaftigkeit des Jahresabschlusses erkennt oder befürchtet, muss er pflichtgemäß handeln und mindestens durch sachverständigen Rat klären, ob Nichtigkeitsgründe gegeben sind oder nicht.

Ist die Heilung der Feststellung jedoch eingetreten, so ist im Regelfall davon auszugehen, dass der Zeitablauf auch faktisch zu einer „Heilung" der handelsrechtlichen Fehlerhaftigkeit geführt hat, da die Relevanz der Richtigkeit der Information mit steigendem Zeitablauf abnimmt. Nach Eintritt der Heilung ist daher in der Regel keine Neuaufstellung des handelsrechtlichen Jahresabschlusses mehr geboten.

Für die **Neuaufstellung nach Nichtigkeit** wegen Inhaltsfehlern wurde festgestellt, dass die maßgeblichen Vorschriften für die Erstaufstellung gelten. Grundsatz ist, dass der neu aufgestellte Jahresabschluss die Gestalt haben muss, die er bei der erstmaligen Aufstellung unter Beachtung der gesetzlichen Vorschriften hätte haben müssen. Die Erstaufstellung als Realakt ist nicht Objekt der Nichtigkeit und kann daher entgegen vieler Stimmen in der Literatur nicht als gegenstandslos bezeichnet werden. Vielmehr ist sie rechtzeitig erfolgt, jedoch fehlerhaft. Es muss daher eine Neuaufstellung erfolgen, die genau die Fehler der Erstaufstellung bereinigt. Dies führt dazu, dass auch der ursprüngliche Wertaufhellungszeitraum, der mit Aufstellung des Erstabschlusses beendet war, heranzuziehen ist. Spätere wertaufhellende Erkenntnisse dürfen nicht berücksichtigt werden. Wahlrechte müssen entsprechend der Erstaufstellung ausgeübt werden und stehen nicht erneut zur Disposition. Nur so wird der stichtagsbezogenen Aussage des Jahresabschlusses Rechnung getragen.

Der neu aufgestellte Jahresabschluss unterliegt wie der Erstabschluss der Prüfungspflicht. Die Untersuchung hat ergeben, dass es sich dabei um eine **Vollprüfung** gem. § 316 Abs. 1 HGB handelt und nicht um eine Nachtragsprüfung, wie teilweise vertreten wird. Unter Einbeziehung der Wirkungen des schuldrechtlichen Prüfungsvertrags wurde gezeigt, dass die Bestellung des Abschlussprüfers des Erstabschlusses mit der Erteilung des damaligen Bestätigungsvermerks abgeschlossen war und sich damit erledigt hat. Für die Prüfung des Neuabschlusses ist daher eine **Neubestellung** notwendig, die im Regelfall gem. § 318 Abs. 4 HGB durch das Registergericht zu erfolgen hat. Im Falle der Insolvenz liegt das Antragsrecht hierfür gem. § 155 Abs. 3 InsO beim Insolvenzverwalter. Verfehlt ist dagegen die Anstrengung eines Ersetzungsverfahrens gem. § 318 Abs. 3 HGB, das den Bestand der Bestellung voraussetzte. Eine ohne Neubestellung durch den damaligen Abschlussprüfer durchgeführte Prüfung führt vielmehr zur Nichtigkeit des neu aufgestellten Jahresabschlusses wegen des Bestellungsmangels gem. § 256 Abs. 1 Nr. 3 Alt. 2 AktG. Als neu zu bestellender Abschlussprüfer ist der damalige Abschlussprüfer nicht per se wegen Befangenheit ausgeschlossen, jedoch bietet sich in der Praxis die Bestellung eines anderen Wirtschaftsprüfers an.

Der neu aufgestellte Jahresabschluss ist gem. § 325 HGB offenzulegen. Die Pflicht entsteht de lege lata jedoch erst nach tatsächlich erfolgter Neuaufstellung, da die Publizitätspflicht mangels inhaltlicher Prüfung durch den Betreiber des elektronischen Bundesanzeigers grundsätzlich mit der Offenlegung des Erstabschlusses erfüllt wurde. Eine Erzwingung der Neuaufstellung samt Prüfung und Offenlegung ist jedoch möglich, wenn die Nichtigkeit gerichtlich festgestellt wird. Es wurde gezeigt, dass in diesem Fall in analoger Anwendung des § 325 HGB ein Ordnungsgeldverfahren gem. § 335 HGB einzuleiten ist, wenn nicht die Offenlegung spätestens 12 Monate nach Rechtskraft des Nichtigkeitsurteils erfolgt ist.

Die Nichtigkeit des Vorjahresabschlusses ist kein eigenständiger Nichtigkeitsgrund für **Folgeabschlüsse**, da § 256 AktG die Nichtigkeitsgründe abschließend regelt. Nur wenn die Folgeabschlüsse Inhaltsfehler eines Vorabschlusses wiederholen, sind diese selbständig nichtig. Auch die Schlusszahlen eines nichtigen Jahresabschlusses stellen folglich taugliche Eröffnungswerte für den Folgeabschluss dar. Wird der Vorjahresabschluss geheilt, so ergibt sich kein Problem für Folgeabschlüsse, wenn diese nicht an einem eigenständigen nichtigkeitsbegründenden Mangel leiden. Zur Wirksamkeit der Feststellung eines Jahresabschlusses gehört jedoch die Bedingung, dass die Vorjahreswerte rechtswirksam festgestellt werden. Bei Nichtigkeit des Vorjahresabschlusses sind Folgeabschlüsse daher **schwebend unwirksam**. Wird der Vorjahresabschluss durch Heilung wirksam, so ist damit auch der Schwebezustand für den Folgeabschluss beendet. Wird der Vorjahresabschluss mit geänderten Werten neu festgestellt, so führt dies zur endgültigen Unwirksamkeit auch des Folgeabschlusses, weil dessen Eröffnungswerte nicht mehr dem Grundsatz der Bilanzidentität gem. § 252 Abs. 1 Nr. 1 HGB entsprechen. Bei der Anpassung der Eröffnungswerte handelt es sich nicht um eine Neuaufstellung wegen Nichtigkeit sondern um eine Änderung durch Anpassung. Vor der Neufeststellung hat daher eine **Nachtragsprüfung** gem. § 316 Abs. 3 HGB stattzufinden.

Für die Geltendmachung der Nichtigkeit wurde die Nichtigkeitsklage umfassend untersucht. Klagebefugt für die **Nichtigkeitsklage** sind gem. §§ 256 Abs. 7, 249 AktG shareholder und Unternehmensorgane bzw. deren Mitglieder. Im Fall der Insolvenz ist auch der Insolvenzverwalter klagebefugt. Eine Frist zur Erhebung gibt es nicht, jedoch ist eine nach Eintritt der Heilung erhobene Klage unbegründet. Dem Wortlaut des Gesetzes entsprechend ist § 167 ZPO nicht auf die Heilungsfrist anzuwenden, da diese keine Frist für die Erhebung der Klage darstellt, sondern sich lediglich die Heilungsfrist bei Rechtshängigkeit einer Klage verlängert. Ebenso wenig ist § 193 BGB anwendbar, so dass auf rechtzeitige Klageerhebung zu achten ist.

Rechtsschutzziel der Nichtigkeitsklage ist die Klärung der Nichtigkeit des Jahresabschlusses mit Wirkung für und gegen jedermann. Die Nichtigkeit feststellende Urteile wirken **inter omnes.** Die umfassende Untersuchung des Streitgegenstands hat ergeben, dass sich die diesen bestimmenden Lebenssachverhalte für den Fall des mehraktigen Vorgangs der Auf- und Feststellung des Jahresabschlusses in den Fehlerarten des § 256 AktG widerspiegeln. Vom Streitgegenstand einer Nichtigkeitsklage aufgrund eines Inhaltsfehlers sind daher sämtliche Inhaltsfehler umfasst, nicht jedoch z.B. Prüfungs- oder Verfahrensfehler. Dies bestimmt damit auch den Umfang der Rechtshängigkeit, die einer weiteren Klageerhebung entgegensteht.

Der Antrag der Klage ist auf Feststellung der Nichtigkeit des Jahresabschlusses zu richten. Eine Nichtigkeitsklage auf Feststellung der Nichtigkeit des Gewinnverwendungsbeschlusses allein ist möglich, jedoch kann diese nicht den Eintritt der Heilung der Nichtigkeit des Jahresabschlusses verhindern. Die Darlegungs- und Beweislast für die Erfüllung des Tatbestands der Nichtigkeit obliegt nach allgemeinen Regeln dem Nichtigkeitskläger. Nach dem Prinzip der Tatsachennähe können jedoch Beweiserleichterungen gelten. Insbesondere im Fall eines eingeschränkten Bestätigungsvermerks bzw. eines Versagungsvermerks verlagert sich die Darlegungslast auf die Gesellschaft.

Neben der aktienrechtlichen Nichtigkeitsklage ist für jedermann eine **einfache Feststellungsklage** gem. § 256 Abs. 1 ZPO möglich, wenn ein besonderes Feststellungsinteresse gegeben ist. Ein solches Feststellungsurteil wirkt jedoch nach allgemeinen Regeln nur zwischen den Streitparteien. Für i.S.d. §§ 256 Abs. 7, 249 Abs. 1 S. 1 AktG Klagebefugte ist daher die Nichtigkeitsklage vorrangig.

Die einzige Möglichkeit, die Nichtigkeit zu beseitigen, liegt auch ohne eine rechtskräftige Feststellung der Nichtigkeit in der Neuaufstellung und Neufeststellung des Jahresabschlusses. Dazu besteht unmittelbar nach Erkennen der Fehlerhaftigkeit des Jahresabschlusses eine Verpflichtung des Vorstandes.

Ein stattgebendes Nichtigkeitsurteil stellt die Nichtigkeit des Jahresabschlusses fest. Subjektiv erreicht die materielle **Rechtskraft** jedermann, so dass für und gegen jedermann die Nichtigkeit des Jahresabschlusses feststeht. Die Untersuchung der Wirkung der objektiven materiellen Rechtskraft hat gezeigt, dass diese nur die Feststellung der Nichtigkeit, nicht jedoch den Nichtigkeitsgrund umfasst. Es handelt sich bei dem Nichtigkeitsgrund um eine Vorfrage, die nicht der Feststellung zugänglich ist. Eine bindende Feststellung des tatsächlichen Nichtigkeitsgrundes kann jedoch durch **Streitverkündung** der Gesellschaft oder des Insolvenzverwalters gegenüber potenziell Schadensersatzpflichtigen im Fall der Nichtigkeit des Jahresabschlusses erreicht werden. Dies können Organmitglieder oder Dritte, z.B. der Abschlussprüfer sein. Dem Vorstand oder Aufsichtsrat als Organ kann jedoch kein Streit durch die Gesellschaft verkündet werden, weil diese die Beklagte bereits vertreten und selbst als Beklagte im Nichtigkeitsprozess nicht parteifähig wären. Dem Streitverkündungsempfänger gegenüber ist die tatsächliche Feststellung des Nichtigkeitsgrundes bindend.

Da der Vorstand verpflichtet ist, bei Erkennen der Nichtigkeit unverzüglich die Neuaufstellung und –feststellung voranzutreiben, ist er bei Erhebung einer Nichtigkeitsklage zur Verteidigung des festgestellten Jahresabschlusses verpflichtet. Dennoch sind Anerkenntnis, Geständnis oder Säumnis möglich. Derartige **prozessbeendende Maßnahmen** stellen jedoch eine **Pflichtverletzung** der Verwaltung dar, da diese bei Überzeugung von der Nichtigkeit des Jahresabschlusses bereits eigenständig die Nichtigkeit durch Neuaufstellung hätte geltend machen müssen.

Aktionären, Verwaltungsmitgliedern oder Dritten mit rechtlichem Interesse am Bestand oder der Nichtigkeit des Jahresabschlusses ist es möglich, dem Rechtsstreit als **Nebenintervenienten** beizutreten. Auf Klägerseite ist dies auch dem Vorstand als Organ möglich. Bei Personen aus dem Kreis der Klagebefugten gem. § 249 Abs. 1 S. 1 AktG handelt es sich dabei stets um streitgenössische Nebenintervenienten. Für Dritte gilt dies in der Regel auf Klägerseite. Beitretende Dritte auf Seiten der beklagten Gesellschaft sind dagegen regelmäßig einfache Nebenintervenienten. Der Gesellschaft beitretende Aktionäre oder Verwaltungsmitglieder können aufgrund ihrer Eigenschaft als streitgenössische Nebenintervenienten gem. §§ 69, 61, 62 ZPO eine vorzeitige Prozessbeendigung verhindern, indem sie einem Anerkenntnis oder Geständnissen widersprechen bzw. eine Säumnis verhindern.

Sodann wurde das Verhältnis der Nichtigkeit zum **Rechnungslegungs-Enforcement** gem. §§ 342b ff. HGB untersucht. Das Enforcement-Verfahren bezieht sich nur auf börsennotierte Unternehmen und ermöglicht die Prüfung des letzten Jahresabschlusses einschließlich Lagebericht sowie des letzten Konzernabschlusses einschließlich Konzernlagebericht auf Rechnungslegungsfehler. Dabei werden nicht nur Nichtigkeitsgründe geprüft, sondern auch Fehler unterhalb der Nichtigkeitsschwelle führen zur Beanstandung. Ziel ist die Sanktionierung einer Verfehlung der Informationsfunktion der Rechnungslegung durch Bekanntmachung der Fehler. Diese wird durch die BaFin angeordnet und kann bei Nichtanerkennung des Unternehmens auch erzwungen werden. Das Rechnungslegungs-Enforcement bezieht sich damit nicht auf die gesellschaftsrechtliche Sphäre der Rechnungslegung und berührt die Feststellung bzw. Billigung nicht. Das Verfahren ist demgemäß subsidiär zur Nichtigkeitsklage. Getroffene Feststellungen der DPR oder BaFin sind für die Gerichtsbarkeit nicht bindend. Nicht erfasst vom Rechnungslegungs-Enforcement ist de lege lata der wahlweise offenzulegende IFRS-Einzelabschluss gem. § 325 Abs. 2a HGB. Da dieser eine dem Konzernabschluss entsprechende Informationsfunktion wahrnimmt, sollte er de lege ferenda in das Verfahren gem. § 342b HGB aufgenommen werden, um eine Verfehlung der Informationsfunktion auch für dieses Berichtsinstrument sanktionieren zu können.

Wie zuvor gezeigt wurde, ist § 256 AktG auf einen mit inhaltlichen Fehlern behafteten **Konzernabschluss** nicht analog anwendbar. Es wird allein dessen Informationsfunktion beeinträchtigt, die durch eine Nichtigkeitsfolge auch nicht bereinigt werden kann. Bei Inhaltsfehlern des Konzernabschlusses ist daher eine zeitnahe Richtigstellung gegenüber der Öffentlichkeit notwendig. In der Regel wird eine Korrektur in laufender Rechnung ausreichen. Wird jedoch der Fehler kurze Zeit nach Offenlegung des Konzernabschlusses bekannt, so ist dieser zu ändern, einer Nachtragsprüfung zu unterziehen und offenzulegen. Die Vorgehensweise steht im pflichtgemäßen Ermessen des Vorstands. Ist das dem Konzernabschluss zu Grunde liegende Rechtsgeschäft der Billigung wegen schwerwiegender Inhaltsfehler gem. § 134 BGB nichtig, so kann diese Nichtigkeit von Mitgliedern der Verwaltung durch allgemeine Feststellungsklage gem. § 256 ZPO geltend gemacht werden. Notwendig kann dies sein, um eine Änderung des Konzernabschlusses oder dessen Abschlussprüfung zu erzwingen. Aktionären ist diese Klagemöglichkeit in der Regel nicht gegeben, weil diesen das erforderliche Feststellungsinteresse fehlt. Ihnen bleiben jedoch die Verweigerung der Entlastung von Vorstand und Aufsichtsrat sowie ein Hinweis an die DPR zur Einleitung eines Enforcement-Verfahrens. Für den IFRS-Einzelabschluss gem. § 325 Abs. 2a HGB wurde gezeigt, dass dessen Mangelhaftigkeit zu einer Erzwingung der Offenlegung des HGB-Einzelabschlusses führen kann.

Für das Verhältnis zwischen der AG und deren Aktionären bezieht sich die Nichtigkeit sowohl auf die Feststellung des Jahresabschlusses als auch auf einen bereits gefassten Gewinnverwendungsbeschluss. Daher kann weder ein mitgliedschaftlicher Gewinnanspruch, der zur Fassung eines Gewinnverwendungsbeschlusses verpflichten würde, noch ein Zahlungsanspruch für die Aktionäre entstehen. Der Vorstand muss bei Erkennen der Nichtigkeit daher Gewinnausschüttungen verweigern.

Bereits ausgeschüttete **Scheingewinne** sind von Aktionären ohne Rechtsgrund erlangt. Sie sind gem. § 62 AktG jedoch nur bei Kenntnis oder fahrlässiger Unkenntnis der Nichtberechtigung zum Dividendenbezug zurückzuzahlen, die Darlegungs- und Beweislast dafür liegt bei der AG. Ausschüttbare Scheingewinne ergeben sich nur im Fall von Überbewertungen genau in deren Höhe. Die Untersuchung der möglichen Ansprüche und Gegenansprüche hat ergeben, dass eine Rückforderung auch vor Feststellung des neu aufgestellten Jahresabschlusses nur in Höhe der Differenz zwischen korrektem und vormals fehlerhaftem Ergebnis möglich ist. Einer vollen Rückforderung könnte der mitgliedschaftliche Gewinnanspruch auf den korrekten Gewinn entgegengehalten werden. Im Fall der Gutgläubigkeit können Scheingewinne von Aktionären nicht zurückverlangt werden. Auf Zahlungsansprüche aus neu gefassten Gewinnverwendungsbeschlüssen sind jedoch nach den Grundsätzen der Saldotheorie bereits erfolgte Zahlungen für dieses Geschäftsjahr anzurechnen. Dies gilt auch für Rechtsnachfolger gutgläubiger Aktionäre. Gewinnausschüttungen auf Grundlage eines schwebend unwirksamen Folgeabschlusses sind analog § 59 AktG in Höhe des voraussichtlich korrekten Ergebnisses möglich. Bei notwendiger Korrektur von Folgeabschlüssen sind Ansprüche aus neu gefassten Gewinnverwendungsbeschlüssen der Folgeabschlüsse auch bei Gutgläubigkeit der Aktionäre mit Ausschüttungen der Vorjahre zu verrechnen, soweit sich Fehler bereits durch Korrektur in laufender Rechnung kompensiert haben. Im Ergebnis dürfen Aktionäre gutgläubig bezogene Scheingewinne behalten, jedoch bei Korrektur keine Doppelausschüttungen verlangen.

Im Rahmen einer Untersuchung der **Insolvenzgründe** wurde gezeigt, dass eine nichtigkeitsbegründende Überbewertung zu einer Verschleierung des Insolvenzgrunds der Überschuldung führen kann. Gem. § 15a InsO besteht bei Überschuldung einer Kapitalgesellschaft die Pflicht, spätestens drei Wochen nach Eintritt der Überschuldung Insolvenzantrag zu stellen. Eine danach objektiv bestehende Antragspflicht wird durch Verschleierungen innerhalb des Jahresabschlusses nicht beseitigt. Ferner wurde gezeigt, dass durch eine Verschleierung der Überschuldung auch der Bestand eines Zahlungsverbots gem. § 92 Abs. 2 AktG verdeckt wird. Im Insolvenzfall beweisen überbewertete Jahresabschlüsse in deren Vorfeld damit regelmäßig den Tatbestand einer Insolvenzverschleppung.

Als Basis der umfangreichen Untersuchung der Haftungsfolgen der Vorstandsmitglieder wurde auf das Ressortprinzip eingegangen und dessen konkrete Auswirkungen für die Haftung beleuchtet. Die im Rahmen der Individualhaftung vorzuwerfende Pflichtverletzung liegt danach für ressortzuständige Vorstandsmitglieder in dem Rechnungslegungsverstoß selbst, während nicht unmittelbar zuständigen Vorstandsmitgliedern ein Verstoß gegen die Überwachungspflicht vorzuwerfen ist. Auch für die strafrechtliche Verantwortlichkeit bedarf es eines individuellen Tatbestandsvorwurfs, der für ressortzuständige Vorstandsmitglieder eher gegeben ist, als für lediglich überwachende Vorstandsmitglieder.

Die Rechnungslegungsvorschriften sind nicht dispositiv, so dass die „Business Judgement Rule" des § 93 Abs. 1 S. 2 AktG für Rechnungslegungsverstöße nicht gilt. Nichtigkeitsbegründende Rechnungslegungsfehler stellen demnach stets eine objektive Pflichtverletzung dar.

Im Rahmen der Untersuchung der denkbaren Straftatbestände wurde jeweils ein konkreter Bezug zu den Nichtigkeitsgründen des § 256 AktG gesucht. Die Untersuchung hat gezeigt, dass für die strafrechtliche Relevanz von Bewertungsfehlern regelmäßig der Maßstab der Nichtigkeit heranzuziehen ist. Für vorsätzlich begangene Fehler unterhalb der Nichtigkeitsschwelle kommt demnach eine Ahndung als Ordnungswidrigkeit in Betracht. Für Aufsichtsratsmitglieder hat sich gezeigt, dass die Strafbarkeitsrisiken weniger stark sind als für Vorstandsmitglieder. Die folgende Tabelle zeigt die Straftatbestände, die bei Nichtigkeit des Jahresabschlusses für Vorstands- und Aufsichtsratsmitglieder sowie für den Insolvenzverwalter und den Abschlussprüfer in Betracht kommen:

Strafbarkeit von Vorstands- und Aufsichtsratsmitgliedern bei Nichtigkeit des Jahresabschlusses

Straftatbestand	Vorstandsmitglieder	Aufsichtsratsmitglieder
§ 331 Nr. 1 HGB unrichtige Darstellung	X	X
§ 334 I Nr. 1 HGB	X	X
§ 263 StGB Betrug	z.B. Krediterlangung, Unternehmensverkauf oder Prozessbetrug unter Vorlage JAs	selten
§ 265b StGB Kreditbetrug	Kreditbeantragung unter Vorlage nichtigen JAs	selten
§ 266 StGB Untreue	Scheingewinnausschüttung	Duldung der Ausschüttung
§ 283 I Nr. 7 a) StGB bzw. § 283b I Nr. 3 a) StGB Verletzung der Buchführungs- pflicht	Erschwerung d. Übersicht über d. Vermögensstand bei Krise auch fährlässige Begehung	./.
§ 401 AktG	Verschleierung eines Verlustes auch fahrlässige Begehung	./.
§ 15a IV InsO	Bei Verschleierung einer Überschuldung auch fahrlässige Begehung	Nur bei Führungs- losigkeit sonst Beihilfe

§§ 370, 378 AO Steuerhinterziehung	Bei Unterbewertung auch leichtfertige Begehung	./.

Tabelle 5: Straftatbestände für Vorstands- und Aufsichtsratsmitglieder

Straftatbestände für Insolvenzverwalter und Abschlussprüfer

Insolvenzverwalter	§ 283b I Nr. 3 b) StGB Verletzung der Buchführungspflicht bei Verletzung der Aufstellungsfristen
Abschlussprüfer	§ 332 HGB Verletzung der Berichtspflicht
	§ 27 StGB Beihilfe zu Taten des Vorstands durch uneingeschränkte Testierung

Tabelle 6: Straftatbestände für Insolvenzverwalter und Abschlussprüfer

Im Rahmen der Untersuchung der Innenhaftung bzw. der Haftung des Abschlussprüfers gegenüber der Gesellschaft wurde jeweils untersucht, inwieweit eine Ersatzpflicht für die zuvor identifizierten typischen Schadenspositionen besteht und wie diese durchgesetzt werden kann. Diese Schadenspositionen liegen in ausgeschütteten Scheingewinnen (Ausschüttungsschaden), in den Kosten der Aufstellung und Abschlussprüfung des neu aufgestellten Jahresabschlusses, in Kosten für die Feststellung der Nichtigkeit (regelmäßig sind Sachverständigengutachten notwendig) sowie im Insolvenzfall in verbotenen Zahlungen.

Die folgende Tabelle zeigt die jeweils potenziell Ersatzpflichtigen für die typischen Schadenspositionen mit der in Betracht kommenden Anspruchsgrundlage.

Schadenspositionen im Fall der Nichtigkeit und regelmäßig Ersatzpflichtige

Schadens-position der AG	Ersatzpflicht, Anspruchsgrundlage			
	Aktionäre	Vorstands-mitglieder	Aufsichtsrats-mitglieder	Abschluss-prüfer
Ausschüttungs-schaden	§ 62 AktG bei Bösgläu-bigkeit	§ 93 III Nr. 2 Alt. 2 AktG	§§ 116, 93 III Nr. 2 Alt. 2 AktG	§ 323 I HGB
verbotene Zahlungen	./.	§ 93 III Nr. 6 AktG	§§ 116, 93 III Nr. 6 AktG	§ 323 I HGB
Kosten der Neuaufstellung und –prüfung	./.	§ 93 II AktG bei Pflichtverletzung bzgl. der Erstaufstellung	i.d.R. ./.	§ 323 I HGB nur im Einzelfall, Kausalität problematisch
Kosten der Feststellung der Nichtigkeit	./.	aus § 91 ZPO neben Ausschüt-tungsschaden; § 93 II AktG nur bei Inanspruch-nahme durch Dritte oder neben weiteren Schäden	§§ 116, 93 II AktG nur als Schadens-feststellungs-kosten neben weiteren Schäden	§ 323 I HGB nur im Einzelfall als Schadens-feststellungs-Kosten neben weiteren Schäden

Tabelle 7: Schadenspositionen und regelmäßig Ersatzpflichtige

Im Konzernverbund können dazu Ansprüche aus **Verlustausgleichspflicht gem. § 302 AktG** treten. Dazu wurde untersucht, in welcher Weise die Bestimmung der Anspruchshöhe mit der Auf- und Feststellung des Jahresabschlusses zusammenhängt. Die Betrachtung der verschiedenen Sphären der Rechnungslegung hat gezeigt, dass für die Entstehung des Ausgleichsanspruchs allein die handelsrechtliche Rechnungslegung relevant ist, die durch den aufgestellten Jahresabschluss erfüllt wird. Dieser ist damit allein für Entstehung und Höhe des Anspruchs aus § 302 AktG maßgeblich. Auf die Nichtigkeit und deren Feststellung kommt es diesbezüglich nicht an.

Die Untersuchung der Außenhaftung von Vorstand und Aufsichtsrat hat gezeigt, dass eine unrichtige Bilanzierung allein zur Haftungsbegründung nicht ausreicht, insbesondere wenn lediglich eine fahrlässige Falschbewertung vorliegt. Für die haftungsbegründende Kausalität bedarf es eines näheren Zusammenhangs zwischen der Falschbilanzierung und dem Schadenseintritt bei Dritten als der bloßen Kenntnisnahme des nichtigen Jahresabschlusses. Es wurde festgestellt, dass § 264 Abs. 2 HGB kein Schutzgesetzcharakter zugesprochen werden kann. Im Ergebnis stehen Aktionären bei Nichtigkeit des Jahresabschlusses nur in Ausnahmefällen Schadensersatzansprüche zu. Eine quasivertragliche Haftung aus c.i.c. oder Sachwalterhaftung i.S.d. § 311 Abs. 3 BGB wurde ebenso nur für den Ausnahmefall als einschlägig erkannt. Für den Insolvenzfall hat sich jedoch gezeigt, dass für Ansprüche aus Insolvenzverschleppungshaftung die Nichtigkeit des Jahresabschlusses zur Anspruchsdarlegung relevant ist.

Die Untersuchung der **Haftung des Abschlussprüfers** hat ergeben, dass die Erteilung eines uneingeschränkten Bestätigungsvermerks trotz Vorliegens nichtigkeitsbegründender Inhaltsfehler nicht per se eine Pflichtverletzung des Abschlussprüfers indiziert. Eine solche ist vor dem Hintergrund, dass die Abschlussprüfung keine lückenlose Prüfung darstellen kann, nur gegeben, wenn bei gewissenhafter Prüfung die Fehler hätten erkannt werden können. Das Verschulden dieser Pflichtverletzung wird jedoch vermutet, so dass sich der Abschlussprüfer exkulpieren muss. Im Fall verschuldeter Pflichtverletzung haftet der Abschlussprüfer der AG sowie ggf. verbundenen Unternehmen. Dabei ist der Einwand des Mitverschuldens der geprüften Gesellschaft gem. § 254 BGB zulässig, jedoch ist ein strengerer Maßstab als üblich anzuwenden. Die folgende Tabelle zeigt das Untersuchungsergebnis unter der Berücksichtigung, dass eine Pflichtverletzung des Abschlussprüfers gegeben ist und dass stets der Einzelfall zu würdigen ist:

Mitverschuldensberücksichtigung der AG gem. § 254 BGB

Anspruch AG → AP aus § 323 I HGB *		**Abschlussprüfer**	
		fahrlässig	vorsätzlich
AG handelnd durch Vorstand (§ 31 BGB analog)	fahrlässig	voller Anspruch in der Grenze des § 323 II HGB	voller Anspruch
	vorsätzlich	Minderung nach Berücksichtigung der Grenze des § 323 II HGB	Teilung

*: Es ist stets der Einzelfall zu würdigen!

Tabelle 8: Mitverschuldensberücksichtigung gegenüber dem Abschlussprüfer

Der Abschlussprüfer und seine Gehilfen bzw. die Wirtschaftsprüfungsgesellschaft und deren gesetzliche Vertreter haften der geprüften Gesellschaft als Gesamtschuldner. Die bislang ungeklärte Frage des Gesamtschuldnerausgleichs und der Wirkung der Haftungsminderung des § 323 Abs. 2 HGB bei unterschiedlichen Verschuldensgraden der Gesamtschuldner wurde unter Anwendung des Grundsatzes der gestörten Gesamtschuld gelöst.

Die Untersuchung der Haftung des Abschlussprüfers gegenüber Dritten bei Testierung eines nichtigen Jahresabschlusses hat ergeben, dass diese der Ausnahmefall ist und regelmäßig nur bei vorsätzlichem Handeln gegeben sein kann.

Die folgende Tabelle zeigt die untersuchten Sanktionsmittel für die zuvor identifizierten Überwachungsorgane bezogen auf die Überwachung der Rechnungslegung:

Überwachung der Rechnungslegung und Sanktionsmittel

	Überwachungsorgan	Sanktionsmittel
Kontrolle	Vorstand	Einfluss auf die Aufstellung des JA, Nichtigkeitsklage durch Vorstand oder ein Vorstandsmitglied
Aufsicht	Aufsichtsrat	Änderung vor Billigung, Verweigerung der Billigung, Nichtigkeitsklage eines Mitglieds
	Hauptversammlung (im Fall des § 173 AktG)	Änderung vor Feststellung, Nichtigkeitsklage eines Aktionärs
Prüfung	Abschlussprüfer	Einschränkung oder Versagung des Bestätigungsvermerks
	DPR und BaFin	Feststellung und Bekanntmachung von Fehlern
	Gerichtsbarkeit	Feststellung der Nichtigkeit des JA durch Urteil

Tabelle 9: Überwachung der Rechnungslegung und Sanktionsmittel

Die Nichtigkeit des handelsrechtlichen Jahresabschlusses betrifft unmittelbar nur die gesellschaftsrechtliche Rechnungslegung, die in der Feststellung mündet. Die Nichtigkeit sanktioniert damit insbesondere die Verfehlung der Ausschüttungsbemessungsfunktion des handelsrechtlichen Jahresabschlusses. Mittelbar wirkt die Nichtigkeit jedoch auch auf die handelsrechtliche Rechnungslegung, indem der Tatbestand des § 256 AktG die Grenzen der tolerierbaren Rechnungslegungsmängel aufzeigt. Es wird damit auch die Verfehlung der Informationsfunktion des handelsrechtlichen Jahresabschlusses sanktioniert, weil durch die gerichtliche Feststellung der Nichtigkeit die Neuaufstellung des fehlerhaften Jahresabschlusses erzwungen werden kann. Das Enforcement-Verfahren kann dies nur mittelbar leisten, indem erkannte Fehler öffentlich bekanntgemacht werden. Schließlich sind die Tatbestandsvoraussetzungen von Inhaltsfehlern auch für die strafrechtliche Beurteilung heranzuziehen.

Insbesondere in Folge einer Insolvenz ergeben sich vielfältige Haftungsfragen, denen der Insolvenzverwalter regelmäßig nachgehen muss. Für in Zusammenhang mit der Rechnungslegung stehende Ansprüche ist regelmäßig die gerichtliche Feststellung der Nichtigkeit des Jahresabschlusses Ausgangspunkt.

Unumstritten ist, dass § 256 AktG auf die GmbH analog anzuwenden ist. Die für die AG geklärten Probleme sind folglich grundsätzlich auf die GmbH zu übertragen. Eine detaillierte Analyse der Unterschiede hätte den Rahmen dieser Arbeit allerdings überschritten, bietet jedoch Potenzial für weitere Untersuchungen.

Literaturverzeichnis

ABELTSHAUSER, Thomas E.: in: Insolvenzordnung, Kommentar, siehe NERLICH, Jörg

ABENDROTH, Christiane: Der Bilanzeid – sinnvolle Neuerung oder systematischer Fremdkörper?, in: Wertpapiermitteilungen, Heft 25 (2008), WM 25/08 S. 1147-1151 (Bilanzeid)

ADLER, Hans / DÜRING, Walther / SCHMALTZ, Kurt (Begr.): Rechnungslegung und Prüfung der Unternehmen, Kommentar zum HGB, AktG, GmbHG, PublG nach den Vorschriften des Bilanzrichtlinien-Gesetzes, 6. Auflage, Stuttgart 1997 (ADS, Rechnungslegung, Tb.)

ALMELING, Christopher: in: Beck'scher Bil.-Komm., siehe ELLROTT, Helmut

ALTENHAIN, Karsten: Der strafbare falsche Bilanzeid, in: Wertpapiermitteilungen, Heft 25 (2008), WM 25/08 S. 1141-1147 (Bilanzeid)

ANDERS, Monika / GEHLE, Burkhard: Das Assessorexamen im Zivilrecht, 8. Auflage, München 2005 (Zivilrecht)

ANDRES, Dirk: in: InsO, siehe NERLICH, Jörg

ASSMANN, Eberhard: Stichtagsprinzip und Wertaufhellung im Blickpunkt der Außenprüfung, in: Die steuerliche Betriebsprüfung, Heft 1 (2005), stBP 1/05, S. 1-5 (Stichtagsprinzip)

AUSTMANN, Andreas: Rechtsfragen der Nebenintervention im aktienrechtlichen Anfechtungsprozess, in: Zeitschrift für das gesamte Handelsrecht und Wirtschaftsrechtsrecht, ZHR 158 (1994), S. 495-517 (Nebenintervention)

AXHAUSEN, Michael: Anfechtbarkeit aktienrechtlicher Aufsichtsratsbeschlüsse, Frankfurt am Main 1986 (Anfechtbarkeit)

BARZ, Carl Hans / BRÖNNER, Herbert u.a. (Hrsg.): Großkommentar zum Aktiengesetz, Berlin, New York 1973 (Großkomm. AktG)

BAETGE, Jörg / KIRSCH, Hans-Jürgen / THIELE, Stefan: Bilanzen, 11., aktualisierte Auflage, Düsseldorf 2011 (Bilanzen)

BAETGE, Jörg / KIRSCH, Hans-Jürgen / THIELE, Stefan: Konzernbilanzen, 9., durchgesehene Auflage, Düsseldorf 2011 (Konzernbilanzen)

BAETGE, Jörg / KIRSCH, Hans-Jürgen: in: Handbuch der Rechnungslegung, siehe KÜTING, Karlheinz

BALTHASAR, Helmut: Die Bestandskraft handelsrechtlicher Jahresabschlüsse – Änderungen und Berichtigungen nach deutschem Recht, US-amerikanischen GAAP und IAS, Berlin, New York 1999 (Bestandskraft)

BALTHASAR, Helmut: in: Handbuch Managerhaftung, siehe KRIEGER, Gerd

BANGE, Hubertus: Die Rückforderung von Gewinnausschüttungen durch den Insolvenzverwalter bei nichtigen Jahresabschlüssen, In: Zeitschrift für das gesamte Insolvenzrecht, Heft 10 (2006), ZInsO 10/06 S. 519-522 (Rückforderung)

BAUMBACH, Adolf / HOPT, Klaus J.: Handelsgesetzbuch, Kommentar, 32. Auflage, München 2006 (HGB)

BAUMBACH, Adolf / HUECK, Alfred: GmbH-Gesetz, Kommentar, 18. Auflage, München 2006 und 19. Auflage, München 2010 (GmbHG)

BORK, Reinhard: Streitgegenstand der Beschlussmängelklage im Gesellschaftsrecht, in: Neue Zeitschrift für Gesellschaftsrecht, Heft 23 (2002), NZG 23/02, S. 1094

BREKER, Norbert / KUHN, Sandra: Änderung von Jahres- und Konzernabschlüssen – Eine Darstellung der Neuerungen aus der Überarbeitung von IDW RS HFA 6, in: Die Wirtschaftsprüfung, Heft 18 (2007); WPg 18/07, S. 770-777

BUCHNER, Robert: Wirtschaftliches Prüfungswesen, 2. Auflage, München 1997 (Prüfungswesen)

BÜRGERS, Tobias / KÖRBER, Torsten (Hrsg.): Heidelberger Kommentar zum Aktiengesetz, Heidelberg 2008, (AktG)

BÜSSOW, Thomas: in: Beck´scher Bilanz-Kommentar, siehe ELLROTT, Helmut

BUSSE VON COLBE, Walther: Kleine Reform der Konzernrechnungslegung durch das TransPuG, in: Betriebs-Berater, Heft 31 (2002), BB 31/02, S. 1583-1588.

Deutsches Aktieninstitut (DAI): Stellungnahme zum Regierungsentwurf eines Transparenzrichtlinie-Umsetzungsgesetzes TUG) vom 28. Juni 2006, in: Neue Zeitschrift für Gesellschaftsrecht, Heft 18 (2006), NZG 18/06 S. 696-701

DÖRNER, Dietrich: in: Handbuch der Rechnungslegung, siehe KÜTING, Karlheinz

DRINHAUSEN, Florian / KEINATH, Astrid: Schadensersatz eines Berufsklägers wegen rechtsmissbräuchlicher Anfechtungsklage, in: Betriebs-Berater, Heft 47 (2007), BB 47/07 S. 2358-2360

EBKE, Werner F.: in: MüKo HGB, siehe SCHMIDT, Karsten

EISOLT, Dirk / SCHMIDT, Thomas: Praxisfragen der externen Rechnungslegung in der Insolvenz, in: Betriebs-Berater, Heft 13 (2009), BB 13/09, S. 654-658 (ReLe in der Insolvenz)

EKKENGA, Jens: Fragen der deliktischen Haftungsbegründung bei Kursmanipulationen und Insidergeschäften, in: Zeitschrift für Wirtschaftsrecht, Heft 17 (2004), ZIP 17/04 S. 781-793 (Haftungsbegründung bei Kursmanipulationen)

ELLENBERGER, Jürgen: in: PALANDT, BGB

ELLROTT, Helmut u.a. (Hrsg.): Beck'scher Bilanz-Kommentar, Handelsbilanz, Steuerbilanz, 7. Auflage, München 2010 (BeBiKo)

ERNST, Christoph / SEIDLER, Holger: Gesetz zur Modernisierung des Bilanzrechts nach Verabschiedung durch den Bundestag, in: Betriebs-Berater, Heft 15 (2009), BB 15/09, S. 766-771

EYERMANN, Erich (Begr.): Verwaltungsgerichtsordnung, Kommentar, 12., überarbeitete Auflage, München 2006 (VwGO)

FASTRICH, Lorenz: in: GmbHG, siehe BAUMBACH,

FISCHER, Thomas: Strafgesetzbuch und Nebengesetze, Kommentar, 57. Auflage, München 2010 (StGB)

FLEISCHER, Holger: Der deutsche „Bilanzeid" nach § 264 Abs. 2 Satz 3 HGB, in: Zeitschrift für Wirtschaftsrecht, Heft 3 (2007), ZIP 3/07 S. 97-106 (Bilanzeid)

FLEISCHER, Holger: Kompetenzüberschreitungen von Geschäftsleitern im Personen- und Kapitalgesellschaftsrecht, in: Deutsches Steuerrecht, Heft 24 (2009), DStR 24/09, S. 1204-1210 (Kompetenzüberschreitungen)

FORSTER, Karl-Heinz: Der nach Feststellung der Nichtigkeit neu aufgestellte Jahresabschluss und sein Prüfer, in: Gesellschaftsrecht, Rechnungslegung, Steuerrecht, Festschrift für MÜLLER, Welf, S. 183-193, München 2001 (FS MÜLLER, JA-Prüfer)

FÖRSCHLE, Gerhart: in: Beck'scher Bilanz-Kommentar, siehe ELLROTT, Helmut

FÖRSTER, Guido / SCHMIDTMANN, Dirk: Steuerliche Gewinnermittlung nach dem BilMoG, in: Betriebs-Berater, Heft 25 (2009), BB 25/09, S. 1342-1346 (BilMoG)

FRANZ, Einiko: Der gesetzliche Selbstbehalt in der D&O-Versicherung nach dem VorstAG - Wie weit geht das Einschussloch in der Schutzweste der Manager?, in: Der Betrieb, Heft 51/52 (2009), DB 51-52/09, S. 2764-2773 (Selbstbehalt)

FREUND, Stefan: Organhaftung von Vorständen und Geschäftsführern – Ein Überblick mit Hinweisen aus der Praxis, in: GmbH-Rundschau Heft 22 (2009), GmbHR 22/09 S. 1185-1190 (Organhaftung)

FREIDANK, Carl-Christian (Hrsg.): Rechnungslegung, Steuerung und Überwachung von Unternehmen, Berlin 2010 (Rechnungslegung)

FREIDANK, Carl-Christian (Hrsg.): Bilanzreform und Bilanzdelikte, Wiesbaden 2005 (Bilanzdelikte)

FRINGS, Michael: Pflichtverletzungen des Abschlussprüfers – ein Grund zur Besorgnis der Befangenheit?, in: Die Wirtschaftsprüfung, Heft 13 (2006), WPg 13/06 S. 821-830 (Pflichtverletzungen des AP)

GAHLEN, Dieter / SCHÄFER, Andreas: Bekanntmachung von fehlerhaften Rechnungslegungen im Rahmen des Enforcementverfahrens: Ritterschlag oder Pranger?, in: Betriebs-Berater, Heft 30 (2006), BB 30/06 S. 1619-1623 (Enforcementverfahren)

GEIST, Reinhard: Die Pflicht zur Berichtigung nichtiger Jahresabschlüsse bei Kapitalgesellschaften, in: Deutsches Steuerrecht, Heft 8 (1996), DStR 8/96, S. 306-309 (Berichtigung)

GELHAUSEN, Hans Friedrich / KUSS, Ehrenfried: Vereinbarkeit von Abschlussprüfung und Beratungsleistungen durch den Abschlussprüfer, in: Neue Zeitschrift für Gesellschaftsrecht, Heft 9 (2003), NZG 9/03, S. 424-427 (Abschlussprüfung und Beratung)

GEßLER, Ernst: Nichtigkeit und Anfechtung des GmbH-Jahresabschlusses nach dem Bilanzrichtlinien-Gesetz, in: Bilanz- und Konzernrecht, Festschrift für GOERDELER, Reinhard, S. 129-148, Düsseldorf 1987 (FS GOERDELER, Nichtigkeit)

GEßLER, Ernst / HEFERMEHL, Wolfgang u.a. (Hrsg.): Aktiengesetz, Kommentar, Band V, §§ 241-290, München 1984 (AktG)

GÖTZE, Uwe: Kostenrechnung und Kostenmanagement, 5., verbesserte Auflage, Berlin 2010 (Kostenrechnung und -management)

GREGER, Reinhard: in: ZÖLLER, ZPO

GREIFFENHAGEN, Ulrich: Gefahrenlagen für Wirtschaftsprüfer und Aufsichtsräte, insbesondere aus dem Risikofeld Abhängigkeitsbericht: Nichtigkeit eines Jahresabschlusses in Verbindung mit Aufsichtsratspflichten anhand des BGH-Urteils vom 15.11.1993 – II/ZR 235/92, in: Festschrift für LUDEWIG, Rainer, S. 303-332, Düsseldorf 1996 (FS LUDEWIG, Gefahrenlagen)

GROTTEL, Bernd: in: Beck´scher Bilanz-Kommentar, siehe ELLROTT

GRÜNEBERG, Christian: in: PALANDT, BGB

HAAS, Ulrich: in: GmbHG, siehe BAUMBACH

HAASE, Wilhelm: Zur Klage auf Feststellung der Nichtigkeit des Jahresabschlusses im Konkurs der Aktiengesellschaft, in: Der Betrieb, Heft 5 (1977), DB 5/77 S. 241-245 (Nichtigkeit)

HABERSACK, Mathias: Die Auswirkungen der Nichtigkeit des Beschlusses über die Bestellung es Abschlussprüfers auf den festgestellten Jahresabschluss, in: Zeitschrift für Gesellschaftsrecht, Heft 14 (2003), NZG 14/03 S. 659-667 (Auswirkungen der Nichtigkeit)

HAHN, Oswald: Allgemeine Betriebswirtschaftslehre, 3., überarbeitete Auflage, München 1997

HARZENETTER, Tobias: Der Selbstbehalt in der D&O-Versicherung nach dem VorstAG und der Neufassung des Deutschen Corporate Governance Kodex (DCGK), in: Deutsches Steuerrecht, Heft 13 (2010), DStR 13/10, S. 653-658 (Selbstbehalt)

HASENACK, Wilhelm: Besprechung von F. Leitner: Die Kontrolle in kaufmännischen Unternehmungen, in: Schmollers Jahrbuch für Gesetzgebung, Verwaltung und Volkswirtschaft im Deutschen Reich, 65/1941 , S. 120 ff. (Jahrbuch)

HEIDEL, Thomas: Aktienrecht und Kapitalmarktrecht, 2. Auflage, Baden-Baden 2007 (AktR)

HEINZ, Stephan: in: Beck´scher Bilanz-Kommentar, siehe ELLROTT

HENNRICHS, Joachim: Fehlerhafte Bilanzen, Enforcement und Aktienrecht, in: Zeitschrift für das gesamte Handelsrecht und Wirtschaftsrechtsrecht, ZHR 168 (2004) S. 382-413 (fehlerhafte Bilanzen)

HENSE, Burkhard: Rechtsfolgen nichtiger Jahresabschlüsse und Konsequenzen für Folgeabschlüsse, in: Die Wirtschaftsprüfung, Heft 23-24 (1993); WPg 23-24/93, S. 716-722 (Rechtsfolgen)

HERGET, Kurt: in: ZÖLLER, ZPO

HOFFMANN, Wolf-Dieter: Wertaufhellung – das Bilanzierungsproblem schlechthin, in: Betriebs-Berater, Heft 22 (1996), BB 22/96, S. 1157-1164 (Wertaufhellung)

HOFFMANN-BECKING, Michael (Hrsg.): Münchener Handbuch des Gesellschaftsrechts, Band 4: Aktiengesellschaft, 3. Auflage, München 2007 (HB GesR)

HUBER, Hans-Peter: in: Beck´scher Bilanz-Kommentar, siehe ELLROTT, Helmut

HÜBNER, Ulrich: Managerhaftung, München 1992

HÜFFER, Uwe: Aktiengesetz, Kommentar, 9., neubearb. Auflage, München 2010 (AktG)

HÜFFER, Uwe: in: Münchener Kommentar zum Aktiengesetz, siehe KROPFF, Bruno, in: Aktiengesetz, Kommentar, siehe GEßLER, Ernst

IDW, Institut der Wirtschaftsprüfer in Deutschland e.V. (Hrsg.): WP Handbuch 2006 – Wirtschaftsprüfung, Rechnungslegung, Beratung, Band I, 13. Auflage, Düsseldorf 2006 (WP-Handbuch 2006)

KAISER, Thomas: Berichtigung und Änderung des handelsrechtlichen Jahresabschlusses, Herne/Berlin 2000 (Berichtigung und Änderung)

KESSLER, Harald / LEINEN, Markus / STRICKMANN, Michael (Hrsg.): Handbuch Bilanzrechtsmodernisierungsgesetz – Die Reform der Handelsbilanz, 1. Auflage, Freiburg 2009 (HB BilMoG)

KIRCHHOF, Paul / SÖHN, Hartmut: Einkommensteuergesetz, Kommentar, Band 4, § 3b – 4, Heidelberg 1986 (EStG)

KLEIN, Burkhard: in: Beck´scher Bilanz-Kommentar, siehe ELLROTT, Helmut

KLEINDIEK, Detlef: in: KRIEGER, HB Managerhaftung

KÖSTER, Bernd Gisbert: Anfechtungs- und Nichtigkeitsklage gegen Gesellschafterbeschlüsse bei OHG und KG, Göttingen 1981 (Anfechtungs- und Nichtigkeitsklage)

KOLLER, Ingo / ROTH, Wulf-Henning / MORCK, Winfried: Handelsgesetzbuch, Kommentar, 6. Aufl., München 2006 (HGB)

KOPP, Ferdinand / SCHENKE, Wolf-Rüdiger: Verwaltungsgerichtsordnung, Kommentar, 16. Auflage, München 2009 (VwGO)

KOWALSKI, André: Der nichtige Jahresabschluss – was nun?, in: Die Aktiengesellschaft, Heft 11 (1993), AG 11/93, S. 502-508 (Der nichtige JA)

KOZIKOWSKI, Michael: in: Beck´scher Bil.-Komm.

KRAUSE, Nils: Managerhaftung und Strategien zur Haftungsvermeidung, in: Betriebs-Berater, Heft 26 (2009), BB 26/09, S. 1370-1375 (Managerhaftung)

KRIEGER, Gerd / SCHNEIDER, Uwe (Hrsg.): Handbuch Managerhaftung – Risikobereiche und Haftungsfolgen für Vorstand, Geschäftsführer, Aufsichtsrat, Köln 2007 (HB Managerhaftung)

KRIEGER, Gerd: Verlustausgleich und Jahresabschluss, in: Neue Zeitung für Gesellschaftsrecht, Heft 19 (2005), NZG 19/05, S. 787-791 (Verlustausgleich)

KRONER, Matthias: in: Beck´scher Bilanz-Kommentar, siehe ELLROTT, Helmut

KROPFF, Bruno: in: Internationale Wirtschaftsprüfung, Festschrift für HAVERMANN, Hans, S. 321 ff., Düsseldorf 1995 (FS HAVERMANN)

KROPFF, Bruno: Auswirkungen der Nichtigkeit eines Jahresabschlusses auf die Folgeabschlüsse, in: Festschrift für BUDDE, Wolfgang D., S. 341-360, München 1995 (FS BUDDE, Auswirkungen der Nichtigkeit)

KROPFF, Bruno: Sind neue Erkenntnisse (Wertaufhellungen) auch noch bei der Feststellung des Jahresabschlusses zu berücksichtigen?, in: Festschrift für LUDEWIG, Rainer S. 521-547, Düsseldorf 1996 (FS LUDEWIG, Wertaufhellungen bei Feststellung)

KROPFF, Bruno: Wann endet der Wertaufhellungszeitraum? – Eine Erwiderung zu Küting/Kaiser, WPg 2000, S. 577- , in: Die Wirtschaftsprüfung, Heft 23-24 (2000), WPg 23-24/00, S. 1137-1147 (Wertaufhellungszeitraum)

KROPFF, Bruno: Aktiengesetz, Textausgabe, Neuauflage von THÖLKE, Ulrich, Berlin 2005 (AktG)

KROPFF, Bruno / SEMLER, Johannes (Hrsg.): Münchener Kommentar zum Aktiengesetz, Band 7, §§ 222 bis 277, 2. Auflage, München 2001, und Band 5.1, §§ 148 bis 151, 161 bis 178, 2. Auflage, München 2003 (MüKo AktG)

KÜSTER, Thomas: in: Beck´scher Bilanz-Kommentar, siehe ELLROTT, Helmut

KÜTING, Karlheinz / KAISER, Thomas: Aufstellung oder Feststellung: Wann endet der Wertaufhellungszeitraum? – Implikationen für die Anwendung des

Wertaufhellungsprinzips bei Berichtigung, Änderung und Nichtigkeit des handelsrechtlichen Jahresabschlusses –, in: Die Wirtschaftsprüfung, Heft 13 (2000), WPg 13/00 S. 577-596 (Wertaufhellung)

KÜTING, Karlheinz / WEBER, Claus-Peter: Handbuch der Rechnungslegung – Kommentar zur Bilanzierung und Prüfung, Band Ia, 4. AUFLage, Stuttgart 1995 (Handbuch der ReLe)

KÜTING, Karlheinz / WEBER, Claus-Peter: Die Bilanzanalyse, Beurteilung von Abschlüssen nach HGB und IFRS, 8. Auflage, Stuttgart 2006 (Bilanzanalyse)

KÜTING, Karlheinz / BUSCH, Julia: Zum Wirrwarr der Überwachungsbegriffe, in: Der Betrieb, Heft 26 (2009), DB 26/09 S. 1361-1368 (Überwachung)

KURZWELLY, Jens-Peter: in: KRIEGER, HB Managerhaftung

KUTZNER, Lars: Untreue durch AG-Vorstandsmitglieder zum Nachteil abhängiger GmbH – Bremer Vulkan, in: Neue Zeitschrift für Strafrecht, Heft 5 (2005), NStZ 5/05, S. 269-272

LACKNER, Karl / KÜHL, Christian: Strafgesetzbuch, Kommentar, 26., neu bearbeitete Auflage, München 2007 (StGB)

LARENZ, Karl: Methodenlehre der Rechtswissenschaft, 6. Auflage, Berlin 1991 (Methodenlehre)

LAUFHÜTTE, Heinrich Wilhelm / RISSING-VAN SAAN, Ruth / TIEDEMANN, Klaus (Hrsg.): Strafgesetzbuch, Leipziger Kommentar, Neunter Band, 2. Teilband, §§ 267 bis 283d, 12., neu bearbeitete Auflage, Berlin 2009 (Leipz. Komm. StGB)

LEISTNER, Martin: in: Beck´scher Bilanz-Kommentar, siehe ELLROTT, Helmut

LEFFSON, Ulrich: Die Grundsätze ordnungsmäßiger Buchführung, 7. Auflage, Düsseldorf 1987 (GoB)

LEFFSON, Ulrich / BÖNKHOFF, Franz J.: Zu Materiality-Entscheidungen bei Jahresabschlussprüfungen, in: Die Wirtschaftsprüfung, Heft ? (1982), WPg 82, S. 389-397 (Materiality-Entscheidungen)

LIEBS, Detlef: Die Nichtbeachtung des Zahlungsverbots in der Krise des Unternehmens – Zur Haftung der Geschäftsleitung und des Aufsichtsrats, in: Festschrift für RITTNER, Fritz, S. 369, München 1991 (FS RITTNER, Zahlungsverbot)

LÖCKE, Jürgen: Der Materiality-Grundsatz bei Jahres- und Konzernabschlüssen nach International Accounting Standards, in: Betriebs-Berater, Heft 6 (1999), BB 6/99, S. 307-312, (Materiality)

LUTTER, Marcus: Der Streit um die Gültigkeit des Jahresabschlusses einer Aktiengesellschaft, in: Festschrift für HELMRICH, Herbert, S. 685-707, München 1994 (FS HELMRICH, Gültigkeit des Jahresabschlusses)

LUTTER, Marcus: Bankenkrise und Organhaftung, in: Zeitschrift für Wirtschaftsrecht, Heft 5 (2009), ZIP 5/09 S. 197-201

LÜCKE, Oliver / SCHAUB, Bernhard (Hrsg.): Beck'sches Mandats Handbuch – Vorstand der AG, 2. Auflage, München 2010 (Vorstand AG)

MARTEN, Kai-Uwe / QUICK, Reiner / RUHNKE, Klaus: Wirtschaftsprüfung, 3., überarbeitete Auflage, Stuttgart 2007

MATTHEUS, Daniela / SCHWAB, Martin: Fehlerkorrketur nach dem Rechnungslegungs-Enforcement: Private Initiative vor staatlicher Intervention, in: Betriebs-Berater, Heft 20 (2004), BB 20/04, S. 1099-1106 (Fehlerkorrektur)

MATTHEUS, Daniela / SCHWAB, Martin: Rechtsschutz für Aktionäre beim Rechnungslegungs-Enforcement, in: Der Betrieb, Heft 37 (2004), DB 37/04 S. 1975-1984 (Rechtsschutz)

MATZENBACHER, Hans-Jochen: Maßnahmen der Internen Revision zur Vermeidung sowie zur Aufdeckung von Bilanzdelikten und dolosen Handlungen, in: FREIDANK, Bilanzdelikte, S. 143-164

MAUL, Karl-Heinz: Geschäfts- und Konzernlagetäuschungen als Bilanzdelikte, in: Der Betrieb, Heft 04 (1989), DB 4/89, S. 185-192 (Bilanzdelikte)

MAYER-WEGELIN, Eberhard: Kriterien der Wesentlichkeit bei den Entscheidungen im Enforcement, in: Betriebs-Berater Special 4/2006, BB Sp. 4/06, S. 8-14, (Wesentlichkeit)

MEDICUS, Dieter / PETERSEN, Jens: Bürgerliches Recht, 22., neu bearbeitete Auflage, Köln 2009 (BR)

MEYER, Claus: Bilanzrechtsreformgesetz (BilReG) und Bilanzkontrollgesetz (BilKoG) – Die Änderungen im Überblick, in: Deutsches Steuerrecht, Heft 1 (2005), DStR 1/2005 S. 41-44 (BilReG und BilKoG)

MEYER-LANDRUT, Andreas / PLUSKAT, Sorika: Ende der klägerischen Nebenintervention im Anfechtungsprozess?, in: Betriebs-Berater, Heft 47 (2007), BB 47/07 S. 2533-2537 (Nebenintervention)

MOCK, Sebastian: Bindung einer Aktiengesellschaft an einen im Enforcement-Verfahren festgestellten Fehler in nachfolgenden aktienrechtlichen Verfahren?, in: Der Betrieb, Heft 18 (2005), DB 18/05, S. 987-990 (Bindung an Enforcement)

MÖNNING, Rolf-Dieter: in: Insolvenzordnung, Kommentar, siehe NERLICH, Jörg

MOXTER, Adolf: Die Vorschriften zur Rechnungslegung und Abschlussprüfung im Referentenentwurf eines Gesetzes zur Kontrolle und Transparenz im Unternehmensbereich, in: Betriebs-Berater, Heft 14 (1997), BB 14/97, S. 722 (KonTraG)

MOXTER, Adolf: Unterschiede im Wertaufhellungsverständnis zwischen den handelsrechtlichen GoB und den IAS/IFRS, in: Betriebs-Berater, Heft 48 (2003), BB 48/03, S. 2559-2564 (Wertaufhellungsverständnis)

MÜLLER, Hans-Peter: Rechtsfolgen unzulässiger Änderungen von festgestellten Jahresabschlüssen, in: Festschrift für BUDDE, Wolfgang D., S. 431-443, München 1995 (FS BUDDE, Änderungen)

MÜLLER, Hans-Peter: Bilanzrecht und Organverantwortung, in: Festschrift für QUACK, Karlheinz, S. 345-357, Berlin, New York 1991 (FS QUACK, Bilanzrecht und Organverantwortung)

MÜLLER, Welf: Die Änderung von Jahresabschlüssen, Möglichkeiten und Grenzen, in: Festschrift für QUACK, Karlheinz, S. 359-372, Berlin, New York 1991 (FS QUACK, Änderung von Jahresabschlüssen)

MÜLLER, Welf: Prüfverfahren und Jahresabschlussnichtigkeit nach dem Bilanzkontrollgesetz, in: Zeitschrift für das gesamte Handelsrecht und Wirtschaftsrecht, ZHR 168 (2004), S. 414-427 (Prüfverfahren und Nichtigkeit)

MÜLLER-MICHAELS, Olaf / WECKER, Johannes: Vorstandshaftung für Falschinformation des Kapitalmarkts – Neues zur Informationsdeliktshaftung, in: Zeitschrift für Corporate Governance, Heft 5 (2007), ZCG 5/07 S. 207-210 (Informationsdeliktshaftung)

MUSIELAK, Hans-Joachim: Zivilprozessordnung, Kommentar, 6. Auflage, München 2008 (ZPO)

MUSIELAK, Hans-Joachim: Der rechtskräftig entschiedene Lebenssachverhalt, in: Neue Juristische Wochenschrift, Heft 49 (2000), NJW 49/00, S. 3593-3664 (Lebenssachverhalt)

NERLICH, Jörg / RÖMERMANN, Volker (Hrsg.): Insolvenzordnung, Kommentar, München 2008, (InsO)

NIEHUS, R. J.: „Materiality" („Wesentlichkeit") – Ein Grundsatz der Rechnungslegung auch im deutschen Handelsrecht?, in: Die Wirtschaftsprüfung, Heft 1 (1981), WPg 1/81, S. 1-14 (Materiality)

OSSADNIK, Wolfgang: Grundsatz und Interpretation der „Materiality" – Eine Untersuchung zur Auslegung ausgewählter Materiality-Bestimmungen durch die Rechnungslegungspraxis – in: Die Wirtschaftsprüfung, Heft 20 (1993), WPg 20/93, S. 617- 629 (Materiality)

OSSADNIK, Wolfgang: Wesentlichkeit als Bestimmungsfaktor für Angabepflichten in Jahresabschluss und Lagebericht, in: Betriebs-Berater, Heft 25 (1993), BB 25/93, S. 1763-1767 (Wesentlichkeit)

PALANDT, Otto u.a. (Begr.): Bürgerliches Gesetzbuch, Kommentar, 69. Auflage, München 2010 (BGB)

PEEMÖLLER, Volker / HOFMANN, Stefan: Bilanzskandale, Delikte und Gegenmaßnahmen, Berlin 2005

POULLIE, Michael: in: Beck´scher Bilanz-Kommentar, siehe ELLROTT, Helmut

PRIESTER, Hans-Joachim: Stille Reserven und offene Rücklagen bei Personengesellschaften – Zur Bedeutung von § 253 Abs. 4 HGB, in: Festschrift für QUACK, Karlheinz, S. 373-396, Berlin, New York 1991 (FS QUACK, Stille Reserven)

QUICK, Reiner: Der Grundsatz der Materiality in der Rechnungslegungsprüfung, in: Das Wirtschaftsstudium, Heft 11 (1992), WISU 11/92, S. 873-878 (Materiality)

REINER, Günter: in: MüKo HGB, siehe SCHMIDT, Karsten

RENNERT, Klaus: in: EYERMANN, VwGO

REUTER, Alexander: „Krisenrecht“ im Vorfeld der Insolvenz – das Beispiel der börsennotierten AG, in: Betriebs-Berater, Heft 35 (2003), BB 35/03 S. 1797-1804 (Krisenrecht)

RITTER, Katja M.: in: Beck´scher Bilanz-Kommentar, siehe ELLROTT, Helmut

RODEWALD, Jörg / UNGER, Ulrike: Die Haftung des Geschäftsführers oder Vorstands für die Informationserteilung im Rahmen von Unternehmensveräußerungen, in: Der Betrieb, Heft 30 (2007), DB 30/07, S. 1627-1631 (Unternehmensveräußerung)

RÖLIKE, Arndt: in: Kommentar zum AktG, siehe SPINDLER, Gerald

ROSCHER, Klaus: in: Beck´scher Bilanz-Kommentar, siehe ELLROTT, Helmut

ROTH, Günter H. / ALTMEPPEN, Holger: GmbHG – Gesetz betreffend die Gesellschaften mit beschränkter Haftung, Kommentar, 6. Auflage, München 2009 (GmbHG)

SCHEDLBAUER, Hans: Die Gefährdung der Bestandskraft von Jahresabschlüssen durch Bewertungsfehler, in: Der Betrieb, Heft 42 (1992), DB 42/92 S. 2097-2103 (Bestandskraft)

SCHEDLBAUER, Hans: Replik zu WICHMANN, Gerd, in: Der Betrieb, Heft 7 (1993), DB 7/93 S. 342 (Replik)

SCHEFFLER, Eberhard: Zwei Jahre Enforcement, in: Die Wirtschaftsprüfung, Heft 12 (2007), WPg 12/07, Editorial S. I

SCHEFFLER, Wolfram: Besteuerung von Unternehmen II, Steuerbilanz und Vermögensaufstellung, 2. Auflage, Heidelberg 2002 (Besteuerung II)

SCHELLHORN, Mathias: Der Bilanzeid nach § 264 Abs. 2 Satz 3 HGB – Anwendungsfragen und Bedeutung, in: Der Betrieb, Heft 44 (2009), DB 44/09, S. 2363-2366 (Bilanzeid)

SCHELLHORN, Mathias: in: Beck'scher Bilanz-Kommentar, siehe ELLROTT, Helmut

SCHILLING, Wolfgang: in: Großkommentar zum AktG, siehe BARZ, Carl Hans

SCHMIDT, Karsten (Hrsg.): Münchener Kommentar zum Handelsgesetzbuch, Band 4: Drittes Buch. Handelsbücher §§ 238-342e HGB, 2. Auflage, München 2008 (MüKo HGB)

SCHMIDT, Karsten: Gesellschaftsrecht, 4. Auflage, Köln, Berlin, Bonn, München 2002 (Gesellschaftsrecht)

SCHMIDT, Karsten: Überschuldung und Insolvenzantragspflicht nach dem Finanzmarktstabilisierungsgesetz – Geschäftsleiterpflichten im Wechselbad der Definitionen –, in: Der Betrieb, Heft 24 (2008), DB 45/08, S. 2467-2471 (Überschuldung)

SCHMIDT, Karsten / LUTTER, Marcus: Aktiengesetz, Kommentar, Band II, Köln 2008 (AktG)

SCHMIDT, Karsten / UHLENBRUCK, Wilhelm (Hrsg.): Die GmbH in Krise, Sanierung und Insolvenz, 3. Auflage, Köln 2003 (GmbH-Krise)

SCHMIDT, Stefan: in: Beck'scher Bilanz-Kommentar, siehe ELLROTT, Helmut

SCHNABEL, Kerstin: in: Vorstand AG, siehe LÜCKE, Oliver

SCHÖNKE, Adolf / SCHRÖDER, Horst: Strafgesetzbuch, Kommentar, 27., neu bearbeitete Auflage, München 2006 (StGB)

SCHRAMM, Marianne: in: Beck'scher Bilanz-Kommentar, siehe ELLROTT, Helmut

SCHULT, Eberhard: Bilanzanalyse, Möglichkeiten und Grenzen externer Unternehmensbeurteilung, 10. Auflage, Berlin 1999 (Bilanzanalyse)

SCHULZE-OSTERLOH, Joachim: in: GmbHG, siehe BAUMBACH, Adolf

SCHWAB, Martin: Das Prozessrecht gesellschaftsinterner Streitigkeiten, Tübingen 2005 (Prozessrecht)

SELCHERT, Friedrich Wilhelm: in: Handbuch der Rechnungslegung, siehe KÜTING, Karlheinz

SERVATIUS, Wolfgang: in: GmbHG, siehe BAUMBACH, Adolf

SPINDLER, Gerald / STILZ, Eberhard: Kommentar zum AktG, Band 2, §§ 179-410, München 2007

SPINDLER, Gerald / KLÖHN, Lars: Verlustausgleichspflicht und Jahresfehlbetrag (§ 302 AktG), in: Neue Zeitschrift für Gesellschaftsrecht, Heft 14 (2005), NZG 14/05, S. 584-586 (Verlustausgleichspflicht)

STELKENS, Paul / BONK, Joachim / SACHS, Michael: Verwaltungsverfahrensgesetz, Kommentar, 7., neubearbeitete Auflage, München 2008 (VwVfG)

STREE, Walter / HEINE, Günter: in: SCHÖNKE/SCHRÖDER, StGB

THEISEN, Manuel René: Die Überwachung der Unternehmensführung: betriebswirtschaftliche Ansätze zur Entwicklung erster Grundsätze ordnungsmäßiger Überwachung, Stuttgart 1987 (Überwachung)

THEISEN, Manuel René: Haftung und Haftungsmanagement von Unternehmensleitung und Management, in: FREIDANK, Rechnungslegung (Haftung), S. 335-346

THOMAS, Heinz / PUTZO, Hans: Zivilprozessordnung, Kommentar, 29. Auflage, München 2008

TIELMANN, Sandra: Durchsetzung ordnungsmäßiger Rechnungslegung – Ein Beitrag zur aktuellen Enforcement-Diskussion –, Düsseldorf 2001 (Durchsetzung Rechnungslegung)

TIMM, Wolfram (Hrsg.): Missbräuchliches Aktionärsverhalten, Köln 1990 (Aktionärsverhalten)

UHLENBRUCK, Wilhelm / HIRTE, Heribert / VALLENDER, Heinz (Hrsg.): Insolvenzordnung, Kommentar, 13., völlig neu bearbeitete Auflage, München 2010 (InsO)

USINGER, Rainer: in: Beck´scher Bilanz-Kommentar, siehe ELLROTT, Helmut

VELDKAMP, Dirk: in: Handbuch BilMoG, siehe KESSLER, Harald

VOLHARD, Rüdiger: Eigenverantwortlichkeit und Folgepflicht – Muss der Vorstand anfechtbare oder angefochtene Hauptversammlungsbeschlüsse ausführen und verteidigen?, in: Zeitschrift für das gesamte Gesellschaftsrecht, ZGR 1996, S. 55-81

VOLLKOMMER, Max: in: ZÖLLER, ZPO

WACLAWIK, Erich: Hilfe zur Selbsthilfe? – Der Beitritt von Aktionären als Nebenintervenienten im aktienrechtlichen Anfechtungsprozess, in: Wertpapier-Mitteilungen, Heft 28 (2004), WM 28/04, S. 1361-1412 (Selbsthilfe)

WEBER-GRELLET, Heinrich: in: EStG, siehe KIRCHHOF

WEIDENKAFF, Walter: in: PALANDT, BGB

WEILEP, Holger: Das Risikomanagement als Führungssystem unter besonderer Berücksichtigung mittelständischer Unternehmen, Braunschweig 2008 (Risikomanagement)

WEILEP, Volker / WEILEP, Jan-Henning: Nichtigkeit von Jahresabschlüssen: Tatbestandsvoraussetzungen sowie Konsequenzen für die Unternehmensleitung, in: Betriebs-Berater, Heft 3 (2006), BB 3/06, S. 147-153 (Nichtigkeit)

WICHMANN, Gerd: Nichtigkeit des Jahresabschlusses einer GmbH im Falle einer verdeckten Gewinnausschüttung, In: GmbH-Rundschau Heft 10 (1992), GmbHR 19/92, S. 643-649 (Nichtigkeit bei vGA)

WICHMANN, Gerd: Die Gefährdung der Bestandskraft von Jahresabschlüssen nur durch wesentliche Überbewertung?, – Erwiderung zu dem Beitrag von Schedlbauer, DB 1992 S. 2097 ff. –, in: Der Betrieb, Heft 7 (1993), DB 7/93, S. 340-341 (Bestandskraft)

WICHMANN, Gerd: Die Frage der Nichtigkeit von Jahresabschlüssen von Nicht-Kapitalgesellschaften, in: steuer-journal, Heft 1 (2005), stj 1/05, S. 29-34 (Nichtigkeit)

WIMMER, Richard: Die zivil- und strafrechtlichen Folgen mangelhafter Jahresabschlüsse bei GmbH und KG, in: Deutsches Steuerrecht, Heft 49 (1997), DStR 49/97, S. 1931-1937 (Zivil- und strafrechtliche Folgen)

WINNEFELD, Robert: Bilanz-Handbuch, Handels- und Steuerbilanz, Rechtsformspezifisches Bilanzrecht, Bilanzielle Sonderfragen, Sonderbilanzen, IAS/US-GAAP, 4. Auflage, München 2006 (Bilanz-Handbuch)

WINKELJOHANN, Norbert: in: Beck´scher Bilanz-Kommentar, siehe ELLROTT, Helmut

WIRTH, Michael: in: Handbuch der Rechnungslegung, siehe KÜTING, Karlheinz

WLACHOJIANNIS, Constantin: Insolvenzstrafrecht – Die strafrechtliche Seite einer Unternehmenskrise, in: Betrieb und Wirtschaft, Heft 1 (2004), BuW 1/04, S. 26-31.

WÖHE, Günter: Einführung in die Allgemeine Betriebswirtschaftslehre, 23. vollst. neu bearb. Auflage, München 2008 (Einführung in die BWL)

WÜRTELE, Günther: Die Operationalisierung des Grundsatzes der materiality bei Abschlussprüfungen, Mannheim 1989 (Operationalisierung)

WULF, Martin: Strafrechtliche Haftungsrisiken bei Abschlusserstellung und Abschlussprüfung, in: FREIDANK, Bilanzdelikte, S. 213-239

VON WYSOCKI, Klaus: Grundlagen des betriebswirtschaftlichen Prüfungswesens, 3. Auflage, München 1988 (Grundlagen)

ZEISS, Walter: Zivilprozessrecht, 9. Auflage, Tübingen 1997 (ZPR)

ZEUNER, Albrecht: Die objektiven Grenzen der Rechtskraft im Rahmen rechtlicher Sinnzusammenhänge: Zur Lehre über das Verhältnis von Rechtskraft und Entscheidungsgründen im Zivilprozess, Hamburg 1957 (Objektive Grenzen)

ZÖLLER, Richard (Begr.): Zivilprozessordnung, Kommentar, 28. Auflage, Köln 2010 (ZPO)

ZÖLLNER, Wolfgang: Folgen der Nichtigkeit eines Jahresabschlusses für den nächsten Jahresabschluss und für Gewinnverwendungsbeschlüsse, in: Festschrift für SCHERRER, Gerhard, S. 355-380, München 2004 (FS SCHERRER, Folgen der Nichtigkeit)

ZÖLLNER, Wolfgang (Hrsg.): Kölner Kommentar zum AktG, Band 6, 3. neubearbeitete Auflage, Köln 2004 und Band 2, 1. Lieferung, Ingolstadt 1971 (Kölner Komm. AktG)

ZÖLLNER, Wolfgang: in: BAUMBACH/HUECK, GmbHG, siehe BAUMBACH, Adolf

ZÜLCH, Henning / HOFFMANN, Sebastian: Die Modernisierung des deutschen Handelsbilanzrechts durch das BilMoG: Wesentliche Alt- und Neuregelungen im Überblick, in: Der Betrieb, Heft 15 (2009), DB 15/09, S. 745-752 (BilMoG)

Rechtsprechungsverzeichnis

Bundesverfassungsgericht

BVerfG v. 15.8.06 - 2 BvR 822/06, NJW-RR 06, S. 1627

Bundesgerichtshof

BGH v. 15.4.57 - II ZR 34/56, BGHZ 24, S. 119

BGH v. 6.10.60 – II ZR 150/58, BGHZ 33, S. 175
BGH v. 10.7.64 – Ib ZR 208/62, BB 64, S. 1273

BGH v. 23.2.78 – II ZR 37/77, BGHZ 70, S. 384
BGH v. 9.7.79 – II ZR 118/77, BGHZ 75, S. 96

BGH v. 1.3.82 – II ZR 23/81, BGHZ 83, S. 341
BGH v. 18.11.82 - IX ZR 91/81, NJW 83, S. 388
BGH v. 10.10.84 – IVb ZB 23/84, NJW 7/85, S. 386 = BGHZ 92, S. 275
BGH v. 22.11.88 – VI ZR 341/87, NJW 89, S. 393
BGH v. 21.12.88 – VIII ZR 277/87, NJW 89, S. 2133
BGH v. 22.5.89 – II ZR 206/88, BGHZ 107, S. 296
BGH v. 6.7.89 – IX ZR 280/88, NJW-RR 90, S. 318

BGH v. 6.7.90 – 2 StR 549/89, BGHSt 37, S. 106
BGH v. 25.3.91 – II ZR 188/89, BGHZ 114, S. 127
BGH v. 19.12.91 – IX ZR 96/91, BGHZ 117, S. 1
BGH v. 13.7.92 – II ZR 269/91, BGHZ 119, S. 201
BGH v. 17.05.93 – II ZR 89/92, BGHZ 122, S. 342
BGH v. 15.11.93 – II ZR 235/92, BGHZ 124, S. 111
BGH v. 5.4.93 – II ZR 238/91, NJW 31/93, S. 1976
BGH v. 28.10.93 – IX ZR 21/93, NJW 94, S. 323 = BGHZ 124, S. 27
BGH v. 13.4.94 – II ZR 16/93, BB 16/94, S. 1095 = BGHZ 125, S. 366
BGH v. 6.6.94 – II ZR 292/91, BGHZ 126, S. 181
BGH v. 18.9.96 – VIII ZR 238/95 in: WiB 1997, S. 366
BGH v. 15.10.96 – VI ZR 319/95, BGHZ 133, S. 370
BGH v. 17.2.97 – II ZR 41/96, BGHZ 134, S. 364
BGH v. 21.4.97 – II ZR 175/95 – BGHZ 135, S. 244 = BB 23/97, S. 1169
BGH v. 12.1.98 – II ZR 82/93, BGHZ 137, S. 378
BGH v. 30.3.98 – II ZR 146/96, BGHZ 138, S. 211
BGH v. 28.9.98 – II ZB 16/98, NJW-RR 99, 285
BGH v. 11.10.99 – II ZR 120/98, BGHZ 142, S. 382
BGH v. 29.11.99 – II ZR 273/98, BGHZ 143, S. 184

BGH v. 6.12.01 - 1 StR 215/01, BGHSt 47, S. 187
BGH v. 13.12.01 – VII ZR 27/00, BGH NJW 17/02, S. 1262
BGH v. 22.7.02 – II ZR 286/01, NJW 47/02, S. 3465 = BGHZ 151, S. 1
BGH v. 26.6.03 – I ZR 269/00, NJW 42/03, S. 3058
BGH v. 19.7.04 – II ZR 402/02 – II ZR 217/03 – II ZR 218/03, WM 04, S. 1721 ff.
BGH v. 10.11.04 - VIII ZR 186/03, BB 51/04, S. 2769

BGH v. 14.2.05 – II ZR 361/02, NZG 05, S. 481
BGH v. 9.5.05 – II ZR 287/02, ZIP 05, S. 1270
BGH v. 24.5.05 – IX ZR 123/04, BB 36/05, S. 1923
BGH v. 25.7.05 – II ZR 390/03, GmbHR 05, S. 1425
BGH v. 10.10.05 – II ZR 90/03, BGHZ 164, S. 249

BGH v. 9.3.06 - 5 StR 430/05, becklink 174059
BGH v. 23.5.06 – VI ZB 7/05, NJW-Spez. 07, S. 24
BGH v. 6.4.06 – III ZR 256/04, WM 06, S. 1052
BGH v. 26.6.06 – II ZR 153/05, ZIP 07, S. 326
BGH v. 10.7.06 – II ZR 238/04, AG 06, S. 629

BGH v. 23.1.07 – VI ZR 67/06, NJW 07, S. 1450
BGH v. 25.1.07 – VII ZB 74/06, NJW-Spez. 07, S. 215
BGH v. 23.4.07 – II ZB 29/05, BeckRS 07, 12406
BGH v. 4.6.07 - II ZR 147/05, NZG 07, S. 708
BGH v. 18.6.07 – II ZB 23/06, BeckRS 2007, 10301

BGH v. 14.1.08 – II ZR 282/06, AG 08, 325
BGH v. 19.2.08 – XI ZR 170/07, NJW 08, S. 1734
BGH v. 4.3.08 – IV ZB 72/06, DS 08, S. 185
BGH v. 26.5.08 – II ZB 23/07, BeckRS 08, 1400
BGH v. 30.10.08 – III ZR 307/07, NJW 09, S. 512

BGH v. 16.3.09 – II ZR 280/07, NJW 09, S. 2454
BGH v. 27.4.09 – II ZR 253/07, DB 24/09, S. 1287
BGH v. 17.7.09 – 5 StR 394/08, BB 42/09, S. 2263
BGH v. 17.9.09 – 5 StR 521/08, NJW 10, S. 92
BGH v. 10.12.09 – VII ZR 42/08, NZG 10, S. 146 = DStR 10, S. 340

BGH v 21.01.2010 - Xa ZR 175/07, BeckRS 2010, 03882

Bundesfinanzhof

BFH v. 7.8.00 – GS 2/99, BFHE 192, S. 339, BStBl. II 2000, S. 632

BFH v. 23.1.08 – I R 40/07, BB 27/08, S. 1446
BFH v. 8.10.08 – I R 61/07, BB 8/09, S. 379 f.

Oberlandesgerichte

BayObLG v. 26.5.00 – 3 Z BR 111/00, BB 37/00, S. 1884

OLG Düsseldorf v. 22.3.77 – 5 U 5/76, AG 1977, S. 195
OLG Düsseldorf v. 27.06.96 – 5 U 11/96, BB 50/96, S. 2614
OLG Düsseldorf v. 21.4.09 – I-24 U 27/08, DStR 43/09, S. 2219
OLG Düsseldorf v. 2.6.09 – I-23 U 108/08, DStR 10, S. 136

OLG Stuttgart v. 1.7.09 – 20 U 8/08, BeckRS 2009, S. 18606
OLG Stuttgart v. 25.11.09 – 20 U 5/09, WM 3/10, S. 120

OLG Dresden v. 16.02.06 – 2 U 290/05, AG 2006, S. 672
OLG Dresden v. 30.09.09 – 13 W 0281/09

OLG Naumburg v. 20.08.03 – 5 U 67/03; GmbHR 2004, S. 361

OLG Schleswig v. 28.1.93 – 5 U 210/91, NJW-RR 15/93, S. 930 ff.

OLG Köln v. 24.11.92 – 22 U 72/92, ZIP 2/93, S. 110
OLG Köln v. 17.2.98 – 22 U 163/97
OLG Köln v. 22.4.04 – 8 U 68/03, NJOZ 49/04, S. 4408

OLG Frankfurt v. 18.10.01 – 5 W 16/01, BB 47/01, S. 2392
OLG Frankfurt v. 21.11.06 – 5 U 115/05, ZIP 07, S. 72
OLG Frankfurt v. 18.03.08 – 5 U 171/06, BeckRS 08, 07124
OLG Frankfurt v. 13.1.09 – 5 U 183/07
OLG Frankfurt v. 24.6.09 – 23 U 90/07, DB 35/09, S. 1863

OLG Hamm v. 17.4.91 – 8 U 173/90, BB 30/91, S. 2122, AG 92, S. 233

OLG München v. 11.1.05 - 30 U 335/02, NZG 2005, S. 404
OLG München v. 7.1.08 – 7 U 3773/07, BB 9/08, S. 440

Landgerichte

LG Bonn v. 15.5.01 – 11 O 181/00, AG 01, S. 484
LG Bonn v. 31.5.07 - 2 O 7/01 – nicht veröffentlicht

LG Frankfurt v. 3.5.01 – 3/6 O 135/00, DB 27-28/2001, S. 1483

LG Frankfurt v. 31.05.05 – 3-5 O 338/04, AG 17/05, S. 665
LG Frankfurt v. 02.10.07 - 3-5 O 177/07
LG Frankfurt v. 19.6.08 – 3-5 O 158/07, BeckRS 08, 23905

LG Düsseldorf v. 26.2.98 – 40 O 255/80, BB 89, S. 882
LG Düsseldorf v. 10.06.06 – 36 T 8/06

LG Stuttgart v. 11.4.94 – 6 KfH O 169/93, DB 18/1994, S. 928

LG München I v. 12.4.07 – 5 HK O 23424/06, NJOZ 31/07, S. 3403
LG München I v. 14.3.08 – 14 HK O 8038/06, ZIP 08, S. 1123

LG Dresden v. 26.02.09 – 41 HK T 3/08, BeckRS 09, 9823

LG Hannover v. 29.5.92 – 23 O 64/91, ZIP 92, 1236

Amtsgerichte

AG Mönchengladbach v. 29.12.03 – 18 HRB 5529

AG Düsseldorf v. 4.1.05 – HRB 21315/HA

AG Dresden v. 20.02.08 – HRB 13183